# Heisswasser- und Hochdruckdampfanlagen

# Lizenz zum Wissen.

Sichern Sie sich umfassendes Technikwissen mit Sofortzugriff auf tausende Fachbücher und Fachzeitschriften aus den Bereichen: Automobiltechnik, Maschinenbau, Energie + Umwelt, E-Technik, Informatik + IT und Bauwesen.

Exklusiv für Leser von Springer-Fachbüchern: Testen Sie Springer für Professionals 30 Tage unverbindlich. Nutzen Sie dazu im Bestellverlauf Ihren persönlichen Aktionscode C0005406 auf *www.springerprofessional.de/buchaktion/*

**Jetzt 30 Tage testen!**

## Springer für Professionals.
## Digitale Fachbibliothek. Themen-Scout. Knowledge-Manager.

- Zugriff auf tausende von Fachbüchern und Fachzeitschriften
- Selektion, Komprimierung und Verknüpfung relevanter Themen durch Fachredaktionen
- Tools zur persönlichen Wissensorganisation und Vernetzung

*www.entschieden-intelligenter.de*

Springer für Professionals

 Springer

Günter Scholz

# Heisswasser- und Hochdruckdampfanlagen

## Planungshandbuch für Industrie- und Fernwärmeversorgung

Günter Scholz
Berlin
Deutschland

ISBN 978-3-642-36588-1        ISBN 978-3-642-36589-8 (eBook)
DOI 10.1007/978-3-642-36589-8

Die Deutsche Nationalbibliothek verzeichnet diese Publikation in der Deutschen Nationalbibliografie; detaillierte bibliografische Daten sind im Internet über http://dnb.d-nb.de abrufbar.

Springer Vieweg

Springer Vieweg ist eine Marke von Springer DE.
Springer DE ist Teil der Fachverlagsgruppe Springer Science+Business Media
www.springer-vieweg.de

# Vorwort

Heißwasser- und Hochdruckdampfanlagen zur Wärmeversorgung von Industriebetrieben und für Fernwärmeversorgungsanlagen werden auch bei der Einbeziehung regenerativer Energien benötigt und müssen wegen der steigenden Energiepreise effizienter erstellt werden.

Fachliteratur für die Planung und die Ausführung dieser Anlagen gibt es aber nur in veralteter und in unvollständiger Ausführung. Die vorhandenen Neuerscheinungen von Fach- und Lehrbüchern der Heizungstechnik beinhalten fast ausschließlich nur noch das Wissen über Raumheiztechnik und Niedertemperaturheizungen für Wohn- und Zweckbauten. Damit das Fachwissen über die Planung und Ausführung von Industrieheizwerken und Fernheizwerken, über das auch bisher nur wenige große Fachfirmen und wenige Ingenieurbüros verfügten, nicht verloren geht, habe ich mich für die Zusammenstellung und Herausgabe des Fachbuches entschieden.

Das Buch soll kein Lehrbuch im üblichen Sinne sein. Es handelt sich vielmehr um ein Handbuch für den Ingenieur, der nach einem erfolgreichen Studium sich nun im Berufsleben bewähren muss.

Die Erwartungen, die an junge Ingenieure gestellt werden, sind heute sehr hoch und zur Einarbeitung ist in der Regel keine ausreichende Zeit vorhanden.

Im vorliegenden Planungshandbuch sind alle Fachkenntnisse zur Anlagenberechnung und Ausführung hergeleitet und beschrieben.

In den ersten drei Kapiteln werden die Grundlagen der Energieerzeugung und die Grundlagen zur Energieverteilung wie Schaltung der Erzeugungsanlagen, der Druckhalteanlagen und die Berechnung, die Auswahl und der Einbau von Kreisel-pumpen in Verteilrohrnetze behandelt. In den folgenden drei Kapiteln werden die Wärme- und Dampferzeuger einschließlich Feuerungsanlagen und Brennstofflager, die Kesselspeisewasseraufbereitung und die Rauchgasreinigung mit Schornsteinanlagen ausführlich beschrieben und die Auswahl und Berechnung dieser Bauteile an Hand von Beispielen gezeigt.

In den folgenden Kap. 7 und 8 werden Heißwasser- und Hochdruckdampfrohrnetze für Industrieanlagen sowie Heißwasser- und HD-Dampfrohrnetze für Fernheizanlagen beschrieben und deren Dimensionierung und die Ausführung in Versorgungskanälen und als direkte Erdverlegung behandelt.

In Kap. 9 wird die Berechnung, Planung und Ausführung von Industrie- und Fernheizwerken beschrieben. Weitere Einzelheiten zu den Inhalten enthalten die Einleitungen zu den einzelnen Kapiteln.

Um das Buch im üblichen Umfang zu halten, war es notwendig, die strömungstechnischen Berechnungen von Rohrnetzen, die Festigkeitsberechnungen von Rohrleitungen und die Berechnung und Konstruktion von Apparaten herauszunehmen und darüber ein eigenes Fachbuch zu erstellen. Ingenieure, die sich in diesen Fachbereichen weiterbilden wollen, werden auf die Literatur, 3.5 „Rohrleitungs- und Apparatebau" verwiesen, das im gleichen Verlag erschienen ist.

Tabellen mit Stoffwerten und Arbeitsdiagrammen wurden in das Handbuch nur in dem Umfang aufgenommen, wie es für das Verständnis des behandelten Stoffes und die Durchführung von Berechnungsbeispielen erforderlich war. Die Diagramme aus der wärmetechnischen Arbeitsmappe und dem Wärmeatlas wurden im kleinen Format wiedergegeben, um deren Anwendung und Handhabung zu zeigen. Dem Buch sind keine eigenen Arbeitsblätter beigefügt, weil der Ingenieur sich diese nach eigenem Ermessen bei Verlagen oder im Fachhandel beschaffen kann und sicher auch schon über Taschenbücher und eine Dampftafel aus seinem Studium verfügt oder dies in seinem Betrieb vorfindet.

Ein Teil der Beispiele sind wie in den üblichen Lehrbüchern in der Form „Aufgabenstellung mit gegebenen und gesuchten Werten" gegliedert, und das Ergebnis wird am Schluss ausführlich diskutiert. Andere mit kurzen Lösungswegen sind wie in Taschenbüchern üblich in Kurzform aufgebaut und die Diskussion der Ergebnisse erfolgt in einer Zusammenfassung für mehrere Beispiele.

Die Zeichenerklärung zu den Berechnungsformeln wird immer im Zusammenhang mit den Formeln genannt und nicht in einer Zusammenfassung am Ende oder am Anfang des Buches.

Die anerkannten Regeln der Technik, wie Gesetze des Bundes und der Länder und die von den Ländern eingeführten Baurichtlinien und Normblätter wurden und werden noch, wegen der Einführung von europäischen Normen (DIN-EN-Normen) und der Zurückziehung von nationalen Normen (DIN) ständig geändert. Die europäische Normungsinstitute rechnen damit, dass die Bearbeitungsphase noch bis 2012 und 2013 andauern wird. Aus diesem Grund wurden im vorliegenden Buch überwiegend die nationalen DIN-Vorschriften genannt und auf die bereits verfügbaren DIN-EN-Normen immer dort hingewiesen, wo die europäischen Normen inzwischen vorliegen und wesentliche Änderungen gegenüber den nationalen Normen aufweisen.

Der Verfasser bedankt sich bei den Firmen, die Fotos und Abbildungen zur Veröffentlichung zur Verfügung gestellt haben. Insbesondere bedanke ich mich bei meinem Sohn Dipl. Ing., MBA Frank Scholz, der mich bei der Umsetzung des ursprünglichen Konzeptes in das nun vorliegende Buch unterstützt hat, bei Frau Melanie Scholz und Herrn Cyril

Ruthenberg für die Erstellung der Abbildungen und bei Frau Béla Götze für die Erstellung der Reinschrift. Herrn Dipl. Ing. Peter Geier bin ich für wertvolle Hinweise und Ergänzungen dankbar. Bei Corinna Ruthenberg bedanke ich mich für die ermunternde Unterstützung.

Anregungen, Hinweise und Ergänzungen, die zur Verbesserung und Vervollständigung des Buches beitragen, werden vom Autor dankbar entgegen genommen.

Die im Buch enthaltenen Schaltbilder von Anlagen und Anlagenteilen sind simplifizierte Funktionsschemata zur Ergänzung der im Buch beschriebenen Anlagen. Die Abbildungen sind zum Teil vereinfacht und stellen oft keine ausführungsreifen Schaltungen dar. Der Autor weist deshalb ausdrücklich darauf hin und bittet um Verständnis, dass er für die direkte Verwendung keinerlei Gewähr übernehmen kann und jegliche Haftung – gleich aus welchem Rechtsgrund – ausgeschlossen ist.

Berlin, im Januar 2013                                                         Günter Scholz

# Inhaltsverzeichnis

# Grundlagen der Energiewirtschaft und Energieerzeugung

**1**

## 1.1 Einleitung

Die Erzeugung von elektrischem Strom mit Hilfe eines Dampfkraftprozesses stellt schon seit mehr als 100 Jahren die wirtschaftlichste und auch weltweit am weitesten verbreitete Lösung dar. Voraussichtlich wird dies auch in der Zukunft so bleiben, wenn anstelle von fossilen Brennstoffen die Sonnenenergie zur Dampferzeugung genutzt wird. Aus diesem Grund werden in diesem Kapitel zunächst ausführlich die Gesetzmäßigkeiten der Wasserdampferzeugung dargestellt und danach der Dampfkraftprozess anhand eines Beispiels beschrieben. Gezeigt werden die Verbesserungsmöglichkeiten und Vorteile des Dampfkraft- und Gasturbinenprozesses sowie die Kopplung von Gas- und Dampfturbinenkreisprozessen. Dann werden die Schaltung eines realisierten Gas-Kombi-Heizwerks gezeigt und die Betriebsdaten genannt.

Die Kraft-Wärmekopplung eines Blockheizkraftwerkes (BHKW) mit Verbrennungsmotoren oder mit einer Gasturbine wird anhand einer Notstromversorgung für ein Krankenhaus erörtert. Als Beispiel für den Übergang zu neuen Technologien wird der Einsatz eines BHKW, das mit Biogas betrieben wird und ein Dorf mit Strom und Wärme versorgt, gezeigt. Am Schluss des Kapitels wird die Funktion der zurzeit in Entwicklung und Erprobung befindlichen zukünftigen Stromerzeuger, wie Brennstoffzellen, Fotovoltaik, Solar-Thermie und Solar-Kraftwerke, erläutert. Neben der Darstellung ihrer Funktionsschemata werden außerdem die Bedeutung für den Anlagenbau und die voraussichtliche Entwicklung beschrieben. Angaben über Energieverbräuche und Brennstofflagerstätten werden nicht behandelt, da hierzu in Esdorn (1994) ausführliche Informationen verfügbar sind.

G. Scholz, *Heisswasser- und Hochdruckdampfanlagen*,
DOI 10.1007/978-3-642-36589-8_1, © Springer-Verlag Berlin Heidelberg 2013

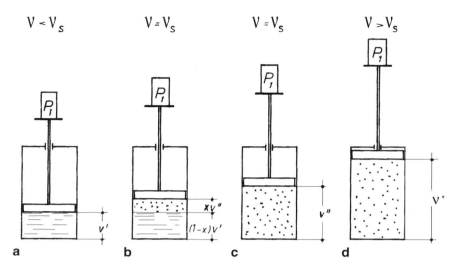

**Abb. 1.1** Verdampfungsvorgang

## 1.2    Die Erzeugung von Wasserdampf und die Berechnung von Dampfkraftprozessen

### 1.2.1    Die Erzeugung von Wasserdampf

Die Eigenschaften von Wasserdampf sind am deutlichsten zu erkennen, wenn die Entstehung des Dampfes aus dem flüssigen Wasser durchgehend dargestellt wird. Abbildung 1.1 zeigt ein geschlossenes Gefäß, in dem 1 kg Wasser unter dem Siededruck gehalten wird. Das Wasser hat die Temperatur von 0 °C und wird durch Wärmezufuhr bis zum Sieden erhitzt.

Beim Erwärmen steigt die Temperatur des Wassers bis zur Siedetemperatur $\vartheta_s$ an und bleibt dann konstant bis alles Wasser verdampft ist.

Würde man den Versuch bei veränderlichem Sättigungsdruck durchführen, so würde sich mit dem Siededruck $P_s$ auch die Siedetemperatur erhöhen. Den Zusammenhang zwischen Siedetemperatur und Siededruck zeigt Abb. 1.2.

Die Dampfentwicklung ist danach von der Existenz eines ganz bestimmten, zur Temperatur gehörenden Drucks abhängig. Wird das siedende und unter dem Druck $P_s$ stehende Wasser weiter erwärmt, so ist festzustellen, dass sich die Temperatur erst dann wieder erhöht, wenn das Wasser vollständig verdampft ist. Im geschlossenen Gefäß befindet sich dann trockengesättigter Dampf, der auch als Sattdampf bezeichnet wird.

Im Gebiet zwischen Siedezustand des Wassers und Sattdampf befindet sich Dampf mit Wasseranteilen, der als Nassdampf bezeichnet wird. Der Dampfanteil im Nassdampfgebiet ist durch den spezifischen Dampfgehalt X definiert.

**Abb. 1.2** Wasserdampfdruck-
verlauf

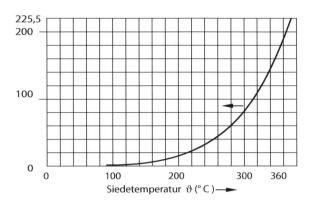

Im Siedezustand ist noch kein Dampf vorhanden, folglich ist an der Siedekurve $X = 0$.
Im Sattdampfzustand ist kein Wasser mehr im Dampf vorhanden und damit $X = 1$.

Als spezifischen Wassergehalt oder relative Dampffeuchte verwendet man auch den
Wert $(1–X)$. Wird dem Sattdampf weiterhin Wärme zugeführt, dann steigt die Dampftemperatur wieder an. Es bildet sich überhitzter Dampf mit der Überhitzungstemperatur $\vartheta_{\ddot{u}}$,
der auch als Heißdampf bezeichnet wird. Für die Bezeichnung der Zustandsgrößen von
Dämpfen oder überhitzten Dämpfen wurde folgende einfache und wichtige Festlegung getroffen: Alle Zustandsgrößen der siedenden Flüssigkeit werden mit einem hochgestellten
Strich $v'$, $\vartheta'$, $p'$, $h'$ kenntlich gemacht. Alle Zustandsgrößen, die den Sättigungszustand
erfassen, werden mit zwei hochgestellten Strichen gekennzeichnet $v''$, $\vartheta''$, $p''$, $h''$.

Beim Siededruck ändert sich durch die Erwärmung des Wassers im geschlossenen
Gefäß auch das Volumen des Wassers, das die Flüssigkeitsphase, Verdampfungsphase und
Überhitzungsphase durchläuft. Bei einer Temperatur von $\vartheta = 0\,^{\circ}C$ hat das Wasser das
Volumen $V_0$.

Bei der Temperatur $\vartheta' = \vartheta_s$ hat die siedende Flüssigkeit das Volumen $v'$. Zwischen den
Temperaturen $\vartheta$ bis $\vartheta''$ hat der Sattdampf das Volumen

$$v_x = v' + x(v'' - v') \qquad (1.1)$$

bzw. $\qquad\qquad\qquad\qquad\qquad v'' \, bei \, x = 1.$

Das Volumen des überhitzten Dampfes bei Temperatur $\vartheta_{\ddot{u}}$ wird mit $v_{\ddot{u}}$ gekennzeichnet.

Den Zusammenhang zwischen dem Siedepunkt und dem spezifischen Dampfvolumen
zeigt Abb. 1.3.

Die Zustandsgrößen können rechnerisch mit den „Van der Waalschen Zustandsgleichungen" näherungsweise ermittelt werden.

Da aber die Berechnung sehr zeitraubend ist, werden in der Praxis Wasserdampftabellen (VDI-Wasserdampftafeln), die alle Zustandsgrößen in Abhängigkeit von Druck oder
Temperatur enthalten, eingesetzt.

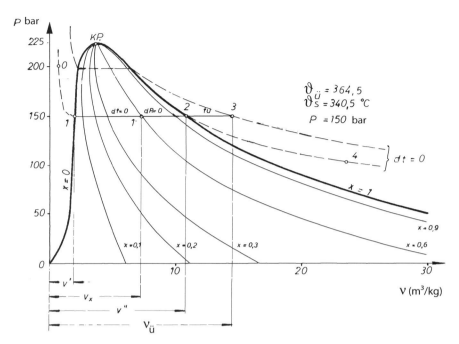

**Abb. 1.3** p-v-Diagramm von Wasserdampf

## 1.2.2 Erzeugungswärme und Enthalpie des Wasserdampfes

In Abb. 1.4 ist ein Dampferzeuger schematisch dargestellt. Er besteht aus einer Kesselspeisepumpe, die gegen den Druck Wasser in das Verdampfungssystem nachspeist und aus mehreren Heizflächen, dem Vorwärmer, Verdampfer und dem Überhitzer besteht. Die Feuerung des Dampferzeugers wird so geregelt, dass genauso viel Dampf erzeugt wird, wie der am System angeschlossene Verbraucher gerade abnimmt. Damit wird der Druck im Dampfraum stets konstant gehalten. In Abb. 1.4 wurden ganz bewusst die Erzeugungswärmen $\lambda$, d. h. die Energiemengen, die während der Dampfbildung direkt aufzuwenden sind, links aufgetragen, während die Enthalpie als die Energie, die sich nach jeder einzelnen Wärmezufuhr im Dampf befindet, auf der rechten Seite dargestellt ist, (siehe hierzu auch Abb. 1.5).

    Wird 1 kg Wasser von $0\,°\mathrm{C}$, welches unter dem Siededruck $p = p_s$ steht, auf die Siedetemperatur $\vartheta'$ erwärmt, dann ist dafür die Energie

$$\dot{q} = c_p \cdot \vartheta' \tag{1.2}$$

aufzuwenden Dabei wurde die spezifische Wärme bei konstantem Druck $c_p$ als praktisch konstant eingesetzt. q wird auch als Flüssigkeitswärme bezeichnet.

    Wird das siedende Wasser weiter erwärmt, dann bleibt, wie schon festgestellt, während der einsetzenden Verdampfung die Temperatur konstant. Es bleibt

$$\vartheta' = \vartheta''.$$

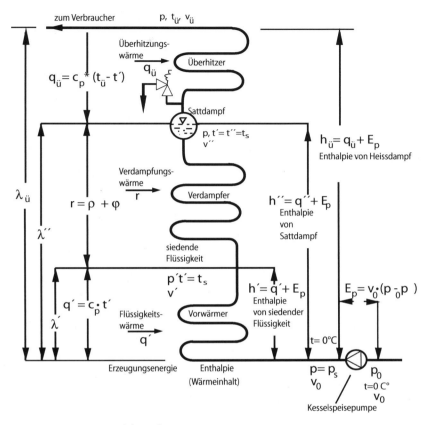

**Abb. 1.4**  Erzeugung von Heißdampf

Die Energie, die zur Dampfbildung benötigt wird, wird als Verdampfungswärme r bezeichnet. Sie setzt sich zusammen aus der inneren Verdampfungswärme $\rho$, die nötig ist, um das molekulare Gefüge der Flüssigkeit beim Übergang vom flüssigen zum dampfförmigen Zustand zu lockern, und der äußeren Verdampfungswärme $\psi$, die dem Arbeitswert der Volumenvergrößerung bei der Dampfbildung entspricht.

Energie wird, wie in der Thermodynamik üblich, mit u bezeichnet.

Für die innere Verdampfungswärme gilt dann die Beziehung

$$\rho = p(u'' - u') \tag{1.3}$$

und für die äußere Verdampfungswärme $\psi$

$$\psi = p(v'' - v'). \tag{1.4}$$

Die Verdampfungswärme ergibt sich somit aus:

$$r = \rho + \psi. \tag{1.5}$$

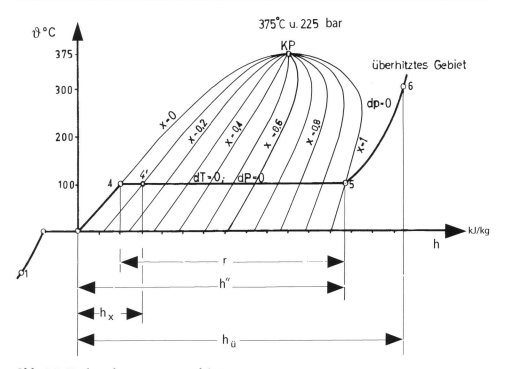

**Abb. 1.5**  Verdampfungsvorgang im $\vartheta$-h-Diagramm

**Abb. 1.6**  Anteile und Verlauf
der Verdampfungswärme nach
Gl. 1.5

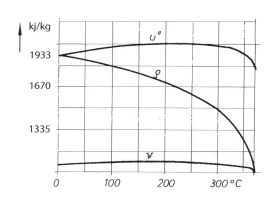

Siehe hierzu auch Abb. 1.6.

Die Erzeugungswärme von Sattdampf ergibt sich zu

$$\lambda'' = q' + r. \tag{1.6}$$

Durch die weitere Beheizung wird der Sattdampf überhitzt, die Überhitzungswärme ergibt sich aus:

$$q_{\ddot{u}} = c_p(\vartheta_{\ddot{u}} - \vartheta''), \tag{1.7}$$

womit sich die Erzeugungswärme für den überhitzten Dampf zu

$$\lambda_{\ddot{u}} = q' + r + q_{\ddot{u}} \tag{1.8}$$

errechnet.

Die Gln. 1.2, 1.6 und 1.8 dienen zur Berechnung der Wärmeinhalte der einzelnen Stufen der Dampferzeugung. Der Ausgangspunkt für die innere Energie (spezifische Enthalpie oder Wärmeinhalt) ist mit der Temperatur von 0 °C und dem zugehörigen Dampfdruck von 0,006 bar festgelegt.

### 1.2.3  Enthalpie des Wasserdampfes

Die Formel für den 1. Hauptsatz der Thermodynamik lautet

$$h = u + p \cdot v. \tag{1.9}$$

Damit errechnet sich die Enthalpie, die von der Kesselspeisepumpe erzeugt wird, zu

$$h_p = v_o \cdot (p - p_o) + p \cdot v_0. \tag{1.10}$$

Die Enthalpie des Kesselspeisewassers nach dem Vorwärmen beträgt:

$$h' = q' + v_o(p - p_o). \tag{1.11}$$

Die Enthalpie des trockengesättigten Dampfes ergibt sich, wenn zur Enthalpie des Wassers im Verdampfungszustand an der unteren Grenzkurve die Verdampfungswärme addiert wird:

$$h'' = h' + r.$$

Bei der weiteren Erwärmung wird der Dampf überhitzt, und die Enthalpie des überhitzten Dampfes ergibt sich aus der Beziehung

$$h_{\ddot{u}} = h'' + q_{\ddot{u}} \tag{1.12}$$

Abbildung 1.4 stellt die Dampferzeugung entsprechend der Bauteilanordnung und mit den einzelnen Erzeugungsphasen dar.

Abbildungen 1.7 und 1.8 zeigen einen Großraumkessel und einen Wasserrohrkessel mit Schräg- und Steilrohren. Die einzelnen Bauteile sind entsprechend den Funktionen und im erforderlichen Temperaturbereich angeordnet.

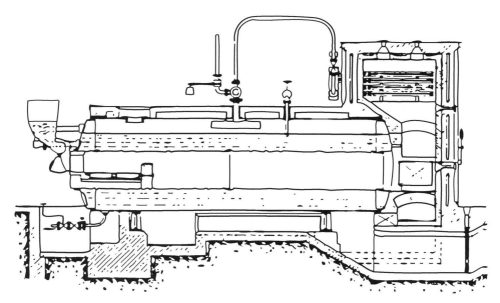

**Abb. 1.7** Großraumkessel

Überhitzter Dampf kann nur erzeugt werden, wenn kein Wasser im gleichen Bauteil vorhanden ist.

Der trockengesättigte Dampf wird aus dem Dampfraum der Dampftrommel entnommen und nochmals durch das Überhitzerrohrsystem im Feuerraum geführt. Die Überhitzung im Feuerraum ist schwer regelbar und kann, wenn eine konstante Überhitzungstemperatur gefordert wird, durch Kondensateinspritzung für den Verbraucher geregelt werden.

Beim Großraumkessel wird in der Regel eine geringe Überhitzung in der Rauchgaskammer erzielt.

## 1.2.4    Entropie und T-s- und h-s-Diagramm

Für die qualitative Veranschaulichung und Bewertung von Dampfkraftprozessen eignen sich besonders das T-s- und h-s-Diagramm.

Deshalb ist es erforderlich, dass zunächst der Begriff der Entropie und die Berechnung der Entropiewerte für den Wasserdampf erläutert werden. Die Entropie ist eine weitere stoffunabhängige Zustandsgröße. Sie wurde von Clausius zur Quantifizierung des Grades der Umkehrbarkeit eines thermodynamischen Prozesses eingeführt. Mathematisch kann der Kreisprozess als Kurvenintegral mit dem integrierenden Faktor 1/T (Kelvintemperatur als Nenner) berechnet werden. Das damit wegunabhängige Integral lautet

$$\oint \frac{dq}{T} = 0. \tag{1.13}$$

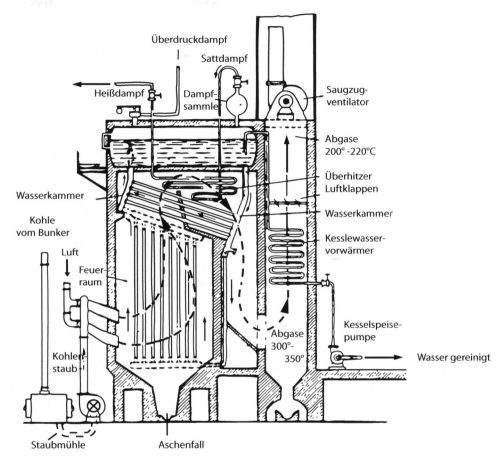

**Abb. 1.8** Wasserrohrkessel

Dies bedeutet, dass das Kreisintegral der Entropieänderung über den gesamten umkehrbaren Kreisprozess den Wert 0 annimmt.

Dies gilt für jeden umkehrbaren, (reversiblen) Kreisprozess. Da eine Summierung vorhanden ist, muss sich bei ihr die Entropie fortlaufend ändern. Wenn der Buchstabe s für die Entropie eingeführt wird, gilt nach dem 1. Hauptsatz der Thermodynamik:

$$ds = \frac{dq}{T} + \frac{dw}{T}. \tag{1.14}$$

Damit kann jedem Gas- oder Dampfzustand ein bestimmter Zustandswert s zugeordnet werden.

Bei Wärmezufuhr ist ds für ein geschlossenes System immer größer Null und bei adiabaten Prozessen gleich Null. Die Reibungsarbeit dW (Reibungswärme) ist bei nicht umkehrbaren Prozessen immer größer Null und bei umkehrbaren Prozessen gleich Null.

Für weiterführende theoretische Betrachtungen wird auf die Lehrbücher der Thermo-dynamik im Literaturverzeichnis von Baehr (1984) verwiesen. Damit die Handhabung des T-s- und h-s-Diagramms und der Wasserdampftabellen verständlicher wird, müssen noch die Gleichungen für die Entropie des Wasserdampfes hergeleitet werden.

Für den Wasserdampf setzt man den Basiswert für die Entropie $S_0 = 0$ für die Temperatur $T = 273$ K.

Wenn die spezifische Wärmekapazität des Wassers $Cp =$ konstant angenommen wird, dann ergibt sich der Wärmeinhalt für die siedende Flüssigkeit aus:

$$dq = c_p \cdot T. \tag{1.15}$$

Eingesetzt in die Gl. 1.14 und integriert erhält man mit

$$\int_0^s ds = \int_{T=273}^0 c_p \cdot \frac{dT}{T}$$

$$\dot{s} = c_p \ln\left(\frac{\dot{T}}{273}\right) \tag{1.16}$$

die Entropie des siedenden Wassers.

Die Entropie des Sattdampfes ergibt sich wieder ausgehend von Gl. 1.14 mit $dq = r \cdot dx$, wobei x der spezifische Dampfgehalt in den Grenzen $x = 0$ und $x = 1$ ist. Während der Verdampfung ist

$$ds = \frac{r \cdot dx}{T}$$

und

$$\int_{s'}^{s''} ds = \frac{r}{T} \int_{x=0}^{x=1} dx$$

und damit

$$s'' = \dot{s}' + \frac{r}{T}. \tag{1.17}$$

Die Entropie des Heißdampfes ergibt sich in gleicher Weise mit $dq = c_p \, dT$ mit $c_p$ für überhitzten Wasserdampf nach Abb. 1.9.

$$ds = c_p \cdot \frac{dT}{T} \quad \text{und} \quad \int_{s''}^{s_\ddot{u}} ds = c_p \cdot \int_{T''}^{T_\ddot{u}} \frac{dT}{T''}$$

$$s_\ddot{u} = s'' + c_p \ln\left(\frac{T_\ddot{u}}{T''}\right) \tag{1.18}$$

oder auch als Zusammenfassung der Gln. 1.16 bis 1.18

$$s_\ddot{u} = c_p \ln\left(\frac{T_\ddot{u}}{T''}\right) + \frac{r}{T} + c_p \ln\left(\frac{T_\ddot{u}}{273}\right). \tag{1.19}$$

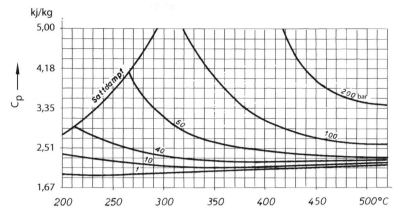

**Abb. 1.9** Spezifische Wärmekapazität $c_p$ von überhitztem Wasserdampf

## 1.2.5   T-s-Diagramm

Errechnet man die Werte von $s'$, $s''$ und $s_{\ddot{u}}$ bei verschiedenen Dampfzuständen und trägt diese Werte auf der Ordinate und die zugehörenden absoluten Temperaturen auf der Abszisse auf, dann entsteht das T-s-Diagramm.

Gleichung 1.14 kann auch nach dq umgestellt werden, so dass

$$dq = T \cdot ds$$

oder nach der Integration zu

$$q = T(s_2 - s_1) \tag{1.20}$$

wird. Damit ist erkennbar, dass die Flächen im T-s-Diagramm Energien oder Wärmemengen darstellen. Durch die Eintragung des Kreisprozesses in das T-s-Diagramm und den Vergleich der Flächen für die Wärmezufuhr und der Wärmeabfuhr können die Kreisprozesse qualitativ dargestellt und ausgewertet werden (Abb. 1.10).

## 1.2.6   h-s-Diagramm für Wasserdampf

Bei der Verwendung des T-s-Diagramms für Wasserdampf muss man die Wärmemengen aus dem Diagramm durch Planemetrieren ermitteln. Dies ist umständlich und zeitraubend. Wesentlich besser eignet sich das von Mollier vorgeschlagene h-s-Diagramm.

Das h-s-Diagramm entsteht, wenn man auf der waagerechten Achse die Entropie- und auf der senkrechten Achse die vorher ermittelten Enthalpiewerte aufträgt.

Durch Einzeichnen der Zustandsgrößen für die Siedezustände erhält man die untere Grenzkurve bis zum kritischen Punkt KP und für den Sattdampfzustand die obere

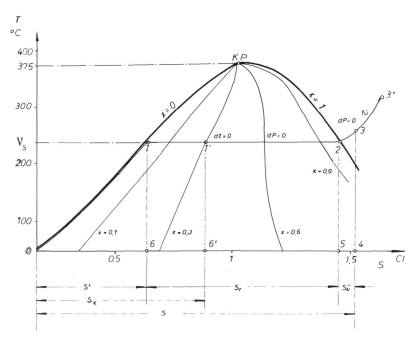

**Abb. 1.10** T-s-Diagramm für Wasserdampf

Grenzkurve. Zwischen diesen beiden Kurven liegt wieder das Verdampfungs- oder Nassdampfgebiet.

Wenn gleiche Druckpunkte auf der oberen und unteren Grenzkurve durch eine Gerade verbunden werden, ergeben sich die isothermen und isobaren Verdampfungslinien im Nassdampfbereich. Diese Linien gleichen spezifischen Dampfgehalten. x-Linien entstehen, indem das Nassdampfgebiet auf den Isothermen in gleiche Teilpunkte aufgeteilt und mit dem kritischen Punkt verbunden wird. Oberhalb der oberen Grenzkurve haben die Isothermen einen Knick und steigen im überhitzten Gebiet geringer an als die Isobaren.

Nach einiger Entfernung von der oberen Grenzkurve verlaufen die Isothermen im überhitzten Gebiet schließlich waagerecht, weil sie sich mit zunehmender Überhitzung immer mehr wie ein ideales Gas verhalten. In Abb. 1.11 sind auch die Zustandsänderungen h = konstant von 1 nach 3, z. B. Druckreduzierung, s = konstant von 1 nach 2, z. B. isentrope Entspannung, und die polytrope Entspannung von 1 nach 4 eingetragen

Das in der Technik gebräuchliche Arbeitsfeld des h-s-Diagramms ist in Abb. 1.11 schraffiert dargestellt. Dieser Teil des h-s-Diagramms ist in Abb. 1.12 großformatig und mit allen anderen Zustandskurven als Arbeitsblatt wiedergegeben.

Die Handhabung dieses Arbeitsblatts bzw. des h-s-Diagramms und der Wasserdampftafel für Nassdampf und überhitzten Dampf werden im folgenden Berechnungsbeispiel für einen Dampfkraftprozess gezeigt.

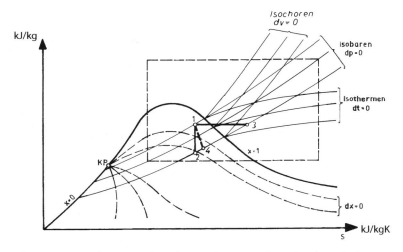

**Abb. 1.11** h-s-Diagramm für Wasserdampf mit Isobaren, Isochoren und Isenthalpen

---

**Beispiel 1.1: Berechnung eines Dampfkraftprozesses**

*Aufgabenstellung*
In einem Steilrohrkessel mit Wanderrostfeuerung und Überhitzer werden 60 t Dampf von 120 bar erzeugt und auf 550 °C überhitzt.

Der überhitzte Dampf wird im Hochdruckteil der Turbine auf 24 bar entspannt und danach im Feuerraum des Dampfkessels wieder auf 545 °C überhitzt, um danach im Mitteldruckteil der Turbine von 23 bar auf 3 bar Gegendruck zu entspannen. Der Druckverlust im Zwischenüberhitzer und den Rohrleitungen beträgt ca. 1 bar.

Ein Teilstrom wird im Niederdruckteil der Turbine weiter bis auf 0,05 bar entspannt und im Kondensator kondensiert. Der Entnahmedampf von 3 bar wird zur Beheizung von Produktionseinrichtungen und Gebäuden in einem Wärmetauscher und im Speisewasser-Vorwärmer kondensiert.

Das Kondensat wird von der sich einstellenden Mischtemperatur im Speisewasser-Vorwärmer auf 200 °C erwärmt und als Speisewasser dem Kessel wieder zugeführt. Die inneren Wirkungsgrade der Turbinenstufen betragen $\eta_{hD} = 0{,}83$, $\eta_{mD} = 0{,}83$, $\eta_{nD} = 0{,}8$.

Der mechanische Wirkungsgrad der Turbine wird mit $\eta_m = 0{,}95$ und der Wirkungsgrad des Generators zu $\eta_G = 0{,}96$ angenommen.

Die Schaltung der Anlage zeigt Abb. 1.13 mit eingetragenen Zustandspunkten. Der Zustandsverlauf vom Dampferzeuger bis zum Austritt aus der Turbine wurde in das h-s-Diagramm Abb. 1.14 eingetragen, aus dem auch die benötigten Zustandsgrößen entnommen werden.

*Gesucht*
a)  der Zustandsverlauf des Dampfes, dargestellt im h-s-Diagramm,

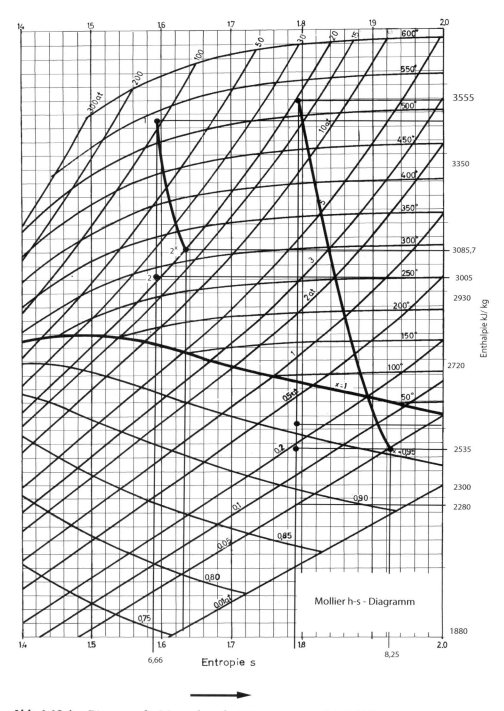

**Abb. 1.12** h-s-Diagramm für Wasserdampf mit Eintragung aus Beispiel 1.1

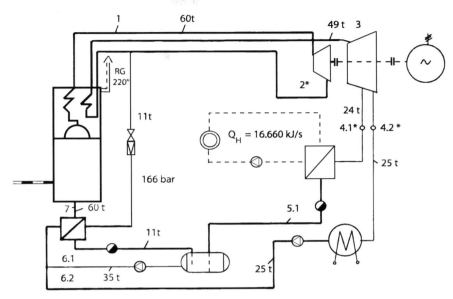

**Abb. 1.13** Schaltung der Anlage

**Abb. 1.14** Enthalpiegefälle
der Hochdruckstufe

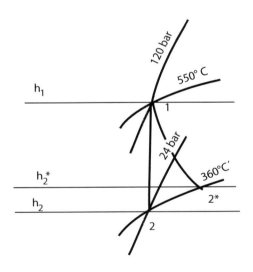

b)  das in der Vorschaltturbine genutzte Energiegefälle $\Delta h_{HD}$ und der Massenstrom $m_{HD}$,

c)  die in der Nachschaltturbine genutzten Energiegefälle $\Delta h_{MD}$ und $\Delta h_{ND}$ und die Dampfmassenströme durch die Turbine $m_{HD}$ und $m_{ND}$,

d)  die in den Turbinen genutzte Gesamtenergie $N_{ges.}$ und die an das elektrische Netz abgegebene Gesamtenergie bei Nennleistung $N_{el}$,

e)  die im Kondensator und Wärmeaustauscher abgeführten Wärmeleistungen $Q_K$ und $Q_H$ und die mit dem Kesselspeisewasser dem Dampferzeuger wieder zugeführte Wärmemenge $Q_{SpW}$,

**Tab. 1.1** Aufstellung der Zustandspunkte der Abb. 1.13/ 1.14

| Zust. Punkt | p<br>Bar | t<br>°C | h<br>kJ/kg | s<br>kJ/kg K |
|---|---|---|---|---|
| 1 | 120,00 | 550 | – | – |
| 2 | 24,00 | 300 | – | – |
| 2* | 24,00 | 360 | – | – |
| 3 | 23,00 | 545 | – | – |
| 4.1 | 3,00 | 245 | – | – |
| 4.1* | 3,00 | 300 | – | – |
| 4.2 | 0,05 | 35 | – | – |
| 4.2* | 0.05 | 35 | – | – |
| 5.1 | 3,00 | 133 | – | – |
| 5.2 | 16,00 | 200 | – | – |
| 6.1 | 120,00 | 84 | – | – |
| 6.2 | 120,00 | 35 | – | – |
| 7 | 120,00 | 193 | – | – |

f) Zusammenstellung aller Zustandswerte für die Berechnung in einer Tabelle und Darstellung des Energieflusses in einem Diagramm,

g) Berechnung des spezifischen Wärmeverbrauchs und des thermischen Wirkungsgrades für das Industrieheizkraftwerk,

h) Diskussion der Ergebnisse.

*Lösung*

Die Zustandswerte für den Nassdampf und das Kondensat können den Dampftafeln für Sattdampf entnommen werden. Alle für die Berechnung des Dampfkraftprozesses benötigten Zustandswerte sind in Tab. 1.1 zusammengestellt (Schmidt 1969).

Bei der Ermittlung der Zustandswerte wird wie folgt vorgegangen:

a) *Zustandsverlauf des Dampfes dargestellt im h-s-Diagramm*
Zuerst wird der Zustandspunkt 1 in das h-s-Diagramm Abb. 1.14 eingetragen. Bekannt sind der Betriebsdruck und die Temperatur.

b) *Energiegefälle $\Delta h_{HD}$ und Massenstrom $m_{HD}$*
Die Entspannung in der Turbine würde ohne Reibungsverluste isotrop bei s konstant bis zum Gegendruck bei Punkt 2 mit p = 24 bar verlaufen.
Das theoretische Enthalpiegefälle bei s-konstant beträgt

$$h_1 - h_2 = 3.480 - 3.005 = 475 \, \text{kJ/kg.}$$

Das tatsächliche Enthalpiegefälle im Hochdruckteil der Turbine ergibt sich zu:

$$\Delta h_{HD} = \eta_{hd}\Delta h_{1-2} = 0{,}83 \cdot 475 = 394{,}3 \, \text{kJ/kg.}$$

Durch Eintragung von $\Delta h_{HD}$ und Ermittlung von:

$$h_{2*} = h_1 - \Delta h_{HD} = 3.480 - 394{,}3 = 3.085{,}7 \, \text{kJ/kg.}$$

und Eintragung in das h-s-Diagramm werden im Schnittpunkt mit der Linie für 24 bar die Zustandswerte des tatsächlichen Dampfzustands beim Austritt aus dem HD-Teil der Turbine Punkt 2 gefunden. Es können damit die Austrittstempera- tur, $\vartheta_{\ddot{u}} = 330\,°C$ und $s = 6{,}79 \, \text{kJ/kg}$ und im ausführlichen h-s-Diagramm auch das spezifische Volumen abgelesen werden. Auf dem gleichen Weg können die Zustands- werte für die Mitteldruck- und Niederdruckstufe der Turbine ermittelt werden. Der Dampfdurchsatz für die HD-Turbine beträgt 60 t/h oder 16.667 kg/s.

c) *Genutzte Energiegefälle $\Delta h_{MD}$ und $\Delta h_{ND}$ und Dampfmassenströme $m_{HD}$ und $m_{ND}$*
   Die Wärmegefälle $\Delta_{MD}$ und $\Delta_{ND}$ errechnen sich wie vorher und mit den Werten aus dem h-s-Diagramm zu:

$$\Delta h_3 = h_3 - h_{4.1} = 3.565 - 2.950 = 615 \, \text{kJ/kg}$$

$$\Delta h_{MD} = \Delta h_3 . \eta_{MD} = 615 \cdot 0{,}82 = 504{,}3 \, \text{kJ/kg}$$

$$h_{4.1} = 3.656 - 504{,}3 = 3.060{,}7 \, \text{kJ/kg}$$

$$\Delta h_4 = h_3 - h_{4.2} = 3.565 - 2.280 = 1.285 \, \text{kJ/kg}$$

$$\Delta h_{ND} = \Delta h_4 \cdot \eta_{ND} = 1.285 \cdot 0{,}80 = 1.028 \, \text{kJ/kg}$$

$$h_{4.2}^{*} = 3.656 - 1.028 = 2.537 \, \text{kJ/kg}$$

$$m_{MD} = 24 \, t/h = 6{,}67 \, \text{kg/s}$$

$$m_{ND} = 25 \, t/h = 6{,}945 \, \text{kg/s}$$

$$m_{HD} = 60 \, t/h = 16{,}67 \, \text{kg/s}$$

d) *Gesamtenergie $N_{ges.}$ und Gesamtenergie bei Nennleistung $N_{el}$*
   Die in der Turbine genutzte Energie berechnet sich aus dem Dampfmassenstrom und dem in den einzelnen Turbinenstufen genutzten Enthalpiegefälle.

$$N_{ges} = \dot{m}_{HD} \cdot \Delta h_{HD} + \dot{m}_{MD} \cdot \Delta h_{MD} + \dot{m}_{ND} \cdot \Delta h_{ND}$$

$$N_{ges} = 16{,}667 \cdot 394{,}3 + 6{,}667 \cdot 504{,}3 + 6{,}945 \cdot 1.028$$

$$= 6.571{,}8 + 3.362{,}1 + 7.139{,}5 = 17.073{,}4 \, \text{kW}$$

Die in das Betriebsnetz abgegebene elektrische Leistung beträgt

$$N_{el.} = N \cdot \eta_m \cdot \eta_{e'lektr} = 17.073{,}4 \cdot 0{,}95 \cdot 0{,}96 = 15.571 \, \text{kW}.$$

e) *Wärmeleistungen $Q_K$ und $Q_H$ und wieder zugeführte Wärmemenge $Q_{SpW}$*
   Im Kondensator werden 25 t Dampf je Stunde mit h" $= 2.537$ kJ/kg kondensiert. Das
   Kondensat wird mit $t_s = 35\,^{\circ}$C und h' $= 145$ kJ/kg zum Speisewasser-Vorwärmer und
   Kessel weitergeleitet. Die im Kondensator abgeführte Wärmemenge beträgt

$$Q_K = \frac{25.000 \, \text{kg/h} (2.537 - 145) \text{kJ/kg}}{3.600 \, \text{s/h}} = 16.611 \, \text{kW}.$$

Aus dem Kessel entnommen werden 16.665 kg/s mit $h_ü = 3.480$ kJ/kg, also 57.994 kW,
und für die Überhitzung der Mitteldruck- und Niederdruckstufe nochmals 13,6 kg/s
mit $h_ü = 480$ kJ/kg, also 6.528 kW, zusammen also 64.522 kW. Hiervon ist die mit dem
Speisewasser zurückgeführte Wärmemenge mit h' $= 850$ kJ/kg noch abzuziehen

$$Q_{Sp.W} = \frac{60.000 \, \text{kg/h} \cdot 850 \, \text{kJ/kg}}{3.600 \, \text{s/h}} = 14.177 \, \text{kW}.$$

Die Differenz ergibt $64.522 - 14.177 = 50.345$ kW. Addiert man hierzu die Schornstein
verluste von ca. 6.400 kW, erhält man die erforderliche Feuerungsleistung von 56.745
kW. Diese Wärmemenge muss dem Kessel durch die Verbrennung von Steinkohle
zugeführt werden. Für Heizwecke werden dem Kreisprozess 24 t Dampf je Stunde mit
$h_ü = 3.060$ kJ/kg entnommen. Im Kondensat oder Kesselspeisewasser verbleiben davon
h' $= 561$ kJ/kg. Die an das Heizungsnetz übergebene Wärmemenge beträgt somit

$$Q_H = 24.000 \, \text{kg/h} (3.060 - 561) \, \text{kJ/kg}$$

$$= 5.997.600 \, \text{kJ/h} \quad oder \quad 16.660 \, \text{kW}.$$

f) *Tabelle mit allen Zustandswerten, h und Energieflussdiagramm* (Tab. 1.2) (Abb. 1.15)

g) *Spezifischer Wärmeverbrauch und thermischer Wirkungsgrad*
   Der spezifische Wärmeverbrauch q im kW Wärme pro kW elektrischer Strom und
   hermischen WirkungsgradHeizwärme in kW ergibt sich zu:

$$q = \frac{\dot{m}_B \cdot Hu_B}{P_{elektrr.} + q_{FW}} = \frac{56.745 \, \text{kJ/s}}{15.586 \, \text{kW} + 16.600 \, \text{kJ/s}} = 1{,}76.$$

**Tab. 1.2**  Tab. 1.1 mit ergänzten h-s-Werten

| Zust. Punkt | Þ<br>bar | t<br>°C | h<br>kJ/kg | S<br>kj/kg K |
|---|---|---|---|---|
| 1 | 120,00 | 550 | 3.480 | 6,66 |
| 2 | 24,00 | 300 | 3.005 | 6,66 |
| 2* | 24,00 | 360 | 3.085 | 6,79 |
| 3 | 23,00 | 545 | 3.565 | 7,48 |
| 4.1 | 3,00 | 245 | 2.950 | 7,48 |
| 4.1* | 3,00 | 300 | 3.060 | 7,68 |
| 4.2 | 0,05 | 35 | 2.280 | 7,48 |
| 4.2* | 0.05 | 35 | 2.537 | 8,25 |
| 5.1 | 3,00 | 133 | 561 | 1,67 |
| 5.2 | 16,00 | 200 | 851 | 2,34 |
| 6.1 | 120,00 | 84 | 350 | 1,12 |
| 6.2 | 120,00 | 35 | 145 | 0,50 |
| 7 | 120,00 | 193 | 820 | 2,27 |

| | | |
|---|---|---|
| 1 | Feuerungsleistung | 56.635 kW |
| 2 | Feuerungs- und Schornsteinverluste (12,5 %) | 6.293 kW |
| 3 | Speisewasserkreislauf $Q_{SpW}$ | 14.177 kW |
| 4 | Kondensatorabwärme $Q_K$ | 16.611 kW |
| 5 | elektrische Stromabgabe $N_{el}$ | 15.571 kW |
| 6 | $\eta_m + \eta_{el}$ Turbine und Generator | 1.500 kW |
| 7 | Fernwärmeabgabe $Q_H$ | 16.660 kW |

Damit erhält man einen thermischen Wirkungsgrad von

$$\eta_{th} = \frac{1}{q} = \frac{1}{1,76} = 0,57 \ bzw. 57\,\%.$$

h) *Diskussion der Ergebnisse*

Das Ergebnis zeigt, dass ein richtig bemessenes Industrieheizkraftwerk einen verhältnismäßig hohen Wirkungsgrad von 57 % erreichen kann. Der hohe Wirkungsgrad wurde auch im Wesentlichen durch die Wahl des hohen Betriebsdrucks und durch die gewählte zweifache sehr hohe Überhitzung des Dampfes erzielt.

Dieser hohe Wirkungsgrad ist aber auch nur dann erreichbar, wenn der erzeugte elektrische Strom und die Heizwärme ganzjährig im Werk abgenommen, also von der Produktion auch benötigt werden.

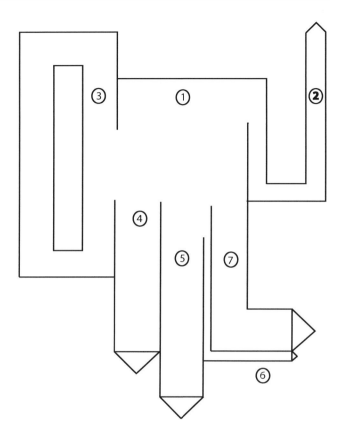

**Abb. 1.15** Energiefluss-diagramm

Um diesen Betrieb sicherzustellen, wird man die Leistung der Turbinen und Ge-neratoren für den Mindestbedarf des Werks bemessen und mit dem zuständigen Energieversorgungsunternehmen (EVU) einen Vertrag über einen Zusatzstrombedarf aus dem Netz und eine Überschussabgabe in das öffentliche Stromnetz abschließen. Auch den Wärmeaustauscher für die Heizwärme und die Entnahmemenge aus der Turbine wird man für die zu jeder Tageszeit benötigte Heizwärme des Werkes bemes-sen. Für zusätzliche Heizwärme an kalten Wintertagen kann ein weiterer Heizkessel bereitgehalten werden. Die möglichen Grundschaltungen für Heizkraftwerke werden in Abschn. 1.2.7 erläutert.

## 1.2.7 Grundschaltungen von Dampfheizkraftwerken

Wenn es gelingt, die Kondensatwärme einer Dampfkraftanlage für Heizzwecke in der Industrie oder für Fernwärmenetze nutzbar zu machen, dann ist für die Erzeugung elektrischer Energie nur noch diejenige Wärmemenge zu erzeugen, die für das isentro-

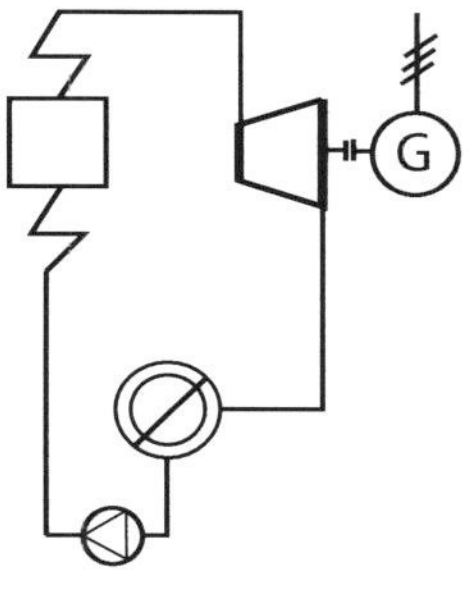

**Abb. 1.16** Einfache
Gegendruckanlage

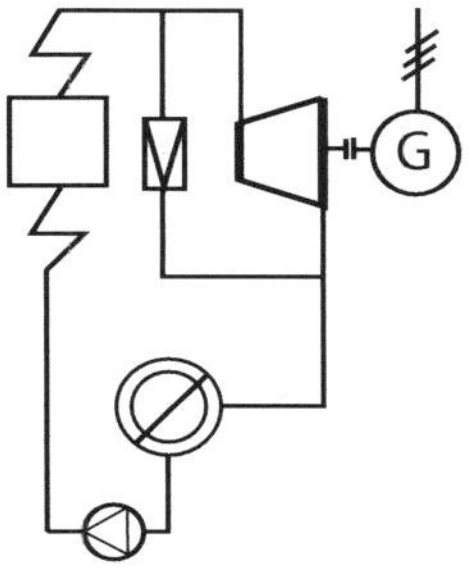

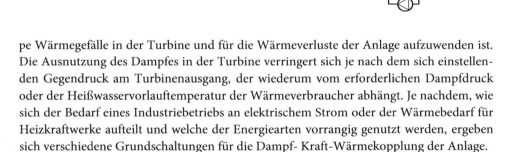

**Abb. 1.17** Gegendruckanlage
mit vorrangiger
Wärmeversorgung

pe Wärmegefälle in der Turbine und für die Wärmeverluste der Anlage aufzuwenden ist. Die Ausnutzung des Dampfes in der Turbine verringert sich je nach dem sich einstellenden Gegendruck am Turbinenausgang, der wiederum vom erforderlichen Dampfdruck oder der Heißwasservorlauftemperatur der Wärmeverbraucher abhängt. Je nachdem, wie sich der Bedarf eines Industriebetriebs an elektrischem Strom oder der Wärmebedarf für Heizkraftwerke aufteilt und welche der Energiearten vorrangig genutzt werden, ergeben sich verschiedene Grundschaltungen für die Dampf- Kraft-Wärmekopplung der Anlage.

Abbildung 1.16 zeigt eine Schaltung für eine Anlage, bei der der Wärme- und Stromverbrauch nur geringen Schwankungen unterliegt und ein ausgeglichenes Erzeugersystem bei richtiger Wahl des Dampfdruckes und der Überhitzertemperatur vor der Turbine bildet.

Vorrangig für den Dampfdurchsatz durch die Gegendruckturbine ist der Dampfbedarf der Wärmeverbraucher. Die vom Generator erzeugte elektrische Energie muss, wenn sie größer als der Eigenbedarf ist, an das EVU abgegeben werden. Zu Zeiten, in denen der Eigenbedarf an Elektroenergie höher ist als die vom Generator erzeugte Menge, muss elektrischer Strom vom EVU dazu eingekauft werden. Wenn das EVU zur Abnahme der elektrischen Energie nicht bereit ist oder keine auskömmliche Abnahme und Bezugstarife vereinbart werden, muss eine Schaltung nach Abb. 1.17 ausgeführt werden.

Durch die Dampfturbine strömt nur die Dampfmenge, die für die Erzeugung der benötigten Strommenge gerade erforderlich ist. Die von den Wärmeverbrauchern zusätzlich benötigte Dampfmenge strömt über eine Reduzierstation von der Hauptdampfleitung zur Heizdampfleitung. Die Drosselung des Dampfes erfolgt bei konstant bleibendem Wärme-

**Abb. 1.18** Entnahme und
Kondensationsbetrieb bei
vorrangiger Stromversorgung

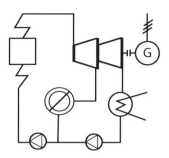

inhalt, aber mit Zunahme der Entropie stellt sie eine Energieabwertung dar und führt zu
einer Reduzierung des Wirkungsgrades für den Kreisprozess.

Wenn aus betrieblichen oder tariflichen Gründen ein ausreichender Strombezug nicht
möglich sein sollte, muss der Bedarf oder Mehrbedarf an elektrischer Leistung selbst
erzeugt werden. Diese Schaltung entspricht etwas vereinfacht Abb. 1.13 von Beispiel 1.1.

Bei der Schaltung von Abb. 1.18 und mit den Ergebnissen wie in Beispiel 1.1 berechnet und im Energieflussbild Abb. 1.15 dargestellt, kommt die Verbesserung durch
Kraftwärmekopplung nur beim Heizdampfanteil zum Tragen.

## 1.2.8  Wirtschaftliche Ausführung von Dampfkraftwerken für reinen Kondensationsbetrieb

Große Dampfkraftwerke werden fast ausschließlich als Kondensationskraftwerke in
der Nähe von Flüssen oder großen Binnenseen gebaut und mit reichlich bemessenen
Kühltürmen ganzjährig mit konstanter Leistung betrieben. Die Wirtschaftlichkeit eines
Kondensationskraftwerks wird durch die schon beschriebenen Maßnahmen „hohe Betriebsdrücke", hohe Überhitzungstemperaturen und mehrfache Überhitzungen erreicht.
Eine weitere Verbesserung des Kreisprozesses ist durch die regenerative Speisewasseraufheizung gegeben. Dabei wird die Kondensatorleistung durch Dampfentnahme aus
einer Entnahmeturbine und stufenweise Aufheizung des Speisewassers reduziert. Dieser
Vorgang soll anhand einer dreistufigen Entnahme und Speisewasseraufheizung erläutert
werden.

Abbildung 1.19 zeigt das Schaltbild der Anlage und in Abb. 1.20 ist das T-s-Diagramm
für eine 3-stufige Speisewasser-Vorwärmung und einstufige Überhitzung dargestellt. Um
eine optimale Verbesserung des Kreisprozesses zu erreichen, müssen die Entnahmestufen
der Turbine genau auf die günstige Vorwärmetemperatur abgestimmt sein.

Die Entnahmemenge der Stufe 1, also die Fläche über c′ bis d′, muss so bemessen sein,
dass die Vorwärmeflächen zwischen c und d ausgefüllt werden. Das Gleiche gilt für die
weiteren Flächenteile b′ bis c′ und b und c. Es wird also die Wärmemenge q zwischen a und
d zur Vorwärmung durch die gleichgroße Wärmemenge q′ als Abdampf aus der Turbine
entnommen.

**Abb. 1.19** Schaltbild eines
Dampfkraftprozesses mit
3-stufiger Speisewasser-
Vorwärmung

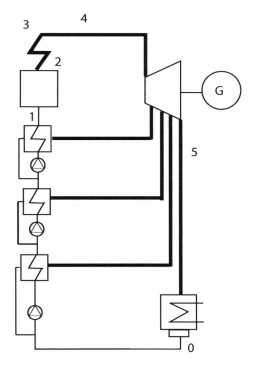

**Abb. 1.20** T-s-Diagramm für
den Dampfkraftprozess mit
3-stufiger Speisewasser-
Vorwärmung

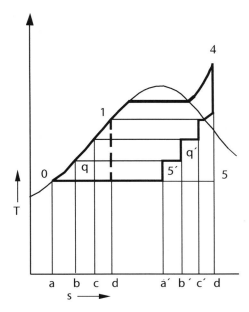

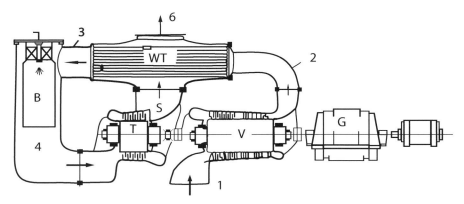

**Abb. 1.21** Bauteile der Gasturbinenanlage

Durch diese Ergänzung des Kreisprozesses kann der thermische Wirkungsgrad um 9 bis 10 % verbessert werden, so dass Kondensationsdampfkraftwerke mit zwei Überhitzungs-stufen und Speisewasser-Vorwärmung in 6 bis 9 Stufen und entsprechend abgestimmten Entnahmedampfturbinen heute thermische Wirkungsgrade von 40 bis 42 % erreichen.

## 1.3  Einführung in den Gasturbinenprozess

### 1.3.1  Die Gasturbinenanlage

Eine Gasturbinenanlage besteht aus einem Luftverdichter V, der die Luft von Zustand (1) ansaugt und auf den Zustand (2) verdichtet, z. T. dabei erwärmt, und einem Wärmetau-scher WT, in den ein Teil der Wärme von den Abgasen an die verdichtete Luft übertragen wird. Nach dem Wärmetauscher durchströmt die verdichtete Luft die Brennkammer (B), die mit einer Erdgas- oder Heizölfeuerung ausgerüstet ist und darin aufgeheizt, mit dem Brenngas vermischt und so vom Zustand (3) auf den Zustand (4) erwärmt wird. So ver-dichtete und aufgeheizte Luft und Rauchgase strömen durch die Turbine und geben bei der Entspannung von (4) bis (5) die Druck- und Wärmeenergie an die Laufschaufeln bzw. Welle der Turbinen ab. Ein Teil der Wärme von Zustand (5) wird bis zum Zustand (6) im WT abgekühlt. Die Restwärme wird für den Auftrieb im Schornstein benötigt. Da-bei handelt es sich um einen offenen Kreisprozess. Die Turbine, der Verdichter und der Generator zur Stromerzeugung sind bei einer stationären Anlage durch eine starre Welle mit Kupplungen verbunden. An der Welle befindet sich noch der Anwurfmotor, der nach dem Anlauf ausgekuppelt wird. Die Anlage ist in Abb. 1.21 dargestellt. Zu ihr gehören noch ein Luftansaugfilter mit Schalldämpfer für die Abgase sowie ein Abgasschornstein,

**Abb. 1.22** Schaltbild und
T-s-Diagramm des offenen
Gasturbinenprozesses

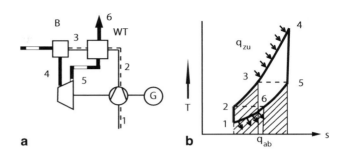

die in der Abb. 1.21 nicht aufgenommen wurden, weil sie für die Funktionsbeschreibung des Gasturbinenkreislaufs nicht benötigt werden.

Abbildung 1.22 zeigt für den gleichen Prozess das Anlagenschaltbild „a" und das T-s-Diagramm des beschriebenen Kreisprozesses „b".

Am T-s-Diagramm ist zu erkennen, dass der Wärmetauscher den Kreisprozess erheblich verbessert. Die in der Brennkammer zuzuführende Wärmemenge $q_{zw}$ verringert sich um den Anteil von (2) bis (3), weil dieser aus den Abgasen (5) bis (6) gewonnen wird.

Das Arbeitsmittel Luft wird der Umgebung entnommen und muss nicht, wie beim Dampfturbinenkraftwerk, in einem Dampfkessel erzeugt werden. Der Wärmeaustauscher und die Brennkammer werden neben der Gasturbine und dem Verdichter angeordnet, benötigen nur eine geringe Stellfläche und sind von einfacher Bauweise. Der Betrieb ist wesentlich einfacher als der eines Dampferzeugers mit Feuerungseinrichtung, Speisewasseraufbereitung und Rauchgasreinigung. Die Gasturbinenanlage ist mit geringem Zeitaufwand in Betrieb zu nehmen und eignet sich deshalb auch besonders zur Abdeckung von Spitzenlasten. Die Anschaffungskosten sind wesentlich geringer als bei einem Dampfkraftwerk gleicher Leistung. Die von der Turbine an die Welle abgegebene Leistung wird zum einen Teil für den Antrieb des Generators, also zur Stromerzeugung, und zum anderen Teil zur Verdichtung genutzt.

Die Verbrennung erfolgt mit einem Luftüberschuss von 1,2 bis 1,3 wie üblich mit einem Druckerzerstäuberbrenner. Nach der Vermischung und Verbrennung beträgt der Luftüberschuss etwa das 3- bis 5-Fache als die stöchiometrische Menge. Die Temperatur der Rauchgase beträgt vor der Turbine 800 bis 1000 °C und nach der Expansion und beim Verlassen der Turbine etwa 650 bis 500 °C.

Der in Abb. 1.21 gezeigte Kreisprozess wurde mit T-s-Diagramm ohne Verluste als Idealprozess dargestellt. Im Realprozess treten Verluste auf, weil für den Wärmeaustausch ein Temperaturunterschied $\Delta T$ erforderlich ist und die Verdichtung und die Expansion in Verdichter und Turbine mit Reibungsverlusten, also als Politrope mit Entropiezunahmen verlaufen. Abbildung 1.23 zeigt das T-s-Diagramm des realen Gasturbinenprozesses mit Lufterwärmung. Beim realen Prozess werden Wirkungsgrade von ca. 30 % erzielt.

**Abb. 1.23** Realer Prozess im
T-s-Diagramm

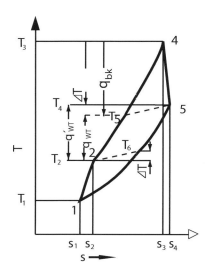

## 1.3.2   Kombinierte Gas-Dampf-Prozesse

Wenn beim vorstehend beschriebenen offenen Gasturbinenprozess der Wärmeaustauscher eingespart wird, verringert sich zwar der Wirkungsgrad auf ca. 25 %, die Abgase verlassen aber die Turbine mit einer hohen Temperatur. Wegen des hohen Luftüberschusses können diese im nachgeschalteten Dampfkessel zu einer Nachverbrennung mit zusätzlichem Brennstoff genutzt werden. Der Dampfkessel kann dann mit Überhitzung und mehrstufiger Speisewasser-Vorwärmung ausgerüstet werden. Als Dampfturbine können eine HD-Vorschalturbine und eine Anzapfturbine eingesetzt werden. In einem so oder ähnlich kombinierten Gas-Dampf- Kraftwerk können Wirkungsgrade von 45 % und bei Gas-Dampf-Heizkraftwerken bis zu 60 % erzielt werden.

Abbildung 1.24 zeigt das Schaltbild einer kombinierten Gas-Dampf-Anlage mit Zusatzfeuerung für den nachgeschalteten Dampfkessel. In Abb. 1.25 ist das vereinfachte T-s-Diagramm eines kombinierten Gas-Dampf-Prozesses dargestellt.

## 1.3.3   Berechnung der Verdichter- und Turbinenleistung

Die Berechnung der Kreisprozesse erfolgt mit den Gleichungen der Thermodynamik und den Stoffwerten des Prozesses oder mit den h-s-Diagrammen für Luft und Rauchgas und wird nachstehend an zwei Beispielen gezeigt.

Der Verdichtungsvorgang lässt sich am übersichtlichsten in einen h-s-Diagramm, wie schon für den Dampfkraftprozess gezeigt, berechnen. Man benötigt dazu ein h-s-Diagramm des zu verdichtenden Gases. Die Zustandswerte können aber auch mit den Gleichungen der Thermodynamik berechnet werden Mit Abb. 1.26 ergeben sich folgende

**Abb. 1.24** Schaltbild einer kombinierten Gas-Dampf-Anlage mit Abhitzekessel und Zusatzfeuerung bei „a"

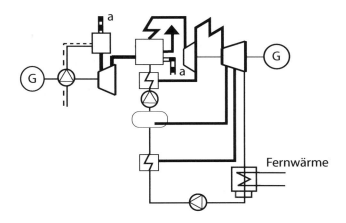

**Abb. 1.25** T-s-Diagramm einer kombinierten Gas-Dampf-Anlage (Memy (2000))

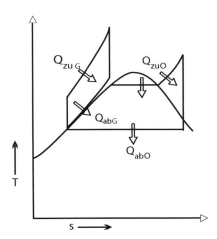

Zustands- und Berechnungsgleichungen:

$$Y = h_{2,s} - h_1 + \frac{c_2^2 - c_1^2}{2}$$

$Y$ = spezifische Stutzenarbeit
$h_{2,s}$ = Enthalpie am Austrittsstutzen
$h_1$ = Enthalpie am Eintrittsstutzen
$c_2$ = Austrittsgeschwindigkeit
$c_1$ = Eintrittsgeschwindigkeit

**Abb. 1.26** Zur Definition der spezifischen Stutzenarbeit eines Verdichters

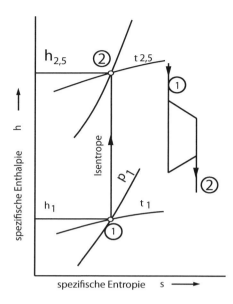

Die Enthalpiedifferenz $h_{2,s} - h_1$ entnimmt man einem h-s-Diagramm bzw. berechnet sie nach folgender, an sich nur für ideale Gase und Dämpfe exakt gültiger Beziehung:

$$h_{2,s} - h_1 = c_p \cdot (T_{2,s} - T_1)$$

$$T_{2,s} = T_1 \cdot \left(\frac{p_2}{p_1}\right)^{\frac{x-1}{1}} \tag{1.21}$$

$$h_{2,s} - h_1 = \frac{x}{x - 1} \cdot R_i \cdot T_1 \cdot \left[\left(\frac{p_2}{p_1}\right)^{\frac{x-1}{x}} - 1\right] \tag{1.22}$$

$$h_{2,s} - h_1 = \frac{\kappa}{\kappa - 1} \cdot p_1 \cdot v_1 \cdot \left[\left(\frac{p_2}{p_1}\right)^{\frac{\kappa-1}{\kappa}} - 1\right]. \tag{1.23}$$

Zwischen dem Wirkungsgrad $\eta_i$, dem Polytropenexponenten n und dem Isentropenexponenten $\kappa$ besteht folgender formelmäßiger Zusammenhang:

$$\eta_i = \frac{\frac{n}{n-1}}{\frac{\kappa}{\kappa-1}} \tag{1.24}$$

In Abb. 1.27 ist diese Beziehung für Luft ($\kappa = 1{,}4$) in Diagrammform dargestellt.

Für die Berechnung eines Radial-Verdichters für Druckluft werden noch die Tab. 1.3 und 1.4 mit vorläufigen Wirkungsgraden und mit den mittleren spezifischen Wärmekapazitäten für Luft und Rauchgas benötigt.

**Abb. 1.27** Verlauf von $\kappa = 1{,}4$ für Luft in Abhängigkeit von $\eta_{pol}$

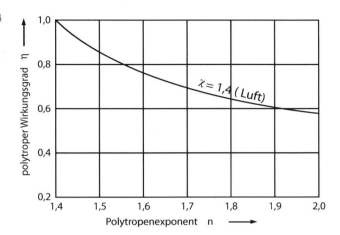

Für die Gasturbine gilt:

$$h_1 - h_2 = \frac{\kappa}{\kappa - 1} \cdot p_1 v_1 \left[ 1 - \left( \frac{p_2}{p_1} \right)^{\frac{\kappa - 1}{\kappa}} \right] \qquad (1.25)$$

oder

$$h_1 - h_2 = \frac{\kappa}{\kappa - 1} \cdot R \cdot T_1 \left[ 1 - \left( \frac{P_2}{P_1} \right)^{\frac{\kappa - 1}{\kappa}} \right]. \qquad (1.26)$$

$h_1$ und $h_2$ können auch dem h-s-Diagramm für Luft und Rauchgase entnommen werden (siehe hierzu wärmetechnische Arbeitsmappe VDI-Verlag, Arbeitsblatt 2.6.1, 2.6.2 und 2.6.3) oder Kalide (1974), aus der auch Abb. 1.28 und 1.33 entstammen. Aus dieser Abbildung kann der erreichbare Kupplungswirkungsgrad in Abhängigkeit von Verdichtungsverhältnis und Temperatur des Arbeitsgases beim Eintritt in die Turbine entnommen werden.

**Tab. 1.3** Anhaltswerte für Verdichter-Wirkungsgrade

| Bauart | $p_d/p_s$ | Wirkungsgrad |
| --- | --- | --- |
| Mehrstufiger Hochdruck-Verdichter mit Kühlung | 5 bis 10 | $\eta_{i,iso} = 0{,}60$ bis $0{,}75$ |
| Einzelstufe, HD-Verdichter mit Kühlung | 1,5 bis 1,9 | $\eta_{i,iso} = 0{,}65$ bis $0{,}84$ |
| Ein- und mehrstufiger Niederdruck-Verdichter | 1,05 bis 1,50 | $\eta_{i,iso} = 0{,}70$ bis $0{,}85$ |
| Mehrstufiger Mitteldruck-Verdichter | 2,0 bis 3,0 | $\eta_{i,iso} = 0{,}60$ bis $0{,}80$ |
| Einstufiger Hochdruck-Verdichter | 1,5 bis 2,0 | $\eta_{i,iso} = 0{,}60$ bis $0{,}80$ |

**Tab. 1.4** Mittlere spezifische Wärmekapazität $c_p$ von Luft und aus der Verbrennung von Dieselkraftstoff entstandenem stöchiometrischem Verbrennungsgas in kJ/(kg K)

| T   | $c_p$ (Luft) | $c_p$ (Verbrennungsgas) |
|-----|--------------|-------------------------|
| °C  | kJ/kg        | kJ/kg                   |
| 0    | 1,005 | 1,058 |
| 100  | 1,007 | 1,070 |
| 200  | 1,013 | 1,083 |
| 300  | 1,020 | 1,097 |
| 400  | 1,029 | 1,112 |
| 500  | 1,039 | 1,126 |
| 600  | 1,049 | 1,141 |
| 700  | 1,061 | 1,156 |
| 800  | 1,072 | 1,168 |
| 900  | 1,081 | 1,183 |
| 1000 | 1,091 | 1,195 |
| 1100 | 1,101 | 1,209 |
| 1200 | 1,110 | 1,221 |
| 1300 | 1,117 | 1,231 |
| 1400 | 1,125 | 1,242 |
| 1500 | 1,133 | 1,252 |

**Abb. 1.28** Kupplungswirkungsgrad $\eta_k$ (Brennstoff/Nutzleistung) beim einfachen, offenen Gasturbinenprozess (Dietzel (1980))

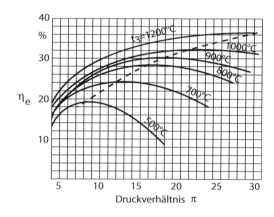

Der wirkliche Kupplungswirkungsgrad ist noch von der Drehzahl (ob mit oder ohne Getriebe ausgeführt) und vom Wirkungsgrad der Brennkammer abhängig. Er wird vom Hersteller auf dem Prüfstand festgestellt und kann vom theoretisch ermittelten Wirkungsgrad nach Abb. 1.28 etwas abweichen.

Der Anlagenplaner oder Betreiber, der den Einbau einer Gasturbine plant, kann die Wirkungsgradkurven und auch alle Betriebskurven, wie Leistungsverlauf, Abgastemperatur und Abgasstrom bei verschiedenen Luftansaugtemperaturen oder Teillastverhalten bei verschiedenen Belastungen, vom Hersteller für den jeweils in Frage kommenden Gasturbinensatz erhalten (siehe Abb. 1.31).

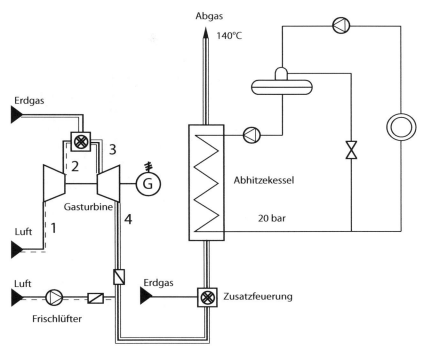

**Abb. 1.29** Schaltschema einer Gasturbine mit Zusatzfeuerung und Abhitzekessel zur Dampferzeugung

**Beispiel 1.2: Nachrechnung der Betriebsdaten und der im Abhitzekessel erzeugten Dampfmenge**

*Aufgabenstellung*
Ein Industriebetrieb hat einen Verbrauch an elektrischer Energie, der zwischen 18.000 kW und 20.000 kW liegt. Für die Beheizung von Produktionseinrichtungen wird trockengesättigter Dampf von 20 bar benötigt. Der Dampfbedarf schwankt zwischen 30 und 40 t/h. Zur Deckung der elektrischen Energie und des Dampfverbrauchers soll eine Gasturbine nach dem Schaltbild Abb. 1.29 installiert werden.

*Gesucht*
a) Verdichterleistung,
b) Ermittlung des Rauchgaszustandes beim Eintritt in die Turbine,
c) Brennstoffbedarf für die Brennkammer,
d) Brennstoffbedarf für den Dampferzeuger,
e) Ermittlung des thermischen Wirkungsgrades mit Abwärmenutzung,
f) Ermittlung des Wirkungsgrades ohne Abwärmenutzung,
g) Diskussion der Ergebnisse.

**Abb. 1.30** Gasturbinensatz
LM 2500, Hersteller MTU

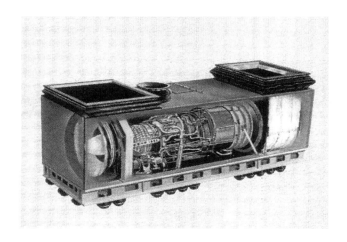

Es soll die Gasturbine der Fa. MTU, Typ LM 2.500 nach Abb. 1.30 und mit den dazu genannten Betriebsdaten zum Einbau kommen.

Die Betriebsdaten sind rechnerisch nachzuprüfen und die Möglichkeit der Dampferzeugung ist ebenfalls zu überprüfen.

Es ist weiterhin der Brennstoffbedarf für die Gasturbine und die Zusatzfeuerung der Dampferzeugung zu ermitteln. Als Brennstoff kann Erdgas oder leichtes Heizöl eingesetzt werden (Tab. 1.5).

*Lösung*

a) *Verdichterleistung*

In das VDI-Arbeitsblatt 2.6.3 (Abb. 1.32) wird der Anfangszustand 1 bar und 15 °C eingetragen und $h_1 = 288$ kJ/kg abgelesen.

In das Arbeitsblatt 2.6.2 wird bei s = konst. 6,85 der Zustand 18,9 bar eingetragen und $h_2 = 680$ kJ/kg abgelesen:

$$\Delta h = h_2 - h_1 = 680 - 288 = 392 \text{ kJ/kg}.$$

**Tab. 1.5** Leistungs- und Betriebsdaten bezogen auf die Luftansaugtemperatur 15 °C

| Drehzahl Nutzturbine | min-1 | 3600 | 3000 |
|---|---|---|---|
| Leistung | kW | 23266 | 22371 |
| Wärmeverbrauch | kJ/kWh | 9586 | 9922 |
| Wirkungsgrad | % | 37,6 | 36,3 |
| Druckverhältnis | – | 18,8 | 18,9 |
| Abgasmassenstrom | kg/s | 68,9 | 69,4 |
| Abgastemperatur | °C | 523 | 529 |

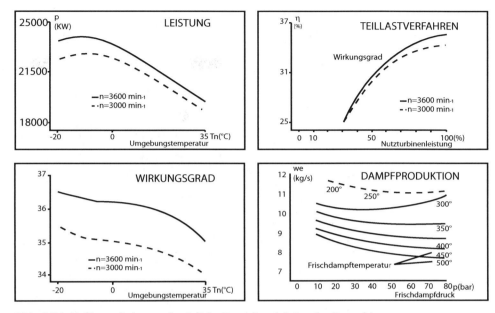

**Abb. 1.31**  Teillastverhalten und mögliche Dampfproduktion des Gasturbinensatzes

Mit dem Verdichterwirkungsgrad $\eta_i = 0,9$

wird                                         $\Delta h_{pol.} = \frac{392}{0,9} = 436\ \text{kJ/kg}$

und damit                      $h_2' = 436 + 288 = 724\ \text{kJ/kg}.$

Mit dem mechanischen Verdichter-Wirkungsgrad von 0,95 ergibt sich die Wellenleistung zu

$$P_w = \frac{431}{0,95} = 458\ \text{kJ/kg}$$

und damit bei $\dot{m} = 69,4\,\text{kg/s}$ die Wellenleistung des Verdichters zu

$PW1 = \dot{m} \cdot P_W = 69,4\,\text{kg/s}\quad 458\ \text{kJ/kg} = 31.818\ \text{kJ/s}.$

Die an der Welle für den Verdichter aufzubringende Leistung und die Nutzleistung des Gasturbinensatzes (aus der Gasturbinenspezifikation) ergeben die Gesamtleistung der Gasturbine, die an den Kupplungen für den Generator und des Verdichters abgegeben werden muss:

$$P_{GT} = 31834 + 22371 = 54225\ \text{kW}.$$

b) *Ermittlung des Abgaszustandes $h_3$ beim Eintritt in die Turbine*
Nach Angaben des Herstellers (siehe Leistungsdiagramm und Kennlinien-Diagramme über Abgaszustand, Abb. 1.31) treten die Abgase mit einem Druck

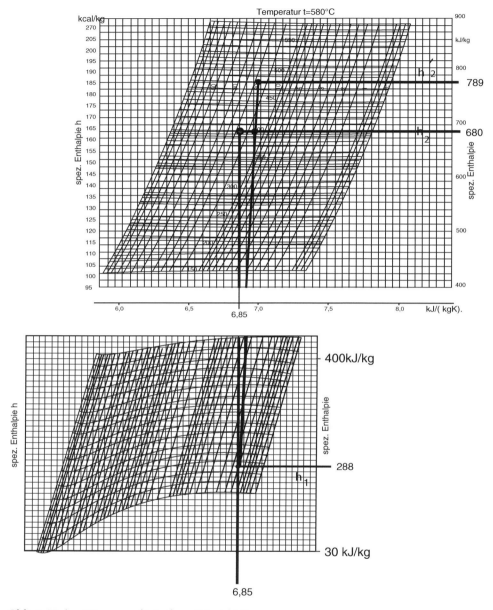

**Abb. 1.32** h-s-Diagramm für Luft, zu Beispiel 1.2

von 1 bar und der Temperatur von 529 °C aus der Turbine aus. Für diesen Zustand findet man im h-s-Diagramm für Rauchgase (siehe Abb. 1.33) $h_4 = 600$ kJ/kg und $s = 1,2$ kJ/(kg K).

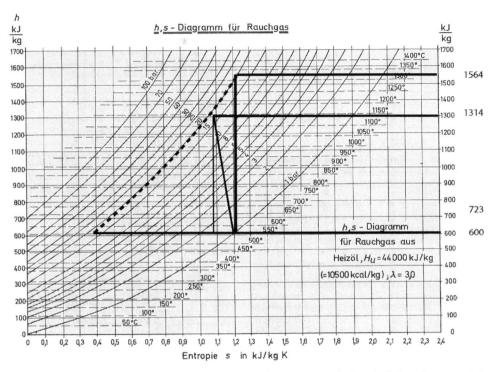

**Abb. 1.33** h-s-Diagramm für Rauchgas aus Heizöl $H_u = 44.000$ kJ/kg, Luftüberschuss $\lambda = 3,0$ (entnommen aus Dietzel (1980))

Zur Ermittlung von $h_3$ muss die Turbinenleistung an den Kupplungen noch durch die Wirkungsgrade $\eta = 0,9$ und $\eta_m = 0,9$ geteilt werden:

$$P_i = \frac{P_w}{\eta_i \eta_m} = \frac{54225}{0,81} = 66944 \, \text{kJ/s}.$$

Mit $m = 69,4$ kg/s ergibt sich die von den Turbinenlaufrädern aufgenommene Energie zu

$$h_3' - h_4 = \frac{P_i}{\dot{m}} = \frac{66944}{69,4} = 964,6 \, \text{kJ/kg}$$

$$h_3' = 964,6 + h_4 = 964,6 + 600 = 1564,6 \, \text{kJ/kg}.$$

c) *Brennstoffbedarf für die Brennkammer der Gasturbine*
Die verdichtete Luft tritt mit 18,9 bar, 480 °C und $h_2' = 723$ kJ/kg in die Brennkammer ein.
Die Brenngase verlassen die Brennkammer mit $h_3' = 1564,6$ kJ/kg.

Damit sind in der Brennkammer durch Verbrennung

$\Delta h = h_3' - h_2' = 1564{,}6 - 723 = 841{,}3$ kJ/kg zuzuführen.

Mit dem Massenstrom m = 69,4 kg/s und den Wärmeverlusten für Verdichter und Turbine von zusammen 5 % ergibt sich die erforderliche Feuerungsleistung Q zu

$$Q = 1{,}05 \cdot 69{,}4 \frac{kg}{s} \cdot 841{,}3 \frac{kJ}{kg} = 61305 \text{ kJ/s}.$$

Mit Erdgasfeuerung und $H_u = 37.500$ kJ/$m_n^3$ für Erdgas H wird

$$B_G = \frac{61305}{37500} = 1{,}68 \frac{m_n^3}{s} = 5885 \frac{m_n^3}{s}.$$

Wenn die Brennkammer mit Heizöl EL und $H_u = 42.700$ kJ/kg befeuert wird, werden

$$B_{\ddot{O}l} = \frac{61305}{42700} = 1{,}44 \frac{kg}{s} = 5168 \frac{kg}{h} = 6080 \frac{l}{h}$$

bei $\rho = 0{,}85$ kg/l benötigt.

d) *Brennstoffverbrauch für die Zusatzfeuerung*

Aus Abb. 1.31 ist zu entnehmen, dass mit den Abgasen aus der Turbine etwa 1,12 kg/s Dampf von 20 bar im Abhitzekessel erzeugt werden können.

Dies sind 3.600 11,2/1.000 = 40,2 t/h.

Benötigt werden aber 45 bis 50 t/h, somit müssen durch die Zusatzfeuerung noch 10 t/h erzeugt werden.

Die Enthalpie des Dampfes bei 20 bar beträgt h" = 2538 kJ/kg.

Die Zusatzfeuerung hat ebenfalls ca. 13 % Verluste, so dass insgesamt

Q = 10.000 (h" − $h_{SpW}$) 1,13 zugeführt werden müssen.

Mit $h_{SpW} = 400$ kJ/kg nach Aufgabenstellung wird

Q = 10.000 (2538,2 − 400) 1,13 = 24.161.660 kJ/h

und somit der Brennstoffverbrauch

$$B_{G,Gas} = \frac{24161660}{37500} = 644{,}3 \frac{m_n^3}{h}$$

$$B_{G,\ddot{O}l} = \frac{24161660}{42700} = 565{,}84 \frac{kg}{h} = 665{,}7 \frac{l}{h}.$$

e) *Ermittlung des Wirkungsgrades des Gasturbinenprozesses mit Abwärmenutzung*

Dem Prozess zugeführte Energie in der Brennkammer:

$Q_1 = 1{,}68 \ 37.500 = 63.000$ kJ/s

Dem Dampferzeuger zugeführte Energie:

$Q_2 = 0{,}17897 \ 37.500 = 6.711{,}45$ kJ/s

Zusammen 69.711,45 kJ/s

Aus dem Prozess gewonnene Leistung:

$Q_3 = 22.371$ kW oder $22.371$ kJ/s

$$Q_4 = \frac{50000 \text{ kg/h}}{3600 \text{ s/h}} (2538,2 - 400) = 29721 \text{ kJ/s}$$

zusammen 52 092 kJ/s.

Damit wird

$$\eta_{th} = \frac{Q_3 + Q_4}{Q_1 + Q_2} = \frac{52092}{69711,5} = 0,75.$$

f) *Ermittlung des thermischen Wirkungsgrades des Gasturbinenprozesses ohne Abwärmenutzung*

$$\eta_{th} = \frac{Q_3}{Q_1} = \frac{22371}{63000} = 0,36.$$

wie vom Hersteller in der Spezifikation Abb. 1.31 genannt.

g) *Diskussion der Ergebnisse*

Das Beispiel zeigt, welche Kontrollrechnungen durchgeführt werden sollten, wenn ein Gasturbinensatz in die Versorgungsnetze für elektrischen Strom und für HD-Dampf eingebunden werden soll.

Ohne Nutzung der Abwärme ergibt sich der vom Hersteller in der Spezifikation genannte thermische Wirkungsgrad. Durch Nutzung der Abwärme und durch eine Zusatzfeuerung können 50 t Dampf von 20 bar erzeugt und im Betrieb zu Heizzwecken genutzt werden.

Damit erreicht man einen thermischen Wirkungsgrad von 82,5 %. Wenn statt Wärme bzw. Dampf mehr elektrische Energie benötigt wird, kann auch Dampf von höheren Drücken und auch überhitzter Dampf und damit in einem weiteren Generator, der von einer Dampfturbine angetrieben wird, elektrischer Strom erzeugt werden.

Der Abdampf kann im Winter zu Heizzwecken genutzt und im Sommer im Kondensator, mittels eines Rückkühlwerks, kondensiert und als Kondensat dem Dampferzeuger wieder zugeführt werden.

Bei dieser Ausführung kann der elektrische Strom mit einem Wirkungsgrad, wie in Abschn. 1.1 beschrieben, von ca. 60 bis 64 % erzeugt werden.

**Beispiel 1.3: Berechnung eines Gas-Dampfkraftprozesses**

*Aufgabenstellung*

Ein Industriebetrieb hat einen durchschnittlichen Elektroenergie-Verbrauch von 30 bis 34 MW im Mittel 32 MW = 32.000 und 34.000 kW maximal. Für die Produktion werden ca. 50 t/h Dampf von 10 bar benötigt. Der Betreiber hat sich für ein kombiniertes

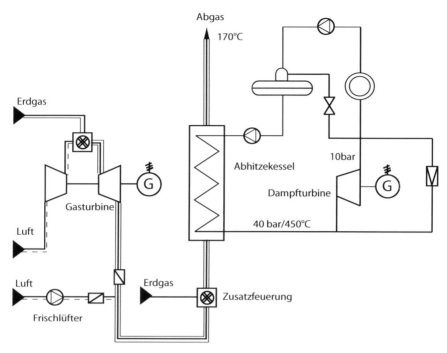

**Abb. 1.34** Gas-Dampf-Kombi-Heizkraftwerk, zu Beispiel 1.3

Gas-Dampf-Heizkraftwerk entschieden. Als Gasturbinensatz soll die schon im Beispiel 1.2 nachgerechnete Gasturbine vom Typ LM 2500 eingesetzt werden. Die Schaltung der Anlage soll nach Abb. 1.34 ausgeführt werden.

*Gesucht*
a) Berechnung und Auslegung des Dampfkraftprozesses,
b) Brennstoffverbrauch der Zusatzfeuerung,
c) Stromkennzahl des Gas-Dampf-Kombiprozesses,
d) Brennstoffnutzungszahl des Gas-Dampf-Kombiprozesses,
e) Diskussion des Ergebnisses.

*Lösung*
Aus dem vorherigen Beispiel können folgende Ergebnisse übernommen werden. Generatorleistung ≈ 22.000 KW Brennstoffverbrauch der Gasturbine ≈ 5.309 Nm³ Erdgas H je Stunde. Mögliche Dampferzeugung aus den Abgasen der Turbine nach Abb. 1.34 bis 40 bar und 450 °C ≈ 8,6 kg/s.

　　Damit ergeben sich für die Auslegung der Dampfturbine folgende Daten:
　　erforderliche Generatorleistung 10.000 kW,
　　Dampfeintrittszustand 40 bar und 450 °C,

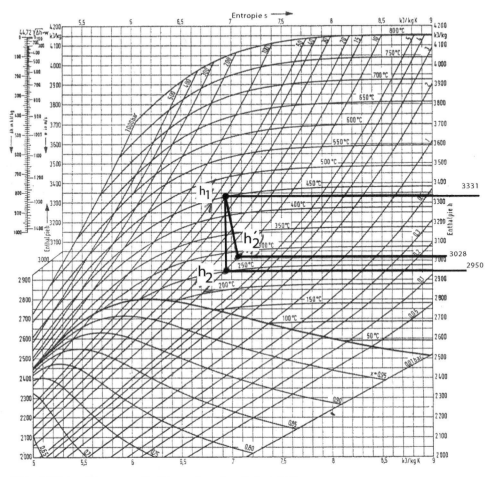

**Abb. 1.35**  h-s-Diagramm für Wasserdampf, zu Beispiel 1.3

Gegendruck 10 bar.

a) *Berechnung und Auslegung des Dampfkraftprozesses*
Diese erfolgt im h-s-Diagramm und mit den Zustandswerten aus der Wasserdampftafel, wie bereits im Abschn. 1.1 und im Beispiel 1.1 erläutert (Abb. 1.35).
Mit dem inneren Wirkungsgrad der Turbine $\eta_i = 0{,}9$ wird
$h_1 = 3.331$ kJ/kg
$h_2' = 3.028$ kJ/kg
$\Delta h = 303$ kJ/kg mit $\eta_m = 0{,}92$
Für die Turbine und $\eta_G = 0{,}8$ für den Generator erhält man den Dampfverbrauch

$$\dot{m} = \frac{12.000\ \text{kW}}{0{,}8 \cdot 0{,}92 \cdot 303\ \text{kJ/kg} \cdot \text{s}} = 5{,}38\ \text{kg/s}.$$

b) *Brennstoffverbrauch der Zusatzfeuerung*

Es müssen 5,38 kg/s 3.600 s/h = 19.370 kg/h Dampf von 450 °C und 40 bar zusätzlich erzeugt werden. Mit

$$h_1'' = 3.331 \text{ kJ/kg } 19.379 \text{ kg/h} = 64.515 \text{ kJ/kg}$$

bei einem Feuerungswirkungsgrad von 0,88 wird der Brennstoffverbrauch für Erdgas H

$$B = \frac{64.515 \frac{\text{kJ}}{\text{h}}}{0,88 \cdot 37.500 \frac{\text{kJ}}{\text{m}_n^3}} = 1.955 \frac{\text{m}_n^3}{\text{h}}.$$

c) *Stromkennzahl*

$$n_{St} = \frac{Strom \ in \ kW \cdot 3.600 \ s/h}{H_u kJ/\text{m}_n^3 \cdot V\text{m}_n^3} = \frac{34.000 \cdot 3.600}{37.500 \cdot 7.264} = 0,45.$$

d) *Brennstoffnutzungszahl*

$$BN = \frac{Strom + Wärme}{Brennstoff} = \frac{Q_1 + Q_2}{Q_B}.$$

Strom in kJ/h    $Q_1 = 34.000 \text{ KW} \cdot 3.600 \text{ s/h} = 122.400.000 \text{ kJ/h}$
Wärme im Abdampf von 10 bar entnommen aus dem h-s-Diagramm (Abb. 4.143)
h" = 3.28 kJ/kg h' = 420 kJ/kg (im Speisewasser). Mit einer Gesamtdampfmenge von 8,6 kg/s + 5,38 kg/s = 14 kg/s ergibt sich die Wärmemenge $Q_2$ von:

$$Q_2 = 14\frac{\text{kg}}{\text{s}} \cdot 3.600\frac{\text{s}}{\text{h}} \cdot 2.608\frac{\text{kJ}}{\text{kg}} = 131.443.200\frac{\text{kJ}}{\text{h}}$$

$$Q_B = 37.500\frac{\text{kJ}}{\text{m}_n^3} \cdot 7.264\frac{\text{m}_n^3}{\text{h}} = 272.400.000\frac{\text{kJ}}{\text{h}}$$

und damit wird:

$$BN = \frac{253.843.200\frac{\text{kJ}}{\text{h}}}{272.400.000\frac{\text{kJ}}{\text{h}}} = 0,93.$$

## 1.3.4 Geschlossener Gasturbinenprozess

Neben dem vorstehend beschriebenen offenen Gasturbinenprozess ist auch ein geschlossener Prozess, bei dem ein gasförmiges Fluid durch die Anlage geführt wird, möglich.

**Abb. 1.36** Geschlossene
Gasturbinenanlage mit 2
Zwischenkühlern und 2
Vorwärmstufen

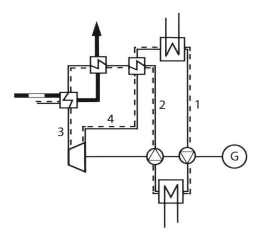

Beim geschlossenen Prozess muss das Gas vor dem Eintritt in den Verdichter rück-
gekühlt werden. Aus diesem Grund werden die geschlossenen Prozesse immer mit
Vorwärmung und Rückkühlung ausgeführt. Bei größeren Leistungen sind auch mehrere Zwischenkühlanlagen und Zwischenüberhitzungen zur Wirkungsgradverbesserung
üblich. Der Vorteil eines geschlossenen Kreisprozesses ist, dass die Turbine mit sauberer
Luft oder einem sauberen und nicht aggressiven Fluid arbeitet.

Der Anfangsdruck muss nicht gleich dem Umgebungsdruck sein. Im höheren Druckbereich ergeben sich kleinere Maschinenabmessungen. Beim geschlossenen Prozess können
zur Befeuerung auch feste Brennstoffe zum Einsatz kommen. Abbildung 1.26 zeigt das
Schaltbild einer geschlossenen Gasturbinenanlage mit Kohlefeuerung und Abb. 1.27 das
Schema eines ausgeführten Heizkraftwerks mit Gas- und Dampfturbinen (Abb. 1.36 und
1.37).

Abbildung 1.37 zeigt das Schaltbild eines Kombi-Gas-Dampfturbinen-Heizkraftwerkes,
das im Jahr 1981 in Hagen erstellt wurde. Tabelle 1.6 enthält die wesentlichen Betriebswerte
des Industrie-Heizkraftwerks, das mit einem Wirkungsgrad von etwa 60 % betrieben wird.
Weitere Angaben dazu und andere Ausführungen enthält Bohn (1984), dem auch das
Schaltbild Abb. 1.37 und die Leistungsangaben entnommen wurden.

## 1.4 Kraftwärmekopplung mit Verbrennungsmotoren oder Gasturbinen in Blockheizkraftwerken

Die so genannten Blockheizkraftwerke (BHKW) sind kleine Heizkraftwerke, bei denen
anstelle von Dampferzeugern und Turbinen Verbrennungsmotoren eingesetzt werden,
die einen Generator antreiben. Der erzeugte Strom wird direkt in das Niederspannungs-
Verbrauchernetz und die Abwärme aus der Motorkühlung und den Abgasen in ein

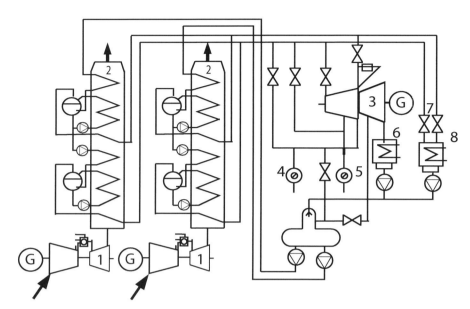

**Abb. 1.37** Schema des 220-MW-Heizkombikraftwerkes Hagen, *1*) Gasturbine, *2*) Abhitzekessel, *3*) Dampfturbine, *4/5*) Wärmetauscher, *6/8*) WT für Fernwärme *7*) Absperrventile

Nahwärmeverbrauchsnetz eingespeist. Wenn die BHKW-Module dem Verbrauchsdiagramm der Wärmeverbraucher angepasst bzw. in abschaltbare Leistungsstufen aufgeteilt werden, wird immer so viel elektrischer Strom erzeugt, wie auch gleichzeitig an Abwärme verbraucht werden kann. Bei dieser Erzeugung von elektrischem Strom und von Wärme fallen nur geringe Transportverluste an. BHKW-Anlagen können Wirkungsgrade von 75 bis 80 % erreichen.

Abbildung 1.38 zeigt das Schaltbild einer BHKW-Anlage. Die Wärmeaustauscher der BHKW-Module werden von einem Teilstrom, der aus dem Heizungsrücklauf der Kesselanlage abgezweigt wird, parallel durchströmt. Die anfallende Abwärme wird auch in den Sommermonaten für die Nachwärme von Klimaanlagen vollständig genutzt. Abbildung 1.39 gibt die Belastungsdauerlinie für den Stromverbrauch mit eingetragenen Leistungsstufen wieder.

In Abb. 1.40 ist das Energieflussbild eines BHKW dargestellt.

Bei der Kopplung von Stromerzeugung, Wärmeerzeugung und Kälteerzeugung mit einer Absorptionskältemaschine können sogar Wirkungsgrade von 100 % und darüber erreicht werden. Die Motoren der BHKW können mit Dieselöl oder Erdgas bzw. auch mit Biogas gefahren werden. Die Leistung kann je nach Bedarf z. B. nachts nach der Strombedarfskurve und tagsüber nach der Wärmeverbrauchskurve geführt, betrieben werden.

Die BHKW werden z. B. für die Landwirtschaft in kompakten Einheiten mit Schalldämpfer und elektrischen Schalteinrichtungen betriebsbereit angeliefert und können mit

**Tab. 1.6**  Technische Daten Kombiheizkraftwerk Hagen

| Brennstoff | Erdgas |
|---|---|
| Lufttemperatur | 15 °C |
| Gasturbinenleistung | 2 × 76,6 MW |
| Dampfturbinenleistung | 72,1 MW |
| totale elektrische Leistung | 225,3 MW |
| Stromausbeute | 42,2 % |
| Prozessdampfmenge (12,8 bar) | 2,8 kg/s |
| Prozessdampfmenge (4,5 bar) | 34,7 kg/s |
| Prozesswärme | 93,7 MW |
| Energieausnutzungsgrad | 59,8 % |
| Abgastemperatur der Gasturbinen | 500 °C |
| Abgasmenge der Gasturbine | 2 × 365 kg/s |
| Eintrittstemperatur der Gasturbinen | 945 °C |
| HD-Frischdampfmenge | 2 × 40,3 kg/s |
| HD-Frischdampfdruck | 40,8 bar |
| HD-Frischdampftemperatur | 470 °C |
| HD-Frischdampfmenge | 2 × 10,4 kg/s |
| HD-Frischdampfdruck | 5,5 bar |
| HD-Frischdampftemperatur | 210 °C |
| ND-Speisewassertemperatur | 55 °C |
| Kamintemperatur | 110 °C |

Biogasmotoren oder Turbinen die Häuser eines oder mehrerer nahegelegener Dörfer mit Strom und Wärme im Winter und mit Strom im Sommer versorgen.

In Abb. 1.41 ist das Versorgungskonzept der Energieversorgung eines Bioenergiedorfes (Jühnde) mit einem BHKW dargestellt. Abbildung 1.42 zeigt die vereinfachte Darstellung eines Biogasprozesses.

## 1.5   Die Brennstoffzelle als Blockheizkraftwerk und Stromerzeuger

### 1.5.1   Funktion und Aufbau der Brennstoffzelle

Eine Brennstoffzelle ermöglicht die elektrochemische Direktverstromung von Wasserstoff $H_2$ und Luftsauerstoff $O_2$. Die Gase strömen getrennt durch die Brennstoffzelle und verbrennen durch eine sogenannte Kaltverbrennung zu Wasser $H_2O$. Abbildung 1.43 zeigt das Funktionsschema (siehe auch A.SUE e. V. (1984)).

Es handelt sich um die Umkehrung der allgemein bekannten Wasser-Elektrolyse, bei der Wasser durch Zufuhr von elektrischem Gleichstrom in die Elemente Wasserstoff $H_2$

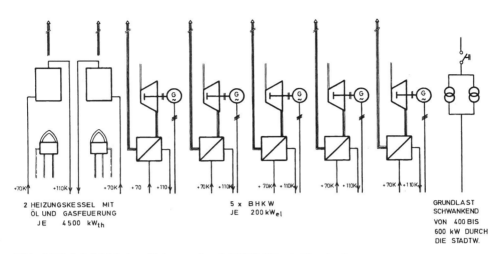

**Abb. 1.38** Schaltbild einer Heizzentrale mit BHKW für ein Krankenhaus

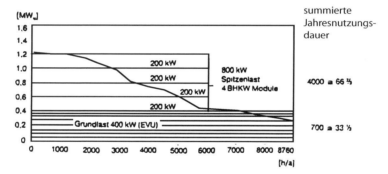

**Abb. 1.39** Jahresnutzungsdauerlinie

und Sauerstoff $O_2$ zerlegt wird. Die Hauptbestandteile der Brennstoffzelle sind der Elektrolyt, der die Ionen transportiert, sowie Anode und Kathode. Der Elektrolyt muss geschützt sein, weil kein direkter Kontakt von Sauerstoff und Wasserstoff stattfinden darf. Die Elektroden (Kathode und Anode) müssen eine poröse Oberfläche haben, damit eine große elektrochemische Umsetzung erfolgen kann. Diese Eigenschaft ist für die Stromausbeute, also für den Wirkungsgrad der Brennstoffzelle, von großem Einfluss. Der Wirkungsgrad liegt bei den Brennstoffzellen, je nach eingesetztem Elektrolyt und Werkstoffwahl der Elektroden, zwischen 50 und 60 %. Es wird also eine Stromausbeute von 50 bis 60 % erreicht, und der Rest fällt als Wärmeenergie an. Bei den Verbrennungsmotoren, die einen Generator antreiben, liegt die Stromausbeute dagegen nur bei 33 %, und ca. 2/3 der zugeführten Energie fällt als Abwärme an.

Abbildung 1.44 zeigt den Aufbau eines Brennstoffzellenstapels. An der Anode erfolgt die Oxidation des zugeführten Wasserstoffs zu Wasserstoff-Ionen ($H^+$-Ionen). Die frei-

**Abb. 1.40** Energiefluss-diagramm BHKW 800 kW$_{el}$; $\eta = q_{nutz}/q_{Brennst} = 1.800/2.280 = 79\,\%$

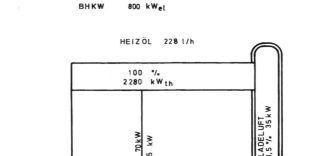

gesetzten Elektronen werden mit Hilfe eines externen Leiterkreises zur Kathode geleitet, wo der Sauerstoff zu Sauerstoff-Ionen ($O_2$-Ionen) reduziert wird. Damit der Stromkreis geschlossen ist, müssen entweder $H^+$-Ionen von der Anode zur Kathode oder umgekehrt $O_2$-Ionen von der Kathode zur Anode wandern. Die Art der wandernden Ionen ist vom Elektrolyten abhängig. Der Elektrolyt bestimmt auch die Betriebstemperatur und damit die Temperatur der Abwärmenutzung und ob das Reaktionsprodukt Wasser an der Anode oder Kathode entsteht.

Bei Brennstoffzellen, die als Elektrolyt geschmolzene Karbonate verwenden, ergeben sich für die Abwärme optimale Arbeitstemperaturen von 580 bis 650 °C. Die Abwärmetemperatur erlaubt die Nachschaltung eines Dampfkraftprozesses, so dass auch die 30 bis 40 % der Abwärme zur weiteren Stromerzeugung genutzt werden können. Will man hingegen die Brennstoffzelle in einem Wohnhaus zur Stromerzeugung und zur Gebäudebeheizung im Winter oder zur Gebäudekühlung über eine Absorptionskältemaschine nutzen, dann wird man ein Elektrolyt einsetzen, das die Abwärme mit einer Betriebstemperatur von 90 bis 180 °C zur Verfügung stellt. Hierfür bekannte Elektrolyte sind z. B. protonenleitende Membranen oder konzentrierte Phosphorsäure.

Die elektrische Spannung einer Zelle beträgt je nach Belastung 0,7 bis 1,1 Volt. Für die Nutzung muss daher eine Vielzahl von Einzelzellen zu Zellenstapeln bzw. Stacks zusammengeschaltet werden.

Ein großer Vorteil der Brennstoffzelle gegenüber den bekannten Verbrennungsmotoren ist, dass der Wirkungsgrad im Teillastbereich zwischen 30 und 100 % nur geringen Schwan-

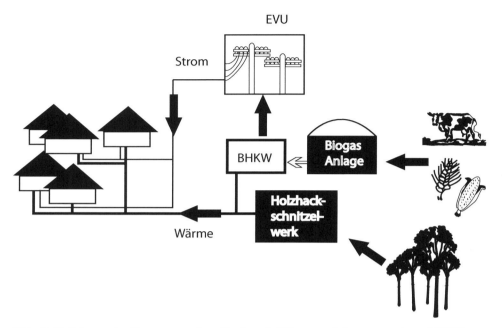

**Abb. 1.41** Schema der Versorgung eines Dorfes mit Wärme und Strom aus einem BHKW mit Biogas als Kraftstoff (Abb. 1.42)

**Abb. 1.42** Vereinfachte Darstellung des Biogasprozesses nach Biogas Nord GmbH

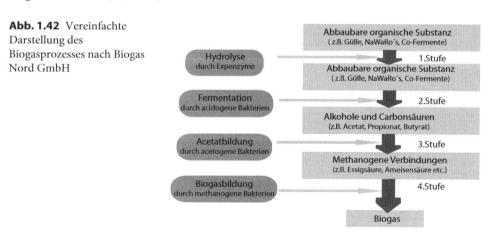

kungen unterliegt und die Brennstoffzelle ihre Leistung sehr rasch der Belastung anpasst, also sehr gut regelbar ist. Ein weiterer Vorteil ist die Tatsache, dass der Betrieb der Brennstoffzelle kaum Schadstoffe in die Umwelt abgibt. Tabelle 1.7 zeigt die zurzeit bekannten Schadstoffabgaben der Brennstoffzelle im Vergleich zu anderen Stromerzeugungsanlagen.

**Abb. 1.43** Funktionsschema
der Brennstoffzelle

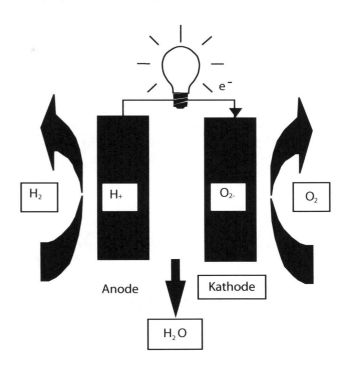

**Abb. 1.44** Aufbau eines
Brennstoffzellenstapels

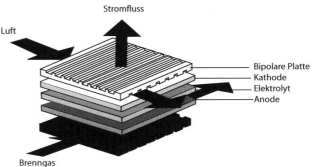

Die Reaktionsgleichungen verlaufen auf der Seite der Wasserstoffzufuhr

$$2H^+ + 1/2\,O_2 + 2e^- \circledR H_2O.$$

Brennstoffzellen werden für alle Leistungsbereiche entwickelt und hergestellt. Für die Stromerzeugung und Beheizung von Wohngebäuden sind Leistungsbereiche von 1 bis 50 kW üblich, für die Nahwärmeversorgung und für Kraftwerke werden Brennstoffzellen bis 500 kW hergestellt.

Als Nachteil muss jedoch der hohe Anschaffungspreis genannt werden. Dies ist auch der Grund, weshalb heute immer noch kleine Diesel- oder Gasmotoren und Turbinen

**Tab. 1.7** Immissionswerte der Stromerzeugung im Vergleich in mg/KWh

| Immissionen Kraftwerksart | $CO_2$ | $SO_x$ | $NO_x$ | Staub u. Ruß | Kohlenwasserstoffe |
|---|---|---|---|---|---|
| Kohlekraftwerk mit Abgasnachbe-handlung | 1.042.000 | 205 | 684 | 7 | 0 |
| Erdgas-BHKW mit Abgasnachbe-handlung | 570.000 | < 10 | 800 | 0 | 0 |
| Erdgas GuD Kraftwerk | 390.000 | < 10 | < 190 | 0 | 0 |
| Direktstrom-Brennstoffzelle für Kohlegas ohne Abgasnachbe-handlung | 725.00 | < 1 | < 1 | 0 | 0 |
| Direktstrom-Brennstoffzelle für Erdgas ohne Abgasnachbe-handlung | 300.000 | < 1 | < 1 | 0 | 0 |

als Minikraftwerke zur dezentralen Strom- und Wärmeerzeugung bevorzugt eingesetzt werden.

## 1.5.2   Zukünftige Einsatzgebiete und derzeitiger Entwicklungsstand

Brennstoffzellen stellen aber den zukunftweisenden Antrieb für Kraftfahrzeuge dar. Mit flüssigem Wasserstoff gespeiste Brennstoffzellen werden in der Zukunft den elektrischen Strom für den E-Motor in allen Pkw und Nutzfahrzeugen herstellen und die jetzt noch notwendigen Speicherbatterien und Ladezeiten überflüssig machen. Hieran arbeiten zurzeit alle großen Kraftfahrzeughersteller. Eine weitere Voraussetzung für den Einsatz der Brennstoffzelle und des Elektromotors im Kraftfahrzeug ist die wirtschaftliche Herstellung von Wasserstoff aus Wasser durch Elektrolyse. Dies wiederum ist nur dann möglich, wenn ausreichend elektrischer Strom verfügbar ist, der ohne Schadstoffbelastung für die Umwelt aus Solarenergie erzeugt wird. Diese Stromerzeugung aus Solarwärme wird in folgenden Abschnitten behandelt.

Brennstoffzellen, die mit $H_2$ und $O_2$ gespeist werden und elektrischen Strom erzeugen, werden bereits in den Anwendungsbereichen erfolgreich betrieben, in denen die wirtschaftlichen Gesichtspunkte nicht entscheidend sind und wo stattdessen Sicherheitsaspekte, die Forderung nach geringem Platzbedarf und geringes Gewicht den Einsatz entscheiden. So werden z. B. U-Boote mit Brennstoffzellen und Elektroantrieben ausge-

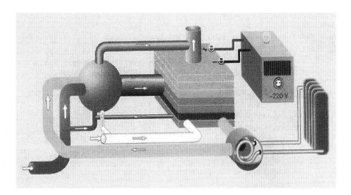

**Abb. 1.45** Mit Erdgas betriebene Brennstoffzelle

rüstet, weil dieser Antrieb geräuscharm ist. In der Raumfahrt wird die Brennstoffzelle ebenfalls zur Stromerzeugung eingesetzt und das bei der kalten Verbrennung anfallende Wasser als Trinkwasser und zum Reinigen genutzt.

Die Brennstoffzellen, die derzeit als Blockheizwerke erprobt und vertrieben werden, werden mit Erdgas betrieben, weil Wasserstoff noch nicht wirtschaftlich hergestellt werden kann und auch nicht in ausreichenden Mengen und leitungsgebunden überall verfügbar ist. Deshalb wird Erdgas, das überwiegend aus $H_2$ besteht, in einem Reformer aufbereitet und als $H_2$-reiches Gas der Brennstoffzelle zugeführt. In dem eigentlichen Reformer wird das eingesetzte Erdgas, das überwiegend aus Methan besteht, mit Wasserdampf katalytisch zu Wasserstoff umgesetzt. Dieses Verfahren wird seit langer Zeit zur großtechnischen Wasserstoffproduktion eingesetzt. Anlagen mit einer Kapazität von 100.000 $Nm^3/h$ $H_2$ sind Standard. Die Reaktion erfolgt bei 700–900 °C an Nickel-Katalysatoren. Bei diesem Prozess, der auch als katalytische Dampfreformierung bezeichnet wird, entstehen Wasserstoff, Kohlenmonoxid und Kohlendioxid. Die Ausbeute an Wasserstoff wird dadurch erhöht, dass das gebildete Kohlenmonoxid mit überschüssigem Wasserdampf zu Kohlendioxid und Wasserstoff umgesetzt wird. Da die Reformierungs-Reaktion stark endotherm verläuft, muss dem Reformer Wärme zugeführt werden, um eine möglichst vollständige Umsetzung zu erreichen.

Abbildung 1.45 zeigt den Aufbau einer Brennstoffzelle, die mit Erdgas betrieben wird, Abb. 1.46 den Ablauf der Reaktionen.

Bei der elektrochemischen Umsetzung werden Gleichstrom und Wärme sowie Wasser produziert. Der erzeugte elektrische Gleichstrom wird mit Hilfe eines Wechselrichters in netzkonformen Wechselstrom umgerichtet. Die anfallende Wärme muss mit Hilfe eines geeigneten Kühlsystems abgeführt werden, um die Betriebstemperatur des Stapels aufrechtzuerhalten. Zur Kühlung werden spezielle Kühlplatten in den Stapel integriert, die mit Wasser oder Luft als Kühlmedium arbeiten. Bei hohen Betriebstemperaturen erfolgt dagegen die Kühlung direkt durch Zufuhr überschüssiger Luft in den Kathodenraum. Die abgeführte Wärme kann teilweise systemintern, z. B. zur Beheizung des Reformers, verwendet werden. Überschüssige Wärme wird zur Wärmeversorgung der angeschlossenen

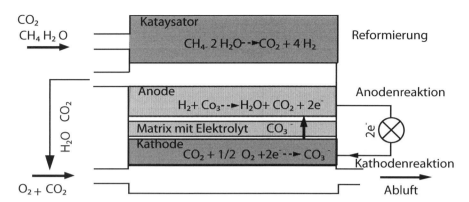

**Abb. 1.46** Chemische Reaktion einer mit Erdgas betriebenen Brennstoffzelle

Verbraucher genutzt. Bei größeren Anlagen mit hohen Betriebstemperaturen kann sich das Nachschalten einer Gasturbine oder eines Gas- und Dampf (GuD) Prozesses anbieten, um einen höheren elektrischen Wirkungsgrad zu erzielen.

## 1.6    Solarthermie und Solarkraftwerke

### 1.6.1    Das Energieangebot der Sonne für das Weltall und die Erde

Die lateinische Bezeichnung für die Sonne ist *sol*, deshalb spricht man von Solarthermie statt Sonnenwärme und von Solarkraftwerken statt Sonnenkraftwerken.

In der Sonne laufen thermonukleare Fusionsprozesse ab, bei denen vier Wasserstoffkerne zu einem Helium-Alphateilchen miteinander verschmelzen. Bei jeder Fusion werden zwei Positronen und zwei Neutronen erzeugt. Die Gesamtmasse der Teilchen ist nach der Fusion geringer als die der vier Protonen vor der Fusion. Der Massedefekt wird nach der Formel $\Delta E = \Delta m \, c^2$ [MeV] von Einstein in Energie umgesetzt. Die bei der Kernfusion von einem kg Wasserstoff freigesetzte Energie beträgt $6{,}2 \cdot 10^{14}$ J (Khartchenko 2004).

Die im Kern der Sonne ablaufenden Fusionsprozesse erzeugen eine extrem heiße Temperatur von $15{,}6 \cdot 10^6$ K im Inneren der Sonne, und die Temperatur der Sonnenoberfläche, die aus einer gasförmigen Hülle besteht, beträgt noch 5.800 K. Die Sonne steht mit dem Weltraum und der Erde im Strahlungs-Gleichgewicht (siehe Abb. 1.47). Die Energiemenge, die von der Sonne zur Erde durch Strahlung übertragen wird, lässt sich nach dem Stefan-Bolzmann-Gesetz errechnen. Nach neuesten Berechnungen beträgt diese pro Jahr $W_s = 1{,}56 \cdot 10^{18}$ kWh, zum Vergleich betrug z. B. der Jahresenergieverbrauch auf der Erde für die Jahre von 2000 bis 2004 im Mittel $125 \cdot 10^{12}$ kWh.

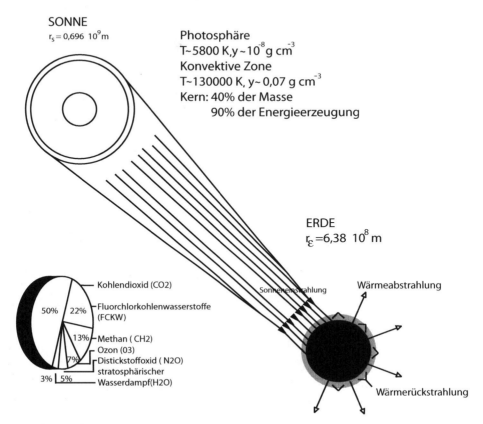

**Abb. 1.47** Sonnenstrahlung zur Erde und Anteile der Spurengase am Treibhauseffekt in Anlehnung an Darstellungen von Götzenberger und Winter und nach einem Bericht der Enquète-Kommission für die Zeit von 1980 bis 1990

Von der zur Erde gestrahlten Energiemenge verbrauchen die Meere, Seen und Flüsse etwa die Hälfte für die Verdunstung von Regen und zur Erzeugung der Luftströmung, also für das Wetter und das Leben auf der Erde. Der Rest wird zurück in das Weltall gestrahlt, und diese Abstrahlung wird durch zu hohen $CO_2$-Anteil in der Atmosphäre mehr oder weniger behindert, was zur Erwärmung der Erdatmosphäre (Treibhauseffekt) führt.

Die Erderwärmung und die immer knapper und teurer werdenden fossilen Brennstoffe zwingen zum Umdenken und zur Nutzung des Überangebots an Sonnenenergie auf der Erde. Dabei ist auch noch zu berücksichtigen, dass die Rohstoffe Kohle, Erdöl oder Erdgas viel zu wertvoll sind, um im Ofen oder Dampferzeuger verbrannt zu werden. Es handelt sich vielmehr um Rohstoffe, die von der Chemie noch lange für die Herstellung von hochwertigen Stoffen und Produkten dringend benötigt werden.

**Abb. 1.48** Schema eines
solarbeheizten
Schwimmbeckens

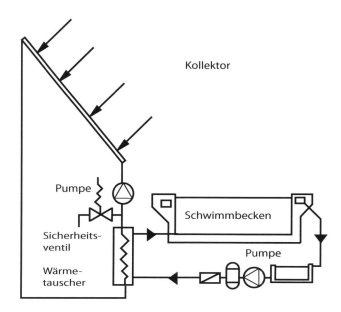

## 1.6.2   Solarthermie

Als Solarthermie bezeichnet man die direkte Anwendung der Sonnenwärme zur Beheizung von Gebäuden und zur Erwärmung von Gebrauchswarmwasser oder Schwimmbadwasser. Die Absorber werden in der Nähe der Verbraucher auf einem Dach, das möglichst lange von der Sonne bestrahlt wird, nach der Sonne ausgerichtet aufgestellt. Die Absorber absorbieren die Sonnenstrahlen an der Oberfläche und wandeln diese in Wärme um. Die Wärme wird von einem Wärmeträger (Wasser mit Frostschutzmittel), der durch den Absorber und den Wärmeaustauscher in einem Speicher umgewälzt wird, an das Gebrauchswarmwasser, das Heizungswasser oder Schwimmbadwasser übertragen (siehe hierzu Abb. 1.48 und 1.49). Bei der Schwimmbadwasseraufheizung dient das Schwimmbecken selbst als Wärmespeicher.

Bei der Brauchwarmwassererwärmung muss ein Speicher zum Ausgleich und zur Speicherung der Wärme für die unterschiedliche Nutzung und die zeitliche Verfügbarkeit der Sonnenstrahlung installiert werden.

Für die Wintermonate und für Zeiten mit geringer Verfügbarkeit von Sonnenstrahlung werden eine Nachheizfläche und die Nachheizung mit Wärme aus der Heizungsanlage benötigt. Die Nachheizfläche wird auch zur kurzzeitigen Aufheizung des Zapfwarmwasser-Kreislaufs zur Legionellen-Bekämpfung benötigt.

Die Nachheizfläche sollte im oberen Drittel eines stehenden Speichers angeordnet werden, das Zapfwarmwasser wird in zwei in Reihe geschalteten Warmwasserspeichern aufgeheizt. Auch kombinierte und umschaltbare Rohrnetze, die sowohl vorrangig das Schwimmbadwasser erwärmen als auch nach dem Erreichen einer ausreichenden Tempe-

**Abb. 1.49** Schema einer solarbeheizten Zapfwarmwasser-Bereitstellung

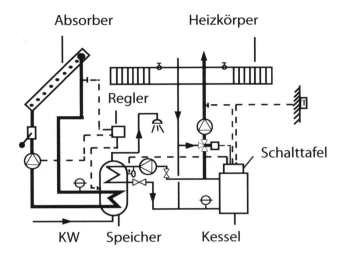

**Abb. 1.50** Aufbau eines Flachkollektors

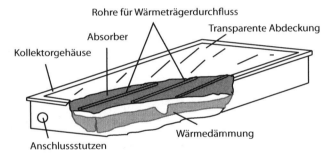

ratur im Schwimmbecken auf die Zapfwarmwasseraufheizung umgeschaltet werden, sind möglich und bei ausreichender Solarkollektorfläche zu empfehlen.

Solarkollektoren für den Niedertemperaturbereich bis 100 °C werden als Flachkollektoren gebaut. Sie bestehen aus dem Flächenabsorber (Kupferblech mit aufgeschweißten Kupferröhren oder vollflächige wellenförmige Bleche aus Kupfer oder verzinkten Blechen mit Kanälen für den Durchfluss des Wärmeträgers), dem Kollektorgehäuse, der transparenten Abdeckung mit Wärmedämmung auf der Rückseite und der Wärmedämmung des Einbaurahmens. Abbildung 1.40 zeigt die wichtigsten Bauteile eines Kollektors in vereinfachter Darstellung. In hocheffizienten Flächenkollektoren wird noch eine Reflexionsfolie unterhalb des Absorbers angeordnet, um die Wärmeverluste durch Strahlung von der Rückseite zu reduzieren. Auch spezielle Beschichtungen werden auf der Absorberfläche aufgebracht, die die Wärmeverluste durch Abstrahlung verhindern (Abb. 1.50).

Die Kollektoren zur Erwärmung von Schwimmbadwasser werden mit einem Absorber aus Kunststoffmatten oder einem Rohrsystem aus Polypropylen (PP-Rohr) oder Ehtylen-Propylen-Dien-Monomeren (EPDM-Rohr) gefertigt.

Diese Kollektoren sind preisgünstiger, liefern aber auch weniger Wärme je Quadratmeter Kollektorfläche. Sie kosten ca. 70 € je m² und liefern im Durchschnitt jährlich 250 kWh/m², während die Kollektoren mit Metallabsorbern ca. 800 €/m² kosten und ca. 400 kWh/m² im Jahresdurchschnitt an Solarenergie liefern. Die benötigte Kollektorfläche beträgt ca. 1 m² je Person für die Zapfwarmwasser-Bereitung. Für einen Fünf-Personen-Haushalt sollten also 5 bis 6 m² Kollektorfläche installiert werden.

Für die Aufheizung von Schwimmbadwasser werden etwa 700 Watt oder 2 bis 3 m² Kollektorfläche je m² Schwimmbeckenfläche benötigt. Die Kollektoren können als Aufdachkonstruktion montiert oder auch in die Dachfläche integriert installiert werden. Auch die Aufstellung mit Traggerüsten auf einem Flachdach ist möglich. Die Anschaffungskosten von Kollektoren werden vom Bund und nach Ländervorschriften bezuschusst. Die bisher in der Praxis gemachten Erfahrungen zeigen, dass die Anschaffungskosten sich etwa innerhalb einer Zeitspanne von 4 bis 7 Jahren amortisieren.

Ausführliche Berechnungsgrundlagen und eine Beschreibung zur Nutzung der Solarwärme in der Technischen Gebäudeausrüstung enthält Khartchenko (2004).

## 1.6.3  Solarkraftwerke

In sonnenreichen Ländern können durch Konzentration der direkten Strahlung in Parabolrinnen-Kraftwerken so hohe Temperaturen erreicht werden dass die Wärmeenergie in Dampfturbinen zur Stromproduktion genutzt werden kann. Statt durch Verbrennung fossiler Energieträger wird in solarthermischen Kraftwerken Dampf durch konzentrierte Solarstrahlung erzeugt. Anders als Strom aus Wind oder Fotovoltaik kann der Strom aus solarthermischen Kraftwerken kostengünstig und planbar bereitgestellt werden, beispielsweise mit Hilfe von Wärmespeichern oder durch Zufeuerung von Brennstoffen. Die Solarkraftwerke können dann auch nach Sonnenuntergang Strom liefern.

Solarthermische Kraftwerke sind großtechnische Anlagen mit einer Leistung von bis zu 250 Megawatt pro Einheit. Langfristig können diese Anlagen wesentlich zur Weltenergieversorgung beitragen und fossil befeuerte Kraftwerke ersetzen. Abbildung. 1.41 zeigt das Schaltschema eines Solarkraftwerks (Abb. 1.51).

Solarkraftwerke bestehen aus einem Solarteil mit einer Vielzahl von Parabolrinnen und dem Wärmeträgerkreislauf, der die Wärme zum konventionellen Kraftwerkteil überträgt. Der konventionelle Teil entspricht dem Dampfkraftprozess, wie er vorher in Abschn. 1.2 beschrieben und in Beispiel 1.1 berechnet wurde. Abbildung 1.52 zeigt das Funktionsschema eines Solarkraftwerks mit Parabolrinnenfarm (oder Solarfeld) und einer Speicheranlage.

Kernelement eines Parabolrinnen-Kraftwerks ist das Solarfeld, das Dampf für konventionelle Dampfturbinen liefert. Es besteht aus vielen parallel angeordneten Reihen von Solarkollektoren, die in Nord-Süd-Richtung ausgerichtet werden. Die 6 m breiten Kollektoren bestehen aus parabolisch geformten Spiegeln aus extrem transparentem, sil-

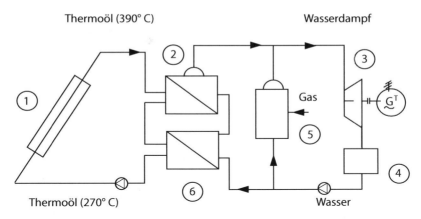

**Abb. 1.51** Schaltschema eines Solarkraftwerkes *1*) Parabolrinnenfarm, *2*) Dampferzeuger, *3*) Dampfturbine und Generator, *4*) Kondensator, *5*) Zusatzdampferzeuger, *6*) Umwälzpumpen für Speisewasser und Thermoöl

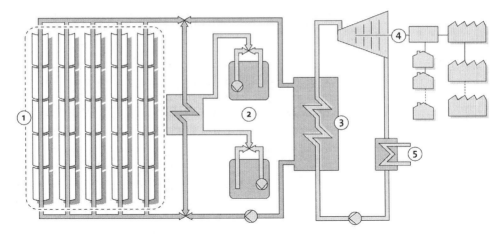

**Abb. 1.52** Funktionsschema eines Parabolrinnen-Solarkraftwerks mit Solarfeld *1*, den Speichern *2* und dem Dampferzeuger *3* mit Dampfturbine *4* und Kondensator *5*

berbeschichtetem Weißglas. Diese konzentrieren die einfallende solare Strahlung auf ein Absorberrohr, das in der Brennlinie des Kollektors angebracht ist. Das Absorberrohr besteht aus einem mehrfach selektiv beschichteten Edelstahlrohr, das von einem Glas-Vakuum-Hüllrohr umgeben ist. Die Konstruktion des Rohrs gestattet eine maximale Absorption der Sonnenstrahlung und gleichzeitig die Minimierung der Wärmerück-strahlung des erhitzten Metallrohrs. Innerhalb des Absorberrohrs zirkuliert in einem geschlossenen Kreislauf eine Wärmeträgerflüssigkeit, die auf bis zu 400 °C erhitzt wird. Die erhitzte Flüssigkeit wird in einen zentral gelegenen Kraftwerksblock gepumpt und fließt dort durch Wärmetauscher. Der weitere Ablauf ähnelt dem klassischen Dampf-

**Abb. 1.53** Schema eines
Parabolrinnen-Konzentrators:
*1*) Parabolrinnenspiegel,
*2*) evakuiertes Glasrohr,
*3*) Absorberrohr,
*4*) einfallende Sonnenstrahlen

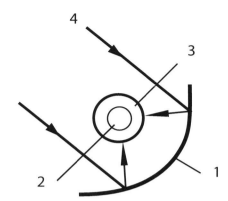

kreislauf konventioneller Kraftwerke: Der im Wärmetauscher erzeugte Dampf treibt eine Dampfturbine mit Stromgenerator an. Der Turbinendampf kondensiert wieder zu Wasser und wird in den Kreislauf zurückgeführt.

Durch die Integration eines Wärmespeichers kann das Kraftwerk auch nachts oder bei Bewölkung mit voller Leistung betrieben werden. In diesem Fall wird ein Teil der im Solarfeld erzeugten Wärme dazu genutzt, flüssiges Salz zu erhitzen. Dieses wird in Tanks gelagert und kann die Wärme über mehrere Wochen speichern. Bei Bedarf wird die gespeicherte Wärme an das Wärmeträgerfluid und schließlich an den Dampfkreislauf wieder abgegeben. Auch der Einsatz eines Zusatzdampferzeugers, wie in Abb. 1.52 dargestellt, der kurzzeitig mit Erdgas befeuert werden kann, ist integrierbar, damit eine lückenlose Stromversorgung gewährleistet ist.

Parabolrinnen-Kraftwerke haben unter den Solartechnologien einen überdurchschnittlich hohen Jahres-Wirkungsgrad und sehr niedrige Stromgestehungskosten. Keine andere erneuerbare Stromerzeugungstechnologie kann zudem so flexibel verwendet werden. Abbildung 1.53 zeigt das Funktionsschema des Parabolrinnen-Kollektors (PRK). Ein PRK-Modul besteht aus einem Strahlungskonzentrator und einem Strahlungsempfänger. Als Strahlungskonzentrator dient ein Spiegel in Form einer Parabolrinne. Der Konzentrator bündelt die einfallende Direktstrahlung etwa 20- bis 100-fach auf das in der Brennlinie des Konzentrators geführte Absorberrohr (Strahlungsempfänger). Der konzentrierte Sonnenstrahlungsstrom wird vom Empfängerrohr absorbiert und dabei in Wärme umgewandelt. In der Regel wird die Oberfläche des Absorberrohrs selektiv beschichtet und das Absorberrohr selbst wird mit einem evakuierten Glashüllenrohr ausgestattet. Dadurch werden die Wärmeverluste des Absorberrohrs an die Umgebung durch Strahlung erheblich reduziert und durch Konvektion im Glashüllenrohr praktisch eliminiert.

Abbildung 1.54 zeigt die Montage eines Parabolrinnen-Bauteils auf einem künftigen Solarfeld. Solarthermische Kraftwerke sind aber nur an Standorten rentabel, wo die Sonne am intensivsten und auch am längsten scheint. Tabelle 1.8 enthält die Jahressummen der Globalstrahlung verschiedener Standorte auf der Erde. Solarkraftwerke werden vorwiegend in Ländern mit hoher Sonnenscheindauer wie Südspanien, Ägypten, Kalifornien

**Abb. 1.54** Montage einer
Parabolrinne

(USA) und in der Sahara gebaut und geplant. Die ersten kommerziellen Parabolrinnen-Kraftwerke mit einer Gesamtkapazität von 354 MW werden bereits seit über 20 Jahren in der Mojave-Wüste in Kalifornien (USA) betrieben. Bisher erzeugten diese neun Kraftwerke über 12.000 GWh Strom und haben über 2 Mrd. US-Dollar an Vergütungen durch Einspeisung in das kalifornische Stromnetz erlöst.

Andere Wege und Systeme zu Erstellung von Solarkraftwerken befinden sich in Forschung und Entwicklung. An Stelle des Thermoöl-Kreislaufs sind Parabolspiegel, die die Sonnenstrahlung auf einem Keramikspeicher bündeln und diesen auf ca. 1.000 °C erhitzen, in der Erprobung. Der Keramikspeicher enthält Luftkanäle, durch die Luft in einem geschlossenen Kreislauf gefördert und auf ca. 800 °C erwärmt wird. Die Luft durchströmt danach einen Dampferzeuger, in dem Hochdruckdampf, der auch bis auf 600 °C überhitzt wird, entsteht. Mit diesem überhitzten Wasserdampf wird der nachgeschaltete Dampfkraftprozess wirtschaftlicher als der Nassdampfprozess. Mit der heißen Luft kann auch ein Gasturbinenprozess verwirklicht werden.

**Tab. 1.8** Summe der Jahressonnenstrahlung an verschiedenen Orten

| Ort | Jahressumme der Energie $(kWh/m^2\ a)$ |
| --- | --- |
| London | 945 |
| Hamburg | 980 |
| Berlin | 1050 |
| Paris | 1130 |
| Rom | 1680 |
| Kairo | 2040 |
| Arizona | 2350 |
| Sahara | 2350 |

## 1.7    Fotovoltaik

Die direkte Umwandlung von Sonnenenergie (Licht) in elektrische Energie wird als fotovoltaische und thermoelektrische Stromerzeugung bezeichnet. Eine Solarzelle ist das Bauelement für die fotovoltaische Umwandlung von direkter und diffuser Sonnenstrahlung in elektrische Energie. In der Solarzelle werden in den Halbleiterplatten negativ geladene Elektronen und von Elektronen nicht besetzte, positiv geladene Plätze (sogenannte Löcher) erzeugt. Elektronen und Löcher werden durch bestimmte Halbleiterstrukturen, z. B. durch einen p/n-Übergang, voneinander getrennt. Die so entstehende Spannung des inneren Feldes bewirkt, dass sich die Elektronen im n-Leiter und die Löcher im P-Leiter sammeln. Dadurch entsteht an den Metallkontakten der Solarzelle eine Quellenspannung, die der Spannung des inneren Feldes entgegengesetzt wirkt und gleich groß ist. Diese Spannung erzeugt im äußeren geschlossenen Stromkreis den verfügbaren Gleichstrom. Solarzellen werden zu etwa 90 % aus Silizium hergestellt. Eine Silizium-Solarzelle erzeugt eine Spannung von etwa 0,6 Volt. Die Stromstärke ist von der Sonnenstrahlstärke, vom Wirkungsgrad der Zelle und der Einstrahlfläche abhängig.

Bei der genormten Sonnenstrahlungsstärke von 1.000 W/m$^2$ ergibt eine Silizium-Solarzelle von 10 x 10 cm eine Leistung von 1,4 W. Das Grundelement eines PV-Systems ist ein Solarmodul, in dem eine Reihe von Solarzellen hintereinander geschaltet unter einer transparenten Abdeckung luftdicht und mechanisch fest zusammengefasst sind. Die Nennspannung eines Solarmoduls beträgt 12 Volt. Mit Silizium-Solarmodulen wird beim derzeitigen Entwicklungsstand ein Wirkungsgrad von 17 % erreicht. Die Leistungsabgabe bezogen auf eine Fläche von 1 m$^2$ beträgt etwa 120 Watt.

Durch Reihen- und Parallelschaltung einer größeren Anzahl von Modulen werden höhere Spannungen und höhere Leistungen erreicht. Ein Solargenerator wird durch Zusammenschaltung mehrerer PV-Module gebildet und zur Elektroenergieversorgung eingesetzt. Der Solargenerator erzeugt Gleichstrom in Abhängigkeit von der Strahlungsstärke der Sonne. Will man eine sichere autonome und netzunabhängige Stromversorgung erreichen, dann muss eine Batterie mit Laderegler und ein Wechselrichter nach Abb. 1.55

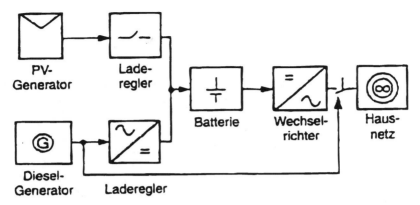

**Abb. 1.55** Schema einer Insel-Stromversorgung mit fotovoltaischem Generator

dem Solargenerator dazugeschaltet werden. Zur Sicherstellung der Versorgung muss bei einer Insel-Versorgung noch ein Dieselgenerator für Versorgungszeiten ohne Sonnen-einstrahlung eingesetzt werden. Wenn der Solargenerator nur Strom in das öffentliche Netz einspeist, kann das Diesel-Notstromaggregat entfallen. Für die Vergütung des eingespeisten Stroms wird vom Netzbetreiber eine Stromzählanlage installiert.

Wegen der geringeren Sonnenscheindauer und der niedrigen Sonnenscheinintensität sind der Flächenbedarf und die Anlagenkosten für eine fotovoltaische Stromerzeugung in Deutschland etwa dreimal so groß wie in Ägypten oder in der Sahara (siehe Tab. 1.8). Aus diesem Grund werden in Deutschland nur Pilotprojekte zur Förderung der Wei-terentwicklung erstellt und vom Bund bezuschusst. Die zukünftige Energieversorgung wird darin bestehen, dass Solarkraftwerke und fotovoltaische Kraftwerke in sonnenschein-reichen Ländern installiert und betrieben werden. Ein interkontinentaler Stromverbund könnte dann die Kraftwerke in diesen Ländern mit Europa und den anderen wirtschaftlich starken und stromverbrauchenden Ländern verbinden (Desertec-Projekt).

Stromverbindungen bestehen bereits zwischen Gibraltar und Marokko sowie zwischen Süditalien und Tunesien. Die Verbindungen müssen in einem paneuropäischen Stromver-bund weiter ausgebaut und ergänzt werden. Ein kostengünstiger Stromimport ist durch den Einsatz von Hochspannungs-Gleichstrom-Übertragung (HGÜ) ohne große Leitungs-verluste möglich. HGÜ ist Stand der Technik, die auch in Unterwasserkabeln zum Einsatz kommt. Die Stromverluste betragen beim Transport nur drei Prozent je 1.000 km.

Wenn der gesamte Stromverbrauch auf der Erde durch Sonnenenergie gedeckt wird, wenn zur Herstellung von flüssigem Wasserstoff ebenfalls Solarstrom zum Einsatz kommt und alle Kraftfahrzeuge auf der Erde mit Brennstoffzellen und Elektromotoren als Antriebssystem ausgerüstet werden, gibt es keinen Treibhauseffekt durch steigenden $CO_2$-Anteil in der Luft und die Erwärmung der Erde und der Erdatmosphäre durch die Menschen findet nicht mehr statt. Die Sonne liefert schon einige Millionen Jahre mehr als tausendfach so viel Energie zur Erde als hier benötigt wird und wird dies auch nach wissenschaftlichen Voraussagen noch einige Millionen Jahre tun. Um ihr Ziel zu errei-chen, muss die Forschung noch viel Arbeit leisten, und es sind hierfür hohe finanzielle

**Tab. 1.9** Aufbau und Zustand der Erdschichten

| Aufbau | Radius in km | Temperatur in °C | Zustand |
|---|---|---|---|
| Innerer Kern | 1.220 | 4.200 | Fester Kern unter hohem Druck |
| Äußerer Kern | 3.480 | 2.760 | Flüssig |
| Mantel | 6.320 | 930 | Zähflüssig |
| Erdkruste | 6.370 | 15 | Fest |

und auch politische Anstrengungen erforderlich. Der Wirkungsgrad der Solarzellen und der Brennstoffzellen muss noch erheblich verbessert und die Herstellungskosten müssen gesenkt werden. Um internationale Stromverbundleistungen oder auch Pipelines für flüssigen Wasserstoff zwischen den Erdteilen verlegen zu können, müssen geeignete Abkommen geschlossen werden. Kriege und Terroranschläge dürfen nicht mehr stattfinden. Zurzeit geht man davon aus (nach einer Studie des Deutschen Zentrums der Luft- und Raumfahrt DLR), dass im Jahr 2050 etwa 15 % des europäischen Stromverbrauchs durch Sonnenenergie gedeckt werden.

## 1.8　Geothermie und geothermische Kraftwerke

### 1.8.1　Allgemeines

Mit Geothermie wird die Nutzung der Erdwärme bezeichnet. Nach der Bewertung von seismischen Messungen geht man heute davon aus, dass die Erde im Wesentlichen aus vier verschiedenen Schichtungen besteht: dem inneren Kern, der eine sehr hohe Dichte hat und die Erdanziehung bewirkt, dem um den inneren Kern aufgebauten flüssigen Kern, dem flüssigen zähen Kern und dem Erdmantel.

Die Durchmesser und die im Kern und in den Schalen vorherrschenden Temperaturen enthält Tab. 1.9.

Die Erdkruste ist unterschiedlich dick und besteht aus Schichtstärken von 50 bis 100 km. Abbildungen 1.56 und 1.57 zeigen den Aufbau der Erdschichten und der Erdkruste als grob vereinfachtes Modell.

Die obere Schicht der Erdkruste besteht aus sehr unterschiedlichen Sedimenten. Darunter liegt eine granitartige Schicht aus einem kristallinen Grundgebirge und wiederum darunter eine grobe Schicht, die die Erdkruste abschließt. Die Erdkruste oder der obere Mantel der Erdschalen stellen die tektonischen Platten dar, die auf der zähflüssigen Schicht liegen und die Kontinente tragen. Die obere Schicht der Erdkruste besteht zu 90 % aus Silizium, und darunter befindet sich die Granitschicht, die aber nicht immer vorhanden ist und unter den Ozeanen überwiegend fehlt. Dies ist aber nur eine grobe allgemeine Beschreibung. Der Aufbau der festen Erdkruste kann auch stellenweise ganz anders ge-

**Abb. 1.56** Aufbau der Erde

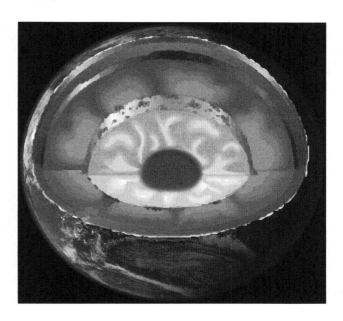

staltet sein, so z. B. im Gebirge, wo nur Felsen und Granitgestein vorhanden ist. Für den Wärmetransport von der zähflüssigen Schale, deren Temperatur mit ca. 930 °C geschätzt wird, zu den oberen Schichten der Erdkruste, die nur 15 °C im Durchschnitt beträgt, ist der Wärmeleitwert der verschiedenen Schichten maßgebend.

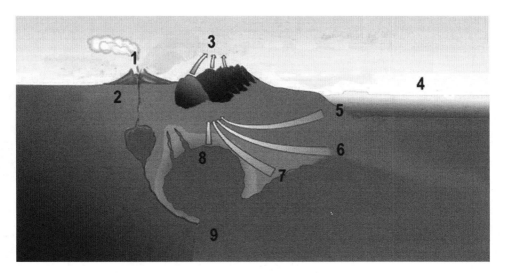

**Abb. 1.57** Querschnitt durch die Erdkruste *1)* Lava und vulkanische Asche, *2)* vulkanische Gesteine, *3)* Verwitterung, *4)* Meeresspiegel, *5)* unverfestigte Sedimente, *6)* verfestigte Sedimente, *7)* metamorphe Gesteine *8)* Tiefengestein, *9)* Magma aus tieferen Erdschchichten

Der Wärmeleitwert ist sehr niedrig, und deshalb ist für den Wärmetransport neben der Durchlässigkeit des Grundwassers durch den Erdboden und durch das Granitgestein auch die Dicke der Erdschicht maßgebend.

Aus diesem Grund gibt es geeignete und weniger geeignete Landschaftsgebiete für die Gewinnung und Nutzung der Erdwärme. Aus der Grundwassernutzung ist bekannt, dass die Grundwassertemperatur in der Regel in 10 m Tiefe etwa 10 bis 12 °C beträgt und mit zunehmender Tiefe alle 10 m um etwa 1 °C ansteigt. Versuchsbohrungen haben gezeigt, dass in 100 m Tiefe Wassertemperaturen von 20 bis 100 °C möglich sind, und in 3.000 m Tiefe wurden Temperaturen von 50 bis 150 °C gefunden. So sind in Deutschland im Rheingraben westlich von Stuttgart aufgrund von vulkanischen Anomalien die höchsten Temperaturen von etwa 170 °C in 3.000 m Tiefe anzutreffen, und in Italien wurden in der Toskana schon in Tiefen von 400 m Wassertemperaturen von fast 200 °C gefunden.

Die für Geothermie geeigneten Gebiete und die Ergebnisse der Bohrungen sind in Karten festgehalten. Die Bundesländer verfügen über Karten, in denen die hydrothermalen Ressourcen verzeichnet sind. In einigen Ländern wird die Nutzung der hydrothermischen Potenziale gefördert. Bohrungen bis 100 m Tiefe sind nach dem Wasserhaushaltsgesetz zu beantragen. Tiefere Bohrungen unterliegen dem Bergbaurecht und müssen bergbaurechtlich beantragt werden.

## 1.8.2   Geothermie für die Gebäudebeheizung

Für die Beheizung von Wohnhäusern werden Bohrungen bis 100 m Tiefe ausgeführt. Durch Probebohrungen und einen Pumpversuch können vorher die Wassertemperatur und die Ergiebigkeit der grundwasserführenden Schicht festgestellt werden, wenn diese nicht für das Baugebiet bekannt sind. Die Grundwassertemperatur beträgt in dieser Tiefe in der Regel 15 bis 20 °C und kann nicht direkt genutzt werden.

Das Grundwasser wird entweder dem Brunnen entnommen und von einer Wasser/Wasser-Wärmepumpe auf 40 °C angehoben, oder es werden in das Bohrloch und in die gesetzten Filterrohre Kühlsonden einbetoniert, die mit Kältemittel direkt gekühlt werden.

Das Kältemittel verdampft bei ca. 15 °C in den Sonden und wird im Verdichter der Wärmepumpe auf ca. 50 °C erhitzt. Der vom Heizungskreis durchströmte Kondensator gibt die so gewonnene Wärme in das Gebäudeheizungssystem. Als Gebäudeheizung ist hierfür die Fußbodenheizung geeignet, weil diese auch bei tiefen Außentemperaturen mit geringen Temperaturen von 40 bis 30 °C betrieben werden kann.

Zur Ausführung der Sonden, zur Bohrtechnik und zur Ausführung der Brunnen wird auf Loose (2009) verwiesen.

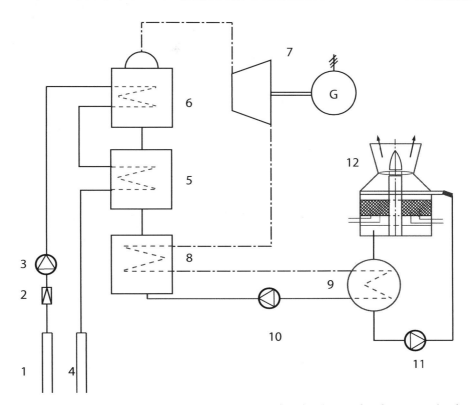

**Abb. 1.58** Funktionsschema eines geothermischen Kraftwerks *1*) Entnahmebrunnen, *2*) Filter, *3*) Umwälzpumpe, *4*) Rückgabebrunnen, *5*) Vorwärmer, *6*) Verdampfer, *7*) Turbogenerator, *8*) Speisewasservorwärmer, *9*) Kondensator, *10*) Speisewasserpumpe, *11*) Rückkühlwasserpumpe, *12*) Kühlturm

### 1.8.3   Geothermische Kraftwerke

Geothermische Kraftwerke werden schon seit längerer Zeit in der Toskana und auf Island betrieben. Abgekühltes Wasser wird dabei in ein geothermisches Reservoir gedrückt und erwärmt sich dort bis auf 300 °C. Danach wird es durch einen Wärmeaustauscher im Kraftwerk oder Heizkraftwerk geführt und die Wärme zur Dampferzeugung und Heizung genutzt. Das so abgekühlte Wasser wird wieder dem Erdreich zugeführt. Abbildung 1.58 zeigt ein stark vereinfachtes Funktionsschema eines Heizkraftwerks. Der Dampfkraftprozess wird mit einem Kältemitteldampf, wie z. B. $NH_3$, gefahren.

Nachteile dieses Hochdruck-Kreislaufverfahrens mit Thermalwasser ist der hohe Energieaufwand für die Förderung und Druckhaltung im Thermalwasserkreislauf. Weitere Nachteile sind die mögliche Verkrustung und die Korrosion im Rohrsystem und in den Wärmeaustauschern. Es müssen, wie aus dem Bau von Rohrnetzen von Thermal-Bädern bekannt, Hochdruckrohre aus Stahlguss mit Flansch- oder Schraubverbindungen und

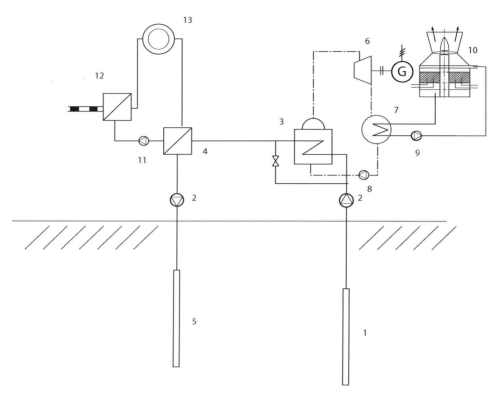

**Abb. 1.59** Schaltbild eines thermalwasserbeheizten Kraftwerkes mit Fernheiznetz *1*) Entnahmebrunnen, *2*) Förderpumpe, *3*) Verdampfer, *4*) Wärmeaustauscher, *5*) Rückführbrunnen, *6*) Turbogenerator, *7*) Kondensator, *8*) Kesselspeisepumpe, *9*) Rückkühlwasserpumpe, *10*) Kühlturm, *11*) Umwälzpumpe, *12*) Not-Wärmeerzeuger, *13*) Fernheiznetz

Korrosionsschutz (hitzebeständige Sonderbeschichtung innen) und Wärmeaustauscher aus Edelstahl zum Einbau kommen.

Überall dort, wo die geothermischen Verhältnisse nicht so günstig sind, können mit den heute entwickelten Bohrtechniken Bohrungen in einer Tiefe von bis zu 5.000 m ausgeführt werden. In den für die Geothermie ausgewiesenen Gebieten findet man dann Temperaturen von 130 bis 150 °C. Mit diesen Heißwassertemperaturen wird ein geschlossener Kältemittelkreislauf beheizt. Das Kältemittel wird vorgewärmt dann im Verdampfer verdampft und leicht überhitzt und tritt so in die Turbine und danach durch den Kältemittelvorwärmer in den Kondensator. Danach wird es wieder durch die zwei Vorwärmerstufen in den Verdampfer gepumpt. Abbildung 1.59 zeigt das Schaltbild des Kraftwerks und die weitere Nutzung zur Wärmeversorgung in einem Fernheiznetz.

### 1.8.4   Wirtschaftliche Bewertung und Einfluss auf den Umweltschutz

Das thermische Potenzial der Erdwärme ist verglichen mit der verfügbaren Solarenergie sehr gering. Die Wirtschaftlichkeit ist wegen des hohen Aufwands auch nicht höher als bei einer mit Erdgas beheizten Fußbodenheizung, weil die Anschaffungskosten sehr hoch sind und für die Wärmepumpe erhebliche Stromverbrauchskosten anfallen.

Ebenso verhält es sich bei den geothermischen Kraftwerken oder Heizkraftwerken. Das Einsparpotenzial an $CO_2$ ist auch nur sehr gering, wenn für den Betrieb der Pumpen und der Wärmepumpe elektrischer Strom aus einem Kohlekraftwerk genutzt wird. Die Nutzung der Erdwärme in den dafür vorgesehenen und geeigneten Gebieten ist für die Gebäudeheizung immer dann zu empfehlen, wenn im Baugebiet kein Erdgasnetz verfügbar ist und eine Förderung des Bundeslandes und günstige Strompreise für die Nutzung der Erdwärme gewährt werden.

## 1.9   Zukünftige Energieversorgungssysteme für Industriebetriebe und für die Fernwärmeversorgung

Zur Reduzierung der Erderwärmung müssen der Treibhauseffekt vermindert und die Erzeugung von Treibhausgasen soweit als möglich eingeschränkt werden. Abbildung 1.37 zeigt, dass $CO_2$ 50 % und die FCKW- und Methangase zusammen 35 % Anteil am Treibhausgasaufkommen haben. Der Einsatz von FCKW-Gasen und -Dämpfen als Treibgas, Kältemittel und Feuerlöschmittel wurde durch Verbote weltweit reduziert. Methan fällt überwiegend bei der Rinderhaltung und als Faulgas in Sumpfgebieten an.

Maßgeblich für den Treibhauseffekt ist aber das bei der Verbrennung von fossilen Brennstoffen anfallende $CO_2$-Gas. Haupterzeuger von $CO_2$ sind die mit Kohle, Heizöl und Erdgas gefeuerten Kraftwerke. Dabei machen die Kohlekraftwerke 80 % aus. Der Rest entfällt auf die Haushalte bei der Wohnraumbeheizung mit Heizöl und Erdgas in der kalten Jahreszeit und auf Kraftfahrzeuge, die mit den Kraftstoffen Dieselöl und Benzin oder Erdgas betrieben werden. Eine Halbierung der $CO_2$-Produktion von Kohlekraftwerken kann allein durch Stilllegung der alten Kraftwerke, deren Wirkungsgrad zurzeit ca. 30 % beträgt, und durch ihren Ersatz durch Gas-Dampf-Kraftwerke mit einem Wirkungsgrad von 60 % erreicht werden.

Die bei der Gebäudebeheizung entstehenden Treibhausgase $CO_2$ und $NO_x$ und $SO_2$ bei der Heizölfeuerung können durch den Einsatz von Solarthermie für die Zapfwasserwärmung und durch nachwachsende Brennstoffe, wie Holzschnitzel und Holzreste in Form von Pellets, sowie durch Wärmepumpen und Erdwärme in den ländlichen Gegenden und in stadtnahen Wohngebieten erheblich reduziert werden. In den Innenstädten können die Heizölfeuerungen aller Blockheizwerke und Gebäudeheizzentralen zunächst auf Erdgas umgestellt werden. Darüber hinaus sollte die Fernwärme-Versorgung aus Heizkraftwerken und Müllverbrennungsanlagen weiter verbreitet und wirtschaftlicher entwickelt werden. Danach sollten alle Heizkessel in den Wohngebäuden ohne Fernwärmeversorgung durch Brennstoffzellen ersetzt werden. Damit würden die Gebäude schadstoffarm beheizt und gleichzeitig würde elektrischer Strom in das öffentliche Stromnetz eingespeist. Nach einer Zeitspanne von 30 bis 50 Jahren sollten alle Kohle-Kraftwerke außer Betrieb genommen werden und das elektrische Verbundnetz sollte dann nur noch mit Solarstrom, wie vorher unter Abschn. 1.6.3 beschrieben, gespeist werden.

Die in den folgenden Abschnitten beschriebenen Anlagen und Berechnungen von Rohrnetzen, Apparaten, Anlagenbauteilen und Strömungsmaschinen werden aber auch in Zukunft benötigt und noch an Bedeutung hinzugewinnen, weil auch sie laufend verbessert werden müssen, um den Verbrauch an Energie zu reduzieren.

Die Industrie wird für die Produktion von Verbrauchsgütern, Lebensmitteln und Medikamenten weiterhin Energie in Form von Wärme, Kälte und Druckluft benötigen. Die Energieträger und die bei der Produktion zu verarbeitenden Fluide werden von Pumpen und Verdichtern durch Rohrleitungen gefördert und in Apparaten umgeformt, erwärmt oder gekühlt. Auch werden in den Industrieheizkraftwerken und in Müllverbrennungsanlagen weiterhin Dampferzeuger, Heißwassererzeuger und Feuerungseinrichtungen mit Rauchgasreinigungsanlagen benötigt werden und für die Zukunft weiter zu verbessern und für die neuen Anforderungen zu entwickeln sein. Ebenso werden die Wasseraufbereitungsanlagen sowohl für die Produktion als auch für die Dampferzeugung benötigt. Gasturbinenanlagen, mit denen Energie-Verbrauchsspitzen zeitlich besser abgedeckt werden können, und Dampfturbinen in Heizkraftwerken und Industriekraftwerken, aber auch in Solarkraftwerken werden weiterhin benötigt.

Auch die Fernwärmenetze, mit denen überschüssige Wärme aus der Produktion z. B. von Stahlwerken und aus Müllverbrennungsanlagen sowie aus Heizkraftwerken in andere wärmeverbrauchende Betriebe und zur Beheizung von Schwimmbädern, Bürostädten und Wohngebieten transportiert wird, müssen weiter ausgebaut werden. Diese Schwerpunkte der zukünftigen Energieversorgung werden in den folgenden Abschnitten des vorliegenden Buches behandelt.

## Literatur

A.SUE e. V. (1984) Stationäre Brennstoffzellen. Verlag rationeller Erdgaseinsatz, Kaiserslautern
Baehr HD (1984) Thermodynamik, 5. Aufl. Springer, Berlin
Bohn T (1984) Handbuchreihe Energie. Technischer Verlag Resch, München (Verlag TÜV Rheinland, Köln)
Dietzel F (1980) Turbinen, Pumpen, Verdichter. Vogel-Verlag, Würzburg
Esdorn Horst (1994) Raumklimatechnik, Bd. 1, Kap. 17. Springer, Berlin
Kalide Wolfgang (1974) Kraftanlage und Energiewirtschaft. Hanser, München
Khartchenko Nikolai (2004) Thermische Solaranlagen. VWE-Verlag
Loose Peter (2009) Erdwärmenutzung. Verlag C.F. Müller
Memy Klaus (2000) Strömungsmaschinen. Teubner, Stuttgart
MTU Friedrichshafen, Firmenprospekt stationäre Gasturbinen
Schmidt Ernst (1969) Properties of water and steam in SI-units. Springer, Berlin

# Grundlagen für die Heißwasserheizung und für Heizungsanlagen mit organischen Wärmeträgern

**2**

## 2.1 Einleitung

In diesem Kapitel werden die Grundlagen für den Bau und Betrieb von Heißwasseranlagen und für Heizungsanlagen mit organischen Wärmeträgern dargestellt.

Beschrieben werden die möglichen Anlagenschaltungen, Sicherheitseinrichtungen und die dabei zu beachtenden Sicherheitsvorschriften. Dabei wird der Einbau von Anlagenbauteilen, die für einen sicheren Betrieb erforderlich sind, besonders herausgestellt. Die Bemessung und Berechnung von Druckhalteanlagen werden für die verschiedenen Schaltungen der Heißwassererzeuger hergeleitet und anhand von Beispielen werden deren Berechnung und Ausführung gezeigt.

## 2.2 Vermeidung von Dampfbildung und Kavitation

In Kap. 1.1 wurde gezeigt, dass zu jedem Dampfdruck eine bestimmte Verdampfungstemperatur gehört. Der Zusammenhang zwischen Anlagendruck und Verdampfungstemperatur wird für Wasser und Wasserdampf durch den linken Teil der Grenzkurve im h-s-Diagramm dargestellt.

In Abb. 2.1 ist der Teil der Verdampfungskurve, der für Heißwasseranlagen von Bedeutung ist, nochmals in größerem Maßstab aufgetragen.

Bei der Heißwassererzeugung kommt es nun darauf an, den Anlagendruck so festzulegen und ständig so aufrechtzuerhalten, dass bei der erforderlichen Heißwassertemperatur an allen Stellen des Heißwassersystems und unter allen möglichen Betriebsbedingungen der vorhandene Betriebsdruck über dem zur Verdampfungstemperatur gehörenden Sattdampfdruck liegt.

G. Scholz, *Heisswasser- und Hochdruckdampfanlagen*,
DOI 10.1007/978-3-642-36589-8_2, © Springer-Verlag Berlin Heidelberg 2013

**Abb. 2.1** Zusammenhang
zwischen Heißwasser-
temperatur und erforderlichem
Mindestdruck an den höchsten
Stellen eines Heißwasser-
rohrnetzes

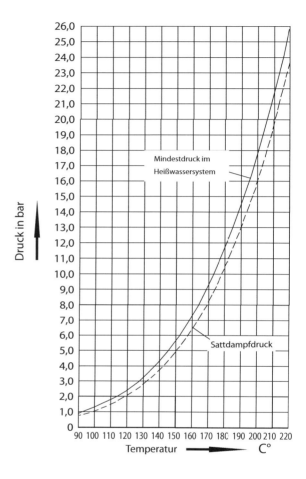

Es darf also an keiner Stelle des Heißwassersystems eine Verdampfung, bei der sich durch Dampfblasen und plötzliche Kondensation ein Hohlraum bildet, eine sogenannte Kavitation, auftreten.

Kavitation führt zu Materialschäden, z. B. bei Pumpen und Regelventilen, und zur Zerstörung von Flanschverbindungen oder anderen Bauteilen der Anlage.

Der Anlagenplaner muss sich deshalb ein klares Bild über Temperaturen und Betriebsdrücke an allen Stellen des Heißwassersystems verschaffen. Dabei muss er vor allem Geschwindigkeitserhöhungen, die zur Absenkung des statischen Drucks führen, in höher gelegenen Rohrnetzteilen bei hohen Temperaturen, also im Vorlauf des Systems, überprüfen.

Bei Umwälzungspumpen und Druckhaltepumpen ist die erforderliche Zulaufhöhe sicherzustellen. Differenzdruckregler oder andere Regelventile sind möglichst in die Rücklaufleitung einzubauen, weil dort die niedrigere Temperatur vorhanden ist.

Abbildung 2.1 zeigt einen empfohlenen und erforderlichen Abstand von Betriebsdruck zu Sattdampfdruck bei verschiedenen Heißwasservorlauftemperaturen. Ein hoher Sicherheitsabstand erhöht die Investitionskosten für die Anlage, weil die höheren Druckstufen teurere Armaturen erfordern.

Der Ingenieur, der eine Heißwasseranlage plant, muss deshalb, ausgehend vom Sattdampfdruck mit einem Sicherheitsabstand von z. B. 1 bar, den erforderlichen Betriebsdruck wählen. Hierzu müssen vorher noch die Temperaturdifferenz des Feuerungsreglers von ca. 5 bis 10 K und der Sicherheitsabstand des Temperaturbegrenzers von 2 bis 6 K addiert werden.

Das bedeutet, dass z. B. bei einer geforderten Vorlauftemperatur von 180 °C mit einer maximalen Vorlauf- oder Kesseltemperatur von etwa 192 bis 195 °C zu rechnen ist. Der Sattdampfdruck hiervon beträgt 14 bar bzw. 13 bar Überdruck und mit dem Sicherheitsabstand von 1 bar gleich 14 bar Überdruck. Hierzu muss nun noch der Abstand für das Ansprechen der Sicherheitsventile addiert werden, der nach der TRD (Technische Regeln Druckgefäße) 10 % des Gesamtdrucks betragen soll, so dass der maximal mögliche Druck 15,5 bar Überdruck beträgt. Mit dem Hersteller des Sicherheitsventils (SV) ist zu klären, ob der Schließdruck des Ventils innerhalb der geforderten 10 % des Ansprechbereichs liegt. Dies sollte bei der SV-Auswahl überprüft werden.

Die Überströmventile der Druckhalteanlage sind nun so zu wählen, dass diese bei 15 bar Überdruck ansprechen und bei 14,5 bar Überdruck wieder schließen. Die Druckhaltepumpen sollten bei 13,5 bar Überdruck anlaufen und bei 14 bar Überdruck wieder abgeschaltet werden. Andere Schaltungen nach Füllstand oder im Dauerbetrieb sind möglich, wie im Einzelnen je nach Anlagenart in Abschn. 2.4 beschrieben wird.

Der Arbeitsbereich und das Ansprechen der Überström-Ventile der Druckhalteanlage bestimmen die Ruhedrucklinie des Heißwasserfernheiznetzes. Als Ruhedruck bezeichnet man den Anlagendruck, der sich bei abgeschalteten Umwälzpumpen in der Anlage überall gleich hoch einstellt. In Abb. 2.10 ist ein Druckdiagramm vereinfacht und in kleinem Maßstab dargestellt.

Die Darstellung des Druckdiagramms ist von der Pumpenschaltung (Umwälzpumpen im Vorlauf bzw. im Rücklauf oder wie in Abb. 2.10 in Vor- und Rücklauf aufgeteilt und in Reihe geschaltet) abhängig. Weitere Einzelheiten hierzu werden in Kap. 4 und 7 behandelt.

Auch die Festlegung des Brennstoffs für die Feuerung einer Heißwasseranlage bestimmt und beeinflusst die Anlagenausführung und deren Sicherheitseinrichtungen.

Wenn der Sicherheitsabstand und die Druckstufe festgelegt sind, müssen noch bei der Wahl der Anlagenschaltung die nachstehenden Hinweise für die Schaltung nach Abb. 2.2 bis 2.4 beachtet werden:

a. Die Heißwasserentnahmeleitung darf nicht höher als unbedingt erforder-lich über den Heißwassererzeugern angehoben werden.
b. Die Rücklaufbeimischleitung muss so dicht wie möglich am Kessel in die Vorlaufleitung eingebunden und so ausgeführt werden, dass möglichst kein Druckverlust vorhanden ist.

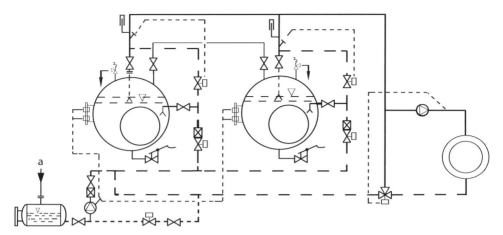

**Abb. 2.2**  Heißwasserkessel mit Dampfraum, *a*) aufbereitetes Zusatzwasser

c. In die Kesselrücklaufleitung ist am Kesselanschluss ein Regulierventil mit Regulierkegel und Stellungsanzeige einzubauen und so einzustellen, dass immer ein bestimmter Anteil Rücklaufwasser in den Vorlauf beigemischt wird. Die Beimischung ist durch Thermometer zu überwachen. Sie kann auch über ein Regelventil geregelt werden. Aus Sicherheitsgründen ist jedoch die einmalige Einstellung von Hand vorzuziehen.

d. Die Umwälzpumpen müssen in allen Fällen um eine Höhe, die sich aus dem Druckverlust in der Rohrleitung und den Armaturen zwischen Kessel und Pumpensaugstutzen und der erforderlichen Zulaufhöhe für die Pumpe bei der maximal möglichen Vorlauftemperatur errechnet, unter den niedrigsten Wasserstand im Kessel zur Aufstellung kommen (siehe hierzu Kap. 3 „Zulässige Saughöhe").

e. Sicherheitsventile für Heißwasseranlagen sind immer mit einem Ausdampf- und Abscheidegefäß in der Ausblaseleitung, dicht am SV, auszurüsten. Das SV sollte auch eine Sitzentwässerungsanschlussleitung enthalten, die in die Ausblaseleitung einzubinden ist. Die Dampfausblasleitung ist möglichst über das Dach der Heizzentrale zu führen und dort so auszuführen, dass das Dach nicht beschädigt wird und auch keine Personen zu Schaden kommen. Das Gleiche gilt für die Entwässerungsleitung, die auf kürzestem Wege aus der Heizzentrale ins Freie zu verlegen ist. (Weitere Einzelheiten hierzu und zur Ausführung von Kesselabschlämmeinrichtungen enthalten die Kap. 4 und 9.)

f. Die Druckhaltepumpen oder Nachspeisepumpen müssen das Nachspeisewasser in den Anlagenrücklauf fördern. Kesselspeisepumpen sind, wie in den TRD-Richtlinien gefordert, herzustellen und in die Anlage einzubinden. Die Schaltung ist möglichst als stetiger Regelkreis auszuführen.

g. Ausdampftrommeln von Heißwassererzeugern wie in Abb. 2.3 und 2.4 dargestellt, sind immer mit kurzen und ansteigenden Rohrleitungen unterhalb der Dampftrommel anzuschließen.

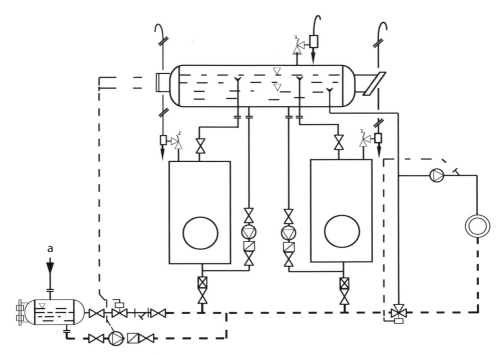

**Abb. 2.3** Heißwasserkessel mit einem gemeinsamen hoch liegenden Ausdampf- und Ausdehnungsgefäß mit Kesselkreislaufpumpen und Rücklauftemperatur-Anhebung, *a*) aufbereitetes Zusatzwasser

Alle diese vorstehend genannten Anforderungen sind Grundlagen für die Planung und Ausführung einer Heißwassererzeugungsanlage, die aber nicht alle im Detail und gleichzeitig beschrieben werden können, weil dies den Leser überfordern würde. Aus diesem Grund werden zunächst die vereinfachten Schaltbilder dargestellt und erläutert. Danach werden die zu den Schaltbildern gehörenden Druckhalteanlagen sowie deren Funktion und Berechnung beschrieben. Die Fragen zur Wahl der Pumpen und deren Schaltung, zur Wahl der Wärmeerzeuger und deren Schaltung sowie zur Ausbildung des Fernheiznetzes werden in den jeweiligen Kapiteln im Detail behandelt.

## 2.3  Aufnahme der Wasserausdehnung beim Aufheizen der Anlage

Zunächst werden nur die Schaltungen der geschlossenen Heißwasseranlagen nach der alten DIN 4752 mit Dampferzeugern und Heißwassererzeugern der Gruppe IV nach TRD 402 und 604 bzw. nach 702–1998 dargestellt und beschrieben.

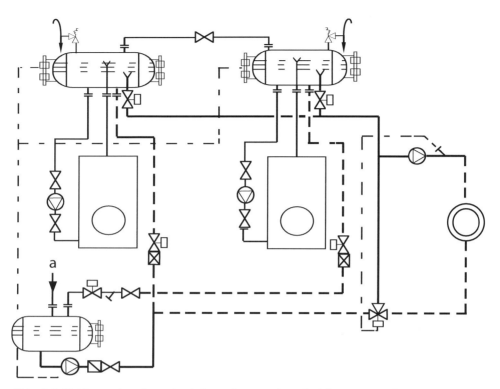

**Abb. 2.4** Heißwasserkessel mit hoch liegendem Ausdampfgefäß mit Kessel für Zwangsumlauf, Einzel- und Parallelbetrieb, *a*) aufbereitetes Zusatzwasser

Die offenen und geschlossenen Wasserheizungsanlagen nach der alten DIN 4751 Teil 2 und Teil 4 werden in den Abschn. 2.6, 2.7 und 2.11 bei der Beschreibung möglicher Ausführungen mit behandelt.

Die bei der Erstellung des Fachbuches geltenden sicherheitstechnischen Anforderungen und anerkannten Regeln der Technik enthält Tab. 2.1 (DIN 1952, 1980, Beuth-Verlag, Berlin).

## 2.3.1  Heißwasserkessel mit Dampfraum

Der im Dampfkessel erzeugte Sattdampfdruck $P_s$ genügt zur Überdruckhaltung, weil dem Heißwasser, das aus dem Kessel unterhalb des niedrigsten Wasserstandes entnommen wird, Rücklaufwasser beigemischt wird. Damit liegt die Heißwasservorlauftemperatur immer unterhalb der Sattdampftemperatur. Der Vorlaufdruck $P_v$ wird noch durch den Förderdruck der Umwälzpumpe erhöht. Damit ist $P_s$ im Kessel kleiner als $P_v$ auf der Pumpendruckseite und im Heißwasserverteilnetz.

**Tab. 2.1** Sicherheitstechnische Anforderungen und anerkannte technische Regeln für die Ausrüstung von Wärmeerzeugern

| Normen und technische Regeln | DIN EN 12828: 2003–2006 Wasserheizungsanlagen physikalisch abgesichert | DIN EN 12828: 2003–2006 thermostatisch abgesichert und Zwangsumlauf-Wärmeerzeuger | TRD 701: 1996–2012 Dampfkesselanlagen Dampferzeuger der Gruppe II (für Anlagen im Bestand) | TRD 702:1998–2006 Dampfkesselanlagen Heißwassererzeuger der Gruppe II (für Anlagen im Bestand) |
|---|---|---|---|---|
| Temperatur oder Druck | bis 105 °C | bis 105 °C | bis 1 bar | > 100 bis 120 °C |
| Wärmeleistung | < 1 MW | < 1 MW | unbegrenzt | unbegrenzt |
| Brennstoff/Beheizung | fest/flüssig/gasförmig | fest/flüssig/gasförmig | fest/flüssig/gasförmig | fest/flüssig/gasförmig |
| wesentliche Anforderungen und Ausrüstung nach: | - Voraussetzungen für Wärmeerzeuger<br>- Sicherheitsvor- und Rücklaufleistungen<br>- Ausdehnungsgefäße und Anschlussleitungen | - Voraussetzungen für Wärmeerzeuger und Ausdehnungsgefäße<br>- Einrichtungen gegen Überschreiten des zulässigen Betriebsdrucks<br>- Wassermangelsicherungen<br>- Einrichtungen zum Ausgleich der Wasservolumenänderungen<br>- Anzeigeeinrichtungen<br>- Fülleinrichtungen<br>- Inbetriebnahme<br>- Bedienungs-Wasser /Wartungsanleitungen | - Werkstoffe<br>- Herstellung<br>- Bemessung<br>- Ausrüstung<br>- Beheizung<br>- Kennzeichnung<br>- Prüfungen<br>für Neukesselanlagen Anforderungen nach DIN EN 12052 | - Werkstoffe<br>- Herstellung<br>- Bemessung<br>- Ausrüstung<br>- Beheizung<br>- Kennzeichnung<br>- Prüfungen<br>für Neukesselanlagen Anforderungen nach DIN EN 12953 |

Alle Wärmeverbraucher mit Direktanschluss müssen unterhalb des niedrigsten Kessel-wasserstands liegen. Wärmeverbraucher mit höher gelegenen Rohrnetzbereichen müssen über Flächenwärmeübertragern angeschlossen werden. Bei Mehrkesselanlagen muss eine Druckausgleichsleitung von einem Dampfraum des Kessels zum anderen verlegt werden.

Diese Verbindungsleitung dient zum Druckausgleich bei unterschiedlicher Wärmebe-lastung der Kessel und verhindert schwankende Wasserstände.

Für den Teillastbetrieb der Anlage sollten die Hauptumwälzpumpen in Leistungsstufen aufgeteilt oder mit einem differenzdruckabhängigen drehzahlgeregelten Antriebsmotor und die Kessel im Rücklaufanschluss mit einer Motorabsperrklappe ausgerüstet sein.

Die Schaltung nach Abb. 2.2 sollte möglichst nicht ausgeführt werden, weil das Vorl-aufwasser immer im Kessel ein Stück über den niedrigsten Wasserstand gehoben werden muss. Diese Anhebung und der Druckverlust im Absperrschieber ergeben eine Druckab-senkung, die immer dann, wenn keine Rücklaufbeimischung im Kessel stattgefunden hat, zur Verdampfung führen kann. Um dies zu vermeiden wurde ein Patent von der Fa. ROM entwickelt, bei dem eine Vermischung von Vor- und Rücklauf im Kessel vorgenommen wurde.

Alle Dampfkessel und Ausdampftrommeln müssen im Dampfraum mit einem Vakuu-munterbrecher ausgerüstet werden, damit beim Abfahren der Anlage und bei abgesperrtem Kessel kein Unterdruck entstehen kann und eine Einbeulung des Kesselkörpers verhindert wird.

Die Kesselspeisepumpen einschließlich Verrohrung und Regeleinrichtung sind in Abb. 2.2 nicht oder nicht vollständig dargestellt und müssen nach den TRD ausgeführt werden (siehe Kap. 3 und 4).

Die Druckdiktieranlagen sind in Abb. 2.2 vereinfacht dargestellt und müssen mit minde-stens zwei Überströmventilen und zwei Druckhaltepumpen, die aufeinander abgestimmt sind, ausgeführt werden (siehe Kap. 2.4.1).

Als Regelventile sollten in der Heißwasserheizung Zweiwegeventilen mit Doppelkegel, als Mischventil im Vorlauf oder als Trennventil im Rücklauf, an Stelle des Durchgangs-regelventils der Vorzug gegeben werden, weil das Zweiwegeventil mit einem geringeren Differenzdruck ein gutes Regelergebnis erbringt.

## 2.3.2   Heißwasserkessel mit einem hoch liegenden gemeinsamen Ausdampf- und Ausdehnungsgefäß

Mit der Schaltung nach Abb. 2.3 können sowohl Zwangsumlaufkessel als auch Heißwas-serkessel mit natürlichem Umlauf betrieben werden. Bei dem Ausdampfgefäß handelt es sich um ein Bauteil, bei dem kaum Betriebsstörungen zu erwarten sind, so dass man, um Anlagenkosten zu sparen, dort, wo der Betrieb bei der TÜV-Revision eine Unterbrechung zulässt, die Anlage mit einem gemeinsamen Ausdampfgefäß ausführen kann. Die Schal-tung ermöglicht es auch, bei Bedarf das Ausdehnungsgefäß in einem höheren Gebäudeteil des Kesselhauses so hoch anzuordnen, dass alle Verbraucher mit Heißwasser über einen Direktanschluss versorgt werden können.

Jedes hoch liegende Druckausdehnungsgefäß, das mit einem Dampfraum betrieben wird, muss zusätzlich mit einem Sicherheitsventil ausgerüstet sein, das so eingestellt ist, dass es früher als die Sicherheitseinrichtung gegen Drucküberschreitung der Heißwassererzeuger abbläst. Für die Bemessung der Abblaseleistung genügt es, die Leistung des größten aller angeschlossenen Heißwassererzeuger einzusetzen, wenn das Druckausdehnungsgefäß für den Druck gebaut ist, der im Ausdampfgefäß bei der zulässigen Vorlauftemperatur entstehen kann. Bei der Größenbemessung sind gegebenenfalls Zusatzheizungen und Fremddampfzufuhr zu berücksichtigen.

Wenn das Ausdampfgefäß für einen höheren Betriebsdruck zugelassen ist als der maximale Kesseldruck, kann das Sicherheitsventil am Ausdampfgefäß entfallen.

Im Teillastbetrieb kann einer der Kessel durch das Vorlaufwasserbeimischventil im Rücklauf abgesperrt und die Beimischpumpe abgeschaltet werden. Bei Bedarf wird der Kessel mit der Kesselkreislaufpumpe über das Ausdampfgefäß wieder aufgeheizt und danach in Bereitschaft geschaltet.

### 2.3.3 Heißwasserkessel mit einem Zwangsumlauf und den Kesseln zugeordneten Ausdampf -und Ausdehnungsgefäßen

Bei dieser Schaltung, wie in Abb. 2.4 dargestellt, ist das Ausdampfgefäß Teil des Heißwasserkessels. Auch die Verrohrung und die Kesselkreislaufpumpe gehören zum Heißwasserkessel und müssen der Dampfkessel-Verordnung entsprechend ausgeführt werden.

Für die Nachspeiseeinrichtungen gelten die Erleichterungen für Heißwasserkessel, wenn aus dem System kein Dampf entnommen wird. Grundsätzlich kann das Ausdampfgefäß auch mit Absperrventilen angeschlossen werden. Bei dieser Ausführung müssen jedoch die Heißwasserkessel zusätzlich mit Sicherheitsventilen ausgerüstet werden.

Auch bei dieser Schaltung ist eine Druckausgleichsleitung von Dampfraum zu Dampfraum zur Vermeidung einer unterschiedlichen Wasserstandanzeige zu empfehlen. Im Teillastbetrieb kann einer der Kessel durch Zufahren der Motorabstellklappen und Abschalten der Kesselkreislaufpumpe außer Betrieb genommen werden.

Bei der Wiederinbetriebnahme können der Kessel und das Ausdampfgefäß zunächst im Zwangsumlauf aufgeheizt werden. Auf eine Rücklauftemperaturanhebung kann verzichtet werden, wenn es sich um eine Industrieheizanlage mit Rücklauftemperaturen handelt, die selten unterhalb 60 oder 70 °C liegen und der Teillastbetrieb ebenfalls selten gefahren wird.

### 2.3.4 Heißwasserkessel mit einer Fremddruckhaltung durch Druckdiktierpumpen und Überströmventile

Bei dieser Schaltung wird das Heißwassersystem einschließlich Kesselanlage durch die Druckdiktierpumpe ständig unter einem Druck gehalten, der über dem Sattdampfdruck der Heißwassertemperatur liegt.

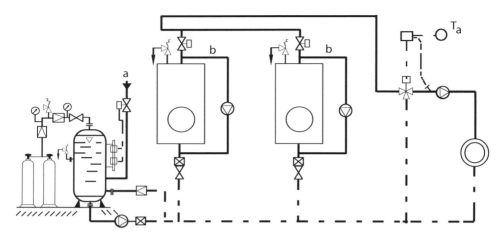

**Abb. 2.5** Heißwasserheizung mit Druckerzeugung durch Diktierpumpen und Überströmventil. Volumenausgleich im Nachspeisegefäß mit geringer Überdruckhaltung durch Stickstoff, *a*) aufbereitetes Zusatzwasser

Das Überströmventil öffnet, wenn der eingestellte Betriebsdruck erreicht ist, und lässt einen geringen Volumenstrom abfließen. Für einen wirtschaftlichen Betrieb dieser Druckhaltung ist es erforderlich, dass eine Pumpe mit geringer Fördermenge für den Dauerbetrieb und eine zweite Pumpe mit einer Fördermenge, bemessen für den Abfahrbetrieb, parallel geschaltet werden.

Für die Überströmung sind zwei hochwertige Überströmventile parallel zu schalten, die für den Anfahr- und Aufheizbetrieb ausgelegt sind und bei geringerem Druckanstieg den vollen Volumenstrom durchlassen. Das Ausdehnungsgefäß ist für den vollständigen Volumenausgleich zu bemessen und wird mit einem geringen Überdruck mit Stickstoff beaufschlagt, damit das ständig durch das Gefäß gepumpte Heizungskreislaufwasser keinen Sauerstoff aufnehmen kann. In Heißwasseranlagen, die ganzjährig ohne Unterbrechung in Betrieb sind, kann anstelle des Stickstoffdruckes auch das Wasser im Ausdehnungsgefäß auf 105 °C aufgeheizt und ein Dampfpolster von 0,36 bar erzeugt werden. In diesem Fall ist die erforderliche Zulaufhöhe bei den Druckdiktierpumpen zu beachten. Bei einem Teillastbetrieb unter 50 % werden die Absperrklappen bei „b" geschlossen und die Kesselkreislaufpumpe abgeschaltet (Abb. 2.5).

In Heizkraftwerken ist es auch üblich, das Dampfpolster aus dem vorhandenen Abdampf mit einem Dampfreduzierventil zu erzeugen. Die dabei anfallende Kondensatmenge ist gering und dient zugleich als Zusatzwasser für den Ausgleich von geringen Verlusten, die in großen Fernheiznetzen ohnehin auftreten.

Die Druckhaltung mit ständig laufenden Druckdiktierpumpen ist nur bei Großanlagen wirtschaftlich vertretbar. Für die Anlagen mit Wärmeleistung bis 30 oder 50 MW kann die Druckhaltung wirtschaftlicher und wie in Abb. 2.6 gezeigt erfolgen.

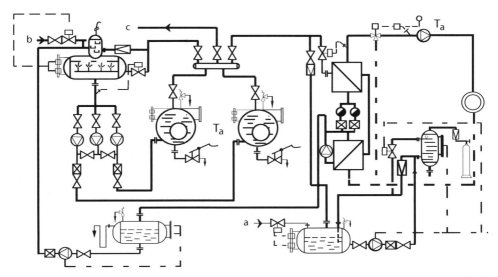

**Abb. 2.6** Heißwassererzeugung in dampfbeheizten Rohrbündel-Wärmeübertragern, Druckhaltung durch Fremddruck durch z. B. ein Stickstoffgaspolster *a*) aufbereitetes Zusatzwasser für den Heißwasserkreislauf *b*) aufbereitetes Kesselspeisewasser

### 2.3.5 Heißwassererzeugung in dampfbeheizten Rohrbündel-Wärmeaustauschern

Abbildung 2.6 zeigt ein vereinfachtes Schaltbild für ein Heizwerk, in dem sowohl Hochdruckdampf als auch Heißwasser erzeugt wird. Wenn in einem Industriebetrieb Hochdruckdampf für die Produktion oder auch für die Eigenstromerzeugung benötigt wird und für bestimmte Produktionsabläufe auch Heißwasser erforderlich ist (z. B. zur Beheizung von Trocknungseinrichtungen), dann wird man Hochdruckdampfkessel einsetzen und das benötigte Heißwasser in Wärmeübertragern erzeugen. Die Dampfkessel sind nach der Dampfkesselverordnung auszurüsten.

Das Kesselspeisewasser ist für den Dampfkesselbetrieb aufzubereiten. Bei dieser Schaltung erfolgt keine Vermischung von Kondensat und Heizungswasser, so dass in den Dampfkreislauf auch eine Dampfturbine geschaltet werden kann. Das Zusatzwasser für den Heißwasserkreislauf braucht nur für diesen Zweck aufbereitet, z. B. im Sonderfall nur enthärtet zu werden. Zur Druckhaltung im Heißwassersystem dient ein mit Fremddruck beaufschlagtes Ausdehnungsgefäß. Dieses ist so zu bemessen, dass darin die Volumenänderung, wie sie im Normalbetrieb und bei der Nachtabsenkung auftreten kann, aufgenommen werden kann. Bei zu hohem Druck und zu hohem Wasserstand wird Wasser aus dem Druckgefäß über das Überströmventil in ein größer bemessenes Speisewassergefäß abgegeben. Bei einem zu geringen Wasserstand im Ausdehnungsgefäß wird aus dem Speisewassergefäß wieder Wasser von einer über den Wasserstand geschalteten Speisepumpe in das Ausdehnungsgefäß gefördert.

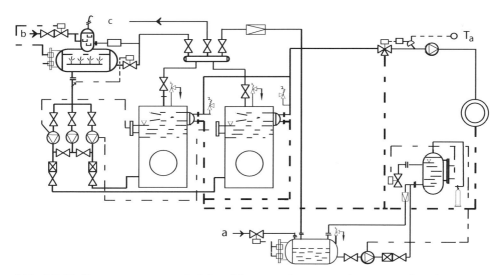

**Abb. 2.7** Heißwassererzeugung in Rohrbündel-Wärmeübertragern, die im Dampfkessel eingebaut sind (Zweikreiskessel) *a*) aufbereitetes Zusatzwasser für den Heißwasserkreislauf *b*) aufbereitetes Kesselspeisewasser für den Dampfkreislauf

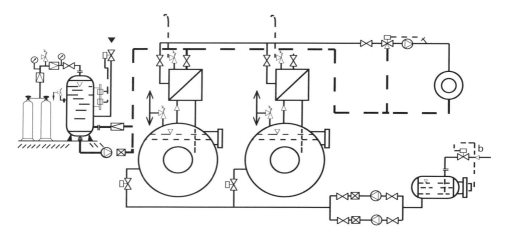

**Abb. 2.8** Heißwassererzeugung in dampfbeheizten Wärmeübertragern ohne Kondensatwirtschaft und mit Temperaturregelung im Heißwasserkreislauf

Die Schaltung nach Abb. 2.8 erfüllt den gleichen Zweck wie die Schaltung Abb. 2.6 und 2.7. Sie ist immer dann anzuwenden, wenn der Einbau in die Kesselanlage zu höheren Kosten führt.

### 2.3.6   Heißwassererzeugung in Rohrbündel-Wärmeübertragern, die im Dampfraum des Dampfkessels eingebaut sind

Die in Abb. 2.7 dargestellte Schaltung entspricht im Wesentlichen dem vorher beschriebenen und in Abb. 2.6 gezeigten Anlagenaufbau. Der Unterschied besteht lediglich darin, dass die Wärmeübertrager im Dampferzeuger eingebaut sind. Bei dieser Ausführung wird der Heißwasservorlauf immer annähernd auf die zum Dampfdruck der Kesselanlage gehörende Verdampfungstemperatur aufgeheizt und muss danach durch Rücklaufbeimischung auf die benötigte Vorlauftemperatur geregelt werden. Bei dieser Schaltung wird der Stellplatz für die Wärmeübertrager, für die Kondensatrückspeiseanlage und die Dampf- und kondensatseitige Verrohrung mit Armaturen eingespart. Andererseits werden die Dampferzeuger wesentlich teurer, weil die Dampftrommel für den Einbau des Wärme- übertragers mit einem erheblich größeren Durchmesser erfolgen muss und dadurch auch der Dampferzeuger mit einer größeren Bauhöhe auszuführen ist.

Die sonst übliche Anordnung von Wasserstandarmaturen und Wassermangeleinrich- tungen ist nicht mehr möglich. Es handelt sich also um eine Sonderausführung, die als Zweikreiskessel bezeichnet wird. Die Druckhaltung und der Volumenausgleich erfolgen wie in Abb. 2.7 dargestellt und in Abschn. 2.3.5 beschrieben.

Die gleichen Vorteile wie der Wegfall der Kondensatwirtschaft und, wenn kein Dampf aus dem Dampfkreislauf entnommen wird, der Wegfall der Entgasung und Speisewasser- aufbereitung erhält man auch, wenn die Wärmeaustauscher bei Abb. 2.8 nicht dampfseitig geregelt und direkt auf dem Dampfkessel aufgestellt werden.

Das Kondensat kann dann ungeregelt in den Kessel zurückfließen, und die Heißwas- sertemperatur wird im Heißwasserkreislauf mit einem Zweiwegeventil geregelt. Weitere Einzelheiten hierzu werden in den Kap. 4 und 9 beschrieben.

### 2.3.7   Heißwassererzeugung im Mischwasser-Wärmeübertrager (Kaskade oder Düsenumformer mit Druckhaltung durch Heizdampf oder Kesseldruck)

Auch hier handelt es sich wieder um ein Heizwerk für einen Betrieb, in dem sowohl Hochdruckdampf als auch Heißwasser für Heizzwecke benötigt wird.

Abbildung 2.9 zeigt die Schaltung eines Dampferzeugers, der Dampf für Produktions- zwecke liefert und deshalb nach der Dampfkesselverordnung aufzustellen und auszurüsten ist. Außerdem liefert der Kessel den Heizdampf für den Kaskaden-Wärmeübertrager. In der Kaskade strömt das Wasser aus dem Heizungsrücklauf über die Böden im Dampfraum, und der Dampf wird im Gegenstrom dem Dampfraum zugeführt. Dabei wird der Heizungsrücklauf bis zum Erreichen der Sattdampftemperatur von Heizdampf aufgeheizt.

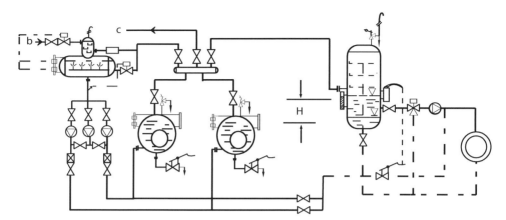

**Abb. 2.9** Heißwassererzeugung im Mischwasser-Wärmeübertrager (Kaskade) mit Druckerzeugung durch den Kesseldruck und Volumenausgleich im Wasserraum der Kaskade, *b*) aufbereitetes Zusatzwasser für den Dampfkesselbetrieb

Der Heizungsvorlauf wird aus dem Ausdehnungsraum der Kaskade entnommen und im Zweiwegeregelventil durch Rücklaufwasserbeimischung auf die benötigte Vorlauftemperatur geregelt.

Das Kondensat des Heizdampfes fließt, wenn in der Kaskade der gleiche Druck wie im Dampfkessel herrscht, direkt in den Dampfkessel zurück. Damit dies bei allen Betriebszuständen sichergestellt ist, muss die Kaskade entsprechend dem Druckverlust in der Kondensatleitung über dem höchsten Wasserstand des Dampfkessels aufgestellt werden. Der untere Teil der Kaskade dient zugleich als Ausdehnungsraum und zur Aufnahme der Wasservolumenänderung beim Aufheiz- oder Abfahrbetrieb. Wenn der Kaskadenaufstellungsbereich weit vom Dampfkessel entfernt ist, kann das Kondensat auch in ein gemeinsames Kondensatgefäß eingeleitet und von dort mit dem sonst noch anfallenden Kondensat in das Kesselhaus zurückgepumpt werden. Dies ist auch dann erforderlich, wenn die Kaskade mit einem geringeren Dampfdruck als die Kesselanlage betrieben wird. Als Nachteil der Kaskade ist die Vermischung des Kondensats mit dem Wasser des Heizungskreislaufs zu nennen, deshalb ist ihr Einsatz bei einer Hochdruckdampferzeugung, bei der der Dampf zum Antrieb einer Turbine benutzt wird, nicht zu empfehlen.

Die Entnahmeleitungen einer Heißwasserkaskade sind innerhalb der Kaskade nach unten und mit Gefälle zur Umwälzpumpe, die entsprechend der erforderlichen Zulaufhöhe tiefer aufgestellt ist, zu führen (siehe Abb. 2.9 und Scholz (2012)).

## 2.4   Volumenausgleich im Betrieb und beim An- und Abfahren der Heißwasseranlagen

### 2.4.1   Volumenausgleich bei der Heißwassererzeugung im Dampf- oder Heißwasserkessel

Wenn die Aufheizung in einem Dampf- oder Heißwasserkessel erfolgt, ist die Wärmezufuhr durch die Feuerungsleistung begrenzt.

Dabei ist zu beachten, dass die Wärmezufuhr in der Aufheizphase wegen der größeren Ausnutzung des Rauchgases über der Maximalleistung des Heißwassererzeugers liegt.

Bei einem Heißwassererzeuger, der z. B. für eine Temperaturspreizung von ca. 110/70 °C ausgelegt ist, werden die Rauchgase bei normaler Dauerlast auf ca. 150 °C abgekühlt.

In der Aufheizphase werden die Rauchgase jedoch bis auf ca. 100 °C abgekühlt, was etwa eine Erhöhung der Wärmezufuhr von 10 % zur Folge hat.

Für die Berechnung der maximalen stündlichen Volumenzunahme sind noch die im Heißwassersystem stündlich umgewälzte Wassermasse und der Wasserinhalt der Gesamtanlage zu beachten. Die in einer Zeiteinheit von einer Stunde sich einstellende Temperaturerhöhung ergibt sich aus der zugeführten Wärme während dieser Zeiteinheit, der in der gleichen Zeit umgewälzten Wärmeträgermenge und der mittleren, spezifischen Wärme des Wärmeträgers $c_{pm}$

$$\Delta \vartheta = \frac{Q}{c_{pm} \cdot G} [K].\tag{2.1}$$

Die Volumenzu- oder -abnahme $\Delta V_z$ erhält man dann aus

$$\Delta V_z = m_z \cdot (v_2 - v_1)[m^3].\tag{2.2}$$

Darin sind $m_z$ der Wasserinhalt der Anlage in kg bei einer bestimmten Dichte und $v_1$ und $v_2$ die spezifischen Volumina des Wassers bei der jeweils zutreffenden Wassertemperatur von Zustand 1 und 2 in $dm^3$/kg nach Tab. 2.3.

Der Wasserinhalt der Anlage oder die Anlagenvolumina V $m^3$ müssen erst in die Wassermasse einer Ausgangstemperatur umgerechnet werden:

$$m_z = V\left[m^3\right] \cdot \rho \left[\frac{kg}{m^3}\right] = m[kg].$$

Der Wasserinhalt der Anlage ist aus den Bauteilen, dem Rohrauszug und aus den Heizflächenzusammenstellungen zu ermitteln.

Der Anlagenplaner sollte dabei wie folgt vorgehen:

Den Wasserinhalt der Wärmeerzeuger, von Pumpen und besonderen Bauteilen kann er den Herstellerangaben entnehmen bzw. beim Hersteller anfragen.

**Tab. 2.2** Wasserinhalt von Rohrleitungen in l/m

| Stahlrohre DIN 2440 | | | | l/m |
|---|---|---|---|---|
| ⅜ " | – | – | – | 0,123 |
| ½ " | – | – | – | 0,201 |
| ¾ " | – | – | – | 0,366 |
| 1" | – | – | – | 0,581 |
| 1 ¼ " | – | – | – | 1,012 |
| 1 ½ " | – | – | – | 1,372 |
| Stahlrohre DIN 2440 | – | – | – | – |
| DN 40 | 48,3 | x | 2,6 | 1,459 |
| DN 50 | 57 | x | 2,9 | 2,059 |
|  | 60,3 | x | 2,9 | 2,333 |
| DN 65 | 76,1 | x | 2,9 | 3,882 |
| DN 80 | 88,9 | x | 2,9 | 5,424 |
| DN 100 | 108 | x | 3,2 | 8,107 |
|  | 114,3 | x | 3,6 | 9,009 |
| DN 125 | 133 | x | 3,6 | 12,429 |
| DN 150 | 159 | x | 4,4 | 17,719 |
|  | 168,3 | x | 4,5 | 19,931 |
| DN 200 | 219,1 | x | 6,3 | 33,491 |
| DN 250 | 273 | x | 6,3 | 53,256 |
| DN 300 | 323,9 | x | 7,1 | 75,331 |
| DN 350 | 355,6 | x | 8,0 | 90,579 |
| DN 400 | 406,4 | x | 8,8 | 118,725 |

Den Wasserinhalt des Rohrnetzes im Kesselhaus und des Fernheiznetzes einschließlich der Hausübergabestationen kann er anhand der Entwurfspläne, mit vorläufigen Massenauszügen und mit Hilfe der Tab. 2.2 ermitteln.

Der Wasserinhalt von Gebäudeheizungsanlagen kann überschlägig nach dem Anschlusswert mit 20 l je 1.000 W angesetzt werden. Dieser Wert ist für alle Pumpenwarmwasserheizungen für Wohnungen, Schulen und Bürogebäude mit modernen Heizflächen zutreffend.

Für Anlagen mit Heizflächen älterer Bauart, wie Radiatoren aus Stahl oder Guss nach DIN 4720 und 4722, ist ein Wasserinhalt von 25 l je 1.000 Watt anzusetzen.

Für Heißwasseranlagen, die mit höheren Temperaturen betrieben und bei denen die Hausanschlüsse über Wärmeübertrager ausgeführt werden, und für Heißwasseranlagen zur Beheizung von Produktionseinrichtungen sind die Wasserinhalte der Wärmeübertrager oder der Heizeinrichtungen in den Produktionseinrichtungen bei den Herstellern zu erfragen. Bei den Produktionseinrichtungen sind auch eventuelle Füllmengen oder Verluste beim Umschalten von Heiz- auf Kühlbetrieb oder andere Vorgänge mit Verlusten zu beachten.

Der Berechnungsweg lässt sich am besten an einem Beispiel darstellen.

**Tab. 2.3** Zustandsgrößen, Wärmekapazität und Viskosität von Wasser bei Sättigungsdruck

| Tempe-ratur T | Dampf-druck $p_s$ | | Dichte p | spezifisches Volumen | dynamische Viskosität $\eta$ | kinematische Viskosität | spezifische Wärme-kapazität |
|---|---|---|---|---|---|---|---|
| in °C | bar | N/m³ | kg/m³ | dm³/kg | $10^{-6}$N s/m² | $10^{-6}$ m²/s | kJ/kg · K |
| 0 | 0,00610 | 611 | 999,78 | 1,0002 | 1.792,0 | 1,7924 | 4,217 |
| 2 | 0,00700 | 706 | 999,90 | 1,0001 | 1.674,5 | 1,6747 | 4,212 |
| 4 | 0,00810 | 813 | 999,95 | 1,0001 | 1.568,8 | 1,5689 | 4,207 |
| 6 | 0,00930 | 935 | 999,92 | 1,0001 | 1.473,3 | 1,4734 | 4,203 |
| 8 | 0,01070 | 1.073 | 999,84 | 1,0002 | 1.386,7 | 1,3869 | 4,198 |
| 10 | 0,12510 | 1.228 | 999,69 | 1,0003 | 1.307,8 | 1,3082 | 4,193 |
| 20 | 0,02383 | 2.337 | 998,19 | 1,0018 | 1.002,8 | 1,0046 | 4,182 |
| 30 | 0,04325 | 4.241 | 995,61 | 1,0044 | 797,8 | 0,8013 | 4,179 |
| 40 | 0,07520 | 7.374 | 992,17 | 1,0079 | 653,1 | 0,6583 | 4,179 |
| 50 | 0,12578 | 12.334 | 987,99 | 1,0122 | 547,1 | 0,5537 | 4,181 |
| 60 | 0,20310 | 19.920 | 983,16 | 1,0171 | 466,8 | 0,4748 | 4,185 |
| 70 | 0,31770 | 31.160 | 977,75 | 1,0228 | 404,5 | 0,4137 | 4,190 |
| 80 | 0,48290 | 47.360 | 971,79 | 1,0290 | 355,0 | 0,3654 | 4,197 |
| 90 | 0,71490 | 70.110 | 965,33 | 1,0359 | 315,1 | 0,3264 | 4,205 |
| 100 | 1,03320 | 101.330 | 958,39 | 1,0434 | 282,3 | 0,2946 | 4,216 |
| 110 | 1,46090 | 143.270 | 951,00 | 1,0515 | 256,4 | 0,2696 | 4,228 |
| 120 | 2,02450 | 198.540 | 943,16 | 1,0603 | 232,2 | 0,2462 | 4,245 |
| 130 | 2,75440 | 270.130 | 934,80 | 1,0697 | 215,2 | 0,2303 | 4,263 |
| 140 | 3,68500 | 361.400 | 926,18 | 1,0797 | 196,3 | 0,2119 | 4,285 |
| 160 | 6,30200 | 618.100 | 907,50 | 1,1019 | 169,6 | 0,1869 | 4,339 |
| 180 | 10,22500 | 1.002.700 | 887,06 | 1,1273 | 149,4 | 0,1684 | 4,408 |
| 200 | 15,85700 | 1.555.100 | 864,74 | 1,1564 | 133,6 | 0,1545 | 4,497 |
| 250 | 40,56000 | 3.978.000 | 799,07 | 1,2515 | 105,8 | 0,1324 | 4,867 |

**Beispiel 2.1: Berechnung der im Betriebmöglichen Volumenänderung**

*Aufgabenstellung*

Eine Heißwasseranlage ist nach Abb. 2.4 geschaltet und für 130/80 °C bei −12 °C ausgelegt. Das Fernheiznetz wird mit Temperaturen nach Abb. 2.10 betrieben.

In der Heizzentrale sind zwei Wasserrohrkessel mit Leistungen von je 10 MW installiert. Der Wasserinhalt je Kessel beträgt 6 m³.

Der Wasserinhalt im gemeinsamen Ausdampfgefäß beinhaltet bis zum niedrigsten Wasserstand 12,5 m³. Der Wasserinhalt aller Rohrleitungen, Pumpen und Armaturen im Kesselhaus wurden zu 11,5 m³ ermittelt (zusammen 36 m³).

Die Fördermenge der Hauptumwälzpumpen beträgt im Parallelbetrieb 378,4 m³/h.

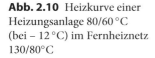

**Abb. 2.10** Heizkurve einer
Heizungsanlage 80/60 °C
(bei – 12 °C) im Fernheiznetz
130/80°C

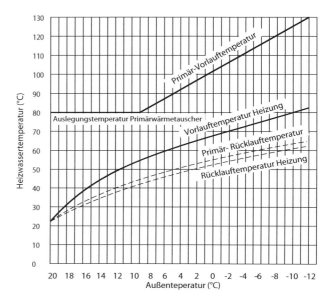

Der Wasserinhalt des Fernheiznetzes wurde mit den Rohrmassen aus dem Entwurfsplan zu 162.000 kg ermittelt. Der Anschlusswert aller Wohnungen aus dem Versorgungsnetz beträgt 22 MW, was einem Wasserinhalt für alle Anlagen mit Direktanschluss von 440.000 kg entspricht.

Damit ergibt sich ein Gesamtinhalt von 638.000 kg.

Der Kesselkreislauf wird bei Volllastbetrieb von 2 Kesseln mit 135 °C entsprechend 3 bar Sattdampftemperatur gefahren.

Der höchste Wasserstand in der Dampftrommel befindet sich 12 m über dem Erdgeschoss und der Geländehöhe.

Das Heizwerk wurde auf eine Erhöhung, die ca. 5 m über dem tiefsten Punkt bzw. tiefsten Straßenniveau im Versorgungsgebiet liegt, erstellt.

Das Druckdiagramm des Fernheiznetzes zeigt Abb. 2.11. Daran ist abzulesen, dass bei einer Förderhöhe der Umwälzpumpe von 20 m der Betriebsdruck in den Gebäudeheizanlagen von 6 bar nicht überschritten wird.

Im normalen Betriebsablauf sind keine hohen Temperaturschwankungen zu erwarten, weil das Rohrnetz nach den Temperaturen wie in Abb. 2.10 dargestellt und ganzjährig betrieben wird.

Die Nachspeiseanlage muss aber auch für den kritischen Fall, z. B. Rohrbruch oder Straßenschäden mit Rohrbruch, im Winter bei Außentemperaturen von – 10 °C, noch ausreichend bemessen sein. In diesem Fall muss die Feuerung abgeschaltet und das Rohrnetz unter 100 °C abgefahren werden.

Danach wird die Schadensstelle abgesperrt und entleert. Nachdem der Schaden behoben ist, wird der entleerte Teil des Rohrnetzes wieder gefüllt und entlüftet. Bis zu diesem Zeitpunkt hat sich das im Rohrnetz noch verbliebene Wasser und das nachgefüll-

**Abb. 2.11** Druckdiagramm
für das Versorgungsgebiet

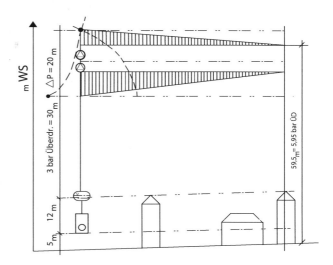

te Wasser auf $\theta_m = +70\,°C$ abgekühlt. Es ist außerdem anzunehmen, dass im gleichen Zeitraum sich das Heizungswasser in den Gebäudeanlagen bis auf 50 °C abgekühlt hat.

Die Anlage wird nun rasch mit beiden Kesseln wieder auf 135 °C im Kesselkreislauf und auf 125 °C im Fernheiznetzvorlauf aufgeheizt.

Der Vorlauf in den Gebäudeheiznetzen wird auf 80 °C und der Rücklauf auf 60 °C erwärmt.

*Gesucht*

a. Die zweckmäßige Größe und Volumenaufnahme der Ausdampftrommel und des Speisewassergefäßes

b. Bemessung des Abspeiseventils und der Nachspeisepumpe

*Lösung*

a. *Größe und Volumenaufnahme der Ausdampftrommel und des Speisewassergefäßes*
   Kesselkreislauf

$$\Delta V_z = m_z(v_{135} - v_{70}) = 36.000\ \text{kg} \cdot (1,07975 - 1,0228)\frac{\text{l}}{\text{kg}}$$

$$= 36.000\ \text{kg} \cdot 0,05695\frac{\text{l}}{\text{kg}} = 2.050\,\text{l} = 2,05\ \text{m}^3$$

Fernheiznetz, $\theta_m = 103\,°C$

$$\Delta V_z = m_z(v_{103} - v_{70}) = 162.000\ \text{kg} \cdot (1,0451 - 1,0228)\frac{\text{l}}{\text{kg}}$$

$$= 162.000\ \text{kg} \cdot 0,0223\frac{\text{l}}{\text{kg}} = 3.613\,\text{l} = 3,613\ \text{m}^3$$

Gebäudeheiznetze, $\theta_m = 70\,°C$

$$\Delta V_z = m_z(v_{70} - v_{50}) = 440.000\ \mathrm{kg} \cdot (1{,}0228 - 1{,}0121)\frac{\mathrm{l}}{\mathrm{kg}}$$

$$= 440.000\ \mathrm{kg} \cdot 0{,}0107\frac{\mathrm{l}}{\mathrm{kg}} = 4.710\,\mathrm{l} = 4{,}71\ \mathrm{m}^3$$

Das Gesamtvolumen ergibt sich somit zu ca. $10{,}37\ \mathrm{m}^3$. Dieses Volumen ist zu einem Teil zwischen dem niedrigsten und dem höchsten Wasserstand in dem gemeinsamen Ausdampfgefäß und zum anderen im Nachspeisebehälter aufzunehmen. Da das Ausdampfgefäß zum Kessel gehört und aus Kesselblechen für den hohen Betriebsdruck zu fertigen ist, wird man dieses aus Kostengründen nur so groß wie für den Normalbetrieb erforderlich bemessen.

Im Normalbetrieb wird die Kesselanlage auf 3 bar Betriebsdruck gehalten, und der Heizungsvorlauf wird im Sommer bis auf $80\,°C$ abgesenkt.

Die Rücklauftemperatur beträgt im Sommer ca. $40\,°C$, so dass die mittlere Temperatur im Heiznetz bei $\theta_m = 60\,°C$ liegt. Die Aufheizung des Fernheiznetzes vom Sommerbetrieb bis auf $105\,°C$ an einem kalten Wintertag führt zu einer Volumenvergrößerung von

$$\Delta V_z = m_z(v_{105} - v_{60}) = 162.000\ \mathrm{kg} \cdot (1{,}0453 - 1{,}0171)\frac{\mathrm{l}}{\mathrm{kg}}$$

$$= 162.000\ \mathrm{kg} \cdot 0{,}0282\frac{\mathrm{l}}{\mathrm{kg}} = 4.568\,\mathrm{l} = 4{,}568\ \mathrm{m}^3.$$

Im Sommer wird auch in allen Gebäudeheizungsnetzen das Wasser bis auf 20 oder $25\,°C$ abgekühlt. Die Volumenzunahme beim Aufheizen bis auf $\theta_m = 70\,°C$, wie an einem kalten Wintertag benötigt, errechnet sich zu

$$\Delta V_z = m_z(v_{70} - v_{20}) = 440.000\ \mathrm{kg} \cdot (1{,}0228 - 1{,}002)\frac{\mathrm{l}}{\mathrm{kg}}$$

$$= 440.000\ \mathrm{kg} \cdot 0{,}021\frac{\mathrm{l}}{\mathrm{kg}} = 9.150\,\mathrm{l} = 9{,}15\ \mathrm{m}^3.$$

Zu untersuchen wäre noch, welche Volumenschwankungen an einem kalten Wintertag beim morgendlichen Aufheizen nach der Nachtabsenkung in den Gebäudenetzen zu erwarten sind.

Um die Heizkosten zu reduzieren, werden in der Regel von allen Gebäudeheizungsreglern die Vorlauftemperaturen ab 22 Uhr bis morgens 6 Uhr um ca. $5\,°C$ abgesenkt. Um morgens im Zeitraum von 1 Stunde die Wohnungen wieder auf $20\,°C$ aufzuheizen, wird nun die Gebäudeheizung mit einer um etwa $10\,°C$ höheren Vorlauftemperatur angefahren. Damit schwankt die mittlere Heizwassertemperatur in allen Gebäudeheizsystemen um ca. 15 K.

Die dabei anfallende Volumenschwankung beträgt

$$\Delta V_z = 440.000 \text{ kg}(v_{80} - v_{65}) = 440.000 \text{ kg} \cdot (1{,}029 - 1{,}02)\frac{l}{\text{kg}}$$

$$= 440.000 \text{ kg} \cdot 0{,}009\frac{l}{\text{kg}} = 3.960\,l = 3{,}96 \text{ m}^3.$$

Aus den vorstehenden Berechnungen ist zu erkennen, dass eine wirtschaftliche Bemessung für das Ausdampfgefäß dann gegeben ist, wenn zwischen dem niedrigsten und dem höchsten Wasserstand etwa ein Volumen von ca. 4,5 m³ aufgenommen wird. Damit werden die täglichen Schwankungen für die Nachtabsenkungen und Wiederaufheizung aufgenommen. Dieses Volumen reicht auch für Volumenveränderungen bei der Zu- und Abschaltung eines Heizkessels und für Lastschwankungen in der Übergangszeit aus. Für den Volumenausgleich bei Netzabschaltungen und Auskühlungen im Winter oder für die Schwankungen zwischen Sommer und Winterbetrieb ist ein Speisewassergefäß mit einem Speichervolumen von ca. 10 m³ auszuführen, so dass beim Überschreiten des höchsten Wasserstandes Wasser aus dem Heizungsrücklauf in das Speisewassergefäß abgelassen werden kann.

Wenn beim Abkühlen der Anlage der niedrigste Wasserstand unterschritten wird, schaltet der Speisewasserregler die Speisepumpe ein und fördert das Wasser aus dem Speisewassergefäß in den unteren Bereich des Ausdampfgefäßes.

b. *Bemessung des Abspeiseventils und der Nachspeisepumpe*
   Das Abspeiseventil muss so bemessen sein, dass es das maximal mögliche Ausdehnungsvolumen, das während des Aufheizens z. B. stündlich anfallen kann, beim verfügbaren Differenzdruck in der gleichen Zeiteinheit auch ableiten kann. Zu berechnen sind nach den Gleichungen 2.1 und 2.2 die Temperaturerhöhung und der erforderliche Volumenstrom. Die maximale Kesselleistung beträgt 22 MW bzw. 79.200.000 kJ/h. Innerhalb einer Stunde werden 378,4 m³ Heizungswasser durch beide Kessel gefördert. Aus Tab. 2.3 ist ersichtlich, dass die Volumenzunahme zwischen 20 und 100 °C ca. 4 % und zwischen 100 und 200 °C etwa 10 % beträgt (berechnet wird zwischen 70 und 130 °C). Die stündliche Volumenzunahme für den Temperaturbereich von 70 bis 130 °C ergibt sich zu:

$$\Delta V_z = 378{,}4(v_{130} - v_{70}) = 378{,}4(1{,}0697 - 1{,}0228) = 17{,}7 \text{ m}^3$$

Es ist also ein Motorablassventil, das vom Wasserstandsregler geschaltet wird, oder ein indirekt wirkender Regler mit Ablassventil für einen Durchfluss von 18 m³/h bei $\Delta p = 3$ bar nach Abb. 2.13 und 2.14 auszuwählen und einzubauen.

c. *Diskussion der Ergebnisse*
   Die Nachspeisepumpe muss beim Abkühlen des Heizungswassers die Volumenabnahme durch Wasserzuspeisung ausgleichen. Die maximale Volumenabnahme tritt

**Abb. 2.12** Schaltung und Anordnung der Abspeise- und Nachspeiseeinrichtungen *a*) des Heißwassererzeugers, *b*) des Heizungsrücklaufs, *c*) der Speisewasseraufbereitung

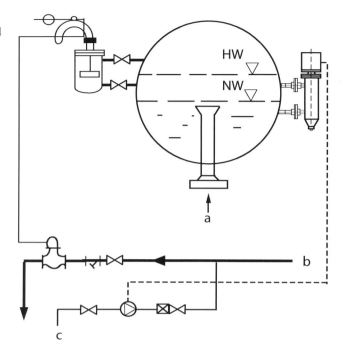

**Abb. 2.13** Überströmventil

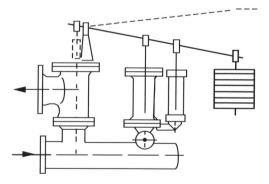

dann auf, wenn die Feuerungsanlagen ausfallen oder abgeschaltet werden müssen. Zum Abfahren der Temperatur bleiben die Umwälzpumpen mit vollem Volumenstrom in Betrieb. Zunächst entziehen die Gebäudeheizungen dem Fernheiznetz noch die volle Leistung.

Erst nachdem sich das Wasser im Vorlauf bis auf 90 °C oder auf die Rücklauftemperatur von 80 °C abgekühlt hat, wird die Wärmeabgabe reduziert. Da bei einer vollständig ausgebauten Fernheizanlage die Kesseldauerleistungen etwa mit der Summe der Anschlusswerte aller angeschlossenen Gebäudeanlagen korrespondieren und beim Abfahren der Anlage an einem kalten Wintertag die Wärmeabgabe

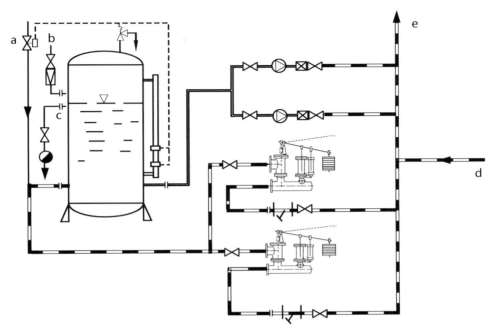

**Abb. 2.14** Fremddruckhaltung mit Druckdiktierpumpen, *a*) aufbereitetes Zusatzwasser, *b*) Dampf-zuleitung für das Druckpolster, *c*) Überlauf und Kondensat zum Sammelgefäß, *d*) vom Heizungs-rücklauf, *e*) Heizungsrücklauf zu den Heißwassererzeugern

bei abgeschalteter Feuerung in den ersten 10 bis 20 Minuten der maximalen Anla-genleistung entspricht, muss die Nachspeisepumpe den gleichen Volumenstrom wie vorher für das Ablassventil errechnet in das Netz einspeisen.

Die Förderhöhe der Nachspeisepumpe ergibt sich aus dem 1,1-fachen maxima-len Dampfdruck in der Ausdampftrommel, dem Druckverlust in der Saug- und Druckleitung und dem Höhenunterschied zwischen den Wasserständen (NW) von Speisewassergefäß und Dampftrommel. Die Schaltung der Regeleinrichtungen für die Abspeise- und Nachspeiseeinrichtung ist in Abb. 2.14 und 2.16 schematisch dar-gestellt. Die Nachspeisepumpe ist also für eine Fördermenge von 16 m³/h und für eine Förderhöhe von 4,4 bar zuzüglich Druckverlust in der Saug- und Drucklei-tung, also für ca. 5 bar auszulegen. Bei der Auslegung der Nachspeisepumpen und Druckhaltepumpen sind noch die TRD 402 Abschn. 5.1 bis 5.11 und die TRD 604 einzuhalten.

In vorliegendem Fall ist die TRD 402 erfüllt, wenn die Kessel mit einer schnell regelbaren Feuerung, also mit einer Heizöl- oder Gasfeuerung ausgerüstet sind. Weitere Einzelheiten hierzu enthalten Kap. 4 und 9 (Abb. 2.12).

## 2.4.2  Volumenausgleich bei der Heißwassererzeugung in Wärmeübertragungsapparaten wie Misch- und Flächenwärmeübertragern

Wenn das Heißwasser in einem Wärmeübertragungsapparat erzeugt wird, steht in der Regel für das Anfahren der Anlage eine unbegrenzte Heizenergie in Form von Hochdruckdampf zur Verfügung. Das Regelventil auf der Heizdampfseite wird wegen der großen Sollwertunterschreitung voll geöffnet und das verfügbare Temperaturgefälle kann doppelt so groß wie im Beharrungs- oder Auslegungszustand sein. Bei Mischwärmeübertragern erhöht sich noch die Wärmeübergangszahl. Bei Flächenwärmeübertragern bleibt die Wärmeübertragungszahl auf der Heizungswasserseite etwa unverändert und begrenzt eine Erhöhung der Wärmedurchgangszahl, so dass die Wärmeübertragung nur mit der Erhöhung des Temperaturunterschieds ansteigt.

Wärmeübertrager werden vor allem bei Anlagen für die Industrie eingesetzt, weil für bestimmte Produktionseinrichtungen sowohl HD-Dampf als auch Heißwasser zum Einsatz kommt. Die Heißwassernetze in Industriebetrieben werden in der Regel auch mit höheren Temperaturen gefahren. Die Rohrnetze sind in ihrer Ausdehnung begrenzt, und alle Verbraucher werden über Flächenwärmeübertrager beheizt, so dass im Heißwassernetz nur ein geringer Wasserinhalt vorhanden ist und dieser stündlich mehrmals umgewälzt wird. Die vorstehend beschriebenen Anlagenkriterien haben einen Einfluss auf die Bemessung der Ausdehnungs- und Speisewassergefäße und auf die Dimensionierung der Abspeiseventile und Nachspeisepumpen.

Was bei der Bemessung der Einrichtungen im Einzelnen zu beachten ist, wird an einem Beispiel erläutert.

**Beispiel 2.2: Berechnung des erforderlichen Ausdehnungsraums in einem Kaskadenumformer**

*Aufgabenstellung*
In einem Kesselhaus stehen zwei HD-Dampferzeuger, die je 15 t/h Dampf von 13 bar als normale Dauerleistung in das Dampfnetz liefern. Ein Teil der Wärme verbrauchenden Einrichtungen wird auf Heißwasser umgestellt. Benötigt wird dabei eine stündliche Wärmemenge von 9.000.000 kJ oder 2,5 MW. Hierfür wird ein Kaskaden-Wärmeübertrager nach Abb. 2.9 installiert. In der Kaskade wird Heißwasser von 190 °C erzeugt. Das Heißwassernetz wird mit Temperaturen von 180/90 °C betrieben.

Der Wasserinhalt in der Kaskade bis zum niedrigsten Wasserstand beträgt 2 m$^3$. Der Wasserinhalt des Rohrnetzes einschließlich des Inhalts der Wärmeaustauscher auf der Primärseite wurde zu 23 m$^3$ ermittelt.

*Gesucht*
a. die erforderliche Durchflussmenge für das Kondensatablassventil beim Aufheizvorgang und das Volumen im Normalbetrieb.
b. das Volumen des Ausdehnungsraumes in der Kaskade, indem sich das Wasser befindet, das beim Abfahren der Anlage in das Rohrnetz nachströmen kann,

c. die Bauhöhe des Ausdehnungsraumes zwischen höchstem Wasserstand und dem Vorlaufentnahmestutzen, der konstruktiv zu berücksichtigen ist.

*Lösung*

Beim Anfahren der Anlage wird das Wasser im Fernheiznetz von 20 °C auf 180 °C erwärmt. Die Temperaturdifferenz zwischen dem Heizdampf mit 190 °C und der mittleren Heizungswassertemperatur von 100 °C beträgt 90 K. Sie ist also fast doppelt so hoch wie im Auslegezustand mit 55 K. Damit erhöht sich die übertragene Wärmemenge um den Faktor 2,3. Zu rechnen ist mit einer Wärmezufuhr von

$$Q = 2,3 \cdot 2,5\,\text{MW} = 5,75\,\text{MW bzw.} = 20.700.000\,\text{kJ}$$

und mit $c_{pm} = 4{,}216$ kJ/kg und $\rho = 958{,}3$ kg/m$^3$ bei $\theta_m = 100\,°C$.

Die Umwälzpumpe ist für den Normalbetrieb für einen Volumenstrom von 24 m$^3$/h bemessen. Der Wasserinhalt im Fernheiznetz von 23 m$^3$ wird praktisch einmal in der Stunde umgewälzt. Daraus errechnet sich der mögliche Temperaturanstieg zu:

$$K = \frac{Q}{V \cdot \rho \cdot c_{pm}} = \frac{20.700.000}{92.924,4} = 213,5\,\text{K}.$$

Die Heißwasseranlage wird also noch vor Ablauf einer Stunde auf den Beharrungszustand von 190 °C in der Kaskade und 180 °C im Fernheizvorlauf erwärmt. Der Rücklauf der Anlage kühlt sich ebenfalls durch die Wärmeabgabe in den Wärmeverbrauchern oder Übergabestationen auf 90 °C ab, und die Anlage befindet sich selbst bei maximaler Wärmeabnahme noch vor Ablauf der ersten Betriebsstunde, und zwar schon nach 50 min im Beharrungszustand. Vom Abspeiseventil sind innerhalb dieser 50 min das Ausdehnungsvolumen und das beim Aufheizen anfallende Kondensat abzuleiten.

Das Ausdehnungsvolumen berechnet sich nach Gleichung 2.2

$$\Delta v_a = m_z \cdot (v_{190} - v_{20}) = 23.000\,\text{kg} \cdot (1,1420 - 1,0018)\frac{l}{\text{kg}}$$

$$= 23.000\,\text{kg} \cdot 0,1402\frac{l}{\text{kg}} = 3.200\,l = 3,2\,\text{m}^3.$$

a. Die Kondensatmenge ergibt sich aus:

$$V_k = \frac{Q}{\Delta h \cdot \rho} = \frac{17.250.000}{2.110 \cdot 965,3\,\text{m}^3} = 8,47\,\text{m}^3.$$

Das Abspeiseventil ist also für einen stündlichen Volumenstrom von ca. 12 m$^3$ bei einem Differenzdruck, der etwa der Förderhöhe der Umwälzpumpe abzüglich des Druckverlusts in der Abspeiseleitung entspricht, auszulegen.

b. Beim Abfahren der Anlage wird das Regelventil in der Dampfzuleitung geschlossen und die Umwälzpumpen bleiben im Betrieb, bis das Wasser auf 90 °C abgekühlt ist.

Erst dann können Teile der Anlage abgesperrt und entleert werden. Die Volumen-abnahme in der ersten Stunde errechnet sich aus Gleichung 2.1 zu

$$\Delta V_a = m_z(v_{190} - v_{90}) = 23.000 \text{ kg} \cdot 0{,}1061 \frac{\text{l}}{\text{kg}} = 2.440 \text{ l} = 2{,}44 \text{ m}^3.$$

c. Bei einem Durchmesser der Kaskade von 1,8 m muss der Abstand zwischen höchstem Wasserstand und Vorlaufentnahmeanschluss mindestens

$$\frac{\Delta V}{A} = \frac{2{,}44 \text{ m}^3}{2{,}54 \text{ m}^2} = 0{,}96 \text{ m}$$

sein.

## 2.4.3  Nachspeise- und Überströmeinrichtungen für Heißwasseranlagen mit Fremddruckerzeugung

In den vorstehenden Beispielen wurde aufgezeigt, welche Einflussgrößen und Eigen-schaften der Anlagen bei der Berechnung der Ausdehnungsvolumina beim Aufheizen und beim Abkühlen zu berücksichtigen sind. Die durchgeführten Berechnungen für die Volumenveränderungen gelten für alle Anlagenarten. Die Größenbestimmung der Ausdehnungsgefäße und die Dimensionierung der Druckhaltepumpen und der Über-strömventile für Heißwasseranlagen mit Fremddruckerzeugung müssen aber noch für Schaltungen nach Abb. 2.5 bis 2.7 behandelt werden.

### 2.4.3.1  Druckerzeugung mit Druckdiktierpumpen und Überströmreglern
Diese Ausführung wird bei großen Fernheizwerken und bei Heizkraftwerken ange-wandt. Eine der Druckdiktierpumpen ist ständig in Betrieb. Wenn die Anlagenlei-stung zurückgeht und mit tieferen Vorlauftemperaturen gefahren wird, werden weitere Druckdiktierpumpen in Betrieb genommen.

Für den Antrieb der Druckdiktierpumpen wird Eigenstrom eingesetzt oder die Pumpen erhalten als Antrieb eine Kleindampfturbine, deren Abdampf zur Speisewasservorwär-mung oder zur Heizungswasseraufheizung genutzt wird. Zur Vermeidung größerer Druckschwankungen und Verschiebungen der Ruhedrucklinie im Fernheizsystem werden Pumpen mit flachen Kennlinien eingesetzt, und die Zu- und Abschaltung erfolgt in Ab-hängigkeit von der Nachspeisemenge. Als Überströmventile kommen gewichtsgesteuerte Doppelsitzventile mit geringem Druckanstieg bei großen Durchsatzmengen zum Einsatz. Abbildung 2.13 zeigt das Überströmventil der Fa. Allo mit einen Stellverhältnis von 30:1, bei dem ein Druckanstieg von 3:10 auftritt. Die Kennlinie ist linear, gleichprozentig.

Die erforderliche Nachspeisewassermenge wird in Speicherbehältern gesammelt und zur Vermeidung von Sauerstoffaufnahme mit einem Dampfpolster von 0,1 bis 0,3 bar beaufschlagt. Abbildung 2.14 zeigt eine der möglichen Schaltungen.

Abbildung 2.15 zeigt ein induktives Durchflussmessgerät. Die Messung erfolgt ohne we-sentlichen Druckanstieg. Bei der Schaltung nach Abb. 2.14 werden die Durchflussmenge

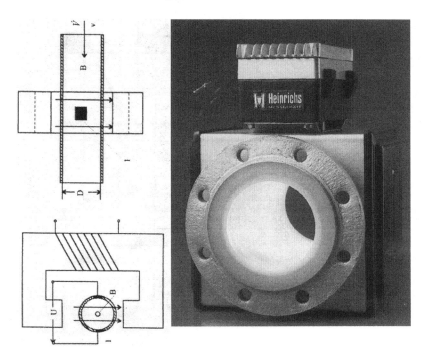

**Abb. 2.15** Induktives Durchflussmessgerät

und der Druck im Fernheizsystem gemessen. Wenn die volle Fördermenge einer Druck-diktierpumpe erreicht ist und der Druck im System noch abfällt, wird die zweite Pumpe dazugeschaltet.

Die zweite Pumpe wird wieder ausgeschaltet, wenn der Solldruck überschritten ist und in der Überströmleitung ein Volumenstrom gemessen wird, der 10 % der maximalen Durchflussleistung eines Überströmventils übersteigt.

### 2.4.3.2 Druckerzeugung durch Gaspolster und Nachspeisepumpen

Diese Schaltung wird bei der in Abb. 2.5 bis 2.7 dargestellten Heißwassererzeugung ange-wandt. Für das Gaspolster wird Stickstoff anstelle von Druckluft bevorzugt, weil Stickstoff ein Inertgas ist und damit die Aufnahme von Sauerstoff in das Heizungswasser verhindert wird.

Der Druck im Ausdehnungsgefäß entspricht dem Ruhedruck im Fernheiznetz und wird durch das Stickstoffpolster und den Füllstand im Ausdehnungsgefäß bestimmt. Wenn z. B. das Heißwassernetz mit einer Vorlauftemperatur von 160 °C betrieben wird, wird man den Ruhedruck des Heißwassernetzes mit 8 bar Überdruck festlegen. Immer wenn der Was-serspiegel sich absenkt und der Druck abfällt, strömt Stickstoffgas bis zum Druckausgleich nach. Wird der niedrigste Wasserstand im Ausdehnungsgefäß erreicht, schaltet sich die Nachspeisepumpe ein und fördert Speisewasser in das Heizungssystem bis der mittlere

Wasserstand im Ausdehnungsgefäß wieder erreicht ist. Beim Erlangen des mittleren Wasserstandes wird die Nachspeisepumpe vom Schwimmerschalter abgeschaltet. Wenn die Anlagentemperatur weiter nach unten gefahren wird, verringert sich das Volumen erneut und die Nachspeisepumpe wird wieder in Betrieb gesetzt und beim Erreichen des mittleren Wasserstandes wieder abgeschaltet. Die Nachspeisepumpe muss deshalb für das maximal benötigte Nachspeisevolumen bemessen sein. Das Ausdehnungsgefäß ist so auszuführen, dass die Schaltperioden nicht kürzer als 10 min ausfallen. Eine Reservepumpe ist zu empfehlen, weil beim Abfahren der Anlage und gleichzeitigem Ausfall der Nachspeisepumpe mit einem hohen Stickstoffverbrauch zu rechnen ist. Wenn die Vorlauftemperatur im Heizungsnetz hochgefahren wird, dehnt sich das Wasservolumen im Ausdehnungsgefäß aus und der Wasserstand steigt vom niedrigsten oder mittleren Wasserstand bis zum höchsten Wasserstand. Beim Erreichen des höchsten Wasserstandes öffnet der Wasserstandsregler das Ablassventil und lässt Wasser aus dem Heizungsrücklauf in das Speisewassersammelgefäß abfließen. Das Ablassventil ist für das maximal stündliche Ausdehnungsvolumen bemessen und wird vom Speisewasserregler soweit geöffnet, dass gerade die Volumenzunahme abgeleitet und der höchste Wasserstand nicht überschritten wird. Abbildung 2.16 zeigt das Schaltbild der Druckhalteanlage mit Gaspolster aus der Stickstoffflaschenbatterie.

Für die Stickstoffversorgungsanlage sollten nur zugelassene Hochdruckrohrleitungen und Gasdichte, für die jeweilige Druckstufe zugelassene Armaturen und Regler zum Einsatz kommen.

Von der Firma Messer-Griesheim und der Linde AG werden komplette Flaschenbatterien und Rohrnetze mit Reglerstationen geliefert und dem jeweiligen Bedarf angepasst. Das Ausdehnungsgefäß sollte im Bereich des Stickstoffpolsters nur die unbedingt erforderlichen Flanschverbindungen haben. Die Wasserstandsregler sind als gasdichte Ausführung zu bestellen und im Betrieb immer wieder auf Dichtheit zu prüfen.

Das Ausdehnungsgefäß sollte möglichst hoch im Kesselhaus angeordnet werden. Ein höher angeordnetes Ausdehnungsgefäß erfordert einen niedrigeren Vordruck und ergibt ein größeres Nutzvolumen. Die Bemessung eines Ausdehnungsgefäßes mit Gaspolster wird an einem Beispiel gezeigt.

**Beispiel 2.3: Berechnung des Volumens für ein Ausdehnungsgefäß mit N$_2$-Polster**

*Aufgabenstellung*
Wie vorher beschrieben, soll der Ruhedruck für eine Heißwasserheizung 160/90 °C, 8 bar betragen.

Das Ausdehnungsgefäß kann im Heizwerk mit dem mittleren Wasserstand in 10 m Höhe aufgestellt werden. Da das Ausdehnungsgefäß in den Rücklauf des Heißwassernetzes eingebunden wird, genügt bei dieser Anordnung ein Stickstoffdruck von 7,3 bar nach Abb. 2.1. Der Wasserinhalt der Anlage wird wie im vorstehenden Beispiel mit 25.000 kg angenommen. Hinzu kommt der Wasserinhalt der Kesselanlage mit 5.000 kg. Bei einer Kesselleistung von 5.000 kW oder 18.000.000 kJ und einer Fördermenge der Umwälzpumpen von 61,43 m$^3$/h wird der Wasserinhalt stündlich zweimal umgewälzt und bei voller Kesselleistung auch von 20 °C bis auf 160 °C aufgeheizt.

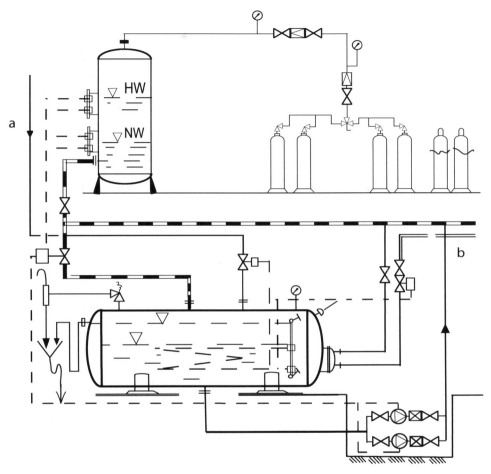

**Abb. 2.16** Druckhaltung mit Stickstoffpolster und geregeltem Wasserabfluss sowie wasserstandsabhängig geschalteter Druckhaltepumpe. *a*) aufbereitetes Zusatzwasser *b*) Heizungsvor- und rücklauf der Heißwassererzeuger

*Gesucht*
Größe und Ausführung des Ausdehnungsbehälters.

*Lösung*
Die größte Volumenzunahme erfolgt nach 30 min bei der zweiten Umwälzung und Aufheizung von 90 auf 160 °C:

$$\Delta v = m_z(v_{160} - v_{90}) = 30.000(1,1021 - 1,0359)$$

$$= 30.000 \text{ kg} \cdot 0{,}066 \frac{\text{l}}{\text{kg}} = 1.986 l \approx 2 \text{ m}^3 \text{ in 30 Min.}$$

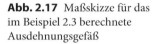

**Abb. 2.17** Maßskizze für das
im Beispiel 2.3 berechnete
Ausdehnungsgefäß

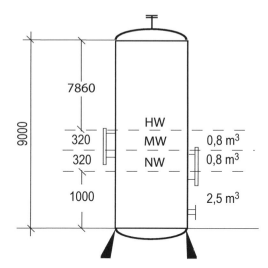

Wenn die Schaltperiode 10 min für die Zu- und Abschaltung der Druckhaltepumpe betragen soll, muss das Ausdehnungsgefäß zwischen mittlerem und niedrigstem Wasserstand ein Volumen von 2.000/3 = 666 Liter aufnehmen.

Aus Sicherheitsgründen soll das Ausdehnungsgefäß so bemessen werden, dass sich zwischen mittlerem und niedrigstem und auch zwischen mittlerem und höchstem Wasserstand ein Volumen von 800 l ergibt. Gewählt werden ein Gefäßdurchmesser von 1,8 m und eine Fläche von 2,544 m². Der niedrigste Wasserstand soll sich ca. 1 m über dem unteren Boden befinden. Die Zylinderhöhe des Gefäßes soll 4,5 m betragen.

Für das Volumen von 800 l bzw. 0,8 m³ wird somit eine Zylinderhöhe von 0,8 m³/2,544 m³/m = 0,32 m benötigt.

Beim Einschalten der Druckhaltepumpe beträgt das Stickstoffvolumen 22,5 m³ bei minimalem Betriebsdruck 7,3 bar.

Beim Abschalten der Druckhaltepumpe ist der mittlere Wasserstand erreicht und das Stickstoffvolumen ist auf 21,6 m³ verdichtet.

Wenn nun die Temperatur im System wieder ansteigt und das Wasser sich bis zum höchsten Wasserstand ausgedehnt hat, beträgt das Stickstoffvolumen noch 20 m³. Der Druck im Gefäß steigt dabei auf

$$p_2 = p_1 \cdot \frac{V_1}{V_2} = 7,3 \cdot \frac{22,5}{20} = 8,2 \text{ bar.} \tag{2.4}$$

*Diskussion der Ergebnisse*
Das Ausdehnungsgefäß ist für einen Betriebsdruck von 8,5 bar auszulegen, und das Sicherheitsventil in der Stickstoffzuleitung ist für einen Abblasedruck von 8,2 bar und das Druckreduzierungsventil ist als Feinregelventil für Stickstoff und für einen Sollwert von 7,3 bar zu bestellen.

Bei dieser Bemessung ist sichergestellt, dass die Ruhedrucklinie im Heißwasserrohrnetz nur zwischen 7,3 und 8,3 bar bei mangelhafter Funktion des Druckreglers schwankt

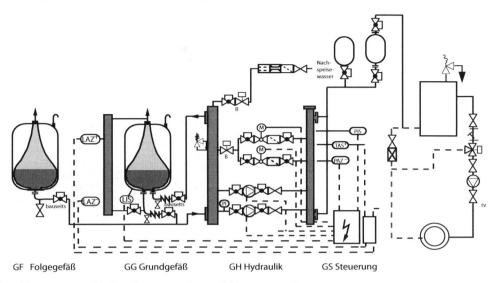

GF  Folgegefäß          GG Grundgefäß          GH Hydraulik          GS Steuerung

**Abb. 2.18** Druckhalteanlage Fa. Reflex nach TRD 402 und 604

und dass die Schaltperiode für die Druckhaltepumpe mit 10 min eingehalten wird. Eine Maßskizze des Ausdehnungsgefäßes zeigt Abb. 2.17.

Die Druckdiktierpumpen und die Einrichtungen für die Füllstandsregelung im Druckhalte- und Ausdehnungsgefäß müssen den TRD gemäß bemessen werden und den darin beschriebenen Anforderungen entsprechen, also dafür zugelassen sein.

### 2.4.4 Druckhaltung durch Membranausdehnungsgefäße mit Stickstoffvordruck und Membrangefäße ohne Vordruck zur Aufnahme des Ausdehnungsvolumens und des Nachspeisewassers

Bei dieser Druckhalteanlage handelt es sich um eine im Handel erhältliche Anlage, die von den Herstellern von Membrangefäßen konzipiert und als komplette Anlagen einschließlich TÜV-Abnahme vertrieben werden. Abbildung 2.18 zeigt das Schaltschema einer DHA nach DIN 4752 und TRD 402 und 602 Bl 2 für BOB 72 h-Betrieb der Fa. Reflex Winkelmann + Pahnhoff GmbH + Co. in Ahlen.

Die Funktionsweise der Anlage kann aus der zum Schaltschema gehörenden Legende und der Kurzbeschreibung entnommen werden.

Abbildung 2.18 zeigt das Schaltbild einer DHA, die von der Fa. Reflex-Winkelmann in kompakten Einheiten geliefert wird. Die einzelnen Bauteile werden aus Hydraulik-Modulen, die je nach Anlagenleistungen mit den verschiedenen Größen der Membranausdehnungsgefäße (MAG) zusammengestellt werden, vor Ort montiert. Die so der jeweiligen Anlagenleistungen angepassten DHA bestehen aus baumustergeprüften und dafür vom TÜV zugelassenen Armaturen und Überwachungsgeräten. Die fertig montierte DHA ent-

**Abb. 2.19** Druckhaltepumpen
und Überströmstation als
Sondersteuereinheit der Fa.
Reflex-Winkelmann 2007

spricht den anerkannten technischen Regeln wie DIN-EN 12953 und TRD 604 oder 402
für den BOB.

Die Funktionsweise der DHA mit MAG, wie in Abb. 2.18 dargestellt, entspricht der
in Abb. 2.14 und 2.16 gezeigten und unter Abschn. 2.4.5.1 beschriebenen DHA ohne
Druckgefäß mit Stickstoffpolster. Das bedeutet, dass zur Druckhaltung eine der Nachspeisepumpen ständig in Betrieb sein muss. Anstelle des Speisewassersammelgefäßes wird
ein Membrangefäß (in Abb. 2.18 als Grundgefäß GG bezeichnet) installiert. Es handelt
sich um ein auf der Außenseite der Membran mit Atmosphärendruck beaufschlagtes Gefäß. Wenn größere Ausdehnungsvolumina (Wassermengen) aufzunehmen sind, kann das
GG durch weitere Folgegefäße (FG) entsprechend erweitert werden. Dem GG wird ein
BoB-Rohr mit Wasserstandssonden LAZ$^+$ für den höchsten und LAZ$^-$ für den niedrigsten Wasserstand parallel geschaltet. Diese Ausführung ist für den BoB-Betrieb und TRD
604 Bl. 2 erforderlich. Das BoB-Rohr wird am GG montiert und wasserseitig mit einem
Kappenventil angeschlossen. Wenn die Rücklauftemperatur der Anlage mehr als 70 °C beträgt, ist zum Schutz der Membranen ein Vorschaltgefäß zu installieren. Der in Abb. 2.17
dargestellte TAZ + ist ein Sicherheitstemperaturbegrenzer, der ebenfalls zum Schutz der
Membranen dient und in die elektrische Sicherheitskette der Feuerungsanlage einzubin-
den ist. Er muss die Feuerungsanlage bei höheren Temperaturen als 70 °C abschalten.
Auch der LAZ$^+$ und der LAZ$^-$ sind in die Sicherheitskette der Wärmeerzeugungsanlage einzubinden. Bei der Unterschreitung des Mindestdrucks PAZ$^-$ am bauteilgeprüften
Mindestdruckbegrenzer wird der Überströmregler mit einem elektrischen Stellglied in der
Überstromleitung geschlossen und die Feuerungsanlage oder Wärmezufuhr abgeschaltet.
Der Mindestdruckbegrenzer ist auf der Ausdehnungsleitung oder bei Mitteldruckhaltung
in der Mitteldruckentnahmeleitung zu montieren.

Weitere Hinweise zur Funktion und Regelung der DHA mit Membrangefäßen können
den Katalogen der Hersteller entnommen werden. Abbildung 2.19 zeigt eine vormontierte

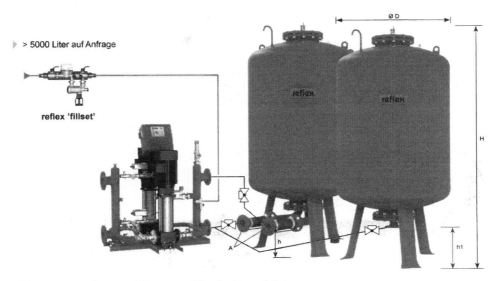

**Abb. 2.20** Membranausdehnungsgefäße als GG und GF

**Tab. 2.4** Reflex'gigant'-Gefäße mit Hydraulik -Modul und Nachfüllarmatur

| Typ | Ø D | H | h | h1 | A | Gewicht | Art. Nr. | Art. Nr. |
|-----|-----|-----|-----|-----|-----|---------|-----------|------------|
| –   | mm  | mm  | mm  | mm  | –   | kg      | Grundgefäß | Folgegefäß |
| 1000 | 1000 | 2130 | 285 | 305 | DN65 | 330 | 6920105 | 6930105 |
| 1500 | 1200 | 2130 | 285 | 305 | DN65 | 465 | 6920305 | 6930305 |
| 2000 | 1200 | 2590 | 285 | 305 | DN65 | 565 | 6920405 | 6930405 |
| 3000 | 1500 | 2590 | 314 | 335 | DN65 | 795 | 6920605 | 6930605 |
| 4000 | 1500 | 3160 | 314 | 335 | DN65 | 1080 | 6920705 | 6930705 |
| 5000 | 1500 | 3695 | 314 | 335 | DN65 | 1115 | 6920805 | 6930805 |

Überström- und Druckhaltepumpengruppe, die vom Hersteller als Sondereinheit und Hydraulikstation im Katalog bezeichnet wird.

Die Überströmventile mit elektrischen Antriebsmotoren und Messgeräten liegen zwischen den oberen Verteil- und Sammelrohren und die Druckhaltepumpen sind zwischen den unteren Verteil- und Sammelrohren angeordnet. Abbildung 2.20 zeigt die Membrangefäße, die in den Größen von 1.000 bis 5.000 l Nennvolumen und mit den in Tab. 2.4 genannten Maßen geliefert werden.

Die Steuerung der DHA mit MAG der Fa. Reflex wird mit potenzialfreien Kontakten zum Aufschalten auf eine Schaltwarte oder zentrale Störmeldeanlage geliefert. Die Referenzangaben der Fa. Reflex-Winkelmann GmbH beinhalten DHA für Anlagen mit Wärmeleistungen von 10 bis 250 MW und für Heißwassertemperaturen von 110 bis 170 °C und Betriebsdrücke bis PN 40. Weitere technische Angaben zur DHA mit Membran-Ausdehnungsgefäßen können den Herstellerkatalogen entnommen oder beim Hersteller erfragt werden.

Die Funktion der DHA besteht darin, dass sich der Wasserinhalt der Anlage im Aufheizbetrieb ausdehnt und die Überströmventile das überschüssige Wasser in die Membranausdehnungsgefäße abgeben.

Wenn die Wärmeerzeugung unterbrochen wird und die Anlage weiterhin Wärme abgibt, kühlt sich das Wasser im Rohrnetz ab. Das Volumen verringert sich und es muss Wasser nachgespeist werden. Das größte Ausdehnungsvolumen und damit die größte Wassermenge, die von der MAG aufzunehmen ist, fällt dann an, wenn die Anlage vom Sommerbetrieb 60/40 °C auf den Winterbetrieb mit maximaler Auslegungstemperatur z. B. 160/70 °C aufgeheizt wird und dabei kein aufbereitetes Wasser aus dem Heizungssystem verloren gehen soll. Als Vorteile der DHA mit MAG sind zu nennen:

a. Der Lieferant und Hersteller der DHA stellt die Anlage nach den genannten Betriebsbedingungen zusammen und betreut die Anlage bis zur örtlichen TÜV-Abnahme und Inbetriebnahme. Hierzu gehören auch die Koordinierung der Überwachungseinrichtungen und die Einbindung der Sicherheitsfunktionen in die Sicherheitsüberwachung der Kessel- und Feuerungsanlage.
b. Das Wasser aus dem Heizungssystem und das gelagerte Nachspeisewasser sind durch die Membran gegen die Sauerstoffaufnahme geschützt. Stickstoffverluste wie bei der Anlage nach Abb. 2.16 treten nicht auf. Der Aufwand für die Bedienung und Überwachung ist gering.

Als Nachteile der in Abb. 2.18 gezeigten Anlage sind

a. höhere Anschaffungskosten und
b. höhere Betriebskosten

zu nennen, weil eine der Druckhaltepumpen ständig im Betrieb sein muss.

Die Auswahl und Bemessung der erforderlichen MAG und die Förderleistung der Pumpen und Überströmventile werden anhand eines Beispiels gezeigt.

## Beispiel 2.4: Berechnung des Ausdehnungsvolumens zur Wahl der MAG

*Aufgabenstellung*

Für ein Fernheizwerk mit einem Heißwasser-Fernwärmenetz, das mit Temperaturen von 160/70 °C bei −12 °C Außentemperatur betrieben wird und bei dem in den Sommermonaten und am Ende der Heizperiode die Temperaturen bis auf 60/50 °C abgesenkt werden, sind das erforderliche Ausdehnungsvolumen und die Durchsatzmenge der Überströmventile sowie die Fördermenge der Druckhaltepumpen zu bestimmen.

*Gegeben*
  a. Wasserinhalt der Gesamtanlage ca. 250 m³,
  b. maximale mittlere Heißwassertemperatur des Fernheiznetzes 115 °C,

c. Leistung der Wärmeerzeuger $Q_{ges.}$ 40 MW = 144 000 000 kJ/,
d. Anlagenschaltung nach Abb. 2.18 maximaler Betriebsdruck 8 bar.

*Gesucht*
a. von den Membrangefäßen aufzunehmende Wassermenge,
b. Durchsatzmenge durch die Überströmventile,
c. Fördermenge der Druckhaltepumpen.

*Lösung*
a. Das größte Ausdehnungsvolumen fällt an, wenn das im Heizungsnetz enthaltene Wasser von

$\theta_m = 55\,°C$ auf $\theta_m = 115\,°C$ im Laufe der Heizperiode erwärmt wird.

$$\Delta V = m_z(\vartheta_{115} - \vartheta_{55})$$

$$= 250.000\text{kg} \cdot (1,0585 - 1,01465)\frac{l}{kg} = 10.960\,l = 10,96\,m^3$$

Gewählt werden 1 Stück GG 4.000 und 2 Stück FG 4.000 mit zusammen 12.000 l Nutzvolumen.

b. Die größte stündliche Ausdehnung ergibt sich, wenn an einem kalten Wintertag das Rücklaufwasser nach der Nachtabsenkung von 70 °C auf 160 °C aufgeheizt wird. Der gesamte Wasserinhalt wird dabei praktisch von 70 °C auf eine mittlere Temperatur von 115 °C erwärmt. Bei der Kesselleistung von 144.000.000 kJ/h ergibt sich dafür eine Aufheizzeit von:

$$\Delta\vartheta = \frac{144.000.000\,\text{kJ/h}}{250\,m^3/h \cdot 955\,l/kg \cdot 4,245\,\text{kJ/kg} \cdot K} = 142\,\text{K/h}$$

$$\Delta t = \frac{(115 - 70)K}{142\,\text{K/h}} = 0,317\,h \qquad ca.\,20\,\text{Min.}$$

$$\Delta V = m_z \cdot (\vartheta_{115} - \vartheta_{70}) = 250.000\,\text{kg} \cdot (1,058 - 1,0228)\frac{l}{kg} = 8,8\,m^3.$$

Die Überströmventile sind für eine Durchsatzmenge von 8,8 m³ in 20 min bzw. für 26,4 m³/h bei einem Differenzdruck von $\Delta P$ ca. 7 bar auszuwählen. Bei der Wahl der Überströmventile ist auch deren Kennlinie oder der $K_V$-Wert zu beachten.

c. Die Druckhaltepumpen müssen für den ungünstigsten Abkühlungsfall bemessen werden. Dieser tritt dann auf, wenn bei maximaler Außentemperatur das Heizungswasser von $\theta_m = 115\,°C$ durch Wärmeabgabe abkühlt, also die Kesselanlage komplett ausfällt. Die Wärmeabgabe bei diesem Betriebszustand und bei laufenden

Umwälzpumpen kann dann für die erste Abkühlstunde gleich der Anlagenleistung gesetzt werden.

Wenn also die Kesselleistung (ohne Reservekessel) der tatsächlich vorhandenen Wärmeabnahme entspricht, dann wird das Heizungswasser durch diese Wärmeabnahme in den ersten 20 min auf die Rücklauftemperatur von 70 °C und damit unter 100 °C abgekühlt.

Die Volumenschrumpfung entspricht dann auch der schon vorher ermittelten Volumenzunahme. Die Druckhaltepumpen sind deshalb für die gleiche Durchsatzmenge oder Fördermenge wie die Überströmventile auszulegen. Auch bei der Förderhöhe sind der maximale Betriebsdruck und der Druckverlust in den Saug- und Druckleitungen der Druckhaltepumpen zugrunde zu legen. Wenn mehrere Pumpen im Parallelbetrieb eingesetzt werden, ist der Arbeitspunkt der gemeinsamen Kennlinie anzunehmen. Die Konstruktion der Pumpenkennlinie für den Parallelbetrieb mehrerer Pumpen ist in Kap. 3 und die Konstruktion der Kennlinie von Ventilen und der $K_V$-Wert in Scholz (2012) beschrieben und in einem Beispiel dargestellt.

## 2.4.5   Druckhalteanlagen mit Fremddampfpolster

Die Druckhalteanlagen mit Fremddampfpolster werden überwiegend in Heizkraftwerken ausgeführt. Sie bestehen aus einem Druckgefäß nach Abb. 2.17, das in den Rücklauf des Fernheiznetzes eingebunden ist, und aus Druckhaltepumpen, die beim Absinken des Wasserspiegels bis auf den niedrigsten Wasserstand Nachspeisewasser in das Fernheizungsnetz einspeisen. Wenn das Fernheiznetz aufgeheizt wird, sich das Wasser im System ausdehnt und der höchste Wasserstand erreicht ist, wird das überschüssige Wasser über einen Füllstandsregler abgelassen und zurück in das Speisewassersammelgefäß geleitet. Die DHA kann also, wie in Abb. 2.16 dargestellt, ausgeführt werden. Anstelle des Stickstoffpolsters wird Fremddampf aus dem Mitteldruck-Dampfnetz des Dampf-Kraft-Prozesses zur Verfügung gestellt, der ohnehin ganzjährig im HKW verfügbar ist. Der Dampf wird auf den im Heiznetz erforderlichen Druck reduziert und der Betriebsdruck wird so im Fernheiznetz konstant gehalten. Beim Anstieg des Wasserspiegels im Druckgefäß erfolgt kein Druckanstieg, weil bei steigendem Druck ein Teil des Dampfes kondensiert.

Zur Vermeidung von $O_2$- oder $CO_2$-Aufnahme in das Heizungsnetz kann auch das Speisewassersammelgefäß mit einem Dampfpolster von ca. 0,3 bis 0,5 bar Überdruck beaufschlagt werden, so dass dafür sonst benötigte Heizregister zur Dampferzeugung und die Heizleitungen entfallen können.

In großen Heizkraftwerken wird die DHA mit einem Fremd-Dampfpolster noch weiter vereinfacht. Es wird in der Regel nur ein größeres Druckgefäß mit Nachspeisepumpen, wie in Abb. 2.21 dargestellt, installiert.

Ein Abspeiseventil oder ein Kondensatableiter öffnet bei zu hohem Wasserstand im Druckgefäß und das überschüssige Wasser wird in das ohnehin vorhandene Speisewasser-

**Abb. 2.21** Ausdehnungsgefäß
mit Fremddampfpolster

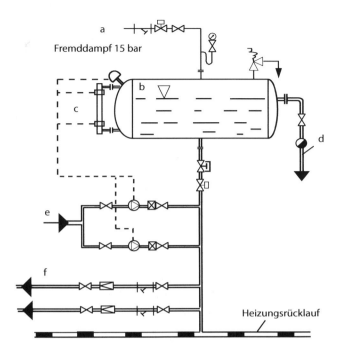

Fremddampf 15 bar

Heizungsrücklauf

gefäß geleitet. Bei zu niedrigem Wasserstand wird Speisewasser von zwei Pumpen in das Druckgefäß gefördert.

Alle Regler und Sicherheitseinrichtungen müssen bauteilgeprüft und nach TRD zugelassen sein und bemessen werden.

Wenn der eigentlich immer verfügbare Dampf aus dem Dampfkraftprozess ausfällt, wird das Motorventil in der Leitung zum Ausdehnungsgefäß geschlossen und die Nachspeisepumpen dienen als Druckhaltepumpen. Der Druck im Heizsystem wird bei diesem Notbetrieb durch das Überstromventil reguliert. Auch hier müssen alle Zu- und Abspeiseeinrichtungen doppelt vorhanden und jede Gruppe für die volle Durchsatzmenge bemessen sein.

**Beispiel 2.5: Berechnung des Dampfdurchsatzes für eine DHA mit Fremddampfpolster**

*Aufgabenstellung*
Es soll die im Beispiel 2.4 berechnete Anlage mit einem Ausdehnungsgefäß und Fremddampfpolster nach Abb. 2.21 ausgeführt werden.

*Gegeben*
a. das maximale Ausdehnungsvolumen von $10,96\,\mathrm{m}^3$ beim Anfahren der Anlage vom Sommerbetrieb bis zum Betrieb an einem kalten Wintertag,

b. die Volumenabnahme mit 26,4 m³/h, wenn die Anlage an einem kalten Wintertag von $\theta_m = 115\,°C$ auf eine Temperatur unter $100\,°C$ abgesenkt werden muss,

c. niedrigste Rücklauftemperatur im Sommer $\theta_R \approx 50\,°C$ und im Winter $70\,°C$,

d. verfügbarer Fremddampf von 10 bar Überdruck, gering überhitzt.

*Gesucht*

a. die Größe des Ausdehnungsgefäßes,

b. die Durchsatzmenge des Dampfreduzierventils,

c. die Betriebsdaten des Überströmventils und der Nachspeise- und Druckhaltepumpen.

*Lösung*

a. Die Größe des Ausdehnungsgefäßes muss nicht für die Aufnahme des Ausdehnungsvolumens bemessen werden, weil überschüssiges Wasser und das Kondensat des Dampfpolsters in das Speisewassergefäß abgegeben werden.

Das Ausdehnungsgefäß ist vielmehr so auszuwählen und zu bemessen, dass zwischen dem niedrigsten und dem höchsten Wasserstand ein ausreichend bemessenes Volumen für die Pumpenschaltung und Pumpenlaufzeit gegeben ist.

Wenn die Pumpen für eine Fördermenge von 26,4 m³/h, wie im Beispiel 2.4 begründet, ausgewählt werden und für die Laufzeit oder Schaltzeit 10 min wie im Beispiel 2.3 zugrunde gelegt werden, dann muss das Ausdehnungsgefäß zwischen dem $N_W$ und $H_W$ ein Volumen von $26,4/6 = 4,4$ m³ aufnehmen. Wenn das Ausdehnungsgefäß einen Durchmesser von 1,8 m hat, dann wird eine Bauhöhe und $H_W$ von

$$ H_W = \frac{4,4\,\text{m}^3}{2,544\,\text{m}^2} = 1,72\,\text{m} $$

$h = 1,8$ m gewählt.

Das Dampfvolumen über dem Wasserspiegel kann gering gehalten werden, weil keine wesentliche Druckerhöhung auftritt. Die Bauhöhe sollte $h_D$ ca. 1,0 m und für das Wasservolumen unter dem NW und HW ebenfalls 1,0 m betragen, so dass eine Gesamtbauhöhe von 3,8 bis 4 m für das Ausdehnungsgefäß mit Dampfpolster ausreichend ist.

b. Der maximale Dampfverbrauch ergibt sich beim Herunterfahren der Heizungsanlage z. B. bei der Nachtabsenkung oder beim Anstieg der Außentemperatur z. B. bei einem Wetterumschwung. Die Schrumpfung des Wasserinhalts beträgt maximal 26,4 m³/h, wie in der Aufgabenstellung genannt. Zu berücksichtigen ist noch die kondensierende Dampfmenge, die sich im Ausdehnungsgefäß ergibt, wenn Dampf von 7 bar und einer Temperatur von $\theta_s = 165\,°C$ über der Wasseroberfläche mit $\theta_W = 70\,°C$ kondensiert. Dabei ist von einer Wärmeübergangszahl von 40.000 kJ/(h·m·K) auszugehen, wenn der Dampf kein Inertgas wie $O_2$ oder $CO_2$ enthält

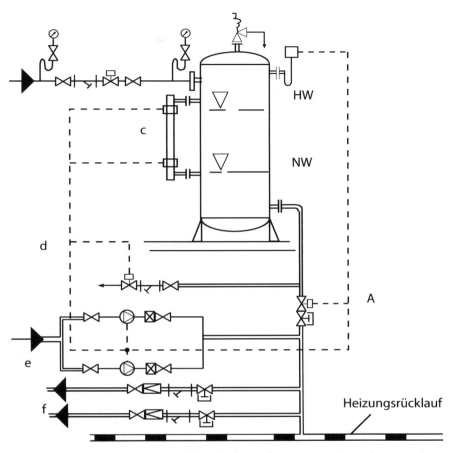

**Abb. 2.22** Druckhalteanlage mit Fremddampfpolster. *a*) vom Dampfnetz oder Dampferzeuger *b*) Drucküberwachung *c*) Füllstandregelung *d*) zum Speisewassersammelgefäß *e*) vom Speisewasser-sammelgefäß *f*) und *g*) Thermostat zur Temperaturkontrolle

$$Q = \alpha \cdot \Delta\vartheta \cdot A \, [\text{kJ/h}]$$

$$Q = 40.000 \cdot 95 \cdot 2{,}544 = 9667200 \, [\text{kJ/h}].$$

Bei einer Kondensat- oder Verdampfungswärme von 2.065 kJ/kg ergeben sich hierfür

$$\dot{m} = \frac{9667200 \, \text{kJ/h}}{2065 \, \text{kJ/kg}} = 4681 \, \text{kg/h}$$

Der Dampf von 7 bar hat eine Dichte von 3,7 kg/m³. Für die Volumenabnahme von 26,4 m³/h werden nur

$$\dot{m} = \frac{V}{\rho} = \frac{26{,}4}{3{,}7} = 7{,}2 \, \text{kg/h}$$

benötigt.

Die hohe Kondensatmenge für die Wasseraufheizung kann auf praktisch Null abgesenkt werden, wenn die Schaltung des Ausdehnungsgefäßes in das Heizungssystem nach Abb. 2.22 erfolgt und zur HW-Füllstandsregelung kein Kondenstopf, sondern ein Schwimmerschalter oder eine Füllstandssonde installiert und Kondensat und überschüssiges Wasser aus der Anschlussleitung über ein motorgesteuertes Ablaufventil zum Speisewassersammelgefäß abgeführt wird.

Das heiße Kondensat sammelt und schichtet sich dann an der Oberfläche des Wasserspiegels. Es stellt sich so eine Wassertemperatur von annähernd $\theta_S$ des Dampfpolsters ein, so dass der Wärmeübergang sich praktisch bis auf Null reduziert. Es wird nur noch ein geringer Dampfstrom zur Druckkonstanthaltung benötigt, und der Wasserstand wird von den Nachspeisepumpen im Ausdehnungsgefäß aufrechterhalten. Wenn der Druck im Dampfpolster bis auf den minimalen Druck von z. B. 7 bar abfällt (mangelhafte Dampfleistung oder Ausfall des Dampferzeugers), dann wird das Motorventil (A) geschlossen und die Nachspeisepumpen dienen in diesem Fall als Druckhaltepumpen. Der Druck im Heizungssystem steigt dabei je nach Kennlinie des Überströmreglers auf ca. 7,5 bar an.

Dieser Notbetrieb kann zugleich als Anfahrbetrieb genutzt werden. Der Anfahrbetrieb muss so lange gefahren werden bis die Wassertemperatur im Ausdehnungsgefäß nur wenige Grad unter der Sattdampftemperatur des Dampfdrucks des Fremddampfpolsters liegt. Zur Überwachung dient der Thermostat (g), mit dem die Öffnung vom Motorventil (A) wieder freigegeben wird, wenn $\theta_S$ und der minimale Dampfdruck $p_{min}$ vorhanden sind.

Das Dampfreduzierventil muss also nur für einen Durchsatz von 300 bis 400 kg/h bemessen werden. Hierfür genügt ein Rohrdurchmesser von DN 32 bei einer Strömungsgeschwindigkeit von 30 m/s und ein Druckminderventil DN 25, PN 16, bei einem Vordruck von 10 bis 15 bar Überdruck.

c. Die Überströmventile und die Druckhaltepumpen sind, wie schon in Beispiel 2.4 berechnet, für einen Durchsatz von 16,4 m$^3$/h auszuwählen. Bei der Auswahl der Ventile und Pumpen müssen die von der Durchsatzmenge und von der Art der Schaltung abhängigen Kennlinien aufeinander abgestimmt und der tatsächliche Arbeitspunkt ermittelt werden. Diese Abstimmung und Auswahl von Pumpen wird in Kap. 3 behandelt.

## 2.4.6  Zusammenfassung zu den Grundlagen der Heißwasserheizung

Heißwasser kann nur erzeugt werden, wenn der Betriebsdruck im geschlossenen System an allen Stellen der Anlage über den Verdampfungsdruck der Heißwassertemperatur gehalten wird.

Die Sicherheitsvorschriften für Warm- und Heißwasserheizungen sind in Tab. 2.1 als anerkannte Regeln der Technik zusammengestellt.

Die mögliche Anlagenkonzeptionen und die Schaltungen der Heißwassererzeuger wurden in den Abschn. 2.3.1 bis 2.3.6 dargestellt und deren Anwendungsbereiche für die

Wärmeversorgung beschrieben. Die Art und Weise der Heißwassererzeugung stellt bestimmte Anforderungen und Bedingungen an das Heißwasser-Verteilnetz und umgekehrt. Ein störungsfreier Betrieb der Anlagen ist nur möglich, wenn bei der Planung und Ausführung die in den einzelnen Unterabschnitten genannten Abhängigkeiten beachtet werden.

Die in den Abschn. 2.4.1 bis 2.4.5 beschriebenen Druckhalteanlagen sind nicht frei wählbar, sondern je nach Art der Heißwassererzeugungsanlage sinnvoll auszuwählen und der Heißwassererzeugung sowie den Anforderungen des Heißwasserverteilnetzes anzupassen.

Nur die Druckhalteanlagen mit Fremddruckpolstern in den Ausdehnungsgefäßen können den Heißwassererzeugern ohne Dampfraum und ohne Ausdampftrommel nach wirtschaftlichen Gesichtspunkten zugeordnet werden. Dabei sind die systembedingten Vor- und Nachteile zu beachten.

Die Druckhalteanlagen ohne Ausdehnungsgefäß auf der Seite des Heizungsnetzes, bei denen eine der Druckhaltepumpen immer in Betrieb sein muss (siehe Abb. 2.14), sollten nur bei Großanlagen zum Einsatz kommen. Druckhalteanlagen nach Abb. 2.16 mit einem mit Stickstoff-Gas beaufschlagten Ausdehnungsgefäß, das im Rücklauf des Heizungsnetzes eingebunden ist, erfordert eine sorgfältige Wartung und Kontrolle zur Vermeidung von Stickstoffverlusten und den Einsatz von geeigneten Armaturen und Reglern.

Die Druckhalteanlagen mit MAG sind betriebssicher und verhindern das Eindringen von Sauerstoff ins Heizungssystem. Es ist aber zu erwarten, dass diese Ausführung nur mit höheren Anlagenkosten und höheren Betriebskosten für die Druckhaltepumpen ausführbar ist.

Druckhalteanlagen mit einem Ausdehnungsgefäß und einem Fremddampfpolster stellen die betriebssicherste Ausführung und auch die mit dem geringsten Kostenaufwand dar, wenn Dampf mit 5 bis 10 bar oder mit höherem Druck im Heizwerk verfügbar ist. Die Art der Druckhaltung nach Abb. 2.22 ist auch dann noch zu empfehlen, wenn der benötigte Dampf in einem Kleindampferzeuger oder Produkten-Dampfkessel erzeugt werden muss.

Die Abkühl- und Aufheizzeiten von Warmwasser- und Heizwasserheizungsanlagen werden in Kopp (1958) ausführlich behandelt und können dort nachgelesen werden. Für die Auslegung von druckgesteuerten Überströmventilen, von füllstandsabhängig geregelten Ab- oder Nachströmventilen und für die Bemessung von Pumpen für Druckhalteanlagen genügt es zu wissen, dass die größte zeitliche Volumenausdehnung durch die maximale Wärmezufuhr im höchsten Temperaturbereich der Anlage erzeugt wird.

Für die Ermittlung des größten zeitlich erforderlichen Nachspeisevolumens ist davon auszugehen, dass dieses bei abgeschalteter Feuerung bzw. Wärmezufuhr und bei Aufrechterhaltung der Wärmeabgabe, das heißt bei laufenden Heizungsumwälzpumpen im höchsten Temperaturbereich, also kurz nach dem Abschalten der Wärmezufuhr, auftritt. Das Nachspeisevolumen für die erste Abkühlphase entspricht etwa dem maximalen Ausdehnungsvolumen am Ende der Aufheizphase. Aus diesem Grund sind die Nachspeisepumpen für den gleichen Volumenstrom wie die Überström- oder Abspeiseventile zu bemessen. Das maximale Ausdehnungsvolumen errechnet sich aus den Ausdehnungsvolumina der verschiedenen Netzteile, den Temperaturbereichen und Wasserinhalten dieser Rohrnetzteile und Anlagenbauteile, wie vorher in den Beispielen gezeigt.

**Tab. 2.5** Eigenschaften von Mobilthermoölen (Firmenprospekt Mobitherm 1982)

|  | Einheit | Mobiltherm 600 | Mobiltherm light |
|---|---|---|---|
| Dichte bei 15 °C | kg/l | 0,968 | 0,985 |
| Viskosität bei 20 °C | cSt (30 E) | 230 | 8,3 |
| Viskosität bei 50 °C | cSt (3,8 E) | 28 | 3,7 |
| Viskosität bei 100 °C | cSt (1,44 E) | 5,5 | 1,5 |
| Flammpunkt min. | °C | 177 | 121 |
| Stockpunkt max | °C | $-7$ | $-28$ |
| Siedebeginn min. | °C | 320 | 230 |
| Ausdehnungskoeffizient | Vol-%/ °C | ca. 0,063 | ca. 0,063 |

## 2.5    Heizwerke für organische Wärmeträger

### 2.5.1    Einsatz und Funktion der Heizwerke für organische Wärmeträger

Wenn bei chemischen und technischen Verfahren Stoffe auf hohe Temperaturen gleich-mäßig beheizt werden müssen und eine direkte Beheizung nicht möglich ist, muss die indirekte Beheizung mit organischen Wärmeträgern zum Einsatz kommen. Heißwasser als Wärmeträger wird bei ausgedehnten Rohrnetzen und bis zu Vorlauftemperaturen von ca. 200 °C eingesetzt. Höhere Temperaturen erfordern bei der Heißwasserheizung Betriebs-drücke von 16 bis 20 bar und führen zu hohen Anschaffungskosten für Rohrnetze und Apparate. Zur Vermeidung von Kesselsteinbildung und Korrosion ist eine Aufbereitung des Wassers erforderlich.

Hochdruckdampf erfüllt nicht immer die Forderung der gleichmäßigen Beheizung, die Kondensatwirtschaft verringert die Wirtschaftlichkeit und führt zu höheren Kor-rosionsschäden: Bei Frost besteht für Heißwasser- und Kondensatnetze bei längeren Anlagenabschaltungen, z. B. zum Jahreswechsel, Einfriergefahr (Tab. 2.5).

Aus diesen Gründen werden bei indirekter Beheizung mit hohen Temperaturen orga-nische Wärmeträger eingesetzt. Zur Anwendung kommen bevorzugt Thermoöle, z. B. der Mobil Oil AG Hamburg, mit folgenden Eigenschaften (siehe Tab. 2.3).

Diese Wärmeträgeröle werden bis 300 °C für Mobil Therm 600 und bis 210 °C für Mobil Therm Light drucklos, also in offenen Anlagen, eingesetzt. Die genannten Ther-moöle können auch mit einem geschlossenen Gefäß und geringem Überdruck, z. B. mit einen Stickstoff-Druckpolster wie für Heißwasseranlagen üblich, bis 400 °C zum Einsatz kommen. Für Temperaturen von 400 bis 550 °C werden Salzschmelzen aus Nitriten und Nitraten eingesetzt und darüber flüssige Metalle wie Blei verwendet. Bei noch höheren Temperaturen bis 1.000 °C werden gasförmige Wärmeträger, z. B. Kohlendioxyd, einge-setzt. Hier sollen aber nur Anlagen mit Vorlauftemperaturen im Temperaturbereich bis

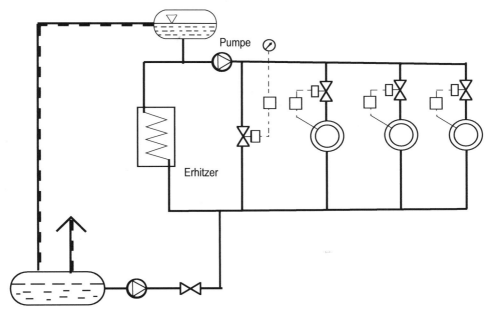

**Abb. 2.23** Schaltung der Verbraucher bei normalen und gleichen Anforderungen an die Beheizung (siehe auch Ingwersen H.H. (1972))

maximal 320 °C und als offene Anlagen oder als Anlagen mit geringem Inertgasdruck bis maximal 2 bar nach DIN 4757 zugelassen behandelt werden.

Bei diesen Anlagen kommen z. B. die vorstehend genannten Wärmeträgeröle zum Einsatz. Die offenen Anlagen sind überwachungsfrei und die flüssigen Wärmeträger wirken nicht korrodierend. Die Heizkessel oder Erhitzer der Anlagen können in Heizräumen und unter bestimmten Bedingungen, wie in DIN 4754 vorgeschrieben, auch in Arbeitsräumen oder im Freien zur Aufstellung kommen. Die Aufstellung unter oder neben bewohnten oder zum Aufenthalt von Personen dienenden Gebäuden ist nicht erlaubt. Als Brennstoffe werden hauptsächlich leichtes Heizöl und Erdgas verwendet. Aber auch elektrischer Strom kann bei kleinem Wärmeverbrauch eingesetzt werden.

Für die Wärmeverteilnetze sind verschiedene Schaltungsweisen möglich. Bei nicht so hohen Anforderungen an die Gleichmäßigkeit der Beheizung und wenn die zu verarbeitenden Stoffe das zulassen, wird man die Schaltung nach Abb. 2.24 ausführen. Die Kurzschlussverbindung dient zur Konstanthaltung der Wärmeträgermenge über die Umwälzpumpe und den Erhitzer, damit die Pumpe im stabilen Bereich bei ca. gleicher Umwälzmenge gefahren werden kann und der Erhitzer ebenfalls mit der vorgesehenen Wärmeträgermenge durchströmt wird.

Wenn der zu verarbeitende Werkstoff besondere Anforderungen hinsichtlich Aufheizcharakteristik und Genauigkeit in der Temperaturverteilung notwendig macht, muss eine individuelle Temperaturregelung für jeden Verbraucher, wie in Abb. 2.23 dargestellt, ausgeführt werden. Der Volumenstrom über die Pumpe und den Erhitzer kann auch hier

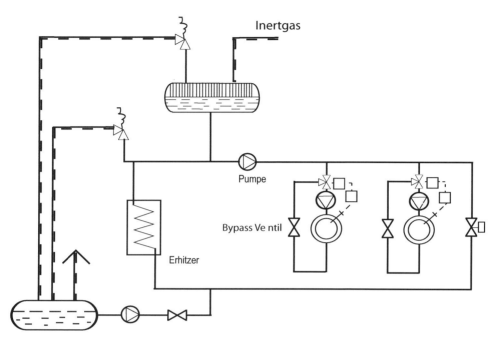

**Abb. 2.24** Schaltung der Verbraucher bei höheren Anforderungen an die Beheizung 1 *Inertgas,* 2 *Pumpe,* 3 *Erhitzer,* 4 *Bypass, Ventil*

durch ein Überströmventil oder Differenzdruckventil annähernd konstant gehalten werden. Diese Regelung kann auch als temperaturabhängige Mengenstromregelung mit einem Bypass und einem Regelventil im Rücklaufanschluss ausgeführt werden.

Muss die Wärmezufuhr wegen der Temperaturempfindlichkeit des zu beheizenden Produkts in einen anderen Temperatur- oder Druckbereich als dem des Gesamtsystems durchgeführt werden, so empfiehlt sich die Ausführung mit einem Sekundarkreislauf nach Abb. 2.25. Der Wärmeträger des Hauptsystems dient zur Beheizung des Sekundärsystems und hält die Temperatur im Sekundärsystem konstant. Bei dieser Schaltung kann im Sekundärsystem auch ein anderer und für den aufzuheizenden Stoff besser geeigneter Wärmeträger eingesetzt werden.

Es kann aber auch gefordert werden, dass an allen Punkten der Behälterwandung möglichst die gleiche Oberflächentemperatur vorhanden sein muss. In diesem Fall kann nur ein dampfförmiger Wärmeträger zum Einsatz kommen, weil dessen Dampf- und Kondensationstemperatur an der Wandung durch einen Druckregler sehr genau eingestellt werden kann. Die Schaltung für einen Dampfsekundärkreis zeigen Abb. 2.24 und 2.25. Der Hauptkreiswärmeträger dient auch hier wieder zur Beheizung des Dampferzeugers Abb. 2.26.

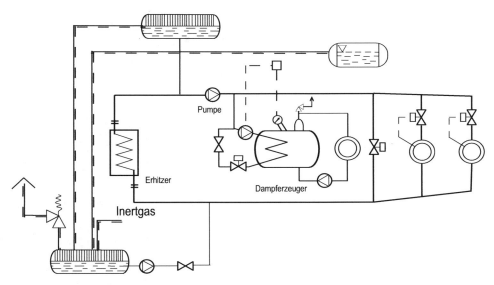

**Abb. 2.25**  Schaltung der Verbraucher mit Dampfsekundärkreis

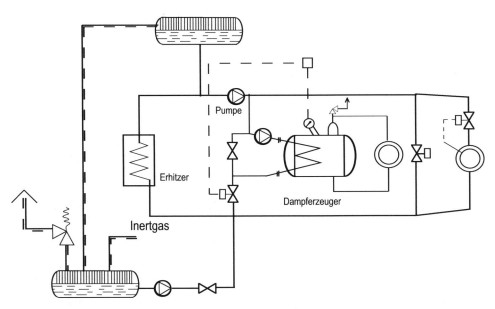

**Abb. 2.26**  Schaltung mit Dampfsekundärkreis HD-Dampf

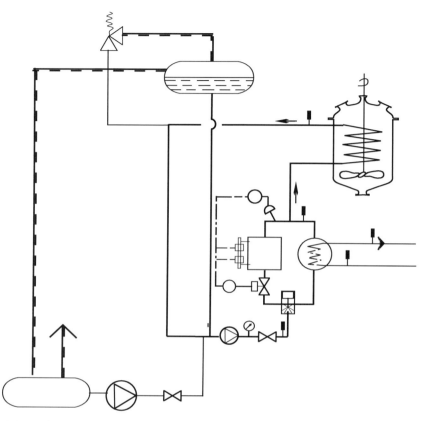

**Abb. 2.27** Anlage mit elektrisch beheiztem Erhitzer und parallel geschaltetem Kühler mit Programmsteuerung

Wenn die Produkterzeugung eine vorgeschriebene Programmfolge von Aufheizen und Abkühlen verlangt, so muss ein Heiz- und ein Kühlkreislauf vorgesehen werden. Der Regelaufwand für den Heiz- und Kühlkreislauf richtet sich auch hier nach der geforderten Genauigkeit der Temperatureinhaltung. Für die Zurverfügungstellung des Kühlwassers kann ein Kaltwasserkältesatz zum Einsatz kommen.

Abbildung 2.27 zeigt eine der möglichen Schaltungen für die Programmsteuerung mit gleichem Wärmeträger zum Heizen und Kühlen.

## 2.5.2   Ausführung der Wärmeerzeuger oder Erhitzer und deren Sicherheitseinrichtungen

Bei der Auslegung des Erhitzers ist darauf zu achten, dass die Heizflächenbelastung mit den Wärmeträgergeschwindigkeiten und den auftretenden Temperaturverhältnissen so

**Abb. 2.28** Funktionsschema
eines elektrisch beheizten
Erhitzers

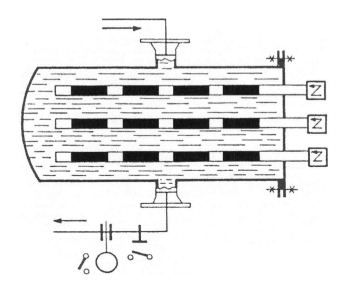

abgestimmt wird, dass ein Cracken des Thermoöls nicht auftreten kann. Ein Maß oder
Richtwert wird von den Lieferanten mit 25.000 W/m$^2$ genannt. Es sind aber auch höhere
Werte zulässig, wenn höhere Durchströmungsgeschwindigkeiten vorliegen. Übliche Strö-
mungsgeschwindigkeiten an den Innenseiten der Heizflächen liegen zwischen 2 bis 3,5 m/s.
Die höheren Geschwindigkeiten müssen vor allem im Bereich der Flammenstrahlung
vorliegen.

Der Anlagenbauer muss sich also vom Lieferanten des Erhitzers garantieren lassen, dass
kein Cracken auftritt und die zulässige Filmtemperatur der Wärmeträger in den einzelnen
Rohren nicht überschritten wird. Der Nachweis dafür muss rechnerisch, wie in DIN 4754
vorgeschrieben, erbracht werden.

Alle Erhitzer werden als Zwangsdurchlaufgeräte ausgeführt. Der Durchlauf wird
mit einer Strömungssicherung überwacht und durch die Umwälzpumpe der Anlage
sichergestellt. Beim Ausfallen der Umwälzpumpe wird die Beheizung oder Feuerungsanlage automatisch abgeschaltet. Ebenso werden die Ein- und Austrittstemperaturen
des Wärmeträgers überwacht und angezeigt. Bei der Überschreitung der maximalen
Vorlauftemperatur wird die Feuerungseinrichtung ebenfalls durch einen Sicherheits-
Temperaturbegrenzer abgeschaltet. Weitere sicherheitstechnische Anforderungen an den
Erhitzer enthält die DIN 4757. In der DIN 4757 sind auch alle Forderungen zur Aufstellung
und Betreibung der Erhitzer genannt. Ausführung und Bauarten von Erhitzern geben die
Abb. 2.28 bis 2.29 wieder.

Abbildung 2.28 zeigt einen elektrisch beheizten Erhitzer als Funktionsschnitt durch
den Behälter mit Heizeinsätzen. Elektrisch beheizte Erhitzer sind für Leistungen bis 50
KW üblich.

**Abb. 2.29** Röhrenerhitzer

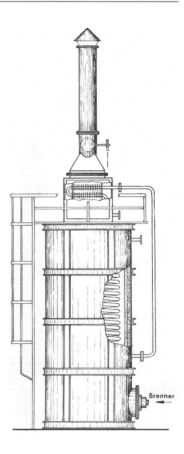

Für mittlere Leistungen bis ca. 250 KW sind kompakte Erhitzereinheiten mit Erdgas-
oder Heizölfeuerung einschließlich Schaltanlagen und Umwälzpumpen fertig verrohrt im
Handel erhältlich.

Am häufigsten und für den großen Anwendungsbereich der Feuerungsnutzleistungen
zwischen 100 und 1.000 kW wird der stehende, zylindrische Röhrenerhitzer gewählt. Dieser
benötigt eine kleine Stellfläche, hat einen guten Wirkungsgrad und geringe Wärmeverluste.
Abbildung 2.29 zeigt einen stehenden Röhrenerhitzer für die Befeuerung mit einem Heizöl-
oder Gasbrenner. Bei noch größeren Wärmeleistungen werden 3-Zugkessel, die speziell
für den Thermoölbetrieb gefertigt werden, eingesetzt.

Die Aufstellung des Erhitzers in Arbeitsräumen, Heizzentralen oder im Freien ist in der
DIN 4754 ausführlich beschrieben. Bei Wärmeleistungen über 1.111 kW ist zusätzlich zum
baurechtlichen Genehmigungsverfahren eine immissionsschutzrechtliche Genehmigung
erforderlich.

**Abb. 2.30** Druckdiagramm
für eine Umwälzpumpe

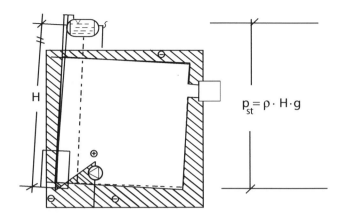

## 2.5.3 Ausführung und Auswahl der Umwälzpumpe

Die Umwälzpumpe muss die erforderliche Wärmeträgermenge durch den Erhitzer zu den
Wärmeverbrauchern und wieder zurück zum Erhitzer fördern. Die erforderliche Fördermenge der Umwälzpumpe ergibt sich wie bei der Heißwasserheizung aus der Gleichung 2.2

$$\dot{m} = \frac{\dot{Q}[\text{kJ/h}]}{c_p[\text{kJ/Kg}] \cdot \Delta\vartheta\,[\text{K}]}[\text{Kg/h}], \tag{2.6}$$

$$\dot{V} = \frac{\dot{m}[\text{kg/h}]}{\rho[\text{kg/m}^3]}[\text{m}^2/\text{h}]. \tag{2.7}$$

Die Förderhöhe der Pumpe muss sehr sorgfältig durch eine Druck-Verlustberechnung,
wie in Abschn. 3.2 beschrieben, berechnet werden. Die Förderhöhe ist die Summe aller
Rohr- und Einzelwiderstände im Kreislauf des ungünstigsten Wärmeverbrauchers. Der
Druckverlust im Erhitzer und Verbraucher ist beim Hersteller dieser Apparate zu erfragen.
Das Gesamtsystem steht unter einem statischen Druck, der beim offenen System durch
die Flüssigkeitssäule $p_{st} = \rho \cdot H \cdot g$ gegeben ist. Beim geschlossenen System ist noch der
maximale Druck des Gaspolsters hinzuzurechnen. Von der Umwälzpumpe ist der statische
Druck nicht zu überwinden, also ist auch keine geodätische Förderhöhe den berechneten
Reibungsverlusten hinzuzuaddieren.

Abb. 2.30 zeigt die Verteilung des Druckverlusts und des dynamischen Drucks im
offenen Heizungskreislauf bei angenommener gleichmäßiger Verteilung.

Der Gesamtdruck ergibt sich zu

$$p_{ges.} = p_{st.} + p_{dyn.} + \Delta p[\text{m Fl. S}]. \tag{2.8}$$

Bei der Bemessung des Antriebsmotors der Pumpe ist zu beachten, dass Kreiselpumpen immer das Auslegungsvolumen bei der Förderhöhe des Kennlinienschnittpunkts
fördern und beim Anfahrzustand bei z. B. 20 °C Betriebstemperatur eine höhere Dichte

**Tab. 2.6** Prozentuale Volumenzunahme von Mobilthermoölen

| Temperaturdifferenz zwischen kaltem und warmem Öl [°C] | Volumenexpansion (%) | Inhalt des Ausdehnungsgefäßes (in % der Ölfüllung in warmem Zustand) |
|---|---|---|
| 100 | 6,3 | max. 15 |
| 150 | 10 | 20 |
| 200 | 13 | 25 |
| 250 | 16 | 35 |
| 300 | 19 | 45 |

des Wärmeträgers zu befördern ist. Die geförderte möglichst gleichbleibende Strömungsgeschwindigkeit im Erhitzer erlaubt den Einsatz von Zahnradpumpen, Schraubenpumpen und Zentrifugalpumpen. Bei kleineren Anlagenleistungen kommen deshalb auch Zahnradpumpen und bei großen Anlagenleistungen die Zentrifugal- oder Kreiselpumpen zum Einsatz. Unabhängig davon, welche der Pumpenarten gewählt werden, in jedem Fall sind die Ausführung der Lager (innen- oder außenliegend) und die der Wellenabdichtung (Stopfbuchse oder Schleifring) sowie die Art der Lager- und Stopfbuchsenkühlung mit dem Hersteller zu klären. Bei höheren Temperaturen ist grundsätzlich eine Stopfbuchsenkühlung als geschlossenes System mit Kühlturm auszuführen. Der Anlagenhersteller sollte sich auf die gewählte Konstruktion vom Pumpenhersteller eine schriftliche Gewährleistung geben lassen. Auch ist es ratsam, in allen Fällen eine Reservepumpe zu installieren. Sehr gut bewährt haben sich stopfbuchsenlose Pumpen mit Magnetkupplung als Sonderkonstruktion zur Wärmeableitung. Notwendige Überwachungseinrichtungen für den Betrieb der Pumpen, die Stromversorgung und zugelassene Werkstoffe für die Pumpe werden in der DIN 4754 gefordert und erläutert.

### 2.5.4   Ausdehnungsgefäße, Auffanggefäße und Rohrleitungen

Der Ausdehnungsraum ist so zu bemessen, dass für Anlagen mit 1.000 l Gesamtinhalt die 1,5-fache Menge der Volumenzunahme und für Anlagen über 1.000 l Inhalt die 1,3-fache Menge der Volumenzunahme, die beim Aufheizen auf die Maximaltemperatur des Wärmeträgers anfällt, zusätzlich aufgenommen wird.

Der Ausdehnungskoeffizient des Mobilthermoöls beträgt z. B. 0,063 Vol. % je °C Erwärmung. Dieser kann für die Bemessung von Ausdehnungsgefäßen für Mobilthermoöle benutzt werden Tab. 2.6.

Das Ausdehnungsgefäß ist an höchster Stelle des gesamten Anlagensystems aufzustellen und auch dort in das Rohrnetz einzubinden. Das Ausdehnungsgefäß ist nach der Druckgefäßeverordnung und für einen Betriebsdruck von 2 bar Überdruck herzustellen. Dies wird auch dann gefordert, wenn das Gefäß drucklos und ohne Inertgas betrieben wird.

Die offenen Systeme atmen bei Veränderung der Temperaturen, und es strömt lediglich Luft, z. B. beim Abstellen der Anlage, aus der Atmosphäre ein und beim Aufheizen in die

Atmosphäre aus. Den Entlüftungsstutzen versieht man deshalb mit einem sogenannten Wasserfänger, einem Gefäß, das mit Silikagel, Blaugel oder einem sonstigen geeigneten Absorptionsmittel für Feuchtigkeit gefüllt ist. Würde man auf diesen Wasserfänger verzichten, wäre z. B. bei jedem Abstellen der Anlagen, was wöchentlich, aber auch täglich der Fall sein kann, der Zutritt und die Kondensation von Feuchtigkeit gegeben. Sicherheitshalber wird die Ausdehnungsleitung in einem gewissen Abstand vom Gefäßboden angeschlossen, um sich eventuell ansammelndes Wasser über die Entwässerungsleitung ablassen zu können. Damit kann verhindert werden, dass Wasser über die Ausdehnungsleitung in das Umlaufsystem gelangt und dort unangenehme Störungen hervorruft.

Bei Anlageninhalten über 1.000 l sind die Anlagen mit einem Sammelbehälter auszurüsten. Die Sammelbehälter sind so auszulegen, dass diese mindestens den Inhalt des größten, absperrbaren Anlagenbauteils aufnehmen können. Die Ausführung der Sammelbehälter, deren Ausrüstung und Aufstellung in Wannen und dergleichen wird in der DIN 4754 in Form von Auflagen ausführlich beschrieben.

Die Ausdehnungsleitung sollte immer steigend verlegt werden, damit Luft und Wasserspuren, die gegebenenfalls nach dem Füllen in der Anlage verblieben sind, beim Umpumpen und Erhitzen durch diese Leitung entweichen können. In der Praxis hat es sich bewährt, vor dem Saugstutzen der Umwälzpumpe eine Beruhigungsstrecke (erweiterte Rohrleitungen oder Beruhigungsbehälter) vorzusehen, an deren höchster Stelle die Ausdehnungsleitung angeschlossen wird.

Beim langsamen Aufheizen der Wärmeträgerfüllung entweicht dann eventuell vorhandener Wasserdampf an dieser Stelle. Als Absperrung kommen nur Ventile in Frage. Bei Temperaturen über 280 °C werden Stahlguss-Gehäuse verwendet. Die Stopfbuchsen sollten verlängert sein und Luftkühlrippen besitzen; bei Temperaturen über 300 °C empfiehlt es sich immer, Ventile mit Faltenbalg-Spindelabdichtungen vorzusehen. Eine zusätzliche Stopfbuchse kann das Austreten von Öl beim eventuellen Reißen des Faltenbalgs verhindern.

Flanschverbindungen sind soweit wie möglich zu vermeiden. Man sollte alle Verbindungen schweißen. Die Benutzung von Ventilen mit Anschweißenden ist jedoch nicht zu empfehlen. Die erforderlich werdenden Flanschverbindungen an den Armaturen, Pumpen und Rohrleitungen werden meistens sicherheitshalber nach PN 25 ausgelegt, die Schrauben als Dehnschrauben für hohe Temperaturen gewählt, um ein einwandfreies Nachziehen zu ermöglichen.

Der Isolierung von Apparaten und Rohrleitungen kommt besondere Bedeutung zu, da z. B. bei Betriebstemperaturen in der Größenordnung von 300 °C auf 1 m$^2$ nicht isolierter Oberfläche bereits Wärmemengen von 4 bis 5 kW und mehr an die Umgebung abgeleitet werden können. Gerade bei kleinen Anlagen mit Nutzwärmeleistungen, die unter 25 kWh liegen, können solche Verluste dazu führen, dass die gewünschte Endtemperatur überhaupt nicht erreicht wird.

Die DIN 4754 beinhaltet eine Reihe von Anforderungen an die Rohrleitungswerkstoffe und schreibt die Durchmesser für die Bemessung der Sicherheitsausdehnungs- und überlaufleitungen und auch die der Entlüftungsleitungen in Abhängigkeit von der Anlagenleistung vor. Diese Vorgaben sind unbedingt einzuhalten, da diese und alle anderen in der DIN genannten Anforderungen bei der Betriebsabnahme und vor der Inbetriebnahme von einen Sachkundigen oder Sachverständigen überprüft werden.

### 2.5.5  Inbetriebnahme, Wartung und Instandhaltung

In der DIN 4754 werden neben der Bedienungsanleitung des Herstellers auch die sicherheitsrelevanten Anforderungen zur Bedienung, Wartung und Instandsetzung gefordert. Für die Inbetriebnahme muss der Anlagenersteller und Betreiber aber auch die Auflagen und Richtlinien des Lieferanten für den Wärmeträger einholen und diese bei der Erstbefüllung und Inbetriebnahme beachten. Die wesentlichsten und allgemeingültigen Kriterien werden hier kurz dazu wiedergegeben:

Vor der Befüllung eines neuen Systems müssen alle ölführenden Teile von Zunder, Rost und anderen Verunreinigungen befreit und vollkommen trocken sein. Alle Sicherheits- und Regeleinrichtungen sind auf ihre Betriebsfähigkeit zu prüfen.

Die Füllung großer Anlagen erfolgt am besten von einem Leerlass-Vorratsbehälter aus, der zweckmäßigerweise in unmittelbarer Nähe der Pumpe unterflur oder in einem Kellerraum untergebracht ist.

Für die Auffüllung des Systems kann eine selbstansaugende Pumpe eingesetzt werden. Vorteilhafter ist es jedoch, das Öl vom Vorratsbehälter aus mit Stickstoff durch die geöffnete Leerlassleitung in der Anlage hochzudrücken, bis es durch den Überlaufanschluss des Ausdehnungsgefäßes austritt. Dann erst schaltet man die Umlaufpumpe ein. Während des Auffüllens mit den Wärmeträgern sind alle Entlüftungen des Systems so lange zu öffnen und zu kontrollieren, bis Öl austritt. Wiederholtes Nachentlüften beim erstmaligen Hochfahren der Anlage ist zu empfehlen, wie auch wiederholtes Nachziehen aller Flanschverbindungen, um die einwandfreie Abdichtung auf die Dauer sicherzustellen.

Da keine Anlage vor Inbetriebnahme *vollkommen* schmutzfrei sein kann und das Öl rost- und schmutzlösend wirkt, muss das Filter je nach dem Verschmutzungsgrad wiederholt gereinigt werden. Ein Leerlassen der Anlage ist dafür nicht erforderlich, wenn es sich bei dem Filter um einen absperrbaren Doppelfilter handelt. Beim ersten Anfahren sollte man im Bereich von 100 °C die Umwälzpumpe auf Kavitationsgeräusche überprüfen, die wegen Feuchtigkeit bzw. Wasserdampf im System auftreten können.

Beim Abstellen der Anlage ist es sehr wichtig, zunächst nur die Heizung auszuschalten und die Pumpe noch längere Zeit nachlaufen zu lassen. Die Zeitdauer richtet sich nach Größe und Beheizungsart des Systems.

Die Anlagenüberwachung betrifft vor allem die Sicherheitseinrichtungen. Sie wird bei großen Anlagen sehr erleichtert, wenn die Vor- und Rücklauftemperaturen durch Temperaturschreiber zusammen mit den Messarmaturen und den Funktionen der Sicherheitsgeräte in einem Messregel- und Schaltschrank zusammengefasst sind.

Wichtig ist die Kontrolle der Ölfüllung. Ölproben werden zweckmäßigerweise auf der Druckseite der Pumpe gezogen. Die Laboratorien verfügen über umfangreiche Erfahrungen und können eine entsprechende Beurteilung abgeben.

Sind die Anlagen richtig ausgelegt und werden sie sorgfältig betrieben, entstehen nur geringe Ölverluste, die gelegentlich durch Nachfüllen ausgeglichen werden müssen. Hierfür darf nur Frischöl verwendet werden (keinesfalls Leckageöl, da dieses besonders bei Anlagen, die im Freien arbeiten, Wasser enthalten kann). Bei kleineren Anlagen kann das Nachfüllöl direkt in das Ausdehnungsgefäß gegeben werden; bei größeren dagegen empfiehlt es sich, sie abzustellen und die erforderliche Menge mit Stickstoff aus dem Vorratsbehälter in den Kreislauf hineinzudrücken.

Die Schaltbilder der Heißwasseranlagen Abb. 2.2 bis 2.22 und der Wärmeträgeranlagen Abb. 2.23 bis 2.27 enthalten nur die für die Funktionsbeschreibung erforderlichen Armaturen und Regler und nicht alle für die einwandfreie Funktion relevanten Einbauten. Dies ist bei der Ausführung von Anlagen zu beachten. Die Schaltbilder müssen entsprechend den Betriebsanforderungen der Anlagen ergänzt werden. Dies gilt auch für alle anderen Schaltbilder, die in diesem Fachbuch dargestellt sind.

## Literatur

Deutscher Normenausschuss Heizung- und Raumlufttechnik (1980) DIN 4752 und 4754, Benth Verlag Berlin
Ingwersen HH (1972) Gesundheitsingenieur, Jahrgang 72, Seite 257/264
Kopp L (1958) Die Wasserheizung, Kap. 3, Springer Verlag Berlin, Heidelberg London, New York
Mobil Oil (1982) Firmenprospekt Mobiltherm Wärmeträgeröl Reflex Winkelmann Firmenprospekt
Scholz Günther (2012) Rohrleitungs- und Apparatebau, Springer Verlag Berlin, Heidelberg, London, New York

# Grundlagen für die Auswahl und den Einbau von Kreiselpumpen in Energieerzeugungs- und Versorgungsanlagen

3

## 3.1 Einleitung

In diesem Kapitel werden Funktion und Berechnungsgrundlagen von Kreiselpumpen behandelt. Besonders ausführlich werden dabei die Heißwasserumwälzpumpen und die Kesselspeisewasserpumpen dargestellt. Die Anforderungen an die Stopfbuchsenausbildung und die Kühlung der Lager oder die Ausbildung von Gleitringdichtungen werden an ausgeführten Beispielen verschiedener Hersteller beschrieben.

Danach werden die für den Anlagenbau wichtigen Berechnungen der manometrischen Förderhöhe für offene und geschlossene Kreisläufe und die zulässige Saughöhe bzw. die erforderliche Zulaufhöhe für Kaltwasser-, Heißwasser- und für Kesselspeisewasserpumpen dargestellt und an Beispielen aus der Praxis in Form von Berechnungsgleichungen gezeigt. Die richtige Auswahl anhand des Kennlinienfeldes und der Rohrnetzkennlinie, die Regelung der Fördermenge und der richtige Einbau in die Rohrnetze zur Erreichung eines sicheren und wirtschaftlichen Betriebs der Anlagen wird detailliert erklärt und in Beispielen aus der Praxis dargestellt. Ebenso ausführlich werden die Berechnung von Schwingungsdämpfern und die Aufstellung auf einem Fundament sowie die Auswahl von Schwingungsdämmplatten und die Ausbildung der Rohrleitungsanschlüsse mit Schwingungsdämpfern und gedämpften Rohraufhängungen behandelt.

In Abschn. 3.3.12 werden die Einflüsse der Pumpenschaltung und der Betriebsbedingungen auf den Förderstrom und die Förderhöhe der Pumpen behandelt. Untersucht und gegenübergestellt werden die betrieblichen Eigenschaften und die Wirtschaftlichkeit von Fernheiznetzumwälzpumpen in Parallelschaltung, mit polumschaltbaren Antriebsmotoren und der Betrieb einer Umwälzpumpe mit drehzahlgeregeltem Antriebsmotor für den Winterbetrieb.

Danach werden noch die Anlagenkennlinien und die Drosselkennlinie (VH-Kurve) für verschiedene Betriebsfälle dargestellt und erläutert.

G. Scholz, *Heisswasser-und Hochdruckdampfanlagen*,
DOI 10.1007/978-3-642-36589-8_3, © Springer-Verlag Berlin Heidelberg 2013

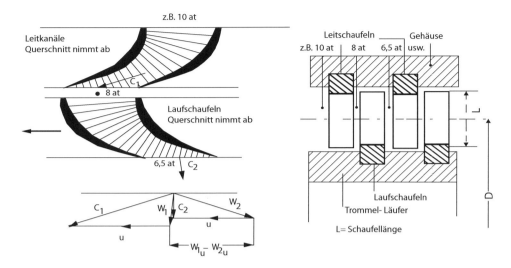

**Abb. 3.1**   Überdruckstufe einer Dampfturbine mit Geschwindigkeitsdreiecken

Im letzten Abschnitt werden die verschiedenen Antriebsmaschinen und Motoren für Kreiselpumpen und deren Betriebsverhalten behandelt.

## 3.2    Aufbau und Arbeitsweise von Pumpen und anderen Strömungsmaschinen

In Strömungsmaschinen erfolgt die Energieübertragung zwischen einem kontinuierlich strömenden Medium (Flüssigkeit, Gas, Dampf) und einer rotierenden Welle. Bei Arbeitsmaschinen (Pumpen, Verdichter) wird dem Medium über ein Schaufelgitter Energie von der Welle übertragen. Bei Kraftmaschinen (Turbinen) gibt das Medium die Energie über ein Schaufelgitter an die Welle ab. Zur Energieumsetzung dienen ein gehäusefestes Leitrad und ein wellenfestes Laufrad. Beide bilden zusammen eine Energieumsetzungsstufe. Leit- und Laufrad bestehen je aus einer Schaufelreihe, die vom Medium (oder Fluid) durchströmt wird. Die Gestaltung der Schaufeln und damit die Größe der Durchtrittsquerschnitte beim Ein- und Austritt aus dem Schaufelgitter bestimmen den Betrag und die Richtung der umgesetzten Druckenergie in kinetische Energie des Mediums und umgekehrt. Die Umlenkung des Mediums durch das Leitradgitter schafft geeignete Zuströmbedingungen und die Umlenkung durch das Laufradgitter die gewünschten Abströmbedingungen für das Laufrad (siehe hierzu Abb. 3.1 und 3.2).

Hierdurch werden von dem durchströmenden Medium auf die Schaufeln Kräfte und auf die Welle Drehmomente ausgeübt oder von ihr aufgenommen. Die Energieumsetzung in einer Stufe ist begrenzt. Wenn höhere Drücke gefordert werden (bei Pumpen) oder höhere Dampfdrücke bzw. große Wärmegefälle umzusetzen sind (bei Turbinen), werden

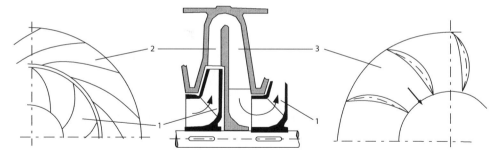

**Abb. 3.2** Laufrad *1* und Leitrad *2* mit Schaufelplan *3* zur Wirkungsweise einer mehrstufigen Kreiselpumpe

statt einstufiger Maschinen mehrstufige Maschinen mit mehreren nacheinander durchströmten Stufen ausgeführt. Je nach Durchströmungsrichtung des Mediums durch die Stufen unterscheidet man Axialmaschinen oder Radialmaschinen.

Die Energieumsetzung in der Strömungsmaschine lässt sich mit Hilfe von Kontinuitätsgleichung, Energiesatz, Impulssatz und Impulsmomentensatz berechnen. Bei der Berechnung von Verdichtern, Gas- und Dampfturbinen werden noch die h-s-Diagramme und die aus der Thermodynamik bekannten Zustandsgleichungen für die Berechnung von Kreisprozessen (wie in Kap. 1 gezeigt) benötigt.

## 3.3 Kreiselpumpen

### 3.3.1 Allgemeine Hinweise

Kreiselpumpen werden in der Versorgungstechnik und im Anlagenbau sehr vielseitig eingesetzt. Für den Anlagenplaner sind vor allem die nachstehend genannten Merkmale und Anwendungsteilbereiche von Interesse:

Wirkungsweise, Hauptgleichung und Kennlinienfeld, spezifische Drehzahlen und Laufradformen, Antriebsleistung und Wirkungsgrade der Pumpen, Förderhöhen bei verschiedenen Anlagensystemen, zulässige Saughöhen, spezielle Anforderungen an die Bauteile der Pumpen bei verschiedenen Fördermedien und Anlagensystemen, Einbau der Pumpen in die Rohrnetze und Sammelbehälter, Verhalten der Pumpen bei verschiedenen Schaltungen, mögliche Antriebsmaschinen und Leistungsregelung.

### 3.3.2 Wirkungsweise

Die im Laufrad an den Förderstrom übertragene Arbeit wird zum größeren Teil durch die Wirkung der Fliehkräfte und zum Teil durch die Verzögerung der relativen Geschwindigkeit, wegen der Erweiterung des Strömungskanals im Laufrad, erzeugt.

Die Druckenergie und die Arbeit der Fliehkraft für 1 kg der Flüssigkeit ergibt sich auf dem Weg dr zu

$$\varpi^2 \int_{r_1}^{r_2} r\,dr = \varpi^2 \frac{r_2^2 - r_1^2}{2},$$

mit $\omega \cdot r = u$

$$\varpi^2 \int_{r_1}^{r_2} r\,dr = \frac{u_2^2 - u_1^2}{2}, \tag{3.1}$$

und durch die Erweiterung des Schaufelkanals verzögert sich die Relativgeschwindigkeit w, so dass dabei ein Teil der Arbeit in Druckenergie umgewandelt wird:

$$-\int_{w_1}^{w_2} w\,dw = \frac{w_1^2 - w_2^2}{2}. \tag{3.2}$$

Im stillstehenden Leitrad wird der Schaufelkanal ebenfalls erweitert und ein weiterer Teil der im Laufrad an die Flüssigkeit übertragenden Arbeit wird in Druckenergie umgewandelt:

$$-\int_{c_1}^{c_2} c\,dc = \frac{c_2^2 - c_1^2}{2}. \tag{3.3}$$

### 3.3.3 Hauptgleichung und Kennlinienfeld

Das Laufrad dreht sich mit Umfangsgeschwindigkeiten von 20 bis 40 m/s und Drehzahlen von etwa 1.000 bis 5.000/min im Uhrzeigersinn. Die Flüssigkeit, die in den Saugmund eingeströmt ist, wird gleich danach von den Laufschaufeln erfasst. Dabei wird sie um 90° umgelenkt und in Richtung senkrecht zur Welle aus dem Laufrad hinausgeschleudert. Die Schleuderwirkung ist umso größer, je schneller das Rad sich dreht, je länger die Schaufeln sind und je steiler der Austrittswinkel $\beta_2$ der Laufschaufeln ist. Die Förderung der Flüssigkeit beruht also zum großen Teil auf der Zentrifugal-Wirkung. Man bezeichnet daher Kreiselpumpen oft auch als Zentrifugalpumpen.

Die gesamte an 1 kg Förderflüssigkeit übertragene Arbeit je Pumpenstufe bei unendlicher Schaufelzahl ergibt sich demnach durch die Addition der vorstehenden Gleichungen

$$Y_{Sch\,\infty} = \frac{u_2^2 - u_1^2 + w_1^2 - w_2^2 + c_2^2 - c_1^2}{2} \text{ (Nm/kg)}. \tag{3.4}$$

**Abb. 3.3** Geschwindigkeiten am Laufrad und Geschwindigkeitsdreiecke

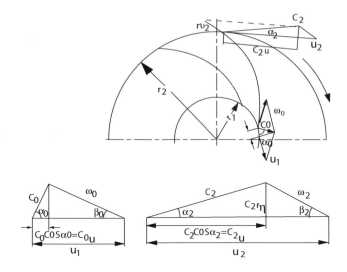

**Abb. 3.4** Austrittsdreieck

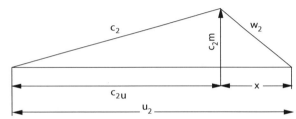

Das ist die Eulersche Hauptgleichung in einer allgemeinen Form. Wenn man die Relativgeschwindigkeiten anhand der Geschwindigkeitsdreiecke eliminiert, erhält man daraus die Gleichung für die spezifische Förderleistung:

$$Y_{Sch\,\infty} = u_2 c_2 \cos\alpha_2 - u_1 c_1 \cos\alpha_1. \tag{3.5}$$

Die theoretische Förderhöhe ergibt sich, wenn die spezifische Leistung durch die Erdbeschleunigung oder Gewichtskraft dividiert wird.

$$H_{th} = \frac{u_2 \cdot c_{U_2} - u_1 \cdot c_{U_1}}{g} \, (\text{m}). \tag{3.6}$$

Mit Gl. 3.6 kann man durch Einsetzen verschiedener Fördermengen das theoretische Kennlinienfeld für Kreiselpumpen aufstellen. Kreiselpumpen werden fast ausschließlich mit rückwärts gekrümmten Schaufeln β kleiner 90° ausgeführt. Die maximale Förderhöhe erhält man damit für $c_{u1} = 0$ zu $H_{max} = u_2^2/g$.

Aus dem Geschwindigkeitsdreieck am Schaufelaustritt Abb. 3.3 und 3.4 kann man die Beziehung für die theoretische Fördermenge

$$\dot{V}_x = u_2 \cdot \pi \cdot -D_2 \cdot b_2 \cdot \frac{1}{\cot\beta_2} \tag{3.7}$$

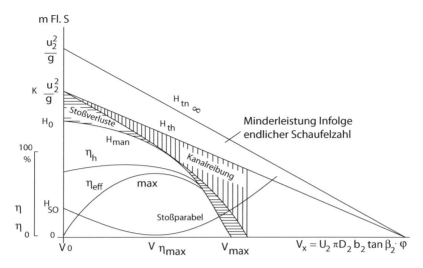

**Abb. 3.5** Konstruktion der Drosselkurve bei konstanter Drehzahl

herleiten. Dabei ist

$$c_{2m} = \frac{\dot{V}}{\pi \cdot D_2 \cdot b_2} \quad \text{und} \quad c_{2U} = u_2 - X \quad \text{und} \quad X = c_{2m} \cdot \cot \beta_2. \tag{3.8}$$

Setzt man den Wert von x in die Gleichung für $H_{th}$ bei $\beta_2$ kleiner 90° ein, dann erhält man eine Gleichung zur Untersuchung oder Aufstellung der Kennlinie von $H_{th\infty}$ bei verschiedenen Fördermengen V

$$H_{th\,\infty} = \frac{u_2}{g} \cdot \left( u_2 - \frac{\dot{V} \cdot \cot \beta_2}{\pi \cdot D_2 \cdot b_2} \right), \tag{3.9}$$

darin ist $D_2$ der Laufraddurchmesser und $b_2$ die Laufradbreite am Austritt.


### 3.3.4  Diskussion zu Abb. 3.5

a) $H_{th\infty}$ nimmt für $\beta_2$ kleiner 90° mit steigender Fördervolumen ab, weil $\cot \beta_2$ positiv ist und mit steigender Fördermenge das zweite Glied des Klammerausdrucks ebenfalls zunimmt. Es wird also der Klammerausdruck negativ und $H_{th\infty}$ nimmt ab. Die Kennlinie für $H_{th\infty}$ ist eine Gerade, die die Y- oder H-Achse bei $U_2^2/g$ schneidet.

b) Die Pumpen haben eine endliche Schaufelzahl, woraus sich eine gleichbleibende Reduzierung der Förderhöhe und die parallele Kennlinie für $H_{th\infty}$ ergeben.

c) In der Pumpe treten Reibungs- und Stoßverluste auf. Diese Verluste nehmen mit dem Quadrat der Strömungsgeschwindigkeit in der Pumpe und damit mit zunehmender Fördermenge zu. Für V = 0 sind die Verluste Null. Die Verlustkurve ergibt eine Parabel mit dem Scheitelpunkt im Koordinatenanfangspunkt.

**Abb. 3.6** Vollständiges
Kennlinienfeld für
verschiedene Drehzahlen und
Wirkungsgradlinien

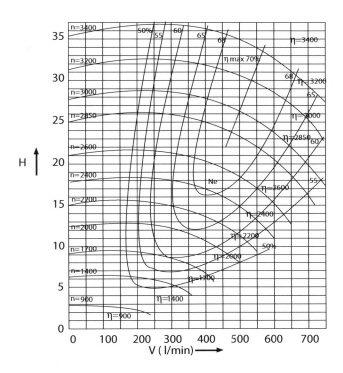

d) Die Kreiselpumpen werden für eine bestimmte Fördermenge $V_{norm}$ berechnet und optimal bemessen. Weicht die tatsächliche Fördermenge hiervon ab, dann stimmen die Laufschaufelwinkel und die Eintrittswinkel des Leitrads nicht mehr. Es entstehen Stoß- und Wirbelverluste. Auch diese Verluste nehmen mit dem Quadrat der Geschwindigkeit zu. Die Verluste lassen sich wieder in einer Parabelkurve darstellen. Die geringsten Verluste liegen über der Fördermenge $V_{norm}$, für die die Pumpe konstruiert wurde. Zieht man alle Verluste von der Geraden $H_{th\infty}$ ab, so erhält man die theoretische Pumpenkennlinie $H_{eff.}$ oder auch $H_{man.}$ genannt.

Die tatsächliche Kennlinie $H_{man.}$ stimmt aber nur selten mit der Kennlinie $H_{eff.}$, also mit der theoretisch ermittelten überein.

Die tatsächliche Kennlinie $H_{man.}$ muss im Versuch ermittelt werden. Wenn man auf dem Prüfstand auch die Pumpe mit verschiedenen Drehzahlen fahren und für jede Drehzahl die Drosselkurve bei verschiedenen Fördermengen für $H_{man.}$ aufnehmen kann, dann erhält man das Kennlinienfeld der Pumpe, wie in Abb. 3.6 dargestellt. Wenn außer $H_{man.}$ darüber hinaus die Leistungsaufnahme an der Welle der Pumpe gemessen und ausgewertet wird, erhält man auch noch die Kennlinien für gleiche Wirkungsgrade η der Pumpe.

### 3.3.5  Betriebsverhalten

Kreiselpumpen können mit verschiedenen Drehzahlen betrieben werden. Eine Begrenzung nach oben ergibt sich lediglich durch die Belastbarkeit der Laufrad-Werkstoffe. Laufräder aus Stahlguss können mit einer Umfangsgeschwindigkeit bis $u_2 = 60 \, \text{m/s}$ und andere Werkstoffe, z. B. GG und Messing, bis 40 m/s betrieben werden. Aus der Gleichung $u_2 = D_2 \cdot \pi \cdot n$ und den Geschwindigkeitsdreiecken für Ein- und Austritt ergeben sich mit der Eulerschen Gleichung die Ähnlichkeitsbeziehungen für Strömungsmaschinen.

a) Der Förderstrom verhält sich linear zur Erhöhung der Drehzahl

$$\frac{V_1}{V} = \frac{n_1}{n}.$$

(3.10)

b) Die Förderhöhe ändert sich mit dem Quadrat der Drehzahländerung

$$\frac{H_1}{H} = \frac{n_1^2}{n_2^2}.$$

(3.11)

c) Die Förderleistung $P_v = V \cdot \rho \cdot H \cdot g$ ändert sich mit der dritten Potenz der Drehzahländerung

$$\frac{P_1}{P} = \frac{n_1^3}{n_2^3}.$$

(3.12)

### 3.3.6  Folgerungen aus der Eulerschen Hauptgleichung

a) Bei der Betrachtung der Eulerschen Gleichung ist zu erkennen, dass darin die Dichte der Flüssigkeit nicht vorkommt. Daraus folgt, dass die Förderhöhe einer Pumpe, ausgedrückt in Meter Flüssigkeitssäule, von der Art des Fördermediums unabhängig ist. Die Formel gilt demnach nicht nur für Flüssigkeiten, sondern auch für Gase, d. h. also sowohl für Kreiselpumpen als auch für Ventilatoren und Kreiselverdichter.
Hat man z. B. das Schaufelrad einer Kreiselpumpe so ausgelegt, dass es Wasser auf eine Höhe von 10 m fördert, dann fördert die gleiche Pumpe bei gleicher Drehzahl auch eine andere Flüssigkeit, z. B. Öl, auf die gleiche Höhe von 10 m.
Um Irrtümer zu vermeiden, wird hier erwähnt, dass sich selbstverständlich der Förderdruck mit der Dichte desFördermediums ändert. Der Förderdruck ergibt sich durch Multiplikation der Förderhöhe mit der Dichte. Es gilt demnach für den Förderdruck:

$$\Delta P_{th} = \rho \cdot H_{th} \ (\text{kg/m}^2 \text{ oder mm WS oder 10 Pa}).$$

b) Bei gleicher Umfangsgeschwindigkeit hängt die Förderhöhe bzw. der Förderdruck nur von den $c_u$-Komponenten ab.

c) Da allgemein $\Delta P = \rho \cdot H$ ist, wird das gleiche Rad bei gleicher Umfangsgeschwindigkeit einmal für ein Medium mit der Dichte $\rho_1$ und dann für ein Medium mit der Dichte $\rho_2$ verwendet, dann erhält man:

$$\Delta P_1 = \rho_1 \cdot H \quad \text{und} \quad \Delta P_2 = \rho_2 \cdot H$$

und daraus

$$\frac{\Delta P_1}{\Delta P_2} = \frac{\rho_1}{\rho_2}, \tag{3.13}$$

d. h., die erreichten Drücke verhalten sich wie die Dichten der einzelnen Fördermedien. Selbstverständlich gilt dies nicht nur für Flüssigkeiten, sondern auch für Gase.

d) Ändert sich die Dichte durch Änderung der Temperatur (wichtig bei Ventilatoren und Verdichtern), so ergibt sich nach der allgemeinen Gasgleichung :

$$\Delta P = \rho \cdot H = H \cdot \frac{p}{R \cdot T}. \tag{3.14}$$

e) Bei gleichbleibenden Absolutdrücken P und gleicher Förderhöhe (Druckhöhe) verhalten sich die bei verschiedenen Temperaturen entstehenden Druckunterschiede:

$$\frac{\Delta P_{T_1}}{\Delta P_{T_2}} = \frac{\rho \cdot T_2}{\rho \cdot T_1} = \frac{T_2}{T_1}. \tag{3.15}$$

Diese Erkenntnis ist besonders für den Ventilator- und Verdichterbau wichtig. Wenn z. B. ein Heißgasgebläse mit kalter Luft angefahren wird, dann ergeben sich sehr beträchtliche Unterschiede in der Antriebsleistung.

### 3.3.7 Spezifische Drehzahl, Laufradform und Hauptabmessungen eines Laufrads

Die spezifische Drehzahl einer für $V_{normal}$ und H bei bestimmter Drehzahl n ausgelegten Kreiselpumpe ist die wirkliche Drehzahl n einer Vergleichspumpe q mit ähnlicher Schaufelgeometrie und ähnlichen Geschwindigkeitsplänen, die für die Förderdaten $V_q = 1\,\text{m}^3/\text{s}$ und $H_q = 1\,\text{m}$ eingesetzt werden könnte.

Mit vorstehenden Ähnlichkeitsgesetzen ergibt sich die spezifische Drehzahl

$$n_q = \frac{n \cdot \dot{V}^{1/2}}{H^{3/4}} = n \frac{\sqrt{V}}{\sqrt[4]{H^3}} \ (\text{m}^{-1}), \tag{3.16}$$

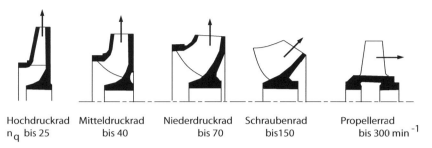

Hochdruckrad  Mitteldruckrad     Niederdruckrad  Schraubenrad     Propellerrad
$n_q$ bis 25      bis 40           bis 70        bis150          bis 300 min$^{-1}$

**Abb. 3.7** Schaufelformen für verschiedene spezifische Drehzahlen $n_q$

darin ist

n $=$ Betriebsdrehzahl min$^{-1}$
V $=$ Förderstrom m$^3$/s
H $=$ Förderhöhe einer Stufe m

Die spezifische Drehzahl dient dem Konstrukteur zur Wahl der Schaufelform.

Abbildung 3.7 enthält die zweckmäßigen Schaufelformen in Abhängigkeit von der spezifischen Drehzahl.

Nach Wahl und Festlegung der Drehzahl, die wiederum durch die Wahl der Antriebsmaschine festgelegt ist, ergibt sich die Kennziffer für die Schnellläufigkeit σ

$$\sigma = \frac{2n\sqrt{\pi \cdot \dot{V}}}{(2gH)^{3/4}}. \tag{3.17}$$

Mit σ kann der Konstrukteur aus einem Codier-Diagramm (siehe Abb. 3.8) die Durchmesserzahl δ entnehmen und nach der hydraulischen Beziehung zwischen Schnellläufigkeit, Fördermenge, Förderhöhe und Durchmesserzahl

$$D_2 = \frac{2\delta}{\sqrt{\pi}} \cdot \sqrt[4]{\frac{\dot{V}^2}{2gH}} \tag{3.18}$$

den Gesamtdurchmesser, der eben noch den Wellendurchmesser erhält, errechnen. Anhand der Fördermenge kann dann die Laufradbreite und auch der erforderliche Einströmquerschnitt in das Laufrad berechnet werden.

Dies sind aber Berechnungen, die der Konstrukteur durchzuführen hat und der Anlagenplaner nicht benötigt. Der Anlagenplaner und Anlagenhersteller kann die tatsächlichen Pumpenmaße und auch alle Betriebsdaten aus Herstellerkatalogen entnehmen. Aus diesem Grund werden diese Berechnungen hier nicht weiter behandelt. Für Pumpenkonstrukteure sind gute Fachbücher wie z. B. KSB (1959) und Schulz (1977) vorhanden, die auch ausführliche Berechnungsbeispiele hierzu enthalten.

**Abb. 3.8** Codier-Diagramm
und Laufradabmessungen

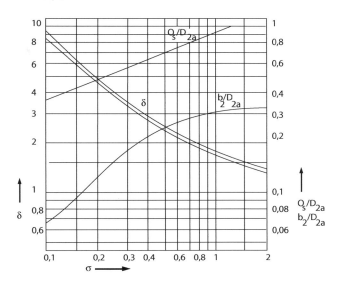

## 3.3.8 Antriebsleistung und Wirkungsgrade der Pumpe

Die an der Kupplung der Pumpe erforderliche Antriebsleistung ergibt sich aus:

$$P_K = \frac{\rho \cdot \dot{V} \cdot H_{man}}{102 \cdot \eta_{ges}} \text{ (kW)}, \qquad (3.19)$$

darin ist:

$\rho$ = Dichte der Förderflüssigkeit in kg/m$^3$
V = Fördervolumen in m$^3$/s
H = manometrische Förderhöhe mWS
$\eta_{ges}$ = Gesamtwirkungsgrad der Pumpe

Der Gesamtwirkungsgrad der Pumpe setzt sich wiederum zusammen aus dem Liefergrad $\lambda$, dem hydraulischen Wirkungsgrad $\eta$ und dem mechanischen Wirkungsgrad $\eta_m$ der Pumpe

$$\eta_{ges} = \lambda \cdot \eta_h \cdot \eta_m. \qquad (3.20)$$

Der Liefergrad beträgt etwa 0,88 bis 0,95 % und berücksichtigt die Spaltverluste in der Pumpe. Der hydraulische Wirkungsgrad bezieht die Reibungsverluste in der Pumpe mit ein und liegt zwischen 0,7 und 0,9 % je nach Bauart und Fördermenge der Pumpe. Der mechanische Wirkungsgrad berücksichtigt die Reibung in den Wellenlagern und Stopfbuchsen. Je nach Lagerausführung und Art der Wellendichtung beträgt der mechanische Wirkungsgrad 0,9 bis 0,95 %. Je nach Größe und Ausführung der Pumpen ergibt sich ein Gesamt-Wirkungsgrad von 0,84 bis zu 0,4 für kleine und mehrstufige Pumpen.

**Abb. 3.9** $\eta_{ges}$- Anhaltswerte
für Radialpumpen

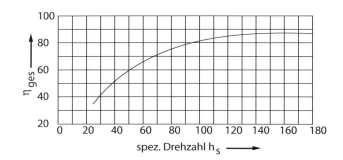

**Abb. 3.10** Prinzipskizze zu
Beispiel 3.1

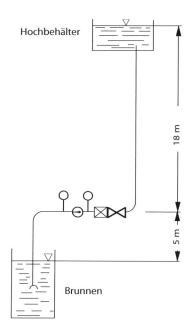

Abbildung 4.10 enthält Anhaltswerte für den Gesamtwirkungsgrad von ausgeführten Pumpen in Abhängigkeit von der spezifischen Drehzahl (Abb. 3.9).

### 3.3.9  Förderhöhen bei verschiedenen Anlagensystemen

Die Förderhöhe einer Pumpe wird auch manometrische Förderhöhe genannt, weil diese mit Manometern an der Pumpe messbar ist. Die Förderhöhe ergibt sich aus:

a)  der geodätischen Förderhöhe $H_{geod.}$, die sich z. B. aus dem Höhenunterschied zwischen dem niedrigstem Wasserstand im Brunnen und dem höchsten Wasserstand im Hochbehälter (siehe Abb. 3.10) ergibt,

b)  dem Druckverlust $\Delta P_R$ in der Saug- und Druckleitung (Rl + Z, siehe Scholz 2012),

c)  dem zu überwindenden Druck $p_{max.}$ in einem Druckbehälter oder Dampfkessel,

d)  dem Geräte- oder Apparatewiderstand $\Delta P_{AW}$ eines Apparates, der in der Saug- oder Druckleitung eingebaut ist.

Die genannten Widerstände und Druckverluste treten in der Vorsorgungstechnik in den verschiedensten Kombinationen auf. Deshalb ist es erforderlich, die Ermittlung von $H_{man}$ an konkreten Beispielen zu zeigen.

**Beispiel 3.1 (offener Kreislauf)**

Eine Kreiselpumpe fördert Wasser aus einem Brunnen in einen Hochbehälter, wie in Abb. 3.10 dargestellt. Der Druckverlust $\Delta P = R \cdot L + Z$ wurde zu 2,4 mWS ermittelt.

*Gesucht*
$H_{man}$

*Lösung*

$$H_{geod.} \text{ aus der Skizze } 5 + 18 = 23 \, \text{mWS}$$

$$H_{man} = \Delta P + H_{geod} = 2,4 + 23 = 25,4 \, \text{mWS oder } 2,54 \, \text{bar}$$

**Beispiel 3.2 (geschlossener Kreislauf)**

*Aufgabenstellung*
Für ein Heizungsrohrnetz ist $H_{man}$ für eine Umwälzpumpe zu bestimmen. Der Druckverlust für die Rohrreibung und für die Überwindung der Einzelwiderstände $\Delta P = R \cdot L + Z$ wurde zu 12.500 Pa ermittelt.

*Lösung*
$H_{man} = 12.500$ Pa bzw. 1,25 mWS.
    Bei einem Heizungsrohrsystem handelt es sich immer um ein geschlossenes System. Der statische Druck wird durch die Systemfüllung $p_{stat} = \rho \cdot g \cdot h$ oder durch den Druck im Membrangefäß immer konstant beibehalten.
    Die Umwälzpumpe hat nur die Fördermenge gegen den Druckverlust im System umzuwälzen (siehe hierzu Abb. 3.11).

**Beispiel 3.3 (offener Kreislauf)**

Eine Kesselspeisepumpe fördert Speisewasser aus einem hochliegenden Speisewassergefäß mit Entgaseraufbau durch einen Vorwärmer in den Dampfkessel. Abbildung 3.12 zeigt das Anlagenschaltschema mit Höhenangaben. Der Betriebsdruck im Speisewassergefäß beträgt 0,15 bar Überdruck. Der maximale Betriebsdruck des Dampfkessels beträgt 16 bar Überdruck und entspricht zugleich dem Ansprechdruck des Sicherheitsventils. Der Widerstand im Speisewasservorwärmer wurde vom Hersteller mit 0,3 bar angegeben.

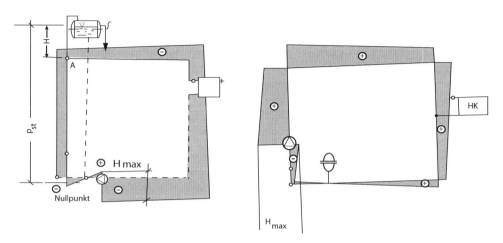

**Abb. 3.11** Druckverteilung $\Delta p = H_{man}$ im Heizungsrohrnetz

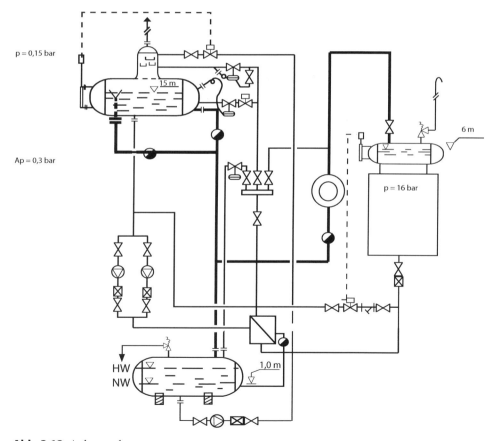

**Abb. 3.12** Anlagenschema

Das Kondensatsammelgefäß wird zur Vermeidung von $O_2$-Aufnahme unter einen Dampfdruck von 0,1 bar Überdruck gehalten.

Der Druckverlust in den Rohrleitungen einschließlich der Einzelwiderstände wurde für die Speisewasserleitungen zu $\Delta p_{sp} = 0,4$ bar und für die Kondensatleitungen zu $\Delta p_{sp} = 0,35$ bar berechnet.

*Gesucht*

a) $H_{man}$ für die Speisewasserpumpen

b) $H_{man}$ für die Kondensatpumpe

*Lösung*

a) $H_{man} = H_{geod.} + H_{VD} + \Delta P_{VW} + \Delta P_{SpL}$

$H_{geod.} = 15\,\text{m} - 6\,\text{m} = 9\,\text{mWS}$ verfügbar

Der Vordruck im Dampferzeuger beträgt 16 bar, dazu ist ein Sicherheitszuschlag von 10% nach TRD zu berücksichtigen.

Vordruck im Speisewassergefäß 0,15 bar = 1,5 mWS verfügbar

$$
\begin{aligned}
H'_{VD} &= 160 + 16 &&= 176\,\text{mWS} \\
H_{VD} &= 176 - 9 - 1,5 &&= 165,5\,\text{mWS} \\
\Delta P_{VW} &= 0,3\,\text{bar} &&= 3\,\text{mWS} \\
\Delta P_{SP} &= 0,4\,\text{bar} &&= 4\,\text{mWS} \\
H_{man} &= 165,5 + 3 + 4 &&= 172,5\,\text{mWS}
\end{aligned}
$$

b) $H_{man} = H_{geod} + H_{VD} + \Delta P_K$

$H_{geod} = 15\,\text{m} - 1\,\text{m} = 14\,\text{mWS}$

$H_{VD} = 0,15\,\text{bar} - 0,1\,\text{bar} = 0,05\,\text{bar} = 0,5\,\text{mWS}$

$\Delta P_K = 0,35\,\text{bar} = 3,5\,\text{mWS}$

$H_{man} = 14 + 0,5 + 3,5 = 18\,\text{mWS}$

---

**Beispiel 3.4 (offener Kreislauf)**

Die Rückkühlwasserpumpen fördern das abgekühlte Wasser aus der Wanne des Kühlturms durch den Kondensator des Kälteaggregats zurück zum Verteilrohr mit Einsprühdüsen in den Kühlturm. Der Druck vor den Sprühdüsen soll $\Delta P_{\text{Düse}} = 0,6$ bar betragen (Abb. 3.13).

Der Druckverlust im Rohrnetz einschließlich der Einzelwiderstände wurde zu $\Delta P_r = 0,6$ bar errechnet. Der Widerstand im Kondensator beträgt beim Druckfluss der erforderlichen Fördermenge $\Delta P_{AW} = 0,4$ bar (weitere Angaben siehe Abb. 3.14).

*Gesucht*

$H_{man}$ für die Auswahl der Pumpe

**Abb. 3.13** Anlagenschaltschema zu Beispiel 3.4

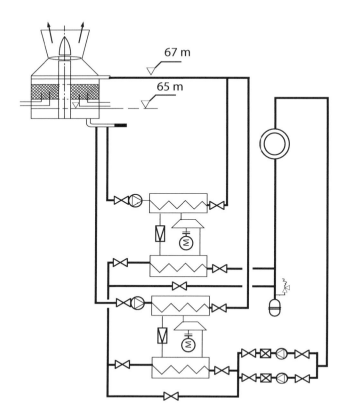

*Lösung*

$$H_{man} = \Delta P_{D\ddot{u}se} + \Delta P_R + \Delta P_{AW} + H_{geod}$$
$$\Delta P_{D\ddot{u}se} = 0{,}5\,\text{bar} = 5\,\text{mWS}$$
$$\Delta P_R = 0{,}6\,\text{bar} = 6\,\text{mWS}$$
$$\Delta P_{AW} = 0{,}4\,\text{bar} = 4\,\text{mWS}$$
$$H_{geod} = 67\,\text{m} - 65\,\text{m} = 2\,\text{mWS}$$
$$\overline{\qquad H_{man} = \underline{17\,\text{mWS}} \qquad}$$

Bei dem vorliegenden Rückkühlwasserkreislauf handelt es sich um eine für Klimaanlagen übliche Ausführung, bei der das Rohrnetz im Winter, wenn kein Kältebedarf
ansteht, entleert wird.

Der Kältewasserkreislauf ist ein geschlossener Kreislauf. $H_{man}$ entspricht dem
Druckverlust im Rohrsystem einschließlich der Einzelwiderstände wie bei einem
geschlossenen Heizungssystem. Im vorliegenden Fall ist jedoch zu beachten, dass
die Verdampfer in Reihe geschaltet sind und der Widerstand $\Delta P_{AW}$ von beiden
Verdampfern zu berücksichtigen ist:

$$H_{man} = \Delta P_R + \Delta P_{AW_1} + \Delta P_{AW2}.$$

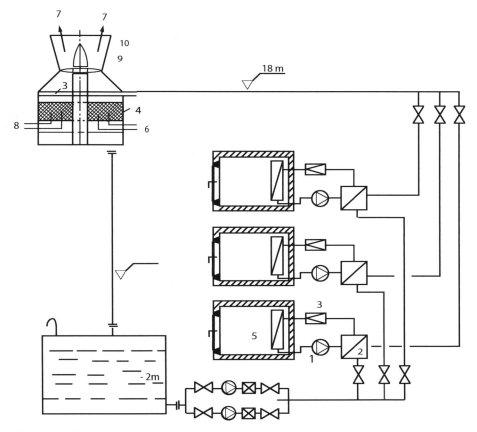

**Abb. 3.14** Anlagenschaltschema zu Beispiel 3.5

### Beispiel 3.5 (offener Kreislauf)

Für die Rückkühlwasserpumpen eines Kreislaufes mit tiefliegendem, frostfrei aufgestelltem Sammelbehälter ist die manometrische Förderhöhe zu ermitteln. Der Druckverlust in den Hauptleitungen zwischen Sammelbehälter und Vorlaufverteiler und zwischen Sammler und Kühlturm wurde zu $\Delta P_{R1} = 0,5$ bar ermittelt. Der Druckverlust für den ungünstigsten Anschluss zwischen Verteiler und Sammler wurde zu $\Delta P_{R2} = 0,25$ bar errechnet. Der Apparatewiderstand des Kondensators mit dem größten Massenstrom liegt im Anschluss mit der größten Leitungslänge und beträgt nach Herstellerangaben $\Delta P_{AW} = 0,15$ bar $= 0{,}15$ bar. Weitere Angaben enthält Abb. 3.14. Der Düsenvordruck beträgt wie vorher 0,5 bar.

*Lösung*

Bei der Ermittlung von $H_{man}$ ist zu beachten, dass die Widerstände in den Kondensatoren und deren Anschlussleitungen parallel geschaltet sind, und deshalb ist nur die größere Summe der Widerstände, also die des ungünstigsten Verbrauchers einzusetzen. Bei den anderen Verbrauchern ist der Massenstrom entsprechend einzuregulieren.

$$H_{man} = H_{geod} + \Delta P_{R_1} + \Delta P_{R_2} + \Delta P_{AW} + \Delta P_{Düse}$$

$H_{geod.} = 18\,\text{m} - (-2\,\text{m}) = 20\,\text{mWS}$

$\Delta P_{R_1} = 0{,}5\,\text{bar} = 5\,\text{mWS}$      in der Saug − und Druckleitung

$\Delta P_{R_2} = 0{,}25\,\text{bar} = 2{,}5\,\text{mWS}$      im Rohrnetz zwischen den

                                     Verteilern und einem Kondensator

$\Delta P_{AW} = 0{,}15\,\text{bar} = 1{,}5\,\text{mWS}$      im Kondensator

$\Delta P_{Düse} = 0{,}5\,\text{bar} = 5\,\text{mWS}$      Düsenvordruck im KT

$$H_{man} = \underline{34\,\text{mWS}}$$

Der Kältemittelkreislauf wird hier nicht behandelt.

**Beispiel 3.6**

Für die in Abb. 3.15 dargestellten Rohrnetze für Rückkühlwasser und Kältewasser sind für die Pumpen (2), (3), (4) und (5) die erforderlichen Förderhöhen $H_{man}$ zu ermitteln. Es handelt sich um eine Großkälteanlage, die ganzjährig zur Kälteversorgung von Klimaanlagen in Rechenzentren, Versuchs- und Messräumen in Betrieb ist. Die Kühltürme sind mit einem Röhren-Wärmeaustauscher, der von einem geschlossenen Primärsystem durchgeströmt wird, ausgerüstet. Zur Wärmeabführung ist ein Sekundärkreislauf vorgesehen, dessen Pumpe in der Kühlturmwanne installiert ist. Die Pumpe des Sekundärkreislaufs entnimmt das Wasser aus der Kühlturmwanne und versprüht es über ein Düsensystem oberhalb des Röhrenwärmeaustauschers (offenes System).

Das dabei verdunstete Wasser wird durch aufbereitetes Wasser ersetzt. Die Fördermenge der Kältewasserpumpen ist vom Verbrauch abhängig. Die Kältewasserpumpen (5) werden deshalb drehzahlgeregelt betrieben, während die Maschinenpumpen (4) die Fördermenge über dem Verdampfer zur Vermeidung von Vereisungen konstant halten. Die Kältemaschinen werden je nach Kältebedarf einschließlich der Maschinenumwälzpumpe (4) in Betrieb geschaltet und bei Abnahme des Kältebedarfs auch wieder ausgeschaltet. Zur Zu- und Abschaltung dient die Messblende (6). Sie wird in

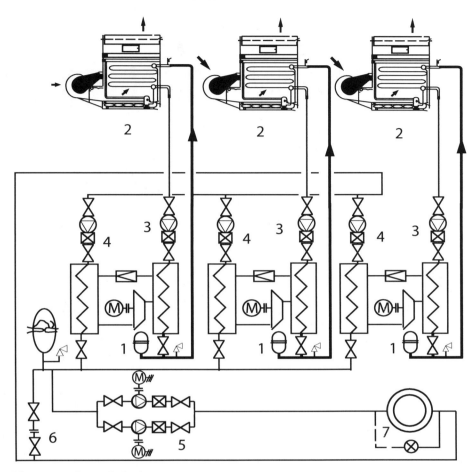

**Abb. 3.15** Anlagenschaltschema

beiden Richtungen durchströmt, ihr Widerstand muss deshalb einmal von der Maschinenumwälzpumpe (4) und einmal von der Kältenetzumwälzpumpe (5) erbracht werden.

*Gegeben*

a) Angaben für den Sekundärkreislauf im Kühlturm
Der Druckverlust für Rohrreibung einschließlich der Einzelwiderstände für das Sekundärsystem im Kühlturm beträgt 0,15 bar. Der Höhenunterschied zwischen niedrigstem Wasserstand und Düsenverteilsystem beträgt 2 m. Der erforderliche Vordruck vor den Düsen wird mit 1 bar angegeben.

b) Angaben für den Rückkühlkreislauf
Der Druckverlust im Rückkühlkreislauf einschließlich der Einzelwiderstände wurde zu 0,4 bar berechnet. Der Widerstand im Röhrenwärmeaustauscher wurde

vom Hersteller mit 0,3 bar angegeben. Der Widerstand im Kondensator der Kältemaschine wurde vom Lieferanten mit 0,35 bar genannt.

c) Angaben für den Verdampfer und die Anschlussleitungen mit Armaturen
Der Druckverlust für die Rohrleitungen einschließlich der Armaturen zwischen den Hauptleitungen wurde zu 0,15 bar berechnet. Der Druckflusswiderstand des Verdampfers wurde vom Lieferanten mit 0,4 bar angegeben.
Der Druckflusswiderstand der Messblende wird für beide Richtungen mit 0 bis 0,2 bar je nach Durchflussmenge angegeben.

d) Angaben für den Kältewasserkreislauf
Der Druckverlust zwischen den Maschinenanschlussleitungen am Verteilrohr und dem ungünstigsten Kälteverbraucher wurde zu 2,5 bar berechnet. Die Anlagenschaltung zeigt Abb. 3.15.

*Lösung*

a) *offenerKreislauf*

$$H_{man} = H_{geod} + \Delta P_R + \Delta P_{Düse}$$
$$H_{geod} = 2 \text{ mWS}$$
$$\Delta P_R = 0{,}15 \text{ bar} = 1{,}5 \text{ mWS}$$
$$\Delta P_{Düse} = 1{,}0 \text{ bar} = 10 \text{ mWS}$$
$$\underline{H_{man} = 13{,}5 \text{ mWS}}$$

b) *geschlossenerKreislauf*

$$H_{man} = \Delta P_R + \Delta P_{AW} + \Delta P_K$$
$$\Delta P_R = 0{,}4 \text{ bar} = 4 \text{ mWS}$$
$$\Delta P_{AW} = 0{,}3 \text{ bar} = 3 \text{ mWS}$$
$$\underline{\Delta P_K = 0{,}35 \text{ bar} + 3{,}5 \text{ mWS}}$$
$$\underline{H_{man} = 13{,}5 \text{ mWS}}$$

c) *geschlossenerKreislauf*

$$H_{man} = \Delta P_R + \Delta P_{AW} + \Delta P_{MB}$$
$$\Delta P_R = 0{,}15 \text{ bar} = 1{,}5 \text{ mWS}$$
$$\Delta P_{AW} = 0{,}4 \text{ bar} = 4{,}0 \text{ mWS}$$
$$\underline{\Delta P_{MB} = 0{,}2 \text{ bar} = 2{,}0 \text{ mWS}}$$
$$\underline{H_{man} = 7{,}5 \text{ mWS}}$$

d) *geschlossenerKreislauf*

$$H_{man} = \Delta P_R + \Delta P_{MB}$$
$$\Delta P_R = 2{,}5 \text{ bar} = 25 \text{ mWS}$$
$$\underline{\Delta P_{MB} = 0{,}2 \text{ bar} = 2{,}0 \text{ mWS}}$$
$$\underline{H_{man} = 27 \text{ mWS}}$$

$\Delta P_R$ beinhaltet auch den geforderten Vordruck, der für die Kühlregister in den verschiedenen Klimaanlagen und für Rohrnetze in der Klimazentrale erforderlich ist.

## 3.3.10   Diskussion der Beispielergebnisse

Mit den Beispielen 3.1 bis 3.6 wurden ein Teil der im Anlagenbau vorkommenden Anlagensysteme und die dafür erforderliche Vorgehensweise bei der Ermittlung von $H_{man}$ aufgezeigt.

Jedes Anlagensystem erfordert eine eigene Untersuchung und dabei sind die technischen Regeln, spezielle Schaltungen und Betriebsanforderungen zu beachten.

Bei der Förderung aus einem Behälter muss der niedrigste Wasserstand NW und bei der Förderung in einem Hochbehälter der höchste Wasserstand HW zur Ermittlung der geodätischen Förderhöhe eingesetzt werden.

Wenn aus oder in einem Behälter mit einem Druckgaspolster gefördert wird, muss ebenfalls der niedrigste und auf der Druckseite der maximal mögliche Druck eingesetzt werden. Der in den Beispielen vorgegebene Apparatewiderstand ist von der Fördermenge bzw. von der Strömungsgeschwindigkeit abhängig und sowohl für Einzelwiderstände als auch für die betreffende Fördermenge beim Hersteller des Apparats oder der Armatur anzufragen. Die Widerstände einer Regeleinrichtung sind für die Sollfördermenge aus der Kennlinie des Reglers zu entnehmen. Filterwiderstände und Widerstände von Schmutzfängern sind von der Fördermenge und vom Betriebszustand abhängig und sollten mit Differenzdruckmeldegeräten überwacht werden. Die geodätische Förder-höhe ist nur im offenen System als Förderhöhe hinzuzurechnen.

In offenen Kreisläufen ist die Dichte des Fördermediums, die wiederum von der Temperatur abhängig ist, zu beachten.

Die Temperatur des Fördermediums und der Luftdruck bei offenen Behältern haben einen großen Einfluss auf die zulässige Saughöhe und die Anordnung einer Pumpe im Anlagensystem.

Diese Einflussgrößen und die zulässige Saughöhe werden im folgenden Abschnitt behandelt.

## 3.3.11   Zulässige Saughöhen bei verschiedenen Anlagensystemen und Betriebsbedingungen

### 3.3.11.1   Kavitation bei Kreiselpumpen

Wird in einer Flüssigkeit der zur jeweiligen Flüssigkeitstemperatur gehörende Sattdampfdruck unterschritten, dann tritt Verdampfung ein. Es bilden sich dampferfüllte Hohlräume. Diese Erscheinung nennt man Kavitation. Die gefährdeten Stellen sind diejenigen, an denen Druckenergie in Geschwindigkeitsenergie umgewandelt wird. Bei Kreiselpumpen sind dies die Laufradkanäle. Tritt z. B. an den Eintrittskanten der Laufschaufeln Kavitation auf, dann entstehen infolge der Dampfbläschenbildung eine Verengung des Durchflussquerschnittes und eine Verminderung der Förderleistung. Da die Dampfbläschen jedoch in Strömungsrichtung sofort in die Gebiete höheren Druckes gelangen (Zunahme der Druckenergie im Laufrad), kondensieren sie wieder.

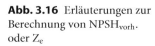

**Abb. 3.16**  Erläuterungen zur Berechnung von NPSH$_{vorh}$. oder $Z_e$

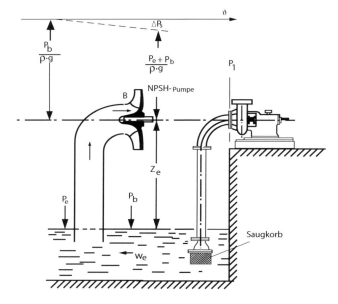

Bei dieser Kondensation stürzen die Hohlräume plötzlich zusammen, wodurch laute Geräusche entstehen, die bis zu den stärksten Schlägen führen können. Das Kondensieren der Dampfbläschen zu Flüssigkeitströpfchen kann mit Überschallgeschwindigkeiten geschehen. Durch den unelastischen Zusammenprall mit den Laufrad- bzw. Schaufelwänden wird der Werkstoff zerstört. Besteht z. B. ein Laufrad aus Gusseisen, dann werden zunächst die Graphitlamellen herausgespült und dann wird das andere Gefüge angegriffen. Bei starker Kavitation können in wenigen Stunden Laufräder und Lager der Pumpen zerstört werden. Am sichersten wird die Kavitation durch Einhaltung der zulässigen Saughöhe vermieden. Kavitationsgefahr besteht vor allem bei Heißwasserpumpen und da wiederum bei Pumpen mit hohen spezifischen Drehzahlen.

### 3.3.11.2  Berechnung der zulässigen Saughöhe oder der erforderlichen Zulaufhöhe

Die Druckabsenkung im Laufradeinritt der Pumpe erzeugt den Unterdruck, so dass das Fördermedium der Pumpe zuläuft, es wird angesaugt. Aber bereits im Laufrad wird auch durch die Fliehkraft wieder Druck erzeugt. Der Ort mit dem niedrigsten statischen Druck befindet sich am Laufradeintritt (B) (siehe Abb. 3.16). Wenn in diesem gefährdeten Bereich der Druck bis auf den zur Temperatur des Mediums gehörenden Siede- oder Dampfdruck $P_D$ abgesenkt wird, tritt Dampfbildung, also Kavitation auf. Damit diese mit Sicherheit vermieden wird, fordert der Pumpenhersteller am Eintrittsflansch ($P_1$), also an seiner Liefergrenze einen bestimmten Haltedruck (siehe Abb. 3.17). Bei waagerechter Aufstellung der Pumpe ist die Eintrittsflanschmitte auch gleich Mitte der Pumpenwelle, und der Haltedruck wird auf die Pumpenwelle bezogen. Für den Haltedruck wurde die Bezeichnung

**Abb. 3.17** Bezugspunkt im Laufradschnitt bei nicht horizontaler Wellenanordnung

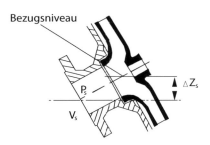

NPSH international eingeführt und genormt. Die Abkürzung steht für „Net Positiv Suction Head". Man unterscheidet zwischen dem für die Pumpe erforderlichen Haltedruck $NPSH_{Pumpe}$ und dem Haltedruck $NPSH_{vorhanden} = NPSH\text{-Anlage}$. Der für die Pumpe erforderliche, $NPSH_{Pumpe}$ genannte Haltedruck wird vom Pumpenhersteller durch Berechnung oder Versuch ermittelt. Aber auch Berechnungsformeln sind hierfür bekannt. Der Wert nimmt mit der Schnellläufigkeit der Pumpe zu. Für Pumpen mit Fördermengen zwischen 0,1 und 1,0 m³/s und $n = 10$ bis $50 \, s^{-1}$ gilt nach Pfleiderer $NPSH_{erf.} = 0,3$ bis $0,5 \cdot n \cdot V^{0,5}$ in m, dabei ist n in $s^{-1}$ und V in m³/s einzusetzen. Der genaue Wert ist jedoch vom Pumpenhersteller anzugeben bzw. zu erfragen oder einem vollständigen Kennlinienfeld wie in Abb. 3.18 zu entnehmen. Der Pumpenhersteller garantiert die Funktion seiner Pumpe nur dann, wenn der Anlagenhersteller den geforderten Haltedruck am Einbauort eingehalten hat.

In der angelsächsischen und zum Teil auch in der deutschen Fachliteratur wird für die Ermittlung von NPSH-Werten statt der Mitte des Saugstutzens der Mittelpunkt eines ebenen, zur Mittellinie senkrechten Laufradschnittes durch die äußeren Punkte der Eintrittskante zum Bezugspunkt gewählt (siehe Abb. 3.17). Die Werte unterscheiden sich deshalb nur um die geringe Höhendifferenz $-\Delta Z_s$. Bei waagerechter Wellenlage besteht kein Unterschied.

Es gilt die Bedingung:

$$NPSH\text{-Anlage oder } NPSH_{vorh.} \geq NPSH\text{-Pumpe}.$$

Die NPSH-Anlage ist vom Anlagenplaner oder Anlagenhersteller zu berechnen. und bei der Ausführung einzuhalten. Es ist:

$$NPSH_{Anlage} = \frac{P_F + P_B - P_S}{\rho \cdot g} - \frac{w_s^2}{2\,g} = \Delta Z - \Delta P_s (mWs), \tag{3.21}$$

darin ist:

$P_F =$ Fremddruck auf den Wasserspiegel in einem geschlossenen Gefäß, aus dem die Pumpe das Fördermedium ansaugt in Pa

$P_B =$ Luftdruck oder Barometerdruck, der in einem offenen Gefäß auf den Wasserspiegel wirkt in Pa

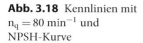

**Abb. 3.18** Kennlinien mit
$n_q = 80 \ \text{min}^{-1}$ und
NPSH-Kurve

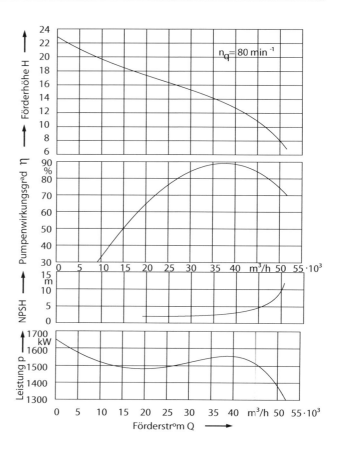

$P_S$ = Sattdampfdruck des Fördermediums bei der vorhandenen Temperatur des Fördermediums in Pa

$\rho$ = Dichte des Fördermediums bei der vorhandenen Temperatur in kg/m³

g = Erdbeschleunigung =9,81 N

$w_s$ = Strömungsgeschwindigkeit im Saugrohr in m/s (w im Erdreich oder Behälter in der Regel = 0)

$\Delta Z$ = Wellenabstand vom Bezugspunkt in m, bei waagerechter Anordnung der Pumpenwelle ist $\Delta Z$ =0

$\Delta P_S$ = Druckverlust in der Saugleitung in Pa

Mit Gl. 3.21 kann der totale Druck am Anschlussflansch der Pumpe berechnet werden. Dieser Druck herrscht aber nicht am Eintritt in das Laufrad, sondern im Laufrad und im Pumpenkanal entsteht eine weitere Druckabsenkung durch die Beschleunigung im Laufrad und durch Reibung im Ansaugkanal der Pumpe. Dieser Druckverlust muss durch den Haltedruck der NPSH-Pumpe zur Verfügung gestellt werden. Üblich ist dann noch ein Sicherheitszuschlag von ca. 0,5 bis 1 m Flüssigkeitssäule, so dass die zulässige Saughöhe

**Tab. 3.1** Luftdruck in Abhängigkeit von der Ortshöhe

| Ortshöhe | Mittlerer Luftdruck | |
|---|---|---|
| M | Torr mittlere Werte | (N/m$^2$) |
| 0 | 760 | 101.300 |
| 100 | 751 | 100.100 |
| 200 | 742 | 98.900 |
| 300 | 733 | 97.700 |
| 400 | 724 | 96.500 |
| 500 | 716 | 95.400 |
| 600 | 707 | 94.200 |
| 700 | 699 | 93.200 |
| 800 | 691 | 92.100 |
| 900 | 682 | 90.900 |
| 1.000 | 674 | 89.900 |
| 2.000 | 596 | 79.400 |

oder die erforderliche Zulaufhöhe sich wie folgt zusammensetzt:

$$Z_e = NPSH_{Anlage} + NPSH_{Pumpe} + S (mWs). \tag{3.22}$$

Zur Anwendung der Gln. 3.21 und 3.22 werden nachstehend praktische Beispiele aus der Versorgungstechnik und dem Anlagenbau durchgeführt. Hierzu werden Tab. 2.3 und 3.1 benötigt.

Wenn $Z_e$ einen positiven Wert ergibt, dann muss die Pumpe mindestens um diesen Betrag unterhalb des niedrigsten Flüssigkeitsspiegels aufgestellt werden.

### Beispiel 3.7

Für die Förderung von Trinkwasser wurde ein Brunnen gebohrt und in einer Tiefe von 10 m wurden ausreichend Wasser und eine wasserführende Kiesschicht gefunden. Der Pumpversuch zeigte, dass die Quelle ausreichend ist, und der Dauerpumpversuch ergab bei der benötigten Fördermenge eine Spiegelabsenkung von 0,4 m. Geplant ist eine Ausführung des Brunnenkopfes nach der Skizze Abb. 3.19 mit einer Raumhöhe von 5 m. Die Pumpenwelle befindet sich ca. 0,8 m über dem Fußboden. Die Temperatur des Grundwassers beträgt ganzjährig ca. 10 °C. Die Ortshöhe liegt 300 m über NN. Der Druckverlust $\Delta P_S$ in der Saugleitung und im Saugkorb mit Rückschlagklappe wurde zu 6.920 Pa $\approx$ 0,7 mWS errechnet.

*Gesucht*
Es ist zu prüfen, ob die vorhandene Saughöhe zulässig ist.

**Abb. 3.19** Skizze der
vorgesehenen Ausführung der
Brunnenanlage

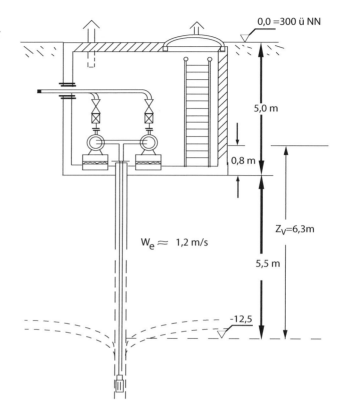

*Lösung*
$NSPH_{vorhanden}$, errechnet sich nach Gl. 3.21 mit

$Z_{e,vorh}$ = 5,5+0,8=−6,3 m aus der Skizze
$\Delta P_S$ = 0,7 m aus der Aufgabenstellung
$\Delta Z_s$ = 0 weil die Pumpenwelle waagrecht installiert ist
$P_F$ = 0,0 N/m² für eine offene Wasserfläche, kein Fremddruck
$P_B$ = 97.700 N/m² bei 300 m ü NN nach Tab. 3.1
$P_S$ = 1.228 N/m² bei 10 °C nach Tab. 2.3 oder aus der Dampftafel
$w_e$ = 1,2 m/s ist vernachlässigbar
$\rho$ = 999,7 kg/m³ nach Tab. 2.3

Damit wird nach Gl. 3.21

$$NSPH_{Anlage} = \frac{97.700 - 1.228}{999,7 \cdot 9,81} - \frac{1,44}{19,62} - 0,7 = 9,06 \, \text{mWS}$$

und nach Gl. 3.22 mit $\rho$ = 0,8 mWS

$$NSPH_{Pumpe} = 9,06 - Z_e - S = 9,06 - 6,3 - 1 = 1,76 \, \text{mWS}.$$

Die Pumpe ist für ein NSPH von 1,76 mWS auszuwählen und zu bestellen.

**Abb. 3.20** Einbauskizze für Kesselspeisewasserpumpe zu Beispiel 3.8

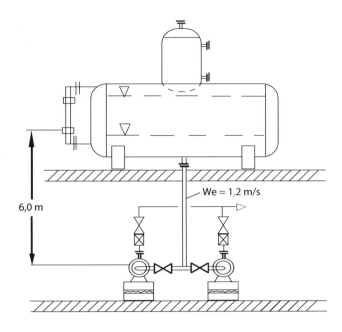

---

Es sollen die Kesselspeisewasserpumpen aufbereitetes und thermisch entgastes Wasser aus dem Speisewassergefäß in die Dampferzeuger fördern. Die Pumpen werden nach Abb. 3.20 aufgestellt.

Die Wassertemperatur im Speisewasserbehälter beträgt $\phi \approx 105\,°C$, entsprechend dem Dampfdruck von 0,2 bar Überdruck, der im Entgaser und Dampfraum des Speicherbehälters vorhanden ist. Die ausgewählte Speisewasserpumpe wird mit einem $NSPH_{erf.} = 3,5\,m$ vom Hersteller, wie im Kennlinienfeld dargestellt, angeboten. Es ist zu überprüfen, ob die vorgesehene Zulaufhöhe (zulässige Saughöhe) ausreicht. Der Druckverlust in der Saugleitung wurde zu $\Delta P_s = 2,4$ mWS einschließlich der Einzelwiderstände für Armaturen und Formstücke berechnet. Der Einbauort liegt 200 m über NN.

*Lösung*

| | |
|---|---|
| $P_B$ | $= 98.900\,N/m^2$ aus Tab. 3.1 aber nicht wirksam, da geschlossener Behälter mit Überdruck |
| $P_S$ | $= 1,2\,bar = 120.000\,N/m^2$ für 105 °C |
| $\rho$ | $= 955\,kg/m^3$ kann aus Tab. 2.3 entnommen werden |
| $w_e$ | $= 1,2\,m/s$ ist vernachlässigbar |
| $NSPH_{erf.}$ | $= 3,5\,m$ aus der Aufgabenstellung |
| $\Delta P_S$ | $= 1,4\,m$ aus der Aufgabenstellung |

Es handelt sich um einen geschlossenen Behälter. Der Barometerdruck ist nicht wirksam. Ein Fremddruck ist nicht vorhanden. Es wirkt der Dampfdruck von 1,2 bar, der aber gleich dem Sattdampfdruck des Fördermediums ist. Die erforderliche Zulaufhöhe ergibt sich aus:

$$
\begin{aligned}
-1,44/19,62 &= -0,07 \quad \text{mWS} \\
\text{NPSH}_{\text{Pumpe}} &= -3,5 \quad \text{mWS} \\
\Delta P &= -1,4 \quad \text{mWS} \\
S &= -1,0 \quad \text{mWS} \\
\hline
Z_e &= -5,97 \quad \text{mWS}
\end{aligned}
$$

Wenn $\text{NPSH}_{\text{Pumpe}}$ für eine Mediumtemperatur von 15 °C angegeben wurde, muss diese noch umgerechnet werden:

$$
NPSH_{105} = \frac{NPSH_{15} \cdot 1.000}{955} = 1,466 \; m.
$$

Die erforderliche Zulaufhöhe ergibt sich dann zu $Z_e = -6,035$ mWS $\approx -6$ mWS. Die in der Aufstellungsskizze vorgesehene Zulaufhöhe von 8 m zwischen niedrigstem Wasserstand NW im Speisewasserbehälter und Mitte Saugflansch oder Pumpenwelle ist ausreichend.

## Beispiel 3.9

Eine Kesselspeisewasserpumpe (B) für ein Kraftwerk fördert Speisewasser von 180 °C aus dem Mischkondensator nach Abb. 3.22. Im Zwischenkondensator entspricht der Druck dem Sattdampfdruck zu 180 °C, der der Dampftafel mit $\approx 10$ bar Überdruck entnommen werden kann.

Die Höhenlage des Kraftwerks befindet sich 100 m über NN. Der Druckverlust in der Saugleitung wurde einschließlich der Einzelwiderstände zu 1,4 m Flüssigkeitssäule errechnet. Es ist die maximal zulässige Saughöhe für die Pumpe zu berechnen, wenn $\text{NPSH}_p$ vom Hersteller mit 2,5 m benannt wurde (Abb. 3.21).

*Lösung*

$$
\begin{aligned}
P_B &\approx 100.000 \; \text{N/m}^2 \text{ aus Tab. 3.1 nicht wirksam} \\
P_F &= 1.000.000 \; \text{N/m}^2 \text{ aus der Sattdampftafel} \\
P_S &= 1.000.000 \; \text{N/m}^2 \text{ aus der Sattdampftafel} \\
\text{Dichte } \rho &= 886,9 \; \text{kg/m}^3 \text{ aus Tab. 2.3} \\
w_e &\approx 1 \; \text{m/s vernachlässigbar} \\
\Delta P_S &= 1,4 \; \text{m aus der Aufgabenstellung} \\
\text{NPSH}_{\text{erf.}} &= 2,5 \text{ aus der Aufgabenstellung}
\end{aligned}
$$

Es handelt sich auch hier wieder um einen Behälter, der unter Überdruck steht und als geschlossener Behälter zu betrachten ist, bei dem nur der Überdruck im Behälter auf

**Abb. 3.21** Einbau der
Speisewasserpumpe für
regenerative
Speisewasservorwärmung

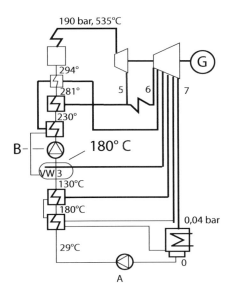

die Oberfläche des Speisewasserspiegels wirkt. Es sind $P_F = P_S$ und $P_B$ nicht wirksam:

$$\text{NPSH-Anlage} = -\frac{1}{19{,}62} = 0{,}05 \text{ mWS}$$

und

$$Z_e = -0{,}05 - \text{NPSH}_{\text{Pumpe}} - \Delta P_S - \rho$$

$$= -0{,}05 - 2{,}5 - 1{,}4 - 1 = -3{,}95 \text{ mWS}.$$

Die Kesselspeisepumpe ist mit einer Zulaufhöhe von 4 m aufzustellen.

---

**Beispiel 3.10**

Eine Kondensatrückspeiseanlage besteht aus dem Sammelbehälter mit offenem Wrasenabzugsrohr und Kondensatpumpe und ist nach Abb. 3.22 geschaltet und installiert. Bei der Kondensatpumpe handelt es sich um einen Langsamläufer mit $\text{NPSH}_{\text{erf.}}$ 1,5 m. Der Druckverlust in der Saugleitung wurde einschließlich der Einzelwiderstände zu 1,4 mWS berechnet. Die Strömungsgeschwindigkeit in der Saugleitung beträgt 2,0 m/s. Die maximale Kondensattemperatur beträgt 90 °C. Die Anlage ist 1.000 m über NN installiert. Es ist die maximal zulässige Saughöhe zu berechnen.

*Lösung*

| | | |
|---|---|---|
| $P_B$ | = 89.900 N/m$^2$ nach Tab. 3.1 | |
| $P_F$ | = 0 kein Dampfpolster vorhanden | |
| $P_S$ | = 70.110 N/m$^3$ Kondensat von 90 °C | |
| $\rho$ | = 965,3 kg/m$^3$ Dichte aus Tab. 2.3 | |

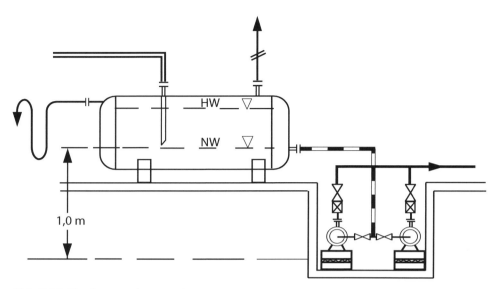

**Abb. 3.22** Kondensatrückspeiseanlage

$w_e$      = 2,0 m/s aus der Aufgabenstellung
$\Delta P_s$     = 1,4 mWS aus der Aufgabenstellung
$NSPH_P$ = 1,5 mWS aus der Aufgabenstellung

Der Kondensatbehälter ist über die Wrasenleitung mit der Atmosphäre verbunden, $P_B$ ist wirksam:

$$NPSH_{Anlage} = \frac{89.900 - 70.110}{965,3 \cdot 9,81} - \frac{4}{19,62} - 0,4 - 1,5$$
$$= 2,09 - 0,2 - 0,4 - 1,5 = 0,01 \; mWS.$$

Die in der Aufstellungsskizze vorgesehene Zulaufhöhe von 1 m ist mit einem ausreichenden Sicherheitszuschlag richtig gewählt.

In Schulz (1977) wird als Richtwert die zulässige Saughöhe für Wasser in Abhängigkeit von der Wassertemperatur angegeben (siehe Abb. 3.23).

Die aus Abb. 3.23 ablesbaren Saughöhen bzw. Zulaufhöhen (für Werte kleiner „0") enthalten einen ausreichenden Sicherheitszuschlag, so dass für die daraus entnommenen Saughöhen und Zulaufhöhen immer Pumpen mit $NSPH_{erf.}$ zu bekommen sind.

Spezielle Kondensatpumpen werden mit geringen Drehzahlen betrieben und wurden für einen geringen $NSPH_{erf.}$ konstruiert. Diese Pumpen haben einen ungestörten Zulauf und ausreichend große Zulauföffnungen zum Laufrad. Die Kondensatpumpen werden als stehende Tauchpumpen in Kondensatbehälter eingebaut und können einschließlich des Antriebsmotors und der Welle zur Reparatur aus dem Behälter gezogen werden. Für den störungsfreien Betrieb einer so ausgeführten Kondensatrückspeiseanlage (siehe

**Abb. 3.23** Die höchst erreichbare Saughöhe einer Kreiselpumpe mit geringer Schnellläufigkeit im Betriebspunkt besten Wirkungsgrades in Abhängigkeit von der Wassertemperatur

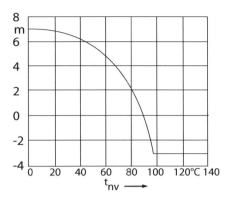

Abb. 3.24) ist es erforderlich, dass der „niedrigste Wasserstand" so eingestellt ist, dass der geforderte NSPH-Wert der Pumpe nicht unterschritten werden kann. Der NW muss auch durch eine Festeinstellung oder festangebrachte Marke gekennzeichnet sein. Die Laufräder von Kondensatpumpen werden aus Edelstahl oder Grauguss ausgeführt.

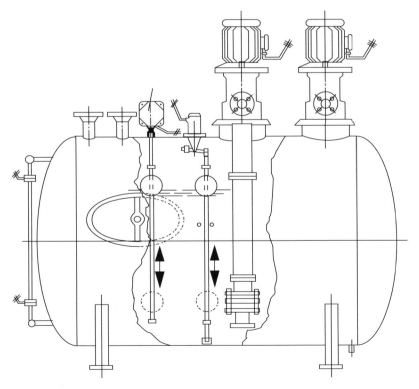

**Abb. 3.24** Kondensatsammelbehälter mit Pumpen

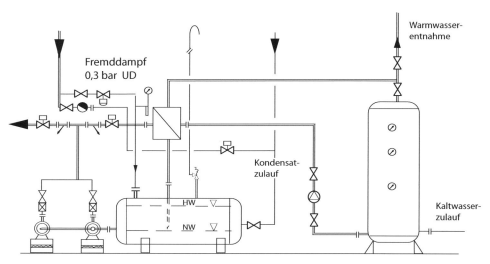

**Abb. 3.25** Kondensatsammel- und Wärmerückgewinnungsanlage

Wie Kavitation bei Kondensatförderpumpen vermieden werden kann, zeigt auch das folgende Beispiel.

**Beispiel 3.11**

Das Kondensat von Wäschereieinrichtungen und aus der thermischen Desinfektion eines Krankenhauses wird in einem Niederdruck-Kondensatgefäß gesammelt und von einer Umwälzpumpe durch einen Kondensatkühler zurück in das Kondensatsammelgefäß gepumpt. Das Kondensat wird dabei auf ca. 90 °C gekühlt und beim Erreichen des höchsten Wasserstandes „HW" durch Umschaltung der Motorventile zum Speisewassersammelgefäß gefördert. Der Druck im Dampfraum des Kondensatgefäßes wird mit Fremddampf und über ein Dampfreduzierventil auf 0,3 bar Überdruck konstant gehalten. Als Kondensatableiter werden Stufendüsen-Kondensat-Ableiter installiert, die nur Kondensat von 105 bis 110 °C ableiten. Das Kondensatgefäß ist mit einem Sicherheitsventil ausgerüstet, das bei einem Überdruck von mehr als 0,5 bar anspricht (siehe Abb. 3.25).

Mit der aus dem Kondensat entnommenen Wärme wird Gebrauchswarmwasser für die Wäscherei und das Krankenhaus aufgeheizt. Damit ist sichergestellt, dass die anfallende überschüssige Kondensatwärme zu jeder Tages- und Nachtzeit verbraucht und gespeichert wird. Die Anlage befindet sich auf NN = 1.000 m. Der Druckverlust in der Saugleitung wurde einschließlich der Einzelwiderstände zu 5.000 Pa berechnet.

Die Umwälzpumpen werden für ein $NSPH_{erf.}$ von 1,4 m bestellt. Es ist die zulässige Saughöhe zu berechnen.

*Lösung*

Gegeben ist der Fremddruck von 0,3 bar Überdruck = 130.000 Pa. Der Luftdruck ist niedriger und kommt bei dem geschlossenen Gefäß mit Fremddruck nicht zur Wirkung,

$$P_F \qquad = 130.000 \, \text{N/m}^2$$
$$P_S \qquad = 70.110 \, \text{N/m}^2$$
$$\rho \qquad = 965,2 \, \text{Kg/m}^3$$
$$NPSH_{Pumpe} = 1,4 \, \text{mWS}$$
$$\Delta P_S \qquad = 0,5 \, \text{mWS}$$
$$w_e \qquad = 1,0 \, \text{m/s}$$

Damit wird:

$$NPSH_{Anlage} = \frac{130.000 - 70.110}{965,2 \cdot 9,81} - \frac{1}{19,62} - 0,5$$

$$= 6,33 - 0,05 - 0,5 = 5,78 \, mWS$$

$$Z_e = NPSH_{Anlage} - NPSH_{Pumpe} - S$$

$$= 5,78 - 1,4 - 1 = 3,38 \, \text{mWS}.$$

Der Fremddruck bewirkt eine zulässige Saughöhe von ca. 3,48 m. Die Pumpen könnten bei Bedarf bis 3,5 m über dem NW zur Aufstellung kommen. Der Fremddruck könnte auch von einem Stickstoffgas-oder Druckluftpolster erzeugt werden. Fremddruck aus Wasserdampf hat jedoch den Vorteil, dass bei steigendem Wasserstand im Behälter, der zu einem Druckanstieg führt, der Dampf kondensiert und nicht über das Sicherheitsventil abgeblasen wird, wie es beim Stickstoff- oder Druckluftpolster der Fall ist (siehe hierzu auch die Beispiele in Kap. 2).

Wenn in einem mit Stickstoff oder Druckluft beaufschlagten Kondensatsammelgefäß größere Füllstandschwankungen auftreten, dann ist das immer mit Druckschwankungen und Gasverlusten verbunden. Bei einen Druckluftpolster wird vom abkühlenden Kondensat auch noch Sauerstoff oder Kohlenstoff aus der Luft absorbiert. Das Kondensat muss dann zur Vermeidung von Korrosionen entgast werden.

### 3.3.11.3 Diskussion der Ergebnisse

Mit den Bespielen 3.7 bis 3.11 wurde gezeigt, dass die Art einer Anlage und die an sie gestellten Betriebsbedingungen sowie der Aufstellungsort einen großen Einfluss auf die erforderliche Zulaufhöhe oder zulässige Saughöhe haben. Ob eine Zulaufhöhe erforderlich oder eine Saughöhe noch zulässig ist, ist insbesondere von der Temperatur des Fördermediums und von dem wirksamen Druck über der Flüssigkeitsoberfläche abhängig.

Als Fremddruck wird der Druck über dem höchsten Wasserstand bezeichnet, wenn dieser aus Druckluft, Stickstoff ($N_2$-Druckpolster) oder auch aus anderen Gasen oder Dämpfen besteht. Wasserdampf wird dann als Fremddruck bezeichnet, wenn dieser von außen in das Ausdehnungsgefäß über einen Druckregler zugeführt wird und nicht durch Beheizung und Verdampfung aus dem Wasser im Ausdehnungsgefäß entsteht.

Wasserdampf, der durch Beheizung im AG erzeugt wird, bedingt eine Wassertemperatur von mehr als 100 °C (je nach Betriebsdruck) und damit eine Zulaufhöhe für die Pumpe nach Abb. 3.23.

Der Anlagenplaner muss insbesondere bei Kondensatpumpen und bei Kesselspeisepumpen die erforderliche Zulaufhöhe berechnen und bei der Planung der Pumpenaufstellung beachten. Die von der Pumpe durch die Laufradform und die Drehzahl geforderte Zulaufhöhe NPSH$_{Pumpe}$ ist dabei zu berücksichtigen und bei Bedarf mit dem Pumpenhersteller abzustimmen. In kritischen Fällen muss die erforderliche Zulaufhöhe bei der vorhandenen Wassertemperatur bei der Bestellung angegeben und als Garantiewert vereinbart werden. Weitere Erläuterungen, die das spezielle Beispiel betreffen, enthalten die Lösungen der einzelnen Beispiele.

### 3.3.12  Spezielle Anforderungen an die Bauart und die Bauteile der Pumpen für verschiedene Fördermedien und Anlagensysteme

Die Bauarten der Kreiselpumpen sind, obwohl immer das gleiche Prinzip bei der Erzeugung der Förderhöhe zugrunde liegt, sehr verschieden und entsprechend der Aufgabenstellung konstruiert und gefertigt.

Es gibt die Ausführung als Schmutzwasser-Pumpe zur Aufstellung in Behältern oder Schmutzwassergruben, wie in Abb. 3.26 ersichtlich. Auch Abwasser- oder Fäkalienpum-

**Abb. 3.26** Abwasserpumpe

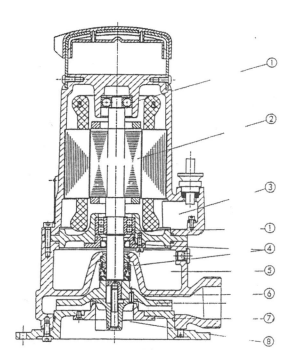

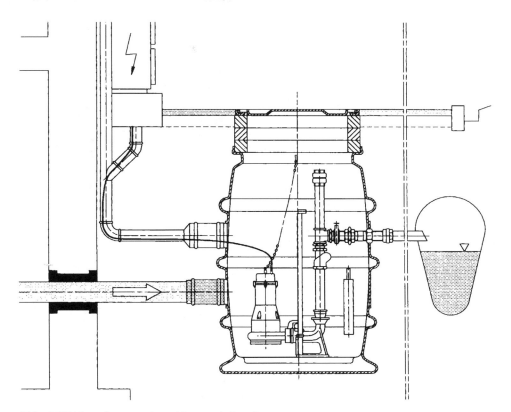

**Abb. 3.27** Komplett montierte Abwasserhebeanlage

pen mit und ohne Schneidfunktion für größere Fördermengen sind als Spezialpumpen erhältlich. Abbildung 3.27 zeigt eine komplett montierte Abwasserhebeanlage, Abb. 3.28 Pumpen für Tiefbrunnen als Bohrlochwellen- und Unterwassermotorpumpen. Bei der Bohrlochwellenpumpe liegt der Motor außerhalb des Bohrloches und ist über eine Welle mit der Pumpe verbunden. Die Pumpe ist eine mehrstufige radiale Kreiselpumpe mit geringem Durchmesser der einzelnen Hochdruck-Schaufelräder. Bei der Unterwassermotorpumpe handelt es sich um einen Spaltrohrmotor mit wassergekühltem Rotor und Lagern, der im Wasser und unterhalb der Pumpe im Bohrloch liegt und die Pumpe antreibt. Mit diesen Pumpen kann Wasser aus großen Tiefen gefördert werden. Bohrlochwellen- und Unterwassermotorpumpen werden immer dann eingesetzt, wenn der Grundwasserspiegel sehr tief liegt und die zulässige Saughöhe überschritten wird. Abbildung 3.29 zeigt eine Kühlwasserpumpe mit Diagonalrad und Abb. 3.30 eine Axialradausführung für große Fördermengen und geringe Förderhöhen.

Für die im vorliegenden Fachbuch behandelten Anlagen sind jedoch die Heizungs- und Kühlwasserumwälzpumpen und auch die Trocken-läuferpumpen für organische Wärmeträger von größerer Bedeutung, weshalb auch nachstehend diese Pumpen-

**Abb. 3.28** Unterwasser-
Brunnenpumpen
**a** Unterwassermotorpumpe,
**b** Bohrlochwellenpumpe

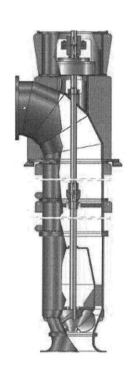

**Abb. 3.29** Kühlwasserpumpe
mit Diagonalrad

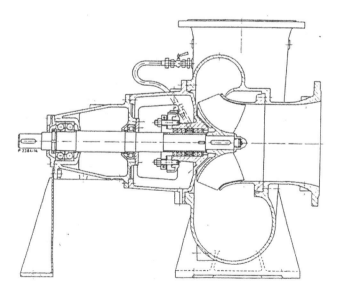

**Abb. 3.30** Kühlwasserpumpe
mit Axiallaufrad

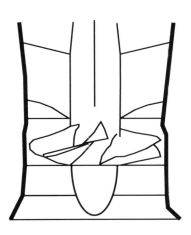

bauarten als Rohr- und Sockelpumpen und auch die Kesselspeisewasserpumpen und
Heißwasserumwälzpumpen ausführlicher beschrieben werden.

a)  *Heizungs- und Kühlwasserumwälzpumpen als Rohrpumpen*
    Heizungsumwälzpumpen für Betriebsdrücke bis 6 bar und Wassertemperaturen bis
    95 °C werden für Fördermengen bis ca. 60 m³/h als Rohrpumpen mit direkt an-
    geflanschtem Spaltrohrmotor ausgeführt. Eine Wellenabdichtung in Form einer
    Stopfbuchse entfällt. Pumpe und Motor bilden eine geschlossene Einheit. Der Mo-
    torläufer rotiert im Wasser. Zwischen Rotor und Statorwicklung des Motors befindet
    sich ein dünnwandiges, unmagnetisches Rohr aus Chromnickelstahl, das unter dem
    Druck des Betriebswassers steht und die Statorwicklung gegen Wassereinwirkung ab-
    schirmt. Das Schutzrohr wird als Spaltrohr bezeichnet, und die Pumpe mit direkt

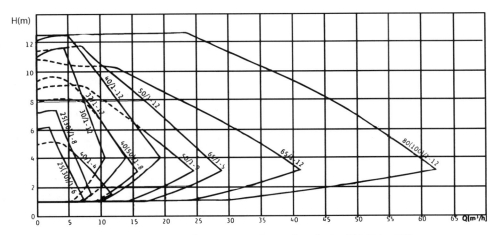

**Abb. 3.31** Spaltrohr-Heizungsumwälzpumpe mit Gesamtkennlinienfeld, Fabr. Wilo

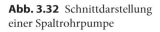

**Abb. 3.32** Schnittdarstellung
einer Spaltrohrpumpe

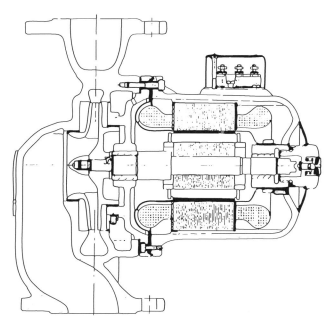

angebautem Motor dieser Bauart wird deshalb auch Spaltrohrpumpe oder Rohreinbaupumpe genannt. Als Motoren werden Drehstrom-Kurzschlussmotoren oder
Einphasen-Wechselstrommotoren mit Kondensator verwendet. Die Rohrpumpe kann
direkt in die Rohrleitung mit Flanschverbindungen oder mit Verschraubungen eingebaut werden. Sie ist wartungsfrei, ohne Leckverluste und in der Regel auch ca. 10 bis
15 Jahre störungsfrei im Betrieb. Rohrpumpen mit Motordrehzahlen bis 1.450 Upm
sind geräuscharm. Bei höheren Drehzahlen, z. B. bei 3 000 Upm, und größeren Fördermengen sind jedoch störende Betriebsgeräusche und Schwingungen im Rohrnetz
zu erwarten, die durch den Einbau von Schwingungsdämpfern zu vermeiden sind.
Abbildung 3.31 zeigt eine Rohrpumpe und das Kennlinienfeld der Baureihe Wilo-
Stratos mit Laufraddurchmessern von 100 bis 250 mm. Abbildung 3.32 gibt einen
Schnitt durch die Pumpe und den Motor wieder. Die Rohrpumpe muss mit horizontaler Lage der Motorwelle eingebaut werden. Am Kopf der Motorwelle befindet sich
die Drehrichtungskontrollschraube, die auch zur Entlüftung der Pumpe dient. Die
Rohrpumpen wurden zunächst für den Betrieb mit konstanter Drehzahl, also für eine
bestimmte Fördermenge für eine feste Kennlinie gebaut, weil Heizungsanlagen früher
mit konstanter Wassermenge und geregelter Vorlauftemperatur betrieben wurden.
Nach der ersten Energiekrise und in der Folgezeit wurden Thermostatventile zur Regelung der Wärmeabgabe und der Raumtemperatur eingesetzt und vorgeschrieben.
Dadurch wurden Pumpen für geregelte Fördermengen erforderlich. Die Rohrpumpe
wurde hierzu mit Motoren für verschiedene Drehzahlen und mit verstellbarer Bei-

**Abb. 3.33** Rohreinbaupumpe
neuerer Bauart Wilo-Stratus
mit modernem Spaltmotor und
Stellmotor für die
Drehzahlregelung

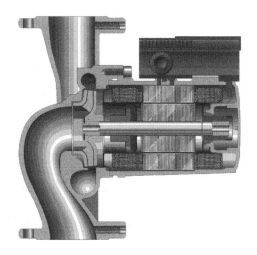

passregulierung zwischen dem Druckraum und Saugraum der Pumpe ausgeführt. In den letzten Jahren wurden der Antriebsmotor und die Pumpe zur Einsparung der Antriebsenergie und zur Anpassung an die wirklich benötigte Fördermenge weiter verbessert und mit einer differenzdruckabhängigen Drehzahlregelung ausgeführt. Rohrpumpen werden vor allem als Primärpumpen für einzelne Regelgruppen in der Gebäudeheizung und als Umwälzpumpen für Verbraucher, also als Regelkreislaufpumpe z. B für Vorwärmer, Kühler oder Nachwärmer von Luftaufbereitungsanlagen eingesetzt. Bei höheren Betriebsdrücken als 6 bar und bei Temperaturen über 100 °C werden Rohrpumpen als Trockenläufer, wie in Abb. 3.34 dargestellt, ausgeführt. Rohrpumpen werden auch als Zirkulationspumpen für die Zapfwarmwasserversorgung gefertigt. Als Heizungsumwälzpumpen werden Doppelpumpen sowohl in der Ausführung mit Spaltrohrmotor als auch als Blockpumpe mit Stopfbuchse und Trockenläufermotor hergestellt. Blockpumpen sind für einen Betriebsdruck PN16 und für Heizwassertemperaturen bis 140 °C geeignet. Weitere technische Angaben und Informationen zu Zubehör für die Regelung und zu Sonderausführungen sind den Herstellerkatalogen zu entnehmen (Abb. 3.33).

b) *Heizungs- und Kühlwasserumwälzpumpen als Sockelpumpen*
   Als Sockelpumpen werden Pumpen bezeichnet, die auf einer gemeinsamen Grundplatte, bestehend aus Pumpe, Motor und Motorkupplung, montiert sind und auf einem Sockel aus Beton aufgestellt werden (siehe Abb. 3.36).
   Die Pumpenbauart ist genormt und wird deshalb auch als Normpumpe bezeichnet. Sie wird als einstufige Pumpe mit Spiralgehäuse und für höhere Drücke auch als mehrstufige Pumpe mit Umlenkkammern zwischen den Stufen, wie in Abb. 3.35 dargestellt,

**Abb. 3.34** Blockpumpe mit
Stopfbuchse und
Trockenläufermotor
1) Motorlaterne,
2) Schalenkupplung,
3) Welle,
4) Entlüftungsschraube,
5) Wellenabdichtung,
6) Laufrad,
7) Pumpengehäuse

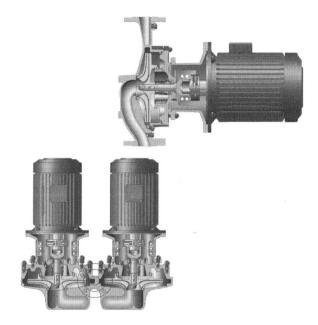

ausgeführt. Abbildung 3.37 zeigt das Kennlinienfeld der einstufigen Pumpe mit einer Drehzahl von 1.450 Upm.

Bis zu einem Laufraddurchmesser von 250 mm kann die Pumpe je nach verwendetem Werkstoff auch mit Drehzahlen bis 2.900 Upm eingesetzt werden. Dabei können Förderhöhen bis 80 m und Fördermengen bis ca. 250 m$^3$ erreicht werden.

Bei einer Wassertemperatur über 120 °C müssen die Stopfbuchsen oder Gleitring-dichtungen und gegebenenfalls auch die Lager der Pumpenwelle mit Kühlwasser im geschlossenen Kreislauf, wie nachfolgend näher beschrieben, gekühlt werden. Die Sockelpumpen werden als Umwälzpumpen in Fernheizwerken und Heizwerken mit größeren Wärmeleistungen installiert und kommen auch als Kühlwasserumwälz-

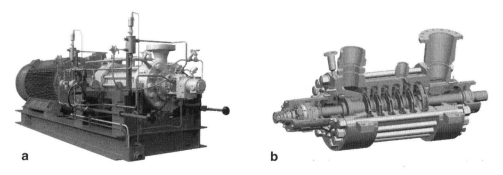

a                                              b

**Abb. 3.35** Mehrstufige Kreiselpumpe für Heißwasser als Kesselspeisepumpe

**Abb. 3.36** Sockelpumpe als
Kühlwasser- oder
Heizungsumwälzpumpe
(einstufige Normpumpe)

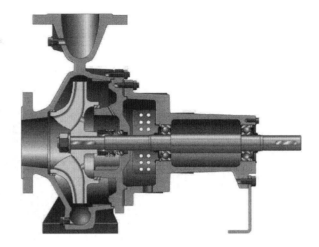

pumpen für Rückkühl- und Kältewasserkreisläufe zum Einsatz. Als Antriebsmotoren
werden fast ausschließlich Elektromotoren verwandt.

Für Feuerlöschpumpen und Sprinklerpumpen werden Verbrennungsmotoren als vom
elektrischen Versorgungsnetz unabhängige Energiequellen bevorzugt. In Heizkraftwerken werden auch Dampfturbinen für Speisewasserpumpen oder Umwälzpumpen,
wenn der Abdampf ganzjährig für Heizzwecke nutzbar ist, eingesetzt.

c) *Sockelpumpen für Heißwasser als Umwälzpumpen und als Kesselspeisepumpen*
Heißwasserumwälzpumpen müssen Wasser mit einer Temperatur von 130 bis 200 °C
durch Kesselanlagen und Rohrnetze mit Maschinen und Fertigungseinrichtungen in
der Industrie oder durch Fernheiznetze mit Wärmeverbrauchern fördern. Die För-
dermengen betragen zwischen 50 und mehreren 1.000 m$^3$/h. Die Förderhöhen liegen
in der Regel zwischen 1,5 und 5 bar. Es handelt sich um Pumpen in 1- bis 3-stufiger
Bauart wie in den Abb. 3.34, 3.35, 3.36 und 3.40, 3.41, 3.42 dargestellt, wobei die Bauart
Abb. 3.34 üblicherweise bei Fördermengen von bis zu 10 bis 60 m$^3$/h eingesetzt wird.
Neben den Problemen der Wärmedehnung tritt hier insbesondere das Problem der
Wellenabdichtung auf. Dichte Stopfbuchsen bei Temperaturen von über 120 °C sind
nur mit gekühlten Stopfbuchsenpackungen zu erreichen.

In den letzten Jahren werden Heißwasserpumpen immer mehr mit Gleitringabdich-
tungen gebaut und für den Betrieb ohne Stopfbuchsenkühlung bis 150 °C und mehr als
geeignet angeboten. Die Dichtheit wird aber nur für reines Wasser ohne Schwebestoffe als
Fördermedium gewährleistet. Der Anlagenhersteller und Anlagenbetreiber muss deshalb
die Frage nach der Stopfbuchsenausführung vor der Bestellung der Pumpe mit dem Pum-
penlieferanten sorgfältig und anhand von Wasserproben klären. Die Betriebsdrücke liegen
zwischen 10 und 25 bar.

Abbildung 3.38 zeigt eine Stopfbuchsenverpackung mit Kühlwasseranschluss. Die
Stopfbuchsenpackung besteht aus einem quadratisch geflochtenen Baumwollzopf,
der mit graphitierter Kunstkohle getränkt ist.

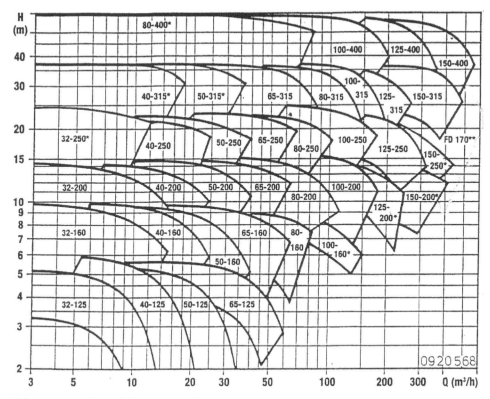

**Abb. 3.37**  Kennlinienfeld einer einstufigen Normpumpe mit 1 bis 400 Upm

**Abb. 3.38**  Stopfbuchse
gekühlt, Typ SKO, für
Temperaturen des
Fördermediums 160 °C.
Ausführung Fa. Grundfos;
1) Wellenschutzhülse,
2) Stopfbuchsenbrille,
3) Packungsring,
4) Kühlwasseranschluss,
5) Kühlring

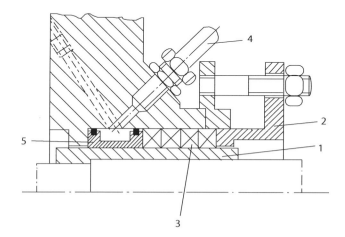

**Abb. 3.39** Heißwasser-
topfbuchse (Fa. Halberg)

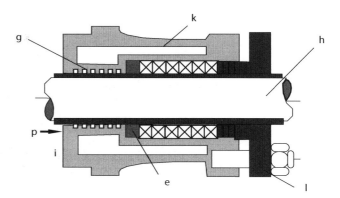

Die Zöpfe werden passend zum Wellenumfang in Ringe geschnitten, fugenversetzt in die Buchse eingelegt und mit der Stopfbuchsenbrille mäßig stark angepresst. Die Stopfbuchse ist von Zeit zu Zeit nachzuziehen. Wenn die Stopfbuchsenpackung ausgetrocknet ist und ihre Schmierfähigkeit verloren hat, nimmt die Leckflüssigkeit zu. Die Stopfbuchse muss dann neu verpackt werden.

Zur Abführung der Reibungswärme und um einen zu hohen Anpressdruck zu vermeiden, muss ein geringer Leckverlust an der Stopfbuchse in Kauf genommen werden. Auch eine gekühlte Stopfbuchsenabdichtung soll im Betrieb etwas Tropfwasser abgeben.

Bei Heißwasserpumpen wird zur besseren Wärmeabführung vor die Stopfbuchsenpackung ein Kühlring eingelegt. Die eigentliche Stopfbuchsendichtung wird dann nicht über 95 °C erwärmt. Es verdampft kein Tropfwasser und es findet keine Salzausscheidung und Verkrustung statt. Dies ist der eigentliche Grund, warum Stopfbuchsen von Heißwasserpumpen gekühlt werden müssen. Die Kühlung muss also mit Wasser von 50 bis maximal 60 °C erfolgen und Stopfbuchsentemperaturen von 100 °C ausschließen. In den

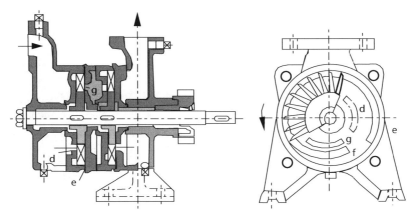

**Abb. 3.40** Selbstansaugende Seitenkanalpumpe (Fa. Siemens & Hinsch)

**Abb. 3.41** Schnittzeichnung
und Bauteilverzeichnis für eine
stehende Kesselspeisepumpe
1 Sauggehäuse,
2 Druckgehäuse,
3 Stufengehäuse,
4 Leitrad,
5 Pumpenwelle,
6 Laufrad,
7 Spaltring,
8 Pumpenständer,
9 Gleitlager
Wellenschutzhülle/Gleitlager,
10 Führungshülle,
11 Gleitringdichtung,
12 Antriebslaterne,
13 Kupplung,
14 Abstandshülle

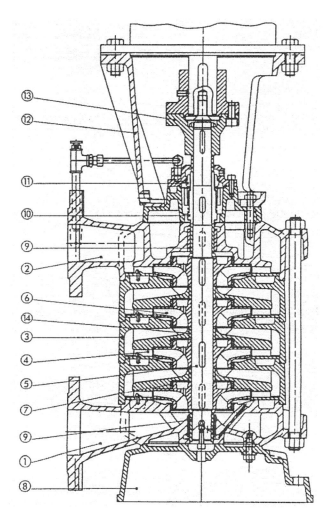

letzten Jahren wurden auch Stopfbuchsenpackungen aus Teflon und in Kombination mit Weichmetall- und Schmierstoffringen entwickelt, die bei Temperaturen bis 130 °C ohne Kühlung auskommen. In jedem Fall muss die Schmierfähigkeit der Packung erhalten werden, damit kein vorzeitiger Verschleiß an der Welle oder der Wellenschutzbuchse entsteht. Eine Stopfbuchsenabdichtung muss also gewartet und je nach Betriebsbedingungen auch immer wieder neu verpackt werden. Abbildung 3.39 zeigt eine sehr aufwendige und erfolgreich ausgeführte Konstruktion der Fa. Halberg.

Vor der Stopfbuchsenpackung liegt eine Labyrinthdichtung (g). Beide sind von dem Kühlmantel (i) und dem Kühlwasserraum (k) umgeben. Das Wasser tritt daher schon vorgekühlt zur Packung (d). Dieser ist ein Druckring € vorgeschaltet, der die Aufgabe hat, das Packungsmaterial gleichmäßig zusammenzudrücken und an die Wellenschutzhülse

**Abb. 3.42** Heißwasserpumpe,
einstufige Spiralgehäusepumpe
mit Luftkühlung mittels
Lüfterrad

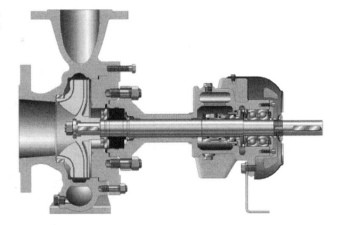

(h) anzupressen. An der Stopfbuchsenbrille (l) ist die Packung durch 3 Lamellenringe (a, b und c) abgeschlossen. Sie sollen verhindern, dass Packungsmaterial durch den Spalt zwischen Stopfbuchsenbrille und Wellenschutzbuchse herausgedrückt wird.

Kesselspeisepumpen fördern in der Regel reines und aufbereitetes Speisewasser für Dampfkessel. Für diesen Betrieb hat sich für die Wellenabdichtung die Gleitringdichtung bewährt.

In Wäschereien oder in der Industrie wird in der Regel Heizdampf mit Betriebsdrücken von 5 bis 20 bar Überdruck benötigt. Die Kesselspeisepumpen müssen für diese Dampfkesselanlagen also Förderhöhen von 60 bis 250 mWS überwinden, so dass immer mehrstufige Pumpen benötigt werden.

Bei kleineren Dampfkesselleistungen werden gern stehende Pumpen nach Abb. 3.41 und Seitenkanalpumpen, wie in Abb. 3.40 dargestellt, eingesetzt.

Für Dampfkesselanlagen mit größeren Leistungen kommen mehrstufige Sockelpumpen nach Abb. 3.35 zum Einbau.

Abbildung 3.41 zeigt eine Sockelpumpe für stehende Anordnung der Baureihe CV 70 bis 125 der Fa. Grundfos. Für Hochdruckdampfkesselanlagen in Kraftwerken kommen spezielle, hierfür konstruierte Kesselspeisepumpen mit verstärkten Ankern und Ausgleichskammern für den Dehnungs- und Schubausgleich zum Einbau. Diese Pumpen werden fast ausschließlich mit Gleitringdichtungen und Kühlwasserbetrieb, wie in Abb. 3.35 dargestellt, ausgeführt.

Bei Höchstdrücken sind auch Pumpen mit einem Mantelgehäuse üblich. Das Mantelgehäuse wird mit dem Speisewasser durchspült und dient zur gleichmäßigen Aufheizung und zur Verminderung der Spannungskräfte in den Ankern der Pumpe.

Als Antriebsmaschinen werden in Kraftwerken Elektromotoren und Dampfturbinen mit 3.000 bis 5.000 Upm eingesetzt. Für die Wellenabdichtung werden bevorzugt Gleitringdichtungen verschiedener Bauarten mit Kühlung und Tropfwasseranschluss verwendet (Abb. 3.44).

**Abb. 3.43**  Ausführung einer Gleitringdichtung (Fa. Grundfos)

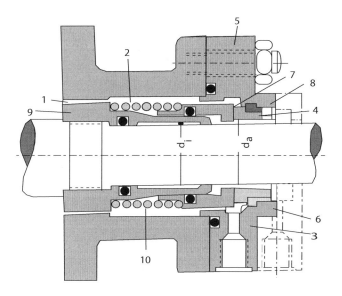

**Abb. 3.44**  Schwimmring-dichtung mit Temperaturdifferenzregeleung (Fa. KSB)

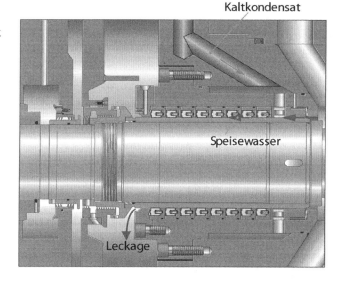

Bei der Gleitringdichtung wird die dem Verschleiß ausgesetzte Dichtfläche von der Welle in eine Fläche, die senkrecht zur Wellenachse liegt, verlegt. Abbildung 3.43 zeigt eine Ausführung mit hydraulischer Entlastung. Durch den Spalt (1) tritt Kühlwasser in den Raum (2), umspült die Gleitringdichtung und fließt durch die Bohrung (3) ab.

Der feste Gegenring (4) ist in den Gehäusedeckel (5) mittels der Dichtung (6) einge-presst, die ihm infolge ihrer Elastizität die genaue Einstellung zum Gleitring (7) ermöglicht.

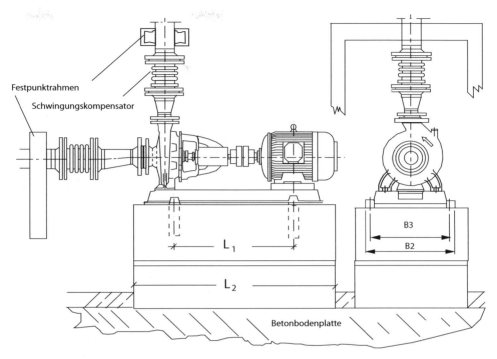

Festpunktrahmen

Schwingungskompensator

**Abb. 3.45** Einbau einer Sockelpumpe (Heißwasser-Umwälzpumpe)

Eine Drehung des Gegenrings wird durch den Stift (8) verhindert. Der rotierende Gleitring ist auf der Wellenhülse (9) axial verschiebbar und wird durch die Feder (10) angedrückt. Letztere überträgt zugleich die Drehbewegung der Welle auf den Gleitring und ist dazu der Drehrichtung entsprechend gewunden.

Die Gleitringdichtungsringe sind Verschleißteile, deren Standzeit sich nach der Belastung und der Wasserverschmutzung richtet. Es ist bei höheren Temperaturen und Drücken kein Trockenlauf zulässig, also eine Leckrate erforderlich. Die Werkstoffwahl wie Kohlegraphit, Silizium-Karbid, EPDM und Edelstahl wird von den Herstellern aufgrund von Erfahrungen und Versuchen je nach Betriebsbedingungen gewählt.

### 3.3.13 Aufstellung und Einbau der Pumpen in Rohrleitungsnetze und in Behälter

Die Hersteller und Lieferanten von Pumpen liefern für alle Pumpenbauarten Aufstellungsrichtlinien und Fundamentpläne für Sockelpumpen.

Abbildung 3.45 zeigt eine Einbausituation für eine Sockelpumpe in horizontaler Aufstellung. Der untere Teil des Fundamentsockels muss fest mit dem Baukörper verbunden werden und durch Bewehrungseisen gegen seitliches Verrücken gesichert sein.

Der obere Teil des Fundamentblocks dient zur Verankerung der Pumpe und zur Erhöhung der schwingenden Masse zur Kompensation unausgeglichener Massenkräfte. Die elastische Einlage soll zur Dämpfung von Körperschall und zur Aufnahme der Schwingungen, die von Unwuchten, also von unausgeglichenen Massenkräften und der Drehbewegung der Pumpen- und Motorbauteile erzeugt werden, beitragen. Unwuchten können auch durch Ablagerungen oder Herstellungstoleranzen und Abnutzungen entstehen. Wenn der obere Teil des Fundaments auf der elastischen Einlage in die Schalung gegossen wird, ist eine Schutzfolie einzufügen, damit kein Beton in die elastische Einlage läuft und die Elastizität verloren geht. Wenn der Sockel eine Einfassung aus Fließen erhält, ist diese Einfassung im Bereich der Einlage durchgehend freizulassen. Die richtige Auswahl der elastischen Einlage ist abhängig von den gestellten Anforderungen an die Laufruhe und die zulässigen Betriebsgeräusche. Wenn die Pumpen einer Heizzentrale oder Heizungsunterstation in einem Büro- oder Wohngebäude zur Aufstellung kommen, wird man nicht ohne Körperschalldämmung auskommen. Werden die Pumpen jedoch in einem Fabrikgebäude oder Heizkraftwerk installiert und es handelt sich auch noch um ein Bauwerk in Ortbeton, dann kann man eventuell auf die Körperschalldämmung im Fundament verzichten.

Zur Vermeidung der Körperschallübertragung über das Rohrnetz und weiter über Rohrbefestigungen an das Gebäude sind Kompensatoren in die Saug- und Druckleitung der Pumpe einzubauen. Bei Kühlwasserpumpen und Umwälzpumpen von Warmwasserheizungen können Gummi-Metallrohrverbinder oder Gummikompensatoren mit Längenbegrenzung, wie in Abb. 3.46, 3.47 und 3.48 dargestellt, zum Einbau kommen. Bei diesen Einbausituationen und je nach Kompensatorbauart, ist, wenn keine Kräfte von dem Rohrnetz auf die Pumpe wirken, mit nur einem Fixpunkt oder mit Zwangsführungen an den Anschlussrohren auszukommen. Anstelle der elastischen Einlage in das Fundament können der Fundamentblock oder die Grundplatte auch mit Gummifederelementen auf dem Fußboden des Maschinenhauses befestigt werden.

In Heißwasseranlagen können wegen der hohen Wassertemperaturen keine Gummi-Metallrohrverbinder zum Einbau kommen. Zur Körperschalldämpfung in Heißwasserrohrnetzen werden Metallkompensatoren, wie in Abb. 3.45 dargestellt, eingebaut. Der hohe Betriebsdruck in Heißwasserheizungen wirkt auf den Flächenring der einzelnen Wellen und würde ohne Einbau von Festpunkten den Kompensator verlängern und zerstören (siehe hierzu die Berechnung der Fixpunktekräfte in Scholz 2012).

Es sind deshalb möglichst kurze und gut ausgerichtete Metallkompensatoren in Verbindung mit einer geeigneten Festpunktkonstruktion einzubauen. Da die Strömungsgeschwindigkeit im Rohrnetz aus wirtschaftlichen Gründen und zur Vermeidung von Strömungsgeräuschen immer kleiner als in den Pumpenanschlüssen ist, müssen in der Regel saug- und druckseitig der Pumpe Übergangsstutzen eingebaut werden. Der Übergangsstutzen an der Saugseite sollte immer exzentrisch ausgeführt werden, damit sich keine Luft an der Saugseite der Pumpe ansammelt. Am druckseitigen Anschluss erhält die Pumpe eine Rückschlagklappe und ein Absperrorgan. An der Saugseite wird nur ein Absperrorgan benötigt. Die Rückschlagklappe dient zur Entlastung der Pumpenlaufräder

**Abb. 3.46** Körperschallisolierung mit Gummi-Metall-
Rohrverbindern

und der Wellenabdichtung beim Stillstand der Pumpe und verhindert, dass beim Betrieb der Stand-by-Pumpe Heißwasser durch die abgeschaltete Pumpe gefördert wird.

Bei der Auswahl der Wellrohrkompensatoren ist darauf zu achten, dass die Dehnungs- aufnahme $\Delta l$ mindestens so groß ist wie die Amplitude der Körperschallschwingung, also mindestens der Zusammendrückbarkeit der elastischen Einlage im Betrieb der Pumpe entspricht. Weitere Einzelheiten hierzu siehe Beispiel 3.12. Bei der Aufstellung von zwei Pumpen, von denen eine als Reservepumpe verfügbar ist, fallen doppelt so viel Kühlwas- ser und Tropfwasser-Rohranschlüsse an. Es empfiehlt sich deshalb, im Fundament einen Tropfwassertrichter anzuordnen und mit einem gemeinsamen Ablaufrohr zu versehen, das im Pumpensockel oberhalb der elastischen Einlage nach außen zum Bodenablauf geführt wird (siehe hierzu auch weitere Hinweise in Kap. 9).

Beim Einbau von Eintauchpumpen in Kondensatsammelbehälter ist darauf zu achten, dass die Pumpen unabhängig voneinander abgesperrt und für die Reparatur aus dem Be- hälter gezogen werden können. Es muss also eine ausreichende Höhe zur Geschossdecke vorhanden sein oder ein Wartungsschacht in der Decke vorgesehen werden (siehe hierzu auch Abb. 3.25). Bei Brunnenpumpen und Pumpen, die Wasser aus Behältern ansaugen, ist darauf zu achten, dass der Saugkorb mit ausreichendem Abstand zur Behälterwand an- geordnet wird. Bei der Brunnenpumpe ist das Rückschlag-Ventil saugseitig und möglichst in Kombination mit dem Saugkorb anzuordnen, damit verhindert wird, dass die Pumpe Luft über die Wellendichtung ansaugt und die Saugleitung in einer Betriebspause leer läuft.

**Abb. 3.47** Körper- und
Wasserschallisolierung mit
Gummi-Kompensatoren

---

### Beispiel 3.12: Zur Bemessung der Körperschalldämmung

*Aufgabenstellung*

Eine Sockelpumpe ist mit Motor und Grundplatte nach Abb. 3.45 auf einem Fundament
installiert. Der Schwerpunkt liegt etwa in der Mitte des Aggregats, so dass die elastische
Einlage des Fundaments gleichmäßig belastet wird.

Gesamtgewicht von Pumpenaggregat, Motor,

| Pumpe und Grundplatte | 400 kg |
|---|---|
| Gewicht des oberen Sockelteils | 1.200 kg |
| zusammen | 1.600 kg |
| oder als Gewichtskraft | 16.000 N |

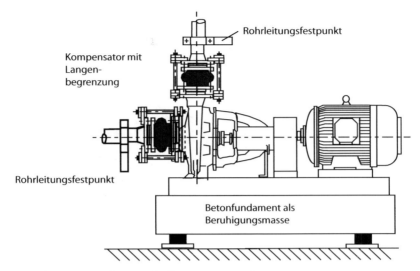

**Abb. 3.48** Schwingungsisolierte Aufstellung einer Kreiselpumpe

Die elastische Einlage hat die Maße $1.500 \times 600$ mm. Der obere Fundamentsockel hat eine Höhe von 500 mm. Die Pumpe und der Motor werden mit einer Drehzahl von 2.900 Upm betrieben. Die elastische Einlage ist 12 mm dick und besteht aus Mineralwolle in Form einer Weichfaserplatte.

Es ist zu prüfen, welche Körperschalldämmung damit erreicht wird.

*Lösung*
Zur Lösung der Aufgabe müssen zuerst die physikalischen und mathematischen Grundlagen erläutert werden.

a) *Physikalische Grundlagen*

In Abb. 3.49 ist das Prinzipbild eines schwingenden Einmassensystems mit Dämpfung dargestellt.

Nach dem d'Alembertschen Prinzip ergibt sich die Differentialgleichung zu:

$$M \cdot \ddot{x} + K \cdot \dot{x} + c \cdot x = F_E \cdot \cos(w \cdot t + \varphi),$$

darin ist:

| | |
|---|---|
| $M \cdot x$ | die schwingende Massenkraft |
| $K \cdot x$ | die Dämpfungskraft |
| $c \cdot x$ | die Federkraft $= F_L$ |
| $F_E \cos(w \cdot t + \varphi)$ | die Erregerkraft $= F_E$ |

**Abb. 3.49** Prinzipbild
Einmassenschwinger

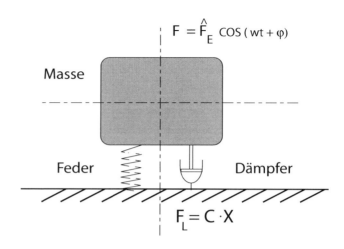

Nach einigen Umstellungen (siehe M.M.S. 1985) erhält man als Lösung für den Verlauf
der Amplitude

$$A = c \cdot x = \frac{F_E}{\sqrt{\left[1 - \left(\dfrac{\omega}{\omega_o}\right)^2\right]^2 + 4D\left(\dfrac{\omega}{\omega_o}\right)^2}}. \tag{3.23}$$

Die Minderung der Erregerkraft und die Schwingungsweiterleitung werden durch den
Isolierwirkungsgrad $\eta$ beschrieben:

$$\eta = 1 - \frac{F_L}{F_E}. \tag{3.24}$$

Die Dämpfung $D = 0$ an der Stelle, wo $F_L$ zu $F_E = 1$ ist. Dort ist der Isolierwirkungsgrad
ebenfalls 0. Für den Isolierwirkungsgrad ergibt sich dann die Gleichung

$$\eta = \frac{\left(\dfrac{\omega}{\omega_o}\right)^2 - 2}{\left(\dfrac{\omega}{\omega_o}\right)^2 - 1}. \tag{3.25}$$

Abbildung 3.50 zeigt das Schwingungsbild, also die Resonanzkurven des Systems bei
verschiedenen Dämpfungen und den Verlauf des Isolierwirkungsgrades in Abhängig-
keit vom Kräfteverhältnis $F_E$ zu $F_L$ und den Kreisfrequenzen $\omega$ zu $\omega_o$. Dabei ist $\omega_o$ die
Eigenfrequenz des schwingenden Systems und $\omega$ die Kreisfrequenz der Erregerkraft,
also die Frequenz der rotierenden Masse, die mit der Drehzahl der Pumpe oder der
Maschineneinrichtung übereinstimmt $\omega = n/60$, wenn n in Upm gegeben ist. Wenn
$\omega = \omega_o$ ist, also das Verhältnis gleich 1, dann überlagern sich die Erregerwellen mit

**Abb. 3.50** Resonanzkurve eines Einmassensystems mit Verlauf des Isolierwirkungsgrads. (Nach Herning et al. 1985)

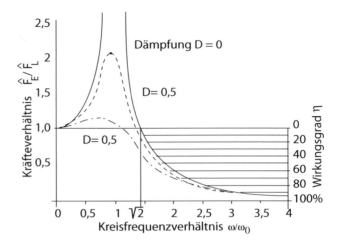

den Eigenfrequenzwellen und es kommt zum Resonanzfall und zur Zerstörung oder einer hohen Körperschallstörung im Gebäude.

Aus Abb. 3.50 ist zu entnehmen, dass eine Dämpfung erst beim Wert

$$\omega/\omega_o = \sqrt{2} = 1,42. \tag{3.26}$$

eintritt und eine wirksame Körperschallisolierung erst beim Kreisfrequenzverhältnis $\omega/\omega_0 \approx 3$ bis 4 erreicht wird. Bei der richtigen Dimensionierung einer Körperschalldämpfung ist also das Verhältnis von $\omega/\omega_0 \approx 3$ bis 4 anzustreben.

Die Lösung der Differentialgleichung dient zur Diskussion und Ermittlung der für die Praxis bedeutenden Werte für den Resonanzfall und zur Aufstellung der Abklingkurven für verschiedene Dämpfungen, wie in Abb. 3.50 dargestellt.

Für die Dimensionierung und Auswahl von Körperschalldämmmatten und Schwingungsdämpfern muss der Ingenieur aber nur wissen, wie die Erregerfrequenz, die Eigenfrequenz und die Amplitude, also der Ausschlag oder die Zusammendrückbarkeit der Dämmmatte oder des Schwingungsdämpfers, mit den in der Praxis verfügbaren Daten der Hersteller und Prüfinstitute zu berechnen sind.

b) *Berechnungsgleichungen für die Praxis*

Die elastischen oder dynamischen Eigenschaften von Dämmstoffen werden von Prüfinstituten gemessen und dem Hersteller bescheinigt. Tabelle 3.2 beinhaltet $E_{dyn}$, das auch als dynamisches $E_{modul}$ in $N/cm^2$ bezeichnet werden kann, und die Plattenstärke d in cm.

Mit der dynamischen Steifigkeit $s' = E_{dyn}/d$ (N/cm) und der Flächenbelastung $m' = m/A$ (kg/m$^2$) errechnet sich die Eigenfrequenz aus

$$\omega_o = 160\sqrt{\frac{s'}{m'}} \, (\text{Hz}). \tag{3.27}$$

**Tab. 3.2** Dynamische Kenndaten einiger Dämmstoffe

| Material | $E_{dyn}$ (N/cm²) | D (cm) | $s' = E_{dyn}/d$ (N/cm³) |
|---|---|---|---|
| Holzwolleleichtbauplatten | 520 | 2,5 | 210 |
| Korkplatten | 1.000. . .1.500 | 4,0 | 250. . .380 |
| Korkschrotmatten | 120 | 0,8 | 150 |
| Polystyrol-Hartschaumplatten | 60. . .170 | 1,0 | 60. . .170 |
| dto., durch Walzen | 17 | 1,3 | 13 |
| Kokosfasermatten | 25 | 0,7 | 36 |
| Mineralwolleplatten | 20 | 1,0 | 20 |
| Mineralwolle-Rollfilz | 23 | 1,2 | 19 |
| Gummiplatten, extrem weich | 22,2 | 3 | 7,4 |
| (Regum-Dämmplatten) | 23 | 5 | 4,6 |

Die Erregerfrequenz errechnet sich auch aus n in Upm zu

$$\omega = \frac{n}{60}(\text{Hz}). \tag{3.28}$$

Die Amplitude ergibt sich aus:

$$x = \frac{d \cdot m'}{E_{dyn.}}(\text{cm}) \quad oder \quad \frac{1}{x} = \frac{s'}{F_o} \tag{3.29}$$

und

$$s' = \frac{F_o}{X} \ (\text{N/cm}^3),$$

darin ist

$F_o =$ die auf die Flächeneinheit bezogene Wechselkraft in N/cm² und

$x =$   Dickenänderung der Dämmschicht in cm infolge der Kraft $F_o$ und Amplitude der Schwingung

Für Federelemente aus Stahlfedern mit Gummiteilen oder für Gummi- und reine Stahlfedern werden die Federkonstanten von den Herstellern in Katalogen zur Verfügung gestellt. Abbildung 3.51 enthält die technischen Kenndaten für die Auswahl und Berechnung von Maschinenfüßen als Schwingungsdämpfer.

Bei der Ermittlung der Eigenfrequenz ist zunächst die Belastung eines Elements bzw. eines Maschinenfußes zu berechnen:

$$F_i = \frac{F_{gesamt} \ (\text{N})}{Anzahl \ Z \ der \ Elemente} \ (\text{N}). \tag{3.30}$$

Der Federweg oder die Amplitude ergibt sich dann aus:

$$x = \frac{F_i \ (\text{N})}{C \ (\text{N/cm})} \ (\text{cm}). \tag{3.31}$$

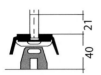

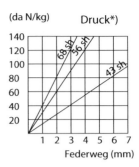

(da N/kg)     Druck*)

| F<br>(N) | Härte<br>(° Shore) | C<br>(N/cm) |
|---|---|---|
| 450 | ca. 43 | 2200 |
| 950 | ca. 55 | 3800 |
| 1350 | bca. 68 | 5500 |

**Abb. 3.51** Technische Daten von Dämpferfüßen

Die Eigenfrequenz errechnet sich aus

$$\omega_o = \frac{5}{\sqrt{x}} (\text{Hz}).$$ (3.32)

mit x in mm.

c) *Nachrechnung der elastischen Einlage als Mineralwollmatte 12 mm dick, wie in der Aufgabenstellung Beispiel 3.13 beschrieben*
Flächenbelastung:

$$m' = \frac{1.600 \text{ kg}}{0,9 \text{ m}^2} = 1.778 \text{ kg/m}^2 = 1,78 \text{ N/cm}^2$$

Eigenfrequenz nach Gln. 3.27 und 3.29

$$s' = 20/12 = 16,7 \text{ N/cm}^3.$$

$$\omega_o = 160\sqrt{\frac{16,7}{1.778}} = 15,5 \text{ Hz} \quad oder \quad \omega_o = 5\sqrt{\frac{16,7}{1,78}} = 15,34 \text{ Hz}.$$

wenn m' in N/cm$^2$ eingesetzt wird

$$\omega = \frac{n}{60} = \frac{2.900}{60} = 48,34 \text{ Hz}$$

und

$$\frac{\omega}{\omega_o} = \frac{48,34}{15,5} = 3,12$$

Der Isolierwirkungsgrad nach Gl. 3.25 oder aus Abb. 3.50 ergibt sich zu

$$\eta = \frac{3,12^2 - 2}{3,12^2 - 1} = \frac{7,73}{8,73} = 0,885 \quad oder \quad 88,5 \%.$$

**Abb. 3.52** Sockelpumpe auf
Schwingungselementen

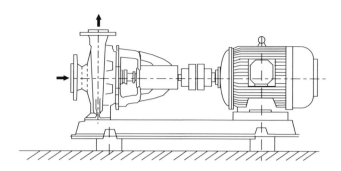

Wenn die gleiche Pumpe anstelle der Mineralwollmatte für die Körperschalldämmung
mit Gummifederelementen nach Abb. 3.51 installiert wird, ergeben sich folgende
Berechnungen und ein ähnlich guter Isolier-Wirkungsgrad.

Belastung je Maschinenfuß $F_i = 100\,\text{kg} \triangleq 1.000\ \text{N}$

Die Amplitude oder der Federweg ergibt sich bei der Federkonstante

$C = 550\,\text{kg/cm} \approx 5.500\ \text{N/cm}$ für den Maschinenfuß 60.010.030 und der Gummihärte
$68°$ Shore nach Gl. 3.31:

$$x = \frac{1.000\ \text{N}}{5.500\ \text{N/cm}} = 0{,}182\ \text{cm} \quad oder \quad 1{,}82\ \text{mm}.$$

$\omega_o$ nach Gl. 3.32

$$\omega_o = \frac{5}{\sqrt{1{,}82}} = 11{,}7$$

$$\omega = 48{,}34\ wie\ vorher$$

$$\frac{\omega}{\omega_o} = \frac{48{,}3}{11{,}7} = 4{,}13.$$

$$\eta = \frac{4{,}13^2 - 2}{4{,}13^2 - 1} = \frac{15{,}05}{16{,}05} = 0{,}93 \quad oder \quad 93\ \%.$$

Es wird eine etwas bessere Körperschalldämmung als vorher erreicht. Die Amplitude
beträgt bei der elastischen Einlage aus Mineralwolle

$$x = \frac{m'}{s'} = \frac{1{,}78\ \text{N/cm}^3}{16{,}6\ \text{N/cm}^2} = 0{,}107\ \text{cm} = 1{,}1\ \text{mm}$$

oder

$$x = \frac{d \cdot m'}{E_{dyn.}} = \frac{1{,}2\ \cdot\ 1{,}78}{20} = 0{,}107\ \text{cm} = 1{,}1\ \text{mm}$$

und bei den Schwingungselementen $x = 1{,}82\,\text{mm}$ wie zuvor ermittelt.

Diese Bewegung ist bei der Auswahl der Rohrleitungskompensatoren zu berücksichtigen (Abb. 3.52).

**Abb. 3.53** Regelung des
Förderstromes durch Drosseln
in der Druckleitung der
Anlagen

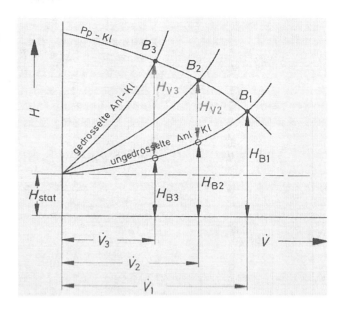

## 3.3.14 Einfluss der Betriebsbedingungen auf Förderstrom und Förderhöhe

*A Pumpenkennlinie*

In Abschn. 3.3.4 und 3.3.5 wurde gezeigt, wie die Pumpenkennlinie theoretisch errechnet werden kann, und es wurde auch darauf hingewiesen, dass die tatsächliche
Betriebskennlinie einer Pumpe oder einer Pumpenbaureihe im Drosselversuch erstellt
wird.

Die Pumpenkennlinie, auch Drosselkennlinie genannt, wird erstellt, indem die
Förderhöhen der Pumpe bei verschiedenen Fördermengen gemessen werden.

Zuerst wird die Rohrnetzkennlinie für ein ungedrosseltes Rohrnetz konstruiert und in
ein H-V-Diagramm eingetragen (siehe unter B). Danach wird die Fördermenge V stufenweise durch Zudrehen eines Drosselventils auf der Pumpendruckseite reduziert und
die Förderhöhe für die verschiedenen Fördermengen gemessen. Durch das Verbinden der
Messpunkte entsteht die Pumpenkennlinie (siehe hierzu Abb. 3.53). Zur Erstellung der
Rohrnetzkennlinie siehe unter B.

Die Pumpenhersteller liefern zu jeder Pumpe ein Kennlinienblatt, wie in Abb. 3.18
dargestellt. Die obere Kurve ist die Kennlinie für den Förderstrom in Abhängigkeit von
der Förderhöhe. Darunter ist der Wirkungsgradverlauf in Abhängigkeit vom Förderstrom
dargestellt.

Die nächste Kurve zeigt den Verlauf des NPSH-Wertes in Abhängigkeit vom Förderstrom. Die untere Kurve zeigt die Leistungsaufnahme der Pumpe (erforderliche Leistung
an der Pumpenwelle) in Abhängigkeit vom Förderstrom.

Die Pumpenkennlinien oder Drosselkennlinien können auch für einen Pumpentyp und
verschiedene Laufraddurchmesser angefertigt werden (siehe Abb. 3.54).

**Abb. 3.54** Drosselkennlinien
für verschiedene
Laufrad-Durchmesser für
einen Pumpentyp oder
Baureihe

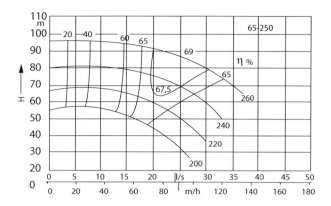

**Abb. 3.55** Kennlinienfeld
einer Pumpe für verschiedene
Drehzahlen

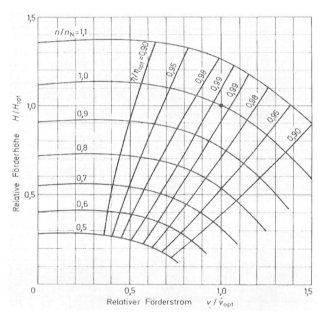

Auch die Erstellung von Pumpenkennlinienfeldern mit verschiedenen Drehzahlen bei gleichbleibendem Laufraddurchmesser und Pumpentyp kann am Prüfstand gemessen oder aus einer Kennlinie nach den Ähnlichkeitsgesetzen errechnet werden (siehe Abb. 3.55).

Der Anlagenplaner oder -hersteller kann also das benötigte Kennlinienfeld beim Pumpenhersteller anfordern oder aus dem Herstellerkatalog entnehmen.

*B Erstellung der Rohrnetzkennlinie*
Jedes Rohrleitungssystem, bestehend aus der Saug- und Druckleitung, hat einen bestimmten Druckverlust $\Delta p$ bei einer konstanten Strömungsgeschwindigkeit w oder Fördermenge V:

$V = w \cdot A$ (m³/s), wobei w in m/s und der Querschnitt A in m² angegeben wird. Der Massenstrom $\dot{m}$ in kg/s ergibt sich aus dem Volumenstrom multipliziert mit der Dichte ρ, $m = V \rho$ und $V = m/\rho$.

Der Druckverlust in einem geraden Rohrstück mit der Länge l wird mit der allgemeinen Druckverlustgleichung für ein volumenbeständiges Medium

$$\Delta P = \lambda \frac{l\rho}{2d} \cdot w^2$$

berechnet (siehe Scholz 2012).

Der Ausdruck λ(l·ρ)/(2·d) kann bei gleichbleibendem Fördermedium und unverändertem Rohrnetz durch eine Konstante K ersetzt werden. Der Druckverlust, verursacht durch Einzelwiderstände, errechnet sich aus (siehe Scholz 2012)

$$\Delta P = \xi \frac{\rho}{2} \cdot w^2.$$

Der Ausdruck ξ · ρ/2 kann ebenfalls bei gleichbleibender Anzahl der Widerstandswerte ξ und bei gleichbleibendem Förderstrom durch eine Konstante K ersetzt werden.

Bei der Ermittlung des Druckverlusts von Einzelwiderständen wird die Geschwindigkeit in der geraden Rohrstrecke und nicht die Strömungsgeschwindigkeit im Einzelwiderstand zugrunde gelegt.

Deshalb können für ein Rohrnetz die Gleichungen zusammengefasst werden. Man erhält dann die Gleichung

$$\Delta P = H = K \cdot w^2. \tag{3.33}$$

Dies ist eine Gleichung der Parabel, deren 0-Punkt bei der Fördermenge V = 0 und damit auch bei w = 0 liegt und die mit der Fördermenge bzw. mit dem Quadrat der Strömungsgeschwindigkeit ansteigt.

Es gilt also bei unveränderten Rohrnetzquerschnitten und unveränderter Fördermenge

$$H_1 = K \cdot \left(\frac{\dot{V}}{A}\right)^2 = \frac{\rho}{2} \left(\frac{\dot{V}}{A}\right)^2$$

oder

$$H_1 = \frac{\rho}{2A^2} \cdot \dot{V}_1^2$$

und

$$H_2 = \frac{\rho}{2 \cdot A^2} \cdot V_2^2.$$

A kann auch als gleichwertige Düse mit dem Rohrnetzwiderstand bezeichnet werden und bleibt wie ρ/2 bei der Berechnung der Rohrnetzkennlinie konstant. Damit wird

$$H_1 = K \cdot V_1^2$$
$$H_2 = K \cdot V_2^2$$

**Abb. 3.56** Rohrnetzkennlinie

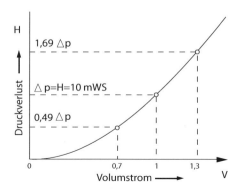

und nach Division beider Gleichungen wird

$$H_2 = H_1 \frac{V_2^2}{V_1^2} \ (\text{m}).\tag{3.34}$$

Die Rohrnetzkennlinie kann also, wenn der Druckverlust des Rohrsystems bei einer bestimmten Fördermenge berechnet wurde, mit der Gl. 3.34 interpoliert und auch exponiert und somit konstruiert werden. Siehe hierzu Abb. 3.56 und folgendes Beispiel.

**Beispiel 3.14**

*Aufgabenstellung*
Für eine Heißwasserumwälzpumpe eines Industrieheizwerks ist die Rohrnetzkennlinie zu erstellen.

*Gegeben*
1. Wärmegesamtanschluss für das Fernheiznetz $68 \cdot 10^6$ kJ/h bei Netztemperaturen von 130/70 °C bemessen für – 15 °C
2. Wärmeträgermassenstrom 268.817 kg/h
3. Druckverlust im Rohrnetz 74.630 Pa
   Vordruck an der Hausübergabestation 2,5 mWS oder 25.000 Pa (zusammen 99.630 Pa$\approx$10mWS)
   (siehe auch Beispiel 1.3, Scholz 2012)

*Gesucht*
a) Förderhöhe der Pumpe, wenn sich in den folgenden Jahren der Wärmeverbrauch um 30% erhöht
b) Förderhöhe der Pumpe, wenn sich der Wärmeverbrauch in den folgenden Jahren um 30% verringert
c) Auswahl der Pumpe
d) Diskussion der Ergebnisse

*Lösung*

Der Förderstrom für den Auslegezustand ergibt sich zu:

$$V = \frac{G}{\rho} = \frac{268.817 \text{ kg}}{958,3 \text{ kg/m}^3} = 280 \text{ m}^3.$$

a) Wenn weitere Verbraucher zu versorgen sind oder einzelne Verbraucher höhere Anschlusswerte benötigen, wenn sich z. B. die Abnahme an Wärme um 30% auf 364 m³/h erhöht und 30% mehr an Heißwasser gefördert werden muss, dann erhöht sich die Förderhöhe auf:

$$H_3 = H_2 \cdot \frac{V_3^2}{V_2^2} = 10 \cdot \frac{132.496}{78.400} = 10 \cdot 1,69 = 16,9 \text{ mWS}.$$

b) Verringert sich die Wärmeabnahme, weil Verbraucher abgeschaltet werden oder die Wärmeabnahme bei höheren Außentemperaturen um 30% zurückgeht, dann reduziert sich die Fördermenge zu 196 m³/h und die Förderhöhe ergibt sich zu

$$H_1 = H_2 \cdot \frac{V_1^2}{V_2^2} = 10 \cdot \frac{38.416}{78.400} = 10 \cdot 0,49 = 4,9 \text{ mWS}.$$

Die sich damit ergebende Rohrnetzkennlinie ist in Abb. 3.56 dargestellt.

c) Um für das vorstehende Beispiel eine geeignete Sockelpumpe auszuwählen, muss zuerst geklärt werden, ob der Anschlusswert sich in naher Zukunft wesentlich ändert und welcher Drehzahlbereich zulässig ist. Dabei sind auch die Anschaffungskosten für Pumpen mit 1.450 und 2.900 Upm zu beachten. Für die Entscheidung sind Kennlinienfelder und Preislisten aus Herstellerkatalogen auszuwerten. Für das vorliegende Beispiel kommt unter anderem eine Normpumpe mit 1.450 Upm, Typ CM-150-250 der Fa. Grundfos in Frage.

d) Das Kennlinienfeld ist in Abb. 3.57 dargestellt. Trägt man in das Kennlinienfeld die vorher ermittelte Rohrnetzkennlinie ein, dann erkennt man, dass diese Pumpe z. B. für ein Fernheiznetz eines Industrieheiznetzes, bei dem über das Jahr gesehen mit etwa gleichbleibender Abnahme zu rechnen ist, sehr gut geeignet ist. Dies ist auch dann noch sinnvoll, wenn mit der Erhöhung des Wärmeverbrauchs bis 30% in wenigen Jahren zu rechnen ist.

In diesem Fall würde man die Pumpe mit einem Laufraddurchmesser von 235 mm bestellen und im Laufe der folgenden Jahre das Laufrad bis zum Durchmesser 264 mm austauschen. Voraussetzung ist das Vorhandensein einer Reservepumpe, damit keine Betriebsunterbrechung notwendig wird. Es ist aber davon auszugehen, dass das Industrieheizwerk ohnehin in allen für die Betriebssicherheit relevanten Anlagenteilen mit Ersatzaggregaten ausgerüstet ist.

**Abb. 3.57** Rohrnetzkennlinie

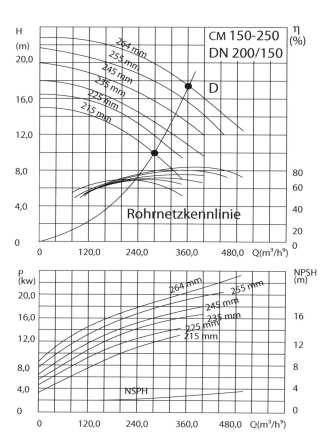

*C Pumpenkennlinie zweier parallel geschalteter Pumpen*
Abbildung 3.58 zeigt die Konstruktion einer gemeinsamen Pumpenkennlinie von zwei parallel geschalteten Pumpen. Die Vorgehensweise ist folgende:

Es wird die Rohrnetzkennlinie und die Kennlinie einer der beiden Pumpen in das H-V-Diagramm eingetragen (nur eine Pumpenkennlinie, weil beide deckungsgleich sind). Danach werden Parallelen zur V-Achse also H-konst.-Linien a, b, c für verschiedene $H_1$, $H_2$ und $H_3$ eingetragen. Der erste Abschnitt a wird nochmals als Fortsetzung angetragen.

Ebenso wird mit den Abschnitten von b und c verfahren. Die Enden der Linien 2a, 2b und 2c ergeben die Punkte I, II und III für die Konstruktion der gemeinsamen Pumpenkennlinie für zwei Pumpen im Parallelbetrieb nach Abb. 3.58. Aus dieser Abbildung ist zu ersehen, dass die beiden Pumpen mit unterschiedlichen Fördermengen $V_1$ und $V_2$ an der Gesamtfördermenge V beteiligt sind. Der Unterschied zwischen den Fördermengen $V_1$ und $V_2$ fällt bei steiler verlaufenden Rohrnetzkennlinien stärker als bei flachem Rohrnetzkennlinienverlauf aus. Bei sehr steil verlaufenden Rohrnetzkennlinien sollte deshalb auf

**Abb. 3.58** Parallelschaltung zweier Pumpen mit gleicher Förderleistung

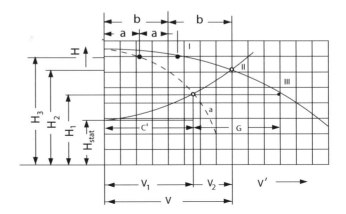

eine Aufteilung der Fördermenge auf mehrere Pumpen aus Kostengründen verzichtet werden, weil die Mehrkosten für eine zweite Pumpe bei einer geringen Fördermengenzunahme unrentabel sind.

Beim gemeinsamen Betriebsdruck von $H_2$ fördern zwei gleiche Pumpen auch je die halbe Fördermenge.

*D Fördermengenregelung durch Drehzahlregelung*
Das Kennlinienfeld für eine Pumpe kann beim Hersteller für den benötigten Drehzahlbereich angefordert werden. Das Kennlinienfeld kann aber auch für den benötigten Drehzahlbereich mit den Gln. 3.11 bis 3.13 berechnet und konstruiert werden, wenn eine Drossellinie, also die Kennlinie der benötigten Pumpe, vorliegt.

Abbildung 3.59 zeigt ein Kennlinienfeld einer Pumpe mit drei verschiedenen Drehzahlen und der Rohrnetzkennlinie. Die Drehzahlen können z. B. mit einem Elektromotor für polumschaltbaren Betrieb erreicht werden. Wenn die Fördermenge von $V_3$ und $V_2$ gedrosselt wird, steigt der Druck entsprechend dem Druckverlauf auf der Pumpenkennlinie an. Beim Erreichen von $V_2$ kann der Antriebsmotor auf die Drehzahl 1.450 Upm umgeschaltet werden. Wenn der Förderstrom weiter gedrosselt wird und die Fördermenge $V_1$ erreicht, wird der Antriebsmotor erneut auf die kleinere Drehzahl von 900 Upm umgeschaltet.

Abbildung 3.60 zeigt das gleiche Kennlinienfeld und den Betriebsverlauf bei polumschaltbarem Motorantrieb und zunehmendem Förderstrom von V1 bis V3.

Mit einem polumschaltbaren Motor, der große Drehzahlsprünge hat, ergibt sich ein Arbeitsbereich, der sehr breit ist und entlang der Rohrleitungskennlinie verläuft. Wenn die Pumpe mit einem stufenlosen drehzahlgeregelten Antriebsmotor ausgerüstet und die Volumenstrommessung oder Differenzdruckmessung ebenfalls sehr empfindlich ist, kleine Druckunterschiede erfassen und an die Frequenzsteuerung eines frequenzgeregelten Antriebsmotor weitergeben kann, dann kann der Förderstrom oder der geforderte Differenzdruck genau eingehalten werden und die Pumpe wird mit geringen Abweichungen entlang der Rohrnetzkennlinie gefahren (siehe Abb. 3.63).

**Abb. 3.59** Pumpenkennlinie
für drei verschiedene
Drehzahlen und abnehmende
Fördermenge

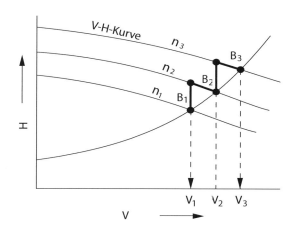

**Abb. 3.60** Pumpenkennlinien
für 3 Drehzahlen und
zunehmende Fördermenge

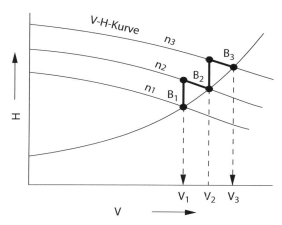

**Beispiel 3.15**

*Aufgabenstellung*
Für ein Fernheizwerk, das eine Wohnsiedlung mit Wärme versorgt, sind die
Umwälzpumpen für einen wirtschaftlichen Betrieb auszuwählen.

*Gegeben*
1. Wärmegesamtanschluss 68.106 kJ/h und Netzauslegung wie vorher im Beispiel 3.14
2. Wärmeträgermassenstrom und Druckverlust im Fernheiznetz wie vorher im
   Beispiel 3.1

*Gesucht*
a) Auswahl der Pumpen für eine Parallelschaltung zweier Pumpen im Winterbetrieb
   und Auswahl der Pumpe für den Sommerbetrieb

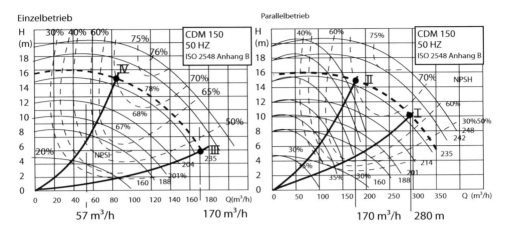

**Abb. 3.61**  Einzel- und Parallelbetrieb zweier gleicher Pumpen

b) Auswahl einer drehzahlgeregelten Pumpe als alternative Lösung zu a)
c) Berechnung der Antriebsleistungen für die verschiedenen Betriebspunkte und für
   die ausgewählte Pumpen
d) Diskussion der Ergebnisse

*Lösung*

a) Wenn es sich um ein Fernheizwerk zur Wärmeversorgung einer Wohnsied-
   lung handelt, bei dem die Wärmeabnahme von 100 % bis auf 10 oder 20 % für
   die Zapfwarmwasseraufheizung in den Sommermonaten abfällt, dann muss eine
   Pumpenaufteilung vorgenommen werden. Die Fördermenge wird dann auf zwei
   Pumpen aufgeteilt, die z. B. je 140 m³/h gegen 10 mWS fördern.
   Abbildung 3.61 zeigt die Pumpenkennlinien von handelsüblichen Doppelpumpen
   Typ CDM 150 der Fa. Grundfos mit eingetragener Rohrnetzkennlinie. Das linke
   Kennlinienfeld zeigt den Betrieb einer Pumpe, das rechte Kennlinienfeld den Betrieb
   zweier gleicher Pumpen. Gewählt wurden Pumpen mit dem Laufraddurchmesser
   von 235 mm.
   Die Pumpen können im Fördermengenbereich von 170 bis 280 m³/h im Parallelbetrieb und mit einem Wirkungsgrad von 65 und 72 % entlang der Drossellinie
   von Punkt I nach Punkt II gefahren werden. Bei der Fördermenge von 170 m³/h
   und einer Förderhöhe von 15 mWS ist eine Pumpe außer Betrieb zu nehmen und
   der Einzelpumpenbetrieb kann dann beginnend mit 170 m³/h und der Förderhöhe
   von 6 mWS bis zur Fördermenge von 57 oder 60 m³/h gefahren werden. Die bei
   geringeren Fördermengen vorhandene höhere Förderhöhe wird von den Differenz-
   druckreglern in der Übergabestation abgedrosselt. Für den Sommerbetrieb mit ca.
   40 bis 60 m³/h und der dafür benötigten Förderhöhe von ca. 5 mWS wurde, z. B. aus
   dem Katalog der Fa. Grundfos, eine Sommerpumpe Typ DNM 65–200 mit 1.450
   Upm und einem Laufraddurchmesser von 187 mm (siehe Abb. 3.60) gewählt.

**Abb. 3.62** Kennlinienfeld der
Pumpe im Sommerbetrieb

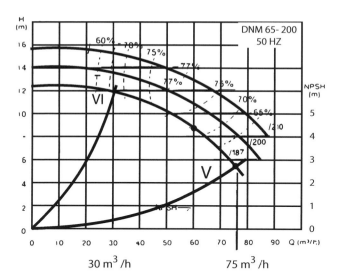

$30\, \mathrm{m}^3/\mathrm{h}$                    $75\, \mathrm{m}^3/\mathrm{h}$

Die Pumpe hat bei einer Fördermenge von 60 m³/h eine Förderhöhe von 8,2 mWS
und kann damit den Druckverlust von ca. 1,5 mWS im Rohrnetz und den erforderlichen Vordruck von 2,5 mWS an den Hausübergabestationen zur Verfügung
stellen. Bei der Förderhöhe von 4,5 m ergibt sich eine Fördermenge von 75 m³/h.
Die Pumpe kann also in den Sommermonaten mit Fördermengen zwischen 75 und
60 m3/h eingesetzt werden. Der Drucküberschuss von ca. 4 mWS beim Förderstrom
von 60 m³/h wird vom Differenzdruckregler in der Hausübergabestation, der auf 3
mWS eingestellt ist, weggedrosselt.

b) Abbildung 3.63 zeigt das Kennlinienfeld für eine drehzahlgeregelte Pumpe mit eingetragener Rohrnetzkennlinie. Der differenzdruckgesteuerte und drehzahlgeregelte
Antrieb führt zu der eingetragenen Rohrnetzkennlinie und den Arbeitspunkten I,
II und IV für die zugehörigen Fördermengen von 280 m³/h bei 10 mWS, 170 m³/h
bei 5,5 mWS und 57 m³/h bei 1,5 mWS, wie eingetragen.

c) Berechnung der Antriebsleistungen zweier parallel geschalteter Pumpen (halbe
Fördermenge) für den Winterbetrieb (Abb. 3.58 rechts):

**Arbeitspunkt I**

$$m = 74{,}5\ \mathrm{kg/s}, \quad \eta = 0{,}65, \quad H = 10\ \mathrm{mWS}$$

nach Gln. 3.17

$$P_K = \frac{74{,}5 \cdot 10}{102 \cdot 0{,}65} = 11{,}2\ \mathrm{KW}$$

für zwei Pumpen $P = 22{,}4$ KW

**Abb. 3.63** Kennlinienfeld und
Rohrnetzkennlinie bei
Drehzahlregeleung

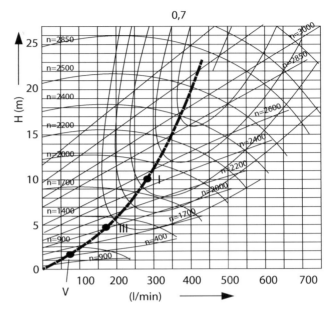

**Arbeitspunkt II**

$$m = \frac{170 \cdot 958,3}{3.600} = 45,3 \text{ kg/s}, \; \eta = 0,7, \; H = 15 \text{ mWS}$$

nach Gl. 3.17

$$P_K = \frac{45,3 \cdot 15}{102 \cdot 0,7} = 9,5 \text{ kW}$$

für zwei Pumpen 19 kW bzw. als Mittelwert zwischen I und II, also im Mittel für zwei
Pumpen 20,7 kW.

   Einzelbetrieb einer Pumpe für den Förderstrom von 170 bis 57 m³/h in der
Übergangszeit (Abb. 3.61 links).

**Arbeitspunkt III** für Einzelbetrieb

$$m = 45,3 \text{ kg/s}, \quad \eta = 0,45; \quad H = 5,5 \text{ mWS}$$

nach Gl. 3.17

$$P_K = \frac{45,3 \cdot 5,5}{102 \cdot 0,45} = 5,5 \text{ kW}.$$

**Arbeitspunkt IV** für Einzelbetrieb

$$m = \frac{57 \cdot 958,3}{3.600} = 15,2 \text{ kg/s}, \; \eta = 0,58, \; H = 16 \text{ mWS}$$

nach Gl. 3.17

$$P_k = \frac{15,2 \cdot 16}{102 \cdot 0,58} = 4,1 \text{ kW, im Mittel 4,8 kW.}$$

**Arbeitspunkt V**, Abb. 3.62, Einzelbetrieb im Sommer

$$m = 15,2 \text{ kg/s, } \eta = 0,5; \ H = 5 \text{ mWS}$$

nach Gl. 3.17

$$P_K = \frac{15,2 \cdot 5}{102 \cdot 0,5} = 1,5 \text{ kW.}$$

Einzelbetrieb einer drehzahlgeregelten Pumpe nach Abb. 3.63

Die Berechnung der Antriebsleistung an der Pumpenwelle für die Arbeitspunkte ergibt:

**Arbeitspunkt I**

$$P_K = \frac{74,53 \cdot 10}{102 \cdot 0,65} = 11,2 \text{ kW } \textit{statt } 15,1$$

**Arbeitspunkt II**

$$P_K = \frac{45,3 \cdot 5,5}{102 \cdot 0,55} = 4,4 \text{ kW } \textit{statt } 5,5$$

**Arbeitspunkt IV**

$$P_K = \frac{15,2 \cdot 3}{102 \cdot 0,5} = 0,9 \text{ kW } \textit{statt } 1,5$$

d)  *Diskussion der Ergebnisse*

Die Jahresbetriebsstunden betragen 8.640, davon 6 Monate Sommerbetrieb = 4.320 h, 3 Monate Winterbetrieb zwischen den Arbeitspunkten I und II = 2.160 h und 3 Monate Übergangszeit zwischen den Arbeitspunkten III und IV = 2.160 h.

Im Auslegungsfall mit zwei parallel geschalteten Hauptpumpen und einer Sommerpumpe ergibt sich somit ein Jahresenergieverbrauch von

$$
\begin{array}{rl}
2.160 \text{ h} \cdot 20,7 \text{ kW} = & 44.712 \text{ kWh} \\
2.160 \text{ h} \cdot \ \ 4,8 \text{ kW} = & 10.368 \text{ kWh} \\
\underline{4.320 \text{ h} \cdot \ \ 1,5 \text{ kW} = } & \underline{\ \ 6.480 \text{ kWh}} \\
\text{zusammen} & 61.560 \text{ kWh}
\end{array}
$$

bei einem Bezugspreis von 22 Cent/kWh→ 13.543 € /a.

Im Auslegungsfall mit einer drehzahlgeregelten Pumpe für den Winter- und Sommerbetrieb

$$
\begin{array}{rl}
2.160\,\text{h} \cdot 11,2\,\text{kW} = & 24.192\,\text{kWh} \\
2.160\,\text{h} \cdot \phantom{1}4,4\,\text{kW} = & \phantom{2}9.504\,\text{kWh} \\
\underline{4.320\,\text{h} \cdot \phantom{1}1,0\,\text{kW} = } & \phantom{2}\underline{4.320\,\text{kWh}} \\
\text{zusammen} & 38.016\,\text{kWh}
\end{array}
$$

bei einem Bezugspreis von 22 C/kWh $\rightarrow$ 8.363,5 € /a.

Die Einsparung beträgt ca. 5.000 € /a oder 36,85%.

Zur Beurteilung der Wirtschaftlichkeit sind neben den Betriebskosten auch die Investitionskosten zu beachten. Im Fall der Parallelschaltung zweier gleicher Pumpen mit je der halben Fördermenge sind, um eine Reservepumpe verfügbar zu haben, tatsächlich drei Pumpen zu installieren. Will man über eine hohe Betriebssicherheit verfügen, muss auch für den Sommerbetrieb eine Reservepumpe installiert werden. Für den Fall, dass eine drehzahlgeregelte Pumpe gewählt wurde, muss ebenfalls eine Reservepumpe eingebaut werden. Es ist aber mit einem Frequenzumformer, der auf beide Pumpen umschaltbar ist, auszukommen. Für den Sommerbetrieb kann auch eine Pumpe ohne Drehzahlregelung, aber für die zu erwartende Fördermenge und Förderhöhe bemessen, als Reservepumpe gewählt werden.

Die Reservepumpen müssen auch nicht immer betriebsbereit installiert werden. Wenn eigene Monteure oder ein Montagebetrieb schnell verfügbar ist, können die Reservepumpen konserviert für den Einbau im Heizwerk gelagert werden.

Wenn Zwillingspumpen nach Abb. 3.63 zum Einbau kommen, ist zu beachten, dass diese nur mit einer Umschaltklappe ohne Absperrarmaturen ausgerüstet sind und bei Reparaturarbeiten immer eine Betriebsunterbrechung eintritt.

Wenn eine Unterbrechung des Heizbetriebs nicht zulässig ist, sind zweckmäßigerweise Einzelpumpen mit gleichen Pumpenkennlinien nach Abb. 3.36 oder Abb. 3.65 und mit Rückschlagventilen auf der Druckseite und Absperrventilen auf der Saug- und Druckseite einzubauen (Abb. 3.64).

Der planende Ingenieur sollte vor der Erstellung der Ausführungsplanung alle diese Fragen mit dem zukünftigen Betreiber der Anlage diskutieren und dazu auch die Investitionskosten für die verschiedenen Alternativen anfragen und auswerten. Über die dann mit dem Bauherrn oder Betreiber gewählte Ausführung sollte in jedem Fall ein ausführliches Protokoll angefertigt und übergeben werden.

Dem vollständigen Kennlinienfeld mit Rohrnetzkennlinie ist außerdem zu entnehmen, dass die Pumpe bei stufenweiser Laufradanpassung immer in einem Wirkungsgradbereich von 65 bis 82% betrieben werden kann.

**Abb. 3.64** Blockpumpe als
Einzelpumpe

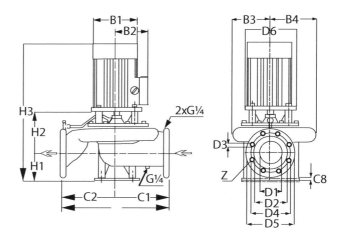

**Abb. 3.65** Anlagenkennlinie
und VhKurve

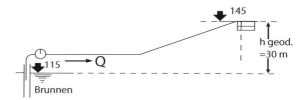

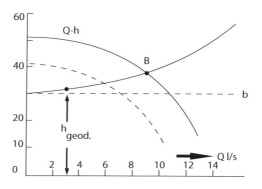

*E Einfluss der geodätischen Förderhöhe und des statischen Drucks einer Anlage auf die Rohrnetzkennlinie*

Die geodätische Förderhöhe und der statische Druck in einer Anlage bestimmen die Höhe, bei der die Rohrleitungskennlinie eingetragen wird. Auf die Steilheit und Form der Rohrleitungskennlinie hat die geodätische Förderhöhe oder der statische Druck keinen Einfluss (siehe Abb. 3.66).

**Abb. 3.66** Kennlinien bei
schwankenden geodätischen
Förderhöhen

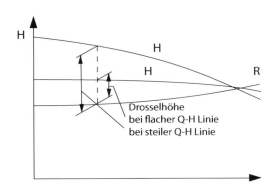

Der statische und der geodätische Druck sind aber bei der Ermittlung des maximalen
Betriebsdrucks, für den die Pumpe zu bestellen ist, zu berücksichtigen.

*F Form der Kennlinie bei schwankender geodätischer Förderhöhe*
Wenn bei größeren Änderungen der geodätischen Förderhöhe möglichst kleine Förderstromschwankungen gewünscht werden, ist eine steile Kennlinie erforderlich. Pumpen,
welche häufig gedrosselt laufen und bei denen sich die geodätische Förderhöhe nur wenig
ändert, erhalten besser eine flache Kennlinie, weil dann bei Teillast die Drosselhöhe und
damit die Drosselarbeit des Regelorgans geringer ausfällt.

Bei Kesselspeisepumpen für höhere Drücke wirkt sich eine steile Kennlinie bei Teillast
auch insofern ungünstig aus, als bei dem dann auftretenden großen Druckunterschied
zwischen Pumpe und Kessel das Regelventil zu stark belastet wird.

*G Steilheit der Drosselkurve*
Diese ist durch das Verhältnis der Förderhöhe bei $V=0$ zu derjenigen beim besten
Wirkungsgrad gegeben. Flache Drosselkurven haben etwa 10% Steigung, steile können
50% und mehr besitzen. Flache Kurven ergeben bei schwankender Förderhöhe größere
Schwankungen des Förderstroms als steile (Abb. 3.67).

*H Stabile und labile $\dot{V}$- H-Linien oder Pumpenkennlinien*
Die Kreiselpumpe hat eine stabile Kennlinie, wenn diese bei der Fördermenge Null ihr Maximum und einen ständigen Förderhöhenabfall mit zunehmender Fördermenge aufweist
(Abb. 3.68).

Die Kennlinie der Kreiselpumpe ist instabil, wenn sich wie in Abb. 3.69 zwei Schnittpunkte I und II mit der Rohrleitungskennlinie zeigen. Bei niedriger statischer Höhe ergibt
sich ein stabiler Arbeitspunkt. Nimmt jedoch die statische oder geodätische Förderhöhe
zu (z. B. höherer Druck im Druckbehälter), dann bilden sich zwei Arbeitspunkte bzw.
Schnittpunkte mit der Pumpenkennlinie aus. Die Pumpe kann nun von einem Arbeitspunkt zum anderen schwanken, es entstehen Druckschwankungen und die Förderung
kann auch kurzzeitig aussetzen. Es kommt zu Druckstößen, die Pumpe fördert labil.

**Abb. 3.67**  Steile und stabile
Pumpenkennlinie

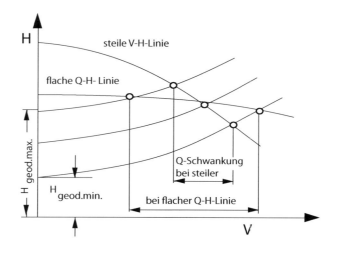

**Abb. 3.68**  Instabile
Pumpenkennlinie

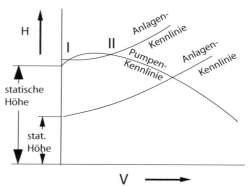

**Abb. 3.69**  Einfluss der
Raumtemperatur auf die
Motorenleistung

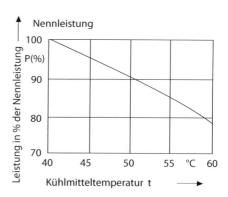

## 3.3.15  Antriebsmaschinen

### 3.3.15.1  Einsatz- und Auswahl der Antriebsmaschinen

Als Antriebsmaschinen kommen an erster Stelle und am häufigsten Elektromotoren zum Einsatz. In Kraftwerken, Heizkraftwerken und auch in Industrieheizwerken werden sehr oft Dampfturbinen für den Antrieb von Kesselspeisepumpen gewählt, weil diese auch zugleich die nach der Dampfkesselverordnung (TRD 4014402) geforderte zweite unabhängige Energiequelle darstellen.

Kleindampfturbinen für Niederdruckdampf bis 0,5 bar Überdruck und für Dampfdrücke von 3 bis 10 bar Überdruck kommen in Heizzentralen, die mit Dampferzeugern ausgerüstet sind, für den Antrieb von Heizungsumwälzpumpen bevorzugt zum Einsatz und stellen einen sehr wirtschaftlichen Antrieb sicher, wenn deren Abdampf wiederum zur Aufheizung des Heizungswassers oder zur Kesselspeisewasservorwärmung genutzt wird. Verbrennungsmotoren mit Diesel oder Benzin als Treibstoff werden für Pumpen von Sprinkleranlagen und für stationäre oder transportable Feuerlöschpumpen eingesetzt.

### 3.3.15.2  Elektromotoren

Die Grundlagen der Elektrotechnik und für elektrische Antriebe werden vorausgesetzt. Es sollen hier nur die wichtigsten Hinweise zur richtigen Auswahl des Motors und zur Schaltung und Drehzahlregelung behandelt werden. Für die Bemessung und Auswahl des Motors ist die erforderliche Leistungsaufnahme der Pumpe, die sogenannte Wellenleistung, zu berechnen (siehe Beispiel 3.15 oder Gl. 3.17). Der Motor ist dann passend zur Pumpenbauart und zur vorgesehenen Aufstellung aus den Listen der Hersteller nach folgenden Kriterien auszuwählen.

*Bauform*
Die Bauformen sind nach DIN IEC 34 T7 genormt. Für Sockelpumpen wird die Bauform IMB3 mit einem Wellenende für die Kupplungsmontage und Fußflanschen eingesetzt. Für Blockpumpen verwendet man den Anflanschmotor IMB 5 oder IMB 14 mit Motorlaterne nach Abb. 3.34.

*Leistung*
Die Motorleistung muss in der Regel 10 bis 20% höher sein als die benötigte Leistung an der Pumpenwelle, damit das Anlaufen möglich ist. Besonders bei Heißwasser-Umwälzpumpen und Kesselspeisepumpen ist der Motor so zu bemessen, dass er auch mit kaltem Wasser von 15 oder 20 °C die geforderte Fördermenge erbringt und nicht überlastet wird.

*Schutzart*
Die Schutzart ist nach DIN 40050 genormt. Das Kurzzeichen für die Schutzart setzt sich aus zwei Ziffern zusammen, wobei die erste Kennzahl für den Berührungsschutz und für den Schutz gegen eindringende Fremdkörper gültig ist. Die zweite Kennzahl dient zur Kennzeichnung des Spritzschutzes, der das Eindringen von Wasser in den Motor verhindert. Für den Anlagenbau sind die Schutzarten IP 44 und IP 55 üblich.

**Abb. 3.70** Schaltbild für den
Kondensator bei
Wechselstrommotoren

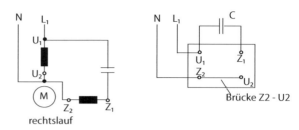

rechtslauf

Brücke Z2 - U2

*Zulässige Umgebungstemperatur*
Die Motorleistung, die vom Hersteller angegeben wird und auf dem Typenschild steht, gilt für maximale Umgebungstemperaturen von 40 °C, bei höheren Temperaturen in der Heizzentrale oder Unterstation reduziert sich die Leistung nach Abb. 3.70. Für besondere Bedingungen, z. B. Explosionsschutz, sind besondere Bauarten erforderlich.

*Netzbedingungen*
Vorhandene Netzart Zweiphasen-Wechselstrom oder Drehstrom. Anschlussspannungen, Netzfrequenz und zulässige Betriebswerte wie Anlaufstrom und Leistungsfaktor.

*Isolierklasse*
Die Isolierklasse ist nach VDE 0530 auszuwählen und enthält die zulässige Erwärmung der Wicklung und die zulässige Grenztemperatur der Bauteile (siehe Tab. 3.3).
  Im Anlagenbau ist es aber allgemein üblich, dass die Pumpe vom Hersteller als komplette Einheit, z. B. als Rohreinbaupumpe oder als komplett montierte Sockelpumpe, bestehend aus Pumpe, Kupplung und Motor auf einer gemeinsamen Grundplatte bestellt und geliefert wird. Rohreinbaupumpen für kleine Heizungsanlagen werden sowohl mit Phasenwechselstrommotoren als auch mit Drehstrommotoren geliefert. Der Kondensator dient zur Phasenverschiebung und erzeugt das benötigte Drehfeld. (Abbildung 3.71 zeigt das Schaltbild und den Anschluss des Motors).
  Pumpen mit höheren Antriebsleistungen werden für den Betrieb mit einer Drehzahl mit einem Drehstrom-Kurzschluss-Läufer-Motor (oder auch Käfigläufer-Motor genannt) ausgerüstet. Üblich sind Motoren mit 1 oder 2 Polpaaren, also für Drehzahlen von 2.900 oder 1.450 Upm. Die Drehzahl richtet sich nach der Aufgabe bzw. dem Betriebsprogramm der Pumpe oder dem Schaltprogramm der Versorgungsanlage. Bei einem Drehstromnetz von 50 Hz ergeben sich je nach Anordnung von einem oder mehreren Polpaaren im

**Tab. 3.3** Grenzübertemperatur in °C nach VDE 0530 für verschiedene Isolierklassen

| Isolierklasse | B | F | H |
|---|---|---|---|
| Grenzübertemperatur in °C | 130 | 155 | 180 |
| Wicklungserwärmung in °C | 80 | 100 | 125 |

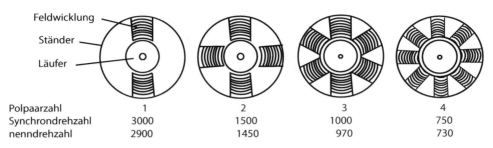

| Polpaarzahl | 1 | 2 | 3 | 4 |
|---|---|---|---|---|
| Synchrondrehzahl | 3000 | 1500 | 1000 | 750 |
| nenndrehzahl | 2900 | 1450 | 970 | 730 |

**Abb. 3.71** Kurzschlussläufer mit 1 bis 4 Polpaaren

feststehenden Teil (Motorständer) Nenndrehzahlen nach der Beziehung

$$n = \frac{f}{p} \cdot 60,$$

darin ist f die Netzfrequenz und p die Anzahl der Polpaare.

Sobald der Strom eingeschaltet wird, läuft bei einer zweipoligen Maschine ein Drehfeld von 3.000 Upm und bei einer vierpoligen Maschine (2 Polpaare) ein Drehfeld mit der Synchrondrehzahl von 1.500 Upm. Die noch stillstehenden Ankerspulen werden von diesem Feld durchsetzt. Entsprechend dem Lenzschen Gesetz wird in jeder Ankerspule ein Drehmoment erzeugt. Der Anker läuft dann dem Drehfeld im Drehsinn hinterher. Die Ankerumdrehungen nähern sich im Leerlauf der Synchrondrehzahl. Unter Last ergeben sich jedoch ein Drehzahlschlupf und die sogenannte Nenndrehzahl bei Nennleistung des Motors. Bei der Synchrondrehzahl ist das Drehmoment des Motors etwa Null. Bei der Nenndrehzahl verfügt der Motor über das angegebene Nenndrehmoment.

Abbildung 3.72 zeigt das Schema des Ankers mit den Polpaaren 1 bis 4 und des Läufers für einen Kurzschlussläufermotor für die in der Praxis am meisten genutzten Nenndrehzahlen. Wenn das Lastmoment zu groß ist oder die anzutreibende Pumpe festsitzt, dann entsteht im stillstehenden Läufer und in den Ständer- oder Feldwicklungen eine zu hohe Spannung und ein zu hoher Stromfluss, es kommt zum Kurzschluss oder zu einem Durchbrennen der Wicklungen. Zur Vermeidung von Motorschäden wird der Motorstromkreis mit Sicherungen und einem Leistungsschutzschalter ausgeführt. Der Drehmomentverlauf beim Anlassen des Motors ist von der Magnetisierungskurve des verwendeten Dynamoblechs und von der Nutausbildung und der Nutfüllung in der Ständer- und Läuferwicklung abhängig. Für den Antrieb von Kreiselpumpen wird der Kurzschlussläufermotor als Doppelkäfigläufermotor bevorzugt. Bis 3 KW Leistung ist in den meisten Versorgungsnetzen die direkte Einschaltung erlaubt. Der Einschaltstrom erreicht beim Einschalten einen Einschaltstoß, der etwa 4- bis 5-mal so hoch ist wie die Nennstromstärke des Motors. Motoren mit größerer Leistung als 3 kW werden in der Regel mit einer automatischen Sterndreieckanlaufschaltung angefahren.

Abbildung 3.73 zeigt den Anschluss des Motors. Zwischen den Leitern $L_1$ bis $L_3$ liegt die Spannung von 400 V/Sternschaltung, zwischen den Leitern und dem Sternpunkt als dem Nullleiter liegen 250 V Spannung. Bei der Stern-Dreieckschaltung wird der Motor

**Abb. 3.72** Anschluss bzw.
Klemmenplan für den
Direktanlauf des
Kurzschluss-Läufermotors

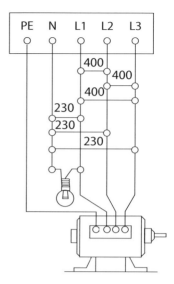

**Abb. 3.73** Stromaufna-
hmeverlauf bei Stern- und
Dreieckschaltung,
B1 = Umschaltpunkt

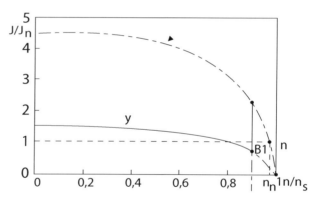

also zuerst mit der geringeren Spannung angefahren, und erst wenn er die Nenndrehzahl
erreicht hat, erfolgt die Umschaltung auf Dreieckbetrieb mit der hohen Betriebsspannung
von 400 V. Bei der Stern-Dreieckschaltung wird in Sternschaltung und beim Umschalten
auf Dreieck der Anlaufstrom in Höhe des 1,5- bis 2,5-fachen Nennstroms aufgenommen.
Es fallen keine überzogenen Stromspitzen an, und die Abrechnung mit dem Stromver-
sorgungsunternehmen fällt günstiger aus. Außerdem werden die Pumpe und der Motor
weniger beansprucht.

Die Schaltung kann direkt über Tastschalter erfolgen oder über einen Handautomatik-
schalter Ein-Aus. Bei „Ein" erfolgt eine automatische Stern-Dreieck-Einschaltung und bei
„Aus" eine Abschaltung. Wird die Pumpe von einem Programm gesteuert und nur unter
bestimmten Bedingungen oder zu bestimmten Zeiten über eine DDC-Unterstation ge-

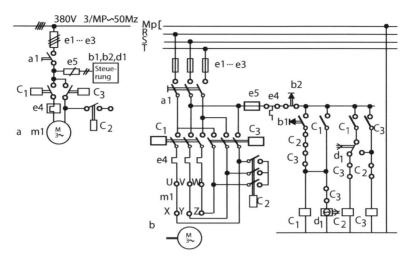

**Abb. 3.74** Tastschalterbetätigte automatische Stern-Dreieckschaltung

schaltet, dann ist der Schalter auf Automatik zu stellen. Abbildung 3.75 zeigt den Schaltplan mit Schaltschützen für den Kraftstrom und Hilfsschützen für den Steuerstrom.

Soll der Motor stufenweise mit mehreren Drehzahlen betrieben werden, dann ist, je nach Anzahl der Drehzahlstufen, ein Motor mit mehreren Polpaaren einzubauen. Für den polumschaltbaren Motor sind wie bei der Stern-Dreieckschaltung auch acht Leitungen bzw. ein achtadriges Kabel zwischen Schaltschrank und Motor zu verlegen. Abbildung 3.76 zeigt das Schaltbild für eine Tastschaltersteuerung, die aber auch mit Hilfsschützen anstelle der Tastschalter und mit Wirkdruckgebern automatisch gesteuert werden kann (Abb. 3.74).

Wenn eine stufenlose Drehzahlregelung gefordert wird, dann kann auch der Kurzschlussmotor als Antriebsmotor gewählt werden. Der Motor ist dann aber in seiner Leistung etwa 20% überzudimensionieren und kann so mit einer Frequenzsteuerung stufenlos von der Maximaldrehzahl bis auf 25% der Maximaldrehzahl heruntergefahren werden. Für den Antrieb von einzelnen Pumpen liefert die Fa. Danfoss seriengefertigte Baureihen. Abbildung 3.77 zeigt einen Auszug der Typenreihe für Motorleistungen von 2,8 bis 44 KW. Es handelt sich um einen Frequenzumrichter mit Stromzwischenkreis. Der Stromzwischenkreis ist ein Gleichstrom, der lastabhängig eingestellt wird. Abbildung 3.77 zeigt das vereinfachte Schaltbild mit Erklärungen. Ein Frequenzumrichter wandelt die Netzwechselspannung in eine Gleichspannung um und diese Gleichspannung in eine Wechselspannung mit variabler Amplitude und Frequenz. Diese Spannung ermöglicht eine stufenlose Drehzahlregelung normaler Drehstrom-Asynchronmotoren.

Die Frequenzumformer können an eine DDC-Unterstation zur Steuerung und Überwachung der Leitwarte angeschlossen werden. Bei der Auswahl der Frequenzregeleinrichtungen sind die besonderen Bedingungen und das Betriebsverhalten wie Störung und Leistungsabfall bei hohen Raumtemperaturen, Netzrückwirkung durch Oberwellen und

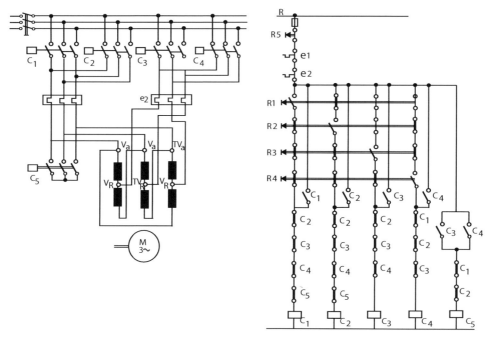

**Abb. 3.75** Dahlanderschaltung mit Kraftstromschützen und Tastschaltern

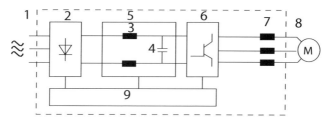

**Abb. 3.76** Vereinfachtes Schaltbild für den Umrichter mit Zwischenstromkreis *1*) Netzspannungsversorgung, *2*) Gleichrichter, *3*) Zwischenkreisdrosseln, *4*) Zwischenkreiskondensatoren, *5*) Zwischenkreis, *6*) Wechselrichter, *7*) Motorspulen, *8*) Ausgang, *9*) Steuerkarte

Störungen an anderen Anlagen (z. B. medizinische Geräte in Kliniken), Vibrationen, galvanische Trennung und zu hohe Spitzenspannung am Motor zu beachten und mit dem Lieferanten und Anlagenhersteller abzustimmen.

### 3.3.15.3  Dampfturbinen

Dampfturbinen stellen die ideale Antriebsmaschine für eine Umwälzpumpe dar. Als Treibdampf kann auch „Niederdruckdampf" von 0,5 bar Überdruck eingesetzt werden, der in der Turbine auf 0,1 bar Überdruck entspannt wird und danach zur Aufheizung des Heizungsrücklaufs von 70 auf 90 °C dient.

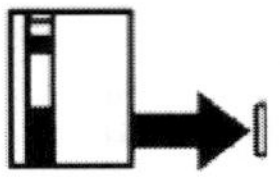

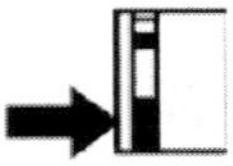

| VLT Typ | Bezeichnung | Einheit | 3502 | 3504 | 3505 | 3508 | 3511 | 3516 |
|---|---|---|---|---|---|---|---|---|
| Quadratische Belastung (KD) | $I_{VLT,N}$ | [A] | 2,8 | 5,6 | 7,3 | 13 | 16 | 24 |
| Ausgangsstrom | $S_{VLT,N}$ | [kVA] | 2 | 4 | 5 | 9,3 | 11,5 | 17,2 |
| Typ. Wellenleistung | $P_{VLT,N}$ | [kW] | 1,1 | 2,2 | 3 | 5,5 | 7,5 | 11 |
| Max. Leitungsquerschnitt | | [mm²] | 2,5 | 2,5 | 2,5 | 2,5 | 2,5 | 16 |
| Max. Motorkabellänge | | [m] | 300, mit abgeschirmten Kabeln: 150 | | | | | |
| Ausgangsspannung | $U_M$ | [%] | 0-100 der Netzspannung | | | | | |
| Ausgangsfrequenz | $f_M$ | [Hz] | 0-120 | | | | | |
| Motor-Nennspannung | $U_{M,N}$ | [V] | 380/400/415 | | | | | |
| Motor-Nennfrequenz | $f_{M,N}$ | [Hz] | 50/60/87/100 | | | | | |
| Temperaturschutz | | | Eingebauter Motemp.eraturschutz (elektr.) | | | | | |
| Schalten dem Ausgang | | | Unbegrenzt (häufiges Schalten vermeiden) | | | | | |
| Rampetider | | [s] | 0,1 - 3600 | | | | | |
| Max. Eingangsstrom | $I_{L,N}$ | [A] | 2,8 | 5,6 | 7,3 | 13 | 16 | 24 |
| Max. Leitungsquerschnitt | | [mm²] | 2,5 | 2,5 | 2,5 | 2,5 | 2,5 | 16 |
| Max. Vor-Sicherung | | [A] | 16 | 16 | 16 | 25 | 25 | 50 |
| Netzspannung | $U_M$ | [V] | 3 x 380/400/415±10% (VDE 0160) | | | | | |
| Netzfrequenz | $f_M$ | [Hz] | 50/60 | | | | | |
| Leistungsfaktor/cos ? | | | 0,9/1,0 | | | | | |
| Wirkungsgrad | | | 0,96 bei 100% Belastung | | | | | |
| Schalten dem Eingang | | | Anzahl/min.: 5 | | | | | |
| Funkentstörung (mit abgeschirmten Motorkabeln) | | | VLT Typ 3502-16 HV-AC: Gemäß VDE 0875 | | | | | |
| Größe/Gewicht | IP 00 | [kg] | 1,0/7,4 | 1,0/7,4 | 1,0/7,4 | 1,4/12 | 1,5/14 | - |
| | IP 20 | [kg] | - | - | - | - | - | 2,0/25 |
| | IP 21 | [kg] | 1,1/8 | 1,1/8 | 1,1/8 | 1,6/13 | 1,6/15 | |
| | IP 54 | [kg] | 1,3/11 | 1,3/11 | 1,3/11 | 1,6/14 | 1,6/15 | 1,7/34 |
| Verlustleistung/max. Belastung | | [W] | 60 | 100 | 130 | 280 | 300 | 425 |
| Kapslingsgrad | | | VLT Typ 3502-11 HV-AC: IIP00/IP21/IP54 | | | | | |
| Umbungstemp. (Gemäß VDE0160) | | [°C] | -10 -> +40 bei Betrieb mit voller Belastung | | | | | |
| | | [°C] | -25 -> +70 bei Lagerung/Transport | | | | | |
| VLT-Schutz | | | Erd- und Kurzschlußsicher | | | | | |

**Abb. 3.77** Technische Daten der Baureihe VLT (Fa. Danfoss)

**Beispiel 3.16**

Wenn die Pumpe aus Beispiel 3.15 mit $P_k = 11,2$ KW mit einer ND-Dampfturbine angetrieben werden soll, dann errechnet sich die erforderliche Dampfmenge nach Kap. 1 und wie dort in Beispiel 1.1 gezeigt nach der Beziehung

$$11,2 \text{ kW} \cdot 3.600 \frac{s}{h} = \eta_i \cdot \eta_m (h''_1 - h''_2) \cdot \dot{m} \left[ \frac{kJ}{h} \right],$$

darin ist $\eta_i$ der innere oder thermische Wirkungsgrad der Turbine und $\eta_m$ der mechanische Wirkungsgrad. Der Dampfdruck am Eintritt in die Turbine beträgt ca. 1,4 bar oder 0,4 bar Überdruck und $h''_1$ nach der Dampftafel $= 2.690, 3$ kJ/kg. Der Dampfdruck am Austritt beträgt 1,1 bar und $h''_2 = 2.679, 6$ kJ/kg.

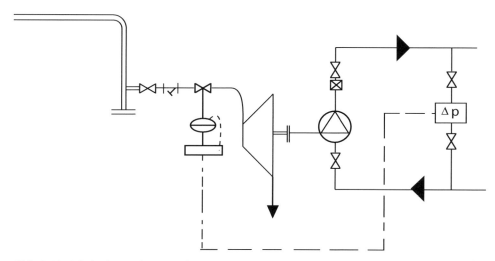

**Abb. 3.78** Schaltschema der Umwälzpumpe mit Dampfturbine

Mit $\eta_i = 0,5$ und $\eta_m = 0,8$ errechnet sich die benötigte Dampfmenge zu:

$$\dot{m} = \frac{3.600 \cdot 11,2}{0,5 \cdot 0,8(2.690,3 - 2.679,6)} = 9.420 \text{ kg/h}.$$

Die Wärmeleistung im Kondensator für die Heizungsaufheizung beträgt $2.679,6 - c_p \cdot \vartheta_W$ mit $c_p$ für Wasser von 100 °C $= 4,126$ kJ/kg wird (Abb. 3.78)

$$Q = (2.679,6 - 412,6) \cdot 9.420 = 21.355.140 \text{ kJ/h } oder \text{ } 5.931 \text{ kW}.$$

Die Umwälzpumpe kann differenzdruckabhängig mit einem Dampfdrosselventil entlang der Rohrnetzkennlinie drehzahlgeregelt gefahren werden.

Abbildung 3.80 zeigt einen Schnitt durch eine Dampfturbine für Hochdruckdampf bis ca. 50 bar, PN64 mit im Detail dargestellter Lavaldüse, Umlenkschaufeln und Laufrad. Die Turbine kann als Gegendruckmaschine zum Antrieb einer HD-Kesselspeisepumpe in einem Industrieheizkraftwerk zum Einsatz kommen. Abbildung 3.80 zeigt das Betriebskennfeld für den Wirkungsgradverlauf $\eta_i$ und $\eta_m$ und den Momentenverlauf in Abhängigkeit von Leistung und Dampfdurchsatz.

### 3.3.15.4  Verbrennungsmotoren

In Abb. 1.40 wurde schon das Energieflussdiagramm eines Verbrennungsmotors, dort z. B. für ein BHKW, gezeigt. Verbrennungsmotoren können je nach Größe, Bauart und Treibstoffnutzung Wirkungsgrade von 32 bis 35% erreichen. Der mechanische Wirkungsgrad liegt zwischen 70 und 80%, so dass sich der Gesamtwirkungsgrad zu ca. 33% ergibt. Verbrennungsmotoren als Antriebsmaschinen für Pumpen kommen in der Energiewirtschaft nur selten zum Einsatz. Bei stationären Pumpen beschränkt sich der Einsatz auf

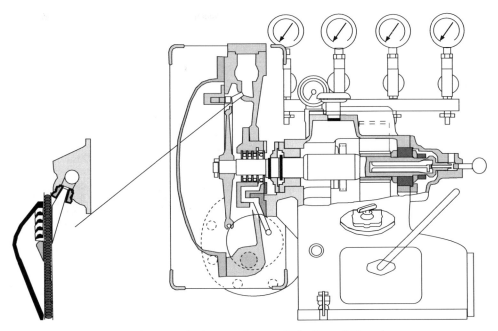

**Abb. 3.79** Schnitt durch die Dampfturbine, nach Fa. Kühnle, Kopp & Kausch

**Abb. 3.80** Kennlinienfeld der
Dampfturbine –
Gegendruckbetrieb

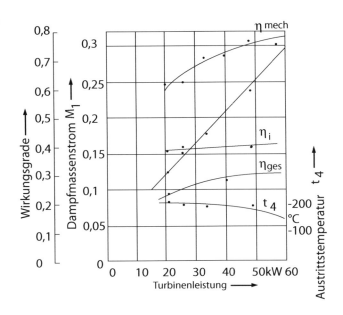

Sprinklerpumpen und Feuerlöschpumpen. In diesem Einsatzgebiet müssen der Motor, die Schaltung und der Aufbau der Anlage die technischen Vorschriften, z. B. VDI-Richtlinien, und Auflagen der Bauaufsicht erfüllen.

Wenn ein Industriebetrieb außerhalb Europas versichert ist, müssen auch die Auflagen dieser Versicherung erfüllt werden. Die Bauvorschriften beziehen sich insbesondere auf den automatischen Start und die Startzeit, die Vorhaltung der Treibstoffmenge und die Einhaltung des Wasserhaushaltsgesetzes. Die Anlage ist abnahmepflichtig durch den TÜV. Bei der Fundamentausbildung ist wie bei allen Kolbenmaschinen besonders sorgfältig vorzugehen. Hierzu gehört auch die Beachtung der kritischen Drehzahl sowie Schallschutz und Brandschutz des Raumes und der gesamten Anlage im Gebäude. Die Abgasleitung kann bei längeren Laufzeiten hohe Temperaturen erreichen. Dehnungselemente und Fixpunkte müssen richtig angeordnet werden und die Leitung ist, den Vorschriften entsprechend, insgesamt und bei Durchtritt durch Wände und Decken zu dämmen.

## Literatur

Herning E, Martin R, Stohrer M (1985) Physik für Ingenieure. VDI, Deutschland
KSB (1959) Pumpen-Handbuch, 3. Aufl
Scholz G (2012) Rohrleitungs- und Apparatebau, Kapitel 1. Springer, Heidelberg
Schulz H (1977) Die Pumpen. Springer, Berlin

# Wärme- und Dampferzeuger, einschließlich Feuerungseinrichtungen und Brennstofflager

**4**

## 4.1 Einleitung

Wärme- und Dampferzeuger stellen das wichtigste Bauteil von Anlagen dar, die zur Versorgung mit HD-Dampf bzw. Wärmeenergie oder zur Stromerzeugung in einem Dampfkraftprozess benötigt werden.

Im vorliegenden Kapitel werden zunächst die Bezeichnungen beschrieben, gefolgt von den gebräuchlichsten Bauarten und Bauteilen von Wärme- und Dampferzeugern. Anschließend werden die Grundlagen der Verbrennung behandelt und die Berechnungsgleichungen für feste, flüssige und gasförmige Brennstoffe dargestellt.

Die für die Berechnung der Feuerungseinrichtungen und des Feuerungsraums benötigten spezifischen Werte werden in Form von Tabellen und Arbeitsblättern zur Verfügung gestellt und deren Anwendung in einem Beispiel gezeigt. Die Kenn- und Garantiewerte sowie die spezifischen Richtwerte für die Bemessung des Feuerungsraums wurden aus der Leistungsbilanz hergeleitet und als Erfahrungswerte in Tabellen zusammengestellt. Die Feuerungseinrichtungen, deren Funktion und die Regelung bei Teillastbetrieb werden für die verschiedenen Brennstoffe und im Zusammenhang mit den jeweils dafür geeigneten Kesselkonstruktionen und Kesselausrüstungen beschrieben. Für die überschlägige Bemessung oder Nachrechnung der erforderlichen Vorwärme-, Verdampfungs- und Überhitzungsheizflächen werden in Tab. 4.10 die hierfür bekannten und bewährten Wärmedurchgangzahlen genannt. Die Anwendung und Durchführung der Berechnung wird anhand eines Beispiels gezeigt. Die Berechnung des Wasser- und Dampfkreislaufs im Kessel und die Festigkeitsberechnungen dieser Bauteile werden nur beschrieben; auf die spezielle Literatur hierzu wird hingewiesen.

Abschließend werden die Lagerung und Versorgung von festen, flüssigen und gasförmigen Brennstoffen behandelt. Die Ausbildung der Lagerbunker oder Lager-tanks und deren Kapazitätsermittlung sowie die bei der Planung und Ausführung einzuhaltenden Baurichtlinien und Vorschriften werden genannt und deren Handhabung für die Ein-

G. Scholz, *Heisswasser- und Hochdruckdampfanlagen*,
DOI 10.1007/978-3-642-36589-8_4, © Springer-Verlag Berlin Heidelberg 2013

reichung der Genehmigungsanträge erläutert. In diesem Zusammenhang werden auch die für das Genehmigungsverfahren zur Aufstellung und Ausrüstung von Dampf- und Heißwassererzeugern geltenden Vorschriften angeführt.

## 4.2   Wärme- und Dampferzeuger

### 4.2.1   Allgemeine Beschreibung

Wärmeerzeuger oder Kessel bzw. Druckbehälter, in denen Wasser erhitzt und verdampft wird, werden auch als Heizkessel oder Dampfkessel bezeichnet.

Im folgenden Abschnitt werden Heizkessel und Druckgefäße, in denen Wasser bis zu $100\,°C$ erwärmt wird, Heizungskessel genannt.

Heizkessel und Druckgefäße, in denen Heißwasser auf mehr als $100\,°C$ erwärmt wird, sind Heißwassererzeuger.

Dampferzeuger sind Kessel, die nicht vollständig mit Wasser gefüllt sind, also über einen Dampfraum oder eine Dampftrommel verfügen, worin Wasser unter dem zulässigen Betriebsdruck verdampft.

Bei einem Betriebsdruck bis 0,5 bar Überdruck handelt es sich um Niederdruckdampferzeuger, bei Betriebsdrücken über 0,5 bar Überdruck um Hochdruckdampferzeuger.

Weitere Klassifizierungskriterien sind:

a. Größe
   - Kleindampferzeuger und Zwergdampfkessel
   - Flammrohr-/Rauchrohr-Kessel
   - Industriekessel
   - Kraftwerkskessel
b. Brennstoff
   - Ölkessel
   - Gaskessel
   - Kohlekessel
   - Müllverbrennungskessel
   - Abhitzekessel
c. Feuerungsart bei festen Brennstoffen
   - Trockenfeuerung
   - Staubfeuerung
   - Schmelzfeuerung
   - Rostfeuerung
   - Wirbelschichtfeuerung

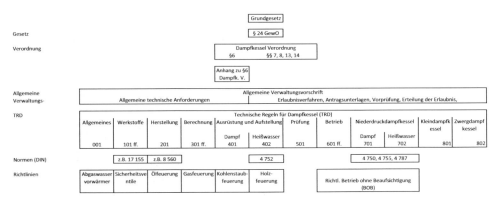

**Abb. 4.1** Gliederung der Dampfkesselverordnung mit den bisher geltenden und anerkannten Regeln

d. Bauart
 – Großwasserraumkessel
 – Wasserrohrkessel in Schräg- oder Steilrohrausführung
   – Naturumlaufkessel
   – Zwangsumlaufkessel
   – Zwangsdurchlaufkessel

Aus der vorstehenden Klassifizierung ergibt sich, dass die Bezeichnungen Kessel und Wärmeerzeuger oder Dampfkessel und Dampferzeuger in der Praxis üblich sind und auch in Zukunft im Sprachgebrauch weiterhin nebeneinander existieren werden.

Auch der Gesetzgeber hat die alte Bezeichnung „Dampfkessel" in den Verwaltungsvorschriften und „Technischen Regeln für Dampfkessel" (TRD) beibehalten, nach den Vorschriften, Normen und Richtlinien, wie in Abb. 4.1 dargestellt, gegliedert und für die Genehmigungsverfahren in einem Schema nach Abhängigkeiten und Zuständigkeiten geordnet.

### 4.2.2 Heizungs- und Heißwasserkessel

Heizungskessel und Heißwassererzeuger bestehen aus folgenden Bauteilen:

a. Feuerraum
  Hier verbrennt der Brennstoff und die Flamme sowie die heißen Brenngase oder Rauchgase übertragen die Wärme durch Strahlung und Konvektion an die wassergekühlten Feuerraumwände oder an die Umwandung des Flammenrohres.
b. Kesselkörper mit Rauchgaswegen
  Neben dem Feuerraum besteht der weitere Kesselkörper aus den Rauchgaswegen oder Rauchrohren. In diesem Bereich werden die Rauchgase weiter abgekühlt und die

**Abb. 4.2** Heizungs-
spezialkessel für Gas- und
Heizölfeuerung

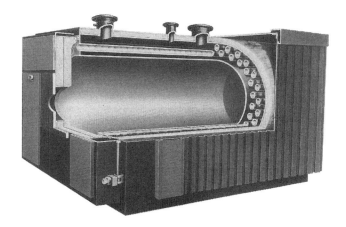

Wärme wird an das Heizungswasser übertragen. Der Heizungskessel und der Heizwassererzeuger sind vollständig mit Wasser aus dem Heizungssystem gefüllt und stehen
unter einem höheren Betriebsdruck als der zur maximalen Heizungswassertemperatur
gehörende Verdampfungs- oder Sattdampfdruck.

Der Betriebsdruck wird durch ein Membranausdehnungsgefäß oder durch eine Druckhaltanlage nach DIN 4751 und DIN 4752 aufrechterhalten.

Die Ausbildung des Feuerraums ist von dem zum Einsatz kommenden Brennstoff, von
der Art der Brennstoffaufgabe und der Art der Entaschung bei festen Brennstoffen abhängig. Auch die Kesselbauart (Großraumkessel oder Wasserrohrkessel) hat einen Einfluss auf
die Gestaltung des Feuerraums und der weiteren Rauchgaswege. Abbildung 4.2 zeigt einen
Heizungskessel, der für den Brennstoff Heizöl EL oder Erdgas konstruiert ist. Es handelt
sich um einen Spezialkessel, der für eine Überdruckfeuerung nach DIN 4702 und TRD 702
bzw. 701 ausgelegt ist.

Er ist geeignet zum Einsatz in Heizungsanlagen nach DIN 4751, Teil 1 und 2, mit
zulässigen Vorlauftemperaturen bis max. 120 °C (Absicherungsgrenze) und einem zulässigen Gesamtüberdruck von max. 6 bar (effektiv erreichbare Vorlauftemperatur ca. 105 bis
110 °C).

Die Bauartzulassung entsprechend DampfkV und TRD ist erteilt. Der Leistungsbereich
umfasst 800 bis 8000 kW.

Unter der Bezeichnung Omnimat 16 PG sind der Niederdruck-Heißwasserkessel
und unter der Bezeichnung Omnimat 16 PGA der Niederdruck-Heißwasserkessel mit
integriertem Abgaswärmenutzer im Handel erhältlich.

Die Kessel sind gekennzeichnet durch eine zylindrische Brennkammer als Umkehrbrennkammer mit einer die Flamme umhüllenden Rückströmung der Rauchgase.

Dies bietet optimale Bedingungen für einen vollständigen Brennstoffausbrand. Die
Feuerraumvolumenbelastung liegt bei allen Kesselgrößen bei $\leq 1$ MW/m$^3$. Damit sind
die wichtigsten Voraussetzungen für einen umweltfreundlichen Kesselbetrieb gegeben.

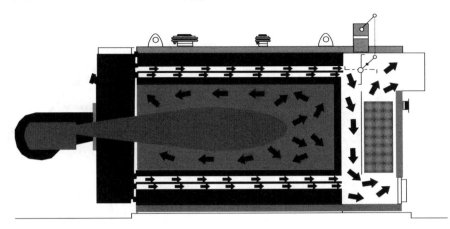

**Abb. 4.3** Flammen- und Rauchgasführung im Heizungsspezialkessel für Gas- und Heizölfeuerung

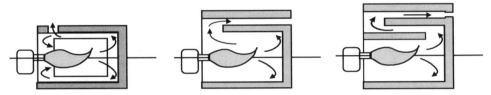

**Abb. 4.4** Flammen- und Rauchgasführung bei der Einwegflamme und beim Zweizug- und Dreizugkessel

Die Nachschaltheizfläche besteht aus einem durch Turbulenzrohre gebildeten Rauchgaszug. Die Turbulenzrohre verbinden den Vorteil des glatten Rohrs mit der erhöhten Wirksamkeit durch integrierte turbulenzerzeugende Einbuchtungen. Durch die hochwirksame Rohrheizfläche wird eine Annäherung der Heizflächenbelastungen zwischen Brennkammer und Nachschaltheizfläche erreicht. Die Rohre sind konzentrisch um die Umkehrbrennkammer angeordnet. Auf ungekühlte Einbauten in den Heizflächen wurde zugunsten einfachster Wartung und gleichbleibend hoher Wirtschaftlichkeit bewusst verzichtet.

Der erreichbare Kesselwirkungsgrad liegt bei 93 bis 95 % bei erreichbaren Abgastemperaturen von 170 bis 110 °C. Die Flammen- und Rauchgasführung zeigt Abb. 4.3. Anstelle der Umkehrbrennkammer sind auch das Prinzip der Einwegflamme und die Rauchgasführung als Zweizug- oder Dreizugprinzip, wie in Abb. 4.4 dargestellt, üblich.

Spezielle Heizungskessel sind weiter der Niedertemperaturheizkessel und der Brennwertkessel.

Der Niedertemperaturkessel wird mit maximalen Heiztemperaturen von 70 bis 80 °C betrieben und kühlt das Rauchgas insbesondere in der Übergangszeit und am Ende der

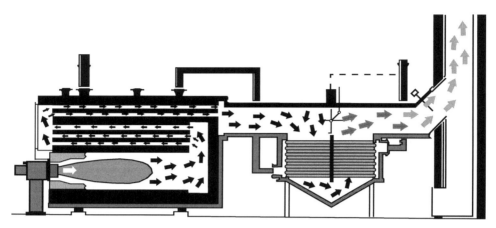

**Abb. 4.5** Heizkessel mit nachgeschaltetem Rauchgaskühler

Heizperiode sehr stark ab. Dies geschieht durch einen im Kessel oder außerhalb des Kessels vorhandenen korrosionsbeständigen Wärmeaustauscherblock nach Abb. 4.5.

Der Brennwertkessel wird für maximale Heizungstemperaturen von 55 bis 65 °C ausgelegt und ohne Rücklauftemperaturanhebung in den Heizkreis geschaltet. Die Rauchgase werden in der Übergangszeit und am Ende der Heizperiode bis auf 40 °C und darunter abgekühlt. Alle rauchgasseitigen Kesselteile sind aus Edelstahl hergestellt. Mit diesen Heizkesseln werden Nutzungsgrade von 96 bis 108 %, bezogen auf den unteren Heizwert $H_u$, erreicht, weil der in den Rauchgasen enthaltene Wasserdampf kondensiert und die Kondensatwärme zur Gebäudeheizung genutzt werden kann. Abbildung 4.6 zeigt den Brennwertkessel der Fa. Vissmann im Teilschnitt, im Schnitt und in Rückansicht.

Das während des Heizungsbetriebs sowohl im Brennwertkessel als auch in der Abgasleitung anfallende saure Kondenswasser ist vorschriftsmäßig abzuleiten. Es hat bei Gasfeuerung pH-Werte zwischen 3 und 4.

Im ATV-Arbeitsblatt A251 „Kondensate aus Brennwertkesseln", das den Regeln der kommunalen Abwasserverordnungen zugrunde liegt, sind die Bedingungen für das Einleiten von Kondenswasser aus gasbefeuerten Brennwertkesseln in das örtliche Kanalnetz festgelegt.

Das aus dem Brennwertkessel austretende Kondenswasser muss in seiner Zusammensetzung den Anforderungen des ATV-Arbeitsblattes A115 „Einleiten von Abwasser in eine öffentliche Abwasseranlage" und des Arbeitsblattes A251 entsprechen.

Gemäß ATV-Arbeitsblatt A251 ist bei Gasfeuerung von einer maximalen Kondensatmenge von 0,14 kg pro kWh Brennstoff auszugehen.

Bis zu einer Nenn-Wärmeleistung von 200 kW darf das Kondenswasser aus Gas-Brennwertkesseln in der Regel ohne Neutralisation in das öffentliche Abwassernetz eingeleitet werden.

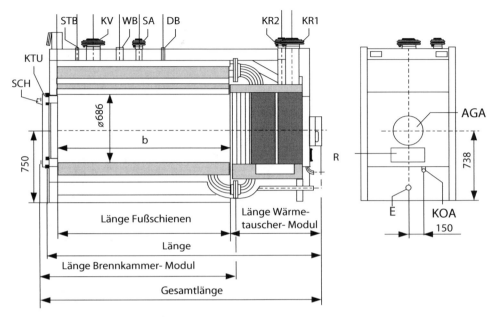

**Abb. 4.6** Brennwertkessel für Gasfeuerung mit Zeichenerklärung (Fa. Vissmann). *KR1* Kesselrücklauf 1, *KV* Kesselvorlauf, *KR2* Kesselrücklauf 2, *R* Reinigungsöffnung, *KTS* Kesseltemperatursensor, *SA* Sicherheitsanschluss, *SCH* Schauöffnung, *WB* Muffe R 2 für Wasserstandsbegrenzer, *KTÜ* Kesseltür mit Brenneranschlussflansch, lichte Weite Ø 350 mm

Das Kondenswasser aus Kesselanlagen mit Leistungen von mehr als 200 kW muss in der Regel neutralisiert werden. Es wird durch ein Neutralisationsmittel nach dem Austreten aus dem Kessel in der Neutralisationseinrichtung bzw. -anlage neutralisiert und auf einen pH-Wert von 6,5 bis ca. 9 angehoben.

Das so aufbereitete Kondenswasser darf in das Abwassernetz geleitet werden. Da der Verbrauch des Neutralisationsmittels durch das Kondenswasser von der Betriebsweise der Anlage abhängt, muss während des ersten Betriebsjahres die erforderliche Zugabemenge durch mehrmalige Kontrollen ermittelt werden. Der Verbrauch kann durch Beobachtung über einen längeren Zeitraum festgestellt werden.

Die Einleitung des Kondenswassers in die Kanalisation darf nur erfolgen, wenn die Abwasserleitung aus Kunststoff- oder Steinzeugrohren besteht.

### 4.2.3 Der Dreizug-Großraumkessel

Der Dreizug-Flammenrauchrohrkessel wird als Heißwassererzeuger, aber auch überwiegend als Niederdruck- und Hochdruckdampferzeuger gefertigt. Aus Sicherheitsgründen ist die Wärmeerzeugung oder Feuerungsleistung für ein Flammenrohr auf 37,8 GJ/h oder

**Tab. 4.1** Grenzwerte für Großraumdampferzeuger

|              | Einflammrohr | Zweiflammrohr | Einheit |
|--------------|--------------|---------------|---------|
| $p_{max}$    | 25           | 25            | bar     |
| $D_{max}$    | 3,3          | 4,2           | m       |
| Dampfleistung| 14           | 20            | t/h     |

**Abb. 4.7** Flammenrau-
chrohrkessel als
Heißwassererzeuger (**a**) und als
Dampferzeuger (**b**) mit einem
Flammenrohr für Öl- und
Gasfeuerung (Werkbild Fa.
Viessmann)

10.500 kW begrenzt. Flammenrauchrohrkessel für größere Leistungen werden daher mit zwei Flammenrohren hergestellt und erreichen dann Feuerungsleistungen von 67,2 GJ/h oder 18.700 kW, so dass mit Großraumkesseln Wärmeleistungen (bei einem Wirkungsgrad von 92 %) von 17.000 kW mit zwei Flammenrohren oder 8.500 kW mit einem Flammenrohr und bei Heizöl- oder Gasfeuerungen erreichbar sind. Die Grenzwerte für die Dampferzeuger enthält Tab. 4.1.

Abbildung 4.7 zeigt den Flammenrauchrohrkessel „a" als Heißwassererzeuger und „b" als Dampferzeuger im Teilschnitt.

Die möglichen Brennstoffzuführungen beim Flammenrauchrohrkessel sind in Abb. 4.8 dargestellt.

Aus Abb. 4.8 ist ersichtlich, dass die automatische Aufgabe von festen Brennstoffen bei kleineren Kesselleistungen bzw. bei Flammenrohren mit Durchmessern kleiner 0,8 bis 1,0 m problematisch ist und dass die Ausführung mit einem Treppenrost als Vorfeuerung und mit einem Wanderrost mit automatischer Entaschung auch einen größeren Einfluss auf die bauliche Gestaltung der Heizzentrale hat (Abb. 4.9).

Die Funktion und der Aufbau des Flammenrauchrohrkessels sind folgende:

Im Flammenrohr, welches als Well- oder Glattrohr ausgeführt sein kann, findet die Umwandlung des Brennstoffs in Wärmeenergie statt, wobei hier der größte Teil als Strahlungswärme übertragen wird. Dieser Verbrennungsraum kann der Flammenform ideal angepasst werden, wodurch eine gute Verbrennung erzielt wird. Am Ende des Flammenrohres beträgt die Temperatur der Rauchgase ca. 900 bis 950 °C. Dort befindet sich die hintere Rauchgaswendekammer. Die aus dem Flammenrohr austretenden Rauchgase werden hier in die Rauchrohre umgelenkt und beaufschlagen diese in Parallelströmung mit einer effektiven Geschwindigkeit von ca. 25 m/s. In der vorderen Wendekammer werden

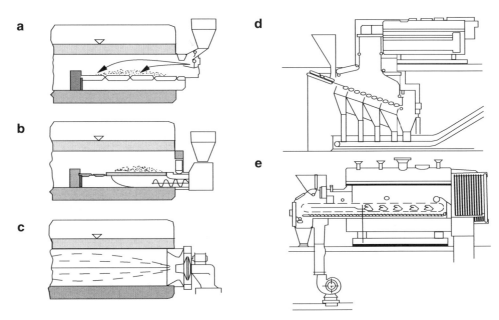

**Abb. 4.8** Mögliche Brennstoffzuführungen bei Flammenrauchrohrkesseln **a** Hand- oder Wurfbe-schicker, **b** Unterbefeuerung, **c** Gas- oder Heizölbrenner, **d** Treppenrost oder Stößel-Vorschubrost, **e** Wanderrost

**Abb. 4.9** Zweiflammenrauch-rohrkessel mit Heizölfeuerung (Werkbild Fa. Loos)

Rauchgase ein zweites Mal umgelenkt und durch die restlichen Rauchrohre nach hinten geleitet. Der Schnitt Abb. 4.7 zeigt deutlich die Lage des Flammenrohres und der Rauch-rohre sowie die geöffnete vordere Wendekammer. Die Abgastemperatur liegt bei diesen Kesseln im Normalfall ca. 60 °C oberhalb der Sattdampftemperatur. Die Nachschaltung eines Economisers als Luftvorwärmer (für die Verbrennungsluft), um die Abgastemperatur abzusenken und den Wirkungsgrad anzuheben, ist möglich.

Wird der Kessel mit einem Überhitzer ausgerüstet, so erfolgt der Einbau je nach Höhe der Dampftemperatur in der hinteren oder vorderen Wendekammer. Diese ist dann fast immer außenliegend und kann durch gasdichtverschweißte Flossenrohrwände gebildet werden. Dieses Rohrsystem ist mit am Wasserumlauf des Kessels angeschlossen. Die so ausgeführte Kammer ermöglicht nicht nur eine betriebssichere Fahrweise mit rauchgasseitigem Überdruck, sondern es findet hier gegenüber ausgemauerten Wendekammern noch eine zusätzliche Wärmeübertragung statt. Der Einbau des Überhitzers kann auch in einem parallel zum Flammenrohr angeordneten Rauchrohr mit entsprechenden Abmessungen erfolgen.

Die Überhitzertemperatur kann maximal mit 420 °C gewählt werden, was bei den erreichbaren Betriebsdrücken selten überschritten wird. Flammenrohr-Rauchrohrkessel für Heißwasserzeugung können mit einem Ausdehnungsraum im Kessel oder vollständig mit Wasser gefüllt betrieben werden.

## 4.2.4   Dreizugskessel mit eingebautem Wärmeaustauscher

Ein Dampfkessel mit zusätzlich eingebautem Wärmeaustauscher wird auch als Zweikreiskessel bezeichnet.

Entstanden ist diese Kesselausführung aus der Wärme- und Dampfversorgung von Hochhäusern.

Die damals üblichen Gusskessel waren nur für Betriebsdrücke bis 50 mWS bzw. 5 bar Überdruck zugelassen, Dampfkessel können dagegen nur bis zu einem Betriebsdruck von 0,5 bar Überdruck in Gebäuden installiert werden.

Um die Kondensatwirtschaft mit all den bekannten Nachteilen zu umgehen, wurden zunächst Niederdruck-Dampfkessel mit direkt aufgebauten Wärmeaustauschern installiert. Der in den Wärmeaustauschern auf ca. 100 °C erwärmte Heizungskreislauf konnte nach DIN 4751 mit einem hochliegenden Ausdehnungsgefäß und einem Sicherheitsventil oder Standrohr abgesichert werden. Die nachgeschalteten Heizungsgruppen wurden durch Regeleinrichtungen und Gruppenpumpen auf die gewünschte Vorlauftemperatur heruntergemischt und nach der Außentemperatur geregelt. Wenn in einem Hochhaus eine Küche mit Dampf-Kochkesseln vorgesehen war, konnte auch ein geschlossener Niederdruckdampfkreislauf hierfür zur Ausführung kommen. Voraussetzung hierfür war jedoch die Einrichtung der Küche in einem mindestens 5 m über der Heizzentrale liegenden Stockwerk. Diese Entwicklung wurde von den Kesselherstellern aufgegriffen, und es entstand der Zweikreis-Niederdruckdampfkessel.

Danach folgte der Zweikreis-HD-Dampfkessel, der vor allem im Krankenhausbau und in Kliniken zum Einsatz kommt. In Krankenhäusern mit eigener Wäscherei und Bettensterilisation wird Dampf von ca. 13 bar Überdruck und Heizungswasser für die Gebäudebeheizung benötigt. Mit dem Zweikreiskessel können beide Wärmeträger bereitgestellt werden (Abb. 4.10).

**Abb. 4.10** Zweikreiskessel mit Gasfeuerung in einer Heizzentrale

## 4.2.5 Wasserrohrkessel

Beim Wasserrohrkessel werden Wasser und Dampf in den Rohren geführt. Die Rohre bilden die Wand- und Bündelheizflächen und sind zu diesem Zweck mit Flossen versehen und als Wände verschweißt (siehe Abb. 4.11).

Die in der Feuerung frei werdende Wärme wird durch Flammen- und Gasstrahlung und auch durch Berührung (Konvektion) durch die Rohrwand an Wasser und Dampf übertragen. Kessel, bei denen der größere Teil der Wärme durch Strahlung übertragen wird, werden als Strahlungskessel bezeichnet. Grundsätzlich unterscheidet man zwischen Naturumlauf- und Zwangsumlaufkesseln (Abb. 4.12).

Beim Naturumlauf ist die treibende Kraft der Dichteunterschied $\Delta p = \Delta \rho \cdot h$, beim Zwangsumlauf erfolgt der Umlauf durch die Förderhöhe der Pumpe.

Beim Naturumlauf soll das Dichteverhältnis von $\rho_W / \rho_D = 10$ bis $50$ betragen.

Der Naturumlaufkessel hat ein gutes Teillastverhältnis und damit auch eine gute Lastregelung. Dampftrennung und Verdampfung erfolgen bei beiden Systemen in der Dampftrommel. Die Dampftrommel erhält Einbauten zur besseren Trennung und Beruhigung des Gemisches, wie in Abb. 4.13 dargestellt.

Für Industrieheizwerke, Fernheiz- oder Heizkraftwerke und für Energiezentralen von Zentralkliniken oder Unikliniken werden Heißwassererzeuger oder Dampferzeuger im Leistungsbereich von 5.000 bis 20.000 kW oder 10 $t_{Dampf}$/h bis 40 $t_{Dampf}$/h als sogenannte Kompaktkessel bevorzugt eingesetzt. Als Kompaktkessel bezeichnet man Dampf- oder Heißwasserkessel, die im Kesselwerk vollständig gefertigt und zusammengebaut werden.

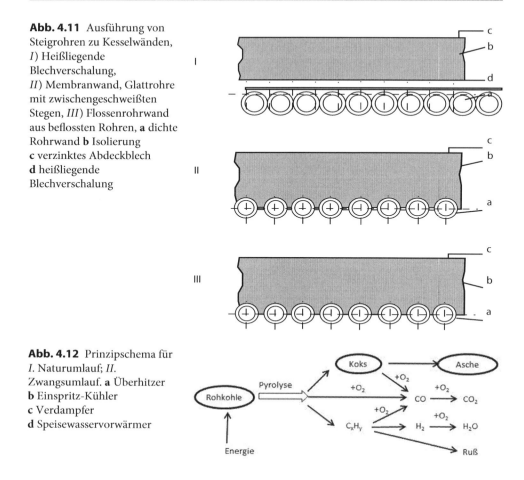

**Abb. 4.11** Ausführung von Steigrohren zu Kesselwänden, *I*) Heißliegende Blechverschalung, *II*) Membranwand, Glattrohre mit zwischengeschweißten Stegen, *III*) Flossenrohrwand aus beflossten Rohren, **a** dichte Rohrwand **b** Isolierung **c** verzinktes Abdeckblech **d** heißliegende Blechverschalung

**Abb. 4.12** Prinzipschema für *I*. Naturumlauf; *II*. Zwangsumlauf. **a** Überhitzer **b** Einspritz-Kühler **c** Verdampfer **d** Speisewasservorwärmer

Auch Wasserdruckprobe und Werksabnahme erfolgen im Herstellerwerk. Der Kessel wird dann als Sondertransport bereits verkleidet zum Einbauort transportiert, dort montiert und vollständig ausgerüstet.

### 4.2.5.1  Der Eckrohrkessel

Der Eckrohrkessel ist Wasserrohrkessel mit Naturumlauf, der etwa seit Anfang des letzten Jahrhunderts als Mehrtrommelkessel mit beheizten Fallrohren gebaut wird. Er unterscheidet sich durch seinen Aufbau (alle Fall-, Verteiler- und Sammelrohre werden zu einem stabilen, selbsttragenden Rohrkäfig verbunden) und durch die Eigenart seines Wasserumlaufs. Anhand von Abb. 4.14 sei dieser besondere Wasserumlauf kurz erläutert:

Das zu verdampfende Wasser fließt von der Trommel durch die vorderen Eckrohre (1), die gleichzeitig Fallrohre sind und die Trommel tragen, den Verteilerrohren (2) zu. Diese verteilen es auf die beheizten Verdampferrohre (4). Sammelrohre (5) nehmen das in den Verdampferrohren erzeugte Dampf-Wasser-Gemisch auf. Die Anordnung der Sammler in der Ebene des Wasserspiegels der Trommel führt zu einer Trennung des Dampf-Wasser-

**Abb. 4.13** Einbindung der Steig- und Fallrohre und Einbauten zur Dampftrennung in der Ober-
oder Verdampfungstrommel

**Abb. 4.14** Wasserumlauf
Eckrohrkessel

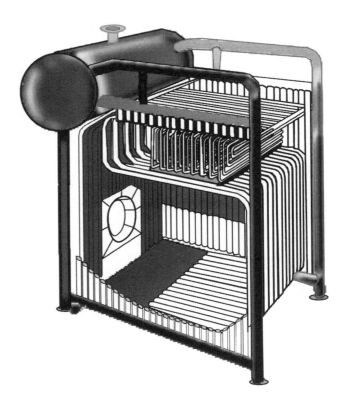

Gemischs bereits in den Sammlern, was eine erhebliche Entlastung der Trommel bedeutet.
Die Gemischtrennung wird noch unterstützt durch Dampf-Überströmrohre (6), die die
Sammler mit dem Dampfraum der Trommel verbinden. Ein Teil des abgeschiedenen
Wassers strömt durch die Sammler zur Trommel zurück, der andere Teil wird über die
hinteren Eckrohre (Rücklaufrohre) direkt der Heizfläche zur Verdampfung zugeführt.

Der Dampfraum der Kesseltrommel ist, wie das Schema zeigt, so mit dem Rohrsystem verbunden, dass der erzeugte Dampf den Wasserraum der Trommel nicht zu

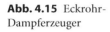
**Abb. 4.15** Eckrohr-Dampferzeuger

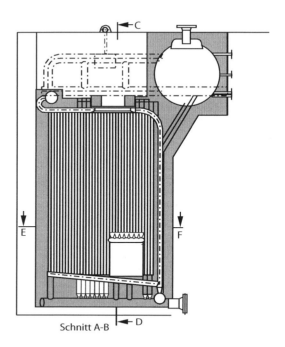

Schnitt A-B

passieren braucht. Diese besondere Führung des Dampfes im Kessel und die Ableitung von etwa der halben umlaufenden Wassermenge durch die Rücklaufrohre in die
Heizfläche bedeuten gegenüber dem herkömmlichen Naturumlaufkessel eine wesentliche
Entlastung der Trommel, erkennbar am selbst bei stark schwankender Belastung stets
ruhigen Wasserstand.

Das Ergebnis dieses Aufwands ist eine bei allen Belastungen gleiche hervorragende
Dampfqualität. Der Salzgehalt des Dampfes liegt unter 5 mg/l. Er erzeugt also praktisch
trockenen Dampf.

Der Eckrohrkessel kann auch als Sicherheits-Dampfkessel ausgeführt werden. Die
Sicherheitskriterien nach TRD 403 sind:

1. Begrenzung des Gesamtwasserinhalts des Kessels, gerechnet bis zum niedrigsten
   Wasserstand,
2. Unbeheizte Kesseltrommel und Begrenzung des Wasserinhalts der Trommel, wenn
   im beheizten Kesselteil nur Siederohre von maximal 60,3 mm äußerem Durchmesser
   verwendet werden.

Mit dem Eckrohrkessel können die Auflagen der TRD 403 bis zur Dampfleistungen von
5.000 kg/h und 32 bar Betriebsdruck erfüllt werden.

Abbildung 4.15 zeigt einen Eckrohrkessel als Eckrohr-Sicherheitskessel, gebaut für eine
Dampferzeugung von 2 t/h und 13 bar Überdruck.

**Abb. 4.16** Eckrohr-
Heißwassererzeuger

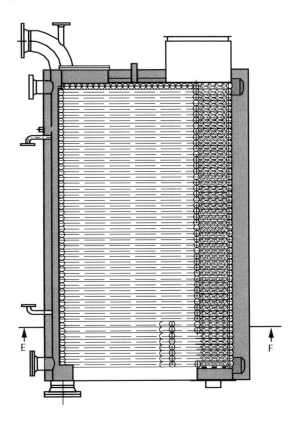

Abbildung 4.16 gibt den Eckrohrkessel als Heißwassererzeuger und als Sicherheitskessel für 3,5 MW bei 18 bar Überdruck wieder.

Für die Heißwasserzeugung stehen die Eckrohr-Sicherheitskessel bis zur zulässigen Grenzleistung von 3,5 MW (siehe Abb. 4.16) zur Verfügung. In gleicher Form werden sie als Hochdruckwärmeerzeuger bis 6 MW gebaut. Man erkennt aus Abb. 4.15 und 4.16 gut, dass die Rohrkörper von Dampf- und Heißwasserkesseln gleich aufgebaut sind. Nur funktionell nicht notwendige Teile wie Kesseltrommel, Fallrohre und Überströmrohre fehlen beim Heißwasserkessel. Dementsprechend sind die Heißwasserkessel dieser Bauart äußerst preisgünstig zu fertigen. Bei einem Betriebsdruck bis etwa 15,0 bar liegen sie mit Dreizugkesseln preisgleich, bei höherem Druck sind sie ungefähr 10 % günstiger herzustellen. Entgegen der üblichen Bauweise der Eckrohr-Heißwasserkessel sind die Sicherheitskessel nicht mit einer nachgeschalteten, an sich wärmetechnisch günstigeren Zwangsdurchlaufheizfläche versehen, da sie ohnehin sehr niedrige Abgastemperaturen – etwa 30 bis 40 K über Vorlauftemperatur – erreichen. Es sind also reine Naturumlaufkessel, und ihr Strömungswiderstand ist deshalb sehr gering.

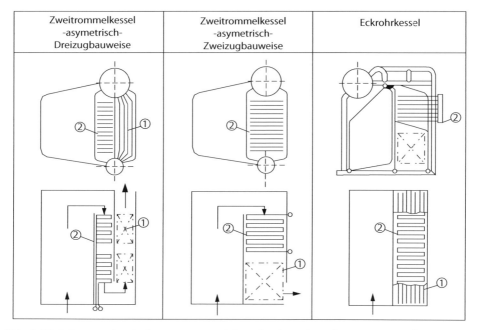

**Abb. 4.17** Schematischer Aufbau von Kompaktkesseln. *1*) Verdampferheizfläche, *2*) Überhitzer

## 4.2.5.2  Zweitrommel-Kompaktkessel

In Abb. 4.17 sind die möglichen und üblichen Kompaktkessel als Wasserrohrkessel schematisch und als Grundrissskizze dargestellt.

Die am weitesten verbreitete Bauart ist der Zweitrommelkessel mit asymmetrisch angeordneter Brennkammer. Dieser Kessel wird in Zweizug- oder Dreizug-Bauweise hergestellt. Der Überhitzer ist rauchgasseitig unmittelbar der Brennkammer nachgeschaltet. Eine Verdampfer-Steilrohrheizfläche stellt den natürlichen Wasserumlauf sicher. Die Untertrommel wird in den meisten Fällen befahrbar ausgeführt. Außerdem garantieren diese großen Trommeln eine gute Verteilung des Kesselwassers auf sämtliche Steigrohre des Umlaufsystems.

Beim Zweitrommelkessel, wie in Abb. 4.18 dargestellt, werden sämtliche Außen- und Trennwände aus gasdicht verschweißten Flossenrohren gebildet. Eine solche Ausführung gewährleistet, dass die Wände völlig dicht sind und rauchgasseitige Kurzschlüsse zwischen den einzelnen Zügen ausgeschlossen werden. Weiterhin wird durch diese Konstruktion, da sich die einzelnen Kesselzüge ohne Zwischenraum aneinander fügen, auch eine gute Zugänglichkeit der Heizflächen gewährleistet. Die Isolierung des Kessels erfolgt mittels Schlackenwollmatten, die direkt auf die Rohrwand aufgebracht und nach außen durch ein verzinktes Stahlblech verkleidet werden.

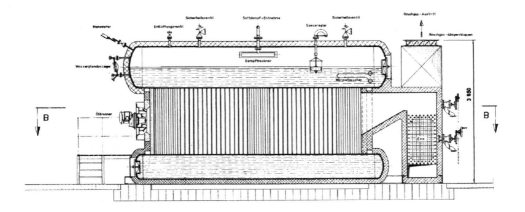

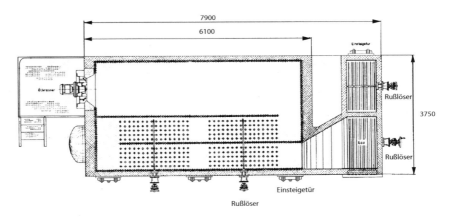

**Abb. 4.18** Schnitt durch einen Zweitrommel-Wasserrohrkessel

Gehört ein Economiser oder Luftvorwärmer zum Lieferumfang, so wird dieser hinter dem Kessel auf einem gemeinsamen Grundrahmen für Kessel und Economiser oder Luftvorwärmer aufgestellt und über einen Rauchgaskanal mit dem Kessel verbunden.

Im ersten Kesselzug, der Brennkammer, findet die Verbrennung des Energieträgers, Öl oder Gas, statt. Die Belastung der Kammer liegt bei ca. 530 kW/m³. Die Rauchgasaustrittstemperatur am Ende der Kammer beträgt ca. 1.050 °C und liegt somit immer noch unter der sogenannten kritischen Verschmutzungstemperatur, die bei ihrem Überschreiten auch bei ölgefeuerten Anlagen zu bösartigen Verschmutzungen der Heizflächen führen kann.

Je nach Kesseltyp wird einem Kessel mit Überhitzer eine Schlangenrohrheizfläche im zweiten Kesselzug angeordnet. Bei Sattdampf- oder Heißwasserbetrieb wird in diesem Zug, genauso wie im dritten Kesselzug, eine Berührungsheizfläche als Steilrohrsystem zwischen

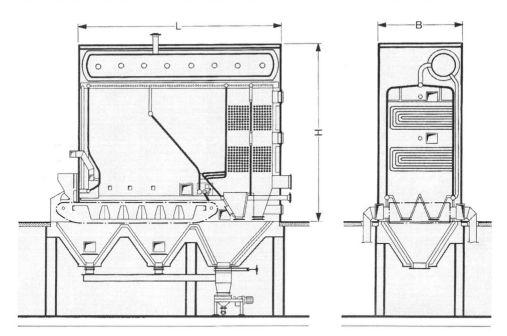

**Abb. 4.19**  Eckrohr-Strahlungskessel für Kohlefeuerung

den Trommeln eingebaut. Die effektive Rauchgasgeschwindigkeit in den einzelnen Zügen beträgt ca. 12 m/s. Ohne Economiser liegt die Abgastemperatur ca. 70 °C oberhalb der Sattdampftemperatur. Abbildung 4.18 zeigt den Aufbau eines Kessels mit Überhitzer und Economiser sowie die Lage der einzelnen Züge bei einer Befeuerung mit festen Brennstoffen.

Bei Überhitzerbetrieb wird der Sattdampf von der Obertrommel in den Überhitzer geleitet und auf die gewünschte Temperatur erwärmt. Die Überhitzungstemperatur kann bei diesem Kesseltyp bis 500 °C gewählt werden.

Sowohl der Zweitrommelkessel als auch der Eckrohrkessel werden in großen Blockeinheiten und mit Dampfleistungen bis zu 40 t/h sowie als Heißwassererzeuger bis 20 MW Wärmeleistung mit Öl- oder Gasfeuerung und auch für Kohlefeuerung als Wasserrohrstrahlungskessel geliefert.

Die ungefähren Abmaße bei Kohlefeuerung enthält Tab. 4.2.

Abbildung 4.20 zeigt einen Eckrohr-Strahlungskessel für Öl- oder Gasfeuerung, Abb. 4.21 3-Eckrohr-Dampfkessel, aufgestellt in der Heizzentrale des Zentralklinikums in Augsburg.

**Tab. 4.2** Leitungsgrößen bei Kohle bis 20 MW (50 MW). (Alle Abmessungen dienen nur als Planungshilfe und sind für die Ausführung unverbindlich.)

| Wärmeleistung | Länge L | Breite B | Höhe H |
|---|---|---|---|
| MW | mm | mm | mm |
| 5 | 6400 | 2400 | 6900 |
| 6 | 6600 | 2600 | 6900 |
| 7 | 7100 | 2700 | 6900 |
| 8 | 7200 | 2900 | 6900 |
| 10 | 7500 | 3500 | 7400 |
| 12 | 8300 | 3700 | 7400 |
| 14 | 9300 | 4100 | 7400 |
| 16 | 9300 | 4100 | 7400 |
| 18 | 10400 | 4100 | 7400 |
| 20 | 11200 | 4100 | 7400 |

## 4.2.6   Wasserrohrkessel als Kraftwerkskessel

Kraftwerkskessel sind große Dampferzeuger, die als Wasserrohrkessel vor Ort, also auf der Kraftwerksbaustelle, aus vorgefertigten Teilen montiert werden. Hierüber gibt es spezielle Literatur, so dass im Rahmen dieses Fachbuches auf die Bauarten nicht weiter eingegangen werden muss (siehe Netz 1974; Zinsen 1957).

Die Dampferzeuger sind in der Regel für die Kraftwerksgebäudegestaltung und deren Umfang maßgebend (siehe Abb. 4.22).

Kraftwerkskessel werden z. T. parallel mit dem Kraftwerksgebäude erstellt, oder das Gebäude wird um die Dampferzeuger und ihre Fundamente herum gebaut. Funktion und Regelung zeigt das Flussdiagramm vom Speisewassereingang bis zum Dampfentnahme- und Absperrventil des Kessels mit Benennung der einzelnen Bauteile und Regeleinrichtungen. Funktion und Regelung wird für alle Dampf- und Wärmeerzeuger unter Abschn. 4.6.4 beschrieben (Abb. 4.23).

Heute übliche Betriebszustände für die verschiedenen Bauteile eines Kraftwerkskessels sind:

V   – Verdampfer $p = 100$ bis 210 bar

Ü   – Überhitzer 100 bis 210 bar Betriebstemperatur 530 °C und höher

ZÜ – Zwischenüberhitzer

   $p = 45$ bis 60 bar; $\vartheta = 530$ bis 545 °C

SV  – Speisewasservorwärmer

   p bis 210 bar; $\vartheta = 290$ bis 320 °C

Feuerung $p = 1$ bar; $\vartheta = 2.000$ bis 2.500 °C

Luftvorwärmung

   $p = 1$ bar; $\vartheta = 100$ °C bei Rostfeuerung

   und $\vartheta = 400$ °C bei Schmelzkohlefeuerung

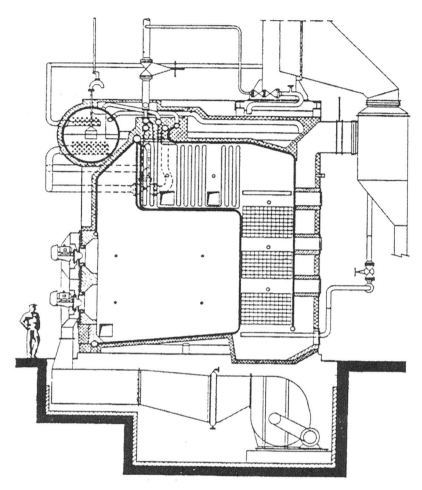

**Abb. 4.20** Eckrohr-Strahlungskessel für Öl- oder Gasfeuerung

## 4.2.7   Abhitzekessel

Abhitzekessel sind Dampferzeuger für Niederdruck- oder Hochdruckdampf ohne Feuerungsanlagen, in denen Wärme aus Gasen und Dämpfen oder Rauchgasen zur Dampferzeugung oder Heißwassererzeugung genutzt werden. Typische Einsatzgebiete sind die chemische Industrie, Petrochemie, die Glas- und Keramikindustrie, Stahlwerke und Müllverbrennungsanlagen in Kliniken für krankenhausspezifischen Müll.

Auch kommunale und industrielle Abfallverbrennungsanlagen bilden einen großen Anwendungsbereich, ebenso die Geruchsbeseitigungsanlagen im Industriebereich und in der Tierkörperverwertung. Auch die Nutzung der Gasturbinenabwärme in Rauchrohrabhitze-Kesselanlagen mit und ohne Zusatzfeuerung findet zunehmend in der Industrie und im kommunalen Bereich Anwendung.

**Abb. 4.21** Eckrohr-Dampfkessel mit je 20 t/h Dampfleistung im Heizwerk Zentralklinikum Augsburg

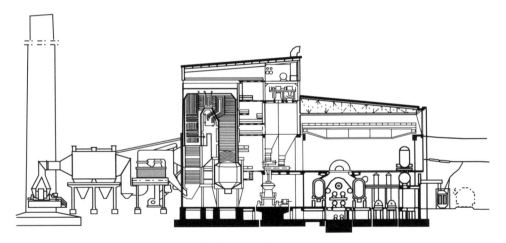

**Abb. 4.22** Querschnitt durch ein Kraftwerksgebäude

Der Abhitzekessel stellt aber immer nur ein Bauteil einer Verbrennungsanlage oder einer Industrieofenanlage dar und muss an die Bedingungen der vorgeschalteten Anlage, deren Prozessbedingungen und auch an die nachgeschalteten Anlagen zur Luft- und Wasserreinhaltung angepasst werden.

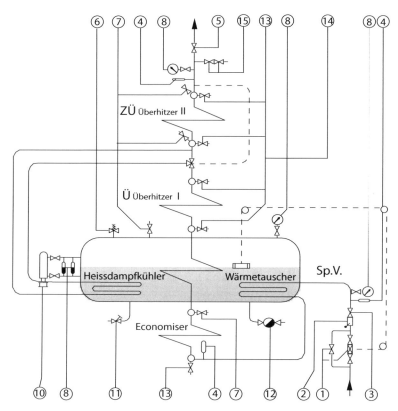

**Abb. 4.23** Flussdiagramm eines Dampferzeugers. *1* Speisewasserregler und Absperrarmatur *2* Speisewasserrückschlagventil, *3* Speisewasserabsperrventil, *4* Thermometer, *5* Dampfabsperrventil, *6* Sicherheitsventil (federbelastet), *7* Entlüftungsventile, *8* Manometer mit Absperrventil, *9* Wasserstandsanzeiger, *10* Alarmer mit Absperrventil, *11* Abschlammautomat, *12* Entsalzungsreaktomat, *13* Entwässerungsventile, *14* Anfahrventile

Abbildung 4.24 zeigt das vereinfachte Schaltbild einer Müllverbrennungsanlage für kommunale Abfälle und für krankenhausspezifische Abfälle.

Die kommunalen Abfälle werden auf einem automatischen Treppenrost verbrannt, die Klinikabfälle auf einem Keramikrost.

Über jedem Feuerungsrost befindet sich ein Heizöl-Zusatzbrenner, durch den die vollkommene Verbrennung der Abfälle sichergestellt wird.

Der Abhitzekessel Nr. 10 im Blockschaltbild ist für folgende Betriebsdaten bemessen:

| | |
|---|---|
| Gasmenge | Nm$^3$/h 18.000 |
| Genehmigungs-Überdruck | bar 20 |
| Dampfleistung | kg/h 5.820 |
| Verdampfungsheizfläche | qm 190 |
| Gastemperatur | bei Eintritt 950 °C |
| | bei Austritt 350 °C |

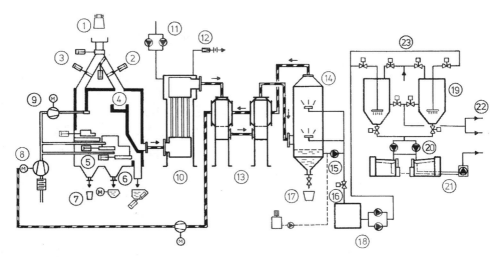

**Abb. 4.24** Schaltbild einer Müllverbrennungsanlage (Werkfoto, Fa. Loos)

Die Rauchgase werden gekühlt, gewaschen (die Chlorgase werden durch laugenhaltiges Waschwasser neutralisiert) und im Gegenstromwärmeaustauscher wieder auf 180 °C erwärmt.

Abbildung 4.25 zeigt den Abhitzekessel bei der Herstellung.

Zur Einhaltung der Abwasserrichtlinie wird der Abwasserschlamm in einen Absatzbehälter gepumpt und der abgesetzte Schlamm durch Filterpressen ausgefiltert. Das gereinigte und neutralisierte Abwasser wird in das Abwassernetz abgegeben und der Trockenschlamm zur Sondermülldeponie abgefahren. Die Abhitzedampferzeuger müssen besondere konstruktive Anforderungen erfüllen.

Rauchrohrgröße, Wahl der Strömungsquerschnitte und Aufteilung der Heizfläche in Einzel- oder Umkehrzüge sind auf das gasseitige Angebot sowie auf wärme- und betriebstechnische Gesichtspunkte abzustimmen.

Die Heizflächen müssen optimal ausgelegt und an den Verbrennungsprozess angepasst werden.

Anforderungen an die Erhöhung und Konstanthaltung der Abgastemperatur werden durch einen Bypass-Rohrzug mit entsprechender Klappenregelung erfüllt. Gegebenenfalls kann mit eingeschaltetem Bypass ab einem bestimmten Lastpunkt mit annähernd gleicher Abgastemperatur gefahren werden. Kesselseitige Parameter können es notwendig machen, den ungekühlten Gasstrom kurzzeitig über einen Bypass-Kamin abzuführen.

Der Druckteil muss am Gaseintritt häufig auf hohe Gastemperaturen abgestimmt werden. Hier sind z. B. steile Temperaturgradienten zu beachten, wie sie beim Anfahren einer Gasturbine auftreten. Materialgüten und -dicken müssen dem Einsatz und Verwendungszweck entsprechen.

Abbildung 4.26 zeigt das Schaltbild einer Gasturbinenanlage mit Abhitzekessel zur Fernwärmeversorgung mit Heißwasser.

Abbildung 4.27 gibt das Blockschaltbild einer Gasturbinenanlage mit einem Abhitzekessel mit Zusatzfeuerung für Heizöl EL oder Gas wieder.

**Abb. 4.25**  Abhitzekessel für
eine Müllverbrennungsanlage

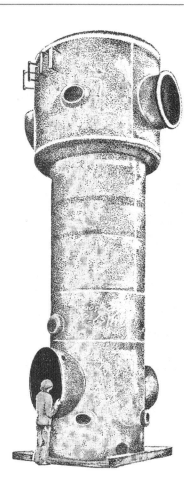

Mit dem im Abhitzekessel erzeugten Dampf kann eine Gegendruck-Dampfturbine betrieben werden. Der Abdampf der Dampfturbine wird ausschließlich als Heizdampf für Papiermaschinen genutzt.

Die gewählte Anlagenkonstruktion ermöglicht mit der Zusatzfeuerung und als Reservekessel einen flexiblen Dampf- und Stromerzeugungsprozess. Die Anlage erlaubt folgende zwei Betriebsweisen:

| 1. Gasturbine im Leistungsbetrieb | 2. Gasturbine außer Betrieb |
| --- | --- |
| Abgas über einen Bypass, keine Dampferzeugung (Anfahrbetrieb) | Dampferzeugung über Abhitzekessel (nur mit Zusatzfeuerung im Frischluftbetrieb bis zu 12 t/h) |
| Abgas über Abhitzekessel | Dampferzeugung über Reservekessel bis zu 22 t/h |
| Abgas über Abhitzekessel, Zusatzfeuerung in Betrieb, Dampferzeugung zwischen 10 und 22 t/h (Normalbetrieb) | |

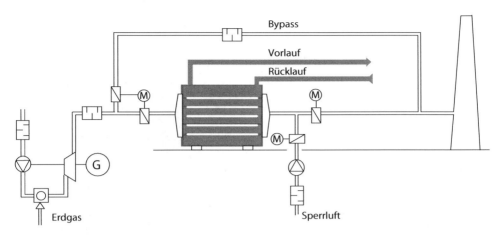

**Abb. 4.26** Abhitzekessel zur Heißwassererzeugung und zur Wärmeausnutzung aus einem Gasturbinenprozess

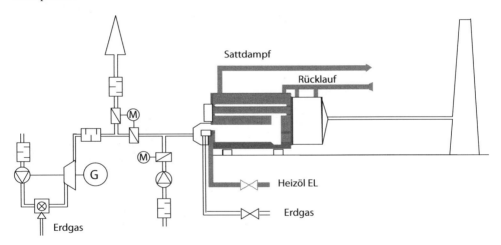

**Abb. 4.27** Abhitzekessel für ein Gas-Dampfturbinen-Kraftwerk mit Zusatzfeuerung mit Heizöl oder Erdgas

Als Sonderanfertigungen werden von der deutschen Babcock zur Realisierung von Gas- und Dampf-Kombikraftwerken für Gasturbinen bis 10 MW$_{el}$ mit höchsten Wirkungsgradanforderungen die Combibloc-Wasserrohr-Abhitzekessel mit folgenden Betriebsdaten hergestellt:

zur Dampferzeugung            bis ca. 150 t/h
und für Betriebsüberdrücke    bis ca. 175 bar
und für Heißdampftemperaturen bis ca. 530 °C

Weitere Angaben zur Konstruktion und zum Einsatz von Abhitzekesseln können den Herstellerkatalogen entnommen werden.

## 4.2.8    Berechnung von Dampf- und Heißwassererzeugern

Die Berechnung von Dampf- und Heißwassererzeugern beinhaltet

a.  Verbrennungsberechnungen
b.  Erläuterungen zu den Kennzahlen für die Leistungsbeurteilung und zur Kontrolle der Garantiewerte im Kesselbau
c.  Wärmeübergangsberechnungen in den einzelnen Bauteilen und Berechnungen des Wasserumlaufs
d.  Festigkeitsberechnungen

*zu a.*

Die Verbrennungsberechnungen werden in Baehr (1984) und Esdorn (1994), Abschn. H, ausführlich dargestellt und sind dem Ingenieur auch aus dem Studium geläufig, so dass diese hier nicht behandelt werden müssen.

Daher werden nur die wichtigsten Formeln genannt, und anhand von Beispielen wird erläutert, wie sie für die Leistungsbeurteilung und Kontrolle der Garantiewerte vom Anlagenplaner und Betriebsingenieur genutzt werden können.

Kennwerte werden auch nur von den gebräuchlichsten Brennstoffen in Tabellen ge-nannt, soweit diese für Beispielberechnungen benötigt werden. Ausführliche Tabellen hierzu sind in den Taschenbüchern und in der Wärmetechnischen Arbeitsmappe des VDI enthalten.

*zu b.*

Kennzahlen und Garantiewerte werden bei der Auswahl des zweckmäßigsten Kessels und für die Beurteilung des wirtschaftlichen Betriebs der Kesselanlage benötigt und werden deshalb hier ausführlicher behandelt.

*zu c. und d.*

Diese Berechnungen werden von Ingenieuren benötigt, die als Konstrukteure im Kessel-bau tätig sind, und werden in speziellen Fachbüchern (Zinsen 1957; Brand und Jaroschek 1960; Deutscher Dampfkesselausschuss und TÜV Essen 1994) ausführlich behandelt. Sie werden deshalb hier auch nur insoweit beschrieben, als sie für die Auslegung und Auswahl eines Dampferzeugers erforderlich sind.

### 4.2.8.1    Brennstoff und Verbrennung

Um die Verbrennung einzuleiten, sind wichtige Vorbedingungen zu erfüllen:

1.  Der Brennstoff muss auf Zündtemperatur erhitzt sein.
2.  Es muss ausreichend Sauerstoff (Luft) vorhanden sein.
3.  Der Sauerstoff muss an den Brennstoff oder an das gasförmige Reduktionsprodukt herangeführt bzw. Mit ihm vermischt werden.

Der Verbrennungsprozess ist in der Hauptsache also ein Mischvorgang. Der Kohlenstoff des Brennstoffs reagiert mit dem Sauerstoff der zugeführten Verbrennungsluft unter Bildung von Verbrennungs- und Vergasungsprodukten, wobei letztere durch Reduktion von $CO_2$ zu CO überwiegen. Der zweite Abschnitt des Verbrennungsvorgangs ist die Oxidation der Vergasungsprodukte zu ihrer höchsten Stufe. Dieser Vorgang ist im Wesentlichen nur von der Mischung aus Gas und Sauerstoff abhängig. Infolge der hohen Zähigkeit der Gase verläuft die Mischung wesentlich langsamer als die Gasbildung. Dieser Umstand ist bei der Gestaltung und Auslegung der Feuerung zu beachten.

Zusammenfassend setzt sich also die Verbrennung aus Einzelvorgängen zusammen, die sich z. T. zeitlich und räumlich überlagern:

1. Erwärmung des Brennstoffs bis zur völligen Austrocknung des Wassergehalts,
2. Weitere Erwärmung bis zur Zündung,
3. Zündung,
4. Entgasung, vielfach schon vor der Zündung einsetzend,
5. Vergasung und teilweise direkte Verbrennung des Koksrestes,
6. Verbrennung der Gase.

Die Intensität der Verbrennung ist von größter Wichtigkeit und muss entsprechend unterstützt und gefördert werden. Als wichtigste Einflussgrößen, die für Rost- wie auch für Staubfeuerung zutreffen, sind zu nennen:

a. Korngröße,
b. Relativgeschwindigkeit zwischen Kohlekorn und umgebender Gashülle,
c. Verbrennungstemperatur,
d. Luftverhältnis,
e. Güte der Mischung aus Gas und Luft.

Bei jeder Kesselfeuerung wird schnellster Ausbrand und vollständige Verbrennung angestrebt.

Bei einer unvollständigen Verbrennung, z. B. bei Luftmangel, enthalten die Verbrennungsgase noch brennbare Stoffe, die ungenutzt ins Freie entweichen. Aber auch zu viel Luft ist nachteilig, weil damit die Verbrennungstemperatur und der Kesselwirkungsgrad gesenkt werden.

Gase sind leichter zu verbrennen als feste oder flüssige Brennstoffe, da eine gute Mischung aus Gas und Luft besser erreichbar ist. Bei Heizöl und Kohlenfeuerungen müssen die glühenden Kohlenstoffteilchen in der Flamme vollständig ausgebrannt sein, ehe sie z. B. mit kälteren Kesselwandungen in Berührung kommen, andernfalls bildet sich Ruß. Die Heizwärme des Brennstoffs wird dann nur unvollkommen ausgenutzt.

Tabelle 4.3 enthält die Zündtemperaturen von Brennstoffen in Luft, und Abb. 4.28 zeigt den Verbrennungsablauf mit Reaktionsgleichungen nach Görner für Heizöl und Kohle.

### 4.2.8.2 Heizwert $H_u$ und Brennwert $H_o$

losAls Brennwert $H_o$ wird die bei der Verbrennung und anschließenden Abkühlung auf $0\,°C$ aus den Abgasen gewonnene Wärmemenge bezeichnet. $H_u$ ist die bei der Ab-

**Tab. 4.3** Zündtemperatur von Brennstoffen in Luft (Mittelwerte)

| Brennstoff | Zündtemperatur [°C] | Brennstoff | Zündtemperatur [°C] |
|---|---|---|---|
| Benzin | 350...520 | Rohbraunkohle | 200...240 |
| Benzol | 520...600 | Ruß | 500...6000 |
| Butan (n) | 430 | Stadtgas | ≈ 450 |
| Erdgas | ≈ 430 | Steinkohle | |
| Heizöl EL | 230...245 | Staub | 150...220 |
| Heizöl S | ≈ 34 | Fettkohle | ≈ 250 |
| Holz | 200...300 | Esskohle | ≈ 260 |
| Holzkohle | 300...425 | Anthrazit | ≈ 485 |
| Koks | 550...600 | Streichholz | 170 |
| Propan | ≈ 500 | Torf, trocken | 225 |

**Abb. 4.28** Reaktions- und Verbrennungsschema für Heizöl und Kohle

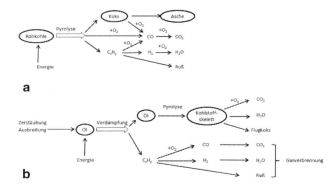

kühlung bis ca. 100 °C nutzbare und technisch ohne Kondensatbildung verwertbare Wärmemenge.

Der Heizwert wird für feste und flüssige Brennstoffe aus der Elementarzusammensetzung und mit den Heizwerten der einzelnen Bestandteile, die in Versuchen ermittelt wurden, nach der Verbandsformel und der Näherungsformel nach Boie berechnet (Gl. 4.1 und 4.2):

$$H_O = 34,8c + 94 \cdot h + 10,5 \cdot s + 6,3 \cdot n - 10,8 \cdot o \ [MJ/kg]. \qquad (4.1)$$

$$H_u = 34,8c + 94 \cdot h + 10,5 \cdot s + 6,3 \cdot n - 10,8 \cdot o - \Delta h \cdot w \ [MJ/kg]. \qquad (4.2)$$

Darin sind $c + h + o + n + s + w + a = 1$, die Bestandteile des Brennstoffes.

c     Gehalt an Kohlenstoff [kg/kg]
h     Gehalt an Wasserstoff [kg/kg]
n     Gehalt an Stickstoff [kg/kg]
s     Gehalt an Schwefel [kg/kg]

**Tab. 4.4** Kennwerte und Heizwerte verschiedener Einzelgase

| Stoff | Zeichen | Molekulare Masse | Dichte | Gehalt an | | Brennwert bzw. Heizwert | | | |
|---|---|---|---|---|---|---|---|---|---|
| | | | $\Delta$ | c | H | $H_o$ | $H_u$ | $H_o$ | $H_u$ |
| | | kg/kmol | kg/m³ | Gew.-% | Gew.-% | kJ/kg | kJ/kg | kJ/m³ | kJ/m³ |
| Acethylen | $C_2H_2$ | 26,04 | 1,17 | 92,5 | 7,5 | 49.910 | 48.220 | 58.470 | 56.490 |
| Benzol | $C_6H_6$ | 78,1 | 3,73 | 92,2 | 7,8 | 42.270 | 40.580 | 157.970 | 151.650 |
| Butan.(n) | $C_4H_{10}$ | 58,1 | 2,71 | 83 | 17 | 49.500 | 45.715 | 134.060 | 123.810 |
| Buthylen | $C_4H_8$ | 56,1 | 2,6 | 85 | 15 | 48.430 | 45.290 | 125.860 | 117.710 |
| Ethan | $C_2H_4$ | 30,1 | 1,35 | 80 | 20 | 51.880 | 47.490 | 70.290 | 64.345 |
| Ethylalkohol | $C_2H_5OH$ | 46,11 | 2,19 | 52 | 13 | 30.570 | 27.710 | 67.070 | 60.790 |
| Ethylen | $C_2H_4$ | 28,05 | 1,26 | 85,7 | 14,3 | 50.280 | 47.150 | 63.410 | 59.460 |
| Kohlenoxid | CO | 28,01 | 1,25 | 42,9 | 0 | 10.100 | 10.100 | 12.630 | 12.630 |
| Methan | $C_2H_4$ | 16,04 | 0,72 | 75 | 25 | 55.500 | 50.010 | 39.820 | 35.880 |
| Methanol | $CH_3OH$ | 32,04 | 1,52 | 37,5 | 12,5 | 23.840 | 21.090 | 36.200 | 32.030 |
| Propan | $C_3H_8$ | 44,09 | 2,01 | 81,8 | 18,2 | 50.340 | 46.350 | 101.240 | 93.210 |
| Propylen | $C_3H_6$ | 42,08 | 1,91 | 857 | 14,3 | 48.920 | 45.780 | 93.580 | 87.575 |
| Toluol | $C_7H_8$ | 92,11 | 4,87 | 91,2 | 8,8 | 42.850 | 40.940 | 208.890 | 199.570 |
| Wasserstoff | $H_2$ | 2,016 | 0,09 | 0 | 100 | 141.800 | 119.970 | 12.745 | 10.780 |

a    Aschegehalt [kg/kg]

w    Wassergehalt [kg/kg]

$\Delta h$   2.500 kJ/kg bzw. 2.000 kJ/m³ Verdampfungsenthalpie des Wassers bei der international genormten Bezugstemperatur von 0 °C.

Die Berechnung mit der sogenannten Verbandsformel ergibt ähnliche Werte und ist nur für feste Brennstoffe vereinbart.

Die frei werdende Wärme für die Bestandteile ergibt sich zu:

$$c = C + O_2 \qquad = CO_2 = 34.200 \text{ kJ/kg}$$
$$h = H_2 + \tfrac{1}{2} O_2 = H_2O = 120.000 \text{ kJ/kg}$$
$$s = S + O_2 \qquad = SO_2 = 10.000 \text{ kJ/kg}$$
$$n = N + O_2 \qquad = NO_2 = 6.300 \text{ kJ/kg}$$
$$o = O_2 \text{ im Brennstoff} = -9.800 \text{ kJ/kg}$$
$$w = \Delta h \cdot W \qquad = -2.500 \text{ kJ/kg}$$

Bei gasförmigen Brennstoffen wird der Heizwert aus der Summe der einzelnen Gasanteile berechnet (Anteile in m³/m³ bezogen auf den Normzustand 0 °C und $p = 1.013$ bar, siehe auch Tab. 4.4).

Die Summe aller Volumenanteile der Einzelgase ist 1 (Gl. 4.3 und 4.4).

$$H_u = 10.780 \cdot H_2 + 12.620 \cdot CO + 35.870 \cdot CH_4 + 59.480 \cdot C_2H_4$$
$$+ 56.510 \cdot C_2H_2 \ [MJ/kg] \tag{4.3}$$
$$H_o = 12.750 \cdot H_2 + 12.620 \cdot CO + 39.810 \cdot CH_4 + 6.342 \cdot C_2H_4$$
$$+ 58.480 \cdot C_2H_2 \ [MJ/kg] \tag{4.4}$$

Bei weiteren Gasanteilen müssen die Gleichungen sinngemäß mit den Heizwerten nach Tab. 4.4 erweitert werden.

### 4.2.8.3  Weitere Kennwerte für feste und flüssige Brennstoffe

Der Sauerstoffbedarf für die Verbrennung berechnet sich aus (Gl. 4.5)

$$O_{min} = 22,4 \left( \frac{c}{12} + \frac{h}{4,03} + \frac{s}{32,07} - \frac{o}{32} \right) \ [m^3/kg], \tag{4.5}$$

darin ist 22,4 das Molvolumen der Gase. Der Sauerstoffanteil der Luft beträgt 21 %, damit wird (Gl. 4.6)

$$L_{min} = \frac{O_{min}}{0,21} \ [m^3/kg]. \tag{4.6}$$

Technische Feuerungen werden, um eine vollständige Verbrennung zu erreichen, mit einem Luftüberschuss betrieben. Der Luftüberschuss ist als Luftverhältnis $\lambda$ definiert (Gl. 4.7)

$$\lambda = \frac{L_{vorh}}{L_{min}} = \frac{CO_{2vorh}}{CO_{2max}}. \tag{4.7}$$

Die Tab. 4.5, 4.6 und 4.7 enthalten die für die Berechnung von Dampf- oder Heißwassererzeugern benötigten Heizwerte und Kennwerte für feste Brennstoffe, flüssige Brennstoffe und für gasförmige Brennstoffe.

Der obere Heizwert oder Brennwert $H_o$ ergibt sich aus (Gl. 4.8):

$$H_o = H_u + r \frac{9 \cdot h + w}{100} \ [kJ/kg]. \tag{4.8}$$

Die trockene Abgasmenge erhält man aus (Gl. 4.9):

$$V_{Atr.} = 1,85c + 0,68s + 0,8cn + (\lambda - 0,21) \cdot L_{min} \ [m_n^3/kg]. \tag{4.9}$$

Die feuchte Abgasmenge ergibt sich aus (Gl. 4.10):

$$V_{Af} = V_{Atr} + 11,11h + 1,24 \, w \ [m_n^3/kg], \tag{4.10}$$

darin ist w = der Wassergehalt des Brennstoff.

**Tab. 4.5** Kennwerte für feste Brennstoffe

| Brennstoff | Rohzusammensetzung in Gew.-% | | | | | | | Heizwert | Theor. Luftbedarf | Rauchgasmenge | $CO_{2max.}$ |
|---|---|---|---|---|---|---|---|---|---|---|---|
| | C | h | o | N | s | a | W | $H_u$ | $L_{min}$ | $V_{Amin}$ (nass) | |
| | | | | | | | | kJ/kg | $m_n^3$/kg | $m_n^3$/kg | % |
| **Steinkohle** | | | | | | | | | | | |
| Ruhr u. Aachen | 73...83 | 3,4...5,3 | 1,8...6,5 | 1,1 | 0,9 | 4...7 | 3...5 | 30 140...33 070 | 7,7...8,3 | 8,2...8,6 | 18,3...18,9 |
| Saar | 70...78 | 4,7...5,2 | 5,4...12,5 | 1,2 | 0,6 | 3...8 | 3...5 | 28 050...31 400 | 7,9 | 8,3 | 18,7 |
| Oberschlesien | 72...78 | 4...5 | 9,5...12,0 | 9,5...12,0 | 0,8 | 5...7,5 | 4...5 | 28 460...30 560 | 7,5 | 7,9 | 18,9 |
| **Rohbraunkohle** | | | | | | | | | | | |
| Rheinland | 25...32 | 2 | 9...12 | 0,3 | 0,2 | 3 | 50...60 | 7 530...10 460 | 2,4...3,0 | 2,4...3,8 | 19,8 |
| Sachsen/Thüringen | 29,3 | 2,5 | 9,2 | 0,3 | 1 | 5,7 | 52 | 10 460 | 2,9 | 3,85 | 18,8 |
| Lausitz | 26,6 | 2,4 | 12,4 | 0,4 | 0,2 | 3 | 55 | 9 630 | 2,6 | 3,5 | 19,5 |
| Böhmen | 72...77 | 5,7...6,2 | 1,57...20,9 | – | 1 | 5...7 | 25...40 | 14 230...2 512 | 3,9...6,5 | 4,6...7,0 | 17,8...18,7 |
| **Braunkohlenbriketts** | | | | | | | | | | | |
| Rheinland | 54,5 | 4,2 | 20,1 | 0,8 | 0,4 | 5 | 15 | 20 090 | 5,3 | 5,9 | 19,5 |
| Lausitz | 54 | 4 | 21 | 0,7 | 0,35 | 6 | 14 | 20 090 | 5,2 | 5,7 | 19,7 |
| Koks (Gaskoks) | 86 | 0,3 | 1,5 | 1,5 | 0,7 | 12 | 1,5 | 29 300 | 7,7 | 7,7 | 20,7 |
| Torf (lufttrocken) | 40 | 5 | 25 | 2 | 1 | 7 | 20 | 15 490 | 4,1 | 5 | 18,9 |
| Holz (lufttrocken) | 44 | 5 | 35 | 0,5 | 0 | 0,5 | 15 | 15 490 | 4,1 | 4,8 | 20,2 |

**Tab. 4.6** Kennwerte für flüssige Brennstoffe

| Brennstoff | Chem. Zeichen | Mole-kulare Masse | Gehalt an c | h | Dichte bei 15 °C ρ | Siedepunkt | Brennwert $H_o$ | Heiz-wert $H_u$ | Theor. Luft-bedarf $L_{min}$ | Theor. Rauch-gas-menge $V_{atr}$ | $V_{af}$ | $CO_{2max}$ |
|---|---|---|---|---|---|---|---|---|---|---|---|---|
| | | kg/kmol | Gew.-% | Gew.-% | kg/$^m$ | °C | kJ/kg | kJ/kg | $m_n^3$/kg | $m_n^3$/kg | $m_n^3$/kg | Vol.-% |
| Benzin (Mittelwerte) | – | – | 85 | 15 | 720 | 60…120 | 46.050 | 42.700 | 11,5 | 10,7 | 12,3 | 15 |
| Benzol | $C_6H_6$ | 78,1 | 92,2 | 7,8 | 875 | 80 | 42.270 | 40.270 | 10,2 | 9,8 | 10,6 | 17,5 |
| Braunkohlenteerheizöl | – | – | 84 | 11 | 925 | – | 42.700 | 40.230 | 10,3 | 9,6 | 10,9 | 16,1 |
| Ethylalkohol | $C_2H_5OH$ | 46,1 | 52 | 13 | 794 | 78 | 30.570 | 27.710 | 7 | 6,5 | 8 | 15 |
| Gasöl (Diesel) | – | – | 87 | 13 | 870 | 230…360 | 44.710 | 41.820 | 11,2 | 10,4 | 11,9 | 15,5 |
| Heizöl EL | – | – | 86 | 13 | 850 | 200…350 | 44.790 | 42.700 | 11,2 | 10,2 | 11,8 | 15,5 |
| Heizöl M | – | – | 85 | 12 | 910 | 250…400 | 43.120 | 41.020 | 10,8 | 10,1 | 11,7 | 15,7 |
| Heizöl S | – | – | 84 | 11 | 960 | >300 | 42.280 | 39.770 | 10,6 | 10 | 11,4 | 15,9 |
| Hexan | $C_6H_{14}$ | 86,2 | 83,6 | 16,4 | 660 | 60 | 48.680 | 45.100 | 11,8 | 10,9 | 12,6 | 14,3 |
| Methanol | $CH_3OH$ | 32,04 | 37,5 | 12,5 | 790 | 64 | 23.840 | 23.840 | 5 | 4,7 | 6 | 15,1 |

**Tab. 4.7** Kennwerte für gasförmige Brennstoffe

| Nr. | Brenngas | Luftbedarf $L_{min}$ [$m_n^3/m_n^3$] | Abgasmenge $V_{Af}$ [$m_n^3/m_n^3$] | Abgasmenge $V_{Atr}$ [$m_n^3/m_n^3$] | $\dfrac{V_{tr\,min}}{L_{min}}$ [—] | $CO_{2max.}$ [Vol.-%] | Zündgeschwindigkeit [cm/s] | Brennwert $H_o$ [kJ/$m_n^3$] | Heizwert $H_u$ [kJ/$m_n^3$] |
|---|---|---|---|---|---|---|---|---|---|
| 1 | Hochofengichtgas | 0,76 | 1,6 | 1,58 | 2,08 | 24 | 13 | 4.080 | 3.980 |
| 2 | Koksgeneratorgas | 1 | 1,8 | 1,66 | 1,66 | 20,1 | 32 | 5.340 | 5.020 |
| 3 | Braunkohlengeneratorgas | 1,19 | 1,98 | 1,79 | 1,5 | 20,1 | 38 | 6.070 | 5.760 |
| 4 | Mischgas 10 + 1 | 1,9 | 2,69 | 2,32 | 1,22 | 16,5 | 48 | 9.125 | 8.370 |
| 5 | Kokswassergas | 2,19 | 2,74 | 2,23 | 1,02 | 20,4 | 143 | 11.510 | 10.460 |
| 6 | Kohlenwassergas | 2,5 | 3,07 | 2,47 | 0,99 | 18,2 | 140 | 12.770 | 11.620 |
| 7 | Stadtgas I 10 + 5 | 3,88 | 4,54 | 3,59 | 0,93 | 13,1 | 113 | 18.000 | 16.100 |
| 8 | Stadtgas II 10 + 2 | 3,86 | 4,59 | 3,65 | 0,94 | 12,1 | 93 | 18.000 | 16.120 |
| 9 | Propan + Luft (1:4,5) | 3,47 | 4,65 | 3,93 | 1,14 | 13,7 | 42 | 18.000 | 16.740 |
| 10 | Koksofengas (Ferngas) | 4,26 | 4,97 | 3,86 | 0,9 | 10,1 | 111 | 19.670 | 17.370 |
| 11 | Ölkarb. Kokswassergas | 4,14 | 4,79 | 4,02 | 0,97 | 17,4 | 117 | 20.090 | 18.420 |
| 12 | Erdgas L | 8,4 | 9,4 | 7,7 | 0,92 | 11,8 | 36 | 35.150 | 31.950 |
| 13 | Erdgas H | 9,8 | 10,9 | 8,9 | 0,9 | 12 | 49 | 41.100 | 37.500 |
| 14 | Propan $C_3H_8$ | 23,8 | 25,8 | 21,8 | 0,92 | 13,8 | 42 | 100.880 | 92.890 |
| 15 | n-Butan $C_4H_{10}$ | 30,94 | 33,44 | 28,44 | 0,92 | 14,1 | 39 | 133.870 | 123.650 |

Der in den Rauchgasen von festen oder flüssigen Brennstoffen enthaltene Wasserdampf-anteil $w_D$ ergibt sich aus (Gl. 4.11):

$$w_D = 11{,}11 \cdot h + 1{,}24 \cdot W + \lambda \cdot L_{min} \cdot 1{,}6x \; [m_n^3/kg] \tag{4.11}$$

mit x als Luftfeuchte in g/kg.

Der Kohlendioxidgehalt der trockenen Abgase ergibt sich aus (Gl. 4.12)

$$CO_2 = 1{,}85 \cdot c \; [m_n^3]. \tag{4.12}$$

### 4.2.8.4  Weitere Kennwerte für gasförmige Brennstoffe

Die theoretische oder Mindestluftmenge erhält man aus (Gl. 4.13):

$$L_{min} = \frac{1}{0{,}21} \left[ \left( \frac{CO + H_2}{2} \right) + \left( n + \frac{m}{4} \right) \cdot C_n H_m - O_2 \right] [m_n^3/m_n^3] \tag{4.13}$$

und die erforderliche Luftmenge

$L = \lambda \cdot L_{min} \; [m_n^3/m_n^3]$ wie vorher bei festen und flüssigen Brennstoffen.

Die feuchte Abgasmenge ergibt sich aus (Gl. 4.14):

$$V_{Af} = \lambda \cdot L_{min} + \frac{1}{2}(CO + H_2) + \frac{m}{4} \cdot C_n H_m + CO_2 + O_2 + N_2 \; [m_n^3/m_n^3] \tag{4.14}$$

und die Wasserdampfmenge im Abgas aus (Gl. 4.15):

$$W_D = H_2 + m/2(C_n H_m) \; [m_n^3/m_n^3]. \tag{4.15}$$

Die erforderliche Luftmenge $L_{min}$ und die feuchte Abgasmenge bei bekannten $\lambda$ kann auch in Abhängigkeit vom Heizwert $H_u$ aus den Abb. 4.28, 4.29 und 4.30 entnommen werden.

Die Dichte der Abgase ergibt sich aus der Dichte, der einzelnen Anteile bei 0 °C und 1,013 bar und deren Volumenanteile am Gesamtvolumen. Die Dichten der einzelnen Abgasanteile sind:

$CO_2$ $O_2$ $N_2$ $H_2O$ $CO$
$\rho = 1{,}97$ $\rho = 1{,}43$ $\rho = 1{,}26$ $\rho = 0{,}804$ $\rho = 1{,}25$

Richtwerte für die Dichte $\rho$ bei 0 °C und für die spezifische Wärmekapazität $c_p$ zwischen 100 und 300 °C sind (Tab. 4.8):

### 4.2.8.5  Ermittlung der theoretischen Verbrennungstemperatur

Die theoretische Verbrennungstemperatur lässt sich aus dem Heizwert der Brennstoffe und der mittleren spezifischen Wärme $c_{pm}$ der Verbrennungsgase berechnen (Gl. 4.16)

$$\vartheta_{th} = \frac{H_u}{c_{pm} \cdot V_A} \; [°C]. \tag{4.16}$$

Das Ergebnis ist aber auch für die Praxis ausreichend, wenn eine mittlere Zusammen-setzung der Abgase angenommen wird. Die theoretische Verbrennungstemperatur erhält

**Abb. 4.29** Abgasmenge feucht und Luftbedarf bei festen Brennstoffen

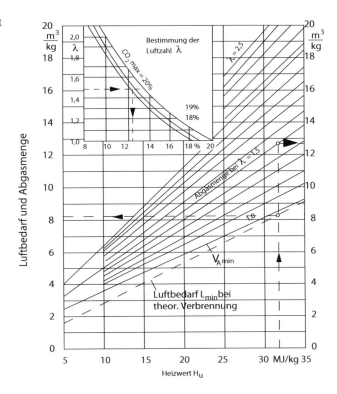

man dann aus dem h-t-Diagramm, mit $H_u$ und der Luftzahl $\lambda$ ergibt sich der Luftgehalt L, und zwar mit $h = H_u/V_A$ und L aus Abb. 4.31 die Verbrennungstemperatur $\vartheta_V = \vartheta_{th}$ (Abb. 4.32).

---

**Beispiel 4.1**

Mit $V_A = V_{Amin} \cdot \lambda$ aus Tab. 4.5, 4.6 und 4.7 und $H_u$ aus den gleichen Tabellen mit $\lambda = 1,4$ erhält man für Steinkohle Saar $H_u$ im Mittel 29,725 MJ/kg und L = 0,28 für Kohle, damit wird

$V_A = 7,9 \cdot 1,4 = 11,06 \, m_n^3/kg$

und $h = 29.725 \, kJ/m_n{}^3/11,06 = 2.687 \, kJ/m_n^3$

und $\vartheta_V = 1.670 \,°C$, wie in Abb. 4.31 dargestellt.

### 4.2.8.6  Erläuterungen zu den Kennzahlen und den Garantiewerten im Kesselbau

a.  Kesselleistung

Die vereinbarte Kesselleistung ist die höchste Dauerleistung in t/h oder kJ/h. Sie darf nur gering um ca. 5 bis 10 % und maximal eine halbe Stunde lang überschritten werden.

**Abb. 4.30** Abgasmenge feucht und Luftbedarf bei flüssigen Brennstoffen

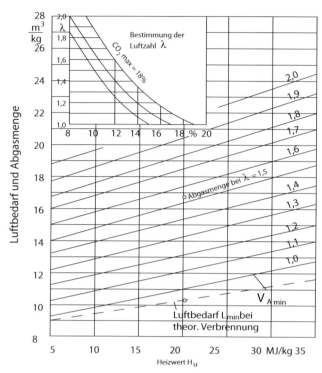

**Tab. 4.8** Richtwerte für $c_{pm}$ und $\rho$ für verschiedene Brennstoffe

|                    | $c_{pm}$              | $\rho$              |
|--------------------|-----------------------|---------------------|
|                    | $kJ/m^3 \cdot K$      | $kg/m_n^{\ 3}$      |
| feste Brennstoffe  | 1,37                  | 1,33                |
| Heizöl EL          | 1,38                  | 1,32                |
| Erdgas             | 1,39                  | 1,25                |

Genormte höchste Dauerleistungen sind 25, 32, 40, 50, 64, 80, 100, 125, 160, 200 und 250 t/h.

Als Regelleistung bezeichnet man eine Leistung von ca. 80 % der höchsten Dauerleistung.

b. Kesseldrücke

Als zulässiger Betriebsüberdruck wird der am Sicherheitsventil eingestellte Überdruck in bar bezeichnet.

Genormte Kesseldrücke sind z. B.: 0,5, 4, 8, 13, 16, 25, 32, 40, 50, 64, 80, 100, 125, 160, 200, 250 bar Überdruck.

Weitere Bezeichnungen für Drücke sind:

Nennüberdruck in bar, er liegt ca. 5 % unter dem Betriebsüberdruck,

**Abb. 4.31** Abgasmenge feucht
und Luftbedarf bei
gasförmigen Brennstoffen

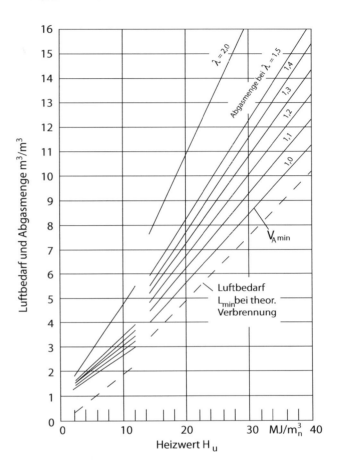

Entnahmeüberdruck oder Frischdampfüberdruck nach dem Überhitzer bzw. Absperrschieber vor der Kraftmaschine.

Er liegt ca. 10 bis 15 % unter dem Betriebsüberdruck des Kessels.

c. Temperaturstufen für Kessel mit Überhitzer, gemessen direkt hinter dem Überhitzer
bei höchster Dauerleistung:

150, 175, 200, 250, 275, 300, 325, 350, 375, 400, 425, 450 °C.

d. Rostbelastung $G_R$ (Gl. 4.17)

$$G_R = \frac{G_B}{A} \ [\text{kg/m}^2\text{h}] \tag{4.17}$$

$G_B$   Brennstoffmenge [kg/h]

$A$   Rostfläche [m$^2$]

**Abb. 4.32** h-t-Diagramm für
Abgase (nach Rosin und
Fehling)

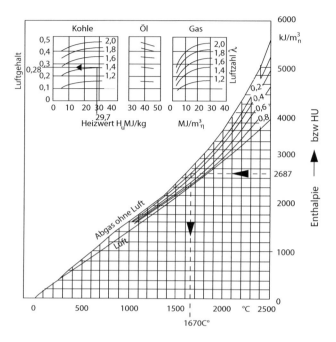

e. Theoretische Verbrennungstemperatur
   $V_{th}$ = Verbrennungstemperatur bei $\lambda = 1$
   $\lambda$  = Luftverhältnis ($L_{vorh}/L_{min}$) (siehe Gl. 4.7)
   $\vartheta_F$ = technisch erreichbare Feuerungstemperatur, siehe Tab. 4.4 und Abb. 4.31
f. Rostwärmebelastung $q_R$ (Gl. 4.18)

$$q_R = \frac{Q}{A_R} \left[ \frac{kJ/h}{m^2} \right] \tag{4.18}$$

Q    der Feuerung zugeführte Wärme
$A_R$    gesamte Rostfläche

g. Feuerraumbelastung $q_F$

$$q_F = \frac{Q}{V_F} = \frac{m_B \cdot H_u + c_p \cdot L}{V_F} \left[ \frac{kJ/h}{m^3} \right] \tag{4.19}$$

Q    der Feuerung zugeführte Wärme
$V_F$    Feuerraumvolumen

h. Querschnittswärmebelastung der Rauchgaswege und der Brennkammer (Gl. 4.20)

$$q_{AR} = \frac{Q}{A} \left[ \frac{kJ/h}{m^2} \right] \tag{4.20}$$

A   Brennkammerquerschnitt

i. Heizflächenbelastung $q_A$ (Gl. 4.21)

$$q_A = \frac{Q}{A} \left[ \frac{kJ/h}{m^2} \right] \tag{4.21}$$

Q   stündlich erzeugte Dampf- oder Wärmemenge
A   flüssigkeitsberührte Heizfläche

j. Verdampfungszahl d (Gl. 4.22)

$$d = \frac{G_D}{G_B} \left[ \frac{kg_{Dampf}}{kg_{Brennstoff}} \right] \tag{4.22}$$

k. Stündlicher Brennstoffverbrauch $G_B$ (Gl. 4.23)

$$G_B = \frac{G_D \cdot \Delta h}{H_u \cdot \eta_k} \left[ \frac{kg}{h} \right] \tag{4.23}$$

$\Delta h$   Erzeugungswärme von 1 kg Dampf inklusive Speisewassererwärmung
$\eta k$   Kesselwirkungsgrad

l. Kesselwirkungsgrad $\eta_k$

$$\eta_k = \frac{G_D \cdot \Delta h}{G_B \cdot H_u} \tag{4.24}$$

m. Dampfraumbelastung $q_D$ (Gl. 4.25)

$$q_D = \frac{G_D}{V_D} \left[ \frac{kg}{m^2} \right] \tag{4.25}$$

$G_D$   stündliche Sattdampfmenge
$V_D$   Volumen des Verdampfungsraums bezogen auf den mittleren Wasserstand in der Dampftrommel

n. mittlere Verweilzeit der Rauchgase $t_m$ (Gl. 4.26)

$$t_m = \frac{V_{AR}}{\dot{V}_G} = \frac{A_{AR} \cdot L_{AR} \cdot \rho}{m_B \cdot \mu_G} \tag{4.26}$$

$\mu_G$     bezogene Abgasmasse $[m_G/m_B]$

$m_B$     Brennstoffmassenstrom $[kg/s]$

$m_G$     Abgasmassenstrom $[kg/s]$

$\rho$       Dichte der Abgase $[kg/m^3]$

o. Regeln für die Abnahme von Dampferzeugern und Heizungskesseln

Für die Abnahme von Dampferzeugern mit eigener Feuerung ist die DIN 1942 als verbindliches Regelwerk anzuwenden.

Der Abnahmeversuch wird sowohl zur Kontrolle der vereinbarten Dauerleistung 100 % als auch zur Kontrolle der höchsten Dauerleistung und zum Teillastverhalten gefahren. Die Abnahmeversuche dienen zum Nachweis, dass die Gewährleistungen für Wirkungsgrade und Leistungen und sonstige Vereinbarungen erfüllt sind.

Wenn für Zusatzeinrichtungen, wie Brennstoffmahleinrichtungen, Ventilatoren, Pumpen und ähnliche Hilfseinrichtungen, besondere VDI-Regeln oder DIN-Vorschriften bestehen, dann ist nach diesen zu verfahren.

Es wird empfohlen, auch bei ständigen Messungen während des Kesselbetriebs die in diesen Regeln enthaltenen Grundsätze und Gleichungen sinngemäß anzuwenden und zu beachten.

Die Regeln enthalten eine Reihe Hinweise auf Vereinbarungen, die sich auf die Art und den Umfang der Abnahmeversuche beziehen. Diese Vereinbarungen sind vor den Versuchen oder bereits bei Bestellung des Dampferzeugers festzulegen.

Die Vereinbarungen können sich z. B. auf folgende Punkte beziehen:

- Lieferumfang, Systemgrenze, Bezugstemperatur, direkte oder indirekte Methode der Wirkungsgradbestimmung,
- zusätzliche Messungen,
- Versuchsbedingungen wie Verschmutzungszustand, Beharrungszeit und Versuchsdauer,
- abweichende Versuchsbedingungen,
- Abschlämmen und Rußblasen,
- Verwendung anderer Messgeräte, als in Kap. 6 aufgeführt,
- zu verwendende Dampftafel und Tafeln für andere Stoffwerte,
- besondere Umrechnungsverfahren,
- Ort und Lage der Messstellen.

Die Regeln gelten für Dampferzeuger, Überhitzer und Wärmeübertragungsanlagen (z. B. für Wasser, Gase, Thermoöle, Natrium) mit eigener Feuerung einschließlich der zugehörigen Hilfseinrichtungen. Sie können sinngemäß auch auf Anlagen dieser Art ohne Feuerung angewandt werden und auf feuerbeheizte Luft- und Gaserhitzer in Gasturbinenanlagen, solange dafür keine eigenen Abnahmeregeln bestehen.

Der Wirkungsgrad ist das Verhältnis der im Dampferzeuger an das Wasser und den Dampf zu übertragenen Wärmemenge zu der in der gleichen Zeit dem Dampferzeuger durch den Brennstoff, die Luft usw. zugeführten Energie.

Für den Dampferzeuger ergibt sich damit die vorher genannte Gl. 4.24 und 4.27.

$$\eta_K = \frac{G_D \cdot \Delta H}{G_B \cdot H_u} = \frac{m_D \cdot (h_2 - h_1)}{m_B \cdot H_u} \tag{4.27}$$

oder mit der Bezeichnung in Nutzwärmeleistung $Q_N$ (Gl. 4.28 und 4.29)

$$\eta_K = \frac{Q_N}{Q_{Zges}} = \frac{Q_N}{Q_N + Q_{Vges}} \tag{4.28}$$

| | |
|---|---|
| $Q_{Zges}$ | $Q_N + Q_{Vges}$ |
| $Q_{vges}$ | Summe aller Kesselverluste, wie die brennstoffproportionalen Verluste $Q_{V,B}$ |
| $Q_{V,B}$ | $m_B \cdot \Delta I_{V.B.}$ |
| $Q_V$ | vom Brennstoff unabhängige Verluste und durch Strahlung und Leitung von den Umfassungswänden abgegebene Wärme (auch Stillstandsverluste $Q_{St}$ genannt) |
| $Q_{st}$ | $I_{st,N} \cdot Q_N$ |

$$Q_{vges} = m_B \cdot \Delta I_{V,B} + Q_V + I_{st,N} \cdot Q_N \ [kJ/h] \tag{4.29}$$

Für Wärmeerzeuger von Wärmeträgeranlagen gilt (Gl. 4.30):

$$Q_N = \dot{m} \cdot (h_2 - h_1) \left[ \frac{kJ}{h} \right], \tag{4.30}$$

darin ist m der Massenstrom des Wärmeträgers und $h_2$ und $h_1$ die Enthalpie am Eintritt und Austritt in den Wärmeerzeuger.

In der Heizungstechnik wird $Q_N$, also die Nutzleistung des Kessels, auch als Kesselleistung $Q_K$ bezeichnet (Gl. 4.31).

$$Q_K = m_W \, (\vartheta_v - \vartheta_R) \cdot c_{pm} \ [kJ/h], \tag{4.31}$$

darin sind $m_W$ der Massenstrom des Wärmeträgers und $\vartheta_v$ und $\vartheta_R$ die am Kessel gemessenen Vorlauf- und Rücklauftemperaturen.

Die mit der Verbrennungsluft zugeführte Wärmemenge ist in der Regel bei Heizungskesseln vernachlässigbar gering. Bei Gas- und Heizölfeuerungen sind auch die Energieverbräuche von Hilfsaggregaten zu vernachlässigen bzw. nicht vorhanden.

Die durch die Feuerung zugeführte Energie wird Feuerungswärmeleistung $Q_B = m_B \cdot H_u$ genannt, und als Kesselwirkungsgrad gilt damit (Gl. 4.32):

$$\eta_K = \frac{Q_K}{Q_N}. \tag{4.32}$$

Mit den vereinbarten oder in den Herstellerlisten genannten Nennwärmelasten und den Nennfeuerungsleistungen erhält man den Kesselnennwirkungsgrad (Gl. 4.33).

$$\eta_{K,N} = \frac{Q_{K,N}}{Q_{B,N}}. \tag{4.33}$$

Dieser Unterschied zwischen Kesselwirkungsgrad und Kesselnennwirkungsgrad ist notwendig, wenn der Kessel mit Teillast, z. B. mit zweistufiger Kesselregelung bzw. mit zweistufigen Gas- oder Heizölbrennern oder mit einem modulierenden Brenner, ausgerüstet ist.

Die relative Feuerungsleistung ist dann mit der relativen Kesselleistung verbunden darstellbar (Gl. 4.34)

$$\frac{Q_B}{Q_{B,N}} = \frac{Q_K}{Q_{K,N}} \cdot \frac{\eta_{K,N}}{\eta_K}. \tag{4.34}$$

Beim Teillastbetrieb nimmt der Kesselwirkungsgrad wegen des geringeren Brennstoffverbrauchs verbunden mit weiterer Abkühlung des geringeren Brennstoffstroms zunächst bis zu einer Teillast von 30 bis 50 % zu und danach bei Teillasten unter 30 % wieder stärker ab, weil der Wärmeübergang bei geringer Rauchgasgeschwindigkeit abnimmt.

Die Kennwerte und genormten Kesselwirkungsgrade und Nutzungsgrade bzw. Jahresnutzungsgrade für Heizungskessel sind in DIN 4702, Teil 1 bis 8 geregelt und genormt. Diese DIN-Normen werden aber z. T. durch europäische DIN-EN 300-1 und 300-2 abgelöst, und weitere DIN-EN sind in Bearbeitung.

Ingenieuren, die Heizungskessel ausschreiben oder bestellen und beim Kauf oder bei der Ausführung von Heizungsanlagen mitwirken, wird die Anschaffung und das Studium dieser DIN-EN empfohlen. Interessierte, die Heizungskessel und insbesondere Brennwertkessel mit dem Jahresnutzungsgrad zu bewerten haben, werden auf Esdorn (1994), Bd. 2, und die genannten DIN-Vorschriften verwiesen.

Abbildung 4.33a zeigt den Verlauf des Kesselwirkungsgrades und der Abgastemperatur des Spezialkessels „Omnimat" für Heizöl oder Erdgasfeuerung. Abbildung 4.33b gibt den Wirkungsgrad-Abgastemperaturverlauf und den Zugbedarf für einen Heizungskessel für Koksfeuerung wieder.

### 4.2.8.7 Wärmeübergangsberechnung für die einzelnen Kesselbauteile und die Berechnung des Wasser- und Dampfumlaufs

Der Dampferzeuger besteht im Allgemeinen aus dem rauchgasbeheizten Verdampfer, dem Überhitzer, dem Zwischenüberhitzer, dem Speisewasser-, Luft- und ggf. Brennstoffvorwärmer und der Feuerung.

Berechnungen und Gestaltung sind von dem zum Einsatz kommenden Brennstoff und der gewählten Brennstoffzuführung, also von der Feuerungsart abhängig.

Der Wärmeübergang durch Berührung ist proportional der Temperaturdifferenz zwischen Rauchgas und Wasser und der Größe der Heizfläche. Bei der Strahlung dagegen ist

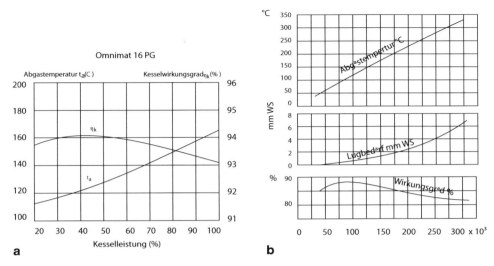

**Abb. 4.33 a** Wirkungsgradverlauf eines Spezialkessels mit Heizölfeuerung $\eta_{K,N} = 93\%$, **b** Wirkungsgradverlauf eines Heizungskessels für Koksfeuerung $Q_N = 200.000$ kJ/h, $\eta_{K,N} = 85\%$

es die vierte Potenz der Differenz der absoluten Rauchgas- und Wassertemperatur und die Größe der wirksam bestrahlten Fläche. Der Wärmeübergang bei Gasstrahlung steigt mit zunehmendem $CO_2$- und $H_2O$-Gehalt, d. h., große gekühlte Feuerräume ermöglichen eine bessere Ausnutzung der Gas- und Flammenstrahlung. Große und hohe Feuerräume vermindern den Flugkoksverlust. Der Feuerraum ist z. T. mit Kühlrohren ausgekleidet, wodurch die Raumendtemperaturen so beeinflusst werden, dass der Erweichungspunkt der Asche unterschritten und somit ein Verschlacken der nachfolgenden Berührungsheizfläche vermieden wird. Die Größe der Kühlfläche ist abhängig von der Zündtemperatur des Brennstoffs, die nicht unterschritten werden darf. Bei Strahlungskesseln ist die Brennkammer vollständig mit Kühlrohren ausgekleidet. Sie ist außerdem häufig mit Schottwänden versehen.

Bei schwer zündenden Brennstoffen wird durch Abdecken der Kühlrohre in einem gewissen Gebiet eine Zone genügend hoher Temperaturen zur Sicherung der Zündung geschaffen.

Die Abb. 4.34 zeigt die Verbrennung von Kohle und Abb. 4.35 die Brennkammergestaltung.

Die Größe des Feuerraums kann zur vorläufigen Größenbestimmung nach der Feuerraumbelastung $q_V$ (im Feuerraum entwickelte Wärmemenge) ermittelt werden.

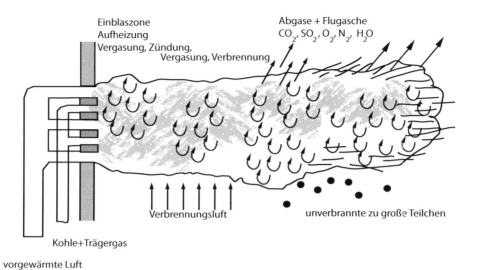

**Abb. 4.34** Verbrennung von Kohlenstaub in der Schwebe

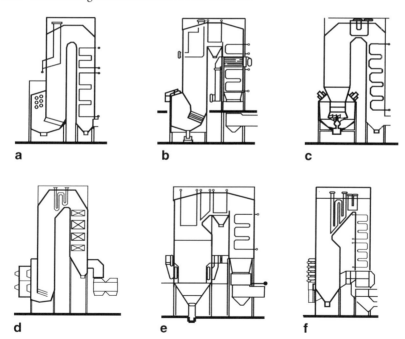

**Abb. 4.35** Brennkammer für trockene Kohlenstaubfeuerung und Schmelzkammerfeuerung. **a** Eckenfeuerung, **b** Frontalfeuerung, **c** Schmelzkammer mit seitlichen Brennern, **d** Schmelz- kammer mit SU-Feuerung, **e** senkrechter Zyklon mit Deckenbrennern, **f** Horizontalzyklone mit Aschenfangrost

**Tab. 4.9** Richtwerte für die Bemessung von Feuerraum und Rost bei verschiedenen Feuerungsarten

| Brennstoff und Art der Feuerung | $\lambda$ | $\vartheta_F$ [°C] | $\vartheta_{th}$ [°C] | $q_V$ [kW/m³] | $t_m$ [s] | d [kg/kg] |
|---|---|---|---|---|---|---|
| Kohlenstaubfeuerung Trockenentaschung | 1,25 | 1350 | 1900 | 140 | 3,5 | 5—8 |
| Kohlenstaubfeuerung Nassentaschung | 1,15 | 1600 | 2000 | 300 | 0,06 | 5—8 |
| Braunkohlenfeuerung w = 55 % | 1,25 | 1100 | 1400 | 116 | 0,3 | 2—5 |
| Heizölfeuerung | 1,03—1,05 | 1600 | 2000 | 400 | — | 9—12 |
| Gasfeuerung | 1,05—1,2 | 1600 | 1950 | 380 | — | 9—12 |
| Rostfeuerung mit Steinkohle, Brikett, Koks | 1,3—1,6 | 1200 | 1800 | 200 | 0,4 | 5—10 |

Feuerraumvolumen (Gl. 4.35)

$$V = \frac{Q_K}{q_V \cdot \eta_K} \ [\text{m}^3]$$
(4.35)

$q_V$ nach Tab. 4.9

$\eta_K = 0{,}92$ bis $0{,}85$.

Mit dem Brennstoffverbrauch nach Gl. 4.24 und der zulässigen Rostbelastung $G_B$ sowie den genormten und im Handel erhältlichen Maßen des Rosts ergeben sich (Gl. 4.36 und 4.37)

$$G_R = \frac{G_B}{A} \ [\text{kg/h} \cdot \text{m}^2]$$
(4.36)

$$A = \frac{G_B}{G_R} \ [\text{m}^2].$$
(4.37)

$G_B$ und $G_R$ können Tab. 4.10 entnommen werden.

Die hohen Rostbelastungen beim Zonen-Wanderrost mit Unterwind erfordern höhere Feuerräume, weil hohe Rostbelastungen längere Flammen zur vollständigen Ausbrennung benötigen. Vorschubroste und Vorschubtreppenroste benötigen ebenfalls wegen der hohen Rostbelastung und der Bauart höhere Feuerräume.

Abbildungen 4.8 und 4.19 zeigen die Anordnung von Wanderrosten und die Zuführung von Unterwind. Die Roste werden grundsätzlich von den Herstellern der Kesselbauarten in Länge und Breite in bestimmten Typenmassen der Kesselgrundfläche angepasst. Bei Kraftwerkskesseln mit großen Kesselleistungen ab 80 und 100 t/h werden Kohlen-Staubfeuerungen mit Nass- oder Trockenentaschung ausgeführt.

Bei Leistungen bis 200 t/h werden bevorzugt Schmelzkammern mit Eckfeuerung oder Horizontalzyklonfeuerungen eingesetzt.

Bei Kohlenstaubfeuerung und Schmelzkammerbefeuerung wird die Kohle fein gemahlen und in die Brennkammer eingeblasen.

**Tab. 4.10** Spezifische Rostbelastung und Rostwärmebelastung (nach Nuber)

| Rostbauart | Brennstoff | Heizwert | Rostwärme-belastung | Rost-belastung | Druck unter Rost |
|---|---|---|---|---|---|
| | | kJ/kg | $10^5$ kJ/(m²h) | kg/(m²h) | mbar1 |
| Planrost mit Handfeuerung | gasarme Steinkohle | 28.500 | 25,1…27,2 | 88…99 | |
| | gasreiche Steinkohle | 31.800 | | 79…85 | |
| Planrost mit Wurfbeschicker | gasarme Steinkohle | 28.500 | 27,2…31,5 | 96…110 | |
| | gasreiche Steinkohle | 31.800 | | 85…98 | |
| Wanderrost | gasarme Steinkohle | 28.500 | 39…50 | 135…175 | |
| | gasreiche Steinkohle | 31.800 | | 120…158 | |
| | Braunkohle-Briketts | 20.000 | 29,3…33,5 | 145…165 | |
| Wanderrost mit Unterwind | gasarme Steinkohle | 31.800 | 35,6…43,5 | 112…132 | 0,7…1,0 |
| | gasreiche Steinkohle | 28.500 | 35,6…43,5 | 125…154 | 0,7…1,0 |
| | | | | | 0,7…4,7 |

Die Kontrolle der Mahlfeinheit des Brennstaubs erfolgt mittels Siebanalyse und deren grafischer Auswertung in der Mahlfeinheitskennlinie. Ein Brennstoffteilchen von 0,2 mm Durchmesser hat eine Zündzeit von 0,02 bis 0,05 s, eine Brennzeit von etwa 1 s, einen theoretischen Brennweg von 4 m, d. h., das Brennstoffteilchen hat in 1 bis 2 s die gesamte Brennkammer durchflogen. Die bei der Verbrennung gebildete Flamme soll entweder kreis- oder U-förmige Gestalt haben und mindestens in 1 m Abstand von der Feuerraumauskleidung beginnen. Dadurch wird eine unnötige Überbelastung des Auskleidungsmaterials vermieden.

Die Teilprozesse der Verbrennung, wie Trocknung, Entgasung usw., die schon bei der Verbrennung auf dem Rost genannt wurden, laufen auch bei der Verbrennung in der Schwebe ab. Eine Übersicht dazu gibt das stark vereinfachte und idealisierte Flammenbild eines Kohlenstaubbrenners in Abb. 4.34. Es wird an dieser Stelle nochmals darauf hingewiesen, dass der Verbrennungsvorgang eines Teilchens nach etwa 1s beendet ist, in der Praxis ist daher keine konkrete Zoneneinteilung gegeben, wie sie z. B. in Abb. 4.34 eingetragen ist.

In ähnlicher Weise erfolgt auch die Verbrennung im Schwebebett oder in Wirbelbettfeuerungen.

Brenneranordnung und Ausbildung von Brennkammern zeigt Abb. 4.35 mit einer schematischen Darstellung verschiedener Kesselbauarten. Die unterschiedlichen Mühlenbauarten und die Auslegung der Brennkammern von Kraftwerkskesseln ist in Netz (1974) und Zinsen (1957) beschrieben und wird hier nicht weiter behandelt. Heißwassererzeuger

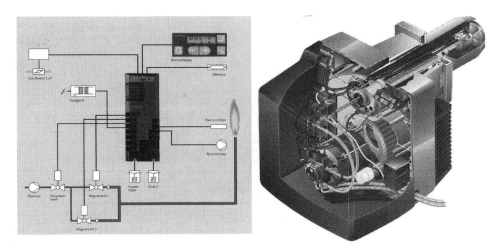

**Abb. 4.36** Ölbrenner als Druckzerstäuber mit Regelschemata für mehrstufigen Betrieb

und Dampfkessel mit mittleren Leistungen bis 20 oder 40 t/h werden heute überwiegend mit Heizöl- oder Gasbrennern ausgestattet und beheizt.

Die Öl- und Gasfeuerung benötigt kleinere und niedrige Brennkammern. Die Feuerraumbelastung $q_V$ beträgt im Mittel 480 kW/m$^3$ oder 1.440 kJ/m$^3$ und soll 500 kW/m$^3$ nicht überschreiten. Die Flammenform wird bei kleineren Leistungen durch die Düse und bei größeren Leistungen durch die Düsen und das Flammenrohr mit Prallscheibe beeinflusst und der Brennkammer bzw. dem Feuerraum angepasst. Die Flamme ist je nach Brennerleistung 0,8 bis 4 m lang. Beim Flammen-Rauchrohrkessel wird ein Brenner je Flammenrohr eingesetzt. Die Brennereinbauflanschen $D_F$ und die Flammentiefe $L_F$ sind nach DIN 4702 in Abhängigkeit von der Brennerleistung genormt, so dass Brenner von allen Herstellern in ein nach dieser Norm bemessenes Flammenrohr oder Feuerraum eingebaut werden können.

In den Feuerraum von Wasserrohrkesseln werden Öl- und Gasbrenner bei zwei Brennern, je nach Bauart, übereinander oder auch nebeneinander angeordnet. Beim Einbau von vier Brennern werden jeweils zwei übereinander in der Kesselvorderfront angeordnet.

Bei Kraftwerkskesseln ist auch der Einbau von vier Brennern in den Ecken der Brennkammer üblich. Die Rauchgase strömen dann in einer turbulenten Kreisform nach oben und durch die Nachschaltheizflächen.

Abbildung 4.36 zeigt das Funktionsschema eines Ölbrenners als Druckzerstäuber mit Vordruckregelung und stufenweiser Leistungsregelung.

Die sicherheitstechnischen Anforderungen sind für Ölfeuerungen in Heizungsanlagen in der DIN 4787, EN 230 und 4755 und für Ölfeuerungen für Heißwasser- und Dampferzeuger in der TRD 411 geregelt.

Die Ölbrenner bestehen im Wesentlichen aus der Ölförderpumpe, dem Ventilator mit Regelklappe für die Verbrennungsluftzufuhr, den Magnetventilen und Düsen, dem Flam-

**Abb. 4.37** Gasbrenner mit
Bauteilbeschreibung (Fa.
ELCO)

menrohr mit Vorheizung, Mischkopf und Zündeinrichtung. Wenn der Ventilator im Brennergehäuse mit untergebracht ist, spricht man vom Monoblockbrenner. Kommt der Ventilator außerhalb des Brennergehäuses zur Aufstellung, was bei großen Brennerleistungen zu empfehlen ist, bezeichnet man dies als Duo-Blockbrenner. Damit eine Verbrennung ohne Rußbildung möglich ist, wird das Heizöl auf verschiedene Weise in feinste Tropfen zerstäubt und dann mit Luft und zum Teil auch mit rückgeführten heißen Abgasen vermischt und gezündet. Je nachdem nach welchem System die Zerstäubung erfolgt, spricht man vom Druckzerstäuber- oder Rotationszerstäuberbrenner. Die Druckzerstäubung ist das am meisten angewandte System. Rotationszerstäuber werden nur bei sehr großen Leistungen und überwiegend bei der Verbrennung von schwerem Heizöl angewandt. Bei Kraftwerkskesseln sind auch noch Dampf- und Druckluftzerstäuberbrenner üblich.

Beim Druckzerstäubersystem sind Öldrücke von 6 bis 20 bar bei kleineren Brennerleistungen und 20 bis 40 bar bei Großbrennern üblich. Als Pumpen werden Zahnradpumpen und bei großen Brennereinheiten auch Spindelpumpen eingesetzt, die bei großen Brennerleistungen auch außerhalb des Brennergehäuses installiert werden.

Bei der Verbrennung von gasförmigen Brennstoffen entfällt die Zerstäubung und Verdampfung des Brennstoffs. Der Verbrennungsvorgang bei der Gasfeuerung besteht aus Vermischung, Zündung und Verbrennung.

Abbildung 4.37 zeigt einen Gasbrenner mit den verschiedenen Bauteilen und Abb. 4.38 und 4.39 geben ein Regel- und Überwachsungsschema mit λ-Sonde sowie ein Regelschema für die mechanische Regelung wieder.

Die sicherheitstechnischen Anforderungen für Gasfeuerungsanlagen in Heizungsanlagen sind in der DIN 4788 und DIN 4756 und für Gasfeuerungen in Heißwasser- und Dampferzeugern in der TRD 412 geregelt.

Bei Kraftwerkskesseln mit großen Feuerungsleistungen werden Gas-Hochdruck-Rundbrenner der Fa. Babcock eingesetzt. Weitere Ausführungen zur Bauart und Funktion von Öl- und Gasfeuerungen enthalten Zinsen (1957) und Beedgen (1984).

Die Berechnung des Feuerraums und aller Nachschaltheizflächen erfolgt am zweckmäßigsten mit einer vorläufigen Berechnung und danach mit einer detaillierten Nach-

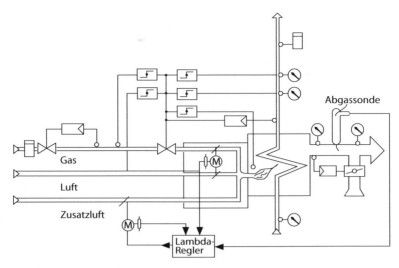

**Abb. 4.38** Gasbrenner mit Lambda-Regler

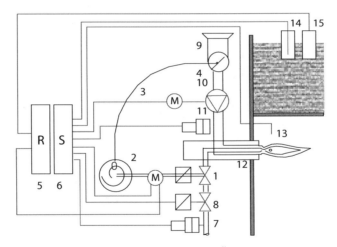

**Abb. 4.39** Gasbrenner mit Temperaturfühler, Regel- und Überwachungsschemata. *1*) Regelventil mit Hauptmengeneinstellung, *2*) Kurvenscheibe (oder Hebelanordnung), *3*) flexibles Verbindungselement (Fernbetätigung), *4*) Aufnahmewinkel und Hebel, *5*) Regelgerät mit Temperaturfühler (oder Thermostat), *6*) Feuerungsautomat, *7*) Gasdruckwächter, *8*) Sicherheitsmagnetventil (wahlweise), *9*) Luftklappe, *10*) Gebläse, *11*) Luftüberwachung, *12*) Brenner, *13*) Flammenüberwachung, *14*) Thermostat, *15*) Temperaturfühler

rechnung der einzelnen Bauteile, wie in dem Beispiel 4.2 gezeigt. Für die Nachrechnung sollte eine vorläufige Konstruktionszeichnung vorliegen, anhand welcher die Rauchgasgeschwindigkeiten in den Rauchgaskanälen und die Flächen und Abstände für den Strahlungswärmeaustausch berechnet werden können. Mit der geforderten Kesselleistung

**Tab. 4.11** Wärmedurchgangszahlen für Kesselbauteile

| Bauteil | k-Zahl in | |
|---|---|---|
| | $W/m^2hK$ | $kJ/m^2hK$ |
| Verdampferrohre und -wände | 50 bis 60 | 170 bis 210 |
| Überhitzer und Zwischenüberhitzer | 25 bis 58 | 100 bis 210 |
| rauchgasbeheizte Speisewasservorwärmer aus Gussrippenrohr bei WRG = 4 bis 8 m/s | 15 bis 25 | 42 bis 90 |
| rauchgasbeheizte Speisewasservorwärmer aus Stahlrohrschlangen bei WRG = 4 bis 8 m/s | 30 bis 60 | 105 bis 210 |
| Speisewasservorwärmer mit Abdampf oder Entnahmedampf beheizt | | |
| bei Abdampf 1 bis 1,5 bar | 1.600 bis 2.300 | 5.800 bis 8.300 |
| bei Abdampf 2 bis 5 bar | 2.300 bis 2.900 | 8.300 bis 10.500 |
| Speisewasservorwärmer dampfbeheizt mit versetzter Rohranordnung, damit kein Wasser von Rohr zu Rohr tropft | | |
| bei Abdampf 1 bis 1,5 bar | 695 bis 1.860 | 2.500 bis 6.700 |
| bei Abdampf 2 bis 5 bar | 2.300 bis 2.900 | 6.900 bis 8.000 |
| Speisewasservorwärmer mit Abdampf beheizt, bei dem der Dampf durch die Rohre strömt | | |
| Stahlrohrbündel | 2.090 bis 3.200 | 7.500 bis 11.500 |
| Rohrbündel aus Messingrohren | 2.310 bis 11.700 | 7.500 bis 42.000 |
| Luftvorwärmer rauchgasbeheizt WRG = 8 bis 10 m/s | 9,2 bis 11,7 | 17 bis 25 |
| Luftvorwärmer rauchgasbeheizt WRG = 6 m/s | 4,75 bis 7 | 17 bis 25 |

können die Massenströme auf der Wasserseite und auf der Rauchgasseite berechnet werden. Aus dem Dampfkraftprozess sind danach die Dampfzustände im Kessel, z. B. in der Dampftrommel, bei Eintritt und Austritt aus den Überhitzern und auch der Zustand des Speisewassers beim Eintritt in den Dampfkessel zu entnehmen.

Die vorläufige Berechnung des Feuerraums kann mit der zulässigen Feuerraumbelastung $q_V$ nach Tab. 4.9 und mit (Gl. 4.35 erfolgen. Die Rostabmessungen sind von der Art der Befeuerung und von der Rostbelastung $G_B$ nach Tab. 4.9 und nach den (Gl. 4.35 und (4.36 zu berechnen. Die Höhe des Feuerraums ist von der Kesselbauart und der benötigten Strahlungsfläche abhängig. Auch die zu erwartende Flammenhöhe ist bei der Wahl der Brennkammerhöhe zu beachten. Mit der Feuerraumtemperatur $\vartheta_F$, die etwa der Rauchgastemperatur entspricht und aus Tab. 4.9 entnommen werden kann, sind dann die Nachschaltheizflächen (Überhitzer und Luftvorwärmer) zu berechnen.

Die Berechnung der Nachschaltheizflächen erfolgt mit (Gl. 4.38)

$$A = \frac{Q}{k \cdot \Delta\vartheta_m} \; [m^2], \qquad\qquad (4.38)$$

darin sind Q die im Bauteil zu übertragende Wärmemenge und k die Wärmedurchgangszahl für das betreffende Bauteil, die der Tab. 4.11 entnommen werden können.

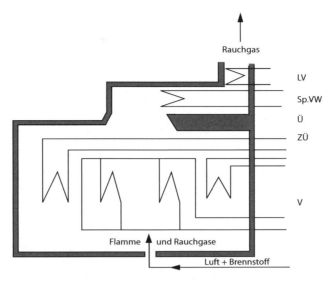

**Abb. 4.40** Kesselbelastungsschema, aufgestellt mit den Zwischenergebnissen aus Abb. 1.15 aus Beispiel 1.1. V = Verdampfer $q_V = h'' - c_p \cdot \vartheta_2 = 2.686-850 = 1.836$ kJ/kg, Ü = Überhitzer $q_Ü =$ hü – h" = 3.480-2.686 = 794 kJ/kg, ZÜ = Zwischenüberhitzer $q_{ZÜ} = h_3 - h_2 = 3.565-3.085 =$ 480 kJ/kg, LV = Luftvorwärmer $q_{LV} = c_{p,L} \cdot (\vartheta_2 - \vartheta_1) = 1,006 \cdot (140-15) = 126$ kJ/kg, SV = Speisewassererwärmung $q_{SV} = \Delta h_{SV} = 500$ kJ/kg

Zur Ermittlung von $\Delta \vartheta_m$ muss vorher noch die Rauchgasaustrittstemperatur $\vartheta_{a,R}$ aus der Wärmebilanz berechnet werden. Es ist (Gl. 4.39):

$$\Delta \vartheta_{a,R} = \Delta \vartheta_{e,R} - \Delta \vartheta_{a,R} = \Delta \vartheta_{e,R} - \frac{Q_{Bauteil}}{m_R \cdot c_{p,R}} \ [K]. \tag{4.39}$$

Die Durchführung der vorläufigen Berechnung für einen Wasserrohrkessel wird am zweckmäßigsten anhand eines Beispiels gezeigt und erläutert.

**Beispiel 4.2**

*Aufgabenstellung*

Der Dampferzeuger aus Beispiel 1.1 in Kap. 1 „Berechnung eines Dampfkraftprozesses" soll überschlägig mit seinen Bauteilen berechnet werden. Der Wasser- und Dampfstrom durch den Kessel beträgt 60 t/h = 16,67 kg/s von 120 bar Überdruck. Tabelle 1.2 enthält alle benötigten Zwischenwerte zur Aufstellung eines Kessellastschemas nach Abb. 4.40.

*Lösung*

Die Feuerungsleistung wurde zu 56.635 kW berechnet. Als Brennstoff wird Steinkohle auf einem Wanderrost verbrannt.

Der Brennstoffbedarf errechnet sich aus Gl. 4.22 oder mit einem Feuerungswirkungsgrad von $\eta_F = 0,95$, der dem Feuerraum zuzuführenden Feuerleistung und dem unteren Heizwert aus Tab. 4.4 zu:

$$G_B = \frac{56.635\frac{kW}{h}}{0,95 \cdot 8,75\frac{kW}{kg}} = 6.813,2\frac{kg}{h}.$$

Der Rauchgasstrom ergibt sich mit $V_{a,min}$ (nass) $= 8,4\,m_n{}^3/kg$ aus Tab. 4.4 und $\lambda = 1,5$ aus Tab. 4.9 zu:

$$V_A = 1,5 \cdot 8,4\frac{m_n^3}{kg} \cdot 6.813,2\frac{kg}{h} = 85.847\frac{m_n^3}{h}.$$

Die Abgastemperatur im Feuerraum beträgt nach Tab. 4.9 ca. 1.200 °C und damit wird:

$$V_A = 85.847\frac{m^3}{h} \cdot \frac{1473K}{273K} = 463.195\frac{m^3}{h} = 128,7\frac{m^3}{s}.$$

a.  Erforderlicher Feuerraum nach Gl. 4.34:

$$V_{FR} = \frac{Q_V}{q_{FR}} = \frac{60.000\frac{kg}{h} \cdot 1.836\frac{kJ}{kg}}{3.600\frac{s}{h} \cdot 200\frac{kW}{m^3}} = 153\,m^3.$$

b.  Erforderliche Rostfläche:

$$A_R = \frac{G_B}{G_R} = \frac{6.813\frac{kg}{h}}{150\frac{kg}{m^2h}} = 45,4\,m^2.$$

c.  Feuerraumhöhe:

$$H = \frac{V_{FR}}{A_{FR}} = \frac{153m^3}{45,4m^2} = 3,37\,m,$$

gewählt 3,5 m.

d.  Erforderliche Verdampfungsheizfläche:
Ermittlung aus der zulässigen Heizflächenbelastung in kg/Dampf je m² und h.
Die mittlere, zulässige Verdampfung wird mit 100 bis 150 kg/(h · m²) als vorläufiger Richtwert angenommen (Tab. 4.9 umgerechnet).
Damit wird

$$A_V = \frac{60.0000\frac{kg}{h}}{130\frac{kg}{h \cdot m^2}} = 461,54\,m^2.$$

Die Wärmeübergangszahl für den Wärmeübergang im Feuerungsraum ergibt sich aus Flammenstrahlung, Rauchgasstrahlung und durch Berührung der Rauchgase beim Durchströmen der Brennkammer und Rauchgaskanäle.

Der zu berechnende Wasserrohrkessel ist mit zwei Überhitzern auszurüsten, die wegen der hohen Überhitzertemperaturen an der Decke des Feuerraums angeordnet werden müssen. Im Feuerraum liegen also drei Heizflächen, bei denen die Wärmemenge sowohl durch Strahlung als auch durch Rauchgasberührung übertragen wird.

Die Brennkammertemperatur beträgt für die Berechnung der Wärmeübertragung durch Strahlung 1.200 °C.

Die mittlere Temperatur der Heizfläche entspricht in etwa der mittleren Wasser- bzw. Dampftemperatur in den Rohren der Heizflächen.

Für die Verdampfheizfläche

$$\vartheta_m = \frac{204 + 325}{2} = 264\,°C.$$

Für die Überhitzerheizfläche

$$\vartheta_m = \frac{550 + 325}{2} = 437\,°C.$$

Für die Zwischenüberhitzerheizfläche

$$\vartheta_m = \frac{545 + 360}{2} = 452\,°C.$$

Die Wärmübergangszahlen durch Strahlung berechnen sich aus:

$$\alpha_s = \frac{C_{R1}\left(\dfrac{T_R}{100}\right)^4 - C_{R2}\left(\dfrac{T_W}{100}\right)^4}{T_R - T_W} \left[\frac{kJ}{m^2 Kh}\right], \tag{4.40}$$

$\alpha_s$ für die Verdampferheizfläche nach Gl. 4.41

$$\alpha_s = \frac{1{,}4\,\dfrac{W}{m^2 \cdot K^4}\left(\dfrac{1200+273}{100}K\right)^4 - 2{,}1\left(\dfrac{264{,}5+273}{100}K\right)^4}{1200 - 264{,}5},$$

$$= 68{,}6\frac{W}{m^2 K} = 264\frac{kJ}{m^2 \cdot K \cdot h}$$

$C_{R,1}$ nach Abb. 4.41 für Steinkohlenrauchgas bei 1.200 °C,
  $C_{R,2}$ nach Abb. 4.41 für Steinkohlenrauchgas bei 400 °C,
$\alpha_s$ für die Überhitzerheizfläche

$$\alpha_s = \frac{1{,}4\,\dfrac{W}{m^2 \cdot K^4}\left(\dfrac{1200+273}{100}K\right)^4 - 2{,}1\left(\dfrac{437{,}5+273}{100}K\right)^4}{1200 - 437{,}5}$$

$$= 79{,}4\frac{W}{m^2 \cdot K} = 285{,}9\frac{kJ}{m^2 \cdot K \cdot h},$$

**Abb. 4.41** Strahlung-
skonstanten $C_1$ und $C_2$ für
Steinkohle

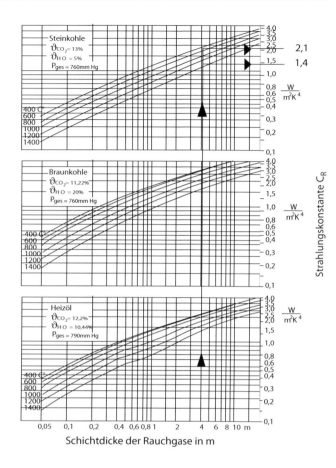

$\alpha_s$ für die Zwischenüberhitzerheizfläche

$$\alpha_s = \frac{1{,}4 \, \frac{W}{m^2 \cdot K^4} \left( \frac{1200 + 273}{100} K \right)^4 - 2{,}1 \left( \frac{452{,}5 + 273}{100} K \right)^4}{1200 - 452{,}5}$$

$$= 78{,}8 \frac{W}{m^2 K} = 283{,}7 \frac{kJ}{m^2 \cdot K \cdot h}.$$

Die durch Strahlung übertragene Wärmemenge je m$^2$ Heizfläche ergibt sich aus (Gl. 4.41)

$$q_{st} = \varepsilon \cdot \Delta \vartheta \cdot \alpha_s \, [kJ/m^2], \tag{4.41}$$

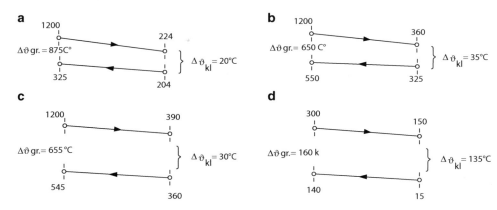

**Abb. 4.42 a–d** Temperaturverlauf

damit wird mit $\varepsilon = 0,9$ für Stahlrohr

$$q_{st} = 0,9 \cdot 936\,\text{K} \cdot 246,9\,\frac{\text{kJ}}{\text{m}^2 \cdot \text{K} \cdot \text{h}} = 207.863\,\frac{\text{kJ}}{\text{m}^2 \cdot \text{h}}$$

$$q_{st} = 0,9 \cdot 762,5\,\text{K} \cdot 285,9\,\frac{\text{kJ}}{\text{m}^2 \cdot \text{K} \cdot \text{h}} = 196.203\,\frac{\text{kJ}}{\text{m}^2 \cdot \text{h}}$$

$$q_{st} = 0,9 \cdot 747,5\,\text{K} \cdot 283,7\,\frac{\text{kJ}}{\text{m}^2 \cdot \text{K} \cdot \text{h}} = 190.862\,\frac{\text{kJ}}{\text{m}^2 \cdot \text{h}}$$

Die Wärmeübergangszahlen für den Wärmeaustausch durch Berührung mit den Rauchgasen ergeben sich aus Tab. 4.10

für die Verdampferheizfläche $\alpha_V = 190\,\text{kJ/m}^2\text{h} \cdot \text{K}$,

für die Überhitzerheizfläche $\alpha_{\ddot{u}} = 160\,\text{kJ/m}^2\text{h} \cdot \text{K}$,

für den Zwischenüberhitzer $\alpha_{z\ddot{u}} = 150\,\text{kJ/m}^2\text{h} \cdot \text{K}$.

Die Rauchgase können sich beim Wärmeaustausch wie folgt abkühlen (die Temperaturdifferenz wird mit ca. 10 % über der Eintrittstemperatur des kälteren Mediums gewählt):

an der Verdampferheizfläche von 1.200 bis auf 224 °C (Abb. 4.42a)

Damit wird $\Delta\vartheta_m$

$$\Delta\vartheta_m = \frac{875 - 20}{\ln\dfrac{875}{20}} = \frac{855}{3,78} = 226,3\,\text{K}$$

an der Überhitzerheizfläche von 1.200 auf 360 °C

$$\Delta\vartheta_m = \frac{650 - 35}{\ln\dfrac{650}{35}} = \frac{615}{2,92} = 210,5\,\text{K}$$

an der Zwischenüberhitzerheizfläche von 1.200 auf 390 °C

$$\Delta\vartheta_m = \frac{655 - 30}{\ln\dfrac{655}{30}} = 202,7 \text{ K}.$$

Die durch Berührung ausgetauschte Wärmemenge je m² Heizfläche ergibt sich aus:

$$q_k = \alpha_k \cdot \Delta\vartheta_m \ [\text{kJ/m}^2 \cdot \text{h}], \tag{4.42}$$

damit wird:

$$q_{kV} = 190\frac{\text{kJ}}{\text{m}^2\text{h}\cdot\text{K}} \cdot 226{,}3\text{K} = 42.993\frac{\text{kJ}}{\text{m}^2\text{h}}$$

$$q_{k\ddot{U}} = 160\frac{\text{kJ}}{\text{m}^2\text{h}\cdot\text{K}} \cdot 210{,}5\text{K} = 33.680\frac{\text{kJ}}{\text{m}^2\text{h}}$$

$$q_{kZ\ddot{U}} = 150\frac{\text{kJ}}{\text{m}^2\text{h}\cdot\text{K}} \cdot 202{,}7\text{K} = 30.450\frac{\text{kJ}}{\text{m}^2\text{h}}$$

Zu übertragen sind nach der Wärmebilanz der Bauteile folgende Wärmemengen:
Verdampfer
$Q_V = 60.000 \text{ kg/h} \cdot 1.836 \text{ kJ/kg} = 110.160.000 \text{ kJ/h}$
Überhitzer
$Q_{\ddot{u}} = 60.000 \text{ kg/h} \cdot 794 \text{ kJ/kg} = 47.640.000 \text{ kJ/h}$
Zwischenüberhitzer
$Q_{z\ddot{u}} = 49.000 \text{ kg/h} \cdot 480 \text{ kJ/kg} = 23.520.000 \text{ kJ/h}$
Die erforderliche Heizfläche für den Verdampfer ergibt sich zu:

$$A_V = \frac{Q_V}{q_{st,V} + q_{k,V}} = \frac{110.160.000\frac{\text{kJ}}{\text{h}}}{207.863\frac{\text{kJ}}{\text{m}^2\text{h}} + 42.993\frac{\text{kJ}}{\text{m}^2\text{h}}} = 439 \text{ m}^2.$$

Die berechnete Verdampferheizfläche mit 439 m² stimmt mit der weiter vorn aus der zulässigen Dampfbelastung für Verdampferheizflächen berechneten Fläche von 461,5 m² gut überein – gewählt werden 450 m².

e.  Erforderliche Überhitzerheizfläche

$$A_{\ddot{U}} = \frac{Q_{\ddot{U}}}{q_{st,\ddot{U}} + q_{k,\ddot{U}}} = \frac{47.640.000\frac{\text{kJ}}{\text{h}}}{196.203\frac{\text{kJ}}{\text{m}^2\text{h}} + 33.680\frac{\text{kJ}}{\text{m}^2\text{h}}} = 207{,}2 \text{ m}^2$$

f.  Erforderliche Zwischenüberhitzerheizfläche

$$A_{Z\ddot{U}} = \frac{Q_{Z\ddot{U}}}{q_{st,Z\ddot{U}} + q_{k,Z\ddot{U}}} = \frac{23.520.000\frac{\text{kJ}}{\text{h}}}{190.862\frac{\text{kJ}}{\text{m}^2\text{h}} + 31.748\frac{\text{kJ}}{\text{m}^2\text{h}}} = 105{,}7 \text{ m}^2$$

**Tab. 4.12** Dichte und wahre spezifische Wärme von Luft bei 1 bar und verschiedenen Temperaturen

| Temperatur | Dichte | wahre spez. Wärme c |
|---|---|---|
| $\Theta$ | kg/m3 | kJ/kg K |
| 0 | 1,275 | 1,006 |
| 20 | 1,188 | 1,007 |
| 40 | 1,112 | 1,008 |
| 100 | 0,933 | 1,012 |
| 200 | 0,736 | 1,026 |
| 300 | 0,607 | 1,054 |

**Anmerkung**

Die errechneten Heizflächen sind nur dann ausreichend, wenn die verfügbare Rauchgasmenge so aufgeteilt wird, dass jedem Bauteil die benötigte Menge zugeführt wird.

Die Forderung wird erfüllt, wenn die Überhitzerheizflächen so konstruiert und im Feuerraum so angeordnet werden, dass die einzelnen Rauchgasmengen sich zur gesamten Rauchgasmenge so verhalten wie die zu übertragenden Wärmeleistungen. Bei etwa gleichen Temperaturgefällen müssen durch die Verdampferheizflächen 55.850 m³/h Rauchgas strömen, durch die Überhitzerheizflächen 20.000 m³/h und durch den Zwischenüberhitzer 10.000 m³/h – zusammen also 85.800 m³/h, wie zuvor berechnet.

g. Erforderliche Heizfläche für die Aufheizung der Verbrennungsluft

Die sich im Rauchgaskanal vermischten Rauchgase haben beim Eintritt in den Luftvorwärmer eine Mischtemperatur von ca. 300 °C und sollen auf ca. 150 °C abgekühlt werden. Da die spezifische Wärme der Rauchgase etwa der spezifischen Wärme der Luft entspricht, kann damit die benötigte Verbrennungsluft von 15 °C auf 140 °C erwärmt werden.

Das mittlere Temperaturgefälle errechnet sich zu

$$\Delta\vartheta_m = \frac{160 - 135}{\ln\frac{160}{135}} = 147 \text{ K}$$

mit k = 30 kJ/(m² · h · k) aus Tab. 4.11 und $c_p = c_p/\rho$ aus Tab. 4.12
$c_p$ = 1.394 kJ/m³ für Luft bei 200 °C

$$L = L_{\min} \cdot \frac{T_2}{T_1} \cdot \lambda \cdot G_B = 8\frac{m_n^3}{kg} \cdot \frac{473 \text{ K}}{273 \text{ K}} \cdot 1,5 \cdot 6.813\frac{kg}{h} = 141.655\frac{m^3}{h}$$

$$A_{LV} = \frac{c_p \cdot \Delta\vartheta \cdot L}{k \cdot \Delta\vartheta_m} = \frac{1,394\frac{kJ}{m^3} \cdot 125\text{K} \cdot 141.655\frac{m^3}{h}}{30\frac{kJ}{m^2\text{K}} \cdot 147} = 5.591 \text{ m}^2 \qquad (4.43)$$

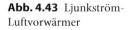
**Abb. 4.43** Ljunkström-
Luftvorwärmer

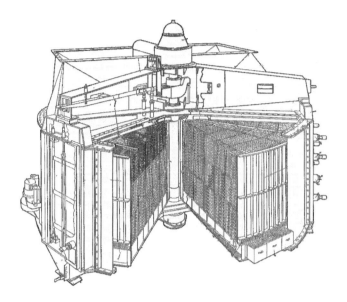

Bei der niedrigen Wärmedurchgangszahl und der großen erforderlichen Verbrennungsluft menge wird eine große Heizfläche benötigt, die am zweckmäßigsten durch den Einbau eines Kreuzstromwärmeaustauschers oder einen Ljunkström-Luftvorwärmers nach Abb. 4.43 zur Verfügung gestellt wird.

Die Kreuzstromluftvorwärmer und Taschenluftvorwärmer bestehen aus einer Vielzahl von Blechplatten, durch die die Luft und die Rauchgase abwechselnd in dünnen Schichten geführt werden.

Bei allen Bauarten ist korrosionsfester Werkstoff wie Gusseisen oder Edelstahlblech einzusetzen. Zur Überwindung des Widerstandes auf der Luft- und Rauchgasseite werden Ventilatoren und Rauchgasgebläse eingesetzt.

Die Reinigung der Heizflächen erfolgt durch Druckluftlanzen, die in die Konstruktion des Wärmeaustauschers eingebaut sind oder eingeführt werden.

Abbildung 4.44 zeigt die Konstruktion eines Überhitzers oder Zwischenüberhitzers zum Einbau in den Feuerraum und zur Rauchgaskanalausbildung in Schottenbauweise.

Mit den bisherigen Rechnungsergebnissen und den Konstruktionshinweisen kann eine vorläufige Konstruktionszeichnung für den Wasserrohrkessel zur Vorbereitung der ausführlichen Nachrechnung und Erstellung der Ausführungskonstruktionspläne angefertigt werden.

Bei der Konstruktion der Verdampfer- und Überhitzerheizflächen ist noch zu beachten, dass die Rauchgaskanäle so auszubilden sind, dass gleiche Druckverluste in den parallelen Rauchgaskanälen bei den jeweils durchzuführenden und vorstehend genannten Rauchgasmengen vorhanden sind. Mit den dann gegebenen Strömungsgeschwindigkeiten sind die tatsächlich vorhandenen Wärmedurchgangskoeffizienten und die zu übertragenden Wär-

**Abb. 4.44** Überhitzer in
Schottenbauweise zur
Rauchgasführung

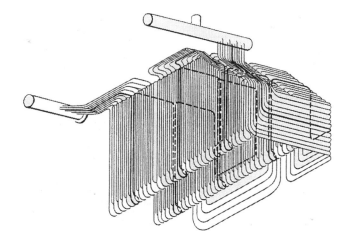

**Abb. 4.45** Wasserrohrkessel
als Eckrohrkessel für
Kohlefeuerung

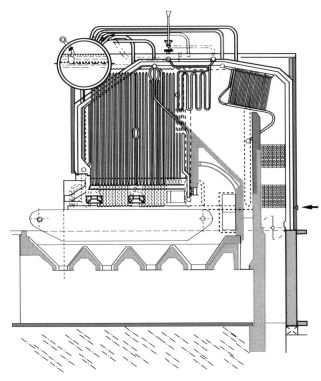

memengen nachzurechnen. Für die Nachrechnung des Feuerraums bei Kohlefeuerungen
wird auf die Arbeitsblätter im Anhang von Zinsen (1957) verwiesen.

Abbildung 4.45 zeigt einen Eckrohrkessel mit Wanderrostfeuerung, Überhitzer, Luftvorwärmer und Speisewasservorwärmer im Kessel. Der Luftvorwärmer ist hier aus
gusseisernen Rippenrohrregistern ausgeführt.

Zur Nachrechnung der Heizflächen und für die Erstellung der Ausführungszeichnung des Kessels müssen noch der Wasser -und Dampfkreislauf berechnet, die Genehmigungszeichnung erstellt und die Festigkeitsberechnungen für die einzelnen Bauteile durchgeführt werden.

### 4.2.8.8  Berechnung des Wasser- und Dampfumlaufs im Kessel

Beim Naturumlaufkessel als Heißwasserkessel wird der Umlauf durch den Wichteunterschied des Wassers in beheizten und nicht beheizten Rohren und Rohrwänden bewirkt. Beim Dampferzeuger mit Dampfwassergemisch wird das Wasser von der Voreilgeschwindigkeit des Dampfes beschleunigt und zur Verdampfungstrommel geführt. Während der Verdampfung in der Dampftrommel kühlt das Umlaufwasser ab und fließt zurück durch die unbeheizten Fallrohre zu den beheizten Verdampfer- und Steigrohren. Mit zunehmenden Betriebsdrücken nimmt der Dichteunterschied ab und der natürliche Umlauf wird für große Kesselleistungen zu gering.

Hochleistungskessel mit hohen Betriebsdrücken werden deshalb mit Zwangsumlauf oder Teilzwangsumlauf ausgeführt, bei dem die Umwälzung mit einer Pumpe bewirkt wird. Die Berechnung des Wasser- und Dampfumlaufs ist in Zinsen (1957) und Brand und Jaroschek (1969) ausführlich beschrieben und kann teilweise mit Diagrammen durchgeführt werden. Zwangsumwälzung und Berechnung der dampfführenden Rohrverbindungen können mit den beschriebenen strömungstechnischen Grundlagen und Gleichungen, wie in Scholz (2012), Kap. 1, genannt, durchgeführt werden. Die gleichmäßige Aufteilung der Wasserströme auf die Rohre der Heizflächen für einen Heißwassererzeuger muss besonders sorgfältig vorgenommen werden. Bei ungleichen Teilströmen kann es im Teillastbereich in einzelnen ungenügend beaufschlagten Rohren zu einer Dampfbildung kommen. Es treten dadurch störende Betriebsgeräusche und Schwingungen in den Heizflächen auf, die im ungünstigsten Fall zum Zerborsten eines Rohres führen können. Der Anlagenhersteller sollte deshalb die Mindestdurchflussmenge für den Heißwassererzeuger vom Hersteller anfragen und diese bei der Anlagenerstellung durch Einregulierung und Überwachung sicherstellen. Die Größe der Dampftrommel für einen Dampferzeuger kann nach Arbeitsblatt 5.9 „Maximale Dampfraumbelastung" der Wärmetechnischen Arbeitsmappe bemessen werden.

### 4.2.8.9  Festigkeitsberechnung der Kesselbauteile

Für die Festigkeitsberechnung von Dampferzeugern und deren Bauteilen sind die „Technischen Regeln für Dampfkessel" (TRD) verbindlich anzuwenden, insbesondere TRD 300 bis 320 in Verbindung mit den TRD für Werkstoff, TRD 100 bis 110 und Herstellungs-TRD 201 bis 203.

Die Handhabung entspricht den Erläuterungen, die in Scholz (2012), Kap. 3, für die Berechnung von Druckbehältern nach den Arbeitsblättern für Druckbehälter (AD-Merkblätter) beschrieben wurden. Es ist bei der Berechnung die jeweils neueste Aufgabe zugrunde zu legen und zu prüfen, inwieweit europäische Richtlinien zu beachten sind.

## 4.3   Brennstofflagerung und Transporteinrichtungen

Die Brennstoffart wird nach wirtschaftlichen Gesichtspunkten entschieden. Feste Brennstoffe sind in der Regel preisgünstiger zu beziehen, verursachen aber andererseits höhere Anlagenkosten für Bunker und Transportanlagen sowie höhere Personalkosten für Bedienung und Wartung. Wenn die Entscheidung über die Brennstoffart getroffen ist, muss die Brennstofflagermenge, also der Vorrat für eine bestimmte Betriebs- oder Heizzeit, festgelegt werden.

Für verschiedene Einrichtungen wie Krankenhäuser, Kliniken, Kasernen und Wohnsiedlungen gibt es Vorschriften für die Bevorratungszeit. Bei Industriebetrieben ist die Produktionssicherheit maßgebend. Größere Lagermengen verteuern die Anlagenkosten und können andererseits zu etwas günstigeren Einkaufspreisen beitragen. In den letzten Jahren werden bei der Wahl der Brennstoffe auch die Einflüsse auf die Umwelt berücksichtigt.

### 4.3.1   Brennstofflager und Transporteinrichtungen für feste Brennstoffe

Größere Mengen von Kohle werden z. T. im Freien auf einer Betonfläche oder in überdachten Lagerräumen, Silos und Bunkern gelagert. Für die Bemessung der Lagerräume sind die zulässige Schütthöhe, das Schüttgewicht, der Schüttwinkel und der Stauraum ausschlaggebend. Tabelle 4.13 enthält die für unterschiedliches Schüttgut benötigten Angaben zur Bemessung von Lagerräumen.

Bei den genannten Böschungswinkeln gelten die kleineren Werte für feuchte und lose Schüttung, die größeren für trockene und fest gedrückte Schüttung. Darüber hinaus sind die genannten Werte auch von Art und Lagerzeit abhängig.

Bei der Festlegung der Schütthöhe ist die zulässige Belastung der Lagerfläche zu beachten.

Lagerräume für feste Brennstoffe sind nach den baurechtlichen Richtlinien für Brennstofflagerräume auszuführen. Die Brandschutzrichtlinien und die Vorschriften für den vorbeugenden Brandschutz sind einzuhalten.

In Abb. 4.46 ist der Schnitt durch eine Heizzentrale für Koks- oder Kohlefeuerung dargestellt. Der Transport der Kohle kann von Hand, mit einem Beschickungswagen oder automatisch mit einem Fördertrog erfolgen. Wenn auch die Entaschung automatisch erfolgen soll, muss der Kesselraum unterkellert und eine Entaschung nach Abb. 4.47 eingebaut werden (Abb. 4.48).

Für die senkrechte Förderung und bis zu einem Steigungswinkel von 60° werden Becherwerke und Schneckenförderer nach Abb. 4.49 eingesetzt (Tab. 4.14).

Abbildung 4.50 zeigt die erforderliche Lagerfläche für den Brennstoff Koks als wirtschaftlicher Richtwert. Die Lagerflächen für andere Brennstoffe können im Verhältnis der Heizwerte und mit den zulässigen Schütthöhen oder Schüttgewichten umgerechnet und ermittelt werden.

**Tab. 4.13** Rohgewichte, Stauraum und Böschungswinkel für Asche und feste Brennstoffe

| Schüttgut | Schüttgewicht | Stauraum | Schüttwinkel |
|---|---|---|---|
| | kg/m$^3$ | m$^3$/t | Grad |
| Asche | 400...900[1] | 1,1...1,4 | 25...35 |
| Asche, Flug- | 1 100 | 0,9 | 45 |
| Asche, Koks- | 700 | 1,43 | 25 |
| Braunkohle, stückig, grubenfeucht | 800...900 | 1,1...1,25 | 30...35 |
| Braunkohle, stückig, lufttrocken | 650...780 | 1,3...1,55 | 35...50 |
| Braunkohlenstaub | 400...500 | 2,0...2,5 | ca. 10 |
| Braunkohlenbriketts, Salon-Format, geschüttet | 700...750 | 1,35...1,45 | – |
| Braunkohlenbriketts, Salon-Format, gesetzt | 1.030 | 0,95 | – |
| Holz vom Gewicht eines Kubikmeters hat folgende Hundertsätze: | | | |
| starke Nutzscheite | 80 % | – | – |
| Nutzknüppel und Brennscheite, starke | 75 % | – | – |
| Netzknüppel und Brennscheite, schwache | 70 % | – | – |
| Stockholz | 45 % | – | – |
| Holzkohle von hartem Holz | 200...220 | 4,5...5,0 | 45 |
| Holzkohle von weichem Holz | 140...160 | 6,0...7,0 | 45 |
| Koks, Brech 1 und 2 | 450...560 | 1,8...2,2 | 40...50 |
| Koks, Brech 3 und 4 | 500...680 | 1,5...2,0 | 35...40 |
| Koks, Gas- bzw. Zechen- | 450...550 | 1,8...2,2 | 35...60 |
| Müll | 600 | 1,5 | 35...45 |
| Papier | 1.100 | 0,9 | – |
| Sägespäne, trocken | 1.500...1.700 | 0,6...0,67 | 35 |
| Schlacke aus Feuerungen | 700...1.100 | 0,9...1,4 | 45 |
| Steinkohle, Feinkohle, gewaschen | 820...860 | 1,16...1,22 | 35...45 |
| Steinkohle, Feinkohle, ungewaschen | 900...950 | 1,05...1,10 | 40...50 |
| Steinkohle, Förderkohle, grob | 850...890 | 1,12...1,18 | 30...45 |
| Steinkohle, Förderkohle, gebrochen | 730...850 | 1,2...1,4 | – |
| Steinkohle, Nusskohle, Nuss 1 und 2 | 740...780 | 1,28...1,35 | 35...50 |
| Steinkohle, Nusskohle, Nuss 3, 4 und 5 | 720...750 | 1,33...1,39 | 30...45 |
| Steinkohle, Stückkohle | 770...810 | 1,24...1,30 | 40...50 |
| Steinkohlenstaub | 500...650 | 1,5...2,0 | 25...45 |
| Steinkohlenbriketts, Ei-Format | 740...780 | 1,28...1,35 | 30...35 |
| Steinkohlenbriketts, Nuss-Format | 780...820 | 1,20...1,35 | 25...30 |
| Steinkohlenbriketts, Stück-Format, geschüttet | 700...800 | 1,25...1,4 | – |
| Steinkohlenbriketts, Stück-Format, gesetzt | 980...1.080 | 0,9...1,0 | – |
| Torf, feucht | 550...650 | 1,5...1,8 | – |
| Torf, lufttrocken | 320...420 | 2,4...3,0 | – |
| Torfmull, lose | 180...200 | 5,0...5,5 | – |

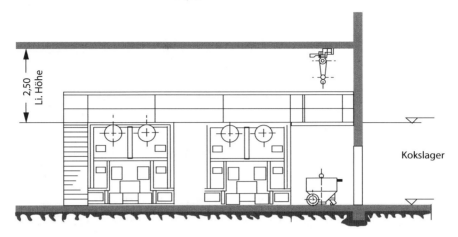

**Abb. 4.46** Kokskeller und Kesselraum für Handbeschickung und Entaschung

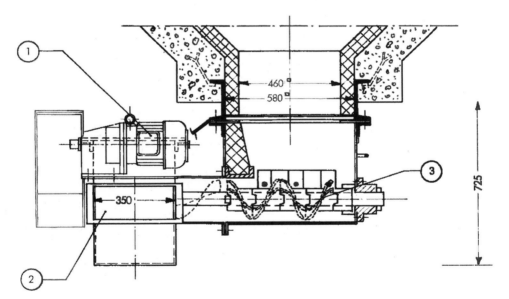

**Abb. 4.47** Aschebrecher und Entnahme

## 4.3.2 Tanklager und Förderanlagen für Heizöl EL

Zur Lagerung von Heizöl gibt es Lagertanks in verschiedenen Ausführungen, Batterietanks, rechteckige, im Keller bzw. vor Ort zusammengeschweißte Tanks und runde Lagertanks für unterirdische oder oberirdische Lagerung. Die Tanks sind aus verschiedenen Werkstoffen, Kunststoff (GFK) und Stahlblech als Batterietanks. Die runden genormten Lagertanks sind mit einem doppelten Stahlmantel oder als einwandige Ausführung zur Aufstellung in einer

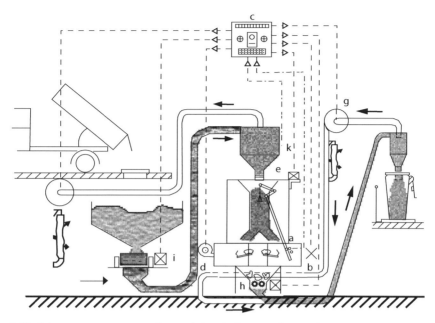

**Abb. 4.48** Schema einer automatischen Koksbeschickung und Entaschung

**Abb. 4.49** Waggonentladung
und Förderung zum Silo

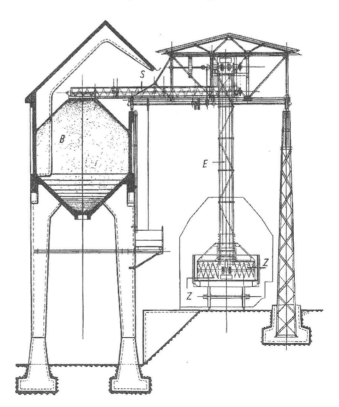

**Tab. 4.14** Leistungsaufnahme von Schneckenförderern

| Leistung | Schnecken-durchmesser (D) | Steigung (S) | Umdrehungen | Kraftbedarf (in kW) bei Schneckenlänge (in m) von | | | | |
|---|---|---|---|---|---|---|---|---|
| t/h | m | m | | 5 | 10 | 15 | 20 | 30 |
| 6 | 0,2 | 0,16 | 65 | 1,2 | 2 | 2,75 | 4 | 5,5 |
| 9 | 0,25 | 0,2 | 55 | 1,2 | 2,5 | 3,5 | 5 | 7 |
| 13 | 0,3 | 0,24 | 48 | 2 | 3,5 | 5 | 7 | 10 |
| 23 | 0,4 | 0,32 | 36 | 2,5 | 4,5 | 7 | 10 | 13 |
| 38 | 0,5 | 0,4 | 30 | 4 | 7 | 10 | 13 | 20 |
| 50 | 0,6 | 0,48 | 25 | 5 | 9 | 13 | 20 | 27 |
| 70 | 0,7 | 0,56 | 21 | 5,5 | 10 | 15 | 20 | 30 |
| 90 | 0,8 | 0,64 | 18 | 6,5 | 12 | 18 | 24 | 35 |

**Abb. 4.50** Lagerflächen-Richtwerte für Koks

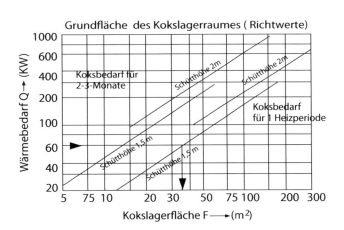

Wanne oder mit eingezogener Kunststoffblase erhältlich. Erdtanks werden auch aus GFK und in Betonausführung hergestellt. Hier sollen aber nur die Heizöllagertanks beschrieben werden, die für größere Industrieheizungsanlagen, Fernheizwerke und Heizkraftwerke in Frage kommen.

Bei der Aufstellung der Lagertanks in Gebäuden müssen die baurechtlichen Forderungen eingehalten werden.

Bei einem Gesamtlagervolumen von mehr als 5.000 Litern ist ein separater Lagerraum erforderlich. Dieser muss von der Feuerwehr vom Freien aus beschäumt, entraucht und gelüftet werden können und darf nicht anderweitig genutzt werden.

Die baurechtlichen Anforderungen an die Lagerung von Heizöl EL werden in der Feuerungsverordnung (FeuVO) der jeweiligen Bundesländer beschrieben. Es gelten darüber hinaus die Anforderungen der TrbF (Technische Regeln für brennbare Flüssigkeiten) und die jeweilige Landes-VAwS (Verordnung über Anlagen zum Umgang mit wassergefährdenden Stoffen).

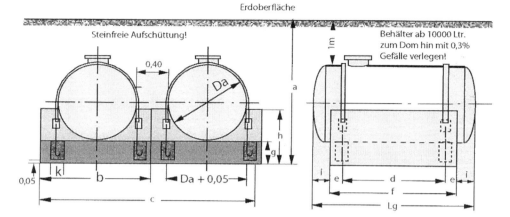

**Abb. 4.51** Fundament und Anker für Erdtanks bei möglichem Grundwasseranstieg. (siehe auch TrbF 121)

Gemäß Feuerungsverordnung (FeuVO) und TrbF 20 müssen die Wände und Decken eines Lagerraumes (> 5.000 Liter) feuerbeständig sein (F90) und aus nicht brennbaren Baustoffen bestehen.

Dies gilt auch für den Fußboden des Lagerraums. Türen müssen in Fluchtrichtung zu öffnen, selbstschließend sowie, ausgenommen Türen ins Freie, mindestens feuerhemmend (F 30/T 30) sein. Durch die Decke und die Wände des Lagerraums dürfen nur Heizrohrleitungen, Wasser- und Abwasserleitungen sowie die Leitungen, die zum Betrieb der Tankanlage erforderlich sind, geführt werden. Durchführungen und Abläufe innerhalb der Auffangwanne sind unzulässig. Das Betreten des Lagerraums durch Unbefugte ist durch ein deutlich sichtbares und gut lesbares Schild zu verbieten.

Heizöllagerbehälter benötigen nach § 19h, Absatz 1 Wasserhaushaltsgesetz (WHG) ein baurechtliches Prüfzeichen (bzw. eine Bauartzulassung), das in aller Regel auch die wasserrechtliche Eignungsfeststellung mit einschließt. Die Tankanlagen müssen so beschaffen sein, dass sie keine korrosionserzeugende oder Menschen gefährdende elektrische Spannung annehmen können.

Sie müssen daher zur Erdung einen Potenzialausgleichsanschluss erhalten.

Erdtanks, also Heizöllagertanks die unterirdisch gelagert werden, müssen eine Erddeckung von mindestens 80 cm erhalten (frostfreie Tiefe). Im Erdreich dürfen nur doppelwandige Heizöllagertanks nach DIN 6608, Teil 2 installiert werden. Der doppelwandige Lagertank ist mit einer Leckwarnanlage auszurüsten. Die Störmeldung beim Auftreten einer Leckage oder bei fehlender Kontrollflüssigkeit ist zur Leitwarte der Heizzentrale zu führen. Wie der Antransport und der Einbau des Tanks, die Prüfung der Dicke und Wirksamkeit der Isolierung und die Ausführung des Domschachts zu erfolgen haben, ist in der Anlage zur TrbF 121 ausführlich beschrieben. Wenn Heizöllagertanks in einem durch Grundwasser gefährdeten Erdreich gelagert werden müssen, dann muss der Lagertank mit einem Fundament und Ankern gegen Auftrieb gesichert werden.

Abbildung 4.51 zeigt die Ausführung der Fundamente und Anker bei Heizöllagertanks von 20 bis 100 m$^3$ Inhalt (Tab. 4.15).

**Tab. 4.15** Behälter und Fundamentmaße

| Behälter | | | | Abmessungen Fundament | | | | | | | | | | Anker | |
|---|---|---|---|---|---|---|---|---|---|---|---|---|---|---|---|
| Inhalt | Da | L | Gewicht (isoliert) | a | b | c | d | e | f | g | h | i | k | Stck. | L |
| l | m | M | kg | | | | | | | | | | | | |
| 20.000 | 2 | 6,96 | 2.630 | 3,6 | 3 | 6 | 2,3 | 1 | 6,4 | 0,6 | 1,5 | 0,3 | 0,20□ | 3 | 1″ | 60 × 5 |
| 25.000 | 2 | 8,54 | 3.160 | 3,6 | 3 | 6 | 2 | 1,1 | 8,1 | 0,6 | 1,5 | 0,2 | 0,20□ | 4 | 1″ | 60 × 5 |
| 30.000 | 2 | 10,1 | 3.750 | 3,6 | 3 | 6 | 2,5 | 1,1 | 9,6 | 0,6 | 1,5 | 0,4 | 0,20□ | 4 | 5/4″ | 60 × 5 |
| 40.000 | 3 | 8,8 | 4.700 | 4,35 | 3 | 7 | 2,1 | 1,1 | 8,4 | 0,9 | 2 | 0,2 | 0,20□ | 4 | 5/4 | 80 × 6 |
| 50.000 | 3 | 10,8 | 5.700 | 4,35 | 3 | 7 | 2,8 | 1 | 10 | 0,9 | 2 | 0,3 | 0,20□ | 4 | 5/4 | 80 × 6 |
| 60.000 | 3 | 12,8 | 6.650 | 4,35 | 3 | 7 | 2,5 | 1,2 | 12 | 0,9 | 2 | 0,3 | 0,20□ | 5 | 5/4 | 80 × 6 |
| 80.000 | 3 | 12,8 | 9.820 | 4,9 | 4 | 8 | 1,7 | 1,1 | 12 | 1 | 2,35 | 0,3 | 0,20□ | 7 | 5/4 | 80 × 6 |
| 100.000 | 3 | 16 | 12.000 | 4,9 | 4 | 8 | 1,9 | 1 | 15 | 1 | 52,4 | 0,4 | 0,20□ | 8 | 5/4 | 80 × 6 |

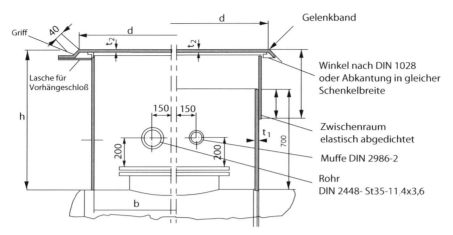

**Abb. 4.52** Domschacht aus Stahlblech nach DIN 6626

Der Abstand der Behälter von Gebäudegrundmauern, Abflusskanälen, Kabelschächten etc. muss mindestens 1 m betragen.

Länge und Breite der Baugrube sind entsprechend Behälter- bzw. Fundamentmaßen mit reichlichem Zuschlag für Bewegungsfreiheit (ca. 50 cm auf jeder Seite) auszuführen.

Das Fundament ist zunächst in Höhe g bis Unterkante Behälter auszuführen und erst nach Aufsetzen der Behälter zu vollenden. Nicht isolierte Behälter müssen vor dem Einbringen in die Grube isoliert werden.

Um eine Beschädigung der Isolierung auszuschließen, dürfen zum Einbringen des Behälters in die Baugrube nur geeignete Hebezeuge verwendet werden.

Nach Einlagern des Behälters ist die Grube sorgfältig zu füllen, wobei unmittelbar an der Behälterwandung eine mindestens 20 cm dicke Schicht gesiebten Bodens einzubringen ist (Abb. 4.52).

Die Domschächte können rechteckig oder in runder Form mit den in der DIN genannten Maßen ausgeführt werden.

Der untere Teil des Domschachtes kann auch bereits im Herstellerwerk auf den Tank aufgeschweißt und danach gegen Korrosion isoliert werden. Der Schachtaufsatz ist als Schiebestück mit gegen Schwellwasser dichter Abdeckung auszubilden und muss ebenfalls isoliert werden.

Abbildung 4.53 zeigt einen stehenden und Abb. 4.54 einen liegenden Heizöllagertank nach DIN 6616 und 6618 zur Aufstellung in einer Wanne. Tabellen 4.16 und 4.17 enthalten die Maßangaben für stehende und liegende Tanks bis 30 bzw. 100 m³ Inhalt.

Abbildung 4.55 stellt einen Heizöllagertank dar, der vor Ort aus vorgefertigten Bauteilen montiert, verschweißt, für sehr große Lagermengen hergestellt und in einer Wanne aufgestellt wird. Für die Aufstellung derartiger Tankanlagen sind ein separater Antrag bei der Baubehörde und ein Gutachten des TÜVs erforderlich. Vorort montierte Tanks werden auch als Hochlagertanks bezeichnet.

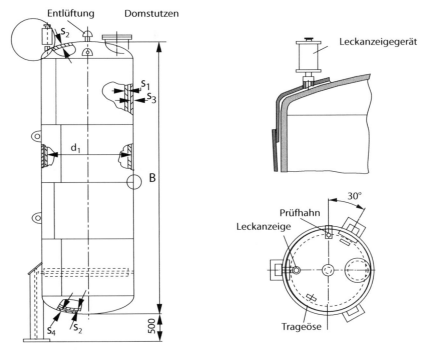

**Abb. 4.53** Stehender Heizöllagertank nach DIN 6618 mit Maßangaben und Gewicht

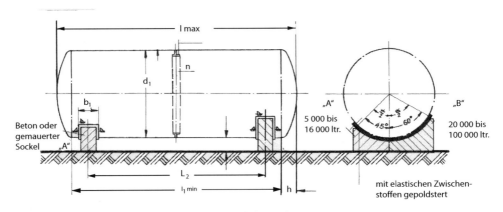

**Abb. 4.54** Tanks nach DIN 6616 für oberirdisch liegende Lagerung

Zur Genehmigung einzureichen sind ein Fundamentplan und eine Bauzeichnung der Auffangwanne. Bei der Erstellung des Fundamentplans ist zu beachten, dass das Regenwasser über einen Ölabscheider mit Alarmmeldung zum Abwasserkanal zu führen ist. Die statische Berechnung für die Fundamentplatte und für das Tankbauwerk nach DIN 4119, DIN 18800 und den AD-Merkblättern sowie eine ausführliche Be-

**Tab. 4.16** Abmessungen von stehenden Lagertanks nach DIN 6618

| Volumen in m$^3$ | min. | 5 | 7 | 10 | 10 | 13 | 16 | 20 | 25 | 30 |
|---|---|---|---|---|---|---|---|---|---|---|
| Außendurchmesser des Innenbehälters | d1 | 1600 | 1600 | 1600 | 2000 | 2000 | 2000 | 2500 | 2500 | 2900 |
| Blechdicke (Nennmaß) Mantel innen | s1 | 5 | 5 | 5 | 6 | 6 | 6 | 7 | 7 | 9 |
| Blechdicke (Nennmaß) Boden innen | s2 | 5 | 5 | 5 | 6 | 6 | 6 | 7 | 7 | 9 |
| Blechdicke (Nennmaß) Mantel außen | s3 | 3 | 3 | 3 | 3 | 3 | 3 | 4 | 4 | 4 |
| Blechdicke (Nennmaß) Boden außen | s4 | 3 | 3 | 3 | 3 | 3 | 3 | 5 | 5 | 5 |
| Behälterhöhe | l1 max. | 2820 | 3740 | 5350 | 3410 | 4450 | 5400 | 4520 | 5550 | 5000 |
| Maße mit Domstutzen | m | 1030 | 1330 | 1840 | 1830 | 2210 | 2660 | 3560 | 4290 | 5430 |

**Tab. 4.17** Abmessungen von Lagertanks und Betonsockel für oberirdisch liegende Lagertanks. (Nach DIN 6618)

| Inhalt | $d_1$ | l max. | h | $l_1$ max. | $l_2$ | s | $b_1$ | $\alpha$ | n |
|---|---|---|---|---|---|---|---|---|---|
| 5000 | 1600 | 2820 | 260 | 2220 | 1770 | 5 | 350 | 90 ° Ä" | 0 |
| 7000 | 1600 | 3740 | 260 | 3220 | 2770 | 5 | 350 | 90 ° Ä" | 0 |
| 10000 | 1600 | 5350 | 260 | 4740 | 4290 | 5 | 350 | 90 ° Ä" | 0 |
| 13000 | 1600 | 6960 | 260 | 6250 | 5625 | 5 | 525 | 90° Ä" | 0 |
| 16000 | 1600 | 8570 | 260 | 7760 | 7135 | 5 | 525 | 90 ° Ä" | 0 |
| 20000 | 2000 | 6960 | 320 | 6095 | 5395 | 6 | 600 | 120 ° "B" | 0 |
| 25000 | 2000 | 8540 | 320 | 7705 | 7005 | 6 | 600 | 120 ° "B" | 0 |
| 30000 | 2000 | 10120 | 320 | 9315 | 8615 | 6 | 600 | 120 ° "B" | 1 |
| 40000 | 2500 | 8800 | 400 | 7810 | 6760 | 7 | 950 | 120 ° "B" | 1 |
| 50000 | 2500 | 10800 | 400 | 9870 | 8820 | 7 | 950 | 120 ° "B" | 1 |
| 60000 | 2500 | 12800 | 400 | 11930 | 10880 | 7 | 950 | 120 ° "B" | 2 |
| 80000 | 2900 | 12750 | 450 | 11745 | 10295 | 9 | 1350 | 120 ° "B" | 2 |
| 100000 | 2900 | 15950 | 450 | 14810 | 13360 | 9 | 1350 | 120 ° "B" | 2 |

schreibung zu Ausführung und Einhaltung der gesetzlichen Vorschriften gehören zum Genehmigungsantrag.

Zum Lieferumfang der Tankanlage gehören:

- Fundamente
- Auffangwannen
- Ausrüstung mit bauartzugelassener Leckanzeigeanlage – bestehend aus vakuumüberwachbarem Doppelboden und Leckwarngerät
- Armaturen, Füllleitung und sonstige Verrohrung

**Abb. 4.55** Vor Ort montierter
und geschweißter
Hochlagertank.
*1)* Dachmannloch,
*2)* Mantelmannloch,
*3)* Dunsthaube, *4)* Füllstutzen,
*5)* Entnahmestutzen,
*6)* Restentleerung,
*7)* Inhaltsanzeige,
*8)* Peilstutzen, *9)* Peiltisch
verstellbar,
*10)* Blitzschutzklemmen,
*11)* Dachrandgeländer,
*12)* Leiter mit Rückenschutz

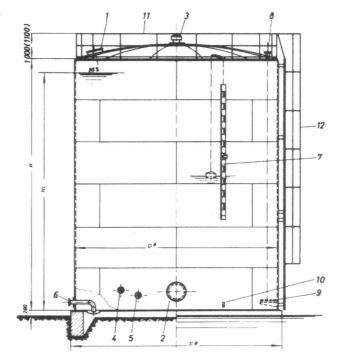

- Messwertgeber
- Ausrüstung für Beschäumung im Brandfall
- Ausrüstung für Berieselung im Brandfall
- Laufstege, Treppen, Bühnen und Leitern
- Tankheizung (Einsteckvorwärmer)
- kompletter Innen- und Außenanstrich
- Gummierung und TRbF-Beschichtung
- komplette Isolierung

Für den sehr unwahrscheinlichen Fall, dass Heizöl ausläuft, verhindert die Auffangwanne ein Eindringen in die Bausubstanz, in das Erdreich oder in die Kanalisation. Die Auffangwanne ist damit eine Schutzvorkehrung im Sinne des Wasserhaushaltsgesetzes (WHG) zur Vermeidung einer Gewässer- und Bodenverunreinigung. Das Volumen der Auffangwanne muss dem maximalen Tankvolumen entsprechen. Bei nicht miteinander kommunizierenden Behältern von Batterietankanlagen genügt das Volumen des größten Einzelbehälters.

Auffangwannen müssen öldicht sein und dürfen keine Fugen aufweisen. Auffangwannen sind aus Stahlbeton nach dem Standsicherheits- und Brauchbarkeitsnachweis für beschichtete Auffangräume aus Stahlbeton zur Lagerung wassergefährdender Flüssigkeiten in der Fassung vom Januar 1989 des Deutschen Instituts für Bautechnik (DIBt) in Berlin herzustellen.

**Tab. 4.18** Maße und Gewicht von Hochlagertanks gefertigt nach DIN 4119 und EN14615

| Inhalt | D Ø | H | $H_1$ | F | Gewicht |
|---|---|---|---|---|---|
| m³ | mm | mm | mm | mm | ca. kg |
| 500 | 8000 | 10020 | 9520 | 8200 | 19000 |
| 600 | 9000 | 9470 | 8995 | 9200 | 20900 |
| 700 | 9000 | 11250 | 10690 | 9200 | 23400 |
| 800 | 9000 | 13030 | 12380 | 9200 | 25600 |
| 900 | 10000 | 11800 | 11210 | 10200 | 27900 |
| 1000 | 10000 | 13450 | 14550 | 10200 | 30200 |
| 1200 | 12000 | 10700 | 10165 | 12200 | 34300 |
| 1500 | 13000 | 11800 | 11210 | 13200 | 41400 |
| 2000 | 14000 | 13450 | 14650 | 14200 | 50400 |
| 2500 | 16000 | 12480 | 11855 | 16200 | 61900 |
| 3000 | 17000 | 13450 | 14850 | 17200 | 68000 |
| 4000 | 19000 | 14130 | 13425 | 19200 | 89900 |
| 5000 | 22000 | 13580 | 12900 | 22200 | 108400 |

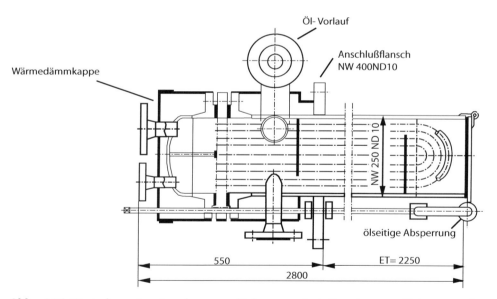

**Abb. 4.56** Einsteckvorwärmetauscher zum Einbauen und Anflanschen am Halsstutzen des Hochlagertanks

Auffangwannen zur Lagerung von bis zu 40.000 Litern Heizöl EL dürfen auch gemauert sein. Die Maßangaben für Hochregallagertanks enthält Tab. 4.18 (Abb. 4.56).

Ein natürlicher Bestandteil des Heizöls sind Paraffine. Diese langkettigen, gut brennbaren Kohlenwasserstoffe mit hohem Energieinhalt haben jedoch die Eigenschaft, bei Unterschreitung einer bestimmten Temperatur (des Cloud Point) zu Kristallen zu erstar-

**Abb. 4.57** Überwachungseinrichtungen für einen
Heizöllagertank.
*1*) Leckanzeigegerät,
*2*) Grenzwertgeber,
*3*) Entlüftung, *4*) Domdeckel,
*5*) Peilrohr,
*6*) Peilrohrverschluss,
*7*) Blindstopfen, *8*) Füllrohr,
*9*) Füllrohrverschluss,
*10*) Entnahmesystem mit,
*11*) Inhaltsmessgerät mit
Kondensatgefäß,
*12*) Vorlaufleistung,
*13*) Dichtung, *14*) Peilstab,
*15*) Prüfstutzen
Schnellabsperrung

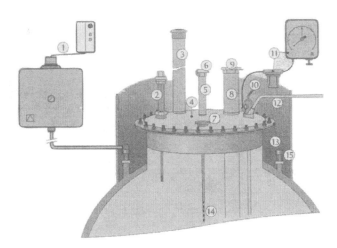

ren und als weißer Schleier oder Flocken sichtbar zu werden. Dieser Prozess kann bereits ab einer Temperatur von 3 °C einsetzen. Beginnende Paraffinausscheidungen können zu Betriebsstörungen führen. Aus diesem Grund muss das Heizöl in im Freien aufgestellten Lagertanks vorgewärmt werden und lange Förderleitungen, eine Begleitheizung und eine Wärmedämmung erhalten.

Abbildung 4.56 zeigt einen Einsteckvorwärmer zum Einbauen und Anflanschen an den Halsstutzen des Lagertanks.

Die Ausrüstung zur Überwachung und Regelung der Ölfeuerungsanlage ist nach DIN 4755, Blatt 1 und Blatt 2 auszuführen. Abbildung 4.57 gibt die Ausrüstung eines Heizöllagertanks wieder, die Brennerausrüstung ist in Abb. 4.58 dargestellt. Da die Funktionsbeschreibung und die Beschreibung der Ausrüstung in der DIN 4755 und TRD 412 sehr ausführlich sind, wird hier nicht weiter darauf eingegangen und dafür die Schaltung und Ausführung der Heizölversorgungsleitungen mit Pumpen und Filter ausführlich beschrieben.

Anhand von Abb. 4.57 ist zu erkennen, dass der Domschacht je nach Anordnung der Einrichtungen mit Anschluss-, Füll- und Entlüftungsleitungen und den geforderten Prüf- und Überwachungsgeräten überfüllt sein kann. Weiterhin ist zu beachten, dass im Heizöl auch ein geringer Prozentsatz von Wasser enthalten ist. Das Wasser ist schwerer als Heizöl und setzt sich am Tankboden ab. Es enthält außerdem aggressive Bestandteile, die Korrosionen verursachen. Zur Vermeidung von Korrosionsschäden sollte deshalb der unterirdisch gelagerte Heizöltank mit etwa 1 % Gefälle im Erdreich gelagert und der Tank einen zweiten Domschacht und Dom erhalten. Im tiefer gelegenen Domschacht ist dann eine Handpumpe mit einem Saugrohr DN 20, das bis auf den Tankboden reicht, einzubauen. In diesem Domschacht können dann auch ein Teil der Rohranschlüsse oder Geräte, die nur selten gewartet werden müssen, installiert werden. Beim Heizöltank nach Abb. 4.55 ist das ausgeschiedene Wasser aus der verstärkten Bodentasse (Anschluss 6) zu entnehmen, und der Tankboden ist ebenfalls mit etwa 1 % Gefälle zu dieser Restentleerung hin aus-

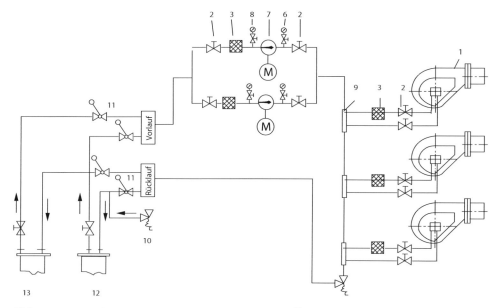

**Abb. 4.58** Heizölversorgungsrohrnetz mit Pumpen. *1*) Ölbrenner, *2*) Absperrventile, *3*) Ölfilter, *4*) Rückschlagventil, *5*)Thermometer, *6*) Manometer, *7*) Ölförderpumpe, *8*) Manometer, *9*) Gasabscheideflasche, *10*) Überströmventil, *11*) Absperrhähne mit mechanischer Verriegelung, *12*) Einsteckvorwärmer Tank I, *13*) Einsteckvorwärmer Tank II

zuführen. Beim stehenden Hochlagertank, bei dem die Füllleitung von oben in den Tank eingebunden ist, muss die Füllleitung an der Einfüllkupplung ein Absperrventil erhalten, damit vor dem Abnehmen des Fülldruckschlauchs vom Tankwagen die Leitung abgesperrt werden kann. Empfehlenswert ist auch die Ausführung einer Auffangwanne unterhalb des Füllanschlusses. Abbildung 4.58 zeigt das Schaltschema für das Heizölversorgungsrohrnetz zwischen der Tankanlage und den Heizölbrennern.

Bei kleineren Heizölfeuerungsanlagen und wenn kein großer Höhenunterschied zu überwinden ist, ist der Einbau von Zubringerpumpen nicht erforderlich. Die in dem Brenner vorhandene Pumpe kann Druckverluste auf der Saugseite bis zu 6 m Flüssigkeitssäule überwinden. Bei größeren saugseitigen Druckverlusten und größeren geodätischen Förderhöhen müssen Zubringerpumpen installiert werden. Dies ist z. B. immer der Fall, wenn eine Dachheizzentrale geplant wird (siehe Kap. 9, Abb. 9.1).

Bei größeren Heizzentralen und Heizkraftwerken beträgt der Abstand zwischen Tanklager und Feuerungseinrichtung in der Regel 50 bis 100 m und mehr. Die Zubringerpumpen müssen den Druckverlust in der Saug- und Druckleitung und den Höhenunterschied überwinden. Auch der Gegendruck in der Rücklaufleitung, der der Füllhöhe im stehenden Tank entspricht, muss von den Pumpen überwunden werden. Die Berechnung des Druckverlusts und die Festlegung der Rohrdurchmesser sowie die Auswahl von Filter und Pumpen erfolgt wie Scholz (2012), Kap. 3, Beispiel 3.15, beschrieben. In der Verteilleitung vor den Brennern sollte ein geringer Gegendruck vorhanden sein, der am Überströmungsven-

**Abb. 4.59** Innenzahn-
radpumpe mit
Druckregenventil für 9 bar
Betriebsdruck (Fa. SAFAG)

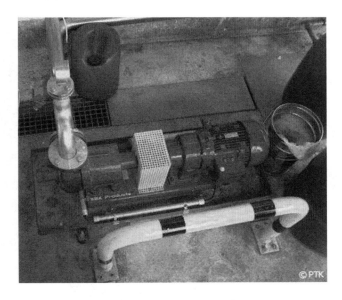

**Abb. 4.60** Schraubenspindelpumpe für 1 bis 6 bar
Betriebsdruck (Fa. SAFAG)

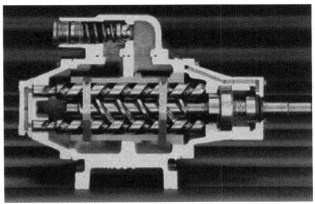

til (10) eingestellt werden kann. Als Heizölförderpumpen werden Zahnradpumpen oder
Schraubenspindelpumpen nach Abb. 4.59 und 4.60 eingesetzt. An Stelle der zwei Pumpen,
wie in Abb. 4.58 dargestellt, ist auch der Einbau von drei Pumpen üblich, wenn z. B. in den
Sommermonaten eine geringe Leistung benötigt wird, ist die dritte Pumpe dann für den
Sommerverbrauch auszulegen.

Die Fördermenge wird so gewählt, dass im Winterbetrieb etwa 10 bis 20 % mehr als
der maximale Verbrauch gefördert wird. Die Sommerpumpe ist, je nach Schwankung des
Verbrauchs, für das 1,5-Fache der voraussichtlichen Verbrauchsmenge auszulegen.

Die überschüssige Heizölmenge wird über das Überströmventil zurück in den Lagertank
gefördert. Abbildung 4.61 zeigt einen Heizölfilter und Abb. 4.62 eine komplette Filter-
und Pumpenstation, die von verschiedenen Herstellern als kompakte Einheit geliefert

**Abb. 4.61** Umschaltbarer
Doppelfilter DN 20 bis DN 50

**Abb. 4.62** Filter- und
Pumpstation in
Zwillingsausführung mit
Anzeige -und
Überwachungsgerä- ten (Fa.
HP-Technik)

**Tab. 4.19** Fördermenge und Leistungsaufnahme bei 9 bar Betriebsdruck einer Zahnradpumpe

| Typ | Fördermenge | Motorleistung | Anschlüsse |
|-----|-----|-----|-----|
| | l/h | kW | |
| SMG 1608 | 1000 | 0,55 | ¾" |
| SMG 1609 | 1500 | 0,75 | ¾" |
| SMG 1610 | 2000 | 1,1 | ¾" |
| SMG 1611 | 3000 | 1,5 | 1" |
| SMG 1612 | 4500 | 2,2 | 1" |
| SMG 1613 | 6000 | 3,0 | 1" |

**Tab. 4.20** Fördermenge und Leistungsaufnahme einer Schraubenspindelpumpe

| Typ | l/h bei min-1, Druck 1 bar | | | Leistung | Anschlüsse DN | |
|-----|-----|-----|-----|-----|-----|-----|
| – | 950 | 1450 | 2900 | kW | Saug | Druck |
| EL 51 | 760 | – | – | 0,25 | 25 | 20 |
| EL 52 | – | 1180 | – | 0,37 | 25 | 20 |
| EL 53 | – | – | 2400 | 0,55 | 25 | 20 |
| EL 61 | – | 1850 | – | 0,75 | 40 | 32 |
| EL 62 | – | – | 3770 | 1,5 | 40 | 32 |
| EL 71 | 1620 | – | – | 0,75 | 40 | 32 |
| EL 72 | – | 2490 | – | 1,1 | 40 | 32 |
| EL 73 | – | – | 5050 | 2,2 | 40 | 32 |
| EL 81 | – | 3330 | – | 1,5 | 65 | 50 |
| EL 82 | – | – | 6850 | 2,2 | 65 | 50 |
| EL 91 | 2760 | – | – | 0,75 | 65 | 50 |
| EL 92 | – | 4320 | – | 1,5 | 65 | 50 |
| EL 93 | – | – | 8820 | 3,0 | 65 | 50 |

wird. Die Heizölleitungen sind nach dem WHG zur Vermeidung von Leckage durch Feuchtefühler zu überwachen. Werden die Rohrleitungen in einem Betonkanal verlegt, dann muss dieser mit Gefälle und in heizöldichter Ausführung hergestellt und isoliert bzw. kunststoffbeschichtet werden (Tab. 4.19, 4.20 und 4.21).

Wenn die Heizölleitungen in einem Schutzrohr verlegt werden, dann muss auch dieses ein Gefälle haben und auf Leckage überwacht werden. Zur Vermeidung, dass Paraffin im Winter ausscheidet, erhalten die Heizölleitungen eine elektrische Begleitheizung und eine Wärmedämmung. Heizölleitungen können auch zusammen mit der Heizungsleitung für den Einsteckvorwärmer verlegt werden und eine gemeinsame Wärmedämmung erhalten, wenn diese gemeinsam in einem Betonkanal oder Betonkontrollgang liegen.

Soll der Wirkungsgrad des Heizkessels über eine längere Zeit überwacht werden, muss in die Heizölzuleitung ein Heizölzähler (beim Einrohranschluss) eingebaut werden. Handelt

**Tab. 4.21** Fördermenge und Hauptabmessungen von Filter- und Pumpstationen in Zwillingsausführung (Fa. SAFAG)

| Aggregattyp | | Förder-menge | Motorleis-tung | Abmessungen (mm) | | | Anschlüsse Rohr (mm) | |
|---|---|---|---|---|---|---|---|---|
| | | [l/h] | [kW] | L | B | H | Saug | Druck |
| SMGZ 5008 | G | 1000 | 0,55 | 1100 | 700 | 500 | 22 | 22 |
| | F | | | 1100 | 700 | 550 | 20 | 20 |
| SMGZ 5009 | G | 1500 | 0,75 | 1100 | 700 | 500 | 28 | 22 |
| | F | | | 1100 | 700 | 550 | 25 | 20 |
| SMGZ 5010 | G | 2000 | 1,1 | 1100 | 700 | 500 | 35 | 22 |
| | F | | | 1100 | 700 | 550 | 25 | 20 |
| SMGZ 5011 | G | 3000 | 1,5 | 1100 | 700 | 600 | 42 | 28 |
| | F | | | 1100 | 700 | 650 | 32 | 25 |
| SMGZ 5012 | G | 4500 | 2,2 | 1100 | 700 | 600 | 42 | 35 |
| | F | | | 1100 | 700 | 650 | 40 | 32 |
| SMGZ 5013 | G | 6000 | 3,0 | 1100 | 700 | 600 | 42 | 35 |
| | F | | | 1100 | 700 | 650 | 40 | 32 |

es sich um einen Brenner mit Zu- und Ablaufanschluss, dann muss in die Ablaufleitung ein zweiter Heizölzähler installiert werden.

Der tatsächliche Verbrauch ergibt sich aus der Differenz der beiden Zähler. Für den gleichen Zeitraum sind der Dampfverbrauch oder die Wärmeabgabe ebenfalls zu zählen.

Die Lagerkapazität von Heizöl wird bei kleineren Anlagen so gewählt, dass die Lagertanks nur einmal für eine Heizperiode gefüllt werden müssen und die Füllung zu einem günstigen Lieferpreis erfolgt.

Bei Großanlagen ist dies nicht möglich und auch nicht üblich. In der Regel wird der Bedarf von zwei bis vier Wochen und bemessen für die kälteste Jahreszeit (also bei Spitzenbedarf) bevorratet. Dabei ist zu bedenken und zu untersuchen, wie die Tankwagen anfahren und einfüllen können und wie viele Tankwagen für die Befüllung eines großen Lagertanks benötigt werden. Es sollte auch immer ein voller Tank verfügbar sein, während die anderen gefüllt werden. Um einen günstigen Bezugspreis zu erhalten, werden bei großen Heizwerken langfristige Lieferverträge abgeschlossen.

Alle Armaturen, Regler, Pumpen, Filter und Verbrauchszähler für Heizölleitungen müssen für Heizöl zugelassen und geeignet sein.

Abbildung 4.62 zeigt ein Diagramm zur Vorausbestimmung der Heizöllagermenge als Richtwert und abhängig von der stündlichen Wärmeleistung der Heizungsanlage (Abb. 4.63).

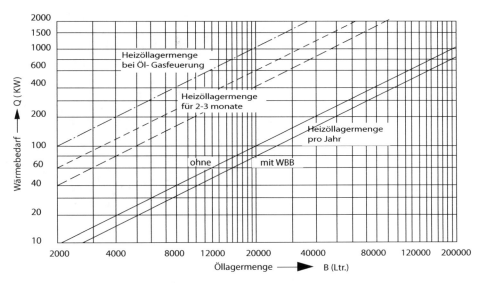

**Abb. 4.63** Richtwerte des Jahresverbrauchs und der Lagermenge für Heizöl in Abhängigkeit von der Heizleistung

## 4.4   Erdgasregler- und Erdgaszählstationen einschließlich Gasversorgungsleitungen für Industrie- und Fernheizwerke

### 4.4.1   Druckreglerstation

Heizungsanlagen für Wohn- und Zweckbauten werden ebenso wie Blockheizwerke vom Niederdruck-Erdgas-Versorgungsnetz der Gemeinden oder Städte versorgt.

Größere Industrieheizwerke, Fernheizwerke und Heizwerke von Zentralkliniken oder Kasernen sind für das Gasversorgungsunternehmen Großabnehmer, mit denen ein Sondertarifvertrag vereinbart wird und die in der Regel von einem Hochdruckgasnetz über eine separate Gasdruckregelstation mit Erdgas versorgt werden.

In allen Fällen muss der mit der Planung beauftragte Ingenieur oder der Betreiber des geplanten Heizwerks die Möglichkeiten der Gasversorgung mit dem zuständigen Gasversorgungsunternehmen abstimmen und die Versorgung beantragen. Der mit der Planung des Heizwerks beauftragte Ingenieur muss hierfür den voraussichtlichen Jahresverbrauch, den maximalen Tagesverbrauch eines Tages im Januar und den maximalen stündlichen Verbrauch ermitteln und dem Gas-Versorgungsunternehmen (GVU) mitteilen.

Das GVU kann damit ein Angebot erstellen, das folgende Angaben enthalten sollte:

- anteilige Kosten für den Rohrnetzanschluss,
- Kosten für die Übergabe- und Messstation,

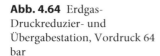

**Abb. 4.64** Erdgas-
Druckreduzier- und
Übergabestation, Vordruck 64
bar

- Gasbezugspreis in Euro je $m^3{}_n$ oder je kWh Wärmeleistung (als Arbeitspreis),
- eventuelle Kosten für Ablesung, Wartung und Instandhaltung (als fixe Jahreskosten).

Der Gasbezugspreis wird in der Regel vom GVU günstiger angeboten, wenn die Spitzen-
abnahme in den Monaten Dezember, Januar und Februar durch eine Umschaltung auf
Heizölfeuerung möglich ist. Das bedeutet, dass das GVU nach Bedarf eine Unterbrechung
der Gasversorgung (nach vorheriger Verständigung) vornehmen darf. Das GVU kann also
bei Netzüberlastung die Lieferung an Großabnehmer vorübergehend unterbrechen und
der Betreiber des Heizwerks verbraucht in dieser Zeitspanne (ca. 8 bis 14 Tage je nach
vertraglicher Vereinbarung) das für diesen Zweck vorgehaltene Heizöl.

Diese Vereinbarung verlangt aber auch, dass die Feuerungsanlage mit Zweistoffbren-
nern ausgerüstet und eine ausreichende Heizöllagerung vorhanden ist.

In der Regel sind aber Fernheizwerke und auch Heizwerke eines Zentralklinikums oder
von Industriebetrieben schon aus Gründen der Versorgungssicherheit mit Zweistoffbren-
nern ausgestattet. Der dafür zugesicherte günstigere Gastarif ermöglicht zusätzlich einen
wirtschaftlichen Betrieb der Anlage.

Der Planer des Heizwerkes muss mit dem GVU auch alle technischen Fragen zum
Standort und zur Schaltung und Ausrüstung der Gasreglerstation klären.

Diese Fragen beinhalten auch die bauliche Ausführung der Gasreglerstation und die
Leitungsstraße auf dem Grundstück für die Zuleitung und die Gasleitungen zwischen
Reglerstation und Feuerungsanlage, die in der Regel nicht zum Lieferumfang des GVU
gehört.

Die Ausführung der Reglerstation ist vom Druck in der Hochdruckgasleitung und von
der mit Gas zu versorgenden Feuerungsanlage abhängig.

Abbildungen 4.64 und 4.65 zeigen die Druckregler- und Übergabestation für Erdgas
des Zentralklinikums Augsburg. Das Zentralklinikum wird mit Erdgas aus der Hochdruck-

**Abb. 4.65** Erdgaszählanlage
für 5000 m³/h

leitung mit einem Betriebsdruck von 64 bar versorgt. Die Druckreduzierstation besteht
aus zwei Straßen, die zur Sicherstellung der Versorgung jeweils für die maximale Liefermenge bemessen sind. Jede Reduzierstraße besteht, wie in Abb. 4.64 dargestellt, aus
dem HD-Absperrventil, dem Gasfilter, dem Wärmeaustauscher (2), den Sicherheits- und
Regelventilen für Druck und Temperatur (3), dem Druckregler (4) und den Überwa-
chungszählern für Sicherheitsventile (5). Alle Armaturen werden hydraulisch gesteuert
und vom GVU fernüberwacht. Die Druckreduzierung erfolgt in mehreren Stufen. Die
Aufheizung des Erdgases wird wegen der großen Druckreduzierung, die nach dem Joule-
Thomson-Effekt eine Temperaturabsenkung bewirkt, erforderlich. Für die Beheizung ist
in einem von der Station feuerbeständig abgetrennten Raum ein mit Erdgas beheizter Heizungskessel installiert, der Heizungswasser 90/70 °C erzeugt. Das Erdgas mit dem Druck
von 150 mbar wird über die Zählanlage (6) in die Niederdruckgasleitung zum Heizwerk
geführt. Die Zählergruppe (7) liefert nach einer weiteren Reduzierung Brenngas für das
Labor und die Pathologie. Das Erdgas für die Eigenwärmeerzeugung wird über einen weiteren Zähler, der parallel zu den dargestellten geschaltet ist, entnommen. Dieser interne
Zähler wurde im Schaltbild Abb. 4.66 nicht dargestellt, ist aber in Abb. 4.65 als Balgenzähler
erkennbar.

Der Gasverbrauchszähler in der Gruppe 6 ist ein Drehkolbengaszähler (siehe Abb. 4.67)
als ND-Gaszähler mit geringem Druckverlust bei großem Fördervolumen.

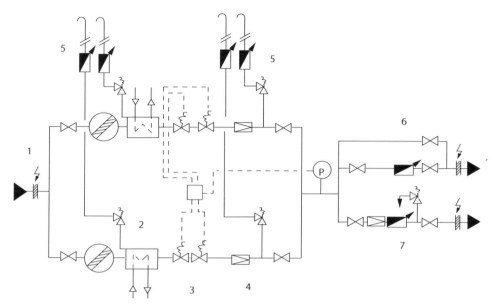

**Abb. 4.66** Schaltschema der Erdgas-Druckreduzier- und Zählstation für 5.000 $m^3_n$/h, Vordruck 64 bar, Nachdruck 150 mbar

**Abb. 4.67** ND-Drehkol-
benzähler (Aerzner-
Maschinenfabrik)

Bei der Erstellung von Gasreglerstationen sind die Explosionsschutzvorschriften, der Schallschutz und die Brandschutzvorschriften zu beachten. Alle Bauteile sind zu erden, der Raum erhält eine schalldämmende Wandverkleidung. Alle Umfassungswände sind in F90 auszuführen.  Für die Erstellung von Gasdruckregelanlagen gelten das Arbeitsblatt G 491

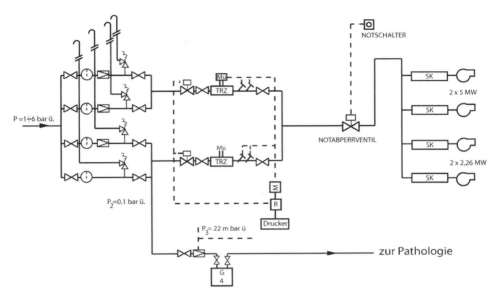

**Abb. 4.68** Schaltschema einer Erdgas-Druckregel- und Übergabestation für $3.500 \, m^3_n/h$, Vordruck 8 bis 10 bar, Nachdruck 150 mbar

DVGW und die DIN 3380 Blatt 1 bis 3 sowie die darin genannten und anerkannten Regeln der Technik. Da der Ingenieur, der mit der Planung des Heizwerks beauftragt ist, nicht die Gasdruckregleranlage plant und nur bei der Koordinierung mitwirkt, wird hier nicht näher auf die einzelnen Bauteile eingegangen. Es soll aber nochmals gezeigt werden, dass andere Versorgungsbedingungen und bauliche Voraussetzungen und Anforderungen zu veränderten Schaltungen der Gasdruckregel- und Übergabestation führen können.

Bei der vorstehend beschriebenen Anlage wird der Gasverbrauch an der Übergabestation gezählt und mit dem GVU abgerechnet. Durch die Niederdruckgasleitung fließt das Gas dann zum Heizwerk und versorgt die Feuerungen von 3 HD-Dampfkesselanlagen. Zur Feststellung des Wirkungsgrades der Kesselanlagen wird der Verbrauch nochmals je Kessel gemessen und gezählt.

Beim Zentralklinikum Aschaffenburg beträgt der Betriebsdruck in der Hochdruckgasleitung nur 8 bar und die Reglerstation liegt näher am Heizwerk. Bei der geringen Druckreduzierung entfällt die Aufheizung des Erdgases nach dem Filter und vor der Druckreduzierung. Wegen der Nähe zum Heizwerk wurden getrennte Reduzier- und Zählstationen für die Dampfkessel 1) und die Heißwasserheizkessel 2) ausgeführt und 2 Niederdruckgasleitungen zwischen der Erdgasübergabestation und dem Heizwerk verlegt. Bei dieser Ausführung kann auf die Gasverbrauchszählung an den Heizwasser- oder Dampfkesseln verzichtet werden. Das GVU registriert und berechnet den Gasverbrauch aufgegliedert nach Zähler bzw. Kessel dem Betreiber der Anlage. Der Zähler 3) bestimmt auch hier den Gasverbrauch für das Labor und die Pathologie. Abbildung 4.68 zeigt das Schaltbild der vorstehend beschriebenen Druckregler- und Erdgasübergabestation.

## 4.4.2    Druckregler und Sicherheitsarmaturen vor dem Gasbrenner

Die Sicherheitseinrichtungen sowie Steuer- und Regeleinrichtungen eines Gasbrenners stellen eine Einheit dar und müssen funktionsmäßig aufeinander abgestimmt sein. Gasbrenner mit Gebläse und Luftdruckfühler, Zündelektrode und Zündtransformator, Mischkammer und Überwachungselektrode müssen mit dem Gasdruckregler und der Sicherheitsarmaturenkette störungsfrei zusammenarbeiten. Damit dies funktioniert, müssen auch der Schaltschrank mit der Steuerung, die Schaltung der gesamten Betriebs- und Störmeldung der Feuerung und die Sicherheitseinrichtungen der Kesselanlage von einem Hersteller bzw. Lieferanten bezogen werden. Dies ist immer dann sichergestellt, wenn Kessel- und Feuerungsanlage komplett vom Kesselhersteller geliefert und montiert werden. Die gesamte Mess-, Schalt- und Regelungstechnik (MSR-Technik) einschließlich elektrischer Verdrahtung wird dann federführend von der Kessellieferfirma erstellt. Für die Funktionsgarantie ist dann nur eine Lieferfirma in der Gewährleistungspflicht. Die MSR-Technik für den Kessel einschließlich Feuerungseinrichtung und Brennstoffversorgung lässt sich dann am besten in einem Schaltschrank oder Schaltpult in Kesselnähe, also am sogenannten Heizerstand aufstellen. Alle für die zentrale Überwachung erforderlichen Meldungen und Anzeigen können durch die Zurverfügungstellung von potenzialfreien Kontakten und weiteren Messwertausgängen zur Leitwarte gemeldet und übertragen werden. Auch eine zweite Schaltebene in der Leitwarte des Heizwerks ist gegebenenfalls zu realisieren. Wie die Steuerung, Regelung und Sicherheitsüberwachung im Einzelnen für eine Gasfeuerung auszuführen ist, wird in der DIN 4756 „Gasfeuerungen in Heizungsanlagen" und in der DIN 4788 „Gasbrenner" ausführlich beschrieben. Gasfeuerungen für Heißwasserkessel und Dampferzeuger sind nach der TRD 412 „Gasfeuerungen an Dampferzeugern" auszuführen.

Abbildung 4.69 zeigt die Anordnung der Armaturengruppe für einen Gasbrenner mit der Erklärung zu den einzelnen Armaturen und Bauteilen.

Die DIN-Vorschriften lassen auch andere Ausführungen zu, wenn damit alle Anforderungen an die Sicherheit erfüllt werden und ein störungsfreier, umweltsicherer und wirtschaftlicher Betrieb sichergestellt ist. Eine solche Ausführung stellt z. B. die Kompaktarmatur der Fa. ELCO dar (siehe Abb. 4.70). Eine Zulassung und Baumusterprüfung ist jedoch für alle Gasarmaturen erforderlich.

Der Luft-/Gasproportionalregler in Verbindung mit dem Gasventil ist Sicherheitsabsperreinrichtung, Gasdruckregler und Verbundleistungsregler. Der Luft-/Gasproportionalregler regelt den Gasdruck in Abhängigkeit von der Verbrennungsluft. Das Verhältnis Luft/Gas bleibt so über den ganzen Lastbereich konstant. Luftmengenveränderungen aufgrund von Netzspannungsschwankungen, Verschmutzung des Gebläserades oder der Luftklappen haben daher keinen Einfluss auf die Güte des Verbrennungsprozesses. Störungen aufgrund variierender Feuerraumdrücke werden ebenfalls ausgeschaltet.

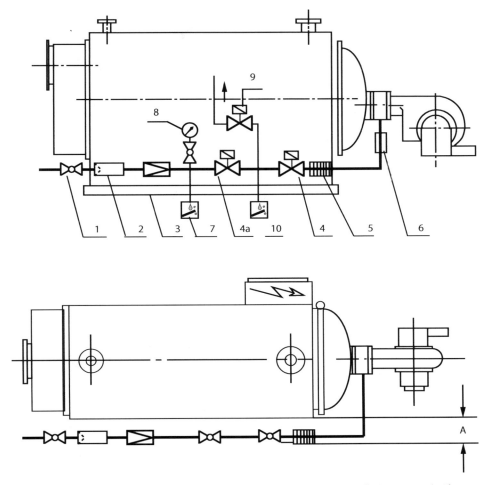

**Abb. 4.69** Armaturengruppe für einen Gasbrenner nach DIN 4788 und TRD 412. *1)* Absperr-hahn, *2)* Gasfilter, *3)* Gasdruckregler, *4)* Magnetventil ohne Mengeneinst. *4a)* Magnetventil mit Mengeneinst. *5)* Kompensator A = Wartungsabstand $A_{min} = 600$ mm, *6)* Spezial-Gasdrosselklappe (angebaut am Brenner), *7)* Gasdruckfühler. *8)* Druckmesser mit Absperrhahn, *9)* Leckgasventil, *10)* Druckfühler zur Dichtheitsüberwachung

Der Regler ist über eine Impulsleitung mit dem Feuerraumdruck verbunden. Bei Verwendung des Proportionalreglers ist ein separater Gasdruckregler bei einem Gaseingangsdruck < 50 mbar nicht erforderlich.

Bei einem Gaseingangsdruck > 50 mbar muss ein separater Gasdruckregler vorgeschal-tet werden.

Der Einsatz des Verhältnisreglers an Feuerungsanlagen mit schwefelhaltigen Brennga-sen ist aus apparatetechnischen Gründen grundsätzlich nicht möglich.

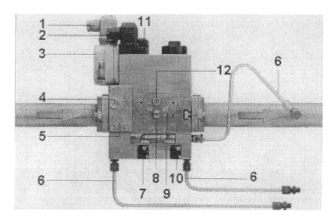

**Abb. 4.70** Kompaktarmatur und Regler der Fa. ELCO. *1*) Elektroanschluss Gasdruckwächter, *2*) Elektroanschluss Magnetventil, *3*) Gasdruckwächter, *4*) Druckmessnippel R1/8" vor Filter, beidseitig, *5*) Filter (unter dem Deckel), *6*) Impulsleitungen, *7*) Einstellschraube für Verhältnis V, *8*) Druckmessnippel $p_e$ vor Ventil 1, beidseitig, *9*) Gasdruckmessnippel M4 nach Ventil 2, *10*) Einstellschraube Nullstellung N, *11*) Betriebsanzeige Ventile 1 + 2, *12*) Druckmessnippel $p_a$ nach Ventil 1, beidseitig

In der Gasanschlussleitung muss außerhalb des Kesselaufstellungsraums an einer ungefährdeten Stelle eine von Hand bedienbare Absperrvorrichtung, die nicht aus Leichtmetall-Legierungen bestehen darf, vorhanden sein. Die Absperrvorrichtung muss im Gefahrfall schnell zu schließen sein. Um dies zu erreichen, ist es gegebenenfalls je nach Art und Größe der Anlage erforderlich, eine Fernbedienung vorzusehen, wobei eine Hilfsenergie für den Schließvorgang ständig zur Verfügung stehen muss. Diese Einrichtung kann z. B. die Sicherheitsvorrichtung des Gasdruckreglers sein, wenn diese in der Nähe des Kesselhauses angeordnet ist.

Weitere Ausführungen zu den Sicherheitsbestimmungen von Gasfeuerungen und zur Ausführung von Gas- und Ölfeuerungen können Beedgen (1984) entnommen werden. Hier und in den Herstellerkatalogen für Gasarmaturen und Gassicherheitseinrichtungen werden die in Abb. 4.69 genannten Armaturen ausführlich beschrieben und die zulässigen Druckbereiche sowie Baumaße angegeben.

### 4.4.3  Zweistoffbrenner

Abbildung 4.71 zeigt den Schnitt durch einen Rotations-Zweistoffbrenner der Fa. Rey. Das Gasteil ist als Wirbelgasbrenner für vollautomatischen Betrieb ausgebildet. Das Gas strömt mit einem Mindestdruck von 50 mbar aus der Gasdruckregeleinrichtung in die als Ring ausgebildete Gaskammer und durch Bohrungen an der Ringwand in den mit Leitschaufeln bestückten Luftleitring, wird dort mit der Verbrennungsluft vermischt und zur Verbrennungszone gefördert.

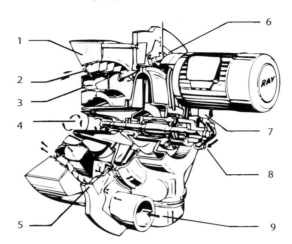

**Abb. 4.71** Schematische Darstellung eines Rotations-Zweistoffbrenners (Fa. Ray, Stuttgart). *1*) Ausmauerung, *2*) Luftleitlamellen, *3*) Gasverteilerring, *4*) Ölzerstäuberbecher, *5*) Primärluft-gebläse, *6*) Gaszuführung, *7*) Ölzuführung, *8*) Ölmagnetventil, *9*) elektrische Gas- oder Ölzündung und Flammenüberwachung

Beim Ölfeuerungsbetrieb wird die Gasmangelsicherung und das Zündgasventil außer Funktion geschaltet und statt der Gaszufuhr werden die Ölmagnetventile vom gleichen Steuergerät geschaltet und geregelt. Nach dem Ablauf der Vorlaufzeit beginnt die Vorzündung, und der Betrieb der Ölpumpe beginnt mit der Vorlüftzeit. Der Zündfunke wird vom Flammenwächter (UV-Diode) erfasst, und die Ölmagnetventile geben das Heizöl frei.

Die Umschaltung von Heizölfeuerung auf Erdgasfeuerung und umgekehrt sollte immer vom Heizer bzw. Kesselwärter überwacht und durchgeführt werden. Der Brenner ist abzuschalten, die Heizölventile werden geschlossen und das Gasabsperrventil geöffnet. Danach wird der Brenner auf Erdgasbetrieb umgeschaltet und in Betrieb genommen.

Abbildung 4.72 zeigt den Rotationsbrenner mit Gas- und Heizölanschlussleitungen und mit dem Ansaugkanal für Verbrennungsluft. Die Armaturengruppe für Heizöl und für Erdgas, die an der Längsseite des Dampfkessels angeordnet ist, wird in Abb. 4.73 dargestellt.

Der Zweistoffbrenner wird auch als Öldüsenzerstäuber- und Gebläsebrenner sowie als Duo- oder Monoblockbrenner ausgeführt.

In Abb. 4.74 wird der Zweistoffdüsenzerstäuberbrenner der Fa. ELCO als Monoblock-Gebläsebrenner gezeigt. Das Prinzipschaltschema des Verbund-Regelsystems ist in Abb. 4.75 dargestellt.

Dieses fein abstimmbare Verbund-Regelsystem, das die Brennstoff- und Luftmenge gleichmäßig gleitend verändert, ermöglicht auf dem gesamten Regelbereich annähernd konstante Verbrennungswerte.

Bei der gleitend-zweistufigen Regelung liegen Teil- und Volllast innerhalb des Regelbereichs. Die zwei Lastpunkte werden je nach Wärmeanforderung gleitend angefahren. Es erfolgt kein schlagartiges Zu- oder Abschalten größerer Brennstoffmengen. Die stufenlose

**Abb. 4.72** Ray-Rotation-
sbrenner am 20 t
Strahlungskessel mit Gas- und
Heizölanschlussleitungen

**Abb. 4.73** Armaturengruppe
für einen Zweistoffbrenner
(Heizöl EL und Erdgas)

**Abb. 4.74** Zweistoffdüsenzer-
stäuberbrenner (Fa.
Weishaupt, Typ WK
Duoblock)

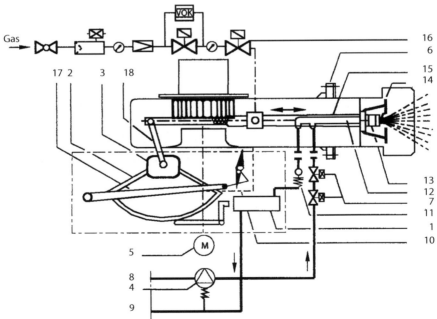

**Abb. 4.75** Prinzipschaltschema des Verbund-Regelsystems für einen Zweistoffbrenner. *1*) Mengenregler für Rücklauföl, *2*) Verbundreguliersegment, *3*) Elektroantrieb für Verbundregulierung, *4*) Öldruckpumpe, *5*) Magnetkupplung, *6*) Brenneranschlussflansch, *7*) Magnetventile (Doppelabsperrung), *8*) Saugleitungsanschluss, *9*) Rücklaufanschluss, *10*) Luftklappe, *11*) Rückschlagventil, *12*) Rücklaufdüsenstange, *13*) Gasdüsenkopf, *14*) Öldüse, *15*) Gasrohr, *16*) Gas-Ventilgruppe, *17*) Stahlbandkurve, *18*) Düsenstangenlängsverstellung

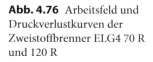

**Abb. 4.76** Arbeitsfeld und Druckverlustkurven der Zweistoffbrenner ELG4 70 R und 120 R

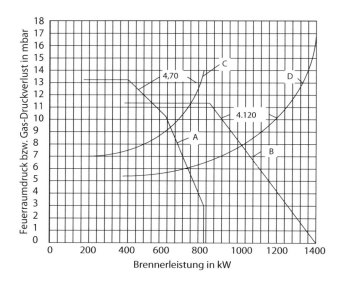

Regelung fährt je nach Wärmebedarf jeden beliebigen Punkt innerhalb des Regelbereichs an.

Der Unterschied zwischen zweistufig gleitenden oder stufenlosen Brennern liegt nur in der elektrischen Regeleinrichtung der Brenner. Die Mechanik ist dieselbe.

Der stufenlos reversierbare Elektroantrieb (5) bewegt in Abhängigkeit von der verlangten Wärme das Verbundreguliersegment (4).

Über dieses Segment werden gleichzeitig die Luftklappe (10) und durch die Düsen-längsverstellung (18) die Luft- und Gasmenge im Brennkopf reguliert.

Bei Ölbetrieb wird ein Teil des Öls, das nicht an der Verbrennung teilnimmt, aus der Düse über den Mengenregler zurück in den Tank geführt. Dieses Rücklauföl wird gleitend durch den Mengenregler im Verbund mit der Luft reguliert.

Um eine optimale Anpassung der Luft zum Brennstoff auf den gesamten Regelbereich zu erreichen, muss die Luftklappe mittels eines einstellbaren Stahlbands und Kugellager-Zwangsabgriffs in die entsprechende Stellung gebracht werden.

Abbildung 4.76 zeigt das Arbeitsfeld und die Druckverlustkurven von Brenner ELG4 70 R-2P (Kurve A und C) und von Brenner 120 R-2P (Kurve B und D).

## 4.5  Flüssiggaslager

Flüssiggas als Brennstoff für Heizungsanlagen wird, vor allem für kleinere und mit-telgroße Gebäudeheizungen, überall dort eingesetzt, wo kein Erdgasnetz vorhanden ist und man sich für den umweltschonenden und etwas teureren Brennstoff Propangas statt Heizöl EL entscheidet. Bei der Ausbildung und Anordnung eines Tanklagers sind die

**Tab. 4.22**  Maß- und Gewichtsangaben von genormten Propangas-Lagertanks

| geom. Inhalt | Nutzinhalt Propan | Ø a | L₁ | $s_M$ | $s_B$ | Beh. Gewicht |
|---|---|---|---|---|---|---|
| m³ | | mm | mm | mm | mm | kg |
| 50 | 21 | 2300 | 12650 | 8,6 | 10 | 7500 |
| 60 | 25 | 2300 | 15100 | 8,6 | 10 | 8700 |
| 70 | 30 | 2500 | 14950 | 9,4 | 11 | 10000 |
| 80 | 34 | 2700 | 14700 | 9,9 | 12 | 11500 |
| 100 | 43 | 3000 | 14900 | 10,9 | 13 | 14000 |
| 120 | 51 | 3000 | 17800 | 10,9 | 13 | 16500 |
| 150 | 64 | 3000 | 22100 | 10,9 | 13 | 20000 |
| 150 | 64 | 3400 | 17400 | 12,2 | 14 | 20500 |
| 200 | 85 | 3000 | 29280 | 10,9 | 13 | 26000 |
| 200 | 85 | 3400 | 23000 | 12,2 | 14 | 26500 |
| 230 | 98 | 3200 | 29610 | 10,9 | 14 | 30000 |
| 230 | 98 | 3400 | 26330 | 12,2 | 14 | 30000 |
| 250 | 106 | 3400 | 28570 | 12,2 | 14 | 32000 |
| 250 | 106 | 3600 | 25580 | 12,9 | 15 | 33000 |
| 300 | 128 | 3400 | 34150 | 12,2 | 14 | 38000 |
| 300 | 128 | 3600 | 30570 | 12,9 | 15 | 38000 |
| 350 | 149 | 3600 | 35550 | 12,9 | 15 | 44000 |
| 350 | 149 | 3600 | 32000 | 13,5 | 16 | 44000 |

TR-Flüssiggas und die TrbF, jeweils neuste Ausgabe, einzuhalten. In den genannten Technischen Richtlinien sind die Mindestabstände von Wohnbauten und Arbeitsstätten und die Explosionsschutzabstände (Rauchverbot und Umgang mit offenem Feuer) geregelt, und es gelten die Ex-Schutzvorschriften.

Der zylindrische Behälter stellt die wirtschaftlichste Form des Lagerbehälters dar. Er wird von der kleinsten erforderlichen Größe bis zu einer maximalen Größe von 500 m³ gefertigt. Behälter bis zu einer Größe von 350 m³ werden in den Fertigungsbetrieben vollständig hergestellt, größere Behälterarten auf den Lagerbaustellen aus einzelnen sogenannten Behälterschüssen zusammengeschweißt. Angaben zu den Abmessungen und zur Ausführung enthalten Tab. 4.22 und Abb. 4.77.

Die Betriebsdrücke entsprechen dem Sattdampfdruck bei 40 °C ca. 16 bar Überdruck für Propangas und 7 bar Überdruck bei Butangas.

Beim Bau und bei der Ausrüstung der Tankanlage sind die sicherheitstechnischen Anforderungen (TRB 801, Anlage Nr. 25) einzuhalten. Die Anlage und das Rohrnetz unterliegen auch im Betrieb je nach Tankvolumen inneren und äußeren Überprüfungen, die alle zwei bis zehn Jahre wiederholt werden.

Ortsfest-Oberirdisch                                    Normreihe

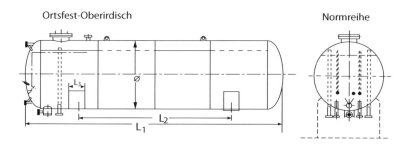

Erdgedeckt                                              Überdeckung 1 m

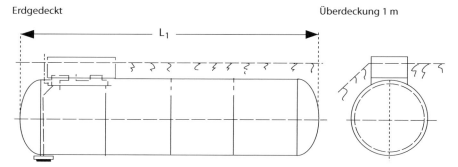

**Abb. 4.77** Flüssiggastanks für oberirdische und unterirdische Lagerung und 6,6 bar Überdruck bei Botangas

Die Aufstellung zylindrischer Behälter erfolgt je nach Verwendungszweck oberirdisch freistehend, oberirdisch erdabgedeckt oder unterirdisch eingelagert (siehe Abb. 4.78). Die oberirdische Aufstellung wird zur Gewährleistung eines problemlosen Zulaufs zu den Förderpumpen vorzugsweise für solche Lagerzwecke gewählt, bei denen die Entnahme in der flüssigen Phase vorgesehen ist (z. B. bei Tankstellen). Für Heizungsanlagen und Heizwerke erfolgt eine ausschließlich gasförmige Entnahme aus dem Dampf- oder Gasraum des Lagertanks. Aus diesem Grund wird zur Reduzierung des Bauaufwands vorrangig die unterirdische Lagerung nach Abb. 4.78c gewählt.

Die Behälter werden in der Regel mit einem Mannloch DN 600 und mit allen erforderlichen Flanschenanschlussstutzen für Befüllung, Gasentnahme, Gaspendelung, Entwässerung, Füllstandanzeige, Höchststandpeilung und Schalter, Manometer und Druckschaltung, für Thermometer und für das Sicherheitsventil geliefert.

Flüssiggase werden vom Hersteller zum Verwender in flüssigem Aggregatzustand in Behältern befördert, aber im gasförmigen Zustand der Gasanwendungsanlage zugeführt. Diese Art der Gasbereitstellung bedingt eine Bevorratung des Brenngases beim Verwender sowie die Phasenumwandlung von flüssig in gasförmig vor der Verbrennung in der Tankanlage und beim Verbraucher.

Die Verdampfung des Flüssiggases erfolgt im Flüssiggastank an der Flüssigkeitsoberfläche. Zu diesem Zweck wird und darf der Tank nur bis zu maximal 95 % des Gesamtvolumens befüllt werden. Entsprechend der verschiedenen Lagerarten erfolgt auch

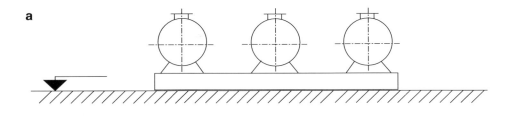

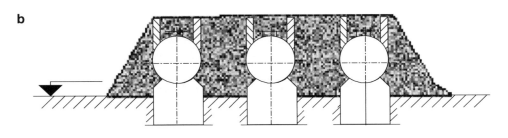

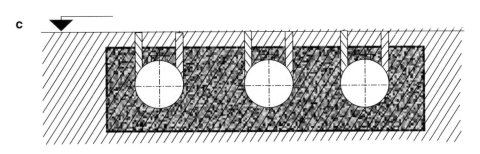

**Abb. 4.78** Lagermöglichkeiten für Flüssiggastanks. **a** oberirdisch, **b** teilweise eingebettet, **c** eingebettet

die Verdampfung oder Vergasung in fünf verschiedenen Möglichkeiten nach Abb. 4.79 und 4.80.

a. Die Verdampfungswärme wird der Umgebungsluft entnommen und an das Flüssiggas übertragen, das wiederum bei der Verdampfung Wärme aus der Flüssigphase aufnimmt.

b. Die Verdampfungswärme wird aus der Umgebungsluft an das Erdreich und dann an das Flüssiggas übertragen.

c. Die Verdampfungswärme wird von der Umgebungsluft und aus der Erdwärme an das Flüssiggas übertragen.

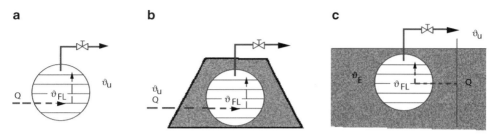

**Abb. 4.79** Verdampfung von Flüssiggas ohne Hilfsenergie

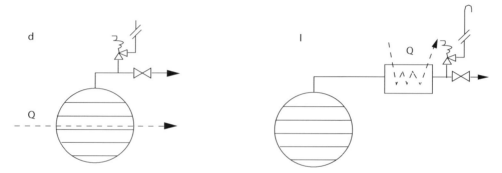

**Abb. 4.80** Verdampfung von Flüssiggas mit Hilfsenergie

d. Wenn größere Gasmengen entnommen werden, reicht die Wärmezufuhr aus der Umgebung in den Wintermonaten nicht immer aus. Eine größere Gasmenge kann durch das Parallelschalten von mehreren Lagertanks erreicht werden. Wenn dies nicht ausreichend oder nicht möglich ist, muss Fremdenergie durch die Beheizung mit Warmwasser von maximal 40 bis 60 °C über einen Einsteckvorwärmer oder über eine mit Warmwasser beheizte Verdampfereinrichtung nach Abb. 4.80 zugeführt werden.
e. Die Ausrüstung mit einer fremdbeheizten Verdampferanlage ist nur bei großen Gasentnahmemengen erforderlich. Die Verdampferanlage muss temperatur- und drucküberwacht werden, also mit einer Sicherheitseinrichtung nach TR-Flüssiggas ausgerüstet sein.

Der Ingenieur, der ein mit Flüssiggas beheiztes Heizwerk zu planen hat, muss sich schon für die Erstellung der Wirtschaftlichkeitsberechnung mit einem Lieferanten für Flüssiggas zur Einholung eines Lieferangebots in Verbindung setzen. Der Lieferant für Flüssiggas oder dessen Hersteller von Tankanlagen verfügt auch über die Unterlagen, die für die Planung und für die Einreichung des Baugesuchs benötigt werden. Die Hersteller von Tankanlagen für Flüssiggas verfügen auch über Erfahrungswerte und Tabellen, aus denen ersichtlich ist, wie viel Gas bei welchem Druck und bei welchen Tankgrößen und Lagerarten ohne Verdampfer entnommen werden kann.

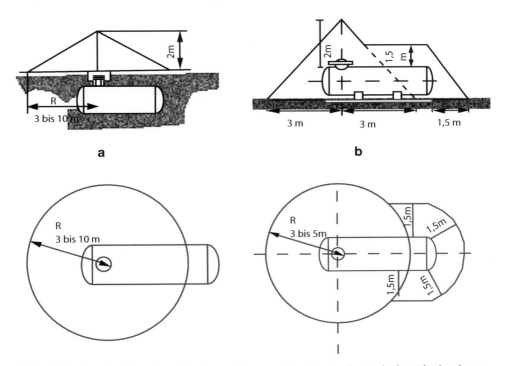

**Abb. 4.81** Schutzbereiche eines Flüssiggastanks. **a** im Erdreich eingebettet, **b** oberirdisch gelagert

Die Gasleitungen sind nach den TR-Flüssiggas und nach den DVGW-Arbeitsblättern G600, 610 und 461, 462 zu berechnen und auszuführen. Die Gasbrenner sind die gleichen wie für die Verbrennung von Erdgas und müssen nur für die Verbrennung von Flüssiggas eingestellt und einreguliert werden.

Die einzuhaltenden Schutzabstände zeigt Abb. 4.81. Der Schutzbereich darf nur an höchstens zwei Seiten durch Wände eingeschränkt werden. In der Schutzzone dürfen sich keine brennbaren Stoffe und bauliche Anlagen befinden, die nicht zur Tankanlage gehören. Die von den Behältern zu der Abnahmeanlage verlegten Hausanschlussleitungen werden bei ortsfesten Anlagen in der Regel erdverlegt und aus Stahlrohr mit Schweißverbindungen oder Cu-Rohr hartgelötet eingebaut. Die Leitungen erhalten einen Korrosionsschutz aus Kunststoff. Der unterirdisch aufgestellte Druckbehälter ist mit einem Korrosionsschutz als galvanische oder fremdstromgespeiste Anode auszurüsten.

Abbildung 4.82 zeigt das Verrohrungsschema eines im Erdreich gelagerten Flüssiggas-Druckbehälters.

Auch die wirtschaftliche Lagerkapazität ist wie beim Heizöl nach den schwanken-den Bezugspreisen, den Anfahrtkosten und nach den Verhandlungsergebnissen mit den verschiedenen in Frage kommenden Lieferanten zu ermitteln.

Übliche Lagermengen sind ein halber bis ganzer Jahresbedarf bei kleineren Heizanlagen und die Verbrauchsmenge von vier bis acht Wochen in den Wintermonaten bei größeren Heizwerken. Dabei sind die prozentualen monatlichen Verbräuche nach Abb. 4.84 und

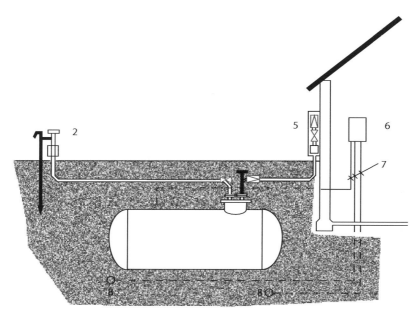

**Abb. 4.82** Anschlüsse und Korrosionsschutz am unterirdisch gelagerten Flüssiggastank. *1*) Lagertank mit Domschacht, *2*) Füllanschluss mit Isolierstück, *3*) Erdungsschraube, *4*) Absperrkugelhahn und Druckminderer, *5*) Anschlusskasten mit Isolierstück, Kugelhahn und 50-mbar-Regler, *6*) Überflurmessstelle, *7*) Erdung an der Trägeröse Cu-Kabel $1 \times 4\,\text{mm}^2$, *8*) galvanische Anoden in der Bettungsmasse ca. 1 m unter Unterkante Tank

**Abb. 4.83** Flüssiggaslagertank mit Verdampferanlage und Fundamentrahmen zur oberirdischen Aufstellung

auch die Mehrkosten oder die Kostenzunahme für die Einrichtung einer vergrößerten Tankanlage zu beachten. Der Heizwert für Flüssiggas Butan und Propan kann Tab. 4.4 entnommen werden.

Abbildung 4.83 zeigt ein Flüssiggaslagertank mit Verdampfereinheit als Kompaktanlage auf einem Fundamentrahmen montiert zur oberirdischen Aufstellung. Der Verdamp-

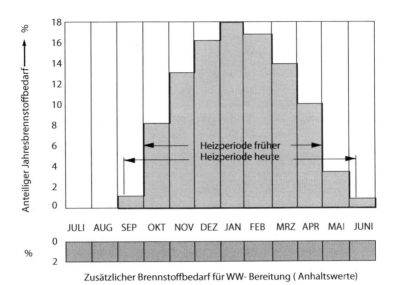

**Abb. 4.84** Jahreszeitliche prozentuale Änderung des Brennstoffbedarfs

fer kann auch vom Lagertank entfernt an der Gebäudewand installiert werden. Die Versorgungsleitung ist dann zwischen Tank und Verdampfer für das flüssige Gas zu bemessen.

## 4.6   Ausrüstung, Aufstellung, Regelung, Abnahme und Betrieb von Dampferzeugern und Heißwassererzeugern

### 4.6.1   Ausrüstung von Dampferzeugern

Die Ausrüstung von Dampferzeugern wird in der TRD 401, Ausrüstung von Dampferzeugern der Gruppe IV, als Regelwerk beschrieben und durch die Dampfkesselverordnung zum Gesetz und als Verwaltungsvorschrift erhoben (wie in Abb. 4.1 beschrieben). Ingenieure, die Dampfkesselanlagen und Heizwerke planen und deren Erstellung und Inbetriebnahme überwachen, benötigen die TRD als Arbeitsgrundlage und müssen über die jeweils neuste Ausgabe verfügen. Aus diesem Grund werden hier auch nur die wesentlichen Grundsätze zur Ausrüstung zitiert und soweit erforderlich erläutert.

   Unterschieden wird zwischen Regeleinrichtungen, z. B. Temperaturreglern, und Begrenzungseinrichtungen, z. B. Temperaturbegrenzern. Die Regeleinrichtungen dienen zur Einhaltung einer Regelgröße, z. B. der Solltemperatur. Die Begrenzereinrichtungen verhindern die Überschreitung eines Maximalwerts und schalten z. B. beim Erreichen der Maximaltemperatur die Feuerung oder die Wärmezufuhr ab. Eine automatische Wiedereinschaltung darf beim Abkühlen und Erreichen der Sollwerttemperatur beim Temperaturbegrenzer nicht erfolgen. Der Temperaturbegrenzer muss an der Schalttafel oder am Einbauort entriegelt werden, und zwar nach der Beseitigung der Störung, und erst dann darf das Wiederanfahren der Dampferzeugung möglich sein. Das Gleiche gilt für andere Sicherheitsbegrenzungseinrichtungen, wie Druckbegrenzer und Speisewasserstandsbegrenzer (Wassermangelsicherung).

Die Begriffe „zulässiger Betriebsdruck" und „zulässige Dampferzeugung" sind der höchste Betriebsdruck und der höchste Dampfmassenstrom, mit denen der Dampferzeuger gemäß der Erlaubnis der Bauartzulassung betrieben werden darf. Unter „Absinkdauer des Wasserstands" wird die Zeit in Minuten verstanden, die vergeht, wenn bei einer Unterbrechung der Speisewasserzufuhr der Wasserstand vom Niedrigwasserstand (NW) bis zum höchsten Feuerzug des Kessels (HF) absinkt.

$$t = \frac{I_{NW,HF}}{D \cdot v'} \ [\text{min}]$$

I     Wasserinhalt des Kesselraumes zwischen NW und HF in m$^3$
D    zulässige Dampferzeugung in kg/m$^3$
v     spezifisches Volumen des Wassers, bei Sattdampftemperatur

Die Absinkdauer ist für die Reaktionszeit der Sicherheitseinrichtungen maßgebend. Für die Sicherheit der Dampferzeugung sind die ununterbrochene und ausreichende Speisewasserzufuhr und die Einrichtung zur Verhinderung der Drucküberschreitung (Sicherheitsabblaseventil) die wichtigsten Ausrüstungseinrichtungen.

Die Einrichtungen zur Speisewasserversorgung, Speisewasserregler, Speisewasserstandsanzeige, Speisewasserstandsbegrenzer sowie die Auslegung und Bemessung der Speisewasserpumpen werden in den Abschn. 3 bis 5 der TRD 401 ausführlich beschrieben. Die Sicherheitseinrichtungen zur Verhinderung von Drucküberschreitung werden im Abschn. 10 der TRD 401 und in der TRD 421 geregelt und ausführlich erläutert.

Bei der Bemessung und Auslegung der Kesselspeisepumpen unterscheidet man zwischen Dampferzeugern mit einer schnell regelbaren Beheizung (z. B. Gas- oder Ölfeuerung) und einer nicht schnell regelbaren Beheizung (z. B. Befeuerung mit festen Brennstoffen). Weiterhin sind Speisewasserpumpen für Dampferzeuger mit einem geschlossenen Dampf-Kondensatkreislauf, bei dem das Kondensat über natürliches Gefälle oder Kondensatpumpen, die als Speisewasserpumpen geeignet sind, in den Kreislauf zurückgeführt wird, nach erleichterten Regeln auszulegen. Die Speisewasserzuleitung ist in allen Fällen gegen Rückströmung des Speisewassers zu sichern. Das Vorhandensein und die Art der Absperr- und Entleerungseinrichtungen werden in Abschn. 6 der TRD geregelt. Die Abschnitte 7 bis 9 der TRD 401 befassen sich mit der Festlegung des niedrigsten Wasserstands, den Wasserstandsanzeigevorrichtungen, der Regelung der Wasserzufuhr und der Funktion der Wassermangelsicherung.

Abschnitte 11 der TRD 401 regelt die Ausführung der Druck- und Temperaturmessgeräte; Manometer müssen einen Anzeigebereich, der auch den Prüfdruck beinhaltet, besitzen. Der maximal zulässige Betriebsdruck muss durch einen roten Markenzeiger oder ähnlich markiert sein. Das Manometerventil muss einen Prüfflansch zum Anbringen eines Prüfmanometers besitzen. Die Abschnitte 12 bis 15 regeln die Beheizung durch Hinweise auf TRD 411 bis 414 und die Entaschung bei festen Brennstoffen sowie die Kennzeichnung eines Dampferzeugers. In Abschn. 15 wird die Ausführung von Reinigungs- und Besichtigungsöffnungen beschrieben und Abschn. 16 enthält Sonderbestimmungen für Abhitzedampferzeuger und für Dampferzeuger, die mit Elektroenergie beheizt werden.

## 4.6.2 Ausrüstung von Dampfkesselanlagen mit Heißwassererzeugern der Gruppe IV

Die Ausrüstung von Heißwassererzeugern, die als Dampferzeuger der Gruppe IV nach der TRD eingestuft sind, wird in der TRD 402 geregelt. Es handelt sich dabei um die TRD 401, die im Laufe der Jahre mit Sonderregelungen für Heißwassererzeuger umgeschrieben wurde.

Erläuterungen werden hier nur zu einigen Abschnitten gegeben, da die Beschreibung in der TRD 402 sehr ausführlich gehalten ist.

- Die Forderung nach 3.3 besagt, dass das Schaltbild 3 der DIN 4752 nur für Flammenrauchrohrkessel geeignet ist.
- Die Forderung nach 3.4 ergibt sich auch aus der Vermeidung von rauchgasseitiger Korrosion.
- Die Forderung 3.5 betrifft im Wesentlichen das Schaltbild 1 der DIN 4752.
- Die Forderung 3.7 ist auch bei Heißwassererzeugern für Industrieanlagen verbindlich.
- Der Abschn. 4 enthält allgemeine Hinweise zur Heißwassererzeugung und bedarf keiner Erläuterung. Das Gleiche gilt für die Abschnitte 5 und 6, Speisewassereinrichtung und Umwälzpumpen.
- Zu Abschn. 4.4 ist zu ergänzen, dass die Absperrvorrichtungen mit Entlüftungseinrichtung für die Kesselrevision gefordert sind und keine Sicherheitseinrichtungen für den Betrieb darstellen.
- Die Abschnitte 8 bis 13.3 betreffen überwiegend den Hersteller der Heißwassererzeuger. Der Anlagenhersteller muss aber diese Forderungen alle mit dem Kesselhersteller vor der Bestellung der Heißwassererzeuger abstimmen und bei der Angebotsprüfung feststellen, ob alle erforderlichen Einrichtungen auch enthalten sind.
- Die Punkte 11.6 bis 11.8 sind bei der Herstellung der Anlage und bei der Bestellung der Druckgefäße und der MSR-Technik zu beachten.
- Die Forderungen der Punkte 13.4, 13.5 und von Abschn. 18 sind vom Anlagenhersteller bei der Ausführung der Anlage zu erfüllen und bedürfen keiner zusätzlichen Erläuterung. Die Abschnitte 14 bis einschließlich 17 sind vom Hersteller der Heißwassererzeuger bei der Fertigung und Montage zu berücksichtigen.

### 4.6.3   Die Aufstellung von Dampf- und Heißwassererzeugern

Für die Errichtung und Aufstellung einer Dampfkesselanlage mit einem höheren Betriebs-druck als 0,5 bar Überdruck ist nach § 24 der Gewerbeverordnung eine Gewerbe- und Bauaufsichtliche Genehmigung zu beantragen.

Der Antrag ist zeitlich abgestimmt mit der Beantragung der Bauerlaubnis für das gesam-te Bauvorhaben einzureichen. Die Art der Beantragung, die dafür einzureichenden Unter-lagen und die Erteilung der Erlaubnis sind in der TRD 520 im Einzelnen vorgeschrieben. Die erforderlichen Formulare und Anträge für die Beschreibung der Dampfkesselanlage und der Feuerungseinrichtungen sind bei den zuständigen Landesbauämtern erhältlich.

Der Dampfkessel darf daher erst in Betrieb genommen werden, wenn:

- die Erlaubnis-Urkunde des zuständigen Gewerbeaufsichtsamtes vorliegt,
- der Kessel den erforderlichen Erlaubnis-Prüfungen (Bauprüfung, Wasserdruckprobe, Einmauerungskontrolle, Abnahmeuntersuchung) durch den TÜV unterzogen worden ist,
- das Kesselhaus (der Kesselraum) der bauaufsichtlichen Abnahme unterzogen worden ist und eine Bescheinigung hierüber vorliegt.

Die Anforderungen, die bei der Aufstellung von Dampferzeugern und Heißwassererzeu-gern zu erfüllen sind, beinhaltet die TRD 403. Es handelt sich im Wesentlichen um die baulichen Anforderungen an eine ordentliche Bedienung und Wartung und um die bauli-che Ausführung von Rettungswegen, Notausgängen, um den baulichen Brandschutz und um die Belichtung und Belüftung des Kesselhauses mit Sozial- und Nebenräumen sowie um die bauliche Ausbildung der Brennstofflagerräume und der Rauchgasabführung.

Die für die Aufstellung der Dampf- oder Heißwassererzeuger und deren Nebenein-richtungen benötigten Unterlagen gehören zum Lieferumfang des Kesselherstellers. Dies sind die Fundamentpläne, die Angaben über das tatsächliche Betriebsgewicht und die Durchbruchspläne für alle Rohrleitungen und Elektrokabel. Der Kesselhersteller liefert auch die Baubeschreibung der Dampfkessel und der Feuerungseinrichtungen, die geneh-migten Kesselpläne und die Bescheinigung über Druckprobe und Werksabnahme für den Erlaubnisantrag zur Erstellung der Kesselanlage.

### 4.6.4   Regelung der Dampferzeuger- oder Heißwassererzeugeranlage

Beim Heißwassererzeuger wird die Sollvorlauftemperatur durch den Feuerungsregelkreis geregelt. Je nach Größe der Abweichung von der Sollvorlauftemperatur wird die Brenn-stoffmenge (Heizölmenge oder Gasvolumenstrom) für den Brenner erhöht oder reduziert. Dabei wird die Verbrennungsluft unabhängig und ständig der Brennstoffmenge durch die Brennereinstellung und über die λ-Sonde oder den $O_2$-Gehalt im Rauchgas, wie im Abschnitt „Ölfeuerung und Gasfeuerung" beschrieben, geregelt.

Bei mehreren Heißwassererzeugern erfolgt die Kesselzu- und -abschaltung nach VDMA 24770, Kesselfolgeschaltungen, und wie darin im Einzelnen beschrieben.

Die Zuschaltung oder Abschaltung von Dampfkesseln oder Heißwassererzeugern bei Mehrkesselanlagen kann auch über die Gesamtdampf- oder Wärmeentnahme des Heizwerks erfolgen. Hierzu muss aber der Wärme- oder Dampfverbrauch am Ausgang des Heizwerks gemessen und die einzelnen Kessel müssen nach einem Programm der Anlage zu- und abgeschaltet werden. Der Vorteil dieser Schaltung besteht darin, dass dabei eine geringere Gesamtdruckschwankung auftritt. Es kann also bei einem Heißwasserheizwerk der Ruhedruck im Versorgungsnetz annähernd konstant gehalten werden.

Bei Dampferzeugern dient als Sollwert der Solldampfdruck bei sonst gleichem Regelungsablauf. Wenn der Heißwassererzeuger oder Dampferzeuger mit festen Brennstoffen beheizt wird, dann wird die Brennstoffzufuhr über die Vorschubgeschwindigkeit und die Brennstoffschichtdicke am Wanderrost geregelt. Die Verbrennungsluftmenge wird durch einen weiteren Kaskaden-Regelkreis und über die Drehzahl des Unterwindgebläses geregelt.

Sollwert und Führungsgröße ist auch hier wieder die Sollvorlauftemperatur oder der Solldampfdruck. Wenn ein Saugzug vorhanden ist, dient der erforderliche Unterdruck im Feuerraum als Führungsgröße und Sollwert. Die Fördermenge des Saugzuggebläses wird durch stufenlose Drehzahlverstellung geregelt.

Ein weiterer Regelkreis beim Dampferzeuger ist die Regelung des Wasserstands in der Dampftrommel. Bei Dampferzeugern für Industriedampf, für die Fernheizung und auch bei Heizkraftwerken mit Betriebsdrücken bis ca. 64 bar Überdruck ist der mechanische Regler, der als Proportionalregler das Speisewasserzuflussventil bedient, immer noch eine gute Wahl. Bei Höchstdruck-Kraftwerksblöcken wird dieser Regler aber nicht mehr den Anforderungen gerecht. Daher wird als weitere Führungsgröße die Dampfentnahmemenge hinzugenommen und so die Speisewasserzufuhrmenge der Dampfentnahme zeitlich angepasst.

Bei Höchstdruck-Kraftwerksblöcken kommen noch weitere Regelkreise für die Reglung der Überhitzertemperatur durch Speisewassereinspritzung und Frischdampfbeimischung hinzu.

Für die hier beschriebenen Regelkreise und die in den TRD geforderten Sicherheitsausrichtungen für die Kessel und Nebeneinrichtungen werden zentrale Schaltschränke und ZLT-Schaltschränke in der Schaltwarte aufgestellt.

## 4.6.5   Abnahme und Betrieb von Dampf- und Heißwassererzeugern

Bei der Abnahme von Dampferzeugern ist zu unterscheiden zwischen der Abnahmeprüfung zur Erlaubnis des Betriebs der Dampfkesselanlage, die durch den TÜV vorgenommen wird, und der Abnahme auf Vertragserfüllung und Einhaltung der im Liefervertrag festgelegten Garantiewerte, die durch den Anlagenbetreiber oder seinen Sachverständigen durchgeführt wird.

Die Durchführung der Abnahmeprüfung der Dampfkesselanlage für die Erteilung der Betriebserlaubnis ist in der TRD 500 bis TRD 504 beschrieben. Die Durchführung von Abnahmeversuchen an Dampferzeugern wird in der DIN 1942 geregelt und anhand eines Beispiels ausführlich dargestellt, so dass hierzu keine weiteren Erläuterungen notwendig sind.

Der Betrieb von Dampfkesselanlagen und Heißwassererzeugern mit ständiger Beaufsichtigung, eingeschränkter Beaufsichtigung und ohne Beaufsichtigung ist in der TRD 601 bis 604 beschrieben. Die vorstehend genannten TRD beinhalten auch die Forderungen an die Ausrüstung der Dampferzeuger und Heißwassererzeuger für den Betrieb mit eingeschränkter Beaufsichtigung und ohne ständige Beaufsichtigung.

## Literatur

Baehr HD (1984) Thermodynamik, 5. Aufl. Springer Verlag, Berlin
Beedgen Otto (1984) Öl- und Gasfeuerungstechnik, 2. Aufl. Werner Verlag
Brandt F, Jaroschek K (1960) Entwicklung eines Diagrammes zur Berechnung des natürlichen Wasserumlaufes in Wasserrohrkesseln und Reaktoren, BWK Nr. 5
Deutscher Dampfkesselausschuss und TÜV Essen (1994) Technische Regeln für Dampfkessel. Beuth Verlag GmbH Berlin
Esdorn Horst (1994) Raumklimatechnik, Bd. 1, Kapitel 17. Springer Verlag Berlin, Heidelberg
Netz Heinrich (1974) Omnical-Handbuch. Verlag Resch KG
Scholz Günter (2012) Rohrleitungs- und Apparatebau, Springer Verlag Berlin, Heidelberg
Zinsen Arthur (1957) Dampfkessel und Feuerungen, 2. Aufl. Springer Verlag Berlin, Heidelberg

# Wasseraufbereitungsanlagen

**5**

## 5.1 Einleitung

In diesem Kapitel werden zunächst die Grundlagen des Wasserkreislaufs in der Natur, die Nutzung des Wassers im Gewerbe und die Beschaffenheit des Wassers beschrieben.

Anschließend werden die für die Nutzung des Wassers in technischen Anlagen erforderlichen Aufbereitungsverfahren gezeigt. Dabei wird die Aufbereitung von Kesselspeisewasser für Dampferzeuger und von Füll- und Nachfüllwasser für Heißwasseranlagen und Heizungsanlagen ausführlich behandelt. Auch die chemischen Vorgänge, soweit sie für den Anlagenplaner von Bedeutung sind, werden dargestellt. Die Wasseraufbereitung und die Nachspeiseeinrichtungen für Verdunstungskühltürme und für Befeuchtungskammern von Luftaufbereitungsanlagen und deren Abschlämmung werden in dem Umfang, wie es für die Planung, Ausführung und Betreibung dieser Anlagen notwendig ist, beschrieben.

Daneben werden auch die Auslegung und Aufbereitung einer Anlage für Reinstwasser, wie sie in der Pharma- und Lebensmittelindustrie oder für die Medizintechnik benötigt wird, dargestellt und deren Funktion beschrieben. Am Schluss des Kapitels wird auf Besonderheiten hingewiesen, die bei der Planung, Ausführung und Betreibung von Wasseraufbereitungsanlagen zu beachten sind (siehe auch Heinrich Horst (2001, Reichling-Handbuch 2001).

G. Scholz, *Heisswasser- und Hochdruckdampfanlagen*,
DOI 10.1007/978-3-642-36589-8_5, © Springer-Verlag Berlin Heidelberg 2013

## 5.2   Wasserkreislauf und verfügbare Rohwasserarten

### 5.2.1   Wasserkreislauf

Die Beschaffenheit der Rohwasserarten lässt sich am besten aus ihrem Kreislauf in der Natur erkennen. Rund 71 % der Erdoberfläche sind mit Wasser bedeckt (Weltmeere und Binnenseen).

Das Wasser wird in einem ständigen Kreislauf bewegt. Über den Meeren, Wäldern und Wiesen verdunstet es, kondensiert infolge der Abkühlung in höheren Luftschichten zu Wolken und gelangt als Regen, Tau oder Schnee auf die Erde zurück, wo es im Boden versickert, von Pflanzen aufgesogen wird und dem Meer zufließt, um den Kreislauf zu wiederholen. Neben diesem natürlichen, von der Sonne angetriebenen Kreislauf verläuft ein zweiter:

Der Mensch entnimmt dem natürlichen Kreislauf große Mengen Wasser, verschmutzt es beim Gebrauch mehr oder weniger stark und führt dann das in seiner Zusammensetzung wesentlich veränderte Abwasser in die Flüsse oder den Untergrund zurück, d. h. in den natürlichen Kreislauf.

Hier unterscheidet man zwischen Meerwasser, Regenwasser (Schnee, Hagel, Tau), Oberflächenwasser (Bach-, Fluss-, See-, Teichwasser) und Grundwasser (Brunnenwasser, Quellwasser). Beim künstlichen Kreislauf spricht man von Rohwasser, welches aus einer der Wasserarten des ersten Kreislaufs besteht, von Reinwasser oder aufbereitetem Wasser, von Schmutzwasser und Abwasser.

Alle genannten Wasserarten sind nicht chemisch reines Wasser, sondern enthalten mehr oder weniger natürliche oder künstliche Inhaltsstoffe oder Verunreinigungen, welche unterteilt werden in:

a. gelöste Stoffe (Salze, Säuren),
b. ungelöste Stoffe (Sink- und Schwebestoffe),
c. Gase (Kohlensäure, Sauerstoff),
d. Bakterien (z. B. Coli-Bakterien und Legionellen).

### 5.2.2   Verfügbare Rohwasserarten

Zur Versorgung von technischen Anlagen stehen folgende Rohwasserarten zur Verfügung

a. *Grund- und Quellwasser* Dieses Rohwasser enthält aufgrund des Durchlaufens von Gesteinsschichten meist beträchtliche Mengen von gelösten Salzen, die sogenannten Härtebildner, und ist deshalb ziemlich hart. Mechanische Verunreinigungen sind dagegen kaum vorhanden, ebenso ist der Sauerstoffgehalt gering. Gelöste Kohlensäure gibt es jedoch häufig in beträchtlichem Umfang.

b. *Oberflächenwasser aus Seen und Flüssen* Diese Wässer haben in der Regel nur eine geringe Härte, enthalten jedoch mechanische Verunreinigungen. Durch eingefallenes Laub, vermoderte Pflanzenteile oder abgestorbene Kleinlebewesen können besonders Teichwässer aufgrund der Bildung von Gasen und Gerbsäuren einen stark sauren Charakter bekommen. Durch Sonnenerwärmung und Bewegung der Oberfläche entgasen sich derartige Wässer immer etwas und der Gasgehalt ist gering.

c. *Trinkwasser aus dem öffentlichen Versorgungsnetz* Trinkwasser ist biologisch rein und frei von Schwebestoffen und Bakterien. Es enthält aber gelöste Mineralien, Kohlensäure und manchmal auch Sauerstoff in gelöstem Zustand.

### 5.2.3  Definition von aufbereitetem Wasser

a. *Weichwasser*: im Natriumaustausch enthärtetes Wasser.
b. *Vollentsalztes Wasser*: von allen Elektrolyten (Salzen) befreites Wasser mit einer Leitfähigkeit $< 0{,}2\ \mu S/cm$.
c. *Permeat*: in einer Umkehrosmose-Anlage entsalztes Wasser mit einem Restsalzgehalt von ca. 10 %.

### 5.2.4  Definition von Wasserarten in technischen Anlagen

a. *Kesselspeisewasser*: zur Speisung von Dampferzeugern aufbereitetes und konditioniertes Wasser. Es besteht in der Regel aus Kondensat und Zusatzwasser.
b. *Kondensat*: im Oberflächenkondensator oder in Wärmeaustauschern aus Dampf durch Kondensation entstandenes Kreislaufwasser.
c. *Zusatzwasser*: zur Ergänzung und Nachfüllung von Wasser- und Dampfverlusten aufbereitetes Wasser zur Versorgung der Dampferzeuger oder Heißwassererzeuger.
d. *Kesselwasser*: sich im Dampfkessel bildendes Wasser, das wegen der Dampfentnahme und Eindickung eine andere Zusammensetzung als das Kesselspeisewasser hat.
e. *Füllwasser*: zur Befüllung von Heizungsrohrnetzen (Warm- und Heißwasserheizungen) als Wärmeträger genutztes Wasser.
f. *Ergänzungsfüllwasser*: zur Nachfüllung von Kühlwasser und Heizungsnetzen (nach Reparaturarbeiten oder bei Leckagen) und zur Deckung von Verlusten benötigtes Füllwasser.
g. *Umlaufwasser*: in Kühlwassernetzen oder in Warmwasser- und Heißwasserrohrnetzen befindliches Gemisch aus Füll- und Ergänzungswasser, das als Wärmeträger dient und häufig auch durch Zudosierung von Stabilisatoren oder Korrosionsschutzmitteln anders konditioniert ist als das Füllwasser.

**Abb. 5.1** Löslichkeit von
Kalziumbikarbonat in
Abhängigkeit von freier
Kohlensäure (nach Tilllmanns)

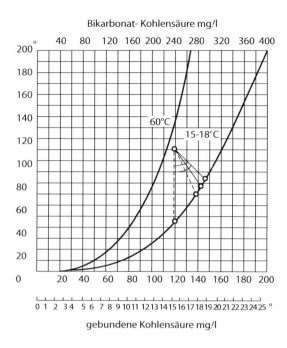

### 5.2.5   Wasserchemische Grundlagen und Begriffe

a. *Härte des Wassers* Man versteht hierunter die Gesamtmenge aller im Wasser gelösten
   Kalzium- und Magnesiumsalze (Kationen). Sie bilden die bedeutungsvollste Verunrei-
   nigung von Wasser, wenn es als Wärmeträger oder Kesselspeisewasser genutzt werden
   soll. Regenwasser trifft in der Luft oder auf der Erde mit kalkhaltigem Staub zusammen
   und löst ihn auf. Auch reichert sich das Wasser beim Durchströmen des Erdreichs mit
   Kalk und Magnesia an und wird dadurch „hart". Gips ($CaSO_4$) wird bis zu einem gewissen Maße im Wasser vollständig aufgelöst. Praktisch unlöslich dagegen sind in reinem
   Wasser der Kalkstein ($CaCO_3$) und Magnesiumkarbonat ($MgCO_3$). Aber auch diese
   z. T. in außerordentlich ausgedehnten Lagerstätten zu findenden Karbonate werden
   aufgelöst, wenn das Wasser freie gasförmige Kohlensäure enthält. Die Umsetzung der
   Kohlensäure mit dem Kalkstein ist jedoch nur so lange möglich, wie das Wasser noch
   freie Kohlensäure enthält, die zum Inlösunghalten des doppelkohlensauren Kalks notwendig ist. Das Wasser neigt zur Korrosion, wenn freie Kohlensäure vorhanden ist. Bei
   der Erwärmung des Wassers fällt Karbonathärte aus, und es entsteht freie Kohlensäure
   (siehe hierzu Abb. 5.1).

Die Gesamthärte des Wassers kann nach den vorliegenden Kationen in Kalkhärte (CaH)
und Magnesiahärte (MgH) aufgeteilt werden. Bei der Aufteilung nach den Anionen unterscheidet man Karbonathärte (KH) und Nichtkarbonathärte (NKH). Die KH umfasst

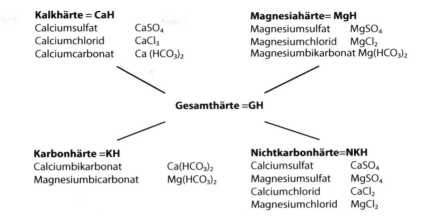

**Abb. 5.2** Aufteilung der Härte

**Abb. 5.3** Umrechnung
Härtegrad in mol/m$^3$
a) Kalziumhärteumrechnung,
b) Karbonathärteumrechnung

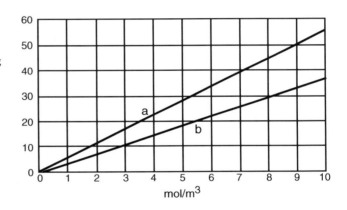

die Karbonate und Bikarbonate des Kalziums wie auch des Magnesiums. Alle Härteverbindungen der anderen im Wasser hauptsächlich vorkommenden Anionen wie Sulfate (Gips = $CaSO_4$), Chloride ($CaCl_2$) oder Nitrate ($Ca(NO_3)_2$) werden im Begriff Nichtkarbonathärte (NKH) zusammengefasst Abb. 5.2.

Um die Kalk- und Magnesiasalze unter einem Begriff „Härte" zusammenfassen zu können, wurde die Maßzahl „Härtegrade" eingeführt.

1 deutscher Härtegrad (1 °dh)  =  10 mg/l CaO oder 7,14 mg/l MgO.

Nach neuesten ISO-Festlegungen ist die Summe der Erdalkalien im Wasser der neue Begriff für die Härte eines Wassers. Die Angaben erfolgen in mmol/l. Es gilt folgende Beziehung Abb. 5.3

$$\frac{°dH (Grad\ dt.Härte)}{5,6} \left[ \frac{mmol}{l} \right]. \tag{5.1}$$

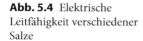

**Abb. 5.4** Elektrische
Leitfähigkeit verschiedener
Salze

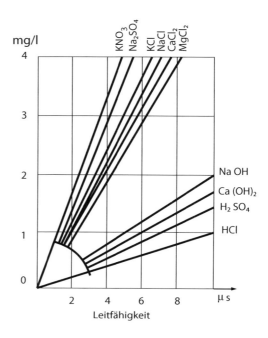

b. *Elektrische Leitfähigkeit* Das chemisch reine, salzfreie Wasser (destilliertes Wasser) der
   Formel $H_2O$ leitet den elektrischen Strom praktisch nicht. Erst das Vorhandensein von
   echt gelösten Stoffen, die in Ionen aufgespalten sind, ermöglicht den Stromfluss, in
   dem positiv geladene Ionen (Kationen) zum negativen Pol wandern und umgekehrt.
   Im Gegensatz zu den Metallen (elektrische Leiter 1. Ordnung) spricht man bei solchen
   Lösungen von Leitern 2. Ordnung. Hier ist der Stromfluss mit einem Materialtransport
   verbunden. Die Leitfähigkeit wird dadurch gemessen, dass man das Wasser zwischen
   zwei Elektroden mit einer Fläche von 1 cm² und einem Abstand von 1 cm hindurchleitet
   und den Widerstand misst, den das Wasser dem Stromdurchgang entgegensetzt. Je
   geringer der Widerstand, desto höher die Leitfähigkeit. Die Dimension der Leitfähigkeit
   ist: 1/(Ohm·cm). Bei geringen Salzgehalten, die natürliches Wasser hat, ist die Größe 1
   Mikrosiemens $(1\,\mu S) = 10^{-6}$ Ohm-1 cm$^{-1}$ besser geeignet. Die elektrische Leitfähigkeit
   ist eine Kenngröße für den Salzgehalt im Wasser. Die Angaben erfolgen in $\mu S$/cm. Für
   Kochsalz gilt 2 $\mu S = 1$ mg Salz/l (siehe Abb. 5.4).

c. *p-Wert und m-Wert* Der p-Wert charakterisiert die im Wasser enthaltenen OH- Ionen,
   der m-Wert die Hydrogenkarbonate, die Karbonate und die sekundären Phosphate.
   Zahlenmäßig sind p- und m-Wert, in mval/l, gleich dem Verbrauch an 0,1 % Natronsalz
   bzw. Schwefelsäure auf 100 ml Probelösung. Als Indikatoren kommen Phenolphthal-
   ein, Methylorange bzw. Mischindikator nach Cooper zur Anwendung. Sind im Wasser
   nur Hydroxide, Hydrogenkarbonate und Karbonate enthalten, errechnen sich die
   Anteile aus Tab. 5.1. Die Komponentenberechnung erfolgt mit den nachstehenden
   Berechnungsgleichungen:

**Tab. 5.1** Berechnung von Hydroxiden, Karbonaten und Hydrogenkarbonaten aus dem p- und m-Wert

| Ergebnis der Titration | Die untersuchte Probe enthält [mval/l] | | |
|---|---|---|---|
| | Hydroxid | Karbonat | Hydrogenkarbonat |
| $p = 0$ | 0 | 0 | M |
| $p < 1/2\,m$ | 0 | 2p | m – 2p |
| $p = 1/2\,m$ | 0 | 2p | 0 |
| $p > 1/2\,m$ | 2p – m | 2 (m-p) | 0 |
| $p = m$ | m | 0 | 0 |

$$\mathrm{mg\,NaOH/l} = V \cdot 40 \tag{5.2}$$

$$\mathrm{mg\,HCO_3/l^-} = V \cdot 61 \tag{5.3}$$

$$\mathrm{mg\,CO_3^-/l} = V \cdot 30 \tag{5.4}$$

V = Verbrauch an 0,1 N Salz- bzw. Schwefelsäure in ml. Wird hartes Wasser titriert, so ist der m-Wert gleich der Karbonathärte in mval/l.

Der m-Wert des Speisewassers bestimmt die Absalzrate (Abschlämmmenge) des Kesselwassers. Zwischen p-Wert und pH-Wert besteht zwar ein Zusammenhang, eine direkte Umrechnung ist aber nur bei salzfreiem Wasser möglich.

d. *Gase wie Sauerstoff, Kohlensäure und Schwefelwasserstoff im Wasser* Sauerstoff und Kohlensäure werden zumeist vom Niederschlagswasser aus der Luft aufgenommen. Reich an Kohlensäure wird jedoch das Wasser vor allem durch Zersetzung organischer Substanzen im Boden. Diese Kohlensäure ist bei der Auflösung der schwer löslichen Karbonate und bei der Zersetzung der widerstandsfähigen Silikate hervorragend beteiligt. Bei der Zersetzung der Sulfide durch Kohlensäure entsteht Schwefelwasserstoff:

$$\mathrm{FeS_2 + 2CO_2 + 2H_2O = Fe(HCO_3)_2 + H_2S + S,}$$

desgleichen bei der Zersetzung organischer schwefelhaltiger Stoffe im Boden. Werden Eisen-(II)-Verbindungen vom Wasser aufgenommen, so wird Sauerstoff durch sie gebunden. Deshalb ist auch eisenhaltiges Brunnenwasser meist sauerstofffrei. Kohlensäurehaltiges Wasser ergibt freie Kohlensäure, wenn Kalk ausfällt oder bei der Aufbereitung entzogen wird. Freie Kohlensäure wirkt zerstörend und führt vornehmlich bei hohem Druck zu Korrosionen, z. B. an Kesselwerkstoffen. Schwefelwasserstoff dagegen macht das Wasser wegen des üblen Geruchs und Geschmacks ungenießbar, für Heilzwecke ist es jedoch geeignet.

e. *Phosphat im Wasser* In salzfreiem Wasser werden alkalische Phosphate zur pH-Wert-Regulierung dosiert oder über Schleusen zugegeben.

f. *Chloride im Wasser* Eine zu hohe Chlorid-Konzentration kann bei Bauteilen aus nichtrostendem Stahl und Kupfer zu Korrosionsschäden führen.

**Tab. 5.2** pH-Wert-Skala

| pH-Wert | 0–4 | 5–6 | 7 | 8–10 | 11–14 |
|---|---|---|---|---|---|
| Reaktion | Stark sauer | Schwach sauer | Neutral | Schwach alkalisch | Stark alkalisch |

g. *Kationen und Anionen* Kationen sind positiv geladene Atome bzw. Ladungsträger wie: $H^+$ = Wasserstoffion, $Ca^{2+}$ = Kalziumion, $Na^+$ = Natriumion Anionen sind negativ geladene Ionen wie z. B. $Cl^-$ = Chloridion, (OH) = Hydorxylion, $(HCO_3)$ = Hydrogencarbonation

h. *Säuren, Laugen und pH-Wert* Nicht nur Salze sind in wässrigen Lösungen in ihre Ionen aufgespalten, sondern auch das Wasser selbst, allerdings nur zu einem sehr geringen Teil.

$$H_2O \quad \rightarrow \quad H^+ \quad + \quad OH^-$$
Wasser      Wasserstoff-Ion      Hydroxyl-Ion

In reinem, salzfreiem Wasser beträgt die Wasserstoffionen-Konzentration ($H^+$) bei $22\,°C = 10^{-7}$. Nach obiger Gleichung ist dann die Hydroxylionen-Konzentration ($OH^-$) gleich groß. Das Produkt der Konzentration von Ionen eines chemischen Gleichgewichts (z. B. nach der Formel $H_2O = (H^+) + (OH^-)$ ist konstant, es wird die Dissoziationskonstante genannt $(H^+) \cdot (OH^-) = 10^{-7} \times 10^{-7} = 10^{-14}$ (für Kaltwasser bei $22\,°C$). Wird die Wasserstoffionen- Konzentration durch Zusatz von Säure erhöht, so wird die Zahl der aufgespaltenen Wassermoleküle geringer und es sinkt die OH-Ionenkonzentration, da das Produkt (H)(OH) = $10^{-14}$ bleiben muss. Umgekehrt sinkt die H-Ionenkonzentration, wenn durch Laugenzusatz die OH-Ionenmenge erhöht wird. Setzt man z. B. dem Wasser 0,1 g/l Wasserstoffionen in Form von Salz- oder Schwefelsäure zu, so erhöht man die Wasserstoffionen-Konzentration ($H^+$) von $10^{-7}$ auf rund $10^{-1}$. Da das Ionenprodukt = $10^{-14}$ erhalten bleiben muss, sinkt die Hydroxylionen-Konzentration von $10^{-7}$ auf $10^{-13}$. In dieser sauren Lösung sind dann nur noch $10^{-13}$ Wassermoleküle gespalten (dissoziiert), in destilliertem Wasser dagegen $10^{-7}$. Da das Produkt (H) $\cdot$ (OH) in allen Fällen = $10^{-14}$ sein muss, ist im Destillat die Konzentration der (H)-Ionen gleich der der (OH)-Ionen. Die Lösung von reinem Wasser ist demnach neutral. Aus Bequemlichkeitsgründen drückt man sowohl die Stärke einer Säure als auch die einer Lauge durch die Wasserstoffionen-Konzentration aus. Man kann den Wert der (OH)-Konzentration berechnen. Eine weitere Vereinfachung wurde mit der Einführung des „pH-Werts" geschaffen, der mathematisch ausgedrückt den negativen Logarithmus der Wasserstoffionen-Konzentration darstellt. pH-Wert = $-\log(H) = 1/\log(H)$ Tab. 5.2.

## 5.3   Wasseraufbereitungsverfahren und Beschreibung der Aufbereitungsanlagen

### 5.3.1   Korrosion und Korrosionsschutz in Heizungsanlagen

Rohwasser enthält die schon beschriebenen Härtebildner (gelöster Kalk und Gips). Diese Härtekationen sind in der Regel an Kohlensäure und gelösten Sauerstoff gebunden. Das Wasser kann sich im Kalk-Kohlensäuregleichgewicht befinden oder es ist ein Teil freie Kohlensäure vorhanden.

In Warmwasserheizungen, bei denen das Wasser einmal gefüllt und immer in gleicher Menge eingeschlossen umgewälzt wird und dabei keinen Sauerstoff zusätzlich aus der Luft aufnehmen kann, bleibt das Wasser in gesättigtem Zustand, also im Gleichgewicht. Eine Aufbereitung des Füllwassers für ein geschlossenes Warmwasserheizungsnetz ist nicht erforderlich. Das Heizungsnetz kann mit Wasser aus dem öffentlichen Trinkwassernetz, das sich in der Regel im Kalk-Kohlensäure-Gleichgewicht befindet, gefüllt werden. Es ist aber dafür Sorge zu tragen, dass das Füllwasser nicht öfter erneuert oder regelmäßig ergänzt wird. Das Heizungsnetz darf also an erster Stelle keine Leckagen aufweisen und selten für Reparaturarbeiten oder für Erweiterungen entleert und neu gefüllt werden. Auch muss an allen Stellen des Heizungsnetzes Überdruck vorhanden sein, damit keine Luft angesaugt und beigemischt wird. Zur Sicherstellung, dass das im System umgewälzte Wasser immer im Gleichgewicht ist, kann eine Phosphatbehandlung des Nachfüllwassers durch Zuimpfung mit einer Dosieranlage vorgenommen oder ein Teil des Umwälzwassers über eine Phosphatschleuse geführt und wieder beigemischt werden.

Durch das kontinuierliche Zuimpfen von Spezialphosphaten in homöopathisch kleinen Mengen kann die Ausfällung der Härtebildner als Wasserstein in Heizungsnetzen und auch in Zapfwarmwassernetzen bis zu Wassertemperaturen von 60 bis 70 °C vermieden werden.

Bei der Behandlung von Trinkwasser sind die DIN 1988, Teil 7 und 8 und die Trinkwasserverordnung zu beachten.

Bei sehr hohem Gehalt an härtebildenden Substanzen im Rohwasser, also bei Härtegraden größer 8 °dh, z. B. bei 15 °dh und mehr sollte das Wasser enthärtet und danach mit Rohwasser wieder auf 5 bis 8 °dh verschnitten werden, bevor damit größere Heizungsnetze oder Kühlwasserrohrnetze gefüllt werden. Auch eine Stabilisierung nach der Enthärtung und Verschneidung durch Phosphatzugabe ist zu empfehlen. Weiterführende Grundlagen zum Korrosionsschutz in Trinkwasser- und Heizungsnetzen enthält DIN 1988 (1989).

### 5.3.2   Wirkungsweise und Aufbau einer Wasserenthärtungsanlage

Das am meisten angewandte Wasserenthärtungsverfahren ist das Basenaustauschverfahren. Dabei ist der Enthärtungsfilter mit einer Austauschmasse, z. B. Harz, gefüllt. Die Austauschmasse kann mit Kochsalz, NaCl (Natriumlauge) angereichert werden und hat die Eigenschaft, dass sie diese Na-Ionen gegen die im Wasser enthaltenen Ca- und Mg-Salze in äquivalenten Mengen austauschen kann.

**Abb. 5.5** Prinzip des
Neutralaustauschers

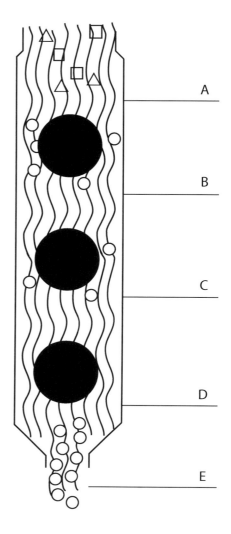

Anstelle von 1 mol Kalzium- oder Magnesiumionen erscheinen im enthärteten Wasser 2 mol Natriumionen, wodurch sich der Salzgehalt geringfügig erhöht (40 g $Ca^{2+\wedge}$ 46 g $Na^+$; 24 g $Mg^{2+\wedge}$ 46 g $Na^+$).

Das Prinzip des Austauschvorgangs ist folgendes siehe (Abb. 5.5):

a. Hartes Wasser wird in das Ionenaustauschfilter geleitet.
b. Ein Austauschfilter enthält viele Tausende von Harzkügelchen, die wiederum eine sehr große Zahl von austauschfähigen Natriumionen besitzen. Dieses Austauschvermögen wird als nutzbare Volumenkapazität bezeichnet. Vor der Berührung mit dem harten Wasser liegen alle austauschfähigen Kationen als Natriumionen vor.

c.  Der Ionenaustausch beginnt. Die $Ca^{2+}$- und $Mg^{2+}$-Ionen werden vom Ionenaustauscherharz adsorbiert, wobei für adsorbierte $Ca^{2+}$- oder $Mg^{2+}$-Ionen 2 $Na^+$-Ionen freigesetzt werden.

d.  Das Harzteilchen der Austauschmasse ist erschöpft und hat keinen Natriumvorrat mehr, es ist mit Kalzium und Magnesium beladen.

Wenn die Austauschmasse erschöpft ist, tritt wieder eine Resthärte auf und die Austauschmasse muss regeneriert werden.

Die Regeneration der Austauschmasse erfolgt mit einer Natriumchloridlösung (NaCl). Die Härtebildner Ca- und Mg-Ionen werden ausgespült und die Austauschmasse erneut mit Natrium aufgeladen. Der Gesamtvorgang wird als Arbeitszyklus bezeichnet. Die Leistungsfähigkeit von Ionenaustauschern wird durch die nutzbare Volumenkapazität (NVK) zwischen zwei Regenerationen gekennzeichnet. Die NVK ist abhängig von der spezifischen Leistung der Austauschmasse, von der Härte des Rohwassers und dem Füllvolumen der Enthärtungsanlage.

Es gilt die Bilanzgleichung:

$$V \cdot t(GH \cdot 10) = A \cdot NVK \qquad (5.5)$$

und daraus die Filterleistung

$$V \cdot t = \frac{A \cdot NVK}{GH \cdot 10} \, [m^3], \qquad (5.6)$$

darin ist:

V = aufzubereitende Wassermenge $m^3/h$

t = Betriebszeit in h

GH = Gesamthärte des Rohwassers dH

A = Menge des Austauschmaterials oder in g $CaO/m^3$

NVK = Nutzbare Volumenkapazität der Austauschmasse in $1/g$ CaO

In der Enthärtungsanlage werden die härtebildenden Bestandteile nicht entfernt, sondern gegen Kochsalz ausgetauscht. Der pH-Wert bleibt dabei annähernd konstant. Die Enthärtungsanlagen werden in der Regel für eine Betriebszeit von 8 bis 24 Stunden zwischen zwei Regenerationen ausgelegt. Die Anlagen werden normal für Betrieb mit kaltem Wasser bis 30 °C vorgesehen. Eine Heißwasserausführung bis 100 °C ist aber bei der Wahl einer geeigneten Austauschmasse möglich.

Die Arbeitsweise wird nochmals kurz anhand von Abb. 5.6 beschrieben.

Beim Enthärtungsvorgang tritt das harte Wasser über Ventil 1) in die Anlage ein, durchströmt den Enthärter und das darin befindliche Austauschmaterial von oben nach unten und verlässt die Anlage über Ventil 2) als weiches Wasser. Beim Rückspülen (Auflockern des Austauschmaterials) fließt das Wasser über Ventil 3) von unten nach oben durch die Anlage und über Ventil 4) zum Kanal.

**Abb. 5.6** Aufbau einer
Enthärtungsanlage.
A) Enthärtungsbehälter
1) Rohwasserventil,
B) Austauschmaterial
2) Weichwasserventil,
C) Tragschicht
3) Spülwasserventil,
D) Filterdüsen
4) Schmutzwasserventil,
E) Wassermesser
5) Absperrventil,
F) Salzlösebehälter
6) Regenerierventil,
7) Entleerhahn,
8) Entleerventil

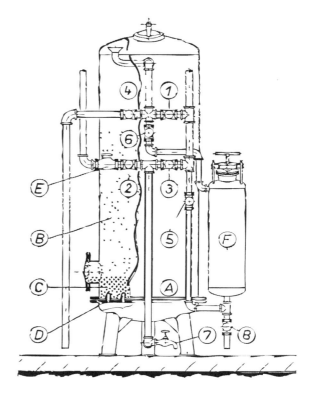

Zur Regeneration wird die notwendige Salzmenge in den Salzlösebehälter gebracht und die Salzlösung durch Betätigen der Ventile 5) und 6) in den Enthärter übergeleitet, wo sie nach erfolgter Regeneration aus dem Entleerhahn 7) abläuft. Die Regeneration dauert einschließlich Auswaschen etwa eine Stunde, es sind dazu nur wenige Handgriffe nötig.

Die Resthärte beträgt in der Regel 0,01 mmol/l. Das Abwasser, das bei der Regeneration anfällt, und das Spülwasser dürfen bei kleinen Anlagenleistungen in den Abwasserkanal eingeleitet werden. Bei großen Anlagen ist eine Neutralisation erforderlich. Beim Enthärtungsvorgang treten folgende chemische Umsetzungen auf (mit KA für Kationenaustauschmasse):

$$Na_2 \cdot KA + Ca(HCO_3)_2 = 2NaHCO_3 + Ca \cdot KA, oder$$

$$Na_2 \cdot KA + Mg(HCO_3)_2 = 2NaHCO_3 + Mg \cdot KA, oder$$

$$Na_2 \cdot KA + CaSO_4 = Na_2SO_4 + Ca \cdot KA, oder$$

$$Na_2 \cdot KA + MgSO_4 = Na_2SO_4 + Mg \cdot KA \qquad (5.7)$$

Im enthärteten Wasser befindet sich demnach praktisch nur Natriumbikarbonat, Natrium-Sulfat sowie etwas Natrium-Chlorid – das Wasser ist weich!

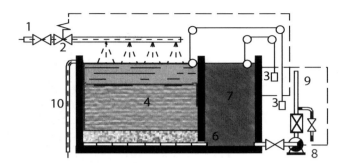

**Abb. 5.7** Salzsole-Bunker 1) Wasserzulauf mit Verteilung 2) elektrisches Magnetventil 3) elektrischer Schwimmerschalter 4) Regeneriersalz direkt zur Enthärtungsanlage 5) Kiesschicht 6) Sole-Abnahmesystem 7) Sole-Vorratsraum 8) Sole-Förderpumpe 9) Sole-Leitung mit Sole-Messgerät oder 10) Überlauf

Die Regeneration und Wiederbelebung geschieht nach folgenden Gleichungen:

$$Ca \cdot KA + 2\,NaCl = Na_2 \cdot KA + CaCl_2, oder$$

$$Mg \cdot KA + 2\,NaCl = Na_2 \cdot KA + MgCl_2 \tag{5.8}$$

Die herausgelösten Härtebildner werden durch Nachwaschen mit Rohwasser beseitigt, das Austauschmaterial kann jetzt neue Härte aufnehmen.

Sind mehrere Enthärtungsanlagen z. B. in einem Industriegebäude oder Flughafengelände vorhanden oder ist eine sehr große Anlage mit Salzsole zu versorgen, dann ist es ratsam, auf den Salzlöser zu verzichten und mit einer Salzsole-Regenerierung zu arbeiten. Dabei wird das Regeneriersalz nicht für jede Regeneration extra vorbereitet, sondern in größerer Menge für einen mehrwöchigen Bedarf in einem Solebunker auf Vorrat gehalten, wo es zu konzentrierter Salzsole bereitet wird.

Die Solebereitung geschieht automatisch, ebenso die Verdünnung der Salzsole auf die für die Regeneration günstige Konzentration. Regeneriert wird mit einer Solepumpe entweder unter Einschaltung eines Solemessgefäßes oder mit Hilfe geeigneter Mess- und Regelgeräte. Soleregeneration und zentrale Aufbereitung von Salzsole können automatisch ablaufen. Das Verfahren ist besonders wirtschaftlich, weil das Salz preiswerter eingekauft werden kann und der Bedienungsaufwand geringer ist.

Das Rohrnetz ist aus PVC oder PE-Rohr herzustellen, da auch das Weichwasser ohne Verschnitteinrichtung aggressiv ist und es deshalb zu Korrosion in verzinkten Rohrnetzen kommen kann. Die Weichwasserleitungen sind deshalb ebenfalls aus PE-Rohr oder Edelstahlrohr bis zur Entgasung auszuführen Abb. 5.7.

Die Arbeitsweise der Enthärtungsanlage wurde an einer manuell bedienbaren Anlage beschrieben. Enthärtungsanlagen können aber auch vollautomatisch nach einem Programm mit hydraulisch oder pneumatisch gesteuerten Ventilen gefahren werden. Nur die Salzauflösung muss, wenn keine zentrale Soleaufbereitung vorhanden ist, von Hand vorgenommen werden. Wenn der niedrigste Solestand erreicht ist, wird dies aber als Störung zur

**Abb. 5.8** Automatisch
betriebene Enthärtungsanlage

zentralen Leittechnik (ZLT) oder zum Heizerstand gemeldet. Die Steuerung kann bei einer
zeitgesteuerten Anlage durch eine Zeitschaltuhr, bei mengengesteuerten Anlagen durch
einen Kontaktwasserzähler, bei wasserhärtegesteuerten Anlagen durch ein Härtetestgerät
oder per Handeingriff erfolgen.

Wenn das Weichwasser ohne Unterbrechung verfügbar sein muss, ist eine Doppelanlage notwendig. Hierbei wird automatisch auf Anlage 2 umgeschaltet, wenn Anlage 1
regeneriert werden muss und umgekehrt.

Ist ein Salzsolebunker mit einem zentralen Salzsoleversorgungsnetz vorhanden, entfällt
die Salznachfüllung und Solebereitstellung im Salzsolebehälter und die Anlagen arbeiten
ununterbrochen vollautomatisch. Die Überwachung erfolgt durch die ZLT, zu der dann
alle Betriebs- und Störmeldungen geleitet werden. Die Salzsole im zentralen Salzsoleversorgungsnetz muss ständig umgewälzt werden, damit keine Salzablagerung stattfinden kann.
Abbildung 5.8 zeigt eine Enthärtungsanlage für automatischen Betrieb mit pneumatischen
Umschaltventilen.

### 5.3.3 Entkarbonisierungs- und Vollentsalzungsanlagen zur Kesselspeisewasseraufbereitung

Die Aufbereitung von Kesselspeisewasser über Neutralaustausch ist bei Vorhandensein hoher Karbonathärten im Rohwasser mit Nachteilen verbunden, da die bei diesem Vorgang
aus der Karbonathärte entstehenden Natriumbikarbonate unter Druck und Temperatur
im Kessel Kohlensäure abspalten. Dadurch werden sowohl im Kessel als auch im Konden-
satkreislauf Korrosionen möglich, und es ist eine hohe Absalzrate zur Entfernung von Salz
und Salzschlamm aus dem Kessel erforderlich.

Zur Vermeidung von Schäden und zur Erreichung eines wirtschaftlicheren Dampf-
kesselbetriebs ist deshalb bei höheren Dampfdrücken und bei hoher Karbonathärte im
Rohwasser die Vollentsalzung mit Kationen und Anionenaustauschern einschließlich
Entkieselung notwendig.

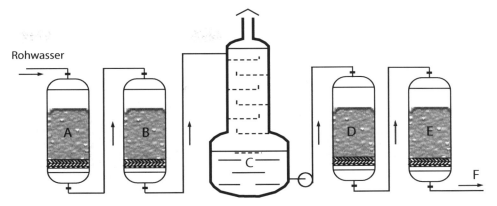

**Abb. 5.9** Schaltschema einer Vollentsalzungsanlage. A) schwach saurer Kationenfilter, B) stark saurer Kationenfilter, C) Rieseler zur $CO_2$-Ausscheidung, D) schwach basischer Anionenfilter, E)stark basischer Anionenfilter, F)vollentsalztes Wasser

Bei der Vollentsalzung werden die im Wasser gelösten Salze zuerst im Kationenaustauscher durch Austausch ihrer Kationen gegen H-Ionen in die entsprechenden Mineralsäuren überführt:

$$NaCl + H-KA = Na-KA + HCl.$$

Das vom Kationenaustauscher (A) ablaufende entbaste kiesel- und kohlenstoffhaltige Wasser erfährt im Anionenaustauscher (B) einen Austausch der Anionen (Cl, $SO_4$, $NO_3$) gegen OH-Ionen. Der Kationenaustauscher wird mit Salzsäure und der Anionenaustauscher mit Natronlauge regeneriert:

$$HCl + OH-KA = Cl-KA + H_2O.$$

Abbildung 5.9 zeigt das Verfahrensschema einer Vollentsalzungs- und Entkieselungsanlage.

Bei der Vollentsalzung muss zwischen starken und schwachen Austauschmaterialien unterschieden werden, wobei dies sowohl für die Kationen- als auch für die Anionenaustauscher gilt. Die schwach sauren Kationenaustauscher zerlegen die Karbonathärte, wohingegen die stark sauren Kationenaustaucher die übrigen Salze in ihre entsprechenden Säuren umwandeln.

Schwache Anionenaustauscher tauschen starke Säuren (HCl, $H_2SO_4$, $HNO_3$ usw.) aus; starke Anionenaustauscher binden die schwachen Säuren (Kieselsäure und Kohlensäure).

Bei Wässern mit hoher Karbonathärte kann man eine Entkarbonisierung mit Kalk oder eine solche mit schwachsaurem Kationenaustauschmaterial vorschalten, wobei im letzteren Falle zur Chemikalienersparnis die Regeneration mit den Chemikalienüberschüssen des stark sauren Filters erfolgt.

Auch bei der Entfernung der Anionen kann durch das Vorschalten eines schwachbasischen Anionenfilters eine Ersparnis von Chemikalien erzielt werden. Um die Anionenfilter zu entlasten, wird die freigemachte Kohlensäure in Rieseltürmen entfernt.

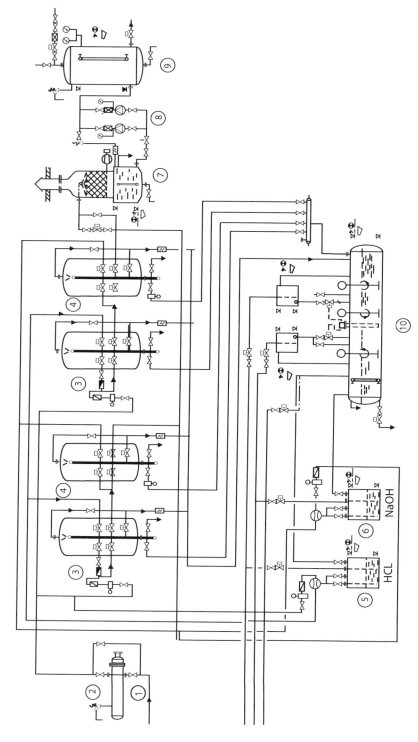

**Abb. 5.10**  Schaltbild einer Mehrsäulen-Vollentsalzungsanlage für vollautomatischen Betrieb und einer Neutralisationsanlage

Je nach Qualität und Ergebnis der vollständigen Wasseranalyse sind noch eine Vielzahl von Reihen- und Parallelschaltungen möglich, die im VKW Handbuch Wasser beschrieben sind.

Auch die Vollentsalzungsanlagen können sowohl manuell als auch vollautomatisch betrieben werden. Abbildung 5.10 zeigt das Schaltbild einer ausgeführten Vollentsalzungsanlage, bestehend aus Kationenaustauschern und Anionenaustauschern für vollautomatischen Betrieb. Die Anlage wird von einer Warte aus gesteuert, jedes einzelne Ventil kann aber auch durch Handeingriff geöffnet und geschlossen werden. Jede Anlage ist mit einem Durchfluss-Regelventil und einem Durchflussmengenmesser mit Fernsender ausgerüstet, die Ausführung mit einem optischen Fließbild im Leitstand ist ebenfalls möglich.

Je nach dem Verwendungszweck und der Beschaffenheit des Rohwassers besteht eine Vollentsalzungsanlage aus zwei bis fünf Filtern und einem Rieselbehälters zur Abführung der Kohlensäure. Bei der Auslegung von Vollentsalzungsanlagen muss eine 100 %ige Reserve gebildet werden, da die Regenerierungszeit komplizierter Anlagen bis zu vier Stunden dauern kann.

### 5.3.4   Vollentsalzung des Wassers im Mischbettverfahren

In der Praxis gibt es zwei grundsätzliche Methoden zur Vollentsalzung des Wassers mittels Ionenaustausch.

a.  das im vorstehenden Abschnitt beschriebene Mehrsäulen-Verfahren mit getrennten Kationen und Anionenaustauschern, welches vollentsalztes Wasser mit guter Destillat-Qualität liefert,

b.  das Mischbett- oder Einsäulenverfahren, bei dem beide Austauschstoffe in derselben Anlage untergebracht sind. Der Reinheitsgrad des damit vollentsalzten Wassers entspricht mehrfachem Destillat. Das Mischbettverfahren allein wird meist nur bei geringem Reinwasserbedarf eingesetzt oder bei Wässern, die nur wenig salzhaltig sind. Aber auch Mehrsäulen-Großanlagen können Wässer mit Mischbett-Qualität liefern, wenn eine Mischbettanlage nachgeschaltet wird, die dann äußerst wirtschaftlich arbeitet.

Abbildung 5.11 zeigt eine nach dem Mischbett-Verfahren arbeitende Anlage mit Zubehör. Der eigentliche Mischbett-Austauscher steht auf der linken Seite. Vor der Anlage befinden sich die aus schlagfestem Kunststoff gearbeiteten Regeneriergefäße für Säure und Lauge. Ganz links ist das Gebläse für die Mischluft zu sehen, die zur Mischung der Austauschstoffe nach der Regeneration erforderlich ist. Das Filter ganz rechts dient zur Vorfiltration und zur Entchlorung des Wassers, wodurch die Austauschstoffe vor mechanischen und organischen Verunreinigungen geschützt werden. Die Anlage in der Mitte liefert das für die Regeneration notwendige Weichwasser.

**Abb. 5.11** Mischbettanlage
zur Herstellung von
vollentsalztem Wasser

**Abb. 5.12** Prinzipschema
einer Mischbettanlage

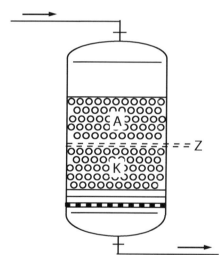

    Zwischen der Mischbettanlage und dem Regenerierwasser-Enthärter ist an der Wand
das elektrische Leitfähigkeits-Messgerät zu sehen, das den Zeitpunkt der Regeneration
durch Signal über die ebenfalls sichtbare Hupe meldet. Es gibt einfache Anzeigegeräte
und Messgeräte mit erweiterten Möglichkeiten, z. B. kann eine grüne Dauerleuchte den
eingestellten Reinheitsgrad des ablaufenden Wassers bestätigen. Steigt der Salzgehalt über
den Sollwert, meldet eine rote Leuchte, die mit der Signalhupe gekuppelt ist, den Zeitpunkt
der Regeneration. Ein elektrisches Magnetventil legt die Anlage bei Rotschaltung still und
verhindert, dass Wasser minderer Qualität abgegeben wird.
    Zur Kontrollmessung und Anlagensteuerung dienen ein Leitmessgerät und ein
Härteprüfgerät, das im Handel als Testomat bekannt ist.
    Die Arbeitsweise des Mischbettfilters und der Regenerierungsvorgang werden anhand
Abb. 5.12 wie folgt beschrieben:

Im Arbeitszyklus befindet sich das Kationen- und das Anionenaustausch-material in beladenem Zustand vollständig gemischt im Filterbett. Nach der Erschöpfung wird rückgespült, wobei aufgrund der verschiedenen spezifischen Gewichte der Materialien eine Übereinanderschichtung erfolgt. Das leichtere Anionenaustauschmaterial liegt über dem Kationenmaterial. Bei der Regeneration durchfließt die Natronlauge vom Rohwassereintritt das Anionenaustausch-Material zum Zwischenverteilerrost (Z) und anschließend die Salzsäure vom Zwischenverteilerrost (Z) aus nach unten das Kationenmaterial. Nach dem Nachwaschen mit vollentsalztem Wasser erfolgt durch Lufteinblasen eine vollständige Durchmischung der beiden Materialien und die Anlage ist für den neuen Arbeitszyklus wieder bereit.

### 5.3.5  Vollentsalzung oder Entmineralisierung des Wassers durch Umkehrosmose

Osmose ist der Austausch gelöster Stoffe durch eine durchlässige Membran. Bei zwei chemisch gleichen Lösungen verschiedener Konzentration wird dabei ein allmählicher Konzentrationsausgleich erreicht. Ist die Membran aber nur einseitig, d. h. nur für Lösungsmittel durchlässig (semipermeabel), so wandert z. B. bei wässrigen Lösungen immer mehr Wasser auf die Seite mit höherer Lösungs-Konzentration, bis sich dort ein Druck aufbaut, der als osmotischer Druck bezeichnet wird.

Dieser Vorgang kann auch umgekehrt ablaufen, wenn man dazu auf der Seite der konzentrierten Lösung einen Druck aufbaut, der den osmotischen Druck überwindet. Das Wasser fließt dann in umgekehrter Richtung durch die Membran, wobei nur das Lösungsmittel (z. B. Wasser) durchgelassen wird, nicht jedoch die gelösten Stoffe. Man spricht dann von umgekehrter Osmose. Damit lässt sich auf physikalischem Wege eine Salzminderung herbeiführen.

Die zu behandelnde Konzentratlösung wird mittels Hochdruckpumpe auf die Arbeitseinheiten (Module) gebracht, die sich in Ausführung, Ausstattung und Anzahl den Betriebsbedingungen anpassen lassen. Die Module enthalten semipermeable, also halbdurchlässige Membranen. Je nach Erfordernis stehen verschiedene Membranausführungen zur Verfügung.

Das nach Durchgang durch die Membranen erzielte Permeat (z. B. entsalztes Wasser) wird gesammelt und der Weiterverwendung zugeführt. Das zurückbleibende Konzentrat kann je nach Gegebenheit wieder verwendet, weiterbehandelt oder abgeführt werden. Röhren-Module enthalten eine Anzahl Edelstahlrohre mit Wandbohrungen. In diese Rohre werden die zylindrischen, mit synthetischen Stützrohren ummantelten Membranen eingeschoben. Stützrohre samt Membranen können bei Bedarf leicht ausgewechselt werden (siehe Abb. 5.13a). Kompakt-Module arbeiten mit einer Vielzahl dichtgebündelter Polyamid-Hohlfasern als Membranen, deren Wandungen eine große Oberfläche bilden. Dadurch entsteht eine große Filterfläche mit entsprechend hoher Durchsatzleistung (Abb. 5.13b).

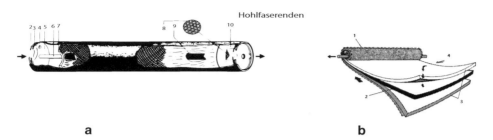

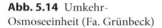

a                                                b

**Abb. 5.13** a) Röhrenmodul als aufgeschnittene Hohlfaser, b) Kompaktmodul als entrolltes Wickelmodul

**Abb. 5.14** Umkehr-
Osmoseeinheit (Fa. Grünbeck)

   Beide Modulausführungen erlauben den gezielten Einsatz für zahlreiche Aufgaben zur Behandlung wässriger Lösungen. Dabei werden Kompakt-Module vorzugsweise bei wenig verunreinigten Lösungen zur Entsalzung und für ähnliche Aufgaben angewendet, Röhren-Module dagegen hauptsächlich zur Abwasserbehandlung und für Rückgewinnungsaufgaben sowie zur Lösung von Sonderproblemen.

   Die Baueinheiten für die umgekehrte Osmose oder Umkehrosmose werden als standardisierte kompakte Gestellanlagen in Leistungsstufen von 500 bis 5.000 l/h geliefert (siehe Abb. 5.14). Anlagen für kleinere Permeatleistungen sind auch als Wandtafelgeräte erhältlich. Die Anlagen sind nur noch mit der Weichwasserzuleitung zu verbinden und elektrisch anzuschließen. Der Bedienungsaufwand und der Stellplatz sind gering. Das Umkehrosmose-Verfahren kann nur bei einem salzhaltigen Wasser angewandt werden. Die Härtebildner Ca und Mg müssen vorher in einer Enthärtungsanlage gegen Na ausgetauscht werden. Die Umkehrosmose-Einheit muss ständig im Betrieb sein und durchströmt werden. Das aufbereitete Wasser muss drucklos in einen Vorratsbehälter fließen. Das salzhaltige Konzentrat stellt bei der Entsalzung und Kesselspeisewasseraufbereitung

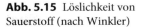

**Abb. 5.15** Löslichkeit von Sauerstoff (nach Winkler)

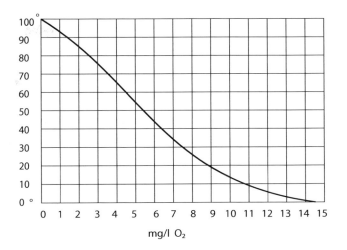

mg/l $O_2$

ein Abfallprodukt dar. Der Anteil an salzhaltigem Abwasser beträgt ca. 10 bis 20 %. Das Ergebnis des Prozesses ist daher ein konstanter Reinwasserstrom mit geringem Salzgehalt, der praktisch frei ist von Kolloiden, Feststoffen und Bakterien. Er enthält jedoch noch die im Wasser gelösten Gase, z. B. Sauerstoff und Kohlendioxid.

## 5.3.6 Thermische Entgasung von Kesselspeisewasser

Schon bei der Beschreibung der Basenaustausch-Enthärtungsanlage wurde darauf hingewiesen, dass weiches Wasser aggressiv ist. Insbesondere gilt dies aber für Anlagen der Teil- oder Vollentsalzung, weil die beim H-Austausch freiwerdende Kohlensäure das Wasser stark aggressiv macht. Der pH-Wert liegt im sauren Bereich und das Wasser würde die Rohrleitungen und die vom Dampf und Wasser berührten Kesselbauteile angreifen. Es müsste mit erheblichen Korrosionsschäden gerechnet werden, da nach dem Entkalken des Speisewassers diese Bauteile ohne Schutzschicht blank diesem Angriff ausgesetzt wären. Um Korrosionen zu verhindern, werden die Rohrleitungen nach der Wasseraufbereitung aus Edelstahl oder mit Innengummierung ausgeführt und das Kesselspeisewasser wird thermisch entgast und gegebenenfalls nachbehandelt (z. B. durch Dosierung eines Sauerstoffbindemittels). Das Kesselspeisewasser muss frei von schädlichen Gasen sein. Abbildungen 5.15 und 5.16 zeigen den Gehalt von $O_2$ und $CO_2$ im Wasser, und zwar in Abhängigkeit von der Temperatur des Wassers.

Zur Entgasung muss demnach das Kesselspeisewasser auf etwa 102 °C erwärmt werden und die frei werdenden Gase sind abzuführen.

Die Entfernung der Gase aus dem Wasser erfolgt in der Regel auf thermischem Wege durch Erhitzung mit Dampf und gleichzeitiger Verrieselung in einem Entgaserdom.

Das entgaste Wasser wird dann im Speisewasserbehälter – der meist mit dem Entgaser zusammengebaut ist – unter einem Dampfpolster, das die Berührung mit der atmosphärischen Luft verhindert, auf Vorrat gehalten. Der Dampfpolsterdruck entspricht dem

**Abb. 5.16** Löslichkeit von
Kohlensäure (nach D'Ans-Lax)

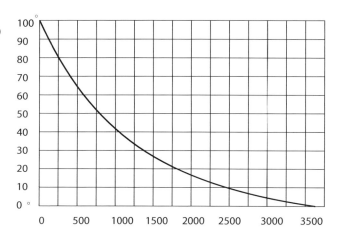

Betriebsdruck der Anlage und sollte etwa 0,2 bar Überdruck betragen, welcher einer Temperatur von ca. 104 °C entspricht. Bei Bedarf kann auch mit höherem Druck und einer besonders ausgeführten Anlage gearbeitet werden. Vakuumanlagen stehen für Sonderfälle ebenfalls zur Verfügung. Wichtig ist die erhöhte Anordnung des Speisewasserbehälters, damit das sehr heiße Wasser den Kesselspeisepumpen zulaufen kann, weil sonst Störungen im Betrieb der Pumpen auftreten können (siehe hierzu Kap. 3). Hauptbestandteil jeder Entgasungsanlage ist der Entgaserdom, in dessen oberem Teil das Wasser eingeleitet und verteilt wird. Zur Verrieselung dienen gelochte Einsätze oder Füllkörper, die jeweils herausnehmbar und aus Edelstahl bzw. aus korrosionsbeständigen Werkstoffen bestehen. Zur Berechnung siehe Scholz (2012), Kap. 3.

Durch den unten einströmenden Dampf erfolgt die Erhitzung und somit die Entgasung des versprühten Wassers; überschüssiger Dampf entweicht am Scheitel des Entgaserdoms zusammen mit den ausgetriebenen Gasen.

Abbildung 5.17 zeigt das Funktionsschema eines Druckentgasers mit Brüdendampfkondensator und Entlüftung zur Gasabführung ins Freie.

Das zufließende Wasser wird mengenmäßig mit Hilfe eines Schwimmreglers vom Wasserspiegel des Speisewasserbehälters aus gesteuert; Druck und Menge des Heizdampfes werden über einen Druckregler, dessen Steuerdruck im Entgaseraufsatz entnommen wird, geregelt. Ein Teilstrom des Dampfes wird vor dem Druckregler entnommen und zur Aufkochentgasung und Druckhaltung im Speisewasserbehälter eingesetzt. Dieser Teilstrom kann auch über einen Temperaturregler zur Konstanthaltung der Temperatur des Speisewassers geregelt werden. Der Dampfdruck und die Speisewassertemperatur werden durch Messgeräte am Speisewasserbehälter und Entgaserdom angezeigt und können auch zur Leitwarte übertragen werden. Das Entgasungs- und Entlüftungsventil muss geöffnet bleiben, damit die schädlichen Gase entweichen können. Der austretende Dampf kann durch Einbau eines Wärmeaustauschers auch zur Speisewasservorwärmung genutzt werden.

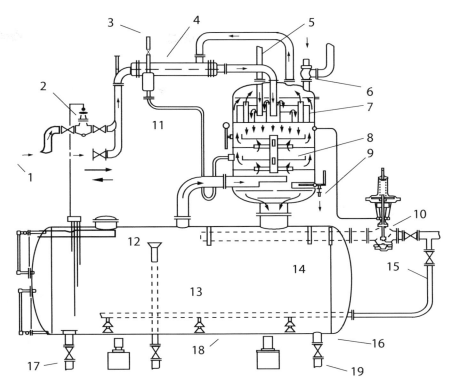

**Abb. 5.17** Schematischer Aufbau eines thermischen Druckentgasers mit Speisewasserbehälter.
1) Wasserzufluss, 2) Wasserstandsregler 3) Entlüftung, 4) Brüdenkondensator, 5) Kondensatzu-
fluss, 6) Sicherheitsventil 7) Wasserverteiler, 8) Rieselbleche, 9) Probeentnahme, 10) Druckregler,
11) Entgaser, 12) Überlauf, 13) Speisewasserbehälter, 14) Dampfstrahlerrohr, 15) Heizdampf,
16) Nachheizvorrichtung, 17) Speisewasserentnahme, 18) Umlauferhitzer, 19) Entleerung

## 5.4   Zusammenfassung und Beschreibung der Kesselspeisewasseraufbereitung für eine Dampferzeugungsanlage

Abbildung 5.18 zeigt das Schaltschema einer Dampfkesselanlage mit einer Kesselspeisewasseraufbereitung.

Im Dampferzeuger kann z. B. Dampf von 15 bar für eine Industrieanlage, für eine
Wäscherei oder die thermische Desinfektion in einem Klinikum erzeugt werden. Die Gesamtanlage besteht aus der Wasseraufbereitungsanlage 1), der Kondensatsammelstation
2), der thermischen Speisewasserentgasung 3), der Dosierstation 4) und dem Dampferzeuger 5) mit Probeentnahme.

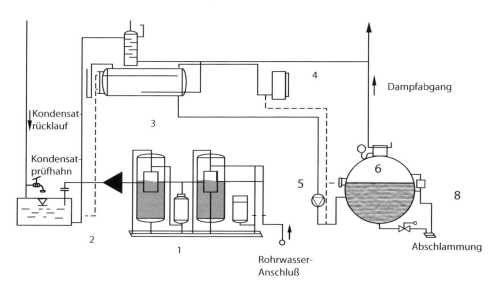

**Abb. 5.18** Dampferzeugungsanlage mit Kesselspeisewasseraufbereitung. 1) Basenaustauschanlage, 2) Kondensatpumpe, 3) Entgaser, 4) Dosiereinrichtung, 5) Speisewasserpumpe, 6) Dampferzeuger, 7) Abschlämmung, 8) Probeentnahme

Die Speisewasseraufbereitung (2) könnte, wenn das Rohwasser aus dem Trinkwassernetz entnommen wird, die Gesamthärte kleiner als 8 °dh und auch der Anteil der Karbonhärte gering ist, z. B. eine Basenaustauschanlage als Doppelanlage sein.

Wenn der Anteil der Karbonathärte sehr hoch ist, muss anstelle der Basenaustauschanlage eine Entkarbonisierungsanlage zum Einsatz kommen. Ist die Gesamthärte sehr hoch, z. B. größer 15 °dh, und auch Karbonathärte vorhanden, sollte eine Vollentsalzungsanlage installiert werden. Entscheidend sind aber auch die Gesamtleistung der Dampfkesselanlage und der Kondensatverlust, weil die stündliche Leistung der Enthärtungs- oder Vollentsalzungsanlage auch hiervon entscheidend abhängig ist. Bei einem Speisewasserbedarf von 3 bis 4 m³/h wird man sich für die Umkehrosmose-Anlage entscheiden. Aus Gründen der Betriebssicherheit müssen aber auch hierfür eine Doppelenthärtungsanlage und zwei Umkehrosmosebatterien installiert werden. Dazu kommen ein Sammelbehälter und eine Umwälzanlage. Die Anschaffungskosten sind bei der Umkehrosmose erheblich höher als bei einer Vollentsalzungsanlage, so dass man sich bei größeren Speisewasserzusatzmengen, also ab 5 m³/h, für eine Vollentsalzungsanlage nach Abschn. 5.3.3 entscheiden wird. Umkehrosmoseanlagen werden bevorzugt bei der Reinwasserherstellung für die Lebensmittelindustrie, für die Dialyse oder für Reindampfanlagen zur Luftbefeuchtung bei der Klimatisierung oder beim Beheizen von Kochkesseln und Kartoffelgarkesseln in Großküchen eingesetzt. Bei größerem Reinwasserbedarf als 5 m³/h wird die Vollentsalzungsanlage als Mischbettverfahren und bei noch größerem Bedarf an vollentsalztem Wasser werden Mehrsäulen-Vollentsalzungsanlagen mit Kationen- und Anionenfiltern nach Abschn. 5.3.3 und Abb. 5.9 eingesetzt.

Die Kondensatsammelanlage (2) dient gleichzeitig zur Aufnahme des aufbereiteten Zusatzwassers aus der Wasseraufbereitung. Zur Vermeidung von Sauerstoff- und Kohlensäureaufnahme aus der Luft sollte das Kondensatsammelgefäß geschlossen und mit einem Dampfpolster von etwa 0,2 bar Überdruck betrieben werden. Bevorzugt werden runde Druckbehälter, die für ca. 1 bar Betriebsdruck und 120 °C zugelassen und gegen Überdruck mit einem Vollhubsicherheitsventil nach DIN 4753 für 0,2 oder 0,3 bar abgesichert sind. Die Kondensatsammelgefäße erhalten eine innere Einbrennlackierung oder Gummierung als Korrosionsschutz und einen äußeren Korrosionsschutzanstrich und werden gegen Wärmeverluste gedämmt.

Der Nutzinhalt zwischen höchstem (HW) und niedrigstem Wasserstand (NW) sollte etwa der Hälfte der stündlichen Leistung des Dampferzeugers (t/h$^\wedge$ m$^3$/h) entsprechen, damit der verzögerte Kondensatanfall nach einer Betriebsunterbrechung aufgenommen und ausgeglichen werden kann. Der Speisewasserbehälter (3) wird im Allgemeinen so bemessen, dass das darin aufgenommene Nutzvolumen zwischen HW und NW dem 0,5- bis 1-Fachen des stündlichen Speisewasserbedarfes entspricht. Der Entgaseraufsatz wird für das 1,2-Fache des Speisewasserbedarfes ausgelegt. Der Speisewasserbehälter wird mit einem inneren Korrosionsschutz versehen, die Entgasereinsätze werden aus Edelstahlblech hergestellt. Bei der Anordnungshöhe des Speisewasserbehälters ist die erforderliche Zulaufhöhe für die Kesselspeisewasserpumpen nach Kap. 3 zu beachten. Die Rohrleitungen zwischen Speisewasseraufbereitungsanlage und Zulaufregelventil am Kondensatgefäß sollten aus Kunststoffrohr und der Anschluss am Kondensatgefäß und Entgaseraufsatz sollte aus Edelstahlrohr ausgeführt werden.

Die Dosierstation (4) dient zur Zugabe von Phosphat und Sauerstoffrestbindemittel ins Speisewasser und Kondensatgefäß.

Dosiert wird z. B. Trinatriumphosphat als Bindemittel für die Resthärte, um eine Belagsbildung auf den beheizten Kesselflächen zu unterbinden. Bei salzfreiem Speisewasser dient es auch als schwaches Alkalisierungsmittel.

Als Sauerstoffbindemittel kann Hydrazin oder Natriumsulfit dosiert werden. Hydrazin ist sowohl im Wasser als auch in der Dampfphase wirksam. Es handelt sich aber um eine giftige Substanz, die nicht mit Lebensmitteln in Berührung kommen darf. In Gasform ist Hydrazin krebserregend. Aus diesem Grund darf Hydrazin nicht in Reindampferzeugern, die Dampf zum Kochen, zum Garen oder zum Befeuchten der Luft von Klimaanlagen erzeugen, eingesetzt werden. In allen anderen Dampferzeugern und Kondensatnetzen ist es noch zulässig. Das Personal, das Hydrazin abfüllt und umfüllt, muss die hierfür vorgeschriebenen Arbeitsschutzbestimmungen einhalten. Natriumsulfit ist auch für Reindampfanlagen zugelassen. Es wirkt aber nur im Wasserkreislauf und nicht in der Dampfphase.

Der Dampferzeuger ist mit einer Probeentnahmeeinrichtung und einer Abschlämm- und Absalzeinrichtung auszurüsten. Die Probeentnahmeeinrichtung am Kessel und am Speisewasserbehälter muss mit einem Kühler ausgerüstet sein. Bei einer Entnahme ohne Kühler würde die Probe durch den entstehenden Entspannungsdampf verfälscht und zu hohe Messwerte ergeben. Die Entsalzungs- und Abschlämmeinrichtung sollte möglichst automatisch über eine Leitwertmessung gesteuert werden. Wenn die Absalzung von Hand erfolgt, muss die Absalzrate $R_A$ aus den Probeentnahmen errechnet werden, und zwar aus dem Chloritgehalt im Kesselwasser in mg/l geteilt durch den Chloritgehalt im Speisewasser in mg/l wie folgt:

$$R_A = \frac{Chloritgehalt_{Kesselwasser} \frac{mg}{l} \cdot 100}{Chloritgehalt_{Speisewasser} \frac{mg}{l}} \ [\%]. \tag{5.9}$$

Die für dieses Beispiel beschriebene Möglichkeit der Speisewasseraufbereitung stellt nur einen Leitfaden für die beschriebene Dampferzeugung dar.

Welche Wasseraufbereitung für jeden einzelnen Anwendungsfall zweckmäßig ist, kann nur von hierin erfahrenen Fachingenieuren anhand einer ausführlichen Rohwasseranalyse und genauer Kenntnisse der Betriebsverhältnisse bestimmt werden. Die TRD 611 gilt für Dampferzeuger der Gruppe 4 und enthält in Tafel 1 die Anforderungen an das Speisewasser, in Tafel 2 für Umlaufkessel und Großwasserraumkessel. Tafel 4 zeigt die Anforderungen an salzhaltiges Speisewasser für Umlaufkessel und Großwasserraumkessel. Tafel 3 enthält die Anforderungen an das Kesselwasser von Umlauf- und Großwasserraumkesseln bei der Speisung mit salzfreiem Speisewasser, Tafel 5 die Anforderung an die gleichen Kessel bei der Speisung mit salzhaltigen Speisewasser.

Diese Anforderungen sind aus sicherheitstechnischen Gesichtspunkten einzuhalten. Darüber hinaus wurden von verschiedenen Verbänden und Vereinen folgende Richtlinien erarbeitet: VdTÜV-Merkblatt TCH 1453: Richtlinien für Speisewasser, Kesselwasser und Dampf von Dampferzeugern bis 68 bar zulässigem Betriebsdruck – VBG-R 405 L; Richtlinie für Kesselspeisewasser, Kesselwasser und Dampf von Dampferzeugern über 68 bar zulässigem Betriebsdruck, jeweils die neusten Ausgaben.

Aus diesen Richtlinien und der TRD-611 ergeben sich die nachfolgenden Tabellen mit Richtwerten für die Speise- und Kesselwasserbeschaffenheit von Dampferzeugern (Stand 2012) Tab. 5.3.

Bei Dampferzeugern für Großkraftwerke oder bei großen Dampfleistungen und großem Zusatzwasserbedarf wird das Rohwasser nicht aus dem öffentlichen Trinkwassernetz, sondern aus werkseigenen Brunnenanlagen, aus einem Fluss oder einem See entnommen. Diese Grund- oder Oberflächenwässer können Feststoffe und auch andere gelöste Stoffe als bisher beschrieben enthalten. Wasser aus einem Fluss oder Binnensee muss daher erst durch Filterung (Kies- oder Anschwämmfilter) von Schwebestoffen befreit werden. Bei der Verwendung von Brunnenwasser kann eine Enteisenung oder auch eine Entsäuerung erforderlich sein. Das Brunnenwasser wird dann über einen Belüftungsturm verrieselt. Danach werden die Eisenrostflocken in einem Filter ausgeschieden. Diese Behandlungen müssen zuerst durchgeführt werden, weil Schwebestoffe, Mangan, Eisen und ein hoher Gehalt an freier Kohlensäure zu erheblichen Schäden an den Wasseraufbereitungsanlagen führen können. Im Kraftwerksbetrieb werden auch aus wirtschaftlichen Gesichtspunkten andere Wasseraufbereitungsverfahren als die bisher beschriebenen angewandt. Es handelt sich dabei unter anderem um die Entkarbonisierung oder Enthärtung nach dem Fällungsverfahren mit Kalkmilch. Auch die Heißentkieselung oder eine Entölung von

**Tab. 5.3** Richtwerte für die Speisewasserbeschaffenheit von Dampferzeugern

| Vorbedingung | - | Großwasserraumkessel | | | | Umlaufkessel | | |
|---|---|---|---|---|---|---|---|---|
| - | - | - | - | - | + Einspritzwasser[a] | - | - | + Einspritzwasser[a] |
| | | salzhaltig | | | salzfrei | salzhaltig | | salzfrei |
| Betriebsüberdruck | bar | $\leq 1$ | $> 1{-}22$ | $> 22{-}68$ | $\leq 68$ | $\leq 44$ | $> 44{-}68$ | $> 68$ |
| Allgemeine Anforderungen | - | klar, farblos, frei von ungelösten Stoffen | | | | | | |
| pH-Wert bei 25 °C | - | 9,0–9,3 | 9,0–9,3 | 9,0–9,3 | 9,0–9,3[a,b] | 9,0–9,3 | 9,0–9,3 | 9,0–9,3[a] |
| Leitfähigkeit bei 25 °C | µS/cm | nur Richtwerte für Kesselwasser maßgebend | | | | nur Richtwerte für Kesselwasser maßgebend | | |
| Leitfähigkeit bei 25 °C hinter stark saurem Kationentauscher | µS/cm | - | - | - | $< 0,2$ | - | - | $< 0,2$ |
| Summe Erdalkalien ($Ca^{++} + Mg^{++}$) | mmol/l | $< 0,015$ | $< 0,01$ | $< 0,01$ | - | $< 0,01$ | $< 0,01$ | - |
| Gesamthärte | dh | $< 0,1$ | $< 0,05$ | $< 0,05$ | - | $< 0,05$ | $< 0,05$ | - |
| Sauerstoff ($O_2$) | mg/l | $< 0,1$ | $< 0,02$ | $< 0,02$ | $< 0,1$ | $< 0,02$ | $< 0,02$ | $< 0,1$ |
| Kohlensäure ($CO_2$) gebunden | mg/l | $< 25$ | $< 25$ | $< 15$ | - | $< 25$ | $< 15$ | - |
| Eisen (Fe), gesamt | mg/l | - | $< 0,05$ | $< 0,03$ | $< 0,02$ | $< 0,05$ | $< 0,03$ | $< 0,02$ |
| Kupfer (Cu), gesamt | mg/l | - | $< 0,01$ | $< 0,005$ | $< 0,003$ | $< 0,01$ | $< 0,005$ | $< 0,003$ |

Turbinenkondensat sind im Kraftwerksbetrieb übliche Verfahren zur Speisewasseraufbereitung. Diese Verfahren werden im VKW Handbuch Wasser (1979) ausführlich beschrieben, so dass im vorliegenden Fachbuch nicht näher darauf eingegangen werden muss. Hier wurden nur die bei der Dampfversorgung von Industrieheizwerken und bei der Fernwärmeversorgung sowie die bei Rückkühl- und Kühlkreisläufen üblichen Verfahren und die Anlagenausführung erläutert.

## 5.5  Beschreibung der Wasseraufbereitung für Hochdruck-Heißwassererzeuger mit Vorlauftemperaturen über 100 °C

Unter Abschn. 5.3.1 wurde bereits auf alles, was zur Verhinderung von Korrosionen in Heizungsnetzen getan werden kann, hingewiesen. Bei großen ausgedehnten Warmwasser- und Heißwasserrohrnetzen muss aber auch auf die Verhütung von Ablagerungen und

Steinbildung geachtet werden. Steinbildungen und Ablagermengen treten immer dort auf, wo die höchste Wassertemperatur vorhanden ist. Dies sind die wasserberührten Kessel-wände mit dem höchsten Wärmeübergang, also die Heizflächen des Flammenrohrs im Großwasserraumkessel und die im Feuerraum angeordneten Heizflächen aus Rohren und Flossenrohren beim Wasserrohrkessel, an denen die Steinbildung den Wärmedurchgang behindern und zu Schäden führen kann.

Bei neu erstellten ausgedehnten Rohrnetzen für die Industriewärme- oder Fernwärme-versorgung erfolgt der Ausbau oft stufenweise, oder es werden später noch zu beheizende Maschinen, Trockner oder Pressen und im Fernheiznetz zusätzliche Wärmeverbraucher angeschlossen. Dieser stufenweise Ausbau oder die späteren Anschlüsse bedingen immer wieder eine teilweise Entleerung und Neufüllung des Rohrnetzes.

Wenn die Netzfüllung und die Nachfüllungen mit hartem Rohwasser erfolgen, wer-den jedes Mal aufs Neue Härtebildner in das Heißwassersystem eingebracht. Aus diesem Grund muss das Füll- und Nachfüllwasser für ein ausgedehntes Heißwasserrohrnetz mit Wassertemperaturen von mehr als 100 °C enthärtet und gegebenenfalls bei hoher Roh-wasserhärte auch entkarbonisiert oder vollentsalzt werden. Zur Verhinderung von Rost und Salzschlamm sollte in das Füll- und Nachfüllwasser Trinatriumphosphat und zur Sauerstoff- und Kohlensäurebindung auch Natriumsulfit dosiert werden.

Empfehlenswert ist ebenfalls der Einbau eines Schlammabscheiders in den Hauptrück-lauf beim Eintritt in das Heizwerk mit einem gut zugänglichen Schlammablass und zur Entleerung in die Abschlämmgrube der Kesselanlage. Auch bei der Erstellung des Rohr-netzes sollte bereits darauf geachtet werden, dass nur Rohre ohne Zunder- und Rostansatz zum Einbau kommen (termingerechte Anlieferung und Lagerung auf der Baustelle).

Bei der Inbetriebnahme sollten die neuen Rohrnetzabschnitte mit alkalischem Wasser gefüllt und das Wasser sollte eine kurze Zeit umgewälzt werden. Danach sind alle Schmutz-fänger zu reinigen und das feine Sieb kann, um nötigen Druckverlust zu vermeiden, dabei oder nach einer kurzen Betriebszeit entfernt werden.

Abbildung 5.19 zeigt das Schema einer geschlossenen Heißwasserheizung mit Druck-halteanlage (3) und Stickstoffpolstern auf dem Druckhaltegefäß ca. 8 bar und auf dem Speisewassersammelgefäß ca. 0,2 bar Überdruck. Die Füll- und Nachspeisewasserberei-tungsanlage (1) ist als Enthärtungsanlage nach dem Basenaustauschverfahren dargestellt. Es könnte aber auch eine Entkarbonisierungs- oder eine Vollentsalzungsanlage sein. Wel-ches Verfahren zum Einsatz kommt, ist anhand einer vollständigen Rohwasseranalyse und nach den Betriebsbedingungen, wie maximale Vorlauftemperatur und Art des Heißwasser-erzeugers zu entscheiden. Auch die stündlich zu erbringende Reinwasserleistung ist nach den zu erwartenden Betriebsbedingungen und nach wirtschaftlichen Gesichtspunkten festzulegen.

Legt man die Anlage nur für eine im Normalbetrieb übliche Nachfüllmenge für Leck-verluste und für die eventuelle Nachspeisung bei der Nachtabsenkung aus, dann ist sie für die Erstfüllung oder für die Nachfüllung bei einer Anlagenerweiterung oder bei Reparatur-arbeiten zu klein bemessen. Man wählt zweckmäßigerweise eine Anlagenleistung von 3 bis 4 m³/h. Die Leistung ist für die Nachspeisemenge zu groß, aber für die Anlagenfüllung oder

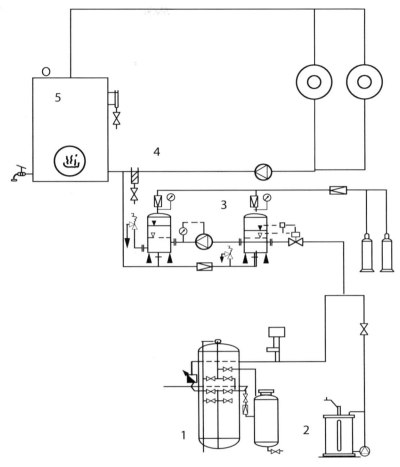

**Abb. 5.19** Schema einer Heißwasserheizung mit Wasseraufbereitung 1) Enthärtungsanlage, 2) Dosiereinrichtung, 3) Druckhalteanlage 4) Probeentnahme und zentraler Schmutzfänger, 5) Heißwassererzeuger, 6) Wärmeverbraucher

Nachfüllung so bemessen, dass ein übliches Fernheiznetz mit 20 bis 50 m³ Gesamtinhalt (ohne Gebäuderohrnetze) in 5 bis 10 Stunden gefüllt werden kann.

Wenn die Enthärtungsanlage ohne Durchfluss ist, also eine gewisse Zeit kein Weichwasser entnommen wird, dann muss sie neu angefahren und das Reinwasser zuerst in den Kanal gegeben werden, bis der Testomat die eingestellte Härte anzeigt. Die Bemessung der Wasseraufbereitung sollte mit dem Hersteller der Anlage im Zuge der LV-Erstellung und der Preisverhandlung ausführlich diskutiert werden. Die Anlagenkosten und Garantiewerte sollten nach wirtschaftlichen Gesichtspunkten für die erwartenden Betriebsbedingungen festgelegt werden. Die Dosierstation (2) ist für die mengenabhängige Dosierung von Stabilisierungs- und Sauerstoffbindemittel vorzusehen. In den

**Tab. 5.4** Richtwerte für das Kreislaufwasser in Warmwasser- und Hochdruck-Heißwassererzeugern und -anlagen

|  |  | Salzarm |  | Salzhaltig |
|---|---|---|---|---|
| el. Leitfähigkeit bei 25 °C | µS/cm | Okt 30 | > 30–100 | > 100–1500 |
| Allgemeine Anforderungen |  | Klar, ohne Sedimente |  |  |
| ph-Wert bei 25 °C |  | 9–10[a] | 9–10,5[a] | 9–10,5[a] |
| Sauerstoff ($O_2$) | mg/l | < 0,1[b] | < 0,05[b] | < 0,02[b,c] |
| Erdalkalien (Ca + Mg) | mmol/l | < 0,02 | < 0,02 | < 0,02 |
| Phosphat ($PO_4$)[a] | mg/l | < 5[d] | < 10[d] | < 15 |
| Bei Einsatz von Sauerstoffbindemitteln: |  |  |  |  |
| Hydrazin ($N_2H_4$)[e] | mg/l | 0,3–3 | 0,3–3 | 0,3–3 |
| Natriumsulfit ($Na_2SO_3$) | mg/l | - | - | < 10 |

[a] Sollen die Bestimmungen der Trinkwasser-Verordnung/Trinkwasseraufbereitungs-Verordnung eingehalten werden, dürfen der pH-Wert 9,5 und die PO4-Konzentration von 7 mg/l nicht überschritten werden.
[b] Im Dauerbetrieb stellen sich normalerweise deutlich niedrigere Werte ein.
[c] Werden geeignete anorganische Korrosionsinhibitoren verwendet, kann die Sauerstoffkonzentration im Kreislaufwasser bis zu 0,1 mg/l betragen.
[d] Für Heißwassererzeuger mit Rauchrohrheizflächen, z. B. Flammenrauchrohrkessel, ist als untere Phosphat-Konzentration der halbe Maximalwert von 2,5 bzw. 5 mg/l PO4 einzuhalten.
[e] Nur für Heizsysteme ohne direkte Trinkwassererwärmung. Bei Einsatz von Hydrazin sind die TRGS 608 und TRgA 550 zu beachten.


Rücklauf der Heißwasseranlage ist ein Schlammtopf oder ein rückspülbarer Schmutzfilter (4) einzubauen.

Der Heißwassererzeuger (5) ist mit einer Probeentnahme und einer Abschlämmeinrichtung, wie schon beim Dampferzeuger beschrieben, auszurüsten.

Die Anforderungen an Wasser für Heißwassererzeuger der Gruppe II bis VI nach TRD sind in der TRD 612 geregelt. Es handelt sich auch dabei wieder um Anforderungen aus sicherheitstechnischen Gesichtspunkten. Weitere technische Regeln sind die VDI 2035 „Korrosionsschutz in Wasserheizungsanlagen", das VdTÜV-Merkblatt TCh 1466/AGFW-Merkblatt 5/15, „Richtlinien für das Kreislaufwasser in Heißwasser- und Warmwasseranlagen" und das VGB-M 410 N „Qualitätsanforderungen an Fernheizwasser".

Aus diesen Richtlinien und Merkblättern ergeben sich die zurzeit gültigen und in Tab. 5.4 zusammengestellten Anforderungen.

Es gelten immer nur die neuesten Auflagen der vorstehend genannten Richtlinien und Merkblätter. Wenn aus einem Heißwassererzeuger mit Dampfpolster auch gleichzeitig Dampf entnommen wird, gelten die TRD 611 und die Richtlinien für Dampferzeuger.

## 5.6  Beschreibung einer Wasseraufbereitungsanlage für die Nachspeisung von Kältewasser- und Rückkühlwasserkreisläufen

Als Kältewasser wird hier das von der Kältemaschine auf ca. 6 °C abgekühlte Wasser bezeichnet. Kältewasserkreisläufe können ohne Bedenken mit Wasser aus dem öffentlichen Trinkwassernetz gefüllt und bei Bedarf auch damit nachgefüllt werden. Das Wasser verbleibt danach im geschlossenen System, nachgespeist werden nur Leckageverluste. Das im Kältewasserkreislauf befindliche Wasser wird im Verdampfer der Kältemaschine auf ca. 6 °C abgekühlt und danach durch die Kühler von Luftbehandlungsanlagen oder andere zu kühlende Einrichtungen gefördert. In den Kühlern erwärmt sich das Kreislaufwasser in der Regel auf 12 bis 14 °C. Wenn in der Industrie Pressen oder andere Maschineneinrichtungen gekühlt werden, dann können höhere Temperaturen im Maschinenkreislauf von z. B. 30 bis 40 °C gefordert werden. Die Temperaturen im Maschinenkreislauf sind durch Beimischung mit einem Ablaufregler erreichbar, wobei sich aber der Rücklauf des Primärkreislaufs erhöht.

Die Kühlflächen im Verdampfer bestehen in der Regel aus Cu-Rohr, aus Edelstahlröhren oder -platten und die Kühlflächen im Kühler fast ausschließlich aus Cu-Rohr. Das Kältewasserrohrnetz wird bei Großanlagen aus Stahlrohr und bei kleineren Anlagen oder kleineren Rohrnetzen auch aus Cu-Rohr ausgeführt. Bei den vorhandenen Wassertemperaturen sind keine Ausscheidungen von Härtebildnern und kein Belag auf den Heizflächen zu erwarten, wenn die Gesamthärte des Füllwassers kleiner 5 bis 8 °dh nicht überschreitet und sich das Wasser im Kalk-Kohlensäure-Gleichgewicht befindet. Wenn das Füll- und Nachspeisewasser eine höhere Härte als 8 °dh hat, ist eine Enthärtungsanlage nach dem Basenaustauschverfahren zu empfehlen. Die Stabilität des Wassers kann durch Beimischung von Rohwasser bis zum Erreichen einer Härte von 3 bis 5 °dh wieder erreicht werden. Auch die Zugabe von Stabilisatoren durch eine mengenabhängige Dosierung von z. B. Thrinatriumphosphat ist möglich. Mit diesen Maßnahmen ist dafür gesorgt, dass sich im Rohrnetz eine Schutzschicht bilden kann und andererseits die Heizflächen nicht verkalken.

Ganz anders verhält es sich beim Zusatzwasser von Rückkühlwasserkreisläufen. Hier wird das Wasser im Kondensator der Kältemaschine von ca. 32 auf ca. 40 °C oder auch in Absorbermaschinen von 35 auf ca. 45 °C erwärmt. Im Kühlturm wird das Rückkühlwasser dann durch die Verdunstung eines Teilstromes wieder auf ca. 32 oder 35 °C abgekühlt. Durch die Verdunstung eines Teils des Wassers entsteht eine Eindickung des Hauptstroms, weil die im Wasser enthaltenen Härtebildner oder Salze bei enthärtetem Wasser nicht verdunsten und im Rückkühlwasser-Hauptstromkreis verbleiben. Die im Rückkühlwasser enthaltenen Salze oder Härtebildner steigen auf ein unzulässiges Maß an, und es kommt zur Kalkstein bildung, wenn nicht reichlich abgeschlämmt und Frischwasser dafür zugesetzt wird.

Wenn die Bedingungen, unter welchen ein Kühlturm betrieben wird, bekannt sind (Verdunstungsmenge, Zerstäubungsverluste, Rohwasserzusammensetzung), lässt sich aufgrund von Erfahrungen beurteilen, wie das Wasser für einen störungsfreien Kühlturmbetrieb aufbereitet werden muss. Für die Zusammensetzung des zirkulierenden Wassers sind Grenzwerte, insbesondere einige maximal zulässigen Konzentrationen, bekannt, die nicht überschritten werden sollten. Die am häufigsten zu berücksichtigenden Größen sind:

| | |
|---|---|
| Karbonathärte, max. | 12 °dh |
| Nichtkarbonathärte, max. | 90 °dh |
| totaler Salzgehalt, max. | 2.000–3.000 mg/l |
| $SiO_2$, max. | 150 mg/l |
| pH-Wert | 7,5–9 |

Diese Grenzwerte stehen in gewissen Abhängigkeiten zueinander, so dass nicht ein Wert isoliert von den anderen betrachtet werden kann. Außerdem haben alle diese Werte den Charakter von Richtwerten, d. h., auch wenn sie sehr genau eingehalten werden, bietet dies keine Gewähr dafür, dass nach längerem Betrieb nicht doch irgendwelche Schwierigkeiten auftreten. Auf der anderen Seite kann eventuell einer der angeführten Grenzwerte überschritten werden, ohne dass Störungen auftreten. Diese Grenzwerte beziehen sich vor allen auf die Bildung von Ausscheidungen. Daneben sind Beziehungen bekannt, mit welchen sich die Korrosionseigenschaften des zirkulierenden Wassers abschätzen lassen.

Bei der Verwendung von normalem Leitungswasser (Trinkwasser aus dem Versorgungsnetz) als Zusatzwasser zum Kühlsystem werden die genannten Grenzwerte meistens überschritten. Oft liegt die Karbonathärte des Leitungswassers schon über derjenigen, welche im zirkulierenden Wasser zulässig ist. In solchen Fällen ist es selbstverständlich nicht möglich, das vorhandene Leitungswasser ohne Aufbereitung zu verwenden. Wenn ein verhältnismäßig weiches Wasser vorliegt, muss eine Wirtschaftlichkeitsrechnung klären, ob dieses direkt verwendet werden soll, wobei jedoch zusätzlich zu den Sprühverlusten eine gewisse Wassermenge direkt abgeschlämmt werden muss, um die angeführten Grenzwerte nicht wesentlich zu überschreiten. Geklärt werden muss auch, ob das Wasser behandelt werden soll, wobei dann die Abschlämmverluste stark verringert werden können, oder ob eventuell sogar die Sprühverluste zur Begrenzung der zulässigen Eindickung ausreichen.

Wenn das verfügbare Rohwasser eine Gesamthärte von mehr als 5 bis 8 °dh hat, sollte eine Enthärtungsanlage nach dem Basenaustauschverfahren zum Einbau kommen. Damit kann ein vollständig enthärtetes Wasser erzeugt werden. Das Weichwasser kann im Rückkühlkreislauf meist bis auf den zulässigen Salzgehalt eingedickt werden, und die Abschlämmung reduziert sich erheblich. Durch Wassereinsparung haben sich die Anschaffungskosten in der Regel nach wenigen Jahren amortisiert. Zum Einbau sollte eine vollautomatische Doppelanlage kommen. Die Weichwasserleistung der Anlage kann dann für die Wasserverluste durch Verdunstung und für Spritz- und Abschlämmverluste bemessen werden.

In Abb. 5.20 wird das Schaltschema für einen Rückkühlwasserkreislauf mit Zusatzwasseraufbereitung gezeigt.

Die Zusatzwasseraufbereitung wird vom Füllstand aus der Kühlturmwanne gesteuert. Der Testomat überwacht die Qualität des Weichwassers und steuert auch die automatische Regenerierung der Enthärtungsanlage sowie die automatische Umschaltung auf die andere Anlage während der Regenerierung (die zweite Anlage ist im Bild nicht dargestellt). Die

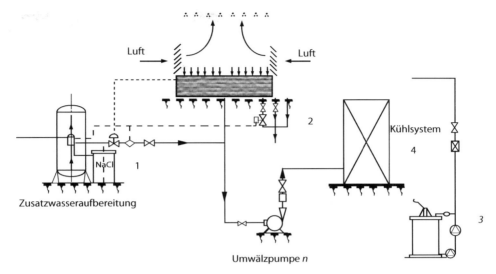

**Abb. 5.20** Rückkühlwasserkreislauf mit einer Zusatzwasser-Aufbereitungsanlage. 1) Wasserzähler oder Testomat, 2) Automatische Abschlämmarmatur, 3) Biocid-Dosiereinrichtung, 4) Kondensator oder Kühler, 5) Umwälzpumpe, 6) Kühlturm

erforderliche Abschlämmung (2) kann in Abhängigkeit von der vom Wasserzähler ge-messenen Zusatzwassermenge und von einem Zeitrelais oder einer Schaltuhr gesteuert oder auch über eine Leitwertmessung geregelt werden. Das zu kühlende oder Wärme abgebende System (3) kann z. B. der Kondensator einer Kältemaschine oder auch eine Gruppe von zu kühlenden Produktionseinrichtungen sein. Der Kühlturm (4) ist ein of-fener Verdunstungskühlturm mit Kühlflächeneinbauten und wirkt gleichzeitig wie ein Berieselungsentgasungsturm auf das Kreislaufwasser. Eine Zugabe von Stabilisierungs-oder Entgasungsmitteln ist nicht erforderlich. Wenn die Kühlturmeinbauten und die Kühlturmwanne aus verzinktem Stahlblech hergestellt sind, ist darauf zu achten, dass die Rohwasserzuleitung und auch die Kondensatorheizfläche oder die zu kühlenden Heiz-schlangen von Maschinen nicht aus Cu-Material bestehen, weil Kupfer in salzhaltigen Gewässern Kupfer-Ionen abgibt und diese bei der Eindickung sich aufkonzentrieren und von den verzinkten Flächen im Kühlturm aufgenommen werden. Es kommt zum Ab-tragen der Verzinkung, zu Lochfraß und zu Rostbildung auf den nicht mehr verzinkten Stahlblechen oder Rohrregistern beim geschlossenen Kühlturm mit Sekundärkreis. Die stündlich benötigte und zu enthärtende Zusatzwassermenge $W_z$ ergibt sich aus der Men-ge des verdunsteten Wassers $W_v$, der Menge der Spritzverluste $W_{sp}$ und der Menge des abzuschlämmenden Wassers $W_A$

$$W_z = W_v + W_{sp} + W_A [m^3/h]. \qquad (5.10)$$

Die verdunstende Wassermenge $W_v$ errechnet sich aus der abzuführenden Wärmemenge oder aus der Summe der Wärmeabfuhr von den zu kühlenden Kondensatoren oder Ma-schinen und entspricht bei richtiger Anlagenbemessung der Kühlturmkühlleistung $Q_k$ in KW oder kJ/h.

Für die Wärmeabfuhr von $Q_k = 1.000$ kW oder 3.600.000 kJ/h müssen z. B. bei 1 bar und 35 °C Wassertemperatur bzw. bei einer Verdampfungswärme von r = 2.440 kJ/kg

$$W_v = \frac{Q_k}{r} = \frac{3.600.000\frac{kJ}{h}}{2.440\frac{kJ}{kg}} \approx 1.475\frac{kg}{h} \tag{5.11}$$

Wasser verdampfen oder verdunsten.

Von den dabei auftretenden Spritzverlusten $W_{sp}$ ist aus Erfahrung und Versuchen bekannt, dass diese etwa das 1- bis 2-Fache der verdampfenden Wassermenge betragen. Es handelt sich dabei um größere Tropfen und Spritzer, die vom Luftstrom mitgerissen werden und, weil sie nicht in Wasserdampf übergehen, auch nicht zur Wärmeabfuhr beitragen:

$$W_{sp} = 1,5 \cdot W_v = 1,5 \cdot 1475\,kg/h = 2212,5\,kg/h,$$

damit wird

$$W_v + W_{sp} = 1.475\,kg/h + 2.212,5\,kg/h = 3.687,5\,kg/h \approx 3.700\,l/h = 3,7\,m^3/h$$

für eine Wärmeabfuhr von 3.600 kJ/h oder 1.000 kW.

Die abzuschlämmende Wassermenge $W_A$ ist von der Härte des Rohwassers bzw. vom Salzgehalt des Zusatzwassers abhängig.

Um 1 °dh je m³ Wasser auszutauschen, werden je nach Anteil der Härtebildner ca. 15 bis 20 mg/l Salze je °dh Nichtkarbonathärte (siehe hierzu Abb. 5.1) an das Wasser ausgetauscht. Ein Rohwasser von 2 °dh Karbonathärte und 8 °dh Nichtkarbonathärte hat eine Gesamthärte von 10 °dh und nach der Enthärtung einen Salzgehalt von ca. 160 mg/l oder 160 g/m³ und eine Härte von ca. 0,1 °dh.

Mit dem vorher genannten Grenzwert von z. B. 2.500 g/m³ ergibt sich eine Eindickungs- rate ER von

$$ER = \frac{2.500\ g/m^3}{160\ g/m^3} \tag{5.12}$$

Die Eindickungsrate für die Karbonathärte ergibt sich zu

$$ER = \frac{12\ dH}{2\ dH} = 6 - \text{fach.}$$

Die Eindickungsrate für die Gesamthärte des Rohwasserbetriebs beträgt dann

$$ER = \frac{90\ dH}{10\ dH} = 9 - \text{fach.}$$

Wenn die Wassertemperatur 40 bis 50 °C nicht überschreitet, scheidet auch keine Karbo- nathärte als Kalk aus und die Abschlämmrate von 6 braucht nicht berücksichtigt zu werden.

Die Ausscheidung bei hoher Karbonathärte kann auch durch Zudosierung von polime- ren Phosphaten in Mengen von 1 bis 2 g/m³ Wasser verschoben werden, so dass maximale

Karbonathärten von 15 bis 17 °dh bei Wassertemperaturen bis 65 °C im Rückkühlkreislauf zulässig sind.

Wenn also die Rückkühlwassertemperatur unter 60 °C bleibt, kann bei vorstehender Rohwasserqualität auf eine Enthärtungsanlage verzichtet und nur ein polymeres Phosphat und ein Biocid zur Vermeidung von Algenwachstum dosiert werden. Eine Enthärtungsanlage für einen Rückkühlwasserkreislauf wird erst bei einer Karbonathärte von 4 bis 5 °dh und ab einer Gesamthärte von 20 bis 25 °dh erforderlich. Wenn die Temperatur an den zu kühlenden Flächen über 60 °C beträgt, ist eine Enthärtung des Zusatzwassers auch schon bei einer Gesamthärte von 15 °dh und bei einer Karbonathärte von 2 bis 4 °dh wirtschaftlich vertretbar. Bei der vorstehenden Rohwasserqualität ist also ohne Enthärtungsanlage und mit einer 8- bis 9-fachen Eindickungsrate auszukommen, weil die nach dem Salzgehalt zulässige Eindickung 15-fach größer ist. Die Abschlämmwassermenge beträgt ca. 10 % der Wasserzuspeisemenge

$$W_z = 1,1 \cdot 3,7 \, m^3/h \approx 4,2 \, m^3/h \text{ für je } 1.000 \text{ kW Kühlturmwärmeleistung.}$$

Zu beachten ist noch, dass die Spritzverluste auch eine Abschlämmwassermenge darstellen, so dass im vorstehenden Fall und bei den genannten hohen Spritzverlusten ohne Abschlämmung auszukommen ist. Die Spritzverluste sind von der Bauart des Kühlturms abhängig. Bei einem geschlossenen Kühlturm mit einem leistungsfähigen Tropfenabscheider sind diese wesentlich geringer und betragen etwa das 0,5-Fache der Verdunstungsmenge. Die Steuerung der Wasserabschlämmung kann mengenabhängig vom Wasserzähler in der Zuspeisung oder von einem Leitfähigkeitsmessgerät geregelt werden. Wenn also 4,1 m³/h Wasser zugespeist wurden, wird das Abschlämmventil solange geöffnet bis 410 l durchgeflossen sind. Wenn über ein Leitfähigkeitsmessgerät automatisch abgeschlämmt wird, sollte die Messelektrode des Leitfähigkeitsmessgeräts monatlich gereinigt werden. Bei der Einstellung ist zu beachten, dass die Leitfähigkeit des Wassers temperaturabhängig ist. Wenn das Rückkühlwerk ganzjährig in Betrieb ist, können alle Rohrleitungen und Armaturen für die Nachspeisung, Abschlämmung und Dosierung in den frostfreien Pumpenraum verlegt werden und die Entleerungsanschlüsse am Kühlturm erhalten eine elektrische Begleitheizung und Wärmedämmung.

Bei einem geschlossenen Kühlkreislauf und Kühlturm mit einem weiteren Sprühkühlkreislauf muss die Nachspeiseleitung zum Kühlturm geführt und, soweit sie im Freien liegt, gegen Frostschäden beheizt und gedämmt werden.

## 5.7 Beschreibung einer Wasseraufbereitungsanlage für die Luftbefeuchtung

Abbildung 5.21 zeigt einen Ausschnitt aus einem h-x-Diagramm für feuchte Luft. Der relative Feuchtegehalt der Luft ist von der Temperatur der Luft abhängig, weil der Partialdruck des in der Luft enthaltenen Wasserdampfes bei niedrigen Temperaturen den Sattdampfdruck des Wasserdampfs unterschreitet und der Wasserdampf auskondensiert (Nebel-

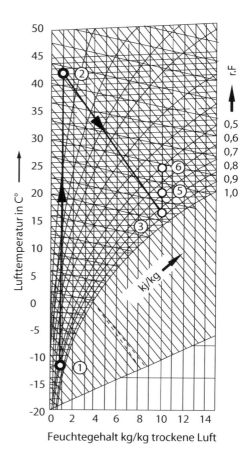

und Taubildung). Die angesaugte Außenluft ist in den Wintermonaten und nachdem sie
gefiltert und erwärmt wurde sehr trocken.

Die Befeuchtung der Luft kann auf zwei verschiedenen Wegen erfolgen.

a.  Die erwärmte und trockene Luft vom Zustand 2 wird durch eine Befeuchtungskammer
    geführt. In der Befeuchtungskammer wird aufbereitetes Wasser so fein zerstäubt, dass
    ein geringer Teil, ca. 1 % der umlaufenden Wassermenge, als Nebel vorhanden ist und
    von der Luft aufgenommen wird (Zustandsverlauf 2 nach 3). Die relative Luftfeuchte
    erhöht sich dabei von 5 auf 90 % und die absolute Feuchte der Luft erhöht sich von
    ca. 1 g/kg auf 10 g/kg. Bei der Feuchteaufnahme nimmt die Lufttemperatur ab, weil
    die Verdampfungswärme aus der Luft entnommen wird. Die Luft von Zustand 3 wird
    dann erwärmt (Zustand 3 nach 4) und mit 19 °C und einer r. F. von 70 % in den zu
    kühlenden und zu befeuchtenden Raum geführt. Im Raum nimmt die Luft Wärme auf
    und erwärmt sich auf 23 bis 24 °C, wobei sich die r. F. durch weitere Erwärmung der
    Raumluft auf ca. 50 bis 60 % einstellt. Die in Abb. 5.21 dargestellten Zustandsände-

**Abb. 5.22** h-x-Diagramm
für feuchte Luft und
Mischluftbetrieb

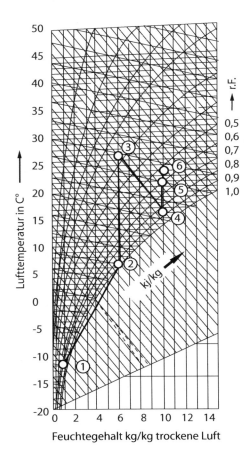

rungen gelten aber nur für den Fall, dass die Raumlufttechnische (RLT) Anlage ohne Umluftanteil, also nur mit Außenluft gefahren wird. Der Betrieb einer RLT-Anlage nur mit Außenluft ist aber selten und nur dann, wenn explosive Gase, starke Verschmutzungen oder Lösungsmitteldämpfe anfallen, üblich. In der Regel werden RLT-Anlagen mit Mischluft von 50 bis 90 % betrieben, um im Sommer Kälteenergie und im Winter Wärmeenergie einzusparen. Nur in der Übergangszeit, also dann, wenn weder Kühl- noch Heizenergie bei reinem Außenluftbetrieb erforderlich und keine anderen Nachteile zu erwarten sind, wird der Außenluftanteil erhöht.

In Abb. 5.22 wird die Zustandsänderung im h-x-Diagramm für einen Mischluftbetrieb mit 50 % Außenluftanteil gezeigt.

Die Mischluftgerade von Zustand 6 der Abluft oder Raumluft und der Außenluft von Zustand 1 ergibt bei 50 % den Mischluftzustand 2 vor dem Luftvorwärmer.

Der Mischluft wird von Punkt 2 zu 3 so viel Wärme zugeführt, wie die Luft danach bei der Befeuchtung von Zustand 3 bis 4 an das verdunstende Wasser abgeben muss.

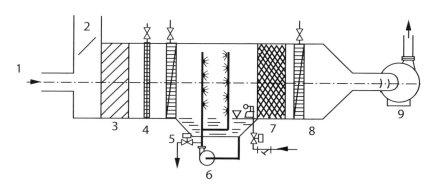

**Abb. 5.23** Schema einer Luftaufbereitungsanlage mit Luftbefeuchtungskammer. 1) Frischluft, 2) Rückluft, 3) Luftfilter, 4) Vorwärmer, 5) Kühler, 6) Luftwäscher mit Umluftsystem, 7) Tropfenfänger, 8) Nacherhitzer, 9) Lüfter

Die Befeuchtung selbst verläuft immer bei h konstant. Nach der Befeuchtung wird die Luft im Nachwärmer auf den Zustand 5 erwärmt und dem zu klimatisierenden Raum zugeführt. Im Raum nimmt die Luft weiter Wärme auf, gegebenenfalls auch Feuchte, und erreicht wieder den Abluftzustand 6. Dabei kühlt sich das Umlaufwasser auf 16 °C, also auf Zustand 4 ab.

Abbildung 5.23 zeigt die schematische Darstellung eine Luftaufbereitungsanlage mit Luftbefeuchtungskammer (6), die auch als Luftwäscher bezeichnet wird. Die Luftbefeuchtungskammer ist mit einer Wasserwanne und einer automatischen Abschlämmeinrichtung, wie vorher beim Kühlturm beschrieben, ausgerüstet. Das verdunstete und durch Abschlämmen und Versprühen verloren gegangene Wasser wird über einen Schwimmerschalter nachgespeist. Zur Vermeidung einer zu hohen Eindickung aus Schmutz oder Salzen wird, wie beim Kühlturm beschrieben, ein Teil des Nachspeisewassers abgeschlämmt.

Die umlaufende Wassermenge ergibt sich aus der Forderung, dass, um eine Luftbefeuchtung von ca. 90 % r. F. zu erreichen, ca. 0,8 kg Wasser je kg Luft oder 1 l Wasser je m$^3$ Luft versprüht werden muss. Dabei ist es egal, ob die Luft 10 g Wasser je kg Luft bei Außenluftbetrieb oder 5 g Wasser je kg Luft wie beim Umluftbetrieb aufnehmen muss. Eine andere Auslegung und Berechnung von Wasserumlaufmengen ist dann möglich und gegeben, wenn der Hersteller der Befeuchtungskammer über Kennlinie oder Wirkungsgradlinien der Bauarten seiner Befeuchtungskammern verfügt. (Weitere Ausführungen zur Berechnung von Luftbefeuchtungskammern siehe Esdorn (1994). Wenn eine hohe Luftqualität gefordert wird, z. B. für ein Rechenzentrum, für Arbeitsräume der Pharmaindustrie oder für die Herstellung von Halbleiterbauteilen, muss die Befeuchtungskammer mit vollentsalztem Wasser betrieben werden. Wird die Befeuchtungskammer mit vollentsalztem Wasser gefüllt und nachgefüllt, dann muss diese aus Kunststoff oder Edelstahlblech ausgeführt sein. Die Abschlämmwassermenge errechnet sich dann nach dem Schmutz in der Luft und ist sehr gering, weil keine Salze vorhanden sind. Als Wasseraufbereitungs-

**Abb. 5.24** Dampf-
Luftbefeuchter
(Fa. Amstrong)

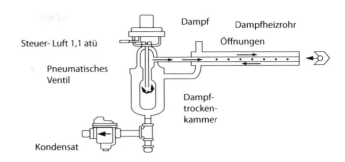

**Abb. 5.25** Dampf-
Luftbefeuchter
(Fa. ESCO)

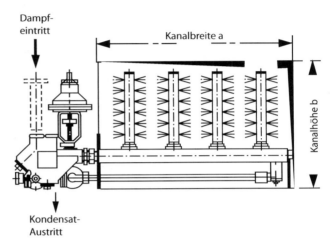

anlagen kommen sowohl vollautomatische Kationen- und Anionenaustauscher, die mit Salzsäure und mit Soda oder Natronlauge regeneriert werden, als auch Umkehrosmose- und Mischbettanlagen zum Einsatz.

b. Die aufbereitete Luft wird mit Reindampf befeuchtet. Hierzu wird in den Zuluft-kanal eine ca. 2 m lange und erweiterte Kanalstrecke, die dicht geschweißt und aus Edelstahlblech hergestellt ist, eingebaut. In diese Befeuchtungsstrecke wird eine Dampflanze installiert, die den Reindampf praktisch drucklos und entgegengesetzt zur Luftströmung einbläst. Am Ende der Befeuchtungsstrecke ist ein Tropfenab-scheider einzubauen. Der Boden der Befeuchtungsstrecke ist mit Gefälle und einem Ablaufanschluss für Kondensat an der tiefsten Stelle auszuführen.

Die Abb. 5.24 und 5.25 zeigen Dampf-Luftbefeuchter von zwei Herstellern, die die Luft mit Sattdampf aus einem Reindampf-Versorgungsnetz, das in der Regel mit 1 bis 2,5 bar Überdruck betrieben wird, befeuchten.

Der Sattdampf aus dem Reindampfnetz wird bei der Entspannung auf 1 bar leicht überhitzt und gibt zunächst Wärme ab, die mit dem befeuchteten Sattdampf gemischt wird;

**Abb. 5.26** h-x-Diagramm für
Außenluft- und Umluftbetrieb
und Dampfbefeuchtung

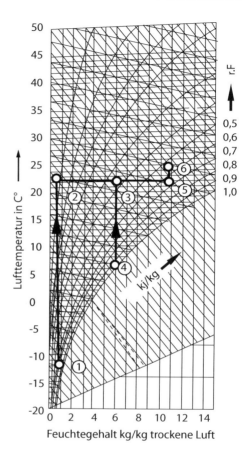

ein anderer Teil wird zur Nachwärmung des Dampf-Luft-Gemisches benutzt, das dann in den Kanal ausgeblasen wird. Nicht verdampftes Wasser wird als Kondensat abgeschieden. Auf diese Weise gelingt eine reine Dampfbefeuchtung mit Hilfe eines Dampfnetzes. Die für die Befeuchtung erforderliche Dampfmenge ergibt sich aus dem h-x-Diagramm in g/kg Luft, wobei für die Dimensionierung der Zuleitungen und der Regelarmaturen ein Kondensatverlust von 30 % zu berücksichtigen ist. Der Verlauf der Befeuchtung erfolgt im h-x-Diagramm in Richtung des Randmaßstabes $\Delta h/\Delta x = r$ [kJ/kg].

Die Richtung entspricht in etwa der Linie t = konstant vom Zustand der Luft vor der Befeuchtung. Der Verlauf ist im h-x-Diagramm Abb. 5.26 ersichtlich.

Bei der Dampfbefeuchtung muss die Außenluft nur bis auf ca. 22 °C und bei 50 % Umluftanteil nur von 6 °C auf 21 °C vorgewärmt werden, um den Zuluftzustand von Punkt 5 zu erreichen. Zur Wasseraufbereitung für die Erzeugung von Reindampf gelten die in den Abschn. 5.3.3 bis 5.3.5 enthaltenen Ausführungen.

Der Reindampferzeuger ist mit vollentsalztem Wasser aus einer Mischbettaufbereitungs- oder Umkehrosmose-Anlage mit Kesselspeisewasser zu versorgen.

Bei der Luftbefeuchtung mit Reindampf sind keine zusätzlichen hygienischen Maßnahmen erforderlich, wenn das Reinigungssieb im Dampfbefeuchter turnusmäßig gereinigt und gewartet und auch die Befeuchtungsstrecke ordentlich entwässert und gereinigt wird. Zu beachten ist jedoch, dass nur Reindampf zur Befeuchtung der Luft von RLT-Anlagen eingesetzt werden darf. Industriedampf, der das Sauerstoffbindemittel Hydrazin und Geruchsstoffe oder Öle enthalten kann, ist nicht zulässig und führt zu Reizungen der Schleimhäute und Schäden an der Gesundheit.

Weitere Hinweise zur Ausführung von Reindampfversorgungsnetzen enthalten Kap. 9 und Scholz (2012).

Ganz anders verhält es sich bei der Luftbefeuchtung mit vollentsalztem Wasser durch Verdüsung in einer Befeuchtungskammer. Auch dieses Wasser ist frei von Inhaltsstoffen und verdunstet ablagerungsfrei. Entmineralisiertes Wasser aus der Umkehrosmose ist ebenfalls weitgehend frei von Bakterien. Trotzdem können Keime, Bakterien, Pilze und Algen im Umlaufwasser und in der Befeuchtungskammer auftreten und sich vermehren, wenn die Hygienevorgaben zur Reinigung und Desinfektion nicht vorgenommen werden. Welche Maßnahmen durchzuführen sind und wie das Personal dafür zu schulen ist, beinhaltet die VDI-Richtlinie 6022. Verfahrenstechnische Maßnahmen sind unter anderem die Dosierung von Biozid in das Umlaufwasser, die UV-Bestrahlung des Umlaufwassers und die Reinigung und Desinfektion der Befeuchtungskammer in angemessenen Zeitabständen. Der Vollständigkeit halber wird noch darauf hingewiesen, dass früher die Luftbefeuchtungskammern erfolgreich mit Rohwasser und auch heute noch viele Befeuchtungskammern von RLT-Anlagen mit enthärtetem Wasser betrieben werden. Der Betrieb mit Rohwasser war früher möglich, weil die Befeuchtungskammern aus Mauerwerk oder Beton bestanden und der Fußboden und die Wände mit Fliesen belegt waren. Auch die Ventilatorkammern waren Räume und die Ventilatoren als Langsamläufer mit einem großen Durchmesser für einen robusten Betrieb geeignet.

Die Luftströmung durch die Kammern war sehr niedrig und alle Trockenrückstände aus dem Wasser, auch ausgeschiedener Kalk und Salze, fielen zu Boden. Die Kammern konnten vom Personal leicht gereinigt werden, und es wurden keine Feststoffe oder Ablagerungen mit in das Kanalsystem gefördert.

Wenn die Befeuchtungskammern von den heute üblichen Kastengeräten für Luftaufbereitung mit enthärtetem Wasser betrieben werden, dann werden Feststoffe (Schmutz und gelöste Salze) vom versprühten Wasser durch den Tropfenabscheider mitgeführt, Salze und Ablagerungen gelangen weit hinein in die Zuluftkanäle. Die Algenbildung und die Bakterienvermehrung werden durch den feuchten Schmutz begünstigt, und die Verzinkung der Geräteinnenwände und des Ventilators wird durch den Salzbelag (Korrosion und Äresion) abgetragen. Die Alu-Rippen der Wärmeüberträger und die Profile der Tropfenabscheider werden vom Salz zersetzt, Ablagerungen auf den Ventilatorschaufeln können zu Unwuchtschäden und -geräuschen führen. Der Betrieb einer Befeuchtungskammer mit enthärtetem Wasser ist nur dann möglich, wenn das Rohwasser eine geringe Härte von 5 bis 8 °dh hat und der Betreiber dem Betrieb mit einer großen Abschlämmwassermenge und einem hohen Personalaufwand für Reinigungs- und Hygienemaßnahmen zustimmt. Der planende

Ingenieur und der Anlagenhersteller müssen außerdem die geeigneten Werkstoffe für die Befeuchtungskammer und die nachgeschalteten Bauteile des Luftaufbereitungsgeräts auswählen. Andererseits gibt es auch Einsatzgebiete und Betriebsbedingungen, die eine laufende und größere Abschlämmung und eine turnusmäßige Reinigung der Befeuchtungskammer ohnehin erforderlich machen.

Dies kann z. B. in einer Druckerei der Fall sein, wenn der Papierabrieb in der Umluft so fein ist, dass dieser vom Filter nicht zurückgehalten wird und der Papierstaub dann im Wäscher in Lösung geht und Schlamm bildet. Dieser Vorgang bedingt eine hohe Abschlämmrate und mindestens eine Reinigung im Abstand von ein bis drei Tagen. Bei einer mittleren Rohwasserhärte von ca. 10 °dh kann damit auch das in Lösung gegangene Salz mit abgeschlämmt werden, ohne dass dadurch höhere Betriebskosten entstehen. In diesen und ähnlichen Fällen und bei richtiger Materialwahl für die Anlagenbauteile kann eine Enthärtung des Rohwassers ausreichend sein. Zum Schutze der Beschäftigten müssen selbstverständlich auch die hygienisch notwendigen Maßnahmen nach VDI 6022 durchgeführt werden.

Die richtige Wahl der Wasseraufbereitung ist auch hier wieder von verschiedenen Voraussetzungen und von den Betriebsbedingungen abhängig und kann nur in Zusammenarbeit der Fachingenieure gefunden werden.

## 5.8  Beschreibung einer Anlage zur Herstellung von Reinstwasser

In der Medizin und in der pharmazeutischen, chemischen und kosmetischen Industrie, aber auch in der Nahrungsmittelindustrie wird Reinstwasser benötigt. Abbildung 5.27 zeigt das Schaltschema einer Reinstwassererzeugungs- und -umwälzanlage. An Stelle (1) wird enthärtetes Wasser, das in einer automatischen Doppelanlage enthärtet wurde, der Anlage zugeführt und im Speicherbehälter (4) auf Vorrat gehalten. Das enthärtete Wasser wird über Aktivkohlefilter geführt, und mit einem Testomat werden die Qualität der Enthärtung sowie Druck und Füllstand ständig überwacht und angezeigt. Die Umkehrosmose-Anlagen (5) entnehmen das enthärtete, salzhaltige Wasser aus dem Speicherbehälter (4) und geben das entmineralisierte und gefilterte Wasser in den Zwischenspeicher (7). Die Speicherbehälter werden über Sterilfilter be- und entlüftet.

Die Umwälzpumpen (8) (aus Edelstahl und mit Magnetkupplung, siehe Abb. 5.28) entnehmen das Reinwasser aus dem Behälter (7) und drücken es über ein Schichtfilter (9) (Fein- und Sterilfiltration, siehe Abb. 5.29) und über einen Kühler (10) in das Verbrauchsnetz. Vor dem Eintritt in die Verbrauchsleitungen wird die Qualität des Reinstwassers nochmals durch Messung (11) von Druck, Temperatur, Fördermenge und Leitwert kontrolliert.

Die Mengeneinstellventile an den Verteilern (12) und (13) sind so einreguliert, dass 15 bis 20 % der maximalen Verbrauchsmenge immer durch die Gesamtanlage zirkulieren. Ein weiterer, ständig zirkulierender Stromkreis über die Schichtenfilter (9) stellt sicher,

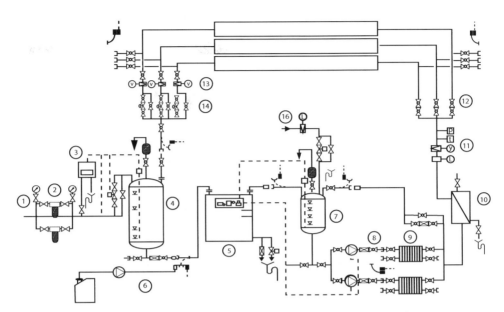

**Abb. 5.27** Schaltschema einer Reinstwasserherstellungsanlage für die Pharmaindustrie

**Abb. 5.28** Edelstahlpumpe
mit Magnetkupplung

dass diese immer durchströmt werden, und dient zugleich zur Differenzdruckregulierung für den Hauptverbrauchskreis.

Alle Rohrleitungen, Armaturen, Apparate und Behälter sind aus Edelstahl Werkstoff Nr. 1.4571 ausgeführt. Die Schweißnähte müssen unter Schutzgas und innerhalb der Leitungen mit Formiergas hergestellt werden, so dass kein Sauerstoffeinschluss und damit

**Abb. 5.29** Kerzenfilter mit einer Abscheiderate von 0,2 μm

keine späteren Korrosionserscheinungen auftreten können. Alle Behälter, Apparate und Armaturen sind temperaturbeständig und können mit Reindampf von 0,5 bar Überdruck sterilisiert werden. Für die Dampfsterilisation wurde parallel zum Versorgungsnetz eine Dampfleitung mit Schnellkupplungen (15) verlegt. Die Dampfanschlussstellen sind so angeordnet, dass alle Behälter, Apparate und Rohrnetze mit Dampf durchspült und abschnittsweise sterilisiert werden können. Nur die Umkehrosmose-Anlagen sind nicht für die Dampfsterilisation geeignet und werden chemisch sterilisiert bzw. desinfiziert. Das geeignete Desinfektionsmittel ist vom Hersteller der Umkehrosmose-Anlage festzulegen. Alle Anschlusskupplungen für die Sterilisation sind elektrisch verriegelt und geben den Betrieb der Anlage nur dann frei, wenn alle Kupplungen in den Halterungen verankert sind. Für den Vorratsbehälter (7) ist noch, wenn es die Sicherheit erfordert, eine Noteinspeisung von vollentsalztem Wasser aus einer Mischbettanlage vorzusehen. In der Pharmaindustrie oder auch in der Lebensmittelindustrie und in Großkliniken sind in der Regel solche Anlagen immer vorhanden. Die Zuleitung muss vor dem Notbetrieb selbstverständlich gereinigt und sterilisiert werden. Zur Probenahme und Sicherstellung der Keimfreiheit sind an allen relevanten Stellen an den Apparaten und im Netz Probeentnahmeeinrichtungen vorzusehen.

Die in Abb. 5.27 gezeigte Schaltung und die vorstehend beschriebene Anlage stellen nur eine typische Ausführung dar. Unter anderen Betriebsbedingungen sind auch andere Varianten möglich. Um die richtige Anlagenausführung zu entwickeln, sollten je nach Anforderung und Versorgungsbereich außer Fachingenieuren auch Mediziner, Pharmazeuten und Hygieniker als Berater mitwirken.

## 5.9  Planung und Ausführung von Wasseraufbereitungsanlagen

### 5.9.1  Planungsgrundlagen

Grundlage für die Planung und Auslegung einer Wasseraufbereitungsanlage ist immer eine vollständige Wasseranalyse, die von Wasserlaboren durchgeführt wird. Die dazu erforderliche Probeentnahme sollte in einer Probeflasche erfolgen. Die Probe ist am Entnahmeort zu verschließen und zu beschriften (Entnahmeort und Zeitpunkt). Bei der Verwendung von Trinkwasser als Rohwasser kann die Wasseranalyse von Trinkwasserversorgungsunternehmen bezogen werden. Von ebenso entscheidendem Einfluss auf die Wahl des Aufbereitungsverfahrens ist die Verwendung des aufbereiteten Wassers: Bei einer Aufbereitung von Kesselspeisewasser für einen Dampferzeuger sind dies folgende Kriterien:

a. Bauart und Betriebsdruck des Dampferzeugers,
b. Verwendungszweck des Dampfes,
c. Anteil des Kondensatverlusts und Aufbau des Kondensatnetzes,
d. Werkstoff des Dampf- und Kondensatnetzes,
e. Grenzen der chemischen Konditionierung und hygienische Aspekte (z. B. bei Reindampf),
f. wirtschaftliche Gesichtspunkte.

Bei einer Aufbereitung von Speise- und Nachfüllwasser für eine Heißwasseranlage sind folgende Kriterien maßgebend:

a. Bauart der Heißwassererzeuger, Betriebsdruck und Heißwassertemperatur,
b. Größe und Ausdehnung des Heißwasserrohrnetzes,
c. direkter oder indirekter Anschluss der Gebäudeheizsysteme,
d. mit oder ohne Zapfwarmwasseraufheizung im Sommer (bei direktem Anschluss DIN 1988, Teil 4 und 7 beachten),
e. Wasserverluste und Grenzen der chemischen Konditionierung,
f. Werkstoffwahl und Vorschriften bzw. Anschlussbedingungen, Inbetriebnahme von Neuanschlüssen und Wartung des Versorgungsnetzes,
g. wirtschaftliche Gesichtspunkte.

Bei der Aufbereitung von Füll- und Nachspeisewasser für einen Rückkühlkreislauf sind folgende Kriterien zu bewerten:

a. Bauart und Werkstoffe des Kühlturms, wie z. B. offener Betonkühlturm mit natürlichem Zug und Auftrieb im Kraftwerksbau,
b. offener Ventilatorkühlturm aus Holz oder Kunststoffeinbauen oder
c. geschlossener Kühlturm mit Ventilator in Kastenbauweise aus verzinktem Stahlblech oder aus Edelstahlblech,
d. Werkstoffe der Kühlschlangen im geschlossenen Kühlturm und Oberflächentemperatur der Kühl- oder Kondensatorregister im geschlossenen Kühlturm,
e. Werkstoff des Rohrsystems und der zu kühlenden Einrichtungen,
f. verfügbares Wartungs- und Bedienungspersonal (Hausmeister oder Heizer und Maschinisten im Heizwerk),
g. wirtschaftliche Gesichtspunkte (Rohwasserpreis und Anlagenkasten),
h. ganzjähriger Betrieb des Kühlturms oder nur für RLT-Anlagen in den Sommermonaten (Frostfreihaltung, Notbeheizung, Entleerung und Konservierungsfragen).

Bei der Auswahl der richtigen Wasseraufbereitung für das Nachfüllwasser einer Luftbefeuchtungskammer sind folgende Kriterien zu bedenken:

a. Bauart der Befeuchtungskammer,
b. Werkstoff der Befeuchtungskammer, Funktion der Tropenabscheider und Werkstoff der nachgeschalteten Bauteile,
c. Betriebsweise, Reinigung und Wartung der RLT-Anlage,
d. wirtschaftliche und hygienische Gesichtspunkte.

Auf die richtige Auswahl von Wasseraufbereitungsverfahren für Reinstwasser wurde schon am Schluss von Abschn. 5.7 hingewiesen. Zur Wahl und Auslegung von Trinkwasseraufbereitungsanlagen wird auf DIN 1988 (1989) und zur Wahl von Wasseraufbereitungsverfahren für Großkraftwerke auf das VKW Handbuch Wasser verwiesen.

## 5.9.2  Planungsablauf

Der Ingenieur, der mit der Planung der gesamten Versorgungstechnik eines Fernheizwerks oder mit der Planung aller Ver- und Entsorgungsanlagen für ein Großklinikum beauftragt wurde, kann nicht Spezialkenntnisse aller Nebenanlagen besitzen, aber er sollte über die vorstehend beschriebenen Grundlagen verfügen. Nachdem er die Planungsgrundlagen mit dem Bauherrn und Betreiber der Anlage nochmals abgestimmt hat, sollte er Fachgespräche mit den Herstellern von Wasseraufbereitungsanlagen führen und Angebote von mindestens zwei Herstellern einholen. Hat er sich mit den Fachfirmen auf ein geeignetes Verfahren und die wirtschaftlichste Anlagenbemessung geeinigt und der

Platzbedarf und die baulichen Anforderungen (wie Einbringöffnungen, Fundament und Durchbruchspläne sowie Maßblätter von den wichtigsten Bauteilen) liegen vor, kann er eine Anlagenkonzeption erstellen.

Nach dieser Anlagenkonzeption und den vorläufigen Ausführungszeichnungen und Berechnungen kann er dann die Leistungsbeschreibung anfertigen. Weitere Einzelheiten zur Erstellung der neutralen Ausschreibung enthält die VOB.

Der Anlagenplaner muss die Wasseraufbereitungsanlage in das Gesamtsystem einplanen und koordinieren. Dazu gehören insbesondere:

a.  Die richtige bauliche Anordnung zu den anderen Anlagen, Rohwasseranschluss, Reinwasserleitung zum Speisewassergefäß oder Vorratstank, Spülwasserauffanggefäß mit Kanalanschluss oder Spülwasserablaufrinnen im Fußboden und die Fundamentausbildung für Behälter und Pumpen,

b.  Die Bemessung und Anordnung eines separaten Raums zur Lagerung und Bevorratung von Säuren, Laugen und anderen aggressiven Chemikalien. Der Raum muss säurefeste Fliesen an den Fußböden und Wänden erhalten. In dem Raum sollten auch die Zumess- und Dosierbehälter und Pumpen für Säuren, Laugen und Dosierchemikalien aufgestellt werden, weshalb er in unmittelbarer Nähe zur Aufbereitungsanlage angeordnet werden muss. Der Raum sollte von einer Lüftungsanlage be- und entlüftet und unter Unterdruck gehalten werden. Alle Rohrdurchführungen durch die Wände müssen gasdicht ausgeführt werden. Die Lüftungskanäle sollten aus Edelstahl oder Kunststoff bestehen und der Antriebsmotor des Ventilators sollte außerhalb des Abluftstroms liegen.

Die Ausführung von Lagerräumen für größere Chemikalienmengen und Solebunker sind mit den Lieferfirmen abzustimmen. Wenn eine Neutralisationsanlage für Spül- und Abwasser erforderlich wird, ist auch diese in einem separaten Raum, der säurebeständige Wand- und Fußbodenfliesen hat und unter Unterdruck gehalten wird, unterzubringen. Bei der Erstellung von Durchbruchsplänen ist darauf zu achten, dass alle Fußboden- und Wanddurchführungen im unteren Bereich in druckwasserdichter Ausführung (mit Flanschen in der Fußbodenisolierung) vorgesehen werden. Die Elektroinstallation im Bereich der Wasseraufbereitung erfolgt in Feuchtraumausführung. Schaltschränke oder Steuerpulte sind außerhalb des Anlagenbereichs oder in der zentralen Schaltwarte der Gesamtanlage unterzubringen.

Grundleitungen für Abwasser sind nicht nach der Zahl der angeschlossenen Bodeneinläufe, sondern nach der abzuleitenden Wassermenge zu bemessen und in säurefestem Kunststoff- oder Steinzeugrohr auszuführen.

Die Gewichtslasten von Speicher- und Filterbehältern sind rechtzeitig dem Baustatiker bekannt zu geben.

Der Leistungsbeschreibung ist die vollständige Wasseranalyse, eine Verfahrens- und Anlagenfunktionsbeschreibung und ein Schaltschema der Anlage beizufügen. Die Anlagenfunktionsbeschreibung oder die Beschreibungen der LV-Positionen müssen alle Leistungsdaten der Anlagenbauteile und die Garantiewerte enthalten, die bei der Abnahme überprüft werden. Das Leistungsverzeichnis muss auch die Erstfüllung mit allen benötigten Chemikalien, den Probebetrieb und den Einweisungsbetrieb für das Bedienungspersonal beinhalten. Bei der Überwachung der Ausführung ist darauf zu achten, dass keine Bohrungen in den säurefesten Fliesen vorgenommen werden. Rohrbefestigungen und Rohrdurchführungen sind vor dem Verlegen der Fliesen einzusetzen. Bei der Abnahme und Übergabe der Anlagen sind ausführliche Bedienungsanweisungen und Wartungsanweisungen zu übergeben und alle Garantiewerte in einem Abnahmeversuch nachzuweisen.

## Literatur

VKW Handbuch Wasser, Ausgabe 79, Vulkan Verlag Essen
Reichling-Handbuch Überblick über die moderne Wasseraufbereitungstechnik Eigenverlag Reichling und Co. KG Krefeld
Heinrich Horst (2001) Wasseraufbereitung und Wasserbehandlung in wärmetechnischen Anlagen Haus der Technik Seminar
Esdorn Horst (1994) Raumlufttechnik, Bd. 1, Kap. L, Springer Verlag Berlin, Heidelberg
DIN 1988 (1989) Beuth Verlag, Berlin
Scholz Günter (2012) Rohrleitungs- und Apparatebau Springer Verlag Heidelberg, London

# Rauchgasreinigungseinrichtungen und Schornsteinanlagen

# 6

## 6.1 Einleitung

In diesem Kapitel werden zunächst die in den Rauchgasen enthaltenen Schadstoffe genannt und die nach den Umweltschutzvorschriften einzuhaltenden Grenzwerte erläutert. Danach werden die verschiedenen Rauchgasentstaubungs- und Reinigungsverfahren sowie die dazu benötigten Einrichtungen und deren Arbeits- und Funktionsweise beschrieben. Außerdem werden Rauchgaswaschsysteme und nachgeschaltete Abwasserreinigungseinrichtungen einer ausgeführten Müllverbrennungsanlage für klinische Abfälle und die Anlagenschaltung für diese und andere Anlagen gezeigt und erläutert.

Im Weiteren werden Planung, Ausschreibung und Überwachung der Ausführung von Schornsteinanlagen behandelt. Die nach der TA-Luft zur Festlegung der Mindestschornsteinhöhe vorgeschriebenen Berechnungen und Verfahren werden erläutert und ihre Anwendung an Beispielen für Haus- und Fabrikschornsteine gezeigt.

Die Berechnung der erforderlichen Schornsteinquerschnitte und der Wärmedämmung werden für Hausschornsteine und für Industriestahlschornsteine nach DIN 4705 durchgeführt. Die bei der Planung, Ausschreibung und Erstellung von Schornsteinanlagen zu beachtenden Besonderheiten bei ihren Ausführungen als Stahlkonstruktionen oder Betonfertigteile werden an Beispielen realisierter Anlagen beschrieben. Abschließend werden Bauteile von doppelwandigen Edelstahlrohrschornsteinen aus einem Herstellerkatalog und deren Einbau gezeigt und die Auslegung von Rauchgasventilatoren wird ausführlich beschrieben. Siehe auch Wiedemann R. (2009).

G. Scholz, *Heisswasser- und Hochdruckdampfanlagen*,
DOI 10.1007/978-3-642-36589-8_6, © Springer-Verlag Berlin Heidelberg 2013

## 6.2 Notwendigkeit der Rauchgasreinigung

Zum Schutz der Erdatmosphäre für Menschen, Tiere und Pflanzen muss verhindert werden, dass schädliche Stoffe in die Umwelt gelangen.

Bei der Verbrennung von festen Brennstoffen wie Braunkohle, Steinkohle und Holz sowie bei der Verbrennung von Heizöl EL entstehen folgende schädliche Stoffe: Staub, Stickoxide $NO_x$, Schwefekldioxid $SO_2$ und Kohlenstoffoxide CO und $CO_2$.

Bei der Verbrennung von Erdgas werden Stickoxide $NO_x$ und Kohlenstoffoxide CO und $CO_2$ freigegeben.

Unter Staub versteht man in der Luft verteilte Feststoffe beliebiger Struktur, Form und Dichte. Er wird je nach Größe in Feinstaub und Grobstaub unterteilt. Ruß, Asche und Rauch als teerige, flüssige und gasförmige Bestandteile sind Staub und bilden Schmutzschichten, die zu Korrosionen führen. Ebenso werden Nebel- und Dunstwolken, aber auch Industrieschnee im Winter je nach Wetterlage durch Staub gebildet. Tabelle 6.1 enthält die Staubkonzentration von Rauchgasen aus Kraftwerken und Heizwerken und von Umgebungsluft in verschiedenen Gebieten.

Normalstaub, der in der Natur entsteht, bedeutet für Mensch und Tier nur eine Beeinträchtigung der Atmung und ist nur selten gesundheitsschädlich. Gewerblicher Staub kann jedoch zu beträchtlichen Gesundheitsschäden führen (Staublunge, Asbestose). Auch Feinstaub mit 1 bis 10 μm Teilchengröße kann bis in die Lunge eindringen und ist stark gesundheitsschädlich.

Unter Stickoxiden $NO_x$ ($N_2O$, NO, $NO_2$) versteht man Nitrose-Gase, die in Verbrennungsmotoren und Feuerungsanlagen bei hohen Verbrennungstemperaturen über 1.000 und 1.300 °C entstehen. Diese Gase haben einen stechenden Geruch, eine gelblich-braune Farbe und sind giftig. Sie reizen die Schleimhäute und schädigen die Gesundheit von Menschen und Tieren. Stickoxide sind in der Außenluft im Mittel in Konzentrationen von 0,1 bis 0,5 mg/m$^3$ vorhanden.

Schwefeloxid $SO_2$ entsteht bei der Verbrennung von schwefelhaltigen Brennstoffen, Kohle und Heizöl. Die Rauchgase von Kohlekraftwerken enthalten im ungereinigten Zustand 1 bis 3 g/m$^3$ und bei der Verbrennung von Heizöl etwa 0,5 g/m$^3$. $SO_2$ wird in der Luft allmählich zu $SO_3$ oxidiert, das sich mit der Luftfeuchte zu Schwefelsäure $H_2SO_4$ umsetzt. Die Außenluft enthält räumlich und zeitlich sehr verschieden etwa 0,1 bis 1,0 mg/m$^3$ Schwefelsäure. Für Pflanzen und Bäume sind bereits 0,5 mg/m$^3$ schädlich. Schwefelsäuredämpfe verursachen beim Menschen eine Reizung der Schleimhäute und sind gesundheitsschädlich.

Kohlenstoff $CO_2$ ist zu einem geringen Anteil ca. 250 bis 300 mg/m$^3$ in der Außenluft enthalten und erhöht sich jährlich um ca. 0,8 mg/m$^3$. $CO_2$ verhindert die Wärmeabstrahlung aus der Erdatmosphäre in das Weltall und man befürchtet, dass die Erhöhung des $CO_2$-Anteils zur Temperaturerhöhung auf der Erde (Treibhauseffekt) beiträgt

**Tab. 6.1** Staubgehalt in Rauchgasen und in der Umgebung

| Art der Entstehung und der Wohngebiete | Staubkonzentration mg/m$^3$ |
| --- | --- |
| Rauchgas ungereinigt | 10.000 bis 100.000 |
| Rauchgas gereinigt | 1 bis 30 |
| Luft von Industriegebieten | 0,2 bis 5 |
| Großstadt-Wohngebiet | 0,1 bis 1 |

(siehe Abb. 6.24). Kohlenmonoxid CO entsteht durch die unvollkommene Verbrennung in Feuerungsanlagen und Verbrennungsmotoren. Kohlenmonoxid ist giftig und geruchlos.

## 6.3  Umweltschutzvorschriften und einzuhaltende Grenzwerte

Ein Ingenieur, der bei der Planung von Heizwerken oder Heizkraftwerken mitwirkt, sollte neben den DIN-Vorschriften auch die wichtigsten Gesetze und Verordnungen (jeweils neueste Ausgabe) als Arbeitsunterlage verfügbar haben. Dies sind insbesondere folgende:

1. Allgemeine Verwaltungsvorschrift über genehmigungsbedürftige Anlagen, § 16 der Gewerbeordnung – GewO –
2. Technische Anleitung zur Einhaltung der Luft – TA Luft –
3. Heizungsanlagenverordnung
4. Großfeuerungsanlagenverordnung
5. EU-Richtlinie 1999/30/EG, in der die Grenzwerte für Stäube mit einer Korngröße < 10 μm genannt sind.
6. TRGS 900 und Arbeitsschutzvorschriften mit MAK-Grenzwerten (MAK = maximale Arbeitsplatzkonzentration)
7. Technische Anleitung zum Schutz gegen Lärm (TA-Lärm)

Der § 16 der Gewerbeordnung regelt das Anlagengenehmigungsverfahren und die Betriebserlaubniserteilung von genehmigungspflichtigen Anlagen, wie schon in Kap. 4 und 9 beschrieben. Die technischen Regeln, wie unter 2. und 7. genannt, beinhalten die zulässigen Grenzwerte und Gefahrenklassen mit Erläuterungen und Vorschriften zur Einhaltung und Durchführung in den einzelnen Ländern.

In den nachfolgenden Tabellen werden hier nur die zurzeit geltenden Grenzwerte für die vorstehend beschriebenen Schadstoffe genannt. Weitergehende Erläuterungen können den genannten Gesetzen und Richtlinien, jeweils neuester Stand, entnommen werden (Tab. 6.2–6.6).

**Tab. 6.2** Grenzwerte für Stäube nach TA-Luft und Großfeuerungsanlagen-VO, gültig für feste und flüssige Brennstoffe

| Art des Staubes | Gesamtstaubgehalt | Max. Konzentration mg/m³ |
|---|---|---|
| Gesamtstaub | > 0,20 kg/h | Max. 20 mg/m³ |
| Gesamtstaub | < 0,20 kg/h | Max. 150 mg/m³ |
| 17 BImsch V Gesamtstaub mit Korngröße < 10 μm | | Max. 30 mg/m³ |
| Besondere anorganische Stäube und deren Verbindungen auch bei Vorhandensein mehrerer Stoffe derselben Klasse; für Stoffe der Klasse I gelten die Anforderungen des Einzelstoffes | *Klasse I*: (Hg + T) < 0,25 g/h oder | Max. 0,05 mg/m³ |
| | *Klasse II*: (Pb, Co, Ni, Se, Te) < 2,5 g/h oder | Max. 0,5 mg/m³ |
| | *Klasse III*: (Sb, Cr, − CN, − F, Cu, Mn, V, Sn) < 5 g/h oder | Max. 1 mg/m³ |
| Krebserzeugende Stoffe und deren Wirkungen | *Klasse I*: (As, Cd, Cr(VI),. . . ) < 0,15 g/h oder | Max. 0,05 mg/m³ |
| | *Klasse II*: (Ni. . . ) < 1,5 g/h oder | Max. 0,5 mg/m³ |
| | Klasse III: (nur Gase) < 2,5 g/h oder | Max. 1 mg/m³ |
| Fasern | Asbest-Fasern | $1 \cdot 10^4$ Fasern/m³ |
| | Bio-persistente Keramik-Fasern | $1,5 \cdot 10^4$ Fasern/m³ |
| | Bio-persistente Mineral-Fasern | $5 \cdot 10^4$ Fasern/m³ |

**Tab. 6.3** Grenzwerte für Stickoxide für Neuanlagen nach TA-Luft und Großfeuerungsanlagen-VO

| Brennstoffart | Feuerungs- wärmeleistung | Stickstoffoxide (als $NO_2$) (mg/m³ Abgas) |
|---|---|---|
| Fest | > 300 MW | 200 |
| | 50–300 MW | 400 |
| Flüssig | > 300 MW | 150 |
| | 50–300 MW | 300 |
| Gasförmig | > 300 MW | 100 |
| | 100–300 MW | 200 |

**Tab. 6.4** Grenzwerte für Stickoxide für Altanlagen nach TA-Luft und Großfeuerungsanlagen-VO

| – | Brennstoff | Feuerungs-wärmeleistung | Stickstoffoxide (als $NO_2$) (mg/m$^3$ Abgas) |
|---|---|---|---|
| Bei 30.000 Stunden Restnutzung | Feste Brennstoffe | | 650 |
| | (bei Staubfeuerungen mit flüssigem Ascheabzug:) | | 1300 |
| | Flüssige Brennstoffe | | 450 |
| | Gasförmige Brennstoffe | | 350 |
| Bei unbegrenzter Restnutzung | | > 300 MW | 200 |
| | Feste Brennstoffe | 50–300 MW | 650 |
| | (bei Staubfeuerungen mit flüssigem Ascheabzug) | | 1300 |
| | Flüssige | > 300 MW | 150 |
| | Brennstoffe | 50–300 MW | 450 |
| | Gasförmige | > 300 MW | 100 |
| | Brennstoffe | 100–300 MW | 350 |

**Tab. 6.5** Grenzwerte nach der 17. BImSchVO für Müllverbrennungsanlagen und Gasreinigungsanlagen

| Stoff | TMW | HSMW | Allgemein | – |
|---|---|---|---|---|
| Staub | 10 | 30 | – | mg/m$^3$ |
| Cl- | 10 | 60 | – | mg/m$^3$ |
| F- | 1 | 4 | – | mg/m$^3$ |
| $SO_x$ | 50 | 200 | – | mg/m$^3$ |
| $NO_2$ | 200 | 400 | – | mg/m$^3$ |
| $Hg_{x-}$ | 0,03 | 0,05 | – | mg/m$^3$ |
| Cd, TI | | | 0,05 | mg/m$^3$ |
| $\Sigma$ SM | | | 0,05 | mg/m$^3$ |

**Tab. 6.6** Grenzwerte für Großfeuerungsanlagen für $SO_2$ und CO in mg/m$^3$ Em = max. Emissionsgrad für $SO_2$

| Schadstoff | | Neuanlagen | | |
|---|---|---|---|---|
| | | Brennstoffe | | |
| | | Fest | Flüssig | Gasförmig |
| $SO_2$ | > 300 MW | 400 u. 15 % Em. | Heizöl EL oder 400 u. 15 % Em. | 35 sonst. 5 Flüssiggas |
| | 100...300 MW$_{th}$ | 2000 40 % Em | 1700 40 % Em | 100 Kokereigas |
| | ≤ 100 MW | 2000 W: 400 oder 25 % Em | 1700 | 200...800 Verbundgase |
| CO | | 250 | 175 | 100 |

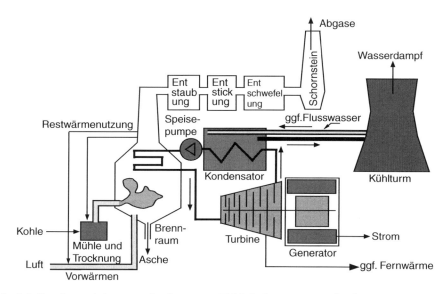

**Abb. 6.1** Rauchgasreinigungsstufen für ein mit Kohle befeuertes Dampfkraftwerk

**Tab. 6.7** CO- und Staubgrenzwerte für feste Brennstoffe Holz und Holz- oder Strohpellets nach DIN EN 303-5

| Beschickung | Nenn-Wärmeleistung kW | Emissionsgrenzwerte mg/Nm$^3$ bei 13 % $O_2$ | | |
|---|---|---|---|---|
| | | CO | $C_{org}$ | Staub |
| von hand | bis 50 | 3.635 | 109 | 109 |
| | > 50 bis 150 | 1.818 | 73 | 109 |
| | > 150 bis 300 | 872 | 73 | 109 |
| automatisch | bis 50 | 2.181 | 73 | 109 |
| | > 50 bis 150 | 1.181 | 58 | 109 |
| | > 150 bis 300 | 872 | 58 | 109 |

Für Kleinfeuerungsanlagen mit festen Brennstoffen sind höhere Grenzwerte nach DIN EN 303-5-18-19für CO und Staub zulässig (siehe Tab. 6.7).

Für die Erzeugung von Wärme in Heizwerken und von elektrischer Energie sind auch heute noch Steinkohle und in einigen Ländern oder Regionen auch Braunkohle die vorwiegend eingesetzten Brennstoffe. Abbildung 6.1 zeigt das Prinzipschema für ein Steinkohlekraftwerk mit den üblichen Reinigungsstufen der Rauchgase, die nachfolgend im Einzelnen beschrieben werden.

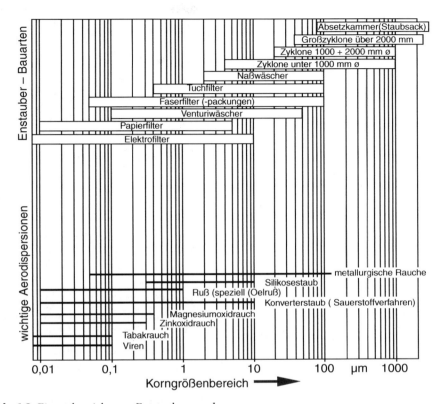

**Abb. 6.2**  Einsatzbereiche von Entstaubungsanlagen

## 6.4  Entstaubung der Rauchgase

Zur Entstaubung von Rauchgasen werden mechanische (Schwerkraft- und Fliehkraftab-scheider) und elektrostatische Abscheider eingesetzt. Zur Abscheidung von Feinstaub werden auch Faserfilter und Schüttgutfilter und zur Abscheidung von Dämpfen und Gasen Absorptionsfilter und Wäscher verwendet.

Abbildung 6.2 zeigt die möglichen Einsatzbereiche der Entstauberbauarten in Abhängigkeit von Korngröße und Art des Staubs.

### 6.4.1  Zyklon- oder Fliehkraftabscheider

Einer der wichtigsten Staubabscheider ist der Zyklon, der eine Wirbelsenke darstellt (siehe Abb. 6.3). Tangential tritt staubhaltige Luft ein, die durch den zentralen Zylinder abge-saugt wird. Dieser besitzt etwa die Größe des Wirbelkerns. Die im Wirbel auftretenden

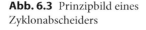
**Abb. 6.3** Prinzipbild eines
Zyklonabscheiders

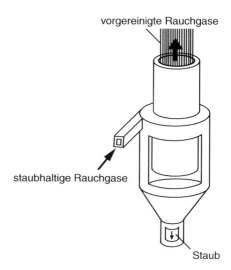

Zentrifugalkräfte drängen die Staubteilchen an die Wand. Dort wird ihre Geschwindigkeit durch die Wandreibung so verringert, dass sie nach unten fallen und in einem Behälter gesammelt werden können. Kleinere Staubteilchen werden jedoch nicht vollständig abgeschieden. Man braucht deshalb zur Entfernung feinster Stäube besondere Methoden.

Wegen der komplizierten Strömungsverhältnisse im Zyklon und der Wirkung von Fliehkraft und Schwerkraft sind keine Berechnungsverfahren zur Auslegung verfügbar.

Bekannt sind Faustregeln für Standardausführungen, z. B. Zylinderdurchmesser 1.000 mm, ein Druckverlust von 15 mbar und ein Grenzkorndurchmesser von 3 bis 10 µm.

| | |
|---|---|
| • Eintrittsgeschwindigkeit | 15 bis 30 m/s |
| • Druckdifferenz | 500 bis 2.000 Pa |
| • Staubbeladung bis | 200 g/m$^3$ |
| • Temperaturbereich bis | 1.300 °C |
| • Druckbereich je nach Auslegung | bis 5 bar |
| • Grenzkorngröße | 3 bis 10 µm |

Die in der TA-Luft geforderten Grenzwerte werden in der Regel nicht erreicht.

## 6.4.2  Schwerkraft-Querstromabscheider

Das Abscheideprinzip beruht auf Geschwindigkeitsherabsetzung und Schwerkraft. Die Sinkgeschwindigkeit der Staubpartikel wirkt senkrecht zur Durchströmung; die Wirkung der Abscheidung wird durch Einbauten noch verbessert (Abb. 6.4).

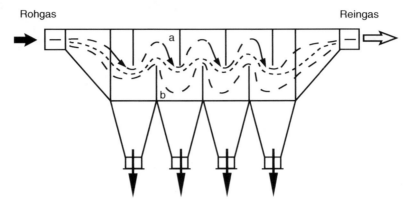

**Abb. 6.4** Querstrom-Schwerkraftabscheider

Als Vorteile dieser Abscheider sind die einfache Bauform und der günstige Anschaffungspreis sowie der Einsatz bei hohen Temperaturen zu nennen. Die Durchströmungsgeschwindigkeit beträgt 1 bis 3 m/s, wodurch ein hoher Platzbedarf für den Einbau erforderlich wird. Der Druckverlust ist je nach Bauart 150 bis 250 Pa. Der Querstromabscheider wird überwiegend als Vorabscheider für filternde Abscheider eingesetzt. Im Querstromabscheider scheiden bei geringer Rauchgasgeschwindigkeit Grobkorn, Ruß und Funken infolge der Schwerkraft aus. Diese Bauart hat jedoch im Feuerungsbau eine geringe Bedeutung und wird überwiegend bei Holz- und Spänefeuerungen eingesetzt. Von wesentlich größerer Bedeutung sind die vorher beschriebenen Fliehkraftentstauber, die in Einfach-, Doppel- und Multizyklonanordnung gebaut werden. Vielzellenentstauber, besonders mit horizontal angeordneten Einzelzellen, werden zweckmäßig in Blockbauweise ausgeführt, um durch Zu- oder Abschalten eines Blocks eine von der Kesselbelastung unabhängige, gleichbleibende Zellenbeaufschlagung zu erreichen. Fliehkraftentstauber unterliegen infolge ihrer Wirkungsweise einem stärkeren Verschleiß. Abbildung 6.5 zeigt den Aufbau eines Multizyklons und Abb. 6.6 das Prinzipbild einer horizontalen Anordnung von Abscheidekammern zu einer Staubkammer.

### 6.4.3   Elektrostatische Staubabscheider

Im Elektrofilter erfolgt die Gasreinigung durch hochgespannten Gleichstrom von geringer Stromstärke unter Einwirkung elektrischer Kraftfelder. Die schematische Anordnung einer elektrischen Gasreinigungsanlage zeigt Abb. 6.7. In der Nähe der negativ geladenen und aus dünnen Drähten bestehenden Sprühelektroden erfolgt unter Einwirkung der hohen Feldstärke im Gas eine sogenannte Koronaentladung durch Stoßionisation. (siehe Abb. 6.8).

**Abb. 6.5** Anordnung eines
Multizyklonentstaubers

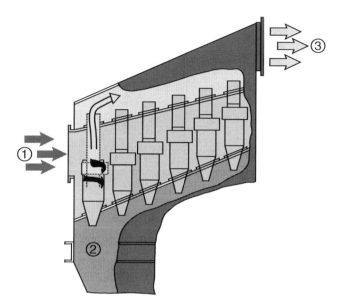

**Abb. 6.6** Anordnung eines
Vielzellenentstaubers

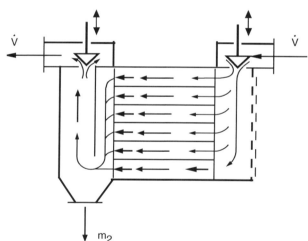

Dabei werden viele negative Elektronen und Ionen gebildet, die sich mit großer Geschwindigkeit zur plattenartigen Niederschlagselektrode bewegen. Hierbei treffen sie mit den im Gas schwebenden Staubteilchen zusammen, werden negativ aufgeladen, wandern mit der ihnen aufgezwungenen großen Geschwindigkeit zur positiven Niederschlagselektrode und schlagen sich hier nieder. Das gereinigte Gas wird durch einen Saugzug in den Schornstein gefördert. Eine Klopfvorrichtung sorgt für das Lösen des Staubs von den Niederschlagselektroden. Der Staub sammelt sich und wird meistens über gasdichte Zellenradschleusen abgezogen.

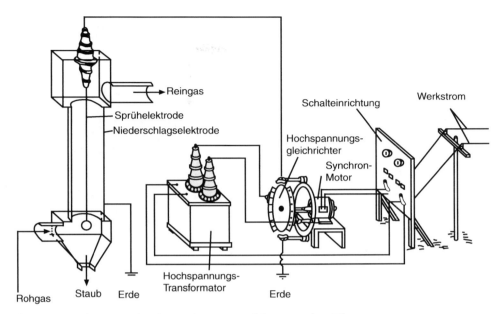

**Abb. 6.7** Funktions- und Anlagenschema eines elektrostatischen Filters

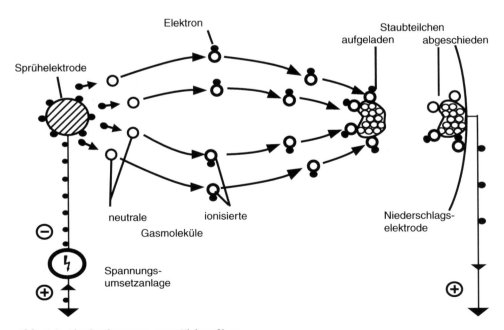

**Abb. 6.8** Abscheideprinzip eines Elektrofilters

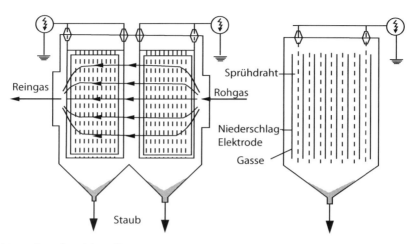

**Abb. 6.9** Aufbau des Elektrofilters

Wie aus Abb. 6.7 und 6.9 ersichtlich ist, bestehen die Elektrofilter aus einem mechanischen und einem elektrischen Teil. Der mechanische Teil besitzt Einrichtungen für Hochspannungs- und Niederschlagselektroden sowie ein Filtergehäuse. Der elektrische Teil setzt sich zusammen aus einem Hochspannungsumformer und einem Hochspannungsgleichrichter mit Synchronmotor.

Die elektrischen Gasreiniger werden in stehender und liegender Bauart ausgeführt. Bei den Elektrofiltern nimmt die Reinigungswirkung mit sinkender Kesselbelastung zu, während sie bei Fliehkraftentstaubern abnimmt. Der Gesamtabscheidegrad des Elektrofilters hängt von der Verweilzeit der Staubteilchen im Kraftfeld ab, also von der Rauchgasgeschwindigkeit. Der Kraftbedarf eines Elektrofilters ist sehr gering. Er beträgt etwa 0,08 bis 0,3 kWh/1.000 m$^3$ Rauchgas, bezogen auf die jeweilige Temperatur. Der Raumbedarf und die Anlagekosten sind jedoch sehr hoch.

Im Kraftwerksbetrieb werden fast ausschließlich Trockenelektrofilter eingesetzt. Diese Plattenfilter bestehen aus parallel angeordneten Blechplatten als Niederschlagselektroden, zwischen denen in Abständen von 100 bis 200 mm Sprüh-Elektroden isoliert eingespannt sind (siehe Abb. 6.9). Zwischen den Niederschlagselektroden befinden sich die Durchströmungskanäle von 200 bis 300 mm. Eine Filtereinheit ist ca. 5 bis 15 m breit und ca. 5 bis 7 m hoch. Die Durchströmungsgeschwindigkeit beträgt 1 bis 4 m/s und der Druckverlust ca. 50 Pa.

Abbildung 6.10 zeigt, dass für die Rauchgasreinigung in einem Kohlekraftwerk ein großer Raumbedarf erforderlich ist. Die Trockenelektrofilter arbeiten bei Abgastemperaturen von 100 bis 180 °C und bei einem spezifischen Widerstand des Staubs im Bereich zwischen 10$^4$ und 10$^{11}$ Ohm/cm einwandfrei. Außerhalb dieses Bereichs liegende Stäube müssen vorher benetzt und dann im Nasselektrofilter abgeschieden werden.

**Abb. 6.10** Gesamtansicht
eines Elektrofilters im
Kohlekraftwerk Boxberg mit
dahinter angeordneter
Entschwefelungsanlage

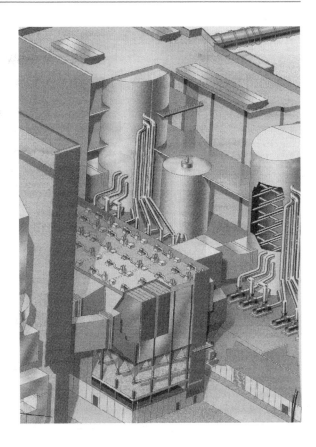

## 6.4.4   Rauchgasfilteranlagen

Die Filtrationsabscheidung wird zur Abtrennung von Feinstaub eingesetzt. Dabei durchströmen die Rauchgase eine Filtermatte und Staubteilchen von Korngrößen bis 1 μm
werden zuerst zurückgehalten. Danach wirkt die Staubschicht ebenfalls als Filtermittel
und es werden auch die Teilchen von kleiner 1 μm abgetrennt.

Die Abscheidegüte hängt vom gewählten Filtermaterial ab, wobei es drei verschiedene
Filtermaterialien gibt: Gewebefilter, Naturfaserfilter und Chemiefaserfilter. Die Gewebefilter werden vorwiegend als Schlauchfilter ausgeführt. Ihr Vorteil besteht darin, dass sie
einen hohen Abscheidegrad bei niedrigem Druckverlust erbringen und dass ihre Bauart
eine einfache und kontinuierliche Abreinigung ermöglicht.

Die Abreinigung kann durch Rückspülen der einzelnen Filterkammern, Rütteln oder
durch Druckluft- und Druckstoßverformung der Schläuche erfolgen. Abbildung 6.11 zeigt
das Schema für das Rückspülverfahren.

Der Staubkuchen wird durch die Rückspülluft entfernt. Dazu wird ein Teil des gereinigten Gases über ein Gebläse komprimiert und entgegen der Durchströmung durch das

**Abb. 6.11** Schlauchfilterabrei-
nigung nach dem
Rückspülverfahren

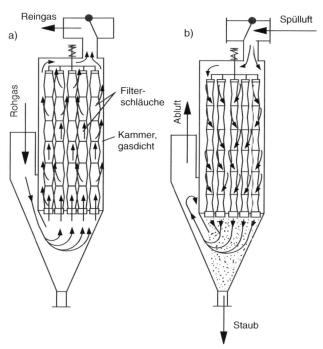

Filter gedrückt. Dabei werden eine Filterkammer oder auch nur einzelne Filterelemente aus der Filtration genommen; dies geschieht durch das Schließen der Klappen oder durch Abdecken der Reingasöffnungen. Beim Auslegen eines Spülluftfilters muss man beachten, dass während des Abreinigens nicht mehr die gesamte Filterfläche zur Verfügung steht und dass zusätzlich die Spülluftmenge von der Restfilterfläche übernommen wird. Die Anströmgeschwindigkeit ist dementsprechend herabzusetzen.

Spülluftabreinigungen werden besonders dann eingesetzt, wenn es gilt, geringe Reingas-Konzentrationen zu erreichen.

Abbildung 6.12 zeigt das Schema einer Druckluft-Druckstoß-Abreinigung als Fall-stromprinzip mit Außenluft als Spülluft.

Bei Druckstoß-abgereinigten Filtern durchströmt das zu reinigende Gas das Filterme-dium von außen nach innen. Die Abreinigung erfolgt durch einen kurzen Impuls mit Druckluft oder auch Druckstickstoff aus einem reingasseitig angeordneten Blasrohr, meist gleichzeitig auf mehrere Filterelemente. Die Impulsdauer beträgt zwischen 10 und 35 ms, der Vordruck 3 bis 7 bar. Durch Injektorwirkung wird zusätzlich Sekundärgas entgegen der Anströmrichtung aus dem Reingasraum mitgerissen. Die injizierte Druckwelle läuft am Filtermedium entlang und versetzt das Filtermedium in starke, instationäre Schwin-gungen, wodurch der Staubkuchen weitgehend abgeworfen wird. Gleichzeitig tritt ein Spüleffekt auf, der ein zusätzliches Reinigen bewirkt.

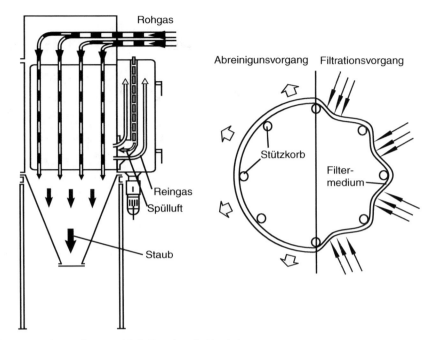

**Abb. 6.12** Schema der Druckluft-Druckstoß-Abreinigung

Abbildung 6.13 zeigt den Aufbau eines Schlauchfilters als Faserfilter. Die technischen Daten für Schlauchfilter sind folgende:

| | |
|---|---|
| • Abscheidungsgrad | 95 bis 99 % |
| • Anströmungsgeschwindigkeit | 0,5 bis 10 cm/s |
| • Spezifischer Flächendurchsatz | 20 bis 360 m³/m²*h |
| • Druckverlust | 400 bis 1.500 Pa |
| • Filterfläche je Kammer | 10 bis 40 m² |
| • zulässige Rauchgastemperatur | 50 bis 250 °C |

je nach eingesetztem Faserstoff.

Faserfilter sind auch als Patronenfilter und als steife Filterplatten und Paketfilter, wie in Abb. 6.14 und 6.15 ersichtlich, als Baureihen erhältlich. Auch die Bauweise mit weichen Fliesmatten als Rollfilter mit Hand- oder automatischem Vorschub ist für große Luftmengen und als Vorfilter zu empfehlen.

Alle Entstaubungsfilter sind nach Reinheitsklassen und Abscheidegrad in der EN 779 genormt und klassifiziert (Abb. 6.15, Tab. 6.8).

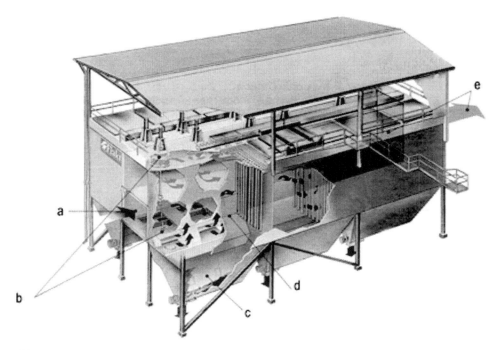

**Abb. 6.13** Faserfilter als Schlauchfiltereinheit a) Rohgaseinlass, b) Absperrklappen, c) Staubtrichter, d) Einlaßgasverteilerbleche, e) Reingasauslaß

**Abb. 6.14** Faserfilter als Patronenfiltereinheit

**Abb. 6.15** Faserfilter aus
steifen Filterplatten und mit
automatischer Abreinigung

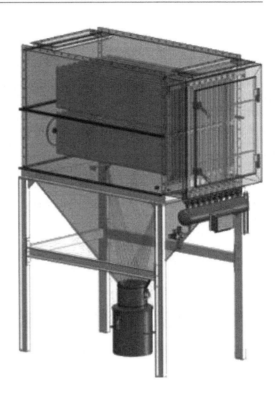

**Tab. 6.8** Luftfilterklassen nach EN 779

| Filterklasse | Integralwert | | Alte Bezeichnungen | Bezeichnung |
|---|---|---|---|---|
| | Abscheidegrad % | Durchlass % | | |
| G 1 | < 65 | – | EU 1/A | Großstaubfilter |
| G 2 | 65 < 80 | – | EU 2/B1 | |
| G 3 | 80 < 90 | – | EU 3/B2 | |
| G 4 | ≥ 90 | – | EU 4/B2 | |
| F 5 | – | – | EU 5 | Feinstaubfilter |
| F 6 | – | – | EU 6 | |
| F 7 | – | – | EU 7 | |
| F 8 | – | – | EU 8 | |
| F 9 | – | – | EU 9 | |
| EU 10 | 85 | 15 | Q | Schwebestofffilter |
| EU 11 | 95 | 5 | R | |
| EU 12 | 99,5 | 0,5 | S | |
| EU 13 | 99,5 | 0,05 | S | |
| EU 14 | 99,995 | 0,005 | ST | |
| EU 15 | 99,9995 | 0,0005 | T | |
| EU 16 | 99,99995 | 0,00005 | U | |
| EU 17 | 99,999995 | 0,000005 | V | |

## 6.4.5    Ermittlung der Abscheidegrade und des Fraktionswirkungsgrads

Der Gesamtabscheidegrad ergibt sich aus dem Verhältnis von der gesamten abgeschiedenen Feststoffmasse zur gesamten im Rohgas enthaltenen Feststoffmasse:

$$\eta_G = \frac{\dot{m}}{m_1} = \frac{m_1 - m_2}{m_1} = \frac{\dot{V} \cdot C_0 - \dot{V} \cdot C_1}{\dot{V} \cdot C_0} \tag{6.1}$$

oder
$$\frac{C_0 - C_1}{C_0} \cdot 100 \text{ in } \%, \tag{6.2}$$

darin ist:

$\dot{m}$  =  Feststoffmasse in kg
$\dot{V}$  =  Gasdurchsatz in m$^3$/h
$C_0$  =  Feststoffkonzentration des Rohgases
$C_1$  =  Feststoffkonzentration des gereinigten Gases
$m_1$  =  Feststoffmasse des Rohgases
$m_2$  =  Feststoffmasse des abgeschiedenen Gutes

Der Fraktionsabscheidegrad ist der Wirkungsgrad für einen bestimmten Korngrößenbereich bzw. Fraktionsbereich und ergibt sich aus:

$$\eta_F = \frac{\Delta R_0 \cdot C_0 - \Delta R_1 \cdot C_1}{\Delta R_0 \cdot C_0} \cdot 100 \text{ in } \%, \tag{6.3}$$

darin ist $\Delta R$ ein bestimmter Fraktionsbereich.

## 6.4.6    Kombinierte Staub- und lösungsmittelabscheider

Bei der Reinigung von Abgasen aus Müllverbrennungsanlagen kommen sogenannte Rauchgaswäscher oder Nassabsorber und Staubabscheider oder auch Trockenabsorber als Entgifter und Entstauber zum Einbau. Absorption nennt man einen Vorgang, bei dem Stoffe von einer Flüssigkeit aufgenommen werden. Die Anlagerung von Stoffen an einer Oberfläche eines Feststoffes bzw. an die Grenzfläche zwischen zwei Phasen heißt Adsorption.

### 6.4.6.1    Absorption

Die Gasreinigung durch Absorption wird für Rauchgase von Müllverbrennungsanlagen eingesetzt, wenn außer Staub auch Dämpfe von Säuren und Schwermetalle auszuscheiden sind. Typische Anwendungen sind das Entfernen von Chlorwasserstoffen aus Rauchgasen mittels Wasser und Zugabe von Laugen sowie das Entfernen von Schwefeldioxid aus

**Tab. 6.9** Nasswäscher-Bauarten und Einsatzbereiche

| Typ | – | Waschturm | Wirbelwäscher | Rotations-zerstäuber | Venturi |
|---|---|---|---|---|---|
| Grenzkorn für $\rho = 2{,}42\,\mathrm{g/cm^3}$ | $\mu$m | 0,7–1,5 | 0,6–0,9 | 0,1–0,5 | 0,05–0,2 |
| Relativgeschwindig-keit | m/s | 1 | 8–20 | 25–70 | 40–150 |
| Druckverlust | mbar | 2–25 | 15–28 | 4–10 | 30–200 |
| Wasser/Luft *pro Stufe | l/m$^3$ | 0,05–5 | unbestimmt | 1–3 | 0,5–5 |
| Energieaufwand | kWh/1000 m$^3$ | 0,2–1,5 | 1–2 | 2–6 | 1,5–6 |

**Abb. 6.16** Gleichgewichtsbeladung verschiedener Gase bei 50 °C

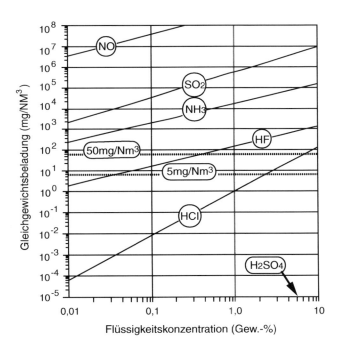

Rauchgasen mit Kalkmilch oder Natronlauge. Die Löslichkeit von Gas in einer Flüssigkeit wird durch eine Temperaturabsenkung verbessert. Deshalb finden Absorptionsvorgänge in möglichst niedrigen Temperaturbereichen statt.

Je nach Art des Lösungsvorgangs in der Flüssigkeit muss zwischen physikalisch lösenden und chemisch wirkenden Waschmitteln unterschieden werden. Die chemisch wirkenden Waschmittel gehen im Gegensatz zu den physikalisch lösenden mit dem zu absorbierenden Stoff eine chemische Bindung ein (Tab. 6.9).

Die Gleichgewichtslinien für diesen Vorgang sind in Abb. 6.16 qualitativ dargestellt. Zunächst ist der Gleichgewichtspartialdruck über der Lösung gering und steigt dann bei hohem Anteil entsprechend dem Potenzgesetz an. Die maximale Beladung der Lösung kann wegen des hohen Partialdrucks nicht erreicht werden.

Die gute Löslichkeit der Elektrolytlösungen bei niedrigen Beladungen erschwert die vollkommene Regeneration des verbrauchten Absorptionsmittels. Den vielfach ungünstigen Regenerationseigenschaften der chemisch wirkenden Absorptionsmittel steht aber als wesentlicher Vorteil das stark selektive Lösungsverhalten gegenüber. Das Abwasser aus Nasswäschern wird deshalb in der Regel von den Feststoffen gereinigt, danach neutralisiert und als Abwasser in den Kanal abgegeben.

Einige Beispiele der Gleichgewichtskurven von Stoffen bei der Rauchgasreinigung sind in Abb. 6.16 dargestellt. Sie zeigt die Gleichgewichtsbeladung saurer Rauchgaskomponenten über ihren wässrigen Lösungen. Die Auftragung macht deutlich, dass Schwefelsäure, gebildet aus $SO_3$ und Wasser, sehr weit aufkonzentriert werden kann. Salzsäure kann bei Einhaltung der TA-Luftwerte ($100\,mg/Nm^3$) eine Maximalkonzentration von etwa 10 Gewichts-% erreichen. Die wesentlich flüchtigere Flusssäure wird nur dann quantitativ abgeschieden, wenn ihre Rohgaskonzentration um den Faktor 10 kleiner ist als die der Salzsäure. Schwefeldioxid wird in Wasserwäschern nur in der Größenordnung von etwa 100 ppm gelöst sein. Das Gleichgewicht von Stickstoffmonoxid macht deutlich, dass eine Absorption nur bei gleichzeitiger Oxidation zu Salpetersäure möglich wird.

Nachteil der Nasswäscher und der Absorptionsverfahren ist die Verlagerung der Schadstoffe von den Rauchgasen in das Abwasser, was wiederum zu neuen Problemen führt. Weitere Erläuterungen hierzu gibt es bei der Beschreibung von Rauchgasentschwefelungsanlagen und der Rauchgasreinigung für eine Müllverbrennungsanlage für kommunalen und klinischen Müll.

### 6.4.6.2 Adsorption

Die Gasreinigung durch Adsorption erfolgt mit Aktivkohle, z. B. zur Reinigung von Erdgas oder Biogas von Harzbildnern, zur Entschwefelung und Trocknung von Erdgas und zur Entfernung von $CO_2$ aus dem Erdgas. Rauchgase von Müllverbrennungsanlagen werden in Aktivkohlefiltern entgiftet und von Schwermetallen und unerwünschten Gerüchen befreit. Die adsorbierte Stoffmenge hängt im Wesentlichen von der spezifischen Oberfläche und der Oberflächenstruktur des Adsorbats ab. Zur Entfeuchtung von Gasen und Luft werden Kieselgelschüttungen eingesetzt. Kieselgelschüttstoffe werden speziell für die vorgesehene Trennaufgabe hergestellt. Die Regeneration der Adsorptionsstoffe erfolgt überwiegend im Temperaturwechselverfahren. Abbildung 6.17 zeigt die Schaltung der Filterbehälter für das Temperaturwechselverfahren. Daran ist zu erkennen, dass für die Regeneration außer aufwendigen Anlagenschaltungen auch hohe Kühl- und Wärmeverluste anfallen. Dies ist der Grund, weshalb bei der Rauchgasreinigung nur selten von diesen Verfahren Gebrauch gemacht wird.

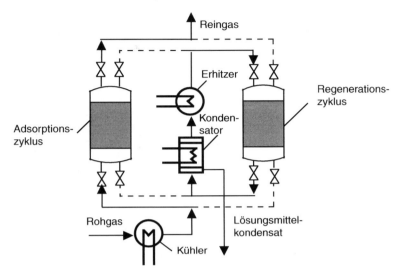

**Abb. 6.17** Schaltschema für die Regeneration nach dem Temperaturwechselverfahren

## 6.5 Entstickung der Rauchgase

An erster Stelle stehen die Maßnahmen zur Vermeidung von Stickoxiden in Feuerungen. Diese entstehen bei der Verbrennung von im Brennstoff in organischer Form gebundenem Stickstoff und bei der Verbrennung von in der Verbrennungsluft enthaltenem Stickstoff mit hohen Temperaturen. In der Heizungstechnik wird überwiegend in den kleineren Anlagen Erdgas als Brennstoff eingesetzt. Erdgas enthält kein Stickstoff, und es muss deshalb nur darauf geachtet werden, dass die Verbrennungstemperatur unter 1.300 °C gehalten wird, damit der Stickstoff, der in der Verbrennungsluft enthalten ist, keine Stickoxide bildet. Die Maßnahmen zur Reduzierung der Verbrennungsluft sind:

a. geringere Feuerraumbelastungen oder
b. Vergrößerung der Flammenoberfläche durch den Einbau von Glühkörpern im Flammenbereich,
c. möglichst niedriger Luftüberschuss bei vollkommener Verbrennung,
d. Rauchgasbeimischung.

zu a)
    Die geringere Heizflächenbelastung ergibt eine niedrigere Verbrennungstemperatur.
zu b)
    Glühkörper bestehen aus einem Drahtgewerbe, das bei hoher Temperatur beständig ist und ca. ein Viertel der Wärme durch Strahlung an die Heizflächen abgibt, bevor das Brenngas die Reaktionszone erreicht. Es entsteht eine flammenarme Verbrennung mit Temperaturen unter 1.300 °C.

**Abb. 6.18** Mischeinrichtung
und Prinzipschema des
Rotrix-Brenners (Fa.
Viessmann)

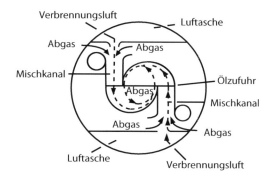

zu c)

Der niedrige Luftüberschuss reduziert den Stickstoffanteil, der durch die Verbrennungsluft zugeführt wird.

zu d)

Die Rauchgasbeimischung führt zu einer Verdünnung der Verbrennungsluft und reduziert den reaktionsfähigen Sauerstoff in der Verbrennungszone, was wiederum zu einer Reduzierung der Flammentemperatur führt. Die in den Abgasen enthaltenen inerten Anteile von Wasserdampf- und $CO_2$-Molekülen verlangsamen die Verbrennungsreaktion, was ebenfalls zur Reduzierung der Flammentemperatur beiträgt. Die Flammentemperatur der blauen Flamme liegt dann unterhalb 1.300 °C, und die $NO_x$-Bildung wird fast vollständig unterdrückt.

Die vorstehend beschriebenen Maßnahmen zur Verhinderung und Reduzierung der $NO_x$-Bildung werden auch bei großen Feuerungsanlagen mit den Brennstoffen Erdgas oder Heizöl EL vorgenommen. Bei der Verbrennung von Heizöl EL wird durch neue Brennerkonstruktionen eine hohe Rauchgasbeimischung und -vermischung von Verbrennungsluft und Rauchgas erreicht. Bei dieser Vermischung tritt durch die hohe Temperatur der Verbrennungsluft und die Brennstoffeinspritzung eine Verdampfung des Heizöls ein, wodurch eine extrem stickstoffarme Verbrennung des Heizöls EL ermöglicht wird.

Abbildung 6.18 zeigt einen Schnitt durch die Einspritz- und Rauchgasmischeinrichtung mit dem Schema der Beimischung des Rotrix-Brenners der Firma Viessmann.

Mit dieser neuen Brennertechnik werden die Grenzwerte der TA-Luft und auch die Grenzwerte von Förderprogrammen weit unterschritten. Der Matrix-Strahlungsbrenner für Gas erreicht $NO_x$-Werte von 15 mg/kWh und CO-Werte von 5 mg/kWh, der Rotrix-Brenner für Heizöl EL $NO_x$-Werte von 60 mg/kWh (etwa 50 g/m$^3$ bzw. 1/3 des Grenzwertes). Bei anderen Brennerherstellerfirmen sind ähnliche Entwicklungen auch für große Leistungsbereiche in der Erprobung. Während bei flüssigen und gasförmigen Brennstoffen mit Primärmaßnahmen (Verminderung der Schadstoffentstehung bei der Verbrennung) die Grenzwerte für $NO_x$ erreicht und unterschritten werden, sind bei festen Brennstoffen wie Holz, Stroh und Kohle zusätzliche oder bei Großfeuerungsanlagen für Fernheizwerke, Heizkraftwerke und Kraftwerke mit Kohlefeuerungsanlagen über lange Jahre erprobte

**Abb. 6.19** Wirkungsgrade und Leckage bei der $NO_x$-Abscheidung im SCR-Verfahren für Kohlefeuerungen

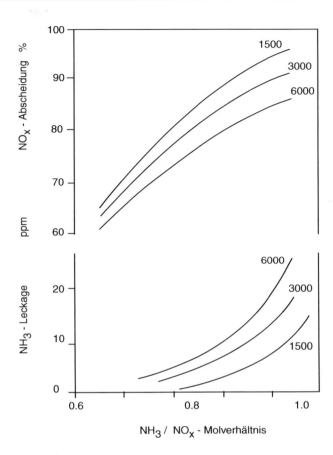

Sekundärmaßnahmen (Entfernung von $NO_x$ aus dem Rauchgas) erforderlich. Verfahrenstechnisch hat sich die selektive katalytische Reduktion (SCR) durchgesetzt. Bei diesem Verfahren wird Ammoniak als Reduktionsmittel eingesetzt. Die im Abgas enthaltenen Stickoxide werden durch Ammoniakzugabe $NH_3$ in einem Katalysator und bei Temperaturen von 300 bis 400 °C zu Stickstoff reduziert. Die Grundreaktionsgleichungen lauten:

$$4\,NO + 4\,NH_3 \rightarrow 4\,N_2 + 6\,H_2O$$

und

$$2\,NO_2 + 4\,NH_3 \rightarrow 3\,N_2 + 6\,H_2O.$$

Die Stickoxide bestehen nach der Verbrennung zu ca. 95 % aus NO, so dass sich für die Reaktion ein stöchiometrisches Verhältnis von $NH_{3,\,Luft}/NO_x$ oder ein Molverhältnis von ca. 1 ergibt.

Abbildung 6.19 zeigt den erreichbaren Wirkungsgrad der $NO_x$-Abscheidung in Abhängigkeit vom Molverhältnis und dem $NH_3$-Verlust bzw. der $NH_3$-Leckage in ppm.

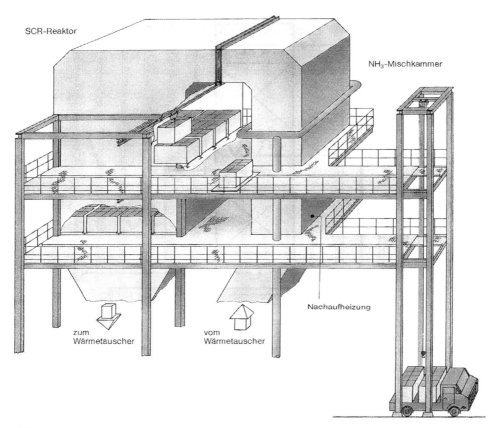

**Abb. 6.20**  SCR-Reaktor mit $NH_3$-Mischkammer und Katalysatorbestückungsausrüstung

Die erforderliche Katalysatorgröße ist durch den SV-Parameter gegeben. Als Katalysator-Materialien werden verschiedene Waben und Platten aus Keramik, Titan oder Aluminium mit eindiffundierten oder einlegierten Metallen (wie W, Mo, Cr und Ni) eingesetzt. Aber auch Schüttungen aus Aktivkohle oder Aktivkoks als Füllkörper sind üblich. In der Praxis werden $NO_x$-Reaktionen von ca. 80 % bei einem Molverhältnis von 0,8 bis 0,85 erreicht (Abb. 6.20).

Das SCR-Verfahren kann im Temperaturbereich von 80 bis 450 °C je nach Art der Katalysatoren eingesetzt werden. Man unterscheidet zwischen Niedertemperatur-Katalysatoren, z. B. Aktivkohle und Aktivkoks im Bereich von 80 bis 130 °C, Mitteltemperatur-KAT im Bereich von 200 bis 400 °C und Hochtemperatur-KAT im Bereich von 350 bis 450 °C. Die zulässige Durchströmungsgeschwindigkeit (Raumgeschwindigkeit) steigt mit der Temperatur. Die Katalysatoren können sowohl im Rohgas vor der Entstaubung als auch nach der Entstaubung angeordnet werden. Bei der Anordnung vor der Entstaubung muss jedoch eine Rußblasanlage in der SCR-Einrichtung installiert werden. Auch die Anordnung auf der Reingasseite ist möglich und bei Müllverbrennungsanlagen mit vorgeschaltetem Kreuzstrom-Wärmeaustauscher üblich.

Bei Müllverbrennungsanlagen und bei der Verbrennung von Holzabfällen (Sägespäne und Spanplattenabfälle) auf einem Treppen- oder Wanderrost wird bevorzugt die selektive nichtkatalytische Reduktion (SNCR-Verfahren) eingesetzt. Bei diesem Verfahren werden Reduktionsmittel wie Harnstoff und Methanol zur Verstärkung oder Ammoniak bzw. Ammoniak-Wasser direkt in die Rauchgase innerhalb des Verbrennungsraumes und in den Rauchgasabzugskanal eingedüst. Die Eindüsungsteller oder Eindüsungsebenen werden nach Erfahrungs- und Betriebsergebnissen ausgewählt und mit dem Hersteller der Feuerungsanlage abgestimmt. Der geeignete Temperaturbereich liegt zwischen 850 und 1.050 °C.

Bei der Verwendung von Ammoniak als Reduktionsmittel werden Reduktionsraten von 50 % erreicht. Nachteile dieses Verfahrens sind der hohe Ammoniak-Schlupf und die Notwendigkeit der überstöchiometrischen Fahrweise sowie hohe Auflagen für die Ammoniak-Lagerung. Bei der Verwendung von Harnstoff als Reduktionsmittel sind als Nachteile die Bildung von Nebenreaktionen wie Lachgas $N_2O$ und CO sowie der hohe Verlust als Schlupf und an ungenutzter Verbrennung sowie die höheren Kosten zu nennen.

Die Vorteile des SNCR-Verfahrens sind einfache Technik und Anpassung an die Anlage, geringer Druckverlust und Platzbedarf sowie niedrigere Anschaffungskosten.

## 6.6 Entschwefelung der Rauchgase

In der Kraftwerksindustrie haben sich die Verfahren mit Kalk CaO und Kalkstein $CaCO_3$ als Einsatzstoffe bei der Rauchgasentschwefelung und Gipsherstellung bewährt.

### 6.6.1 Kalk- und Kalksteinwaschverfahren

Mit Kalk oder Kalkstein als Absorptionsmittel werden den Rauchgasen im Waschturm die gasförmigen Schadstoffe wie $SO_2$, HCl und HF entzogen.

Abbildung 6.21 zeigt das vereinfachte Anlagenschema: Die Waschlösung wird im Absorberkreislauf umgewälzt, die Absorptionslösung nimmt $SO_2$ aus dem Rauchgas auf und wird damit aufkonzentriert. Um das Reaktionsprodukt auf einem konstanten Wert zu halten, wird Gips-Konzentrat entnommen und frische Waschlösung zugegeben.

Durch Zugabe von Luft über ein im Wäschersumpf vorhandenes Verteilsystem wird die Oxidation zu Kalziumsulfat erzielt.

Absorption:

$$CaCO + H_2O + SO_2 \rightarrow CaSO_3 + 2\,H_2O$$

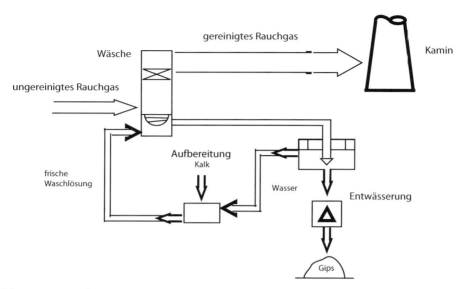

**Abb. 6.21**  Vereinfachtes Funktionsschema der Entschwefelungsanlage

und

$$CaSO_3 + SO_2 + H_2O \rightarrow Ca(HSO_3)_2$$

Oxidation:

$$Ca(HSO_3)_2 + \tfrac{1}{2}O_2 + H_2O \rightarrow CaSO_4 \cdot 2H_2O + SO_2$$

und

$$CaO_3 + \tfrac{1}{2}O_2 + 2H_2O \rightarrow CaSO_4 \cdot 2H_2O$$

Dabei werden Gipskristalle gebildet, die durch die Entwässerung gewonnen werden. Zur Entwässerung werden Eindicker mit nachgeschalteten Zentrifugen verwendet.

In Abb. 6.22 ist das Prinzipschema des Sprühturmwäschers dargestellt. Der einfache Aufbau gewährleistet einen zuverlässigen Betrieb ohne Anbackungen und Korrosionsprobleme. Die glatten Wände lassen eine einwandfreie Beschichtung zu; durch die weitgehende Vermeidung von Einbauten entstehen keine schlecht oder nicht durchspülten Problembereiche.

Das Rauchgas tritt unten in den Wäscher ein und durchströmt diesen entgegen der Waschsuspension nach oben. In einem integrierten Tropfenabscheider werden mitgerissene Tropfen abgeschieden, bevor das gereinigte Rauchgas den Absorber verlässt. Die Waschsuspension wird über mehrere Düsenebenen eingedüst und dabei intensiv mit dem Rauchgas vermischt. Im Wäschersumpf erfolgt durch Zugabe von Luft die Oxidation der Reaktionsprodukte zu Gips. Durch Rührwerke wird ein Absetzen des Feststoffes vermieden.

**Abb. 6.22** Funktionsschema
des Sprühturmwäschers

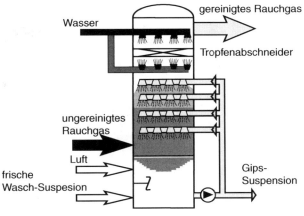

**Abb. 6.23** Schaltschema
des Geesi-Verfahrens (Fa.
Steinmüller) *1)* Rohgas,
*2)* Reingas, *3)* Oxidationsluft,
*4)* Wasser, *5)* Kalkstein,
*6)* Abwasser *7)* Gips,

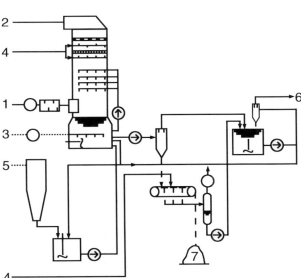

Abbildung 6.23 zeigt das Funktionsschema des Geesi-Steinmüller-Verfahrens, das ebenfalls mit Kalk oder Kalkstein als Absorptionsmittel arbeitet und als Endprodukt Gips, wie
vorher beschrieben, erzeugt.

Als Absorber wird ein Sprühturm eingesetzt, der aufgrund seines einfachen Aufbaues
problemlos im Betrieb ist. Die Waschsuspension wird über mehrere Sprühebenen eingedüst. Jede Sprühebene wird von einer separaten Pumpe versorgt. Im oberen Bereich
des Waschturms ist der Tropfenabscheider angeordnet. Wenn Wärmetauscher im Rein-
gasstrom vorgesehen sind, wird ein zweiter Tropfenabscheider nachgeschaltet, der zur
Abreinigung nur von unten besprüht wird. Im Wäschersumpf oxidiert durch Eindüsen
von Luft Kalziumsulfit zu Kalziumsulfat. Ein Teilstrom der Waschflüssigkeit wird aus dem
Sumpf des Waschturms abgepumpt, über einen Zyklon zum Vakuumbandfilter geleitet
und entwässert. Der Überlauf des Zyklons wird dem Prozess wieder zugeführt.

**Abb. 6.24** Schema des Treibhauseffekts

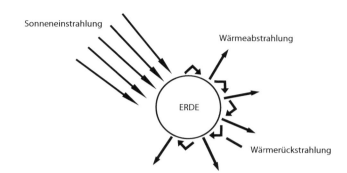

### 6.7  CO- und $CO_2$-Reduzierung

Kohlenmonoxid CO entsteht bei der unvollkommenen Verbrennung von Kohlenstoff und kann nur durch bessere Vermischung der Brennstoffe mit der Verbrennungsluft, durch Regelung der Feuerungstemperatur und eine bessere Ausbrennung der Brennstoffe verringert werden. Eine Erhöhung der Verbrennungsluftmenge würde zwar zur Reduzierung von CO beitragen, aber unwirtschaftlich sein und gegebenenfalls den Anteil an Stickoxiden erhöhen.

Die Einhaltung der Emissionsgrenzwerte für CO, Staub und Ruß werden durch die jährlich wiederkehrenden Messungen durch den Bezirksschornsteinfeger bei Gebäudeheizungen und durch zugelassene Prüfstellen für Großfeuerungsanlagen geprüft. Bei einer Überschreitung der Grenzwerte müssen die Feuerungseinrichtungen neu einreguliert oder gegebenenfalls erneuert werden.

Kohlendioxid $CO_2$ ist das Endprodukt bei der Verbrennung von Kohlenstoff und von allen Kohlenstoff enthaltenden, fossilen Brennstoffen. Aus diesem Grund kann es für $CO_2$ keinen Grenzwert geben. Kohlendioxid ist auch als natürlicher Bestandteil in der Umgebungsluft enthalten. Ohne $CO_2$ in der Erdatmosphäre wäre kein Pflanzenwachstum möglich. Andererseits beeinflusst aber der $CO_2$-Gehalt den Wärmehaushalt auf der Erde. Ein zu hoher und weiter ansteigender $CO_2$-Gehalt in der Atmosphäre wird für den Treibhauseffekt mitverantwortlich gemacht, weil das in der Troposphäre (15 km Höhe) vorhandene $CO_2$ und der Wasserdampf, neben anderen Sprenggasen, die langwellige Wärmestrahlung der Sonne absorbieren und auf die Erdoberfläche reflektieren (siehe hierzu Abb. 6.24 und 6.25).

Der $CO_2$-Gehalt in der Luft ist seit der Industrialisierung bis heute von 0,028 % auf 0,035 % angestiegen. Ein weiterer Anstieg kann nur durch Reduzierung des Energieverbrauchs und durch Verringerung des Anteils an fossilen Brennstoffen bei der Energieerzeugung erreicht werden. Auch der Handel mit $CO_2$-Zertifkaten soll zur Reduzierung der $CO_2$-Emission beitragen.

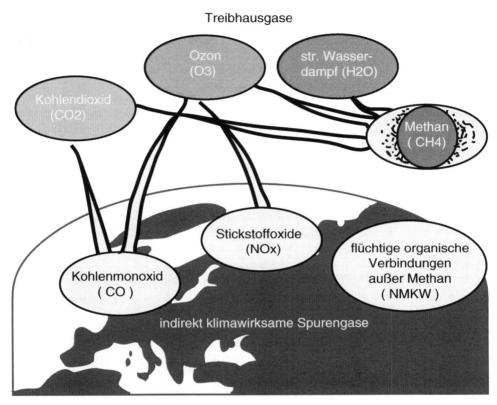

**Abb. 6.25** Einflussnahme der schädlichen Gase auf den Treibhauseffekt

Die Erzeuger von $CO_2$-Emissionen haben sich zur Reduzierung verpflichtet und erhalten um 10 % reduzierte Zertifikate. Wer mehr $CO_2$-Emissionen erzeugen will oder muss, der muss also Zertifikate von anderen Industriebetrieben oder Energieerzeugern kaufen, die eine Reduzierung der $CO_2$-Emission in ihrem Werk nachweisen und erzielen konnten. Neue Wege zur Reduzierung der $CO_2$-Emission und des Treibhauseffekts sind die $CO_2$-Abtrennung und Lagerung in stillgelegten Bergwerken und Salzkavernen. Diese Technologie ist unter der Bezeichnung CCS für Carbon Capture and Storage bekannt und befindet sich noch in der Forschungs- und Entwicklungsphase.

Eine $CO_2$-neutrale Erzeugung von Methangas aus $CO_2$ und $H_2O$ wurde 2009 patentiert. Das Methangas wird durch elektrolytische Zerlegung in C und $H_2$ mit anschließender Hydrogenisierung gewonnen und wird als Brenngas für Gasmotoren oder Brennstoffzellen zur Heizung und Stromerzeugung genutzt werden. Das Verfahren und die Nutzung werden aber erst dann umweltverträglich und wirtschaftlich, wenn für die elektrische Zerlegung ausreichend Strom aus erneuerbaren Ressourcen verfügbar ist. Der überschüssige Strom kann dann mit diesem Verfahren in Form von Methangas gespeichert und bei Bedarf wieder zur Stromerzeugung eingesetzt werden.

## 6.8    Rauchgasreinigungsverfahren bei Müllverbrennungsanlagen

Rauchgasschadstoffe und Rauchgaszusammensetzungen einer Müll-Verbrennungsanlage (MVA) sind von den Bestandteilen des Müllanfalls abhängig. Bei den anfallenden Müllarten unterscheidet man zwischen:

a. Haushaltsmüll (auch Restmüll genannt),
b. krankenhausspezifischem Müll (Abfall aus allen Untersuchungs- und Behandlungsbereichen (ohne Nassmüll),
c. Krankenhaus-Nassmüll (Organabfälle, Körperteile usw.) aus dem OP-Bereich, aus der Pathologie, Chirurgie, Infektionsabteilung und Intensivpflege,
d. Sondermüll wie Schadstoffe und giftige Industrieabfälle,
e. Abfälle aus der Futtermittelindustrie und Tierverwertung.

Die Sortierung erfolgt am zweckmäßigsten an der Entstehungsstelle. Bei der Planung einer Müllverbrennungsanlage müssen Art, Zusammensetzung und anfallende Menge des zu verbrennenden Mülls bekannt sein. Die Planung erfolgt immer in Zusammenarbeit mit dem zuständigen Landesumweltamt, dem Gewerbeaufsichtsamt und dem späteren Betreiber der Anlage.

Bei der Planung einer Müllverbrennungsanlage ebenso wichtig sind die Vorplanungen von Sortierung, Verpackung und Transport sowie einer eventuell erforderlichen Zwischenlagerung. Die weiteren Planungsschritte werden im Folgenden zweckmäßigerweise an einer ausgeführten MVA beschrieben.

In einem Zentralklinikum sollen in der MVA der krankenhausspezifische Müll des Klinikums und der umliegenden Krankenhäuser sowie der Nassmüll aus dem Klinikum verbrannt werden. Erfahrungszahlen zum Müllanfall von Kliniken betragen 0,6 kg/Bett und Tag für Nassmüll (OP-Bereich und teilweise Intensivstation) und 1,5 kg/Bett für krankenhausspezifischen Müll (Gesamtkrankenhausbetten). Damit errechnen sich der Nassmüllanfall zu 10 kg/Tag und der kranken-hausspezifische Müll zu 6.500 kg/Tag einschließlich der von anderen Krankenhäusern angelieferten Mengen. Der Nassmüll wird auf den betreffenden Stationen aussortiert und in stabilen Kunststoffsäcken gesammelt, die vor der Aufgabe in die Transportanlage, also noch auf der Station, verschweißt werden. Der krankenhausspezifische Müll wird ebenfalls in Kunststoffsäcken in anderer Farbe und Qualität gesammelt. Der Transport zur Müllverbrennung erfolgt mit einer Automatischen Warentransportanlage (AWT). Dabei handelt es sich um eine allgemeine Container-Transportanlage für automatischen Betrieb zwischen Aufgabe- und Abnahmestationen. Der Haushaltsmüll (Restmüll) wird gesammelt und ebenfalls mit der AWT-Anlage zu einer Müllpresse, die in der Nähe der MVA installiert ist, transportiert, dort gepresst und dann von der städtischen Müllentsorgung zur Deponie gebracht. Alle Transportbehälter und -wagen der AWT-Anlage werden nach dem Transport in einer Wagen-Waschanlage gereinigt, desinfiziert und wieder dem Transportsystem zugeführt. Der Müllanfall für die Verbrennung beträgt ca. 5.500 bis 6.500 kg/Tag (Nassmüll und krankenhausspezifischer Müll). Eine hierfür erstellte Entsorgungsstudie führte zu dem Ergebnis, dass im krankenhausspezifischen Müll ca. 25 % Kunststoff und davon 10 % PVC enthalten ist.

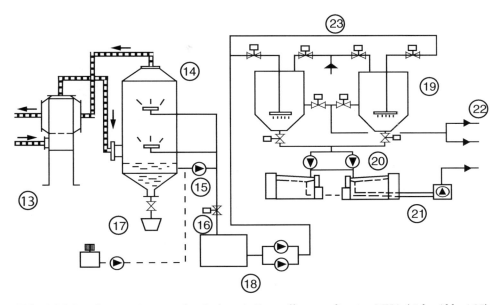

**Abb. 6.26** Rauchgasreinigung und -wäsche mit Feststoffaustrag für eine MVA (siehe Abb. 4.25) *1*) Aufgabeschacht, *2*) Schleuse für Nassmüll, *3*) Schleuse für krankenhausspezifischen Müll, *4*) Keramikrostmulde, *5*) Treppenrost mit Förderstößel, *6–7*) Ascheabzug, *8–9*) Verbrennungsluftgebläse, *10*) Abwärmedampferzeuger, *11*) Kesselspeisepumpen, *12*) Dampfentnahme-Vorrangschaltung, *13*) Kreuzstrom-Wärmeaustauscher, *14*) Rotationswäscher, *15*) Waschwasser mit Natronlaugekreislauf, *16*) Abschlämmzwischenbehälter, *17*) Entschlämmung und Entleerung, *18*) Förderpumpen als Membranpumpen, *19*) Absatzbehälter, *20*) Filterpressen zur Schlammentwässerung, *21–22*) Abwasser zur Neutralisationsanlage

Die tägliche Verbrennungszeit sollte vier bis fünf Stunden dauern, so dass noch zwei Stunden je Normalschicht zum Reinigen der Anlage verbleiben. Damit ergab sich eine Verbrennungsleistung von 1.500 kg/h.

Da in der Nähe keine weitere große Verbrennungsanlage für Krankenhausabfälle vorhanden ist, mussten, um eine ausreichende Betriebssicherheit zu erreichen, zwei Verbrennungsöfen bzw. -anlagen ausgeführt werden (Müllverbrennungsanlage nach Abb. 6.24 und 6.26). Die MVA wurde im Energiegebäude (Heizwerk, Kältezentrale, Elektrostation) untergebracht.

Über den Verbrennungsöfen befindet sich der Müllstau- und Aufgaberaum. Im gleichen Raum befindet sich in der Nähe der Aufgabeschächte die Schaltanlage. Die AWT-Wagen müssen manuell aus dem Aufzugsschacht gezogen werden und werden dann entweder zur Speicherstrecke oder in die Aufgabestrecke zur Verbrennung gegeben. Die Übergabe zur Verbrennung bzw. zur Abkippvorrichtung erfolgt je nach Codierung in den Nassmüllschacht oder in den Müllverbrennungsschacht für die klinischen Abfälle.

Der entleerte AWT-Wagen wird über den Aufzugsschacht zurück in das 2. UG und von dort über die AWT-Reinigungsanlage, wie vorher beschrieben, wieder in das System geleitet. Vor den Aufzügen befindet sich eine Speicherstrecke für gefüllte AWT-Wagen.

Das Rückführgleis enthält außerdem eine Speicherstrecke für gereinigte AWT-Wagen. Der Müllspeicherraum im 1. OG wurde mit einer Be- und Entlüftungsanlage mit einem 15-fachen Luftwechsel und zur Brandverhütung mit einer Sprinkleranlage ausgerüstet.

Jeder der beiden Verbrennungsöfen ist für den Nassmüll mit einer keramischen Rostmulde als erste Rostzone ausgebildet. Die Verbrennung und Vortrocknung des Nassmülls in dieser Roststufe kann durch eine Kontrollöffnung beobachtet werden. Der Brenner der ersten Roststufe kann zur Sicherstellung der Verbrennung von Hand oder automatisch gesteuert werden. Die Rauchgastemperatur wird am Ofenausgang überwacht und registriert. Rauchgasdichte und -temperatur am Schornsteinkopf werden ebenfalls ständig registriert. Die Beschickung des Ofens wird automatisch gesperrt, wenn die Temperatur im Bereich der zweiten Rostzone niedriger als 850 °C ist, bzw. wird erst freigegeben, wenn diese Temperatur erreicht ist.

Im Füllschacht steht zur Verhinderung von Falschlufteintritt in den Feuerraum eine Abfallsäule. Die Sohle des Schachts bildet ein Keramik-Vorrost.

Eine Stößeleinrichtung fördert den Abfall vom Keramikrost auf den Dosierrost, und zwar in Abhängigkeit einer thermischen und zeitlichen Steuerung bzw. Verriegelung sowie einer sicherheitstechnischen Temperatur-Verriegelung. Der Dosierrost fördert weiter auf die erste Rostzone. Der Transport im Bereich der zwei Rostzonen erfolgt durch mechanisch angetriebene Rostschlitten. Die Rostzonen sind vom Kommandopult aus unabhängig voneinander steuerbar. Bei der Stellung „Automat" wird der Stößel mit dem Dosierrost sowie der Rostzone I und II verriegelt und entsprechend der Feuerraumtemperatur schneller oder langsamer gefahren. Der Verbrennungsablauf wird von einem Primärluftventilator für Oberwind und einem Hauptverbrennungsventilator für Unterwind reguliert. Die Regulierung der Luftmenge erfolgt über die Klappen, die von einem Stellmotor angetrieben werden. Diese Regelung erfolgt automatisch in Abhängigkeit von Temperatur und Rauchgasen. Sofern nötig, kann vom Schaltpult aus die Klappe von Hand gesteuert werden.

Die Verbrennungsluft wird zuvor als Kühlluft für die Feuerraumwände genutzt und dadurch vorgewärmt. Da die Plattenwände um den ganzen Rost verteilt sind, gelangt von allen Seiten und bei den Überfallstufen Luft zur Verbrennung in den Feuerraum. Die hauptsächlich dem Ausbrand dienende zweite Rostzone wird vom Schaltpult aus von Hand gesteuert. Der Regelbereich liegt zwischen 0,6 und 6 Arbeitshüben pro Minute. Die Rostdurchfallasche fällt auf das in Längsrichtung des Ofens stehende Nass-Entaschungsband. Dieses fördert die Asche weiter auf das quer zur Ofenachse stehende Band, in das auch die Restasche vom Rostende fällt. Das Querband fördert die Asche zum Transportkübel, der über den Haushaltsmüllaufzug zu den Presscontainern gebracht wird. Als Zusatzfeuerungseinrichtung werden im Feuerraum zwei Ölbrenner mit einer Verbrennungsleistung von je 12 bis 30 kg Heizöl EL eingebaut.

Ein Brenner übernimmt die Trocknung und Vorverbrennung des Nassmülls auf der keramischen Rostmulde und dem ersten Rostabschnitt.

Der zweite Brenner dient zur Stützfeuerung für den zweiten und dritten Rostabschnitt. Ein weiterer Ölbrenner nach VDI 2301 mit einer Verbrennungsleistung von 25 bis 100 kg Heizöl EL/h wird zur Nachverbrennung eingesetzt. Der Brenner für den ersten Rostabschnitt wird interminiert und je nach Nassmüllanfall von Hand oder auch automatisch, der Brenner für den zweiten Rostabschnitt wird modulierend nach der Feuerraumtemperatur und der Brenner für die Nachverbrennungsstufe wird ebenfalls modulierend, also nach der Rauchgastemperatur geregelt, betrieben.

Die Abgase kommen mit einer Temperatur von 900 bis 1.000 °C aus der Nachverbrennungskammer des Ofens und durchströmen einen Röhrendampferzeuger. Mit dem Dampferzeuger werden 4 bis 5 t Dampf/h von 20 bar Überdruck für die Wäscherei erzeugt. Die Rauchgase werden im Dampferzeuger von 950 °C auf ca. 250 °C abgekühlt. Der Dampf wird immer vorrangig abgenommen, so dass die Abkühlung der Rauchgase sichergestellt ist. Danach werden die Rauchgase in einem Gegenstrom-Plattenwärmeaustauscher von 250 °C auf ca. 90 °C abgekühlt. Sie treten dann mit dieser Temperatur in den innen gummierten Rauchgas-Rotationswäscher ein. Als Kühlluft werden die aus dem Rotationswäscher austretenden und auf die Sättigungstemperatur von ca. 40 °C abgekühlten Rauchgase genutzt. Die Entstaubung bzw. Auswaschung der Schadgase auf die im Immissionsschutzgesetz bzw. in der VDI-Richtline 2301 geforderten Werte erfolgt in einem Rotationswäscher. Die Anteile der verschiedenen Schadstoffe im Abfallgemisch sind durch den Wirkungsgrad des Wäschers begrenzt. Die Austrittstemperatur der gewaschenen Rauchgase wird auf 40 °C gehalten und kann durch Erwärmen des Wasserkreislaufs auf 50 °C angehoben werden.

Nach dem Rotationswäscher werden die reinen Abgase von 40 °C auf 200 °C im vorstehend genannten Gegenstrom-Plattenwärmeaustauscher aufgeheizt und vom Saugzuggebläse in den Schornstein gedrückt. Die Eintrittstemperatur im Rotationswäscher und in den Schonsteinen wird überwacht und kann durch Frischluftbeimischung geregelt werden. Der Abgasventilator wird mit einem drehzahlgeregelten Nebenschlussmotor angetrieben, so dass am Ofenaustritt beim Anfahren, bei Teillast- und Volllastbetrieb immer ein konstanter Unterdruck vorliegt. Der Unterdruck wird mit einer Ringwaage gemessen und zum Regler für die Steuerung des Regelmotors gegeben.

Im Rotationswäscher werden ca. 75 m³ Wasser/h zerstäubt und gegen die Strömungsrichtung der Rauchgase geführt. Das Waschwasser wird mit Lauge angereichert, so dass es die Cl-Dämpfe absorbiert und auswäscht. Das mit Säure und Schmutz angereicherte Waschwasser wird durch ständige Abschlämmung (ca. 4 m³/h) und Zuführung von Frischwasser und Lauge verdünnt und aufnahmefähig gehalten. Das Abschlämmwasser wird in einem Zwischenbehälter gesammelt und zu zwei Speicherbehältern gepumpt.

Diese Speicherbehälter sind so bemessen, dass das während der vier Verbrennungsstunden anfallende Abschlämmwasser aufgenommen werden kann. Nach drei bis vier Stunden haben sich die Feststoffe abgesetzt (ca. 20 % des Gesamtanfalls), so dass das darüberstehende Wasser neutralisiert und in den Kanal gegeben werden kann. Das Wasser aus dem abgesetzten Schlamm wird mit Filterpressen von den Feststoffen getrennt und ebenfalls über die Neutralisation zum Abwasserkanal gegeben.

Die Feststoffe werden als Sondermüll entsorgt. Am Schornsteinkopf sind Rauchgasdichte- und Rauchgastemperatur-Messgeräte installiert. Rauchgasdichte, Abgastemperatur, Temperaturen der Nachverbrennungskammer, $CO_2$- und $SO_2$-Gehalt der Rauchgase werden ständig überwacht und registriert. Stickoxide fallen wegen der ständig unter 1.000 °C gehaltenen Verbrennungstemperatur nicht an. Bei der Betriebsabnahme wurden alle geltenden Grenzwerte zu mehr als 50 % unterschritten, so dass die MVB-Anlage auch bei den inzwischen verschärften Emissionswerten noch immer ohne Beanstandungen betrieben werden kann.

Das vorstehend beschriebene Verbrennungs- und Rauchgasreinigungssystem stellt einen Spezialfall für ein Klinikum dar. Mit dieser Beschreibung sollten hier die Grundzüge und die Planungsschritte gezeigt werden. Andere Vorbedingungen können zu anderen Verbrennungs- und Rauchgasreinigungsverfahren führen. Für das hier beschriebene Nassverfahren, die Rauchgasreinigung, muss als Nachteil die Abwasserreinigung und Neutralisation genannt werden. Andere Verfahren sind das Quasitrockene Verfahren und das Trockenverfahren.

Die Trockenverfahren arbeiten mit Aktivkohlefilter zur Schadstoffabscheidung und verursachen hohe Betriebskosten für den Energieverbrauch und den Verbrauch an Aktivkohle. Das Quasitrockene Verfahren wird von der Fa. Fläkt Woods GmbH in Butzbach bevorzugt als CDAS-Rauchgasreinigung bezeichnet und angewandt. Dieses Verfahren wurde in Deutschland für Sondermüllverbrennungsanlagen ausgeführt und wird in den Firmenangaben von Fläkt wie folgt beschrieben:

CDAS bedeutet Conditioned Dry Absorption System (siehe Abb. 6.29). Es besteht aus einer Konfiguration gut aufeinander abgestimmter Verfahrensteilschritte, in dessen Mittelpunkt der „Filternde Abscheider" steht. Das mit Flugasche und Schadstoffen beladene Rauchgas tritt tangential in den mittleren Bereich des Dreistufenreaktors (siehe Abb. 6.28) ein und durchströmt den Heizmantel des Kühlers von oben nach unten. Dabei wird ein großer Teil der Flugasche bereits im Reaktortrichter ausgeschleust. Das so vorgereinigte Rauchgas gelangt anschließend über einen Strömungsgleichrichter in den Verdampfungskühler. Hier wird das Rauchgas mittels Zweistoffdüsentechnologie konditioniert und die Gastemperatur entsprechend abgesenkt.

In der letzten Stufe des Reaktors wird das Absorptionsmittel über eine Rezirkulations- und Kalkdüse eingebracht. Im anschließenden Hochbelastungs-Schlauchfilter (siehe Abb. 6.11) wird die nahezu totale Endreinigung von Staub und Schadgasen durch Sekundärabsorption vorgenommen. Hierbei kommt ein filternder Abscheider zum Einsatz, der sich bereits seit Jahren im Verbrennungsbereich durch eine extrem hohe Verfügbarkeit und Reisezeit bewährt hat (Abb. 6.27 und 6.28).

## 6.9  Schornsteinanlagen

Schornsteine dienen zur Abführung von Rauchgasen aus Feuerungsanlagen oder von Gasen aus Industrieöfen und Produktionsanlagen. Die Reibungsverluste der Abgase können durch natürlichen Zug (durch Temperatur- und Dichteunterschied) oder durch einen Rauchgasventilator überwunden werden. Beim natürlichen Zug herrscht im Schornstein und dem Rauchfuchs oder Rauchrohr Unterdruck. Beim Betrieb mit einem Rauchgasventilator stehen der Schornstein und die Rauchrohre unter Überdruck gegenüber der

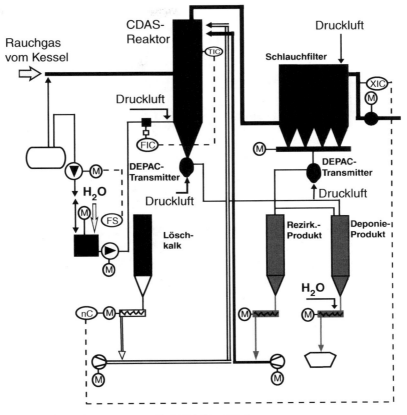

**Abb. 6.27** CDAS-Rauchgasreinigung für MVA (Fa. Fläkt)

Atmosphäre. Für die Dimensionierung einer Schornsteinanlage sind daher verschiedene Berechnungen auszuführen:

a. Verbrennungsberechnung zur Bestimmung der abzuführenden feuchten und trockenen Rauchgasmenge oder des Rauchgasvolumens,
b. Ermittlung der erforderlichen Schornsteinhöhe nach TA-Luft,
c. strömungs- und wärmetechnische Berechnung zur Bestimmung der Rauchrohr-Abmessungen und der Rauchgastemperatur,
d. Berechnung der Standfestigkeit, der Wandstärken und der Fundamentkräfte, die vom Fundament oder der Gebäudekonstruktion aufzunehmen sind.

Mit der Berechnung der Schornsteinanlage kann erst begonnen werden, wenn der Ingenieur sich mit dem Architekten und dem Bauherrn über die Anordnung und Ausführung der Schornsteinanlage geeinigt hat. Wenn es sich um einen innenliegenden, gemauerten oder aus Fertigbauteilen bestehenden bzw. um einen außenliegenden, freistehenden Betonkamin handelt, dann hat der Ingenieur nur die erforderlichen Querschnitte der

**Abb. 6.28** Schnitt durch den
CDAS-Reaktor zur HCl-, HF-
und $SO_2$-Abscheidung

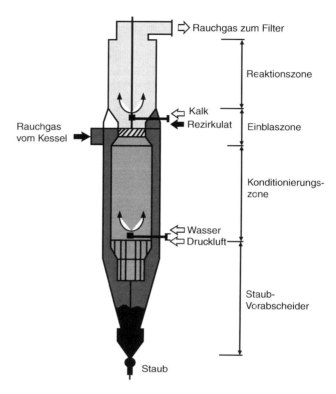

Rauchgas zum Filter

Reaktionszone

Kalk
Rezirkulat

Rauchgas
vom Kessel

Einblaszone

Konditionierungs-
zone

Wasser
Druckluft

Staub-
Vorabscheider

Staub

Schornsteinzüge und -füchse und die erforderliche Wärmedämmung an den Architekten und Bauingenieur weiterzugeben und die notwendigen technischen Daten für das Schornsteingutachten zur Verfügung zu stellen. Wenn man sich aber auf die Ausführung eines freistehenden Stahlschornsteins geeinigt hat, dann sollte die weitere Planung, Ausschreibung und die Bauüberwachung vom Fachingenieur ausgeführt werden, der mit der Planung des Heizwerks oder Heizkraftwerks beauftragt ist.

## 6.9.1  Ermittlung der Schornsteinmindesthöhe für Anlagen mit Feuerungsleistungen bis 1.000 kW

Bei kleineren Feuerungsleistungen bis 1.000 kW für die Gebäudeheizung gelten vereinfachte Bedingungen. Diese Anlagen sind nicht genehmigungspflichtig. Es sind aber die baurechtlichen Verfahren einzuhalten, und es gelten die Feuerungsverordnungen (FeuVO) der Länder. Nach der FeuVO sind folgende Schornsteinhöhen einzuhalten:

a.  Bei Feuerungswärmeleistungen kleiner 278 kW ist die Schornsteinmündung bis 1,0 m über den Dachfirst zu führen. Nur bei einem Satteldach mit einer Dachneigung größer 20° und wenn der Schornstein in der Mitte bzw. direkt am First angeordnet ist, genügt eine Höhe von 0,4 bis 0,5 m (siehe Abb. 6.29).

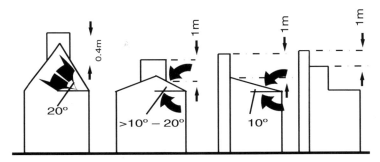

**Abb. 6.29** Schornsteinhöhe über dem First für Feuerungsleistungen bis 278 kW

**Abb. 6.30** Schornsteinhöhe
über dem First für
Feuerungsleistungen zwischen
278 und 1.000 kW

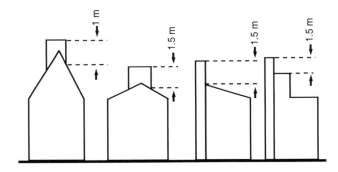

b. Bei Feuerungsleistungen zwischen 278 kW und 1 MW ist die Schornsteinmündung bis 1,5 m über den First zu ziehen. Nur bei einem Satteldach mit der Dachneigung von 20 ° und mehr genügt eine um 1 m über den First geführte Schornsteinmündung (siehe Abb. 6.30).

Die genannten Mindesthöhen gelten nach der Bauordnung nur für Hartdächer und bei normaler Bebauung entsprechend den Vorgaben im Bebauungsplan. In Ausnahmefällen kann die Bauaufsicht andere Höhen oder Maßnahmen fordern und durchsetzen.

Für die Ausführung der Schornsteine gelten unter anderem die DIN 1816 und die VDI 3781 T4. Danach muss die Schornsteinmündung eine bestimmte Mindesthöhe über einem sogenannten Bezugsniveau aufweisen. Als Bezugsniveau gelten die „Fensteroberkanten der höchsten zu schützenden und zum ständigen Aufenthalt von Menschen bestimmten Räume im ‚Einwirkungsbereich' der Emissionsquelle".

Der Einwirkungsbereich ist als Kreisfläche um den Schornstein mit folgender Maßgabe zu ziehen:

Mindestradius = 10 m bei 0 kW

maximaler Radius = 50 m bei 1.000 kW.

Zwischen diesen beiden Werten ist leistungsabhängig linear zu interpolieren.

Die Anwendung der VDI 3781 wird anhand eines Beispiels gezeigt.

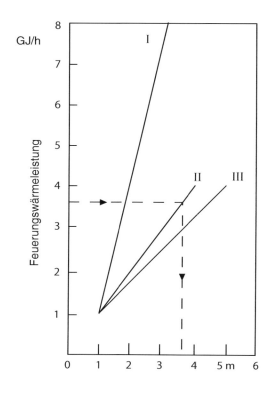

**Abb. 6.31** Höhe der Schornsteinmündung über Bezugsniveau bei *I*) Flüssiggas oder Erdgas, *II*) Heizöl EL und III festen Brennstoffen

**Beispiel 6.1**

*Aufgabenstellung*

Es ist für eine Feuerungsleistung von 950 kW und den Brennstoff Heizöl EL die Schornsteinmindesthöhe festzulegen. Die Heizzentrale wird in einem Werkstattflachbau von 6 m Höhe untergebracht. Die Halle ist 20 m breit und besitzt ein hartes Flachdach. In etwa 45 m Entfernung befindet sich ein Wohnhaus mit einer Fensteroberkante von 8 m.

*Lösung*

Nach Abb. 6.30 ergibt sich die erforderliche Mindesthöhe über dem um 20° angenommenen Dachfirst folgendermaßen: Bei 20 m Gebäudebreite beträgt die Firstbreite 10 m und die fiktive Firsthöhe tan 20° 10 m = 3,64 m. Dazu kommen die erforderliche Mindesthöhe über dem First von 1 m und die Gebäudehöhe von 6 m. Dies ergibt eine Schornsteinhöhe von ca. 10,7 m über Flur.

Die Prüfung, ob sich im Einwirkungsbereich, also im Umkreis von 50 m ein oder mehrere Wohnhäuser befinden, deren Aufenthaltsräume eine Fensteroberkante über der gebäudebedingten Schornsteinhöhe besitzen, ergibt ein neues Bezugsniveau von 8 m.

Die erforderliche Höhe der Schornsteinmündung über dem Bezugsniveau ist Abb. 6.31 nach VDI 3781 zu entnehmen und ergibt sich bei 950 kW bzw. 3,42 GJ/h und Heizöl EL als Brennstoff zu 3,7 m. Die erforderliche Schornsteinhöhe über Erdreich ergibt sich damit zu 8 m Bezugsniveau + 3,7 m = 11,7 m.

Wenn die gebäudebedingte und die umgebungsbedingte Schonsteinhöhe zu unterschiedlichen Ergebnissen führen, dann ist immer die Schornsteinhöhe mit der größeren Höhe
auszuführen. Im vorliegenden Fall ist also die umgebungsbedingte Schornsteinhöhe von
11,7 m über dem Erdreich maßgebend.

## 6.9.2 Ermittlung der Schornsteinmindesthöhe für Anlagen mit Feuerungsleistungen über 1.000 kW nach TA-Luft, Abschnitt 2.4

Die Schornsteinhöhe nach TA-Luft ist nach dem Nomogramm Abb. 6.32 zur Bestimmung
der Schornsteinhöhe zu ermitteln.

Darin bedeuten:

H'     Schonsteinhöhe aus Nomogramm (m)

d     Innendurchmesser des Schornsteins oder äquivalenter Innendurchmesser der Querschnittsfläche (m)

$\vartheta_{RM}$     Temperatur der Abgase an der Schornsteinmündung (°C)

R     Volumenstrom des Abgases im Normzustand nach Abzug des Feuchtegehalts an Wasserdampf ($m^3$/h)

Q     Emissionsmassenstrom des emittierten luftverunreinigenden Stoffes aus der Emissionsquelle (kg/h)

S     Faktor für die Schornsteinhöhebestimmung; für S wird in der Regel $\frac{1}{2} \cdot IW_1$ eingesetzt (siehe Anhang C zu TA-Luft)

Für $\vartheta$, R und Q sind jeweils die Werte einzusetzen, die sich beim bestimmungsgemäßen
Betrieb unter den für die Luftreinhaltung ungünstigsten Betriebsbedingungen ergeben,
insbesondere hinsichtlich des Einsatzes der Brenn- bzw. Rohstoffe. Bei Emission von
Stickstoffmonoxid ist ein Umwandlungsgrad von 60 % zu Stickstoffdioxid zugrunde zu
legen; dies bedeutet, dass der Emissionsmassenstrom von Stickstoffmonoxid mit dem
Faktor 0,92 zu multiplizieren und als Emissionsmassenstrom Q des Stickstoffdioxids im
Nomogramm einzusetzen ist. Die erforderliche Schornsteinhöhe einer Anlage wird in
nachstehend genannter Reihenfolge wie folgt ermittelt:

Der Rauchgasvolumenstrom oder Massenstrom (trocken und im Normzustand) und
die Abgastemperatur beim Austritt aus dem Heißwasser- oder Dampferzeuger sind beim
Hersteller anzufragen oder nach Annahme eines zutreffenden Wirkungsgrads durch eine
Verbrennungsberechnung zu ermitteln. Dazu muss aber bereits Klarheit über Aufteilung,
Aufstellung und Bauart des Wärmeerzeugers und der Feuerungsanlage bestehen.

Danach ist die Abkühlung der Rauchgase in den Rauchrohren und im Schornstein zu
berechnen und die Abgastemperatur an der Schornsteinmündung zu ermitteln.

Zur Berechnung der Abgasabkühlung kann man von einem Schätzwert von 0,3
bis 0,5 K/m Schornsteinhöhe bzw. Rauchgasweg ausgehen. Dies entspricht etwa einer
Wärmedurchgangszahl von

$$k = 0,5 \text{ bis } 1,0 \text{ W/m}^2 \cdot \text{K}.$$

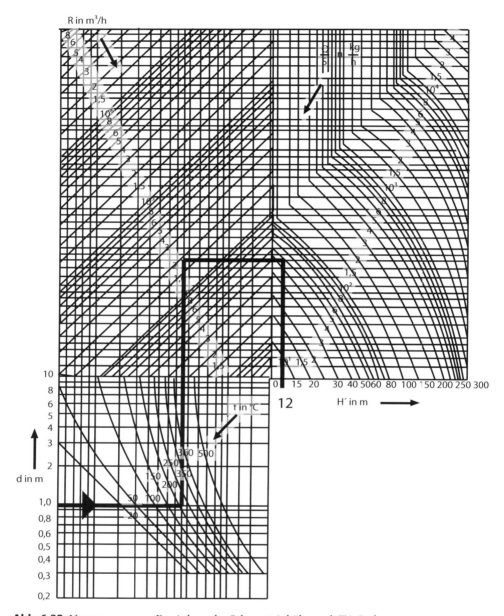

**Abb. 6.32** Nomogramm zur Ermittlung der Schornsteinhöhe nach TA-Luft

Die Länge der Rauchrohre ist dazu aus den Ausführungs- oder Entwurfszeichnungen zu entnehmen, wobei die vorläufige Schornsteinhöhe zunächst nach dem Zugbedarf und den Umgebungsverhältnissen fachgerecht angenommen werden kann.

Die Strömungsgeschwindigkeit an der Schornsteinmündung soll 6 bis 8 m/s betragen, so dass bei der Berechnung des vorläufigen Durchmessers d eine Strömungsgeschwindigkeit von 7 m/s angenommen werden kann. Mit den Auslegungswerten d in m, $\vartheta$ in °C und R in m³/h und dem Emissionsmassenstrom Q dividiert durch den stoffspezifischen Faktor S (nach TA-Luft, Anhang C) Q/S kann aus Abb. 6.32 eine Schornsteinhöhe H' berechnet werden.

Die gefundene Schornsteinhöhe H' gilt unter idealisierten Voraussetzungen. Unter Beachtung der mittleren Höhe J' der geschlossenen, vorhandenen oder nach einem Bebauungsplan zulässigen Bebauung oder des geschlossenen Wuchses über Flur in einem anteiligen Areal des Beurteilungsgebiets wird aus H' die erforderliche Schornsteinhöhe H = H' + J gewonnen. So erhält man z. B. bei einer Schornsteinhöhe nach Nomogramm von H' = 40 m und einer mittleren Höhe (der Bebauung nach der Definition) J = 12 m einen Zuschlag zur Schornsteinhöhe von J = 6 m und somit eine Schornsteinbauhöhe über Grund von H = 46 m.

Eine weitere Korrektur der Schornsteinhöhe H' ergibt sich, wenn die Anlage in einem Tal liegt oder die Ausbreitung durch Geländeerhebungen gestört wird. Dann ist die Richtlinie VDI 3781, Blatt 2 mit dem Titel „Ausbreitung luftfremder Stoffe in der Atmosphäre, Schornsteinhöhen unter Berücksichtigung unebener Geländeformen" (neueste Ausgabe) anzuwenden. Es sind vier Geländeformen vorgegeben (Geländestufen: Ebene, Berg, Tal, welliges Gelände).

Die erforderliche Korrektur der Schornsteinhöhe dafür kann erheblich sein. Weitere Erläuterungen hierzu enthält Blatt 2 der VDI 3781. Die Bestimmung der erforderlichen Schornsteinhöhe nach TA-Luft, Abschn. 2.4 und VDI 3781, Blatt 2 wird am folgenden Beispiel 6.2 nochmals gezeigt.

**Beispiel 6.2: Ermittlung der erforderlichen Schornsteinhöhe**

*Aufgabenstellung*

In einem Klinikum werden zwei Heißwassererzeuger mit einer Nennleistung von je N = 18,0 GJ/h und zwei Dampferzeuger mit einer Nennleistung von je N = 9,94 GJ/h installiert. Der Kesselwirkungsgrad wird von den Herstellern mit 0,877 für die Heißwassererzeuger und mit 0,89 für die Dampferzeuger angegeben. Als Brennstoff wird Heizöl EL mit maximal 0,3 % Schwefelgehalt eingesetzt. Gesucht ist die erforderliche Schornsteinhöhe über Erdgleiche.

*Lösung*

Bei der Aufstellung von mehreren Feuerungseinrichtungen ist die Summe der Feuerungsleistung zur Ermittlung der erforderlichen Schornsteinhöhe zugrunde zu legen. Mit den genannten Nennleistungen und den Kesselwirkungsgraden erhält man die maximale Feuerungsleistung aufgerundet zu N = 63 GJ/h und den Brennstoffdurchsatz:

$$\dot{m}_B = \frac{N}{H_u} = \frac{63{,}38 \cdot 10^6 \text{ kJ/h}}{42{,}7 \cdot 10^3 \text{ kJ/kg}} = 1.485 \text{ kg/h}.$$

Hu = 42.700 Heizwert von Heizöl EL aus Tab. 4.6

Das Rauchgasvolumen (feucht) errechnet sich zu

$$R_f = v_f \cdot \lambda \cdot \dot{m}_B = 11{,}8\frac{m^3}{kg} \cdot 1{,}19 \cdot 1.485\frac{kg}{h} = 20.845\frac{m^3}{h}$$

bzw. das Rauchgasvolumen (trocken) zu

$$R_{tr} = v_{tr} \cdot \lambda \cdot \dot{m}_B = 10{,}2\frac{m^3}{kg} \cdot 1{,}19 \cdot 1.485\frac{kg}{h} = 18.018\frac{m^3}{h}.$$

$v_f$  = 11,8 m³/kg spezifisches Volumen feuchtes Rauchgas aus Tab. 4.6
$v_{tr}$  = 10,2 m³/kg spezifisches Volumen trockenes Rauchgas aus Tab. 4.6
$\lambda$   = 1,19 Luftverhältnis (Herstellerangabe)

Die Emissionen an Schwefeldioxid errechnen sich zu

$$S = 1500\,kg/h \cdot 0{,}3\,\% = 4{,}45\,kg/h$$

$$S\text{-Gehalt} = 0{,}3\,\%\ \text{nach DIN}$$

Da 1 kg S zu 2 kg $SO_2$ verbrennt, beträgt der Massenstrom $SO_2 = 8{,}9$ kg/h, und bezogen auf das Rauchgasvolumen (trocken) ergibt sich die $SO_2$-Massenkonzentration zu

$$SO_2 = \frac{8{,}9\frac{kg}{h}}{18.018\frac{m^3}{h}} = 494\frac{mg}{m^3}.$$

Die Höhe des Schornsteins H' wird anhand der Abb. 6.32 ermittelt. Hierzu wird verwendet:

$$d = \sqrt{\frac{4}{\pi} \cdot \frac{\vartheta_f}{w \cdot 3600} \cdot \frac{\vartheta_R}{\vartheta_0}}\,[m] \qquad\qquad (6.4)$$

$$d = \sqrt{\frac{4}{\pi} \cdot \frac{18.018\frac{m^3}{h}}{7\frac{m}{s} \cdot 3600} \cdot \frac{473\,K}{288\,K}} = 1{,}32\,m$$

$\vartheta_R = 200\,°C = 473\,K$  Temperatur am Kesselende (Herstellerangabe)
$\vartheta_0 = 15\,°C\ = 288\,K$  Referenztemperatur der Tab. 4.6
w  $= 7\,m/s$                Geschwindigkeit an der Schornsteinmündung (festgelegt nach TA-Luft)

$$R_f = 20.844\,kg/h$$

$$\frac{Q}{S} = \frac{8{,}9\frac{kg}{h}}{0{,}2} = 45\frac{kg}{h}$$

S $= 0{,}2$ nach TA-Luft
     Daraus ermittelt man H' zu 12 m.

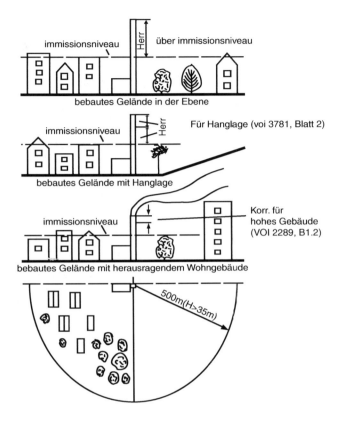

**Abb. 6.33** Umgebungsbedingter Einfluss auf das Immissionsniveau nach VDI 2289 und 3781, Blatt 2

Bei der Ermittlung des Immissionsniveaus ist das in der Hauptwindrichtung und ca. 70 m entfernte Gebäude der Kinderklinik mit einer Bauhöhe von 21 m und der Geländeanstieg bis zum Gebäude um ca. 2 m zu beachten.

Aus diesem Grund ist die mittlere Höhe der geschlossenen Bebauung und des Bewuchses im Immissionsbereich des Emittenten auf I = 23 m festzulegen (siehe Abb. 6.33).

Damit ergibt sich die erforderliche Schornsteinhöhe H = H' + I zu 12 + 23 = 35 m.

Das Beispiel zeigt, dass die erforderliche Schornsteinhöhe sehr stark von der Festlegung des Immissionsniveaus abhängig ist. Deshalb sollte der Ingenieur sich die Vorgaben in der VDI 3781 und 2282, Blatt 2 und die darin genannten Anwendungsbeispiele genauer ansehen. Abbildung 6.33 zeigt die drei Anwendungsfälle.

$CO_2$-Gehalt = 13,5 %     Betriebswert (Herstellerangabe)
$O_2$-Gehalt = 3 %          Bezugswert nach TA-Luft

Mit der ermittelten Schornsteinhöhe kann nun die Schornsteinanlage entworfen und mit einer kompetenten Herstellerfirma besprochen werden. Wenn alle technischen Fragen zur Ausführung geklärt sind, können Angebote eingeholt und die Ausführungspläne angefertigt werden. Vor der Anfertigung der Ausführungspläne ist eine strömungs- und wärmetechnische Berechnung durchzuführen.

## 6.9.3   Strömungs- und wärmetechnische Berechnung der Schornsteinanlage

Für die Ermittlung der erforderlichen Schornsteinhöhe war der Schornstein für die gesamte Feuerungsleistung und wie ein gemeinsames Rauchrohr zu betrachten.

Für einen ordnungsgemäßen Betrieb, für die Einhaltung der Grenzwerte und des Unterdrucks am Wärmeerzeuger sowie der Strömungsgeschwindigkeit und Rauchgastemperatur beim Austritt aus der Kaminmündung muss für jeden Wärmeerzeuger ein Rauchrohr und ein für die jeweilige Rauchgasmenge bemessener Schornsteinzug ausgeführt werden.

---

**Beispiel 6.3: Berechnung der einzelnen Rauchgaszüge**

*Aufgabenstellung*
Die Querschnitte der einzelnen Züge sind so zu dimensionieren, dass die vorgeschriebene Strömungsgeschwindigkeit von 7 m/s an der Schornsteinmündung jedes Zugs eingehalten wird.

*Lösung*
Die Rauchgasmengen der einzelnen Züge errechnen sich mit dem jeweiligen Kesselwirkungsgrad aus den Kesselleistungen, wie im Beispiel 6.2 genannt, zu je 481 kg/h für die Heißwassererzeuger und je 262 kg/h für die Dampferzeuger.

Die Rauchgasmenge (feucht) ergibt sich damit und mit $\lambda = 1{,}19$ aus Tab. 4.6 zu je $3.672\,\mathrm{m_N^3/h}$ für die Dampferzeuger und je $6.750\,\mathrm{m_N^3/h}$ im Normzustand.

Bei einer mittleren Rauchgastemperatur von ca. 220 °C ergibt sich das feuchte Rauchgasvolumen für die Dampferzeuger zu:

$$V_{f,Dampf} = \frac{3.672 \cdot 473}{288} = 6.032 \ \mathrm{m^3/h}$$

und für die Heißwassererzeuger zu:

$$V_{f,Heisswasser} = \frac{6.750 \cdot 473}{288} = 11.085 \ \mathrm{m^3/h} \cdot$$

Damit ergeben sich die Innendurchmesser der Rauchgaszüge zu

$$d_{i,Dampf} = \sqrt{\frac{4}{\pi} \cdot \frac{6.032}{7 \cdot 3.600}} = 0{,}55 \ \mathrm{m} \ \text{gewählt} \ 0{,}6 \ \mathrm{m},$$

$$d_{i,Heisswasser} = \sqrt{\frac{4}{\pi} \cdot \frac{11.085}{7 \cdot 3.600}} = 0{,}75 \ \mathrm{m} \ \text{gewählt} \ 0{,}76 \ \mathrm{m}.$$

Es werden folgende Ausführungen gewählt:

**Abb. 6.34** Schnitt durch die
Schornsteinanlage

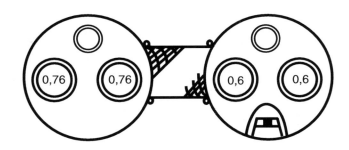

Mantelrohr aus Stahl St 37, Innendurchmesser 2 m, darin untergebracht sind zwei
Rauchrohre aus Edelstahl, Innendurchmesser 0,76 m, mit einer Wärmedämmung aus
Steinwolle 60 mm dick und einer Einfassung aus Alublech. In diesem Mantelrohr
werden außerdem noch das Abgasrohr der Müllverbrennung mit einem Innendurch-
messer von 0,3 m und einer Dämmung wie vorher beschrieben und das Abgasrohr des
Notstromaggregats des Klinikums geführt.

In ein zweites Mantelrohr mit einem Innendurchmesser von 2 m werden die Rauchrohre
der beiden Dampferzeuger und die Steigleiter für den Schornsteinfeger oder für sonstige
Kontrollgänge geführt. Die Rauchrohre erhalten ebenfalls eine Wärmedämmung 60 mm
dick und einen Alublechmantel.

Die Steigleiter wird mit Rückenschutz und Führungsschienen entsprechend den Sicherheitsbestimmungen ausgeführt. Der Schnitt durch die beiden Schornsteine ist in Abb. 6.34
dargestellt.

Nachdem die Durchmesser der einzelnen Schornsteinrauchrohre und die Strömungsgeschwindigkeit festgelegt sind, können nun die Wärmeverluste und die Temperatur der
Rauchgase beim Austritt aus dem Kamin berechnet werden.

Nach Gl. 6.3 wird:

$$k = \frac{1}{\frac{1}{\alpha_i} + \frac{1}{\alpha_a} + \frac{\delta}{\lambda}}$$

$$= \frac{1}{\frac{1}{25 \frac{W}{m^2 \cdot K}} + \frac{1}{8 \frac{W}{m^2 \cdot K}} + \frac{0,06 m}{0,04 \frac{W}{m \cdot K}}} = 0,6 \frac{W}{m^2 \cdot K}$$

$\alpha_i = 25$ W/m$^2$K  kann auch aus Bild 16 der DIN 4705 entnommen werden.

$\alpha_a = 8$ W/m$^2$K  beträgt bei geringer Luftbewegung und Oberflächentemperaturen von
20 bis 30 °C etwa 8 bis 10 W/m$^2 \cdot$ K

$\delta = 0,06$ m

$\lambda = 0,04$ W/mK

Die Eintrittstemperaturen der Rauchgase werden, wie vom Hersteller der Wärmeerzeuger angegeben, mit 250 °C für die Dampferzeuger und mit 220 °C für die Heißwassererzeuger eingesetzt.

Die Temperatur im belüfteten Mantelrohr wurde für den Winter mit − 5 °C angenommen.

Bei der Schornsteinaustrittstemperatur der Rauchgase wird zunächst von einer Abkühlung von 0,4 K/m ausgegangen. Bei einer Rauchrohrlänge von 15 m zwischen Wärmeerzeuger und Schornsteinanschluss und bei einer Schornsteinhöhe von 35 m ergibt sich ein Rauchgasweg von 50 m für den ungünstigsten Anschluss. Daraus errechnet sich die vorläufige Rauchgastemperatur an der Schornsteinmündung zu $250 - 20 = 230\,°C$ für die Rauchgase der Dampferzeuger und $220 - 20 = 200\,°C$ für die Heißwassererzeuger.

Die mittlere Rauchgastemperatur für die Dampferzeuger beträgt dann

$$\vartheta_{RM} = \frac{250 + 230}{2} = 240\,°C$$

und für die Heißwassererzeuger

$$\vartheta_{RM} = \frac{220 + 200}{2} = 210\,°C.$$

Mit den mittleren Temperaturgefällen und der berechneten Wärmedurchgangszahl ergibt sich folgender Wärmeverlust für den Rauchgasweg der Dampferzeuger:

$$Q_R = k \cdot \Delta\vartheta_m \cdot A \cdot H$$

$$= 0{,}6\,\frac{W}{m^2 K} \cdot (240\,°C - (-5\,°C)) \cdot 0{,}72\,m \cdot \pi \cdot 50\,m$$

$$= 16.642\,W = 59.911\,\frac{kJ}{h}.$$

Darin ist A der Umfang des gedämmten Schornsteinzugs und H der Rauchgasweg. Mit dem gleichen Berechnungsweg erhält man den Wärmeverlust des Heißwassererzeugers zu 17.850 W bzw. 64.258 kJ/h.

Daraus errechnen sich die tatsächlichen Abkühlungen und die Rauchgastemperaturen an der Schornsteinmündung zu:

$$\vartheta_{RM} = \vartheta_{Re} - \frac{Q_R}{R_f \cdot c}\,[K]. \tag{6.5}$$

Für die Rauchgase der Dampferzeuger ergibt sich:

$$\vartheta_{RM} = 250\,°C - \frac{59.911\,\frac{kJ}{h}}{6.032\,\frac{m_n^3}{h} \cdot 1{,}09\,\frac{kJ}{m_n^3 \cdot K}} = 240{,}9\,°C$$

und für die Rauchgase der Heißwassererzeuger:

$$\vartheta_{RM} = 220\,°C - \frac{64.258\,\frac{kJ}{h}}{11.085\,\frac{m_n^3}{h} \cdot 1{,}09\,\frac{kJ}{m_n^3 \cdot K}} = 214{,}7\,°C.$$

Das Ergebnis zeigt, dass die Abkühlung der Rauchgase geringer als 0,4 K/m ist. Die Dicke der Wärmedämmung wird aber beibehalten, weil die Rauchgaseintrittstemperatur im Teillastbetrieb um ca. 20 bis 30 K tiefer als im Volllastbetrieb liegen kann. Für die niedrige Austrittstemperatur ergibt sich eine niedrigere Austrittsgeschwindigkeit, was die Emissionsverteilung nachteilig beeinflusst.

Für die einwandfreie Funktion der Feuerungsanlage muss auch die vorhandene Zugstärke berechnet werden. Bei der gegebenen Heizölfeuerung handelt es sich um eine Überdruckfeuerung. Der zum Heizölbrenner gehörende Verbrennungsluftventilator ist für die Förderung der erforderlichen Verbrennungsluft und für die Überwindung der Rauchgaswiderstände innerhalb der Dampf- oder Heißwassererzeuger zu bemessen. Die Dampf- oder Heißwassererzeuger sind entsprechend dem Überdruck in den Rauchgaswegen dicht auszuführen. Am Ende des Dampferzeugers und an der Anschlussstelle der Rauchrohre muss Unterdruck vorhanden sein, so dass keine Rauchgase in das Innere des Heizwerkgebäudes gelangen können. Der Schornstein muss mindestens so viel Zug- bzw. Unterdruck erzeugen, wie für den Transport der Rauchgase durch die Rauchrohre, Schalldämpfer und den Schornstein benötigt wird.

Die Zugstärke oder der natürliche Unterdruck eines Schornsteins ergibt sich aus dem Dichteunterschied von Außenluft und Rauchgasen sowie aus der Schornsteinhöhe und der Erdbeschleunigung.

$$\Delta P = H(\rho_L - \rho_{Rm}) \cdot g \left[ \frac{N}{m^2} \right]. \tag{6.6}$$

Mit $\vartheta_{Rm} = (250\,°C + 240{,}9\,°C)/2 = 245{,}4\,°C$ für die Rauchgase des Dampferzeugers und $\vartheta_{Rm} = (220\,°C + 214{,}7\,°C)/2 = 217{,}3\,°C$ für die Rauchgase des Heißwassererzeugers erhält man die Dichte aus:

$$\rho_{Rm} = \frac{p_L}{R \cdot T_m} \left[ \frac{kg}{m^3} \right]. \tag{6.7}$$

Darin ist $p_L$ der Luftdruck oder Atmosphärendruck bei 1 bar = 100.000 Pa oder N/m². R ist die spezifische Gaskonstante des Rauchgases im Normzustand in J/(kgK) und $T_m$ die mittlere Rauchgastemperatur in Kelvin.

Für die Rauchgase des Dampferzeugers ergibt sich

$$\rho_{Rm} = \frac{100.000 \frac{N}{m^2}}{290 \frac{J}{kg \cdot K} \cdot 513{,}9K} = 0{,}671 \frac{kg}{m^3},$$

für die Rauchgase des Dampferzeugers ergibt sich

$$\rho_{R_m} = \frac{100.000\frac{N}{m^2}}{290\frac{J}{kg\cdot K}\cdot 487,7K} = 0,707\frac{kg}{m^3},$$

für die Außenluft bei 25 °C für den Dampferzeuger im Sommerbetrieb

$$\rho_{R_L} = \frac{100.000\frac{N}{m^2}}{287\frac{J}{kg\cdot K}\cdot 298K} = 1,17\frac{kg}{m^3}$$

für die Außenluft bei 25 °C am Ende der Heizperiode

$$\rho_{R_L} = \frac{100.000\frac{N}{m^2}}{287\frac{J}{kg\cdot K}\cdot 288K} = 1,21\frac{kg}{m^3}.$$

Mit vorstehend berechneten Dichten wird der verfügbare Unterdruck für die Dampfer-zeugung im Sommerbetrieb nach Gl. 6.6

$$\Delta P = 35\,m \cdot (1,17 - 0,67)\frac{kg}{m^3} \cdot 9,81\frac{N}{kg} = 171,1\frac{N}{m^2}$$

und für die Heißwassererzeugung am Ende der Heizperiode

$$\Delta P = 35\,m \cdot (1,21 - 0,707)\frac{kg}{m^3} \cdot 9,81\frac{N}{kg} = 172,6\frac{N}{m^2}.$$

Für die Berechnung der Reibungsverluste ist eine Skizze der Rauchrohre und des Schorn-steins, wie in Abb. 6.35 dargestellt, anzufertigen. Aus der Skizze können die Anzahl und die Art der Rauchrohrformstücke für die Festlegung der Einzelwiderstände und die Länge der Rauchrohre entnommen werden. Dabei ist zu beachten, dass auch der Anschluss der Rauchrohre an das Kaminrauchrohr mit zweimal 45 °- Formstücken erfolgt.

Das längste Rauchrohr enthält einen Bogen 90 ° und zwei Bogen mit je 45 ° Damit ergibt sich die Summe der ξ-Werte zu 2 (nach DIN 4705, Teil II, Tab. 6.1 oder nach Tab. 3.6).

Mit der Gesamtlänge von Rauchrohr und Kaminrauchrohr von 50 m und der Strömungsgeschwindigkeit von 7 m/s ergibt sich der Druckverlust aus Gl. 3.10 und 3.11 zu:

$$\Delta P_{erf.} = 0,023\frac{50\,m \cdot \left(7\frac{m}{s}\right)^2 \cdot 0,703\frac{kg}{m^3}}{0,76\,m \cdot 2} + 2\frac{0,703\frac{kg}{m^3}}{2} \cdot \left(7\frac{m}{s}\right)^2$$

$$= 60,86\frac{N}{m^2}$$

Der Druckverlust im Schalldämpfer ist den Herstellerkatalogen zu entnehmen oder bei den Herstellern zu erfragen und beträgt bei üblichen Ausführungen und Baulängen etwa 80 bis 100 N/m², so dass mit einem Druckverlust von 160 N/m² bei maximaler Feuerungsleistung zu rechnen ist.

Die Rohrreibungszahl kann der DIN 4705, Abb. 17, entnommen werden.

Ob der Einbau eines Zugreglers für den Teillastbetrieb erforderlich ist, muss mit den Herstellern von Feuerungsanlage und Wärmeerzeuger geklärt werden.

**Abb. 6.35** Ausführungsskizze zur Rauchrohranordnung

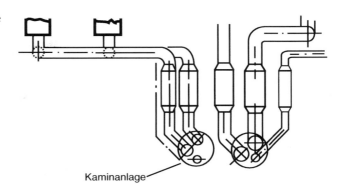

Kaminanlage

## 6.9.4 Berechnung der Standfestigkeit und der Fundamentkräfte

Die Grundlage für die statische Bemessung von freistehenden Stahlschornsteinen enthält die DIN 4133. Hier wird zwischen freistehenden, abgespannten und abgestützten Schornsteinen unterschieden. Demnach ist ein Schornstein freistehend, wenn „sein Tragrohr nicht Bestandteil einer anderen Konstruktion ist". Abgespannt ist ein Schornstein dann, wenn das Tragrohr durch Zugglieder gehalten wird. Ist der Schornstein abgestützt, so ist sein Tragrohr entweder an einem Gebäude oder an einer anderen Tragkonstruktion befestigt. Schornsteine sind, abhängig von der Höhe, der Anströmfläche und vom Standort, hohen Windlasten ausgesetzt. Es ist der Staudruck, der das Mantelrohr oder den Baukörper des Schornsteins auf Biegung beansprucht. Wirbelwinde und pulsierende Winde versetzen den Schornstein in Schwingungen, wodurch die Standfestigkeit erheblich beeinflusst wird.

Die DIN 4133 regelt auch die Fragen zum Einsatz der Werkstoffe und der Fertigung. Es dürfen nur Baustoffe verwendet werden, die den technischen Baubestimmungen und dem Bauordnungsrecht entsprechen. Das heißt, die zum Einsatz kommenden Stähle und Baustoffe müssen geprüft und zugelassen sein.

Die Verwendung der Stähle richtet sich nach der Betriebstemperatur und der Beschaffenheit der Rauchgase. Dementsprechend dürfen allgemeine Baustähle nur bis 300 °C für das rauchgasführende Rohr und warmfeste Stähle bis 450 °C eingesetzt werden. Bei Rauchgüssen von Heizölfeuerungen und aus Müllverbrennungsanlagen sind nichtrostende Stähle, die bis 550 °C zugelassen sind, zur Vermeidung von Korrosionsschäden einzusetzen. Für die verwendeten Werkstoffe sind Bescheinigungen nach DIN EN 10204-3.1. B durch den Hersteller nachzuweisen. Hersteller von Stahlschornsteinen müssen einen Eignungsnachweis besitzen. Hierzu sind in der DIN 4133 Bereiche festgelegt.

a. *Anwendungsbereich* I:

Dieser betrifft Kamine mit einer Höhe von > 16 m bzw. Kamine, deren Verhältnis Gesamthöhe zu Durchmesser (H/D) > 16 ist. Die Türme dieser Abmessungen müssen hinsichtlich der statischen Berechnung auf Querschwingung untersucht werden und

dürfen ausschließlich von Betrieben mit dem großen Eignungsnachweis nach DIN
18800 gefertigt werden.

b. *Anwendungsbereich* II:
   Kamine mit Abmessungen zwischen > 2 m < 16 m und H/D < 16 brauchen bezüglich
   ihrer Statik nicht auf Querschwingung untersucht werden. Für den Herstellerbetrieb
   ist der kleine Eignungsnachweis ausreichend.

c. *Für die Erstellung von Schornsteinen bis 2 m Bauhöhe ist kein Eignungsnachweis*
   *erforderlich.*

Der Hersteller eines freistehenden Schornsteins sollte auch in der Lage sein, die hierfür
erforderliche prüffähige Statik zu erstellen.

Der Ingenieur, der die Gesamtanlage plant, benötigt zunächst eine Vorstatik, der
die erforderlichen Wandstärken der Mantel- und Rauchrohre zu entnehmen ist. Außerdem benötigt er die Vertikal- und die Horizontalkraft sowie die Momente, die vom
Schornsteinfundament aufzunehmen sind.

Der Anlagenplaner kann mit den bisher berechneten und festgelegten Schornsteinabmessungen und der erforderlichen Schornsteinhöhe bei einem oder mehreren Schorn-
steinherstellern Angebote einholen und weitere Details zur Ausführung mit den Bietern
abstimmen.

Die auf das Schornsteinfundament einwirkenden Kräfte und Momente kann der Anlagenplaner bei den Bietern anfordern oder auch nach DIN 4133 selbst berechnen. Die
Wandstärken für das Mantelrohr errechnen sich aus dem Biegemoment, die der Rauchrohre sind von der Bauart und den Befestigungskonstruktionen abhängig und müssen von
den Bietern rechnerisch festgelegt und nachgewiesen werden.

Das Berechnungsverfahren ist in der DIN 4133 ausführlich dargestellt und wird deshalb
hier nur mit wenigen Hinweisen für die vorstehend beschriebene Schornsteinanlage in
Kurzform für die Hauptabmessungen und Kräfte durchgeführt.

---

**Beispiel 6.4: Berechnung der Fundamentkräfte und Momente**

*Aufgabenstellung*
Ermittlung der Fundamentkräfte für Windzone 1 nach DIN 1055-4, Anhang A

*Lösung*
Für Windzone 1 ist mit einer Windgeschwindigkeit w = 22,5 m/s zu rechnen.
Der Staudruck ergibt sich zu

$$q = \frac{\rho}{2} \cdot w^2 = \frac{1{,}25\,\frac{\text{kg}}{\text{m}^3}}{2} \cdot \left(22{,}5\,\frac{\text{m}}{\text{s}}\right)^2 = 316{,}4\,\frac{\text{N}}{\text{m}^2},$$

der Böengeschwindigkeitsdruck für Bauwerke zwischen 25 und 50 m zu

$$q_z = 1{,}7 \cdot q \cdot \frac{h^{0,37}}{10} = 1{,}7 \cdot 316{,}4 \cdot 3{,}5^{0,37} = 855\,\frac{\text{N}}{\text{m}^2}.$$

**Abb. 6.36** Darstellung der
Fundamentkräfte

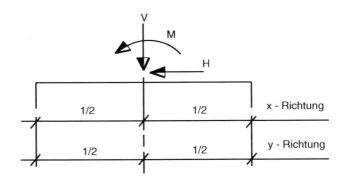

Der Winddruck außen entspricht $q_z \cdot C_w$, wobei für eine freistehende Fläche $C_w = 1{,}1$ ist. Die statische Windlast ergibt sich zu $W_{stat.} = 1{,}1 \cdot 855\,N/m^2 = 940\,N/m$, gewählt werden $1.000\,N/m^2$ bzw. $1\,kN/m^2$ für die Ermittlung der Kräfte.

Für ein rundes Mantelrohr wird ein Formfaktor $C_F = 1{,}1$ gewählt. Somit ergibt sich für den Schornstein mit einer Höhe von mehr als 25 m $W_{stat.}$ für die Schornsteinfläche mit $d \cdot 1{,}1 =$ Wandbreite und $h = 35\,m$:

$$W_{stat.} = 1{,}1 \cdot d \cdot 1\,kN/m^2 = 1{,}1 \cdot 2\,m \cdot 1kN = 2{,}035\,kN/m.$$

Das Eigengewicht ergibt sich aus der Summe der Bauteilgewichte und beträgt für einen Schornstein 150 kN ohne Eisansatz und ca. 250 kN bei Vereisung.

Die Schnittgrößen am Schornsteinfuß ergeben sich zu:

$M_{Fuß} = 2{,}2\,kN/m \cdot 35m^2 / 2 = 1.347\,kNm \approx 1.350\,kNm$ und
$H_{Fuß} = 2{,}2\,kN/m \cdot 35m = 77\,kN$.

Die Fundamentlasten für zwei Schornsteine ergeben sich damit zu:

$V_{min.} = 2 \cdot 150\,kN = 300\,kN$    ohne Eisansatz
$V_{min.} = 2 \cdot 250\,kN = 500\,kN$    mit Eisansatz
$M = 2 \cdot 1.350 = 2.700\,kN$    in jeder Richtung
$H = 2 \cdot 77 = 154\,kN$    in jeder Richtung

bezogen auf Oberkante Fundament und Fundamentmitte (siehe Abb. 6.36).

Der Nachweis für die Betriebsfestigkeit, die Berechnung der wirbelerregten Schwingungen in Querrichtung, die Prüfung, ob Schwingungsdämpfer benötigt werden, und der Spannungsnachweis für die Wandstärke der Mantelrohre und der Innenrohre sowie der Spannungsnachweis für alle Schweißnähte und für den Bodenbefestigungsflansch einschließlich der Schraubverbindung muss vom Hersteller der Schornsteinanlage durchgeführt werden, weil dazu Einzelheiten aus der Konstruktion und der Fertigung benötigt werden. Anforderungen an die Berechnung der Konstruktion und zur Fertigung enthält die DIN 4133.

## 6.9.5    Leistungsbeschreibung und Überwachung der Ausführung

Nachdem alle Einzelheiten zur Ausführung der Schornsteinanlage bekannt sind, können die Ausführungspläne des Ingenieurs erstellt und mit dem Bezirks-Schornsteinfegermeister hinsichtlich Dimensionierung, Begehung zur Reinigung, Ausführung der Reinigungsbühne und Anordnung der Reinigungsöffnungen in den Rauchrohren besprochen werden. Nachdem die Forderungen des zuständigen Bezirks-Schornsteinfegermeisters eingearbeitet wurden, kann der Ingenieur die Leistungsbeschreibung und die Ausschreibung der Schornsteinanlage erstellen.

Die Ausschreibung besteht in der Regel aus den Vergabe- und Vertragsbedingungen des Bauherrn oder der ausschreibenden Behörde und den vom Ingenieur zu erstellenden Teilen, wie technischer Erläuterungsbericht, spezielle Vorbemerkungen und Leistungsbeschreibung.

Im technischen Erläuterungsbericht ist die Schornsteinanlage so zu beschreiben, dass der Bieter oder Hersteller der ausgeschriebenen Leistung die vorgesehene Schornsteinausführung und alle technischen Randbedingungen entnehmen kann. Für die vorstehend berechnete Schornsteinanlage könnte der technische Erläuterungsbericht wie folgt lauten:

### 6.9.5.1    Beschreibung der Anlage

Die Schornsteinanlage besteht aus einem Verbund von 2 Stück nebeneinander angeordneten Stahlschornsteinen mit je 3 Rauchgaszügen. Jeder der beiden Schornsteine besteht also aus dem Mantelrohr in freistehender und selbsttragender Ausführung und den 3 Rauchgaszügen.

Im rechten Schornstein, der mit etwas schwächeren Rauchgaszügen zu belegen ist, muss der innere Aufstieg untergebracht werden. Oberhalb des Schornsteinkopfes ist ein Zugang zum nebenstehenden Schornstein vorzusehen. Der Zugang ist schwingungsgedämpft bzw. so zwischen beiden Schornsteinen anzubringen, dass diese unabhängig voneinander schwingen können. Die Verbindung dient zugleich als Messbrücke und zur Wartung der Flugsicherheitsbefeuerungsanlage.

Bei der Konstruktion der Schornsteinanlage muss auf die entsprechenden schalldämmenden Maßnahmen geachtet werden. Die Schornsteinanlage soll weder Körper- noch Luftschall im unteren Frequenzbereich übertragen. Die Innenzüge sind so in den Schornstein einzubauen, dass sie vom Außenmantel akustisch entkoppelt sind. Die lineare Schalldämpfung muss für die Schornsteinanlage bzw. für den einzelnen Rauchzug größer als 30 dB sein.

Der Schornstein ist auf einem Tischfundament, das mit dem Gebäudefundament verbunden ist, aufzustellen. Für jeden Schornstein sind vorab ein Fundament-Einbaufußring oder Ankerkorb mit Zentrierringen und Zuganker anzuliefern.

Der Einbau erfolgt durch die Rohbaufirma im Beisein des Obermonteurs der Schornsteinlieferfirma und ist von diesem zu überwachen.

Alle erforderlichen Angaben für den Einbau und die Verbindung mit dem Bauwerk sind rechtzeitig und spätestens 6 Wochen nach Auftragserteilung an den Statiker zur Einarbeitung in den Fundamentbewehrungsplan zu liefern.

Für die Abführung des Regenwassers von der Schornsteinabdeckplatte und zur Entwässerung des Tragmantels sind ein Einlauf und eine Entwässerungsleitung aus Edelstahlrohren, Werkstoff Nr. 1.4571, in geschweißter Form im Schornsteininneren zu verlegen. Ein Dehnungsausgleicher-Stopfbüchsenschiebestück aus Edelstahl ist am Schornsteinfuß einzubauen. Das Regenrohr ist durch das Schornsteinfundament zu verlegen und als seitlicher Anschluss an einen Bodeneinlauf im Fundamentbereich anzuschließen.

Zur Entwässerung der einzelnen Rauchrohre sind unterhalb der Reinigungsöffnungen jeweils ein Regenwasserablaufrohr aus Edelstahl – wie vor beschrieben – aus dem Schornstein herauszuziehen und mit einem Flansch PN 6, DN 80 und einem Ablasshahn auszurüsten.

Zum Lieferumfang der Schornsteinanlage gehören die Rauchgasrohre einschließlich Isolierung und Schalldämpfer für jedes Rauchgasrohr. Die Schalldämpfer sind so zu bemessen, dass die Schornsteinanlage mit den Schalldämpfern eine Gesamtschalldämmleistung von 65 $dB_A$ für die Hauptstörfrequenz des Brenner- und Flammengeräusches erbringt. Die TA-Lärm ist in jedem Falle einzuhalten und das Betriebsgeräusch darf nachts in ca. 12 m Entfernung (Schwesternwohnhaus) nicht mehr als 35 $dB_A$ betragen.

Die Schalldämpfer am Kaminfuß sind für eine Schalldämmleistung von ca. 15 bis 20 $dB_A$ zu bemessen. Die restliche und zusätzliche Schalldämmung ist durch Mündungsschalldämpfer im Schornsteinkopf sicherzustellen. Die erforderliche Gesamtschalldämmung ist mit den Lieferanten der Notstromaggregate, der Müllverbrennung und der Heißwasser- bzw. HD-Dampfkessel abzustimmen. Dabei ist zu beachten, dass nachts 2 Heißwasserkessel mit Volllast und die beiden Notstromaggregate in Betrieb sein können. Am Tage können alle an der Schornsteinanlage angeschlossenen Aggregate mit Volllast in Betrieb sein.

Die Notstromaggregate erhalten Aggregat-Schalldämpfer, mit denen das Betriebsgeräusch an der Liefergrenze bis auf 50 DBA gedämmt wird. Die Hauptstörfrequenz beträgt 150 Hz. Die restliche Dämpfung muss im Schalldämpfer am Schornsteineintritt oder am Mündungsschalldämpfer vorgenommen werden.

Zur Lieferung der Schalldämpfer gehört auch das erforderliche Traggerüst aus Profilstahl bzw. die Aufhängung an der Betondeckenkonstruktion. Die Werkstoffe für die Rauchrohre und Schornsteinzüge wurden nach wirtschaftlichen Gesichtspunkten festgelegt, und zwar sollen die Rauchrohre und Kaminzüge der Müllverbrennungsanlage und der Notstromaggregate aus Edelstahl (Werkstoff Nr. 1.4571) und die Rauchrohre für die Dampferzeuge- und Heißwasserkessel aus WT St 37.2 gefertigt werden.

**Tab. 6.10** Technische Daten für die Feuerungsanlagen

| Energieerzeuger | Heißwasser-kessel I und II | HD-Dampf-kessel III und VI | Müllverbrennung | Notstrom-aggregat 1 u. 2 |
|---|---|---|---|---|
| Leistung je Brennstoff | 4.650 kW Erdgas und Heizöl | 3.2 t/h Erdgas und Heizöl EL b. Spitzenabsch. | 150 kg/h Heizöl EL u. Krankenhaus spez. Müll | 425 kW$_{el.}$ Dieselöl bzw. Heizöl EL |
| Bauart | HW bis 120 °C | HDD 14 bar | Pyrolyse | 4-Takter |
| Abgasstutzen Ø | 650 mm | 500 mm | 450 mm | 400 mm |
| Abgastemperatur | 170–240 | 180–220 | 220–250 (400) | 180–200 (520) |
| Abgasmenge m$^3$ bezogen auf die mittlere Abgastemperatur | 12.100 | 5.000 | 3.500 | 2.000 |

Wenn der Bieter gegen die genannten Werkstoffe Bedenken hat, so muss er diese ausführlich begründen und als Alternative ein separates Angebot mit den von ihm vorgeschlagenen Werkstoffen beifügen. Zum Aufstellen und Einbringen des Schornsteinfußes wird in der Decke über dem Schornsteinfundament eine ausreichend bemessene Montageöffnung, die mit dem Auftragnehmer noch festzulegen ist, offengelassen. Der Auftragnehmer muss zu den beiden Schornsteinmantelrohren geeignete Futterrohre liefern und in die Bewehrung montieren. Danach wird die Montageöffnung durch die Rohbaufirma geschlossen. Später sind am Schornsteinmantelrohr Abdeckhauben oder Kränze zum Abdichten gegen Regen anzubringen. Die Schornsteinhöhe muss gemäß beiliegendem Schornsteingutachten eine Höhe von 35 m über dem Gelände (bezogen auf die Höhenlinie von 224 über NN) haben. Die Gesamtbauhöhe bis zum Fundament ergibt sich aus der Zeichnung zu ca. 40,5 m und ist auf der Baustelle in eigener Verantwortung aufzumessen. Die im TÜV-Gutachten angenommene Austrittsgeschwindigkeit von 7 m/s muss ebenfalls eingehalten werden. Für die Bemessung der Schornsteinanlage sind die nachfolgend genannten Betriebsdaten verbindlich. Weitere Einzelheiten sind den folgenden Bauteilbeschreibungen, der beiliegenden Zeichnung und den speziellen Vorbemerkungen sowie den Beschreibungen der einzelnen Positionen des Leistungsverzeichnisses zu entnehmen (Tab. 6.10).

Für die Bemessung des Dehnungsausgleichers der einzelnen Rauchgaszüge ist die jeweils höchste Temperatur zugrunde zu legen. Für die Müllverbrennung und die Notstromaggregate sind die in Klammern genannten Temperaturen bei der Bemessung des Dehnungsausgleichs zu berücksichtigen.

### 6.9.5.2 Beschreibung zur Ausführung der wesentlichsten Bauteile

*Statisch tragendes Außenrohr mit Abströmplatte* Das statisch tragende Außenrohr besteht aus wetterfestem Feinkorn-Baustahl WSt 37-2, außen spritzverzinkt.

Die Wanddicken resultieren aus der statischen Berechnung. Die Schornsteinfu ßkonstruktion zur Verbindung des Stahlschornsteins mit dem Ankerkorb besteht aus Grundplatte, Versteifungsrippen, Profilen sowie oberem Anschlussring und kreisförmig angeordneten Bohrungen für die Verspannung mit den Zugankern des Ankerkorbs. Die Fußkonstruktion besteht aus Stahl WSt 52.3 (feuerverzinkt), Dimensionierung und Blechdicken gemäß statischer Berechnung.

Den oberen Abschluss des Stahlschornsteins bildet die Abströmplatte aus Edelstahl. Diese erhält einen Durchbruch für den Rauchgaszug mit eingearbeiteter Schiebehülse für die Längsdehnung des Rauchgaszugs, komplett aus Edelstahl Werkstoff Nr. 1.4571.

Das Tragrohr wird im Anschlussbereich der Abgasanschlussstutzen durchbrochen. Diese Bereiche sind mit den statisch erforderlichen Verstärkungen und Versteifungen zu versehen. Die Abströmplatte ist an den Rauchrohren und am Mantelrohr mit einem umlaufenden Regenkragen von ca. 50 mm Höhe auszubilden. Außerdem ist am Tiefpunkt der Regenwassereinlauf mit angeformter Anschlussmuffe einzuschweißen.

*Verankerung* Ankerkorb zum Einbau in das Tischfundament. Der Ankerkorb aus Baustahl Werkstoff St. 52.3 für die Verspannung des Schornsteins im bauseitigen Fundament besteht im Wesentlichen aus dem oberen und unteren Zentrierungsring sowie den kreisförmig angeordneten Zugankern.

Die Ausführung des Ankerkorbs erfolgt gemäß statischer Berechnung. Sämtliche Stahlteile des Ankerkorbs sind von Bestandteilen wie z. B. Schmutz, Eis und losem Rost, welche einen einwandfreien Betonverbund verhindern können, zu befreien. Der Ankerkorb ist innerhalb der angegebenen Frist frei Baustelle anzuliefern. Der Einbau ist eigenverantwortlich vom Auftragnehmer bis zur vollendeten Betonschüttung zu überwachen. Der eigentliche Einbau erfolgt bauseits. Alle überstehenden Gewindeteile der Zuganker sowie die Sechskantmuttern müssen mittels Kunststoffkappen abgedeckt werden oder einen korrosionsbeständigen Oberflächenschutz haben.

*Sicht- und Schutzverkleidung* Die gesamte sichtbare, äußere Oberfläche des statisch tragenden Außenmantels erhält anstelle der Sichtlackierung eine Sicht- und Schutzverkleidung. Die Verkleidung ist aus Alu-Blech 1,5 mm stark, glatt oder aus Alu-Trapezblech 1 mm stark auszuführen. Bei der Verwendung des glatten Bleches ist die Oberfläche stukkodestingiert zu liefern. Außerdem ist bei beiden Ausführungen die Verkleidung der oberen 10 m mit einem Einbrennlack (Farbe nach RAL und nach Wunsch des Architekten) oder aluxiert in zwei verschiedenen Farbtönen zu versehen. Für die Entscheidung der Ausführung sind nach Auftragserhalt kostenlose Muster anzufertigen und vorzuführen. Die Verkleidung wird auf einer geeigneten Unterkonstruktion aus Edelstahl angebracht, und zwar so, dass eine einwandfreie Hinterlüftung zwischen der Verkleidung und dem Außenmantel gewährleistet ist. Es dürfen nur Befestigungselemente aus Edelstahl verwendet werden.

Die Verkleidung ist im Bereich von Rohranschlüssen, Reinigungsöffnungen, Profilen und im Bereich der Fußkonstruktion als Formstück ausgebildet. Die einzelnen Stöße der Verkleidung sind mittels Sicken überlappt und dauerelastisch mit Silikon gegen Feuchtigkeitseintritt abgedichtet.

*Abgasführender Innenzug*  In die statisch tragenden Außenrohre werden drei abgasführende Innenzüge eingebaut. Der Innenzug besteht aus Edelstahl Werkstoff Nr. 1.4571 mit einer Mindestwandstärke von 3,0 mm an jeder Stelle. Sämtliche Schweißnähte sind entsprechend den Vorschriften und Richtlinien bebeizt und passiviert oder aus Werkstoff St. 37-2 mit einer Mindestwandstärke von 6 mm für die Heißwasser- und Dampfkessel herzustellen.

Der Innenzug ist auf seiner gesamten Länge mittels entsprechenden Distanzvorrichtungen zu führen und zu lagern. Die Dehnungskompensation erfolgt an der Mündung über eine Schiebehülse der Abströmplatte. Die Schiebehülse und der Innenzug werden mittels hochtemperaturbeständiger Weichstoff-Manschette zum Tragmanteldurchbruch hin abgedichtet. Die Auflage des Innenzugs ist als Festpunkt auszubilden, wobei zwischen der Auflage und dem Innenzugboden sowie an allen weiteren Lager- und Führungspunkten ein ausreichend dimensioniertes Keramikfutter vorzusehen ist, um thermische Brücken von innen zum Tragmantel hin zu vermeiden. Der Innenzug wird im Abgasanschlussbereich durchbrochen. Dieser Bereich ist mit den erforderlichen Kondensat-Abweisblechen zu versehen, um zu vermeiden, dass Schwitzwasser oder Regenwasser in die Abgasleitung zurückläuft.

*Wärmeisolierung der Innenzüge*  Der abgasführende Innenzug ist bis zur Mündung mit einer kompletten Wärmeisolierung aus Mineralwolle gemäß DIN 4102, Klasse A 1 zu versehen. Die Wanddicke beträgt 70 mm, das Raumgewicht der Isoliermatten mindestens 120 kg/m³. Die Isoliermatten sind einseitig mit verzinktem Drahtgeflecht nach DIN 1200 und mit Drahtgarn versteppt. Die Aufbringung der Wärmeisolierung auf den abgasführenden Innenzug erfolgt mittels Edelstahlstiften und Scheibenklipsen, um ein Durchrutschen völlig auszuschließen (mindestens 5 Klipse pro m²).

Um zu vermeiden, dass die aufströmende Abluftmenge im Abluftschacht die Mineralwolle ablöst und mitreißt, wird die Isolieroberfläche zusätzlich mit einem 0,8 mm dicken Aluminiumblechmantel verkleidet.

*Flugbefeuerungsanlage*  Gemäß den Bestimmungen der Flugüberwachungsbehörden ist die Stahlschornsteinanlage mit einer Nachtkennzeichnung zu versehen. Die Anordnung erfolgt im Bereich der Abströmplatte. In dieser Ebene werden Doppelhindernis-Leuchten außerhalb des Schornsteintragmantels angeordnet. Die Doppelhindernisleuchte besteht aus rotem Domglas und ist ausgerüstet mit Lampen von 120 Watt bei 220 Volt zur Erreichung einer Leuchtstärke von je 30 cd. Die gesamte Flugbefeuerung muss den ICDA-Vorschriften entsprechen und ist mit der zuständigen Flugsicherung abzustimmen.

Die Stromversorgung ist mit einem Dämmerungsschalter gekoppelt. Die Schaltung erfolgt bei einer Umfeldhelligkeit von 50 Lux. Die elektrische Verdrahtung wird in einem

Stahlpanzerrohr zwischen Isolierung und Tragmantelwand verlegt, und zwar vom Anschlusskasten am Schornsteinfuß bis zur Befeuerungsanlage. Die Verdrahtung bis zum Anschlusskasten ist eine bauseitige Leistung.

Während der Baustellenmontage ist die Schornsteinanlage unter Umständen mit einer Notbeleuchtung auszustatten, deren Bereitstellung und Einrichtung ebenfalls vom Bieter zu kalkulieren ist. Der Gefahrenübergang wird mit Montageende im Übergabe- bzw. Abnahmeprotokoll festgehalten.

*Messstutzen* Der Innenzug ist mit einem Messstutzen aus Edelstahl Werkstoff Nr. 1.4571 versehen. Dieser durchdringt hierbei den Schornstein-Tragmantel und wird an dieser Stelle mit einer verschließbaren Klappe abgedeckt. Die Klappe schützt den Messkopf vor Witterungseinflüssen und bietet gleichzeitig einen Bewegungsspielraum, da der Messkopf die Ausdehnung des Zugs unter Wärmebeaufschlagung mit vollzieht. Verarbeitung und Nachbehandlung erfolgen gemäß den „Speziellen Technischen Vorbemerkungen". Anzuordnen sind je Rauchzug zwei Messstutzen.

*Deckendurchbruch mit Regenhaube* Der Tragmantel der Schornsteinanlage durchdringt eine Decke oberhalb der Fußkonstruktion. Um ein sauberes Abkleben mit der Dachhaut zu ermöglichen, erhält der Durchbruchbereich ein Stülprohr, das einseitig geflanscht und mit der Betondecke verdübelt oder als Futterrohr mit Rand und Anker einbetoniert wird. Die Lieferung einschließlich Stahlspreizdübel, Schrauben und Silikonabdichtung hat durch die Schornsteinlieferfirma zu erfolgen.

Als oberer Anschluss und zur Überdeckung des Stülprohrs erhält der Tragmantel in diesem Bereich eine Regenhaube mit Flanschring-Auflage am Tragmantel, einschließlich Befestigungsschrauben und Silikonabdichtung (Überlappung ca. 20 cm).

Das Stülprohr und die Regenhaube sind aus Baustahl gemäß Leistungsverzeichnis spritzverzinkt herzustellen.

*Wartungs- und Revisionseinrichtung innenliegend* Für die Wartung und Revision erhält die Schornsteinanlage eine Begehungseinrichtung als Steigleiter vom Schornsteinfuß bis zur Mündung, angeordnet innerhalb eines Tragmantels, ausgeführt als eloxierte Aluminium-Sicherheitsleiter mit Führungsprofil. Zum Lieferumfang gehören ferner 1 Stück Fangblock und 1 Stück Sicherheitsgurt.

Circa 1.500 mm unterhalb von Abströmplatte und Schornsteinmündung wird eine gemeinsame Bühne angeordnet, die sich im statisch tragenden Außenmantel befindet. Sie besteht aus Trägern und Verbänden sowie einer Bodenplatte komplett aus Edelstahl Werkstoff Nr. 1.4571. Die gesamte Wartungs- und Revisionseinrichtung muss den Bestimmungen der UVV entsprechen und ist vor Erstellung zu prüfen und zu genehmigen.

Für die Begehungs- und Wartungseinrichtung erhalten beide Schornsteine eine zusätzlich verschließbare Einstiegstür im unteren Bereich und eine Ausstiegstür im Bereich der Bühne.

In beiden Schornsteinen ist eine Beleuchtungsanlage zu installieren (Schwachstrom), die in allen Punkten den gültigen VDE-Vorschriften entspricht. Die Beleuchtungsanlage einschließlich Verkabelung, Schalter etc. gehört komplett zum Lieferumfang des Kaminbauers.

*Bühnenübergang*  Der die beiden Wartungs- und Revisionseinrichtungen verbindende Bühnenübergang ist als verzinkte Stahlkonstruktion aus Werkstoff WSt 52.3 herzustellen. Die Gestaltung ist mit dem Architekten abzustimmen.

*Mündungsschalldämpfer*  Die Ausbildung der Mündungsbereiche der Schornsteinanlage erfolgt als Schalldämpferkammer nach dem Resonanz-Absorptionsprinzip. Der Außenmantel des Schalldämpfers besteht für alle Rauchzüge komplett aus Edelstahl Werkstoff 1.4571. Die Schalldämpfer sind in Resonatorkammern aufzuteilen, die mit Schallschluckmaterial nach DIN 4102, Klasse A1 auszufüllen und mit Edelstahlvlies abzudecken sind. Der über den Bühnenübergang zugängliche Innenraum ist mit Lochblech zu verblenden. Das Einfügungsdämmmaß ist so zu bemessen, dass im Betrieb aller Anlagen ein Schalldruckpegel von 35 dB$_A$, gemessen in 12 m Abstand von der Schornsteinmündung, nicht überschritten wird.

*Dynamischer Zwei-Massen-Schwingungsdämpfer*  Die Schornsteinanlage ist stark schwingungsgefährdet. Aus diesem Grunde erhält die Anlage ein ihren Anforderungen entsprechendes Schwingungsdämpfersystem. Der Schwingungsdämpfer besteht aus mehreren Pendeln einschließlich Pendelbrücke und Haltekonstruktion. Die Pendel sind mit einer Dämpfermasse gemäß dynamischer Berechnung auszustatten. Zwischen Dämpfermasse und Pendelbrücke sind beidseitig Dämpfungselemente anzuordnen. Das System sowie das es umschließende Gehäuse sollen aus Edelstahl Werkstoff Nr. 1.4571 bestehen.

*Reinigungsöffnung*  Am Fußpunkt des Innenzuges ist eine Reinigungsöffnung vorzusehen. Die Halsstutzen dieser Öffnungen durchdringen den Tragmantel und sind zur Vermeidung thermischer Brücken doppelwandig auszuführen. Die Abschlusskappe soll über einen integrierten Wärmeschutz verfügen und mittels Flachdichtung und Knebelverschlüssen mit dem Flanschkragen der Öffnung verbunden sein: herzustellen aus Edelstahl Werkstoff Nr. 1.4571 bzw. St 37-2.

*Entwässerungen*  Unterhalb einer jeden Reinigungsöffnung ist eine Entwässerungseinrichtung vorzusehen. Diese soll aus eingeschweißten oder angeflanschten Entwässerungsrohren aus Edelstahl Werkstoff Nr. 1.4571 mit Flanschenanschluss und einem Absperrhahn PN 6/DN 80 bestehen. Die Entwässerungsrohre der Schornsteinabdeckplatte einschließlich Halterungen im Mantelrohr sind aus Edelstahlrohr zu verlegen und an die Grundleitung anzuschließen.

*Auswurfdüse* In den Schornsteinzug ist eine Auswurfdüse einzubauen; hergestellt aus Edelstahl Werkstoff Nr. 1.4571, ausgeführt als konisches Übergangsstück, mit der Abströmplatte am Schornsteinkopf rauchgasdicht verschweißt und so bemessen, dass die im TÜV-Gutachten genannte Ausströmgeschwindigkeit sichergestellt ist.

*Blitzschutzanlage* Die Stahlschornsteinanlage soll mindestens zwei Blitzanschlussklemmen gemäß ABB am Fußpunkt (Verankerung) der Anlage erhalten. Der Anschlusspunkt ist mit der Lieferfirma der Blitzschutzanlagen auf dem Gelände abzustimmen. Bei der Abnahme der Schornsteinanlage ist die Funktion nachzuweisen.

*Eintrittsschalldämpfer am Schornsteinfuß und Rauchrohre zwischen Schornsteinanschluss und Schalldämpfer* Die Rauchrohre sind für die Müllverbrennung und für die Notstromaggregate aus Edelstahl Werkstoff Nr. 1.4571 mit 3 mm Wandstärke und für die Heißwasserkessel und HD-Dampfkessel aus St 37-2 mit einer Wandstärke von 6 mm in geschweißter und gasdicht geflanschter Form herzustellen.

Die Schalldämpfer sind auf der Rauchgasseite für alle Rauchrohre aus Edelstahl Werkstoff Nr. 1.4571 herzustellen und wie vorher beschrieben auszuführen. Die Bemessung ist mit den Lieferanten der einzelnen an den Schornstein anzuschließenden Aggregate und mit der Fachbauleitung abzustimmen.

### 6.9.5.3 Transport und Montage

Die gesamte Schornstein- und Abgasanlage ist wie vor beschrieben im Werk des Auftragnehmers eigenverantwortlich zu fertigen. Der Transport der Gesamtanlage an die Baustelle sowie das Abladen, Einlagern oder Montieren der einzelnen Bauteile ist vom Auftragnehmer eigenverantwortlich und termingerecht durchzuführen. Hierzu gehören vor allem das Besichtigen der Baustelle und der Transport- und Montagemöglichkeiten am Einbauort sowie die Abstimmung der Anlieferung mit der Bauleitung.

Die speziellen technischen Vorbemerkungen dienen zur Regelung von Fragen und zur Festlegung der technischen Bedingungen für die Angebotskalkulation, zur Angebotsauswertung und zur Auftragsabwicklung. Sie sollten deshalb Folgendes regeln:

1. Gemäß VOB/A [3] 8,3. (1) sind nur Bieter zugelassen, die über fachkundliche Kenntnisse verfügen, also selbst Hersteller sind. Den Nachweis seiner Fachkunde, Leistungsfähigkeit und Zuverlässigkeit muss der Bieter in Form einer aussagefähigen Referenzliste und von Unterlagen nachweisen.

   Der Auftrag wird nur an einen Bieter erteilt, der über die aufgeführten und notwendigen Erfahrungen verfügt sowie die vollständigen schweißtechnischen Voraussetzungen besitzt. Der Anbieter hat mit der Angebotsabgabe dem Angebot folgende Nachweise beizufügen:
   - Großer Eignungsnachweis nach DIN 4133,
   - Großer Befähigungsnachweis nach DIN 4100, Beiblatt 1 zum Schweißen von Stahlhochbauten,
   - Großer Befähigungsnachweis nach DIN 4115 zum Schweißen von Blechdecken kleiner als 4,0 mm.

Die drei geforderten Befähigungsnachweise müssen des Weiteren folgende Schweiß-zulassungen für die nachstehend aufgeführten, mindestens jedoch für die im Leistungsverzeichnis und Angebot genannten Werkstoffe enthalten.

   a.  Baustähle St. 37, St. 52, WTSt. 37, WTSt 52,

   b.  Edelstähle, 18/8 Cr-Ni-Stähle nach IfBt-Richtlinie,

   c.  Schwarz-Weiß-Verbindungen (Ferrit-Austenit).

2. Dem Angebot ist eine überschlägige Statik beizulegen, aus der die für die angebotene Schornsteinanlage zu erwartenden Fundamentkräfte wie

   a.  Vertikallast,

   b.  Momente, die auf das Fundament wirken und deren Wirkungsrichtung,

   c.  Horizontalkräfte aus dem Schornstein auf das Fundament
      (alle Angaben bezogen auf Fundamentoberkante) hervorgehen

3. Mit dem Angebot ist eine überschlägige Druckverlustberechnung bzw. ein Nach-weis über den am Schalldämpfereingang vorhandenen Schonsteinzug abzugeben. Gefordert wird ein Unterdruck bis zum Rauchrohranschluss an den Dampf- und Wärmeerzeugern.

4. Die Wärmeverluste dürfen keine höhere Abkühlung als 0,5 K pro m Schornsteinhöhe bei Volllast und einer Außentemperatur von $-15\,^{\circ}C$ erfahren. Auch hierüber ist dem Angebot ein Nachweis beizulegen.

5. Der Bieter hat nach Auftragserhalt eine prüffähige Statik nach DIN 4133 anzuferti-gen und einen vollständigen Fundamentplan für den Einbau des Ankerkorbs, für die Verlegung der Grundleitungen zur Regenwasserabführung und für die Verlegung der Elektrozuleitung und der Blitzschutzanlage zu fertigen und zu übergeben.

6. Der Bieter erhält die Ausführungszeichnungen des Ingenieurs im Maßstab 1:50 und Einzelheiten im Maßstab 1:20. Nach diesen hat er seine Ausführungszeichnungen anzufertigen und zur Genehmigung einzureichen.

7. Die im Technischen Erläuterungsbericht genannten Betriebsdaten sind Werte, die der Planung zugrunde liegen. Der Aufragnehmer ist verpflichtet, alle Betriebsdaten vor Beginn der Fertigung und vor Herstellung der Werkstattpläne auf den neuesten Stand zu prüfen und mit den Lieferanten die anzuschließenden Kessel und Aggregate abzu-stimmen. Alle unter 2) bis 7) genannten Vorbereitungsarbeiten sind Nebenleistungen, die nicht gesondert berechnet werden und als Nebenleistungen in die Positionen des Leistungsverzeichnisses einzukalkulieren sind.

8. Der Montageablauf ist zeitlich, wie im Terminplan der Bauleitung vorgesehen, ab-zuwickeln. Unabhängig davon sind die Anlieferung der Baustelleneinrichtung und der Montagebeginn mit der Bauleitung abzustimmen. Alle Kosten für die Gestellung von Transportmitteln, Kran oder Hebezeug und Maschinen sind in die Lohnkosten einzukalkulieren.

Für die Abwicklung der Transport- und Montagekosten sind vom Auftragnehmer entsprechende Transport- und Montageversicherungen in ausreichender Höhe abzuschließen. Diese Kosten sowie die Kosten für die erforderlichen Genehmigungen sind ebenfalls in die Einheitspreise einzukalkulieren. Die Baustelle ist während der Montagearbeiten entsprechend den einschlägigen Vorschriften abzusperren und zu sichern.

9. Das Aufmaß wird gemeinsam mit der Fachbauleitung erstellt. Für die Abrechnung gilt das feststellbare Maß. Überlappungen und Stöße werden nicht besonders aufgemessen. Alle Bogen- und Formstücke werden, wie im Leistungsverzeichnis vorgesehen, übermessen und in der Einzelposition als Zuschlag zum geraden Rohr berechnet.

10. Die angelieferten Bauteile werden vor dem Einbau auf Einhaltung der angebotenen Qualität und Konstruktionsmerkmale überprüft und durch Fotos dokumentiert. Nach Fertigstellung der Gesamtanlage erfolgt die Abnahme durch den Bauherrn und die Fachbauleitung. Für die Flugsicherheitsbefeuerungs-Einrichtung hat der Auftragnehmer eine Abnahmebescheinigung der Flugsicherungsbehörde einzuholen und zu übergeben.

Die Schornsteinanlage ist außerdem abnahmepflichtig durch den Bezirks-Schornsteinfegermeister. Auch diese Abnahmebescheinigung ist bei der Schlussabnahme vorzulegen.

Das Leistungsverzeichnis kann der Ingenieur mit Positionsbeschreibungen aus dem Standardleistungsbuch oder mit eigenen freien Positionsbeschreibungen erstellen. Die Leistungsbeschreibung muss alle notwendigen Leistungen enthalten. Ihre einzelnen Positionen müssen eindeutig und vollständig sein, damit keine Nachträge und Kostenüberschreitungen anfallen.

Der vorstehend und zum Leistungsverzeichnis gehörende „Technische Erläuterungsbericht" und die „Speziellen technischen Vorbemerkungen" stellen nur eine mögliche Fassung zu der in Beispiel 6.2 beschriebenen Schornsteinanlage dar. Da jede Schornsteinanlage individuell und den speziellen Anforderungen entsprechend auszuführen ist, müssen auch der „Technische Erläuterungsbericht" und die „Speziellen technischen Vorbemerkungen" der tatsächlichen Anlagenausführung angepasst und neu erstellt werden. Das hier berechnete Beispiel und die Wiedergabe des „Technischen Erläuterungsberichts" und der „Speziellen technischen Vorbemerkungen" dienen nur zur Erläuterung und Darstellung einer Projektbearbeitung.

Die berechnete und beschriebene Schornsteinanlage ist in Abb. 6.37 dargestellt, Abb. 6.38 zeigt die Schornsteinanlage des Zentralklinikums Augsburg. Die Mantelrohre der Schornsteinanlage in Augsburg wurden aus Spezialstahl SZ 57-2 gefertigt, der eine braune Oxidationsschicht bildet und keine Wartung oder Verkleidung erforderlich macht.

**Abb. 6.37** Schornsteinanlage
des Zentralklinikums
Aschaffenburg

Auch die Ausführung und Anordnung der 2 bis 3 Rauchzüge in einem tragenden
Mantelrohr ist nicht immer am zweckmäßigsten. Abbildung 6.39 zeigt 4 selbsttragen-
de Rauchrohre, die als Gruppe zusammengefasst und durch eine Wartungsbühne am
Kopf gekoppelt sind. Im Bereich der Bühne können auch, wenn erforderlich, außenlie-
gende Schwingungsdämpfer angeordnet werden. Die Begehungsleiter mit Ruhepodesten
und Sicherheitseinrichtung liegt außen an einem tragenden Kaminrohr. Abbildung 6.40
zeigt einen fertiggestellten zweizügigen Schornstein mit außenliegendem Aufstieg und
Wartungsbühne und eine Edelstahlabdeckung des Schornsteinkopfs. Abbildung 6.41
gibt die Schornsteinfußausbildung und die Ausbildung der Verstärkung am Rauchrohranschluss wieder und Abb. 6.42 und 6.43 zeigen einen Fundamentkorb und einen
Rauchgasschalldämpfer zum Einbau in die Rauchrohre zwischen Wärmeerzeuger und
Schornstein. Der Schalldämpfer ist nach dem Absorptionsprinzip aufgebaut und besteht
aus einem gasdichten, geschweißten Gehäuse mit einem Dämpferkern aus hitzebestän-
digem Schallschluckmaterial nach DIN 4102, A1 mit einer Lochblechabdeckung aus
Edelstahl.

Schornsteine für Kraftwerke oder Heizwerke werden auch aus Stahlbeton oder aus
Betonfertigteilen in ein- oder mehrzügiger Bauweise erstellt. Sie haben eine längere Le-

**Abb. 6.38** Schornsteinanlage
des Zentralklinikums Augsburg

bensdauer und sind wartungsfrei. Als Nachteil müssen aber höhere Anschaffungskosten und eine lange Bauzeit genannt werden.

### 6.9.6   Ausführung von Schornsteinen für Gebäudeheizzentralen und Blockheizwerke

Schornsteine für Heizzentralen in Gebäuden werden überwiegend im Gebäude angeordnet und werden aus Mauerwerk mit Dämmung und einem säurefesten Rauchrohr, das aus Keramikformsteinen besteht, hergestellt. Aber auch die Ausführung aus Betonfertigteilen mit Keramikformteil und Dämmung, wie in Abb. 6.44 dargestellt, ist üblich und wird wegen der geringeren Montagezeit sowohl für die Anordnung im Gebäude als auch für freistehende oder an das Gebäude angelehnte Schornsteine oft bevorzugt eingesetzt.

Für die Anordnung im Gebäude werden auch Leichtbetonbauteile mit Zu- und Abluft-Kanälen zur Be- und Entlüftung der Heizzentrale eingebaut. Die Formteile für

**Abb. 6.39** Schornsteingruppe
aus 4 selbstragenden
Rauchrohren

**Abb. 6.40** Werkstattge-
fertigter Schornstein mit 2
Rauchzügen, außenliegendem
Aufstieg und Wartungsbühne
(Fa. Maibach)

den freistehenden Schornstein werden aus Stahlbeton mit Längst- und Querbewehrung
ausgeführt.

Abbildung 6.45 zeigt einen freistehenden Schornstein, der aus „System-Kögel"-
Fertigteilen erstellt wurde. Anforderungen, Planung und Ausführung von Hausschornsteinen enthält die DIN 1816 Teil 1, und Teil 2 enthält die Anforderungen für

**Abb. 6.41** Ausführung des
Kaminfußes und des
Rauchrohranschlusses mit
Verstärkungskragen

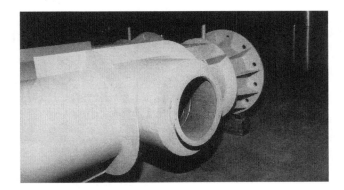

**Abb. 6.42** Befestigungs-
flanschen und Fundamentkorb
für 2 Kaminrohre

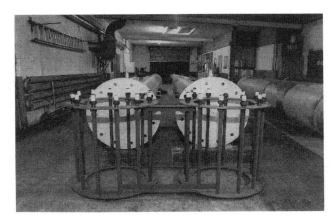

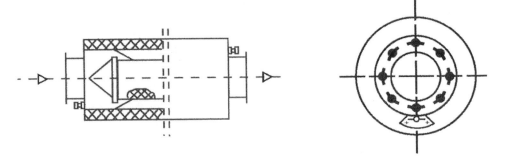

**Abb. 6.43** Schalldämpfer für Rauchgase gasdicht und hitzebeständig bis 450 °C

Verbindungsstücke. Freistehende Schornsteine aus Beton sind nach DIN 1056, Blatt 1 und 2 sowie nach DIN 1057 und 1058 auszuführen.

Für Hausschornsteine wurden auch Schornsteinsysteme aus Metall entwickelt. Die bekanntesten Systeme sind „Ontop" und „Metaloterm", Gesamtsysteme, die in den Durch-

**Abb. 6.44** Bauarten von
Fertigteilschornsteinen

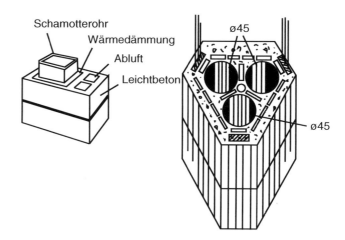

messern 10 bis 600 mm mit allen üblichen Formteilen und Befestigungszubehör im Handel
erhältlich sind. Die Schornsteine können außen oder innen im Gebäude hochgezogen
werden. Die Rauchrohre bestehen aus einem Doppelrohrsystem aus Edelstahl mit einer
Hartschaum-Spezialdämmung, geeignet für hohe Temperaturen. Die Bauteile und das
ganze System sind baurechtlich als Hausschornsteinsystem zugelassen und können, wenn
sie im Gebäude hochgezogen werden, zusätzlich gedämmt und verkleidet werden.

Abbildung 6.46 zeigt das System und ein Montagebeispiel an einer Innenwand.

Abbildung 6.47 zeigt die Dachdurchführung für ein Flachdach. Schornstein-
Dachhauben sind aber auch für alle anderen Dachneigungen und Eindeckarten bis
45° Dachneigung handelsüblich. Weitere Einzelheiten können den Herstellerkatalogen
entnommen werden.

### 6.9.7   Berechnung des Hausschornstein querschnitts

Die Schornsteinhöhe ergibt sich aus der Gebäudehöhe und der TA-Luft wie unter Abschn. 6.9.1 beschrieben. Der erforderliche Schornsteinquerschnitt und der sich einstellende
Schornsteinzug (Unterdruck) sind nach DIN 4705 zu berechnen (Tab. 6.11).

Für die Berechnung wird die Rauchgasmenge (feucht) in $m_n^3$/h benötigt, die sich
aus der Wärmeleistung des Wärmeerzeugers, wie in Beispiel 6.2 gezeigt, berechnet. Die
Rauchgastemperatur beim Austritt aus dem Wärmeerzeuger ist vom Heizungssystem und
dem gewählten Temperaturgefälle für den Wärmeerzeuger abhängig. Für eine vorläufige Schornsteindimensionierung kann die Rauchgastemperatur der Tab. 6.11 entnommen
werden. Die Abgastemperaturen von 80 und 90 °C entsprechen einem Niedertemperaturheizkessel für ein Heizsystem 70/55 °C. Die Abgastemperatur von 160 °C entspricht
z. B. einem Heizungssystem 110/70 °C, und die Abgastemperatur von 250 °C ist für einen
HD-Dampferzeuger zutreffend.

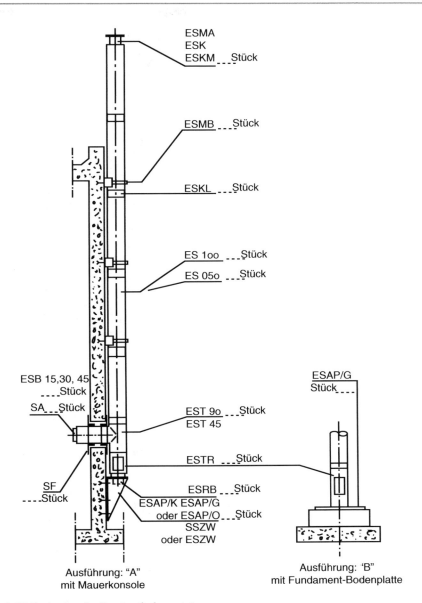

**Abb. 6.45** Freistehender Fertigteilschornstein

Die tatsächlich zu erwartende Abgastemperatur und die maximale Rauchgasmenge kann beim Hersteller des Wärmeerzeugers für das jeweilige Heizsystem und den zum Einsatz kommenden Brennstoff angefragt werden. Wenn der Ingenieur sich auf eine bestimmte Schornsteinausführung festgelegt hat und die erforderliche Schornsteinhöhe nach

**Abb. 6.46** Hausschornstein
system aus doppelwandigen
Edelstahlrohren mit Dämmung

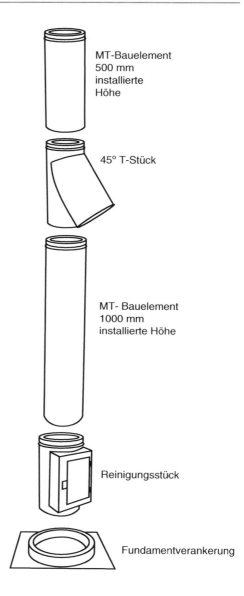

MT-Bauelement
500 mm
installierte
Höhe

45° T-Stück

MT- Bauelement
1000 mm
installierte Höhe

Reinigungsstück

Fundamentverankerung

Abschn. 6.9.1 bekannt ist, kann der vorläufige erforderliche Schornsteinquerschnitt z. B.
aus dem Diagramm nach Abb. 6.48 entnommen werden.

Bei Abb. 6.48 handelt es sich um ein Diagramm, das von einem Hersteller für sein Produkt bzw. für eine bestimmte Baureihe oder Bauart eines Schornsteins berechnet wurde.
Die Diagramme sowohl für rechteckige und gemauerte Schornsteine als auch für runde
Stahlschornsteine sind in den Herstellerkatalogen enthalten. Bei der Berechnung wurden
die üblichen Formstücke in der erforderlichen Anzahl berücksichtigt. In der Regel wird
die Summe der Widerstandswerte mit 1,5 eingesetzt. Die Diagramme werden für verschie-

**Abb. 6.47** Dachdurchführung
für Stahlschornsteine

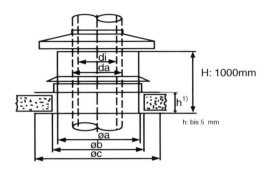

**Tab. 6.11** Rauchgastemperaturen für verschiedene Wärmeerzeuger

| Wärme-erzeuger | Mit Gasbrenner ohne Gebläse (hinter der Strömungs-sicherung) | | Mit Öl-Gasgebläsebrennerohne Zugbedarf (Überdruckfeuerung) | | | | | Feuer-stätten für feste Brenn-Stoffe | offene Kamine |
|---|---|---|---|---|---|---|---|---|---|
| Abgastem-Peratur | 80 | 110 | 90 | 120 | 160 | 200 | 250 | 200 | 80 |
| CO$_2$ % | 6 | 6 | 12,5/10 | 12,5/10 | 12,5/10 | 12,5/10 | 12,5/10 | 12 | – |

dene Rauchgastemperaturen und Feuerungstypen erstellt. Der Ingenieur muss also aus den Firmenkatalogen das für die gewählte Schornsteinbauart, für die zutreffende Rauch-gastemperatur und die gewählte Kessel- oder Feuerungsbauart das richtige Diagramm auswählen und damit den vorläufigen Schornsteinquerschnitt ermitteln. Damit erfolgt dann die eigentliche Berechnung oder Nachrechnung des vorhandenen Unterdrucks nach DIN 4705. In der DIN 4705 sind die Schornsteinausführungen in drei Gruppen nach dem Wärmedurchlass-Widerstand 1/k (Kehrwert der Wärmedurchgangszahl) eingeteilt:

$$\text{Gruppe I} \quad \text{mit } \frac{1}{k} = 0{,}65 K \cdot \text{m}^2/\text{W}$$

$$\text{Gruppe II} \quad \text{mit } \frac{1}{k} = 0{,}22 K \cdot \text{m}^2/\text{W}$$

$$\text{Gruppe III} \quad \text{mit } \frac{1}{k} = 0{,}12 K \cdot \text{m}^2/\text{W}$$

Die Umgebungslufttemperatur wird für Bereiche, in denen der Schornstein durch Räume im Haus geführt wird, mit 15 °C angesetzt.

Auch die Temperatur für die Außenluft zur Ermittlung des verfügbaren Unterdrucks wird mit 15 °C angenommen, damit auch am Ende der Heizperiode und bei Teillast noch ein ausreichender Schornsteinzug gegeben ist.

Zur Überprüfung, ob die Taupunkttemperatur unterschritten wird, muss jedoch mit der tatsächlichen im Winter auftretenden Außentemperatur gerechnet werden. Kurzzeitige Taupunktunterschreitungen beim Anfahren der Anlage sind zulässig, weil die Feuchtigkeit

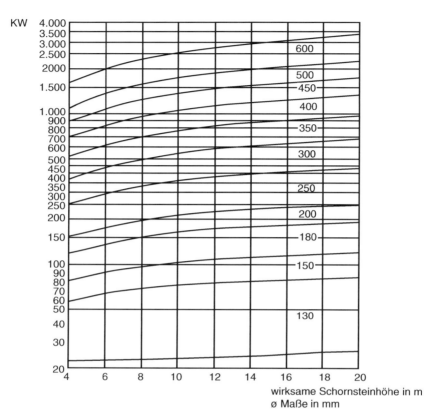

**Abb. 6.48** Diagramm zur Ermittlung des Schornsteinquerschnitts bei Rauchgastemperaturen von 160 °C

danach im Beharrungszustand der Anlage wieder austrocknen kann. Da die genaue Nach-rechnung nach DIN 4705 sehr komplex ist, wurden hierfür EDV-Programme geschrieben, deren Anwendung und Berechnungsablauf nach den in Abschn. 6.9.3 verwendeten Formeln erfolgt.

Da die Wärmedurchgangszahl mit der Wahl der Schornsteingruppe festgelegt ist, braucht diese nicht ermittelt zu werden. Nachdem die für die Bauart zutreffende Grup-pe eingegeben wurde, errechnet das Programm die Rauchgasabkühlung und die mittlere Rauchgastemperatur mit dem Gruppen-Wärmedurchflusswiderstand und der eingege-benen Rauchgasmenge, Rauchgaseintrittstemperatur und Außentemperatur nach der Gleichung:

$$\vartheta_{R_m} = \vartheta_L + (\vartheta_{Re} - \vartheta_L)e^{-K} in\,°C. \tag{6.8}$$

Diese Gleichung erhält man aus den Differenzialansätzen für die Abkühlung

$$(\vartheta_{R_m} - \vartheta_L) \cdot k \cdot U \cdot d \cdot h \text{ und } V_f \cdot C_P \cdot d\vartheta. \tag{6.9}$$

Nach Gleichsätzen und Integration ergibt sich die Gl. 6.10 zu

$$K = \frac{k \cdot U \cdot H}{V_f \cdot C_p},$$ (6.10)

darin ist k die Wärmedurchgangszahl. Für die Gruppe I wird

$$k = \frac{1}{0,65} = 1,54\,\text{J}/\text{m}^2 \cdot \text{K}.$$

Der nutzbare Zug oder Unterdruck ergibt sich aus dem Dichteunterschied zwischen den Rauchgasen $\rho_m$ und der Dichte der Außenluft $\rho_L$ multipliziert mit der wirksamen Schornsteinhöhe. Vom nutzbaren Zug sind die Reibungsverluste in Rauchrohr und Kamin abzuziehen (siehe Abschn. 6.9.3, Beispiel 6.2). Der dann verbleibende Unterdruck wird am Kesselende wirksam. Bei Überdruckkesseln oder Feuerungen mit Gas- oder Ölgebläsebrennern sollte der Unterdruck am Kesselende aufgebraucht oder nur ein geringer Unterdruck vorhanden sein.

Bei Feuerungsanlagen ohne Gebläsebrenner muss ein ausreichender Unterdruck gegeben sein. Der Unterdruck muss die benötigte Verbrennungsluft durch den Heizraum und den Kessel fördern. In der DIN 4705 wird noch ein Sicherheitszuschlag von 1,5 gefordert. Weitere Einzelheiten zur Berechnung von Hausschornsteinen enthalten die DIN 4705 und die Fachbücher für Heizungstechnik. Die DIN 4705 gilt auch für die wärmetechnische Berechnung von Industrieschornsteinen. In das EDV-Programm muss dann jedoch die Wärmewiderstandszahl für die zutreffende Schornsteingruppe eingegeben werden.

Die Berechnung des erforderlichen Schornsteinquerschnitts nach DIN 4705 ist Bestandteil des Bauantrags und des emissionsrechtlichen Genehmigungsverfahrens für Heizzentralen und Heizkraftwerke (weitere Erläuterungen hierzu enthält Abschn. 9).

## 6.10  Rauchgasventilatoren

Ventilatoren werden in Heizwerken, Müllverbrennungsanlagen und in Industrieheizwerken zur Förderung der Verbrennungsluft und der Rauchgase durch Rauchgasreinigungsanlagen eingesetzt.

Abbildung 6.49 zeigt ein Einbauschema und den Druckverlauf in einer Dampfkesselanlage für feste Brennstoffe. Installiert ist ein Verbrennungsluft-Ventilator, der die Luft unterhalb der Decke des Kesselhauses ansaugt und über den Luftvorwärmer in die Brennkammer, z. B. als Unterwind für einen Wanderrost, einbläst. Im Rauchgaskanal ist vor dem Schornstein ein Rauchgasventilator eingebaut, der die Rauchgase aus der Brennkammer durch die Überhitzerheizfläche, den Speisewasservorwärmer und die Entstaubungsanlage in den Schornstein fördert. Das Diagramm für den Druckverlauf zeigt, dass die Förderhöhe des Ventilators so bemessen ist, dass der Überdruck bis zur Brennkammer aufgebraucht ist und die Rauchgaswege sich im Unterdruckbereich befinden. Diese Auslegung fordern

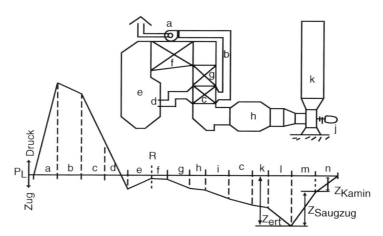

**Abb. 6.49** Einbauschema und Druckverlauf eines Verbrennungsluft- und Rauchgasventilators in einer Dampferzeugeranlage für feste Brennstoffe *a*) Frischluftventilator, *b*) Luftkanäle, *c*) Luftvorwärmer, *d*) Brenner, *e*) Brennkammer, *f*) 90°-Umlenkung, *g*) Überhitzerheizfläche, *h*) 90°-Umlenkung, *i*) Eko-Heizfläche, *k*) 90°-Umlenkung *l*) Entstaubung, *m*) Saugzugventilator, *n*) Kamin

auch die Unfallschutzbestimmungen, damit keine giftigen Rauchgase in das Innere des Kraftwerksgebäudes gelangen.

Die Bemessung der Ventilatorförderhöhe ist nach Abschn. 4.5 vorzunehmen. Die Fördermenge des Ventilators entspricht der benötigten Verbrennungsluftmenge und wird, wie die Brennstoffzufuhr, in Abhängigkeit von der benötigten Feuerungsleistung geregelt. Führungsgröße für die Regelung ist der Dampfdruck oder die Wärmeabgabe des Wärmeerzeugers.

Die Luftansaugtemperatur beträgt 20 bis 30 °C und stellt keine besonderen Anforderungen an die Konstruktion des Ventilators.

Der Rauchgasventilator fördert in der Regel Rauchgase mit Temperaturen von 200 bis 300 °C, die noch einen Staubanteil und aggressive Dämpfe enthalten.

Rauchgasventilatoren werden aus starkwandigem Stahlblech in geschweißter Form mit Aussteifungen aus Profilstahl hergestellt. Die Ventilatorwelle erhält Kühlscheiben, und die Lager liegen weit außen und sind als Gussstahllagergehäuse mit Pendelkugellager oder Pendelrollenlager und auf einer stabilen Lagerkonsole montiert ausgeführt. Als Antriebsmotor kommen Elektromotoren als Kurzschlussläufer mit einer Drehzahlregelung frequenzgesteuert, wie in Abschn. 4.3.8.6 für Pumpen beschrieben, oder auch Dampfturbinen in Dampfkraftwerken zum Einsatz.

Regelgröße für die Drehzahlregelung kann der erforderliche Unterdruck am Ende der Brennkammer sein, der mit einer Ringwaage oder Druckmessdose ständig gemessen und als Sollwert oder Führungsgröße zur Drehzahlregelung dient.

In Müllverbrennungsanlagen mit Rauchgaswäschern zum Auswaschen von Säuren werden die Rauchgase z. T. gekühlt und wieder aufgeheizt. Je nach Verfahrenstechnik können hier mehrere Ventilatoren in Reihenschaltung zum Einbau kommen. Ventilatoren für Müllverbrennungsanlagen werden wegen der säurehaltigen Dämpfe im Rauchgas aus korrosionsbeständigem Edelstahl hergestellt und erhalten Kondensatablaufstutzen am Spiralgehäuse.

Für die Volumenstromregelung kommt, wie schon vorher erwähnt, die Drehzahlregelung als die wirtschaftlichste Lösung in Frage. Sie hat den Vorteil, dass der Ventilator immer im günstigsten Wirkungsgradbereich betrieben werden kann. Erst bei Teillasten unter 50 % nehmen auch hier die Wirkungsgrade des Ventilators und des Antriebsmotors stärker ab. Im Teillastbereich zwischen 90 und 70 % bleibt der Ventilatorwirkungsgrad annähernd konstant.

Verglichen mit der Drosselregelung für einen Ventilator können ca. 60 % der Antriebsleistung im Lastbereich zwischen 50 und 100 % eingespart werden. Die Anlagenkennlinie bleibt hierbei erhalten, während die Ventilatorkennlinie sich analog den Proportionalitätsgesetzen verändert. Die Nachteile dieser Regelungsart sind die hohen Anschaffungskosten und die erforderliche Wartung.

Auch die Drallregelung kann im Teillastbereich zwischen 90 bis 60 % zur Ausführung kommen. Sie verursacht geringere Anschaffungskosten und ist robuster im Betriebsverhalten.

Die Einsparung an Antriebsleistung verglichen mit der Drosselreglung beträgt etwa 40 %. Beim Einsatz eines Axialventilators wird für die Regelung des Förderstroms die Schaufelverstellung im Betrieb bevorzugt angewandt. Bei der Auswahl und Bemessung eines Rauchgasventilators muss die Temperatur der Rauchgase berücksichtigt werden. Der Ventilator ist für eine bestimmte Fördermenge bei konstanter Drehzahl konstruiert. Die Förderung bleibt deshalb bei konstanter Drehzahl auch beim Ansteigen oder Abfallen der Temperatur des Fördermediums immer konstant.

Die Druckerhöhung (statisch und dynamisch) ändert sich jedoch proportional mit Dichte und reziprok-proportional mit der absoluten Temperatur. Das Gleiche gilt für die erforderliche Antriebsleistung:

$$\frac{\Delta P_1}{\Delta P_2} = \frac{\rho_1}{\rho_2} = \frac{T_2}{T_1} \quad \text{und} \quad \frac{\Delta PW_1}{\Delta PW_2} = \frac{\rho_1}{\rho_2} = \frac{T_2}{T_1}.$$

Die absoluten Veränderungen der Förderhöhe und der Leistungsaufnahme sollen an einem Beispiel gezeigt werden.

## Beispiel 6.5

*Aufgabenstellung* Gegeben ist der Arbeitspunkt eines Ventilators für folgende Betriebsdaten:

| | |
|---|---|
| Volumenstrom | 300.000 m³/h |
| Totaldruckerhöhung | 1.000 Pa |
| Antriebsleistung | 100 kW |
| Dichte der Rauchgase oder Luft | 1,2 kg/m³ bei 20 °C und 760 Torr |

**Tab. 6.12** Zusammenstellung der Ergebnisse

| Fördermitteltemp. | °C | +20 | −15 | +400 |
|---|---|---|---|---|
| Volumenstrom | m³/h | 300.000 | 300.000 | 300.000 |
| Totaldruckerhöhung | Pa | 1.000 | 1.135,7 | 435,4 |
| Drehzahl | min⁻¹ | 1.450 | 1.450 | 435,4 |
| Antriebsleistung | kW | 100 | 113,6 | 43,5 |
| Wirkungsgrad | % | 78 | 78 | 78 |

*Gesucht*

Die Veränderung der Förderhöhe und der Antriebsleistung bei der Rauchgastemperatur von 400 °C und bei einer Luftansaugtemperatur von −15 °C (Tab. 6.12)

a. Totaldruckerhöhung bei 400 °C

$$\Delta P_{t_2} = \frac{\Delta P_{t_1} \cdot T_1}{T_2} = \frac{1.000\,(273 + 20)}{(273 + 400)} = 435{,}4\,Pa$$

b. Antriebsleistung bei 400 °C

$$PW_2 = \frac{PW_1 \cdot T_1}{T_2} = \frac{100 \cdot 293}{673} = 43{,}5\,\text{kW}$$

c. Totaldruckerhöhung bei − 15 °C

$$\Delta P_{t_2} = \frac{\Delta P_{t_1} \cdot T_1}{T_2} = \frac{1.000 \cdot 293}{258} = 1.135{,}7\,Pa$$

d. Antriebsleistung bei −15 °C

$$PW_2 = \frac{PW_1 \cdot T_1}{T_2} = \frac{100 \cdot 293}{258} = 113{,}6\,\text{kW}$$

Zusammenfassung der Ergebnisse

a. Der Volumenstrom bleibt immer konstant und der Massestrom ändert sich.
b. Der Ventilatorwirkungsgrad bleibt annähernd konstant.
c. Die Druckerhöhung ändert sich.
d. Die Antriebsleistung ändert sich. Bei Temperaturanhebung wird der Motor immer entlastet.

## Literatur

DIN 18160 Hausschornsteine
DIN 4705 Berechnung von Schornsteinabmessungen T1 bis T10
DIN 1056 Freistehende Schornsteine in Massivbauart
E-DIN 4133 Schornsteine aus Stahl
Großfeuerungsanlagen-Verordnung (1985), Werner Verlag Düsseldorf
Maibach Schornsteinelementebau GmbH Firmenprospekte
TA Luft, Technische Anleitung zur Reinhaltung der Luft
VDI 3781 Blatt 1 bis 4 Bestimmung der Schornsteinhöhe
Wiedemann R. (2009) Abgasreinigungsverfahren, Haus der Technik, Vorträge

# Heißwasserrohrnetze für die Wärmeversorgung von Industrieeinrichtungen und als Fernheizleitung einschließlich Übergabestationen

**7**

## 7.1 Einleitung

Im Mittelpunkt dieses Kapitels stehen der Einsatz von Heißwasser zur Beheizung von Produktionseinrichtungen und dessen Vorteile. Anhand von Beispielen aus der Praxis werden dabei ein offener Heißwasserkreislauf zur Beheizung von Reifenpressen und geschlossene Heißwasserkreisläufe für die Beheizung von Pressen und Walzenkalandern für die Spanplattenherstellung und für die Papierindustrie beschrieben. Die Besonderheiten, die bei der Planung und Ausführung von Rohrnetzen für Industriebetriebe und in Produktionshallen zu beachten sind, werden ausführlich behandelt.

Im Anschluss daran erfolgt die Beschreibung der Grundlagen für die Planung und Ausführung von Heißwasserfernheiznetzen. Die Schaltung von Heizzentralen und Fernheiz-Übergabestationen für direkte und indirekte Hausanschlüsse und deren Bemessung wird erläutert und die Planung für verschiedene Verbraucheranlagen beschrieben. Untersucht wird in einem Berechnungsbeispiel, wie Wasserstrahlpumpen auszulegen sind und für welche Aufgaben und Einbausituationen ihr Einsatz als Umwälz- und Regeleinrichtung wirtschaftlich vertretbar ist.

Zum Abschluss werden die verschiedenen Verlegungsarten und Wärmedämmsysteme für Fernheizleitungen vorgestellt und es wird auf die Besonderheiten verwiesen, die bei der Planung, Ausführung und Inbetriebnahme von Fernheiznetzen zu beachten sind.

## 7.2 Heißwasserrohrnetze für Industriebetriebe

Bei der Beheizung von Produktionseinrichtungen werden vom Produktionsablauf und von den zu verarbeitenden Werkstoffen bestimmte Anforderungen an den Wärmeträger und an das Heizsystem gestellt. Wenn eine sehr rasche und in allen Bereichen

G. Scholz, *Heisswasser- und Hochdruckdampfanlagen*,
DOI 10.1007/978-3-642-36589-8_7, © Springer-Verlag Berlin Heidelberg 2013

gleichmäßige Aufheizung gefordert wird, ist Dampf der geeignete Wärmeträger, weil dieser sofort die gesamte Heizfläche erfasst und einen hohen Wärmeübergangswert bei der Kondensation bewirkt. Wenn eine normale Aufheizzeit gefordert wird oder eine langsame Trocknung zweckmäßig ist, wird man Heißwasser als Wärmeträger wählen, weil damit die Wärmeübertragung besser zu regeln ist und die unwirtschaftliche Kondensatrückführung entfällt. Wenn Materialien oder Werkstoffe auf sehr hohe Temperaturen aufzuheizen sind und diese bei Heißwasser als Wärmeträger höhere Betriebsdrücke als 20 bis 30 bar erforderlich machen, empfiehlt sich der Einsatz von Thermoöl als Wärmeträger. Bei einer schonenden Beheizung oder Trocknung kann auch ein Zwischenkreislauf mit warmer Luft oder warmem Wasser eingesetzt werden. Bei besonderen Produktionseinrichtungen wird der Druck des Heizmediums zum Formen des Werkstoffrohlings eingesetzt und der Rohling direkt beheizt. Dabei handelt es sich um einen offenen Heißwasserkreislauf, bei dem auch Heißwasser verbraucht, also aus dem sonst geschlossenen Kreislauf entnommen wird. Ein solcher offener Heißwasserkreislauf erfordert eine besondere Schaltung für den notwendigen Erhalt des Betriebsdrucks und für die Nachspeisung des verbrauchten Wärmeträgermediums.

## 7.3   Offene Heißwasserkreisläufe für die Beheizung von Reifenpressen

Zur Heißvulkanisation von Kfz-Reifen, Traktoren- und Flugzeugreifen werden beheizte Reifenpressen verwendet, die sehr verschiedene Anforderungen an die Vulkanisation erfüllen müssen.

1. Die Vulkanisation des Rohlings geht unter Wärmeeinwirkung vor sich, wobei die Dauer der Wärmeeinwirkung und der Druck, unter dem sie erfolgt, eine erhebliche Rolle spielen. Die anzuwendenden Zeiten, Temperaturhöhen und Anpressdrücke müssen veränderlich sein, weil unterschiedliche Gummimischungen und größere Reifen und Materialdicken eine höhere Temperatur und höhere Anpressdrücke benötigen.
2. Die Regelung der Vulkanisationstemperatur muss mit hoher Genauigkeit und in weiten Grenzen möglich sein, die eingestellte Temperatur ist mit einer Genauigkeit von mindestens ± 1 K einzuhalten und für die Dauer des Vulkanisationsvorgangs konstant zu halten. Für die Temperaturverteilung über dem Reifenumfang wird die gleiche Genauigkeit gefordert.

Die Reifenrohlinge werden in einer zweiteiligen Form in der Reifenpresse auf die gewollte Form und Größe gepresst, wobei der Anpressdruck in gewissen Grenzen auch den Zeitablauf des Vulkanisationsvorgangs beeinflusst. Anschließend wird der Rohling von innen und außen beheizt. Innen- und Außenheizung bauen gemeinsam im Reifenrohling ein Temperaturniveau auf, das über den gesamten Reifenquerschnitt gleichmäßig verteilt sein muss. Dies ist die Vorbedingung für eine einwandfreie Durchvulkanisation des Reifens und damit für seine spätere Zuverlässigkeit. Bei Heißwasser ist dieses Ziel beliebig mit Exaktheit erreichbar, da im Bedarfsfalle mit kleinen Temperaturunterschieden und großen Wassermengen gearbeitet werden kann. Die Vulkanisationszeit kann zwischen wenigen Minuten und mehreren Stunden betragen und ist von Art, Größe und Aufbau des Reifens abhängig. Für die einwandfreie Beheizung des zu formenden und vulkanisierenden Reifens ist die Innenbeheizung entscheidend. Die Außenbeheizung der Form dient an erster Stelle zur gleichmäßigen Warmhaltung und zur Verhinderung der Abkühlung.

Für die Innenbeheizung von Reifenpressen sind bisher verschiedene Wärmeträger verwendet worden, wobei die Beheizung durch Heißwasser in vielen modernen Anlagen ihre Überlegenheit unter Beweis gestellt hat. Außer den ausgezeichneten Regeleigenschaften kommt die Inkompressibilität des Wassers zur Wirkung, die den elastischen Innenkörper in erwünschter Weise stabilisiert.

Ein großer Vorteil des Heizmediums Heißwasser ist auch die Möglichkeit, dass der Druck im Innenkörper unabhängig von der Temperatur eingestellt werden kann, was bei Reifentypen, die einen hohen Anpressdruck verlangen, wichtig ist.

Obwohl die Vorteile der Beheizung mit Heißwasser gegenüber der mit Hochdruckdampf bei Weitem überwiegen, wird bei bestimmten Bauarten und Materialzusammensetzungen auch Hochdruckdampf von ca. 8 bar zur schnellen Aufheizung eingesetzt.

Abbildung 7.1 zeigt das Schaltschema der Heißwassererzeugung und der Versorgung von Reifenpressen mit Heißwasser, Hochdruckdampf, Kühlwasser und Druckluft. Das Heißwasser wird in einem Kaskadenwärmeüberträger mit Dampf von 8 bar auf 170 °C Vorlauftemperatur aufgeheizt und zum einen über das Füllsystem und zum anderen über das Heizsystem zu den Reifenpressen gefördert.

Die Heißwasserförderpumpen sind zugleich auch Druckerhöhungs- und Umwälzpumpen. Das Füllsystem dient zum Füllen des Reifenrohlings mit Heißwasser und zur Innenbeheizung. Mit dem zweiten Heißwasserkreislauf werden die Pressenformen beheizt. Die Druckerhöhungspumpen erhalten zur Druckkonstanthaltung einen Überströmregler zum Pumpenansaugstutzen. Am Sammelrücklauf des Heißwasserkreislaufs ist wieder ein Überströmventil zur Druckhaltung mit Umgehungsventil installiert. Die Druckerhöhungs- und Umwälzpumpen erhöhen den Systemdruck von 8 auf 31 bar und das Überströmventil im Rücklauf lässt etwa 1/3 der Fördermenge bei einem Vordruck von 30 bar auf einen Nachdruck von 8 bar überströmen. Die Druckerhöhungspumpen sind also für eine Fördermenge von ca. 130 % der benötigten und umzuwälzenden Heißwassermenge zu bemessen.

Größere Druckschwankungen im Heißwasserversorgungsnetz werden durch Überströmventile ausgeglichen. Das Füll- und Heißwasserheizsystem für die Innenbeheizung der Reifen wird zusätzlich noch mit einem Membranausdehnungsgefäß ausgerüstet, um kleinere Druckschwankungen auszugleichen, wie sie beim Zu- oder Abschalten von Reifenpressen entstehen. Bei dem Membranausdehnungsgefäß handelt es sich um eine Sonderanfertigung für hohe Betriebstemperaturen und Betriebsdrücke. Es erhält wie allgemein üblich ein Kappenventil in der Anschlussleitung, damit es im Reparaturfall abgesperrt werden kann.

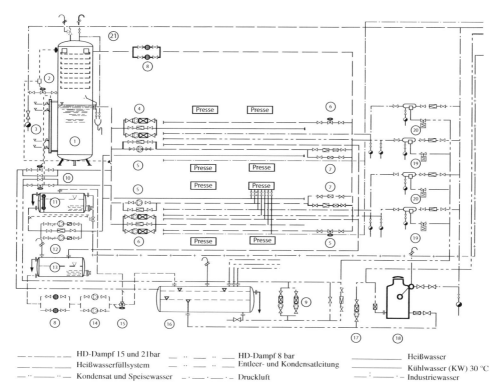

| | | | |
|---|---|---|---|
| ——— — ——— | HD-Dampf 15 und 21 bar | — ·· — — ·· — | HD-Dampf 8 bar |
| ——— — ——— | Heißwasserfüllsystem | — ·· — — ·· — | Entleer- und Kondensatleitung |
| — ·· ——— ·· — | Kondensat und Speisewasser | — · — — · — · — | Druckluft |

| | |
|---|---|
| ——————— | Heißwasser |
| ——————— | Kühlwasser (KW) 30 °C |
| — · ——— · — | Industriewasser |

**Abb. 7.1** Schema für die Versorgung von Reifenpressen mit Heiß- und Kühlwasser, Hochdruck-dampf und Druckluft. *1*) Kaskadenumformer 3.500 kW zur Erzeugung von Heißwasser 170 °C, beheizt im Dampf 8 bar, *2*) Regelung des Dampfdrucks und der Heißwassertemperatur, *3*) Füll-standsregler mit Überwachung, *4*) Umwälz- und Druckerhöhungspumpen, *5*) Füllwasserpumpen, *6*) Ausgangsdruckregler, *7*) Druckhaltestation für das Füllhaltesystem, *8*) Filterstation, *9*) Spei-sewasserpumpen, *10*) Regelventile für das Speisewasser, *11*) Kühlwasserbehälter für 350 kW, *12*) Umwälz- und Druckerhöhungspumpen für KW, *13*) Zwischenbehälter für Entleerungswasser, *14*) Entleerungs- und Umfüllpumpen, *15*) Umschaltventil, temperaturgesteuert, *16*) zentraler Kon-densatsammelbehälter, *17*) Kondensatförderpumpen, *18*) Kondensathebegefäß, *19*) Dampfreduzier-und Kühlstation auf 8 bar, *20*) Dampfreduzier- und Kühlstation von 20 auf 15 bar

Nach dem Vulkanisierungsprozess werden die Reifen mit Wasser abgekühlt, das an-schließend mit Druckluft aus den Reifen ausgestoßen wird. Für die Nachtrocknung wird ebenfalls Druckluft verwendet. Das ausgestoßene Wasser und das bei der Vulkanisierung mit Dampf anfallende Kondensat werden zu einem Speicher- und Zwischenbehälter ge-führt. Darin befindet sich eine Kühlschlange, durch die die Abwärme zur Bereitung von Zapfwarmwasser genutzt wird. Wenn der Zwischenbehälter gefüllt ist, wird das Wasser je nach Temperatur in den Kühlwasserbehälter oder in den Kondensatbehälter gegeben. Der Kühlwasserbehälter ist ebenfalls mit einem Wärmeübertragungseinsatz in Form eines Kühlregisters „ausgerüstet". Das Wasser im Kühlwasserbehälter wird damit vom zentralen Kaltwasserkreislauf auf ca. 30 °C abgekühlt.

**Abb. 7.2** Ansicht einer
Reifenpresse mit
Energieanschlussleitungen

Für Spitzenbelastungen wird kaltes Wasser aus dem Industriewassernetz mit ca. 15 °C nachgespeist, wobei das überschüssige Wasser durch einen Überlauf abfließt. Der Regler für die Spitzenbelastung dient außerdem zur Wasserstandshaltung des Behälters. Die Heißwasserkaskade wird mit Kondensat aus dem zentralen Kondensatsammelgefäß gespeist. Die Fördermenge der Speisepumpe für die Nachspeisung der Heißwasserkaskade muss auf die für die Reifenpressen erforderliche gleichzeitig mögliche Füllmenge, abzüglich Kondensatanfall, ausgelegt werden.

Abbildung 7.1 zeigt eine typische Schaltung für einen offenen Heißwasserkreislauf, bei dem Heißwasser aus dem Kreislauf entnommen und der erforderliche Druck zur Vermeidung von Dampfbildung an Pumpen und Überstromreglern aufrecht erhalten wird. Außerdem werden bei dieser Schaltung auch Druckstöße, die beim Abschalten der Entnahme oder des Durchflusses durch den aufzuheizenden Reifen entstehen können, kompensiert. Gezeigt wurde damit eine Schaltung, wie sie bei Reifenpressen üblich ist, aber auch bei anderen Heißwasserkreisläufen mit direkter Beheizung angewandt werden kann.

In Abb. 7.2 ist eine Reifenpresse mit Energieanschlüssen und Umschalt- und Regelventilen für die Heiz- und Kühlkreisläufe sowie für die Druckluftversorgung mit pneumatischen Steuerventilen wiedergegeben.

## 7.4   Geschlossene und umschaltbare Heißwasser- und Kühlwasserkreisläufe

Bei der Herstellung von Reifen, in der Textilindustrie, in Papierfabriken und bei der Verarbeitung von Kunststoffen (Folienherstellung) werden Walzmaschinen (auch Kalander genannt) eingesetzt. Kalander haben beheizbare, kühlbare und sehr glatte Walzen. Die

**Abb. 7.3** 4-Walzenkalander
zur Herstellung von
Rohgummimatten

**Abb. 7.4** 3-Walzenkalander
für die Beschichtung des
Gewebes mit Gummi

Kalander werden benannt nach der Art der Walzenanordnung und z. T. auch nach dem Namen der Konstrukteure oder Hersteller.

Abbildung 7.3 zeigt einen 4-Walzenkalander mit L-Anordnung für die Herstellung von Gummimatten aus vorgemischtem Rohstoffaustrag (bestehend aus Kautschuk, Buna, Ruß und Chemikalien), der vorgemischt, geknetet und schon vorgewalzt ist. In Abb. 7.4 wird ein 3-Walzenkalander für die Beschichtung des Gewebes mit Gummi gezeigt. Bei allen Kalanderbeheizungs- oder -kühlsystemen müssen folgende Forderungen erfüllt werden:

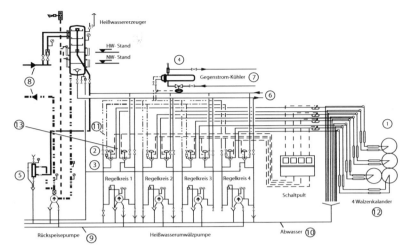

**Abb. 7.5** Schaltbild einer Heiz- und Kühlstation mit Regeleinrichtungen (Handbuch Fa. Caliqua). *1*) Heißwassererzeuger, *2*) Rückspeisepumpe, *3*) Dampfstation, *4*) Umschalt- und Regelventil, *5*) Umschaltventil, *6*) Regelkreispumpe, *7*) Gegenstromapparat, *8*) Kältewasser von der Kältemaschine, *9*) Schaltpult, *10*) Abwassersammler, *11*) Kühlwasser, *12*) Walzenkalander, *13*) Zumischstation für Korrosionsschutz

1. gleichmäßige Oberflächentemperatur über die gesamte Walzenoberfläche mit örtlichen Unterschieden von weniger als 1 K,
2. zeitliche Konstanz der eingestellten Oberflächentemperatur besser als ± 1 K, auch bei Veränderungen, die im Betrieb durch Wärmezufuhr, Änderung der Produktionsmenge, Änderung der Rohstoffe, ihres Mischungsverhältnisses, der Reibungsverhältnisse und dergleichen eintreten,
3. getrennte und unabhängige Regelung der Temperatur bzw. der Wärmezufuhr für jede einzelne der beheizten Kalanderwalzen,
4. stufenloser Übergang zwischen Heizen und Kühlen, z. B. zum Abführen von Friktionswärme oder zur Abkühlung des Produkts, unabhängig für jede Walze,
5. gleichmäßiges und langsames Auf- und Abheizen jeder Kalanderwalze mit vorgeschriebenen zeitlichen Temperaturschwankungen, die je nach Walzenausführung weniger als 0,5 K bis maximal 1 K/min betragen dürfen.

Schaltungen und Regelsysteme für Kalanderbeheizungen und -kühlungen wurden von der Fa. Caliqua zusammen mit den Herstellern und Anwendern von Kalandersystemen entwickelt. Abbildung 7.5 zeigt ein Schaltschema zur Beheizung und Kühlung eines 4-Walzen-Kalanders. Die Heißwasser- und Kühlwasserstation mit Regeleinrichtungen ist nur noch an das HD-Dampf- und Kondensatrohrnetz und an das zentrale Kältewasserrohrnetz anzuschließen und mit den Kalenderwalzen zu verrohren. Der Schaltschrank ist mit der Schaltanlage des Kalanders und der Stromversorgung zu verdrahten.

Diese Umwälzschalt- und Regelstationen können in der Werkstatt vorgefertigt und als kompakte Montageeinheiten zusammen mit dem Schaltpult angeliefert werden und sind vor Ort in der Nähe der Kalanderstraße aufzustellen.

Anstelle des in Abb. 7.5 dargestellten Kaskadenwärmeüberträgers kann auch ein Flächenwärmeüberträger als Gegenstromapparat, wie für das Kühlsystem dargestellt, zum Einbau kommen. Beim Einbau eines Flächenwärmeüberträgers muss aber ein gemeinsames Membranausdehnungsgefäß nach DIN 1952 in die Rücklaufleitung zum Wärmeüberträger und eine Druckausgleichsleitung an die Heiz- und Kühlkreisläufe der Kalanderwalzen verlegt werden. Auch muss ein automatisches Nachspeisesystem installiert werden.

Für die Beheizung und Kühlung von Kalanderwalzen für die Kunststoffverarbeitung werden in der Regel höhere Oberflächentemperaturen und Materialtemperaturen verlangt, so dass als Wärmeträger nur noch Mineralöle (z. B. Nassa-Öl bis 320 °C drucklos) zum Einsatz kommen (siehe hierzu Abschn. 2.5.1).

Bei der Papierherstellung werden Baumstämme mit Durchmessern von 10 bis 30 cm in Längen von 1 m geschnitten und in die Entrindungstrommel gegeben. Die entrindeten und gereinigten Holzteile kommen danach in die Holzschleifmaschine. Die beim Schleifen erzeugten Holzfasern werden über mehrere Stufen von Schüttelsieben sortiert, in Vakuumfiltern eingedickt und danach in einem großen Silobehälter gespeichert, um anschließend in großen Bleichtürmen nach dem Hydrosulfitverfahren auf eine höhere Weiße gebracht zu werden. Anschließend durchlaufen die gebleichten Holzfasern die Zellstoffaufbereitung. Hier wird der auf chemischem Wege aus dem Holzfaserbrei gewonnene Zellstoff aufgelöst und gemahlen, in der Streichküche mit synthetischen Bindemitteln, Stärke und anderen Zutaten zu einer Suspension bereitet und über ein Rohrsystem zu den Papiermaschinen gefördert. In der Papiermaschine wird Zellstoff und Holzschliff unter Zugabe von Farben, Alaun und anderen Chemikalien vermischt. Anschließend wird der Brei auf ein Langsieb gegeben. Das sich darauf bildende Papierblatt wird mit Pick-up in die Presspartie überführt und erreicht über die Trockenpartie und unter einer geschlossenen Haube als Rohpapier das Glättwerk. Die Aufrollung erfolgt danach im Tragtrommelroller.

Zur Veredlung der Papierbahn dient die der Papiermaschine unmittelbar nachgeordnete Streichmasse. Die Papierrollen werden für den kontinuierlichen Betrieb bei voller Geschwindigkeit im fliegenden Wechsel angeklebt. Die Trocknung der aufgetragenen Streichfarbe erfolgt in Infrarotstrecken unter der gasbeheizten Trockenhaube und mit dampfbeheizten Nachtrockenzylindern. Bahngewicht und Feuchtigkeit werden laufend überwacht. Der Glanz wird auf 2 12-Walzen-Superkalandern mit je einer oberen und unteren schwimmenden Walze erzeugt (Abb. 7.8). Die Superkalander glätten die Papierbahnen mit einem Liniendruck von 300 kg/cm und einer maximalen Geschwindigkeit von 800 m/min. Die Qualität wird automatisch mit einem Glanzmessgerät überprüft.

Für alle vorstehend beschriebenen Arbeitsschritte wird Wärme zum Kochen, Trocknen und Walzen in Form von Heißwasser dem Zellstoff und dem Faserbrei zugeführt. Die Walzen des Superkalanders werden, wie schon bei der Gummi- und Kunststoffbearbeitung beschrieben, beheizt und gekühlt. Die Heißwassererzeugung erfolgt wie bei

**Abb. 7.6** Hydraulische
Schaltung eines
Heißwasserregelkreises mit
Durchgangsventil im Rücklauf

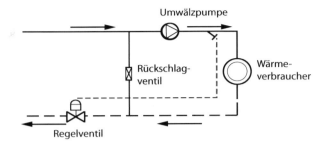

**Abb. 7.7** Hydraulischer
Regelkreis mit einem
Zwei-Wege-Ventil im Vorlauf

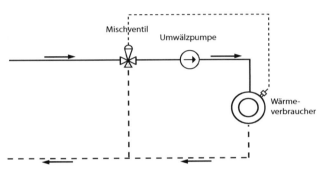

der Reifenproduktion, in kompakten Einheiten aus Wärmeaustauschern, Pumpen, Reglern und Ausdehnungsgefäßen einschließlich der Armaturen, die neben oder in den Maschineneinrichtungen aufgestellt und verrohrt sind. Der Wärmeverbrauch bzw. die Oberflächentemperaturen von beheizten Walzen werden bei Heißwasserheizungen mit einem Einwege- oder Durchgangsventil im Rücklauf, also mit einer Ablaufregelung als PI-Regler nach Abb. 7.6 geregelt.

Bei Heizwassertemperaturen unter 100 °C im Vorlauf oder bei Heißwasserheizungen mit ausreichendem Drucküberschuss, wenn also der Betriebsdruck am Eingang des Regelventils weit über dem Sattdampfdruck $P_s$ der Vorlauftemperatur liegt, kann auch die Schaltung der Regelung nach Abb. 7.7 mit einem Zwei-Wege-Ventil im Vorlauf gewählt werden.

## 7.5   Planung von Heißwasser-, Kühlwasser- und Druckluft-versorgungsrohrnetzen für Industriebetriebe

Bei Erweiterungen, Umbaumaßnahmen oder Neubauten von Produktionsanlagen muss entweder der Betreiber der zukünftigen Produktion über ausreichende Erfahrungen und Kenntnisse zur Erstellung der Vorplanung verfügen oder eine kompetente Ingenieurgesellschaft heranziehen und sich von dieser beraten lassen.

**Abb. 7.8** Glättungskalander
mit 12 Walzen in einer
Papierfabrik

Vor der ersten Planungsphase müssen die Untersuchungen über Absatzgebiete, Fertigungsprogramm, Umfang der Fertigung und alle Kostenbeschaffungsfragen und Rentabilitätsberechnungen zur Erstellung des Werks abgeschlossen sein.

Zur Klärung der Standortfrage gehören auch die An- und Abfahrmöglichkeiten von Rohstoffen und gefertigten Produkten. Danach werden die Produktionsabläufe und der Aufstellungsplan für die Produktionseinrichtungen erstellt.

Der Maschinenaufstellungsplan (oder Layout) wird vom Produktionsablauf bestimmt. In diesem sind alle Produktionsmaschinen und Einrichtungen zu nummerieren, und in einer Stückliste sind die Bezeichnungen und die benötigten Angaben dazu zusammenzustellen. Die Stückliste sollte auch bereits alle Energieanschlusswerte, Nennweiten der Rohranschlüsse und Angaben über Durchsatzmenge, Differenzdruck, Temperatur des Heizmediums beim Eintritt und Austritt aus der Maschine enthalten. Das Gleiche gilt für Kühlwasseranschlüsse, Wasserverbrauch und Abwassermengen oder für benötigte Dampf- und Kondensatanschlüsse sowie für den Druckluftbedarf und den Betriebsdruck.

Der Ingenieur, der die Versorgungsanlagen zu planen hat, muss diese Unterlagen prüfen, fehlende Angaben nachfordern und Fragen zur Art der Ver- und Entsorgung in einem Fragebogen zusammenstellen. Erst wenn alle Fragen für den Entwurf beantwortet sind, kann er mit der Planung der Ver- und Entsorgungstrassen und der verschiedenen Rohrnetze und der Versorgungsanlagen beginnen.

In Werkhallen müssen bei der Anordnung der Rohrtrassen die Materialtransportwege und Fördereinrichtungen beachtet werden. Wenn Kranbahnen vorhanden sind, bleiben nur die an den Außenwänden vom Kran nicht erreichbaren Zonen für die Verlegung von Rohrtrassen oder es müssen begehbare Versorgungstunnel oder Rohrkanäle gebaut werden, die den Einsatz von Gabelstaplern und ähnlichen Transportmitteln nicht behindern. Wenn Rohrtrassen an den Außenwänden und in den vom Kran nicht befahrenen Zonen vorgesehen werden, müssen unabhängig hiervon Bodenkanäle für die von der Haupttrasse zu den Produktionseinrichtungen zu verlegenden Anschlussleitungen ausgeführt werden.

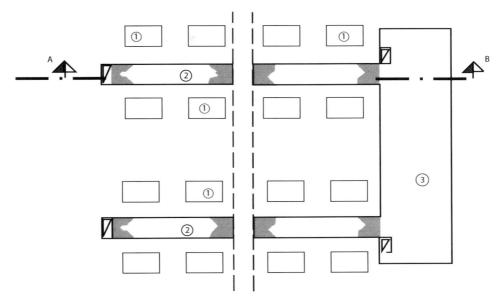

**Abb. 7.9**  Aufstellung von Reifenpressen in der Produktionshalle

Im Industriebau bevorzugt man allgemein und auch, um bei eventuellen Änderungen oder Erweiterungen neue Anschlussleitungen leichter anschließen zu können, die Kanalverlegung von Rohrleitungen anstelle einer direkten Erdverlegung.

Der Ingenieur muss auch in der Entwurfsphase nachprüfen, ob die Entwurfspläne des Architekten die nötigen Maschinenräume, Versorgungstunnel oder Versorgungskanäle enthalten und die Maschinenaufstellungsräume die erforderlichen Flächen und Raumhöhen besitzen und am richtigen Ort vorgesehen sind.

Bei der Erstellung eines Maschinenaufstellungsplans und dem ersten Entwurf für die Produktionshalle für ein Reifenwerk wird man z. B. entsprechend des Produktionsablaufs und der geforderten Funktion die Reifenpressen in zwei Reihen hintereinander anordnen (siehe Abb. 7.9 und 7.10). Unterhalb der Reifenpressen muss dann ein Versorgungstunnel vorgesehen werden und quer dazu muss sich am Anfang oder am Ende der Versorgungstunnels ein Maschinen- und Apparateaufstellungsraum befinden. Den Kalander wird man in der Höhe des 1. OGs oder auf einer Bühne und in der Nähe von Labor- sowie Wäge- und Mischräumen in einer zweiten Produktionslinie mit der Schneidmaschine und der Rohlingwickelmaschine aufstellen.

Da die Reifenpressen und die Regel- und Steuereinrichtungen, aber auch die wärmegedämmten Rohre und Apparate im Maschinenraum sehr viel Wärmeenergie abgeben, müssen der Maschinenraum und der Versorgungstunnel im Sommer mit einem hohen Außenluftwechsel durchlüftet werden. Auch über den Walzen des Kalanders muss eine Be- und Entlüftungsanlage installiert werden.

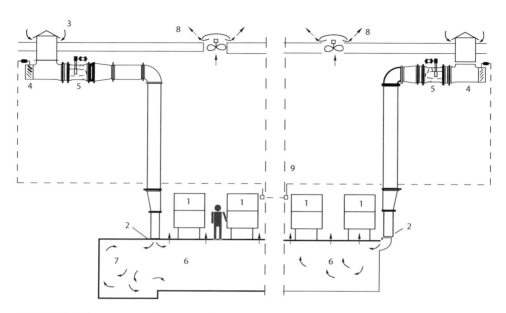

**Abb. 7.10** Lüftungssystem für eine Reifenproduktionshalle

Die Abluft sollte über den Reifenpressen und dem Kalander abgesaugt und mit einer Wärmerückgewinnungsanlage ausgerüstet werden, damit in den Wintermonaten die erforderliche Zuluft damit vorgewärmt werden kann. Alle diese Grundvoraussetzungen sind in den Entwurf einzuarbeiten und in allen folgenden Planungsphasen fortzuschreiben.

Nachdem die Entwurfsplanung vorliegt, muss auch ein Terminplan erstellt werden, der neben dem zeitlichen Ablauf aller Planungs- und Ausführungsphasen auch sonstige Abhängigkeiten wie Einkauf aller Produktionseinrichtungen und Genehmigungsverfahren von Behörden enthält, weil die Maschinenlieferanten nur verbindliche und vollständige Anschlusswerte und Fundamentpläne nach Auftragserhalt zur Verfügung stellen. Diese Angaben müssen vor der Erstellung der Ausführungsplanung vorliegen. Auch sollten die Genehmigungsverfahren und die Abstimmung mit den öffentlichen Versorgungsunternehmen vor dem Beginn der jeweiligen Ausführungsarbeiten abgeschlossen sein. Der Anlagenplaner muss vor Beginn der Ausführungsplanung die Einbringmöglichkeiten von Maschinen und Apparaten überprüfen und die Lasten und Belastungen sowie alle größeren Durchbrüche in tragenden Wänden und Decken dem Statiker bekannt geben.

Mit diesen Angaben zur Planungsvorbereitung und zum Planungsablauf sollte nur ein Einblick in den Arbeitsablauf gegeben und die wesentlichsten Besonderheiten, die bei der Planung von Versorgungsanlagen für Industriebauten zu beachten sind, genannt werden. Das Thema soll aber hier nicht weiter vertieft werden, weil dazu und zur Bau- und Kostenüberwachung ausreichend Spezialliteratur im Handel erhältlich ist.

**Tab. 7.1** Anhaltswerte für prozentuale Antriebsleistung der Umwälzpumpen, der Wärmeverluste und Abnahme der Erzeugung von elektrischer Energie je kg Dampf

| Vorlauftemperatur in °C | 90 | 110 | 130 | 150 |
|---|---|---|---|---|
| Rücklauftemperatur in °C | 70 | 70 | 70 | 70 |
| Abnahme der Antriebsleistung in % | 7 | 4 | 2,5 | 1,5 |
| Abnahme der Wärmeverluste in % | 5 | 4 | 3 | 2 |
| Abnahme der elektrischen Energieerzeugung in % | 12 | 15 | 19 | 23 |

## 7.6   Heißwasserrohrnetze für die Fernwärmeversorgung

### 7.6.1   Heizsystem und Bauart des Rohrleitungsnetzes

Zur Wahl des zweckmäßigsten Heizsystems gehört die Festlegung der maximalen Vorlauftemperatur, das erforderliche Temperaturgefälle und die Entscheidung, ob das Rohrnetz als Zweileitersystem (Vorlauf und Rücklauf) oder als Dreileitersystem (Vorlauf gleitend, Vorlauf konstant für die Warmwasseraufheizung und ein gemeinsamer Rücklauf) oder auch als Vierleitersystem (mit gleitender Vorlauf- und Rücklauftemperatur für die Raumheizung und mit einem getrennten Netz für die Warmwasseraufheizung mit konstantem Vor- und Rücklauf) ausgeführt werden soll.

Wenn es sich um eine Fernwärmeversorgung aus einem Heizwerk ohne Stromerzeugung oder um ein Blockheizkraftwerk (BHKW) mit Gas- oder Dieselmotoren bzw. Gasturbinen handelt, dann stellt sich zur Wahl der maximalen Vorlauftemperatur zunächst die Frage, inwieweit man die Rauchgase abkühlen und den Wärmeinhalt nutzen will. Vom Temperaturgefälle zwischen Vor- und Rücklauf wird bei gleicher Wärmemengenabgabe die umzuwälzende Wassermenge und damit der Energieverbrauch der Umwälzpumpe bestimmt.

Angaben über den prozentualen Energieverbrauch bei verschiedenen Temperaturspeizungen, bezogen auf die transportierte Wärmemenge in kJ/h, enthält Tab. 7.1. Mit zunehmender Vorlauftemperatur und Temperaturspreizung nehmen bei gleicher Dämmdicke die Wärmeverluste bezogen auf die transportierten Wärmemengen ab. Tabelle 7.1 enthält auch die prozentualen Wärmeverluste bei den üblichen Temperaturspreizungen und verschiedenen Vorlauftemperaturen. Aus der Tabelle ist ersichtlich, dass es wirtschaftlicher ist, wenn man ausgedehnte oder umfangreiche Versorgungsnetze von Großstädten mit hohen Gesamtwärmeleistungen mit größeren Temperaturspreizungen und höheren Vorlauftemperaturen betreibt. Ebenso wählt man aus wirtschaftlichen Gründen für kleinere Fernheiznetze und für kleinere Wohnsiedlungen niedrigere Vorlauftemperaturen und geringere Wärmespreizungen.

Auch die Wahl der Vorlauftemperatur und der Temperaturspreizung ist von den Anforderungen der Abnehmeranlagen im Versorgungsbereich abhängig. In Altbaugebieten von Großstädten befinden sich überwiegend bestehende Gebäudeheizungen, die für Vorlauftemperaturen von 90 °C und mit Temperaturspreizungen von 20 K ausgelegt sind.

Für derartige Versorgungsgebiete werden die Fernheiznetze für Temperaturen von 110/70 °C (also maximale Vorlauftemperatur 110 °C und Temperaturspreizung 40 K) ausgelegt. Wenn das Versorgungsgebiet sehr groß ist und große Wärmemengen zu transportieren sind, wird man auch ein Fernheizsystem 130/70 °C wählen und damit die Anschaffungskosten für das Rohrnetz und dessen Wärmedämmung wesentlich reduzieren. Die Kosteneinsparung ist vor allem dann erheblich, wenn Rohrdurchmesser über 150 bis 300 mm Ø und größer zum Einbau kommen, weil die Preise für Rohr, dessen Montage und auch für die Dämmung nicht linear, sondern sehr progressiv mit der Zunahme des Leitungsdurchmessers ansteigen. Fernheiznetze für Neubaugebiete, bei denen das Fernheizversorgungsunternehmen (FVU) noch Einfluss auf die Auslegung der Gebäudeheizsysteme nehmen kann, wenn also die Anschlussbedingungen zur Planungszeit bekannt sind, und es sich um ein kleineres Versorgungsgebiet handelt, werden heute für Temperaturen von 90/70 °C ausgelegt.

Die Wahl des Heizsystems für ein Fernheiznetz muss selbstverständlich auf die Wärmeerzeugungsanlage abgestimmt sein. Der Wärmeinhalt der Rauchgase wird am effektivsten genutzt, wenn in den Wintermonaten ein Heißwassererzeuger das Heißwasser auf die zu dieser Jahreszeit erforderliche Vorlauftemperatur aufheizt und am Ende der Heizperiode ein Brennwertheizkessel das Heizungswasser auf die in den Übergangsmonaten erforderliche Leistung und mit der dann benötigten Vorlauftemperatur erhitzt. Weitere Einzelheiten zu Kesselleistungsabstufungen und die jahreszeitliche Anpassung der Wärmeerzeuger an den Bedarf und die Anforderungen werden in Kap. 9 beschrieben.

Die Absenkung der Vorlauftemperatur bis auf die von der Gebäudeheizung am Ende der Heizperiode benötigte ist aber nur dann möglich, wenn das betreffende Fernheiznetz nicht die Wärmeenergie für das Aufheizen von Zupfwarmwasser in den Gebäuden zur Verfügung stellen muss. Dies ist aber nur bei folgenden Anlagenausführungen der Fall:

a. Das Zapfwarmwasser wird in den Gebäuden mit Elektrogeräten (Durchlauferhitzer oder Speicher) oder mit erdgasbeheizten Geräten (Heizkessel oder gasbeheizten Wandthermen) erwärmt.

b. Bei nicht zu großen Versorgungsgebieten, z. B. bei einer Wohnsiedlung, wird das Zapfwarmwasser in der Heizzentrale aufgeheizt und über ein Zapfwarmwasserrohrnetz mit Zirkulation parallel zu dem Fernheiznetz zu den Gebäuden geführt.

c. Es wird ein Dreileiter-Fernheiznetz ausgeführt, das aus einem entsprechend der Außentemperatur abgesenkten Vorlauf und einem konstant und ganzjährig auf 70 °C aufgeheizten zweiten Vorlauf und einem gemeinsamen Rücklauf besteht.

d. Es wird ein Vierleiter-Fernheiznetz realisiert, das aus 2 Vorläufen wie unter c. beschrieben und auch aus 2 Rückläufen besteht.

Alle vorstehend beschriebenen Fernheiznetzausführungen wurden in der Praxis an verschiedenen Orten bereits realisiert und erprobt. Dreileiter-Heißwassernetze gibt es z. B.

in Berlin Charlottenburg und in Hamburg als Fernheizsysteme 110/70 °C mit einem konstanten Vorlauf von 70 °C für Zapfwarmwasser und zur Beheizung von Lüftungsanlagen oder Industrieverbrauchern, die ganzjährig eine Vorlauftemperatur von 70 °C benötigen. Es handelt sich dabei um Fernwärmenetze von Heizkraftwerken, die in Versorgungsgebieten mit großer Wärmedichte in den Nachkriegsjahren gebaut und erweitert wurden. In Dreileitersystemen schwankt die Wasserumlaufmenge im Vorlauf mit konstanter Temperatur erheblich, weil die unterschiedliche Abnahme nur über die Wassermenge ausgeglichen werden kann. Durch die schwankende Wassermenge im konstanten Vorlauf verändert sich auch die Temperatur im gemeinsamen Rücklauf und damit auch im gleitend gefahrenen Vorlauf. Aus diesem Grunde müssen Dreileiter-Heizsysteme mit drehzahlgeregelten Umwälzpumpen ausgerüstet werden. Die Drehzahl der Pumpen wird nach dem Differenzdruck am Ende des Versorgungsnetzes geregelt, damit alle Verbraucher bei auftretenden Schwankungen mit der erforderlichen Wassermenge ausreichend mit Wärme versorgt werden können. Dreileiter-Heizsysteme werden auch für die Wärmeversorgung von Gebäudeheizungen, von Klimaanlagen und für die Warmwasseraufheizung in Groß-Kliniken oder großen Heilstätten ausgeführt. Vierleiter-Heizsysteme können in Kliniken oder großen Universitäten, die als Universitätsstadtteile verschiedene Institute und Studentenwohnhäuser angesiedelt haben, gebaut werden. Die höheren Anlagenkosten führen aber bei einer Wirtschaftlichkeitsuntersuchung in der Regel zur Realisierung eines Dreileiter-Heizsystems, obwohl das Vierleiter-Heizsystem besser zu regeln ist und im Sommer das gleitende Heizungsnetz ganz abgeschaltet und nur das Sommer- oder konstant betriebene Rohrnetz mit den geringeren Rohrdurchmessern und geringeren umzuwälzenden Wassermengen wesentlich wirtschaftlicher betrieben werden kann. Das am häufigsten ausgeführte Fernheiznetz ist jedoch das Zweileiter-Heizsystem, das mit Temperaturen von 130/70 °C oder 110/70 °C bis etwa 5 oder 7 °C gleitend nach der Außentemperatur abgesenkt und bei höheren Außentemperaturen als 7 °C dann konstant mit der Vorlauftemperatur von 70 °C gefahren wird (siehe hierzu Abb. 7.11. – auch in Strempel E. (1959))

Fernheiznetze von Heizkraftwerken werden in der Regel mit einer maximalen Vorlauftemperatur von 110 °C betrieben, um eine größere Wirtschaftlichkeit der elektrischen Stromerzeugung zu erreichen. Nur außergewöhnlich ausgedehnte Rohrnetze von Großstädten mit hoher Wärmedichte werden auch für Vorlauftemperaturen von 130 °C ausgelegt. Auch zunächst für 110 °C Vorlauftemperaturen ausgelegte Fernheiznetze wurden später bei zunehmender Wärmedichte und nach erheblichen Erweiterungen auf Vorlauftemperaturen von 130 °C umgestellt. Diese Umstellung ist leicht möglich, weil sowohl die Vorlauftemperatur von 110 °C als auch von 130 °C mit dem gleichen Nenndruck PN 16 für Armaturen und dem gleichen Rohrleitungswerkstoff betrieben werden kann. Die Wärmeversorgungskapazität verdoppelt sich dabei, ohne dass größere Wassermengen umgewälzt oder höhere Antriebsleistungen für die Umwälzpumpen beansprucht werden. Das für die Turbine verfügbare Dampfgefälle bzw. das Arbeitsvermögen des Dampfes $\Delta h$ vermindert sich dabei zwar um ca. 15 bis 19 %, aber die Erzeugung des elektrischen Stroms reduziert sich entsprechend und wird auch dadurch etwas unwirtschaftlicher. Der Betrieb der Dampfturbine ist aber, wenn es sich um eine Entnahmekondensationsmaschine han-

**Abb. 7.11** Temperaturverlauf
bei einem Fernheiznetz
für Gebäudeheizung
und ganzjährige
Zapfwarmwasseraufheizung

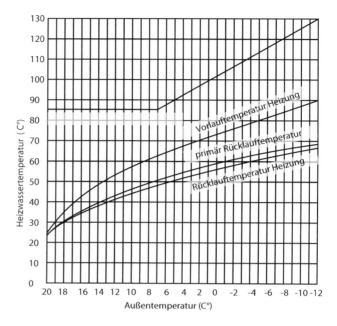

**Tab. 7.2** Jahresgrundpreise
Vattenfall Berlin (II/2012)

| Mindestauskühlung $\Delta T$ (K) | Preis (Brutto) (€ je l/h) |
|---|---|
| 55 | 4,047 |
| 65 | 4,784 |
| 85 | 6,255 |
| 90 | 6,622 |

delt, weiter ungestört möglich, weil der Hauptkondensator zusätzlich die Dampfmenge übernimmt, die vom Entnahme- und Heizungskondensator bei gleichbleibender Heizleistung weniger abgenommen wird. Die dadurch entstehenden prozentualen Wärmegefälle in der Turbine und die Verluste an erzeugter Elektroenergie sind in Tab. 7.2 genannt. Die prozentualen ungefähren Verluste an elektrischer Energie beziehen sich in kW/kg Dampf auf einen Eintrittszustand von ca. 90 bar und 500 °C Überhitzungstemperatur und einen Kondensationszustand, der sich bei der im Jahresmittel gefahrenen Vorlauftemperatur des Fernheiznetzes ergibt.

Will man die Verluste an elektrischer Energie bei einem Heizkraftwerk nicht in Kauf nehmen, dann empfiehlt sich eine Schaltung nach Abb. 7.12. Der Entnahmekondensator oder Heizungsvorwärmer ist so zu bemessen, dass er Heizungsvorlauftemperaturen von 100 bis 110 °C und einen Kondensationsdruck von 1,4 bar oder 0,4 bar Überdruck liefert. Diese Vorlauftemperatur ist für die Versorgung der Abnehmeranlagen bei Außentemperaturen von 0 °C und darüber ausreichend.

**Abb. 7.12** Schaltung eines HKW mit Kondensator und Heizungsnachwärmer

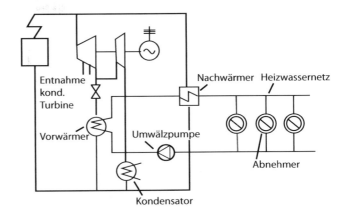

**Abb. 7.13** Summenlinie des Jahres-Wärmeverbrauchs und Aufteilung der Höchstlast zu 50 % in Spitzen- und Grundlastwärme

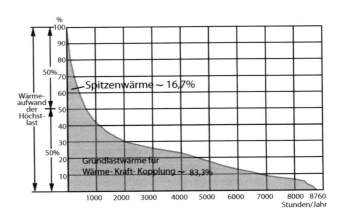

Für das Erreichen der Vorlauftemperatur von 130 °C, die nach zehnjährigen Wetterbeobachtungen an ca. 40 Tagen während der Heizperiode und bei Außentemperaturen von 0 bis −12 °C notwendig ist, wird dem Entnahmekondensator im Vorlauf zum Heizungsverteilernetz noch ein mit Frisch- oder Entnahmedampf beheizter Nachwärmer nachgeschaltet. Die Jahressummenlinie nach Abb. 7.13 zeigt, dass die Spitzenwärme nur 15 bis 20 % der gesamten Jahres-Wärmelieferung ausmacht.

Aus Abb. 7.13 ist auch zu entnehmen, dass die Höchstlast für die Wärmeerzeugung zu ca. 50 % auf den Vorwärmer für die Grundlast und zu 50 % auf den Nachwärmer aufzuteilen ist. Weiterhin ist ersichtlich, dass die Grundlastwärme, die mit Vorlauftemperaturen unter 110 °C gedeckt werden kann, ca. 83 % der Jahres-Wärmelieferung beträgt und nur ca. 17 % der Jahres-Wärmelieferung vom Nachwärmer mit Vorlauftemperaturen von 110 bis 130 °C nachzuwärmen und zu liefern sind. Bei diesem geringen Anteil von 17 % ist es aus wirtschaftlichen Gesichtspunkten unerheblich, mit welchem Dampfzustand (ob Frischdampf oder Entnahmedampf) der Nachwärmer beheizt wird, weil dadurch im Jahresmittel ca. 23 % mehr elektrischer Strom erzeugt und verkauft werden kann. Mit den dafür einge-

**Abb. 7.14** Druckver-
lustverlauf in Vor- und
Rücklauf bei konstantem
Druckverlust und bei
konstanter Geschwindigkeit,
H = der an Hausstationen
geforderte verfügbare
Differenzdruck

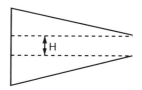
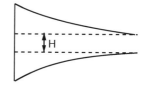

nommenen Geldern sind die Anlagenkosten für den Nachwärmer und dessen Regeleinrichtungen in kurzer Zeit amortisiert. Anstelle des dampfbeheizten Wärmeaustauschers im
Heizkraftwerk kann auch ein Spitzenheizwerk in den Vorlauf des Versorgungsnetzes eingebaut werden, auch der Einbau eines mit Erdgas oder Heizöl beheizten Heißwassererzeugers
im Heizkraftwerk ist möglich.

## 7.6.2   Druckverhältnisse im Heißwasserfernheiznetz und Ausführung der Fernwärme-Übergabestationen

### 7.6.2.1   Druckverhältnisse im Heißwasserfernheiznetz

Bereits in Kap. 2 wurde in Abb. 2.11 ein Druckdiagramm für ein Heißwasser-Fernheiznetz
dargestellt und beschrieben. Das Kennlinienfeld von Kreiselpumpen und die Entstehung
der Rohrnetzkennlinie sowie die Veränderung in Abhängigkeit von der Fördermenge bei
gleichbleibenden Rohrdurchmessern wurde in Kap. 3 beschrieben, in Beispielen erläutert
und berechnet. Auch das Verhalten der Pumpen bei verschiedenen Schaltungsarten wurde
ausführlich diskutiert und ist gegebenenfalls in diesen Abschnitten nachzulesen. In Scholz
(2012) wird die Druckverlustberechnung in Rohrnetzen ausführlich behandelt (siehe dort
Beispiel 1.3).

Hier soll nur noch darauf hingewiesen werden, dass die Druckverlustlinie bei gleichbleibenden Strömungsgeschwindigkeiten eine durchgebogene Hyperbelkurve ergibt und
dass sie bei gleichbleibendem Druckverlust eine Gerade darstellt (siehe hierzu Abb. 7.14).

Die Druckverhältnisse im Fernheiznetz lassen sich durch die Anordnung der Umwälzpumpen im Heizungs-Wasserkreislauf und durch die Einbindung der Druckhalteanlage
(siehe Kap. 2) beeinflussen und gestalten. Der Druckdiktierpumpe ist ein Überströmventil
parallel geschaltet, so dass die Pumpe einen konstanten statischen Druck für die gesamte
Anlage diktiert und diesen auch bei Zu- und Abnahme des umlaufenden Wasservolumens
in der Anlage konstant hält. Dieser Druck wird als Ruhedruck bezeichnet, weil er auch
dann im Rohrnetz wirkt, wenn die Hauptumwälzpumpen abgeschaltet sind und keine
Wasserumwälzung erfolgt.

Wenn die Hauptumwälzpumpen, wie in Abb. 7.15 dargestellt, im Vorlauf eingebaut
sind, ist der Druckverlust des Vorlaufs, der benötigte Differenzdruck an der ungünstigsten
Übergabestation und der Druckverlust im Rücklauf als Gesamtförderhöhe der Pumpe bei

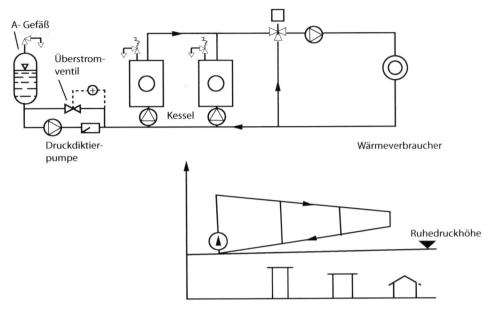

**Abb. 7.15** Fernheiznetz mit Einbau der Hauptumwälzpumpe im Vorlauf

der Gesamtfördermenge zu erbringen. Die Förderhöhe wird im Vorlauf über der Ruhe-druckhöhe aufgebaut und im Kreislauf des Fernheiznetzes bis zum Ruhedruck verbraucht. Wenn z. B. die Gesamtförderhöhe 20 mWS beträgt und der Ruhrdruck mit 4 bar gewählt wurde, beträgt der maximale Anlagendruck am Druckstutzen der Pumpe 5 bar Überdruck. Die Druckverluste im Vorlauf und im Rücklauf betragen je 15 mWS und der verfügbare Differenzdruck 5 mWS. Die Hausübergabestationen können für einen direkten Anschluss ausgeführt werden, wenn die Heizflächen für einen zulässigen Betriebsdruck von 6 bar Überdruck ausgelegt sind.

Wenn die Hauptumwälzpumpen, wie in Abb. 7.16 dargestellt, im Rücklauf eingebaut sind, dann steht der Ruhedruck am Pumpendruckstutzen zur Verfügung. Will man den gleichen Maximaldruck von 5 bar Überdruck im System haben, muss das Überströmventil auf 5 bar Überdruck eingestellt werden. Die Umwälzpumpen senken nun den Druck im Rücklauf um den Druckverlust im Vorlauf, den Differenzdruck und den Druckverlust im Rücklauf, also um 20 mWS ab. Am Saugstutzen beträgt der Betriebsdruck 50 mWS abzüglich 20 mWS, also 3 bar Überdruck. Die durch einen Direktanschluss mit Wärme zu versorgenden Gebäude dürfen bei ebenem Gelände nicht höher als 30 m sein. Beim Abschalten der Hauptumwälzpumpen entsteht kein Druckverlust im Fernheiznetz. Der Betriebsdruck entspricht wieder dem Ruhedruck von 5 bar.

Wenn man die Förderhöhe von 20 mWS auf 2 Pumpen mit je einer Förderhöhe von 10 mWS aufteilt und eine der Pumpen in die Vorlaufleitung und die andere in die Rück-laufleitung, wie in Abb. 7.17 dargestellt, einbaut, erhält man die Druckverhältnisse mit

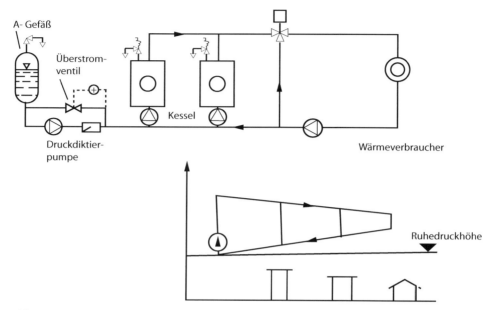

**Abb. 7.16** Fernheiznetz mit Einbau der Hauptumwälzpumpe im Rücklauf

der Förderhöhe von 10 mWS über der Ruhedrucklinie und 10 mWS Druckabfall unter der Ruhedrucklinie. Das Überströmventil wird man bei dieser Schaltung auf 4 bar Überdruck einstellen. Damit beträgt der maximale Betriebsdruck im Fernheiznetz auf der Pumpendruckseite der im Vorlauf eingebauten Pumpe 5 bar Überdruck und der niedrigste Betriebsdruck auf der Saugseite der im Rücklauf eingebauten Pumpe 3 bar Überdruck. Die beiden Pumpen können mit einem gemeinsamen Antriebsmotor ausgerüstet werden. Dabei handelt es sich allerdings um einen E-Motor in Sonderausführung mit beiderseits vorhandenen Wellenenden oder Kupplungen und um eine linksherum laufende Umwälzpumpe als Sonderanfertigung. Die Pumpe wird z. B. von der Fa. KSB als Sonderanfertigung auf einer gemeinsamen Grundplatte als Sockelpumpe für Heißwasser hergestellt und geliefert. Die Ausführung mit zwei Normpumpen als Sockelpumpen und mit je einem Antriebsmotor ist aber kostengünstiger, und die Pumpen lassen sich ebenfalls mit etwas mehr Stellplatzbedarf in das Versorgungsnetz installieren.

Anhand der drei Grundschaltungen nach Abb. 7.15 bis 7.17 und der Erläuterungen dazu ist zu erkennen, dass durch Kombination der drei Grundschaltungen die Druckverhältnisse in einem Fernheiznetz an die Versorgungsanforderungen, den Höhenverlauf des Versorgungsgebiets und an die Gebäudehöhen angepasst werden können. Die verschiedenen Gestaltungsmöglichkeiten werden an folgenden Beispielen gezeigt:

**Beispiel 7.1: Fernheiznetz für ein Universitätsgelände**

Abbildung 7.18 zeigt das Druckdiagramm für das Fernheiznetz der TU Stuttgart im Pfaffenwald. Das Heizkraftwerk befindet sich am Rande des Versorgungsgebiets. Das

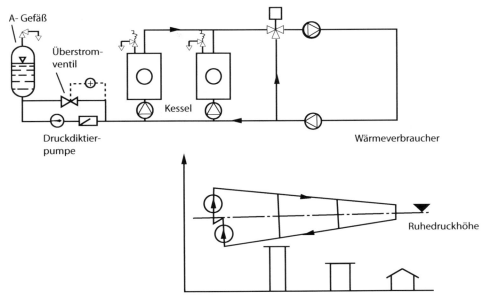

**Abb. 7.17** Fernheiznetz mit Einbau der Hauptumwälzpumpen im Vorlauf und im Rücklauf mit jeweils halber Förderhöhe

Fernheiznetz besteht aus zwei Versorgungsringen: Der erste Versorgungsring wurde beim Bau der ersten Ausbaustufe erstellt, der zweite im Zuge der zweiten Ausbaustufe geplant. Beide Versorgungsringe wurden in einem Kreuzungsbauwerk zwischen den beiden Versorgungsnetzen verbunden.

In den ersten Ausbaujahren werden bei noch geringer Bebauung beide Versorgungsringe von den im HKW installierten Hauptumwälzpumpen versorgt. Mit fortschreitender Bebauung werden immer größere Wassermengen gefordert und der Druckverlust im ersten Versorgungsring nimmt, wie bekannt, mit dem Quadrat der Strömungsgeschwindigkeit zu. Damit die Förderhöhe der Hauptumwälzpumpen nicht über die Maßen erhöht werden muss, können nun im Kreuzungsbauwerk weitere Umwälzpumpen installiert werden. Diese Zwischenumwälzpumpen sind nur für die Fördermenge des zweiten Versorgungsringes zu bemessen und müssen auch nur an den ca. 50 kältesten Tagen der Heizperiode in Betrieb genommen werden.

Die Ausführung hat folgende Vorteile:

a. Es werden erhebliche Betriebskosten und auch Anschaffungskosten eingespart.
b. Der Betriebsdruck im Rohrnetz wird nicht erhöht und besser an das Gebäude des abfallenden Versorgungsgebiets angepasst.

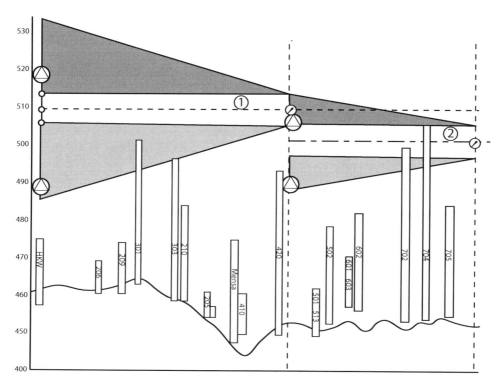

**Abb. 7.18** Druckdiagramm für das Fernheiznetz eines Universitätsgeländes

**Beispiel 7.2: Fernheiznetz für ein Wohngebiet**

Abbildung 7.18 zeigt das Druckdiagramm des Fernheiznetzes Bietigheim-Buch. Der Geländeverlauf des Versorgungsgebiets ergibt einen Höhenunterschied von ca. 70 m. Das Heizwerk wurde mitten im Versorgungsgebiet angeordnet, weil dort die meisten zu versorgenden 4- bis 8-stöckigen Wohngebäude und zwei Hochhäuser liegen und der Schornstein am höchsten Hochhaus architektonisch angelehnt werden konnte. In das Fernheiznetz für das tieferliegende und größte Versorgungsgebiet wurden eine Pumpe in den Rücklauf und in das Fernheiznetz für das auf dem Berg liegende Versorgungsgebiet eine Pumpe in den Vorlauf eingebaut. Durch die gemeinsame Druckhaltung und die getrennten und verschiedenen Anordnungen der Umwälzpumpen wurde erreicht, dass in beiden Versorgungsgebieten der Betriebsdruck nicht über 6 bar Überdruck ansteigt und alle Gebäude mit einem Direktanschluss ohne zwischengeschalteten Flächenwärmeaustauscher versorgt werden können. Abbildung 7.19 zeigt den Druckverlauf für den Betrieb mit einer Sommerpumpe für die WW-Bereitung und zur Wärmeversorgung von Lüftungsanlagen in den Supermärkten und in der Grundschule.

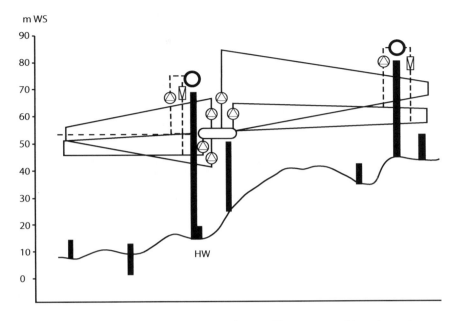

**Abb. 7.19** Druckdiagramm für ein am Berg gelegenes Versorgungsgebiet mit zwei getrennten Versorgungsnetzen und unterschiedlichen Anordnungen der Umwälzpumpen bei gemeinsamer Druckhaltung siehe Eydam und Knoll (1971)

Zwei der Hochhäuser liegen mit den oberen beiden Stockwerken über der Drucklinie der Versorgungsnetze und müssen mit einer Druckerhöhungsumwälzpumpe für die oberen Stockwerke ausgerüstet werden.

### Beispiel 7.3: Fernheiznetz für ein Stadtgebiet

Abbildung 7.20 zeigt das Druckdiagramm mit einer zweiten Umwälzpumpe im Versorgungsgebiet, für den Endausbau angeordnet, des Fernheiznetzes des Heizkraftwerks „Franken I" in Nürnberg. Die Schaltung wurde gewählt, um die Versorgung mit Wärme wirtschaftlich an den Netzausbau und die Netzbelastung anpassen zu können.

### Beispiel 7.4: Fernheiznetz für ein Universitätsgelände

Abbildung 7.21 zeigt das Druckdiagramm für das Fernheiznetz zwischen dem HKW und der Universität Bochum. Von der Fernheizleitung DN 600 werden eine Wohnsiedlung, das Klinikum und die Universität mit Wärme versorgt. In das Versorgungsnetz ist am Ende des Ringnetzes, wie in Abb. 7.22 dargestellt, ein Spitzenheizwerk eingebunden. Siehe auch Jörg H. (1968).

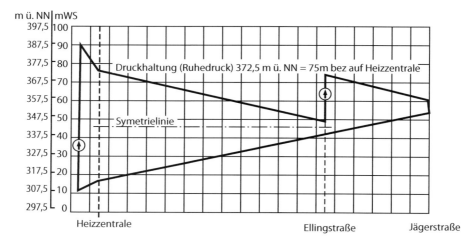

**Abb. 7.20** Druckdiagramm für ein Fernheiznetz mit 2 im Vorlauf angeordneten Umwälzpumpen für den Endausbau

**Abb. 7.21** Druckdiagramm für beidseitige Wärmeeinspeisung von HKW und Spitzenheizwerk

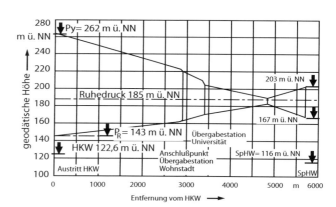

Beide Heizwerke, HKW und Spitzenheizwerk, werden von den Vereinigten Elektrizitätswerken – Westfalen AG betrieben. Die Rohrnetze beider Heizwerke sind mit Umwälzpumpen im Vor- und Rücklauf ausgerüstet, und die Druckdiktiereinrichtungen sind so aufeinander abgestimmt, dass beide Umwälzanlagen auf die gleiche Ruhedrucklinie als Mitteldruckhaltung gefahren werden können.

Die vier ausgeführten Anlagenbeispiele zeigen, wie in der Praxis durch Anwendung der drei Grundschaltungen von Umwälzpumpen und Druckhalteeinrichtungen die Druckverhältnisse in den Versorgungsnetzen gestaltet und im Betrieb aufrechterhalten werden können.

### 7.6.2.2  Ausführung der Fernwärme-Übergabestationen

Bei Heißwasserfernheiznetzen spricht man von „direkten Anschlüssen", wenn die Hausanlage direkt mit dem Fernheiznetz verbunden ist und von dessen Heizwasser durchströmt

**Abb. 7.22** Schaltschema des Versorgungsnetzes mit HKW und Spitzenheizwerk

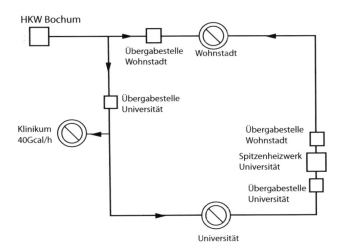

wird. Damit sind auch die chemische Beschaffenheit des Heizwassers und der Betriebsdruck in der Gebäudeheizungsanlage durch das Fernwärmeversorgungsunternehmen (FVU) vorgegeben.

Ein indirekter Anschluss liegt dann vor, wenn das Heizwasser des Gebäudeheiznetzes durch einen Flächen-Wärmeübertrager vom Fernheiznetz getrennt ist und die Beschaffenheit des Heizungswassers und auch der Betriebsdruck in dem Gebäudeheiznetz unabhängig vom Fernheiznetz sind. Entscheidend dafür, ob ein direkter oder ein indirekter Anschluss ausgeführt wird, ist an erster Stelle der Betriebsdruck im Fernheiznetz. Aber auch die Bauhöhe der anzuschließenden Gebäude kann entscheidend sein, wenn es sich um ein Hochhaus handelt, das mit mehreren Stockwerken über die niedrigste Drucklinie vom Rücklauf des Fernheiznetzes hinausragt.

Wenn es sich nur um ein oder zwei Stockwerke mit geringer Heizleistung handelt, kann man für diesen Gebäudeteil eine eigene Gebäudeheizgruppe vorsehen und die Umwälzpumpe für den Druckverlust in diesem Heizsystem zuzüglich des Drucks oder der Förderhöhe, die für diese Höhenüberschreitung erforderlich ist, bemessen. Es muss also keine eigene Regelgruppe sein, sondern nur eine von der Regelgruppe in den oberen Stockwerken abgezweigte Heizgruppe, die von dem übrigen Gebäudeheiznetz durch ein Rückschlagventil im Vorlauf über der Umwälzpumpe und ein Überström- oder Druckhalteventil im Rücklauf getrennt ist. Selbstverständlich sind für den Fall, dass Störungen auftreten, für diese Gruppe Absperrventile und ein Schmutzfänger vor dem Überstromventil sowie Druckanzeigegeräte oder ein Differenzdruckmanometer zu installieren. Für den Fall, dass eine Druckerhöhung für eine größere Fördermenge notwendig wird, sollte man für das Gesamtgebäude einen indirekten Anschluss ausführen, um laufende Antriebskosten zu sparen. Abbildung 7.23 zeigt die Schaltung für eine Heizgruppe mit Druckerhöhung und Niveauregelung.

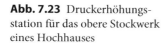

**Abb. 7.23** Druckerhöhungs-
station für das obere Stockwerk
eines Hochhauses

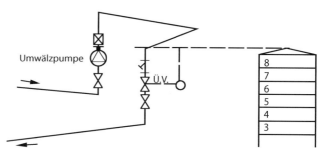

### 7.6.2.3   Fernwärme-Übergabestation für direkte Anschlüsse

Der direkte Anschluss wird überall dort ausgeführt, wo sich ein Heißwasserverteilnetz errichten lässt, in dem die Ruhedrucklinie unterhalb des Betriebsdrucks von 4 bis maximal 6 bar Überdruck liegt. Die Gründe dafür sind folgende:

a. Am Ende der Heizperiode sind die zu fördernde Wassermenge und der Druckverlust sehr gering, so dass sich im Gesamtsystem der Betriebsdruck dem Ruhedruck
   annähert. Der Ruhedruck im Gesamtsystem entspricht dann dem Betriebsdruck im
   Gebäudeheiznetz.
b. Um Schäden gering zu halten und Unfälle möglichst auszuschließen, sollte der Betriebsdruck in den Heizflächen von Wohngebäuden die zulässige Druckstufe von 4 bis
   maximal 6 bar Überdruck nicht übersteigen.

Zu beachten ist noch, dass diese Regel nur für ebenes Gelände gilt. Wenn sich einzelne Wohngebäude in einem tiefer gelegenen Gebiet befinden und vom Fernwärmenetz mit versorgt werden sollen, muss der durch den Höhenunterschied entstehende zusätzliche Druck berücksichtigt werden. Für diese Gebäude muss dann ein indirekter Hausanschluss ausgeführt werden. Wenn dieser erhöhte Betriebsdruck nur in einem Untergeschoss auf-tritt und sich in diesen Räumen nicht dauernd Personen aufhalten, wenn es sich also um keine Wohn- oder Geschäftsräume handelt, können diese Räume auch mit Heizflächen ausgerüstet werden, die für einen höheren Druck, z. B. bis 8 bar Überdruck, zugelassen sind.

Aus den vorstehenden Betrachtungen ergibt sich, dass direkte Anschlüsse überwiegend in kleineren Fernheiznetzen für Wohnsiedlungen und in Fernheizgebieten, die in einem ebenen Gelände liegen, zur Ausführung kommen können.

Zur Feststellung der erforderlichen Regeleinrichtungen, Armaturen und Messeinrich-tungen einer direkten Fernheiz-Übergabestation wird noch einmal ein Druckdiagramm nach Abb. 7.24 eines Fernheiznetzes betrachtet, bei dem die Ruhedrucklinie gleichzeitig auch Mitteldrucklinie ist.

Dem Druckdiagramm ist zu entnehmen, dass an der Übergabestation in der Nähe des Heizwerks ein zu hoher Differenzdruck (zwischen $P_3$ und $P_6$) bei maximaler Abnahme besteht. Wenn der Ruhedruck z. B. 5 bar Überdruck beträgt und die Förderhöhe der

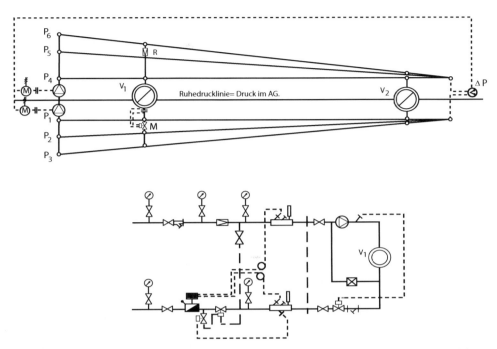

**Abb. 7.24** Druckdiagramm mit Mitteldruckbetrieb und Hausübergabestation als Direktanschluss

Pumpen mit je 15 mWS erforderlich ist, dann würde der Druck im Vorlaufanschluss mit 6,5 bar Überdruck anstehen und über dem zulässigen Betriebsdruck der Heizflächen liegen. Aus diesem Grund ist der Einbau eines Druckminderventils im Vorlauf erforderlich.

Für die Zirkulation innerhalb der Übergabestation muss in der Regel ein Differenzdruck von 2 bis 5 mWS zur Verfügung gestellt werden. Der statische Druck im Rücklauf der Fernwärme-Übergabestation muss immer etwas höher sein als der im Anschlusspunkt des Fernheiz-Rücklaufs. (Den Grenzfall stellt der entfernt liegende Verbraucher dar – siehe Abb. 7.25 Verbraucher $V_2$.) Da der Druck im Fernheiznetz-Rücklauf ebenfalls je nach Belastung schwankt, wird auch der Einbau eines Differenzdruckreglers in den Rücklauf der Fernwärme-Übergabestation notwendig. Das Reduzierventil im Vorlauf hält einen konstanten Vorlaufdruck. Somit kann mittels eines Differenzdruckreglers auch die Einhaltung eines konstanten Rücklaufdrucks erreicht werden.

Mit der richtigen Einstellung des Differenzdruckreglers kann erreicht werden, dass zwischen Vor- und Rücklauf der Fernheizung unabhängig von der Durchflussmenge immer der Differenzdruck verfügbar ist, der dem Druckverlust im Regelventil und Schmutzfänger entspricht.

Für die Abrechnung der gelieferten Wärme ist ein Wärmeverbrauchszähler erforderlich. Für die Funktionskontrolle sind Manometer und Thermometer, wie in Abb. 7.24 dargestellt, einzubauen. Die gezeigten Absperrventile und Schmutzfänger sind für den

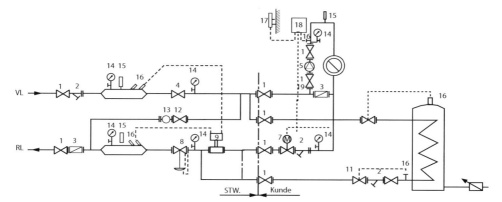

**Abb. 7.25** Übergabestation für einen direkten Fernheizanschluss mit Warmwasserbereitung bei einem Zweileiter-Fernheiznetz. *1*) Absperrarmaturen, *2*) Schmutzfänger, *3*) Rückschlagkappe, *4*) Druckminderer, *5*) Umwälzpumpe, *6*) Wärmeverbraucher ND 6, *7*) Motorventil, *8*) Rücklaufmengenbegrenzer, *9*) Wärmemengenzähler, *10*) Brauchwassertemperaturregler max. 60 °C, *11*) Rücklauftemperaturbegrenzer max. 50 °C, *12*) Überströmventil, *13*) Schauglas, *14*) Manometer mit Prüfflansch, *15*) Thermometer, *16*) Temperaturfühler, *17*) Außentemperaturfühler, *18*) Zentralgerät

störungsfreien Betrieb und für Wartungsarbeiten notwendig. Die mit dem Differenzdruckregler kombinierte Rücklauftemperaturbegrenzung ist für die Übergangszeit und für den Sommerbetrieb, wenn Zapfwarmwasserbereiter und Lüftungsanlagen zu versorgen sind, erforderlich. Wenn auch das Gebäudeheizsystem bei −12 °C Außentemperatur mit 75/50 °C gefahren werden kann, können die Temperaturbegrenzer für den Rücklauf auf 55 °C eingestellt werden. Wird die Wärme von einem Heizkraftwerk und nicht von einem Heizwerk oder Blockheizwerk geliefert, verlangt das FVU in der Regel den Einbau von Mengenreglern mit Rücklauftemperaturbegrenzung an Stelle des Differenzdruckreglers.

Der Mengenregler ist praktisch ein Differenzdruckregler, der durch eine Messblende ergänzt wird. Der Widerstand der Messblende wird auf die maximal benötige Wassermenge eingestellt, und wenn der Differenzdruck oder die Wassermenge überschritten wird, drosselt das Regelventil die Liefermenge. Das Temperaturbegrenzungsventil ist in der Messleitung am Ausgang der Messblende eingebaut und drosselt bei steigender Temperatur die Messleitung, was wiederum zum Schließen oder Drosseln des Mengenregelventils führt.

Wenn alle Abnehmeranlagen mit Mengenreglern ausgerüstet sind, kann das Heizkraftwerk mit der Regelung der Vorlauftemperatur die beim Heizkraftwerk wieder ankommende Rücklauftemperatur steuern. Ist die Temperatur im Rücklauf beim Eintritt in den Entnahmekondensator zu hoch, wird zentral die Vorlauftemperatur zurückgenommen, was nach einer Verweilzeit zur Absenkung der Rücklauftemperatur führt. Das Heizkraftwerk kann also beim Vorhandensein von Mengenbegrenzungsreglern die Wärmeabgabe zentral über die abgegebene Vorlauftemperatur steuern, die umzuwälzen-

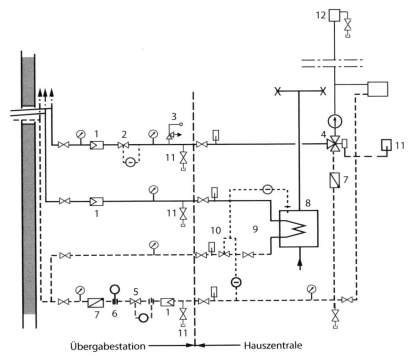

**Abb. 7.26** Übergabestation für einen direkten Anschluss an ein Dreileiter-Fernwärmerohrnetz zur Gebäudeheizung und Zapfwarmwasseraufheizung, *1)* Schmutzfänger, *2)* Druckminderventil, *3)* Sicherheits-Überströmventil, *4)* Temperaturregler, *5)* Durchflussregler, *6)* Wärmemengenzähler, *7)* Rückschlagorgan, *8)* Einstellorgan für stündliche Wasserumwälzmenge, *9)* Brauchwassertemperaturregler, *10)* Rücklauftemperaturbegrenzer, *11)* Außenthermostat, *12)* Entlüftung

de Wassermenge in gewissen Grenzen beibehalten und somit die im Versorgungsnetz vorhandene Temperaturdifferenz regeln.

Die Befolgung der vorgesehenen Temperaturspreizung sichert die einwandfreie Versorgung aller angeschlossenen Abnehmeranlagen. Die Einhaltung der für die Stromerzeugung geplanten Rücklauftemperatur ist für ein Heizkraftwerk vorrangig, weil dadurch Verluste bei der Stromerzeugung vermieden werden. Bei Heizwerken und Blockheizwerken wird in der Regel aus Kostengründen und zwecks einfacher und übersichtlicher Gestaltung der Hausanschlüsse auf die Rücklauftemperaturbegrenzung verzichtet.

Abbildung 7.25 zeigt das Schaltbild einer Fernwärme-Übergabestation für die Wärmeversorgung eines Gebäudes und für die Aufheizung des Zapfwarmwassers aus einem Zweileiter-Heißwassernetz, das mit Vorlauftemperaturen nach Abb. 7.11 gefahren wird.

Der Einbau eines Überströmventils zwischen Vor- und Rücklauf ist erforderlich, wenn bei einer Funktionsstörung am Überströmventil der zulässige Betriebsdruck für die Heiz-

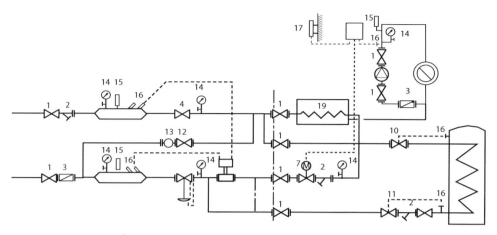

**Abb. 7.27** Indirekte Übergabestation für ein Zweileiter-Fernheiznetz, das mit 130/70 °C nach Abb. 7.11 gefahren wird

flächen und des Gebäudeheizsystems von 4 bis 6 bar Überdruck überschritten werden kann.

Wenn der Betriebsdruck in der Heizschlange des Warmwasserspeichers (bzw. im Fern-heizvorlauf nach der Reduzierung) noch über dem Betriebsdruck des Zapfwarmwassers liegt, dann muss zum Schutze des Trinkwassers DIN 1988, Teil 4 die Heizschlange aus dickwandigem und korrosionsfestem Werkstoff bestehen oder es ist ein weite-rer Flächenwärmeaustauscher (Netztrennung und Druckreduzierung) dazwischen zu schalten.

Abbildung 7.26 zeigt eine Fernwärme-Übergabestation, die ebenfalls wie Abb. 7.25 zur Wärmeversorgung der Gebäudeheizung und zur Aufheizung des Zapfwarmwassers dient, aber für ein Dreileiter-Fernheiznetz auszuführen ist. Anstelle des Sicherheitsventils könnte auch hier eine geschlossene Überströmverbindung mit Schauglas zur Kontrolle realisiert werden.

Es muss noch darauf hingewiesen werden, dass bei einem direkten Anschluss an ein Fernheiznetz das Gebäudeheizungsnetz immer an der höchsten Stelle einen automatischen Rohrbe- und entlüfter erhalten muss. Vor dem Entlüftungsautomat ist für den Fall, dass Schmutz eintritt oder der Automat aus anderen Gründen nicht ordentlich funktioniert, ein Absperrventil für Wartungsarbeiten einzubauen.

### 7.6.2.4  Fernwärme-Übergabestation für indirekte Anschlüsse

Indirekte Anschlussstationen in Fernheiznetzen, die mit maximalen Vorlauftemperaturen von ca. 130 °C gefahren werden, empfehlen den Anschluss der Warmwasseraufheizung parallel zum Wärmeaustauscher 19, wie in Abb. 7.27 dargestellt, anzuordnen.

Der Flächenwärmeüberträger ist für den maximalen Wärmebedarf des Gebäudes zu bemessen.

Die weitere Bezeichnung der Nummerierung entspricht den Erläuterungen von Abb. 7.25. Die in den Abb. 7.24 und 7.25 dargestellten Messflaschen werden nur bei einem

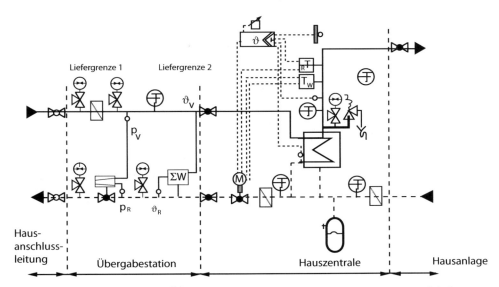

**Abb. 7.28** Indirekte Fernheiz-Übergabestation bei hohen Vorlauftemperaturen und hohen Betriebsdrücken

Anschlussdurchmesser bis DN 100 benötigt. Bei größeren Rohrdurchmessern werden die Tauchhülsen in die Vorlauf- und Rücklaufrohre eingeschweißt. Bei Heißwasser-Fernheiznetzen mit höheren Vorlauftemperaturen, die z. B. mit 160/60 °C oder 180/60 °C betrieben werden und bei denen die Vorlauftemperaturen am Ende der Heizperiode bis auf 70 °C abgesenkt werden, wird die gesamte benötigte Wärme für die Gebäudeheizung für Lüftungs- und Klimaanlagen und für die Warmwasseraufbereitung über ein oder mehrere parallel geschaltete Flächenwärmeübertrager, wie in Abb. 7.28 dargestellt, geführt. Der Sekundärkreislauf kann und wird dann nach den Anforderungen der Gebäudeanlagen ausgeführt und geregelt werden.

Weitere Erläuterungen zur Schaltung von Fernwärme-Übergabestationen sind nicht erforderlich, weil alle FVU eigene Richtlinien für ihre Versorgungsgebiete herausgeben. Die DIN 4747, Teil 1 regelt und erläutert ausführlich die sicherheitstechnischen Anforderungen an Fernwärme-Übergabestationen für Heizwasserfernheiznetze und enthält auch eine Liste für grafische Symbole, die leider immer noch nicht von allen FVU und Ingenieurbüros angewandt werden.

### 7.6.3   Standortwahl für Heizzentralen

Die optimale Lage für eine Heizzentrale kann nur gefunden werden, wenn rechtzeitig die Städteplaner, die Architekten für die verschiedenen Gebäudekomplexe und die mit der Planung des Fernheizwerks und des Fernheiznetzes beauftragte Ingenieurgesellschaft zusammenarbeiten und die entscheidenden Einflussgrößen auswerten.

Die wesentlichen Einflussgrößen sind folgende:

1. Zur Erreichung einer wirtschaftlichen Energieverteilung und zur Geringhaltung der Investitionskosten sollte das Heizwerk möglichst im Zentrum des Versorgungsgebietes angeordnet werden.
2. Wenn es sich um abfallende oder ansteigende Gelände oder Stadtteile handelt, dann müssen die Auswirkungen der Standortwahl mit den Druckverhältnissen im Versorgungsnetz untersucht und bewertet werden.
3. Zur Vermeidung von Immissionen im Versorgungsbereich (Betriebslärm, Reinhaltung der Luft) sollte das Heizwerk möglichst auf der Leeseite von Wohngebieten und auf einer Anhöhe geplant werden.
4. In einer Wohnsiedlung ist es von Vorteil, wenn der Schornstein des Heizwerks architektonisch an ein Hochhaus angelehnt wird.
5. Für die Anfahrt von Heizöl oder festen Brennstoffen und deren Lagerung sind Flächen freizuhalten, und die Zufahrtstraße muss eine Haltespur erhalten.

Es handelt sich, wie zu erkennen ist, um z. T. gegensätzliche Forderungen, deren wirtschaftlichste Lösung immer ein Kompromiss sein wird. Wenn es sich um ein Heizwerk für ein Großklinikum oder für ein Universitätsgelände handelt, muss man darauf achten, dass das Heizwerk möglichst in der Nähe von Wirtschaftsbereichen wie Wäscherei, Küche, Mensa und Instituten mit hohem Energiebedarf angeordnet wird. Die Vorplanung ist rechtzeitig mit den Bauämtern der Stadt und den Landes- und Bundesbaubehörden abzustimmen. Handelt es sich um ein städtisches Heizkraftwerk, sind die Koordinierung der Planung und die Standortwahl von den Baubehörden der Stadt und dem Betreiber, in der Regel die Stadtwerke, durchzuführen.

## 7.6.4   Wahl der Rohrverlegungsart für Fernheizleitungen

Für die Wahl des Verlegungsverfahrens sind die vorhandenen Bodenverhältnisse ausschlaggebend. Untersuchungen zeigen, dass man selbst in sandigen und hochliegenden Bereichen eine Gefährdung des Heißwassernetzes durch Oberflächen- oder Schichtwasser nicht ausschließen kann. Aus diesem Grund werden Fernheizleitungen für öffentliche Fernheizanlagen oder für Wohnsiedlungen nur noch in Versorgungskanälen oder als Rohr in Rohrsystemen mit dazwischenliegender Wärmedämmung (Mantelrohrverfahren für direkte Erdverlegung) im Erdreich ausgeführt.

Im Heizungskanalbau kommen folgende Grundformen und Ausführungen zur Anwendung:

a. Rechteckkanal (U-Kanal),
b. Korbbogenkanal,
c. Halbkreiskanal.

**Abb. 7.29** Rechteckkanal als U-Kanal, geeignet für Rohre bis DN 80

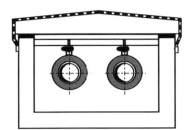

**Abb. 7.30** Rechteckkanal als Haubenkanal, geeignet für Rohre bis DN 200

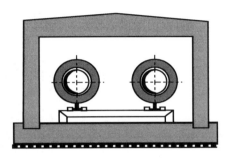

**Abb. 7.31** Korbbogenprofil als Haubenkanal, geeignet für Rohre bis DN 250

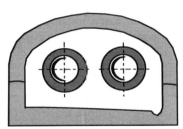

Bei den genormten Betonkanalprofilen muss darauf geachtet werden, dass die Rohrunterstützungen weit einbetoniert bzw. isoliert und gegen Korrosion geschützt werden, damit diese nicht durch Feuchte angegriffen werden. Die Bodenplatte muss ein entsprechendes Quer- und Längsgefälle zu den vorgesehenen Tiefpunkten haben, so dass das Wasser abfließen kann (Abb. 7.33).

zu a. Die U-Kanäle nach Abb. 7.29 werden mit betonierten Fertigteilen (bewehrt oder unbewehrt) oder gemauerten Wänden auf einer vorwiegend bewehrten Betonsohle verlegt. Nach dem Verlegen und Isolieren der Rohrleitungen werden die U-Kanäle mit Fertigteilplatten abgedeckt und abgedichtet.

zu b) und c) Bei den Haubenkanälen nach Abb. 7.30 bis 7.32 werden die auf einer vorwiegend bewehrten Grundplatte verlegten und isolierten Rohrleitungen mit einer Fertigteilhaube abgedeckt und abgedichtet.

Die Ausführung muss den statischen, bautechnischen und funktionellen Erfordernissen Rechnung tragen. So ist z. B. die Kanalsohle mit leichtem Längsgefälle und einer Wasserablaufrinne herzustellen. Sie ist zu glätten und darf in Längsrichtung keine Hindernisse

**Abb. 7.32** Halbkreisprofil als
Haubenkanal, geeignet für
Rohre bis DN 400 und für
Dampf- und
Kondensatleitungen

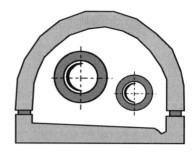

**Abb. 7.33** Ausführungen der
Kanalsohle und eines
Fixpunkts für Haubenkanäle

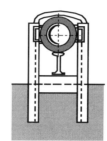
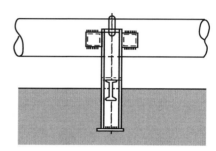

aufweisen. Etwa eindringendes Sickerwasser muss zum nächstliegenden Pumpensumpf in dafür vorgesehene Schächte abfließen können. Wenn die Möglichkeit besteht, sollte man einen Heizkanal alle 50 bis 100 m entwässern (Rückstaumöglichkeit beachten).

Die Abdeckungen (Deckel oder Haube) werden satteldachförmig ausgeführt, damit das Tagwasser gut ablaufen kann. Bei der Verwendung von Fertigteilen ist außerdem zu beachten, dass die Dichtung der horizontalen Lagefugen und der Stoßfugen in engen Rohrgräben mit der nötigen Sorgfalt ausgeführt wird.

Entsprechend der Bodenverhältnisse im Versorgungsgebiet ist zwischen den Einsatzarten zu unterscheiden:

a. Heizkanäle im Grundwasserbereich,
b. Heizkanäle außerhalb des Grundwasserbereichs und
c. Heizkanäle in Böden mit Schicht- oder Hangwasser.

Jedes der drei Einsatzgebiete und die Bodenverhältnisse erfordern eine spezielle Ausführungsart und eine geeignete Fugenabdichtung. Hierauf wird im Folgenden näher eingegangen (Abb. 7.34).

### 7.6.4.1  Heizkanäle in Grundwasserbereichen

Im Grundwasserbereich sind möglichst keine Heizkanäle zu errichten. Ist es nicht zu umgehen, so führt man die Rohrkanäle zweckmäßig als U-Kanal mit betonierten Wandungen, bewehrt oder unbewehrt, aus.

Soll eine sichere Wasserdichtigkeit des fertigen Kanals erreicht werden, so ist neben einer ausreichenden Zementmenge (270 bis 300 kg/m$^3$ Fertigbeton) und der Verwendung geeigneter Zuschlagstoffe (DIN 1045) der Zusatz eines zugelassenen Dichtungsmittels zu empfehlen.

Bei dieser Ausführung entstehen folgende Fugen, die auf die beschriebene Art gedichtet werden:

a.  Arbeitsfugen zwischen Sohle und aufgehenden Wänden (siehe Ausführungsvorschlag 1),
b.  Dehnungsfugen, die in Achsrichtung im Abstand von 15 bis 30 m senkrecht zur Kanalachse vorgesehen werden (siehe Ausführungsvorschlag 2),
c.  längsverlaufende Lagerfugen oberhalb des Grundwasserspiegels zwischen Wanne und Abdeckplatten (siehe Ausführungsvorschlag 3),
d.  Stoßfugen zwischen den Abdeckplatten, je nach Konstruktion der Fertigteile, gemäß Ausführungsvorschlag 4,
e.  soll der Beton geschützt werden, so ist ein Anstrich aus Bitumen als Deckanstrich zu empfehlen.

### 7.6.4.2   Heizkanäle außerhalb des Grundwasserbereichs

Als optimale Lösung bietet sich für dieses Einsatzgebiet, auch bei größeren Rohrleitungen, der Haubenkanal an. Die Sohle besteht bei dieser Ausführung in der Regel aus bewehrtem Ortbeton, auf dem die Abdeckhauben aufsitzen. Dabei entstehen folgende Fugen, die auf die beschriebene Art gedichtet werden:

a.  Dehnungsfugen der Sohle, die gewöhnlich alle 15 bis 30 m vorgesehen werden (siehe Ausführungsvorschlag 2),
b.  längsverlaufende Lagerfugen zwischen Haube und Sohle, die je nach Ausbildung der Sohle gemäß Ausführungsvorschlag nach Abb. 7.34) gedichtet werden,
c.  Stoßfugen zwischen den Abdeckplatten, je nach Konstruktion der Fertigteile, gemäß Ausführungsvorschlag 5. Für Neukonstruktionen ist die Ausführung entsprechend Vorschlag 6 zu empfehlen.

### 7.6.4.3   Heizkanäle im Boden mit Schicht- oder Hangwasser

Für dieses Einsatzgebiet kommen sowohl die Ausführungen nach Abschn. 7.6.4.1 als auch nach Abschn. 7.6.4.2 zur Anwendung. Bei der Ausführung nach Abschn. 7.6.4.2 ist durch den Einbau einer dauernd betriebenen Drainage in der Grabensohle (bodenmechanische und grundbautechnische Bauregeln beachten) das Wasser abzuführen.

Die Dichtung der verschiedenen Heizkanalfugen richtet sich nach der gewählten Ausführungsart des Heizkanals und ist wie vor beschrieben auszuführen. Bei drückendem Wasser auf der Längsseite ist die DIN 18195, Teil 6 zu beachten.

### 7.6.4.4   Doppelrohrsysteme mit Dämmung für direkte Erdverlegung

Doppelrohrsysteme werden auch als Verbundmantelrohrverfahren bezeichnet, wenn die Dämmung aus Hartschaum besteht und mit dem Mediumrohr und dem Mantelrohr fest verbunden ist.

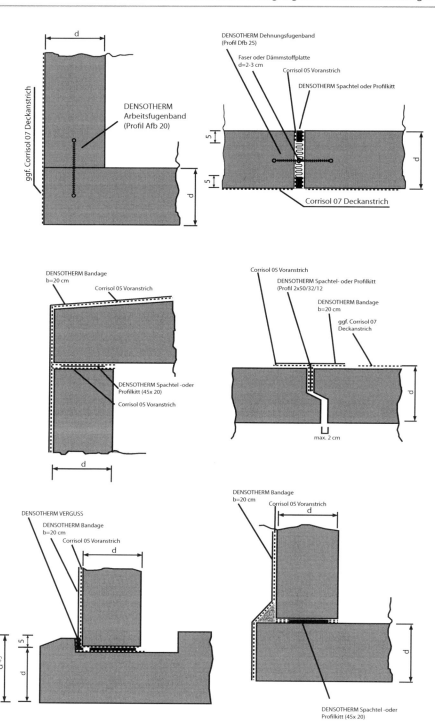

**Abb. 7.34**  Fugenausbildung für Fernheizkanäle

Das Mediumrohr besteht aus geschweißtem oder nahtlosem Stahlrohr nach DIN 2440 oder 2448. Bei Bedarf kann auch verzinktes Stahlrohr oder Kupferrohr als Mediumrohr eingesetzt werden. Das Mantelrohr ist konzentrisch angeordnet und besteht aus Polyethylen hart (HDPE).

Der Hohlraum zwischen dem Mediumrohr und dem wasserdichten Mantelrohr ist mit Polyurethan-Hartschaum (Dichte $80\,\text{kg/m}^3$) so ausgeschäumt, dass Medium- und Mantelrohr kraftschlüssig miteinander verbunden sind.

Doppelrohrsysteme mit einem Kunststoffmantelrohr können bis zu Betriebstemperaturen des Wärmeträgers von $130\,^\circ\text{C}$ eingesetzt werden. Kurzzeitige Überschreitungen bis ca. $140\,^\circ\text{C}$ sind möglich.

Beim Doppelrohrsystem mit einem Mantelrohr aus Stahlrohr mit Kunststoffbeschichtung (P) oder einer Bitumenumwicklung, bestehend aus einer eingelegten beschichteten Glasfaserbinde, sind Betriebstemperaturen bis $300\,^\circ\text{C}$ zulässig. Wenn die Wärmedämmung beim Stahlmantelrohrsystem aus Mineralwollfaser-Schalen oder aus Steinwollfasern (wasserabweisend und temperaturbeständig bis $600\,^\circ\text{C}$) besteht und die Dämmschalen mit Edelstahlbändern auf dem Innenohr befestigt sind, dann sind Betriebstemperaturen bis $450\,^\circ\text{C}$ zulässig.

Das wärmegedämmte Innenrohr wird beim Stahlmantelrohr in Führungslagern konzentrisch geführt. Die Rollen oder Gleitlager bestehen aus GG 24, St 37–2k oder aus Edelstahl. Um den Wärmefluss bei hohen Mediumtemperaturen zu dämmen, werden die Lagerschellen mit einer Zwischenlage aus Dämmstreifen am Mediumrohr befestigt. Das Doppelrohrsystem mit einem Mantelrohr aus Stahl kann für hohe Temperaturen bis $400\,^\circ\text{C}$, also auch für HD-Dampf eingesetzt werden.

Die Grenztemperatur ist unter anderem auch von der Dämmstoffdicke und von der Art des Korrosionsschutzes des Mantelrohrs abhängig und muss je nach der gewählten Ausführung berechnet bzw. mit dem Hersteller abgestimmt werden. Abbildung 7.35 zeigt ein Doppelmantelrohr mit Kunststoffmantel und Hartschaumstoff als Dämmungseinlage. In Abb. 7.36 sind die verschiedenen Lagerausführungen eines Mediumrohrs mit Dämmung im Stahlmantelrohr zu sehen.

Alle Doppelrohrhersteller liefern die in der Werkstatt vorgefertigten und auf Qualität geprüften Rohrsysteme in Montagelängen von 6, 12 und 16 m. Zum Lieferprogramm der Hersteller gehören auch alle systemtypischen und benötigten Bauteile wie Bogen, Abzweige, Festpunkte, Wanddurchführungen oder Gebäudeanschlussbauteile, Endverschlüsse und Kompensationsbauteile, als vorgefertigte U-Bogen-Dehnungsausgleicher oder Axialkompensatoren, immer im Mantelrohr eingebaut, für den Einbau vorgefertigt und geprüft.

Die Doppelrohrsysteme können auch für Kältewasserrohrnetze oder für Zapfwarmwasser und Zirkulationsleitungen eingesetzt werden, wenn das Mediumrohr für diesen Zweck ausgeführt und geeignet ist. Die Bauteile für die Aufnahme von Wärmedehnungen sind bei den Herstellern und Systemen unterschiedlich. Beim Verbundsystem versucht man möglichst ohne besondere Einbauten auszukommen und montiert die Leitungsstrecken mit hohen Vorspannungen, die von der Hartschaumdämmung z. T. aufgenommen werden und

**Abb. 7.35** Fernwärme-
Verbundrohr mit
Kunststoffmantelrohr

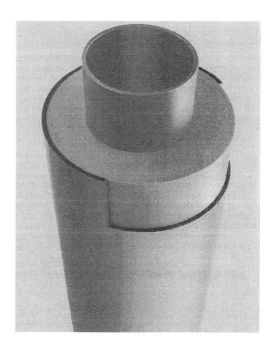

**Abb. 7.36** Mögliche
Lagerausführungen bei
Stahlmantelrohrsystemen

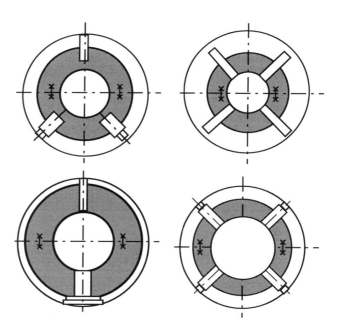

**Abb. 7.37** Ausführung der
Dehnstrecke bei zwei
Mediumrohren im
Stahlmantelrohr

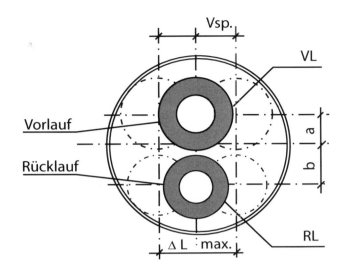

wodurch die Dehnung behindert wird. Die Vorspannung wird, wie im Fernheizleitungsbau
üblich, durch Aufheizen des Systems bis zur Hälfte der maximal möglichen Temperatur-
änderung und durch Festlegen oder Verschweißen der Fixpunkte bei dieser Temperatur
eingebracht. Dies ist aber nur bis zum Erreichen der maximal zulässigen Zugspannung des
Rohr-Werkstoffs möglich. Bei größeren Temperaturveränderungen während der Heizperiode müssen Dehnungsausgleicher eingebaut und die Dehnungsstrecken zwischen den
Dehnungsausgleichern oder Leitungsumlenkungen von 90° nach Scholz (2012), Kap. 2
berechnet werden.

Bei L-Umlenkungen, Z-Bogenstücken und auch bei U-Bogenausgleichern werden die
Dehnung und die Vorspannung des Mediumrohrs durch die Verwendung eines um
ein oder mehrere Dimensionen größeren Mantelrohrs aufgenommen. Die Dehnstrecke
besteht also aus einem größeren Mantelrohr und einer weichen Dämmung um das Mediumrohr. Abbildung 7.37 zeigt die Ausbildung einer Dehnungsrohrstrecke im Schnitt
als Anordnung von zwei Mediumleitungen in einem Mantelrohr. Bei der Anordnung
eines Einzelrohrs erfolgt die Lagerung der Leitung wie üblich in der Mitte des Mantelrohrs, und die Dehnung wird, wie in Abb. 7.38 gezeigt, ebenfalls im größeren Mantelrohr
aufgenommen.

In Abb. 7.38 wird die Anordnung von Dehnstrecken bei Abzweigen und U-Bogen-
Dehnungsausgleichern gezeigt.

Alle Hersteller von Fernheiz-Doppelrohrsystemen geben umfangreiche Kataloge mit
Maßblättern und Beschreibungen aller Bauteile und ausführliche Montageanleitungen her-
aus, so dass hier auf weitere Erläuterungen und Bauteilbeschreibungen verzichtet werden
kann. Der Fachingenieur, der im Fernheizanlagenbau Planungsleistungen zu erbringen
hat, muss sich die Herstellerkataloge beschaffen und nach eingehendem Studium der Ei-

**Abb. 7.38** Anordnung und
Ausbildung von Dehnung-
saufnahmestrecken

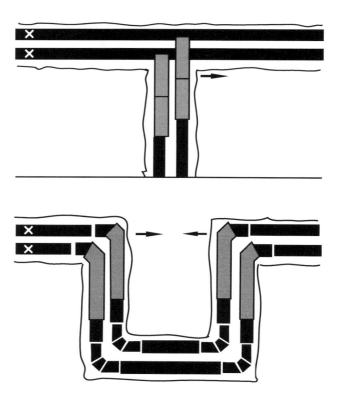

genschaften sowie der Vor- und Nachteile sich für das geeignete System entscheiden und seine Planung und Berechnungen mit den Herstellern abstimmen.

Es sei darauf hingewiesen, dass bei allen Systemen die montierten Leitungen bzw. deren Mantelrohre gasdicht verschlossen werden. Die feuchte Luft, die bei der Montage in die Dämmung eingedrungen ist, wird nach dem Erwärmen der Leitung abgesaugt. Das eingetragene Vakuum wird überwacht, wobei Überwachungssysteme mit Widerstandsmessung über eine in die Dämmung eingelegte Messleitung als Doppelschleife üblich sind. Mit diesem Kontrollsystem können Undichtigkeiten und Rohrbrüche geortet werden. Das Kontrollsystem kann auch, wenn es durchgehend zwischen Heizwerk und dem letzten Verbraucheranschluss ausgeführt wurde, zur Drehzahlregelung der Hauptumwälzpumpen und zur Konstanthaltung des Differenzdrucks an den ungünstigsten Verbraucheranschlüssen oder Netzteilen zum Einsatz kommen bzw. zusätzlich genutzt werden. Alle Hersteller führen die Verschließung des Mantelrohrs und die Anbringung der Dämmung an allen Schweißstellen mit eigenem Personal aus oder überwachen diese Leistung, weil es sich hierbei um für die Gewährleistung sehr relevante Arbeitsabläufe handelt. Die Hersteller bieten auch die Lieferung und komplette Montage als Generalunternehmer an. In jedem Fall muss die Inbetriebnahme und eine Abnahmeprüfung mit dem Hersteller. streckenweise oder für ganze Rohrnetzteile durchgeführt werden. Bei dieser Abnahme müssen auch die

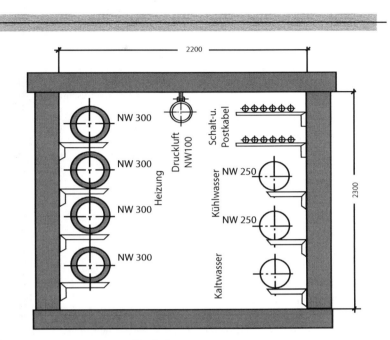

**Abb. 7.39** Energieversorgungstunnel in Ortbeton

Funktion der Kompensatoren und des Überwachungssystems geprüft und die Messwerte im Protokoll notiert werden.

Auch bei einer direkten Erdverlegung des Fernheiznetzes ist nicht ohne Kontrollschächte auszukommen. Diese können aus Ortbeton oder auch als Stahlfertigschächte ausgeführt werden und müssen alle an Tiefpunkten der Rohrtrasse einen Pumpensumpf erhalten. Die Rohrtrasse ist bei der Ausführung als Stahlmantelrohr mit Gefälle zu den Tiefpunkten zu verlegen. Bekriechbare Schächte sollten über den Pumpensumpf ein Kontrollrohr mit Flansch und Straßenkappe erhalten, damit ein Feuchtemelder hineingelassen und das Wasser abgepumpt werden kann. Die Schachtabdeckungen müssen regenwasserdicht und verschraubt sein.

### 7.6.4.5   Energiekanäle und Energieversorgungstunnel

In der Nähe des Heizkraftwerks oder Heizwerks liegende Abnehmer für Dampf, Heißwasser, Druckluft und Kühlwasser können über Betonkanäle oder Versorgungstunnel mit den benötigten Energien versorgt werden. Versorgungstunnel können z. B. zwischen einem Heizwerk und einem öffentlichen Schwimmbad zur Ausführung kommen, sind aber vor allem zwischen einem Industrieheizwerk bzw. zwischen einer Energiezentrale und den Werkhallen notwendig, die mit verschiedenen Energien zu versorgen sind. Versorgungstunnel sind auch in Kliniken zwischen Heizwerk und Wäscherei, Desinfektions- und Sterilisationsanlagen und in Universitäten zwischen Heizwerk und Instituten mit HD-

**Abb. 7.40** Runder
Energieversorgungstunnel aus
Fertigbetonröhren

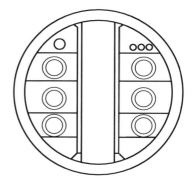

Dampfbedarf erforderlich. Sie sollten an der Seite eine Wasserablaufrinne haben und an den Tiefpunkten einen Pumpensumpf (Abb. 7.39).

Anstelle des rechteckigen Querschnitts kann auch eine preisgünstigere Variante wie bei der TU Stuttgart im Pfaffenwald mit rundem Querschnitt in Form von handelsüblichen Brunnenringen zur Ausführung kommen. Die Brunnenringe aus Stahlbeton haben einen Durchmesser von 2 m im Lichten und werden horizontal im offenen Verbau verlegt. Sie sind 3 m lang und mit Steckmuffen und Dichtgummibändern ausgestattet. In die Steckmuffe wurden innenliegende Flachstahlringe mit Ankerbolzen eingesetzt, die zur Montage eines Traggerüsts dienen, das im Abstand von 3 m zwischen Boden und Decke des Rings eingeschweißt wurde. In der Mitte des Versorgungsrings verbleibt ein 2 m hoher und 70 cm breiter Kontrollgang. Die Versorgungsleitungen wurden im Traggerüst an beiden Seiten des Kontrollgangs verlegt. Die Rohrleitungen mit den großen Durchmessern und dicken Wärmedämmungen für Heißwasser und Kühlwasser wurden in der Mitte und die Druckluft-, Rohrpost- und Meldeleitungen oben und unten angeordnet (siehe Abb. 7.40).

Diese Ausführung ist wesentlich preisgünstiger als der rechteckige Versorgungstunnel aus Ortbeton. Für die Anschlussleitungen, Abzweigungen und Kreuzungen wurden erweiterte Bauwerke aus Ortbeton mit rechteckigen Querschnitten entsprechend des benötigten Platzes und der Anforderungen ausgeführt. Die für die Montage benötigten Einbringungsöffnungen wurden bei den Bauwerken berücksichtigt. Runde Anschlusskanäle mit Durchmessern von 1,6 m haben sich nicht bewährt, weil darin das Einbringen der Rohre und die Montage sehr erschwert sind. Hierfür sind Haubenkanäle oder begehbare rechteckige Kanäle die bessere Lösung.

## 7.7    Einsatz von Wasserstrahlpumpen in Fernwärme-Übergabestationen und als Umwälzeinrichtungen im Gebäudeheiznetz

In den 70er- und 80er-Jahren des letzten Jahrhunderts wurden die geregelten Wasserstrahlpumpen als wirtschaftlichere Lösung gegenüber einer Gruppen-Umwälzpumpe mit Elektromotorantrieb und einem Regelventil angesehen.

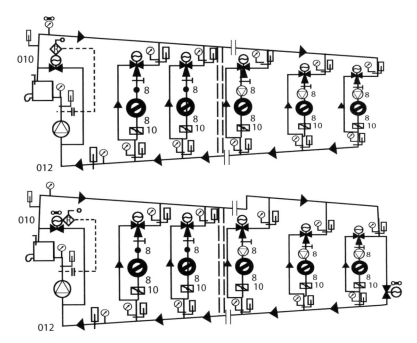

**Abb. 7.41** Kombiniertes Druckdiagramm und Schaltbild eines Fernheiznetzes (entnommen aus dem Firmenkatalog Fa. Bälz, Heilbronn)

Vorgeschlagen wurde, dass in Fernheiz-Übergabestationen, die in einem Versorgungsgebiet in der Nähe des Heizwerks liegen und wenn dort im Fernheiznetz ein hoher Differenzdruck zwischen Vorlauf- und Rücklaufleitung ansteht (siehe unter Abschn. 7.6.2), anstelle des Druckminderers und des Differenzdruckreglers zwischen Fernheiznetz und Hausnetz geregelte Wasserstrahlpumpen statt mit E-Motor angetriebene Umwälzpumpen zum Einsatz kommen sollen.

Es wurde weiter empfohlen, gegebenenfalls in der Fernheiznetzmitte noch eine Druckerhöhungspumpe einzusetzen, damit auch die Übergabestationen der restlichen Netzteile mit Wasserstrahlpumpen ausgerüstet werden können (siehe hierzu Abb. 7.41).

Die Hersteller von Wasserstrahlpumpen empfahlen auch den Einbau in Gebäudeheizungsnetze. Es wurde vorgeschlagen, die Förderhöhe der Hauptumwälzungspumpen so stark zu erhöhen, dass anstelle von Gruppenumwälzpumpen mit E-Motor und der Regelventile dann geregelte Wasserstrahlpumpen zum Einbau kommen können.

Diese Art der Ausführung wurde auch von Ingenieurbüros, z. B. im Krankenhaus in Deggendorf und im Diakonie-Krankenhaus in Düsseldorf, geplant und realisiert.

Der Einbau von Wasserstrahlpumpen in Fernheiz-Übergabestationen wurde seinerzeit auch von Fachleuten des Fernheiz-Versorgungsunternehmen (FVU) für bedingt richtig gehalten und in Fachzeitschriften diskutiert. In verschiedenen Fernheiznetzen wurden Wasserstrahlpumpen installiert und als geeignet weiterempfohlen. Dies geschah damals

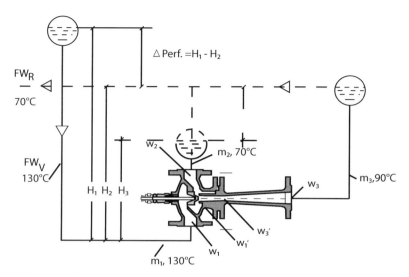

**Abb. 7.42** Prinzipschema einer Wasserstrahlpumpe mit eingetragenen Druckverhältnissen und üblichen Strömungsgeschwindigkeiten in einem Gebäudeheizungsnetz

zu Recht, weil die betreffenden Fernheiznetze z. T. noch ohne Differenzdruck-geregelte Umwälzpumpen betrieben wurden oder mit solchen, die nur im Bereich von 100 bis 50 % der Last regelbar waren und damit an vielen Fernheiz-Übergabestationen ein sehr hoher Differenzdruck verfügbar war.

In den vergangenen Jahren wurden in Fachzeitschriften und in Normausschuss Fernwärmeanlagen (1991) Untersuchungen und Beschreibungen zur Regelfunktion der Wasserstrahlpumpe veröffentlicht.

Eine gute Regelfähigkeit ist grundsätzlich zu erwarten, weil die Drosselung sowohl die Förderstromabnahme als auch eine Vorlauftemperaturabsenkung bewirkt. Beim morgendlichen Aufheizen werden eine erhöhte Vorlauftemperatur und auch ein größerer Förderstrom benötigt, was durch Öffnen der Treibdüse schnell zu erreichen ist. Voraussetzung für die gute Regelfunktion ist jedoch, dass dabei ein ausreichender Vordruck $H_1$ verfügbar ist, der etwa 20 % über dem Vordruck bei 100 % Leistung im Auslegezustand liegen muss.

Es wurde aber nicht untersucht, ob die Wasserstrahlpumpe wirtschaftlich mit einer drehzahlgeregelten Kreiselpumpe vergleichbar ist.

Zur Klärung, ob und wo der Einbau von geregelten Wasserstrahlpumpen heute noch zu empfehlen ist, muss zunächst die Funktion beschrieben, die Wirtschaftlichkeit untersucht und die Berechnung der Leistungsaufnahme durchgeführt werden.

**Beispiel 7.5: Berechnung des erforderlichen Vordrucks für eine Wasserstrahlpumpe**

*Aufgabenstellung*

Für einen Hausanschluss soll zur Beimischung von Rücklaufwasser und zur Umwälzung des Heizungswasser in der Gebäudeanlage eine Wasserstrahlpumpe berechnet werden.

*Gegeben*

| | |
|---|---|
| Hausanschlusswert | 200 kW |
| Fernheiznetztemperatur | 130/70 °C |
| Gebäudeheizsystem | 90/70 °C |
| Strömungsgeschwindigkeit $w_3$ | 0,5 m/s |
| im Heizungskreislauf | |
| Druckverlust | ca. 1,5 mWS bzw. 1.500 Pa |
| im Gebäudeheizungsnetz $H_3$-$H_2$ (nach Abb. 7.42) | |

*Gesucht*

a. die aus dem Fernheiznetz bei maximaler Heizleistung benötigte Wassermenge, die gleichzeitig die Treibstrommenge ist,
b. die im Gebäudesystem umzuwälzende Wassermenge,
c. die Beimischmenge des Rücklaufwassers,
d. die erforderliche Strömungsgeschwindigkeit am Ende der Beimischdüse bzw. im Beimischraum $w_2$ zur Erzeugung des Unterdrucks von 1.500 Pa,
e. die Strömungsgeschwindigkeit $w_1$ am Ende der Treibdüse,
f. der erforderliche Vordruck $p_{1-}p_2$.

*Lösung*

Es gilt der Impulssatz und die Gleichung nach Bernoulli zur Berechnung der Geschwindigkeit aus dem Staudruck und umgekehrt. Der Wirkungsgrad bzw. die Verluste werden erst am Ende berücksichtigt.

a.

$$m_1 = \frac{Q}{c_p \cdot \Delta\vartheta} = \frac{200.000\,\frac{W}{h}}{1,16\frac{W}{kg \cdot K} \cdot 60\,K} = 2.874\,\frac{kg}{h} = 0,798\,\frac{kg}{s}$$

b.

$$m_3 = \frac{200.000\,\frac{W}{h}}{1,16\frac{W}{kg \cdot K} \cdot 20\,K} = 8.620\,\frac{kg}{h} = 2,39\,\frac{kg}{s}$$

c.

$$m_2 = 2,39\,\frac{kg}{s} - 0,798\,\frac{kg}{s} = 1,59\,\frac{kg}{s}$$

d.

$$w_2' = \sqrt{2\,g\,\Delta p} = \sqrt{2 \cdot 9,81\frac{m}{s^2} \cdot 1,5\,m} = 5,425\,\frac{m}{s}$$

Die Geschwindigkeit beim Austritt aus der Düse $w_1'$

$$w_1' \cdot m_1 + w_2 \cdot m_2 = m_3 \cdot w_3$$

$$
\begin{aligned}
w_1' &= \frac{m_3 \cdot w_3' - m_2 \cdot w_2}{m_1} \\
&= \frac{2{,}39 \frac{\text{kg}}{\text{s}} \cdot 5{,}425 \frac{\text{m}}{\text{s}} - 1{,}59 \frac{\text{kg}}{\text{s}} \cdot 0{,}5 \frac{\text{m}}{\text{s}}}{0{,}798 \frac{\text{kg}}{\text{s}}} = 15{,}26 \frac{\text{m}}{\text{s}}
\end{aligned}
$$

und daraus ergibt sich der benötigte Differenzdruck vor der Treibdüse zu

$$\Delta p = \frac{w_1'^2}{2 \cdot g} = \frac{\left(15{,}26 \frac{\text{m}}{\text{s}}\right)^2}{2 \cdot 9{,}81 \frac{\text{m}}{\text{s}^2}} = 11{,}9 \text{ mWS}.$$

In KSB (1959) werden folgende Wirkungsgrade für Wasserstrahlpumpen genannt:

für die Treibdüse   $\eta_{\text{TD}} = 0{,}96$
für die Mischdüse   $\eta_{\text{M}} \ = 0{,}64$
für den Diffuser    $\eta_{\text{D}} \ = 0{,}82$

und Turbulenzverluste 10 bis 15 %
   Der Gesamtwirkungsgrad ergibt sich damit zu $\eta_{\text{ges}} = 0{,}5 \cdot 0{,}875 = 0{,}44$.
   Damit erhält man den erforderlichen Differenzdruck für die vorstehende Wasser-strahlpumpe zu

$$\Delta p_{erf.} = H_1 - H_2 = \frac{11{,}9 \text{ mWS}}{0{,}44} = 27 \text{ mWS}$$

*Diskussion der Ergebnisse*
Nur wenn dieser Differenzdruck ganzjährig verfügbar ist, kann anstelle der mit Elek-tromotor angetriebenen Heizungsumwälzpumpe eine geregelte Wasserstrahlpumpe empfohlen werden. Dabei ist aber noch nicht geklärt, wie eine Überschreitung des maximalen Betriebsdrucks sicherzustellen ist, wenn kein Reduzierventil vorhanden ist, und wie der Druck im Fernheizrücklauf ohne Differenzdruckregler aufrechterhalten werden kann. Da die Wasserstrahlpumpe funktionsmäßig sowohl zum Fernheiznetz als auch zur Gebäudeheizung gehört, stellt sich die Frage, wer für die Wartung und Funktion verantwortlich ist.
   Wenn das Fernheiznetz mit Temperaturen 110/70 °C betrieben wird, dann steht doppelt so viel Treibwasser zur Verfügung und es wird nur ein Vordruck von 20 mWS benötigt. Der benötigte Vordruck ist auch vom Temperaturgefälle des Fernheiznetzes abhängig, das aber gleitend gefahren wird.
   Zur Entscheidung, ob die geregelte Wasserstrahlpumpe im Heizungsnetz der Ge-bäudeheizung wirtschaftliche Vorteile bietet, genügt der Vergleich der Wirkungsgrade.

Wenn der erforderliche Druck, der von der Wasserstrahlpumpe benötigt wird, zuerst in einer Hauptpumpe mit Elektroantriebsmotor erzeugt werden muss und der
Wirkungsgrad des Motors etwa 0,8 und der der Pumpe 0,7 beträgt, ergibt sich ein Gesamtwirkungsgrad von 0,56 bis 0,6 für die Hauptpumpe. Der Druck wird danach in der
Wasserstrahlpumpe mit einem Wirkungsgrad von 0,4 bis 0,45 für die Umwälzung verbraucht. Das ergibt einen Gesamtwirkungsgrad von 0,25 bzw. 25 %. Die heute auf dem
Markt erhältlichen drehzahlgeregelten Rohrpumpen verfügen aber über Wirkungsgrade
von 60 bis 70 %.

Mit dem besseren Wirkungsgrad und den geringeren Stromkosten werden die
Mehrkosten für die Temperaturregelung in wenigen Jahren eingespart. Aus diesen
Gründen ist der Einbau von geregelten Wasserstrahlpumpen nicht effizient und nicht
zu empfehlen.

## 7.8   Planung eines Heißwasserfernheiznetzes

### 7.8.1   Ermittlung der Wärmedichte und der Investitionskosten

Eine Fernwärmeversorgung sollte nur dann geplant werden, wenn außer den Umweltbe-
dingungen (Abgasbelastung von Hausschornsteinen, Brennstofftransport und niedriger
Wirkungsgrad von kleinen Feuerstätten) auch eine wirtschaftliche Verbesserung zu
erwarten ist.

Die erforderlichen Investitionen für eine Fernwärmeversorgung ergeben sich aus:

a. den Kosten für das Heizwerk oder für die Wärmeaustauscher und die Druckhalteeinrichtung mit Verrohrung in einem Heizkraftwerk, einschließlich Gebäudeanteil,
b. den Kosten für das Fernheiznetz, wie Rohrnetz mit Wärmedämmung, für Versorgungskanäle mit Bauwerken und für die Wiederherstellung der Straßendecke für
   Straßendurchführungen sowie für die Umlegung von anderen Versorgungstrassen,
c. den Kosten für die Hausanschlüsse und die Fernwärme-Übergabe-Stationen.

Die unter a. bis c. genannten Kosten sind in der Regel dann wirtschaftlich vertretbar,
wenn für das geplante Wärmeversorgungsgebiet eine Wärmebedarfsdichte von 40.000
bis 60.000 kW/km$^2$ gegeben ist. Dieser Erfahrungswert ist aber sehr umstritten, weil die
Wirtschaftlichkeit nicht nur von der Wärmedichte, sondern auch von der Jahresbenut-
zungsdauer in Vollbetriebsstunden abhängig ist. Wärmeverbraucher wie Krankenhäuser,
Schwimmbäder und Industrieabnehmer haben doppelt so viele Vollbetriebsstunden
wie Wohngebäude, und Industrieabnehmer oder Hotels- und Bürohochhäuser mit
Absorption-Kältemaschinen liegen oft noch darüber. Die Investitionskosten für ein Fern-
wärmegebiet sind auch von der Größe des Versorgungsgebiets und von der Anzahl der
angeschlossenen Verbraucher (Übergabestationen) abhängig. Im Mittel rechnet man mit
1.000 bis 3.000 €/m für eine Doppelleitung mit Rohrdurchmessern von 100 bis 450 mm. In

**Tab. 7.3** Verbrauchsbezogene
Preise Vattenfall (II/2012)

|  | Preis (Brutto) (€ je l/h) |
|---|---|
| Arbeitspreis (AP) | 5,801 |
| Trinkwasserpreis (TP) | 6,571 |

Neubaugebieten liegen die Kosten darunter und bei Netzerweiterungen in Innenstädten wesentlich darüber.

Bezieht man die Investitionskosten auf ein mit mittlerer Wärmeverbrauchsdichte zu versorgendes Fernheizgebiet, dann ergeben sich Investitionskosten on 40.000 €/MW. Die spezifischen Kosten für das Heizwerk betragen ca. 15.000 €/MW, und die Kosten für eine Fernwärme-Übergabestation liegen bei ca. 5.000 bis 8.000 € bei einem Anschlusswert von 1.000 kWh.

Die Investitionskosten für die Hausanschlussleitung und die Fernwärme-Übergabe-Station sind vom Hauseigentümer bei der Erstellung des Hausanschlusses zu zahlen. Die angefallenen Investitionen für das Fernheiznetz und das Heizwerk werden im Wärmeliefe-rungsvertrag an den Verbraucher als Grundpreis weitergegeben. Der Grundpreis kann bis zu 50 % des Wärmepreises betragen. Für Vattenfall Berlin (II/2012) beispielsweise errech-net sich dieser auf Basis der vereinbarten Anschlussleistung und der Mindestauskühlung $\Delta T$ zu

$$\Phi = \frac{\dot{m} \cdot \Delta T \cdot 1{,}163}{1.000} \cdot 60{,}83 \, \frac{€}{kW}.$$

Der Wärmepreis setzt sich also aus dem Grundpreis und dem Arbeitspreis zusammen. Der Grundpreis ist immer zu zahlen, auch dann, wenn keine Wärme abgenommen wird, weil dieser nach dem Anschlusswert berechnet wird und zur Deckung der Investitionskosten dient.

Der Jahresgrundpreis oder Grundpreis, der nach dem Anschlusswert berechnet wird, kann von den jeweiligen Lieferanten erfragt werden. Die Werte für Vattenfall Berlin enthält Tab. 7.2.

Den Arbeitspreis oder den auf den tatsächlich gemessenen Verbrauch bezogenen Wärmepreis enthält Tab. 7.3.

Von einigen FVU wird noch ein Messpreis berechnet. Dieser soll die Eichungskosten der Wärmeverbrauchszählung und die laufenden Wartungs- und Instandhaltungskosten derselben decken. Bei Vertragsabschluss muss der Wärmeabnehmer darauf achten, dass die Heizungsfirma oder ihr beratender Ingenieur den zu erwartenden Anschlusswert, der für die Gebäudeheizung und eventuelle Lüftungs- und Klimaanlagen benötigt wird, im Wärmelieferungsvertrag mit den tatsächlichen Anschlusswerten und dem stündlichen Verbrauch am kältesten Wintertag abstimmt. Ein zu hoher Anschlusswert würde zu einem überzogenen Wärmepreis führen. Um einen für beide Seiten zutreffenden An-schlusswert zu vereinbaren, sollte vom Verbrauch der Mittelwert der ersten 3 Betriebsjahre vereinbart werden und dieser eben nach der Vertragsdauer von 3 oder 5 Jahren dann endgültig festgeschrieben und der vorläufige, im Vertrag enthaltene Anschlusswert korrigiert werden.

Von einigen FVU wird gern der maximale nach DIN 4701 berechnete Wärmebedarf für alle Anlagen summiert und als Anschlusswert vertraglich vereinbart. Dieser Wert liegt aber weit über dem tatsächlich vorzuhaltenden Anschlusswert.

**Beispiel 7.6**

*Aufgabenstellung*
Für ein Mehrfamilienhaus mit 6 Wohnungen und einem Anschlusswert von 100 kWh ist der Wärmepreis nach oben genanntem Tarif zu ermitteln.

*Gegeben*
Heißwassertemperaturen  130/70 °C
Mindestauskühlung  55 K
anteiliger Wärmeverbrauch für die Trinkwassererwärmung  12 %

*Gesucht*
a. Jahreswärmeverbrauch
b. Anteil für Trinkwasseraufheizung
c. Anteil Gebäudeheizung
d. Anschlusswert in l/h
e. Jahresgrundpreis in €/a
f. Arbeitskosten in €/a
g. Gesamtkosten in €/a
h. spezifischer Wärmepreis in €/kWh
i. einmalig zu leistender Baukostenzuschuss in €

*Lösung*
Der jährliche Wärmeverbrauch wird überschlägig mit den Vollbenutzungsstunden berechnet:

$$Vbh = \frac{j\ddot{a}hrliche\,W\ddot{a}rmeverbrauch}{max.st\ddot{u}ndlicher Bedarf} \left[\frac{\mathrm{h}}{\mathrm{a}}\right].$$

Tabelle 7.4 enthält die Vollbetriebsstunden in (h/a) für verschiedene Gebäudenutzungen. Es handelt sich um Erfahrungszahlen.

a. Jahreswärmeverbrauch

$$Q_a = Q_h \cdot Vbh = 100\,\mathrm{kWh} \cdot 1.550\frac{\mathrm{h}}{\mathrm{a}} = 155.000\frac{\mathrm{kWh}}{\mathrm{a}}$$

b. Anteil für Trinkwasseraufheizung

$$Q_{WW} = 0,12 \cdot Q_a = 0,12 \cdot 155.000 = 18.610\frac{\mathrm{kWh}}{\mathrm{a}}$$

**Tab. 7.4** Vollbetriebsstunden bei verschiedenen Gebäudenutzungen

| Gebäudenutzungsart | Vbh (h/a) |
|---|---|
| Kirchen | 300–500 |
| Mehrfamilienwohnhäuser | 1.500–1.600 |
| Einfamilienwohnhäuser | 1.700 |
| Schulen und Institute | 1.000–1.400 |
| Bürogebäude | 1.400–1.800 |
| Kaufhäuser | 1.500–1.700 |
| Hotels | 1.500–1.800 |
| Krankenhäuser | 2.200–2.600 |

c. Anteil Gebäudeheizung

$$Q_H = 155.000 \cdot 18.600 = 136.400 \frac{\text{kWh}}{\text{a}}$$

d. Anschlusswert in l/h

$$\dot{m} = \frac{Q_h}{c_p \cdot \Delta T} = \frac{100 \,\text{kWh} \cdot 3.600}{4,18 \cdot 55 \,\text{K}} = 15.566 \frac{\text{l}}{\text{h}}$$

e. Jahresgrundpreis

$$\Phi = \dot{m} \left[\frac{\text{l}}{\text{h}}\right] \cdot GP \left[ \text{\euro} \big/ \tfrac{\text{l}}{\text{h}} \right] = 15.566 \frac{\text{l}}{\text{h}} \cdot 4,047 \left[ \text{\euro} \big/ \tfrac{\text{l}}{\text{h}} \right] = 6.337,6 \,\text{\euro}$$

f. jährliche Arbeitskosten

$$AP_{WW} = Q_{WW} \cdot EP = \frac{18.600 \frac{\text{kWh}}{\text{a}} \cdot 6,571 \frac{\text{c}}{\text{kWh}}}{100 \frac{\text{c}}{\text{\euro}}} = 1.222 \frac{\text{\euro}}{\text{a}}$$

$$AP_H = Q_H \cdot EP = \frac{136.400 \frac{\text{kWh}}{\text{a}} \cdot 5,801 \frac{\text{c}}{\text{kWh}}}{100 \frac{\text{c}}{\text{\euro}}} = 7.913 \frac{\text{\euro}}{\text{a}}$$

Gesamtarbeitspreis 9.135 €/a

g. Gesamtkosten in €/a
   Grundpreis + Arbeitspreis = 6.337,6 € + 9135 € = 15.472 €/a

h. spezifische Kosten

$$WP = \frac{Gesamtkosten}{Gesamtverbrauch} = \frac{15.472 \frac{\text{\euro}}{\text{a}}}{155.000 \frac{\text{kWh}}{\text{a}}} = 0,098 \frac{\text{\euro}}{\text{kWh}}$$

i. einmaliger Baukostenzuschuss

$$\frac{\dot{m} \cdot \Delta T \cdot 1,163}{1.000} \cdot 60,83 \frac{\text{\euro}}{\text{kW}}$$

**Abb. 7.43** Schema zur Ermittlung der jährlichen Kosten

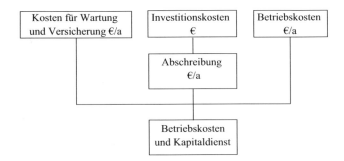

Für eine Anschlussleistung von 100 kWh wird der Grundpreis

$$GP = \frac{15.566 \frac{l}{h} \cdot 55\,K \cdot 1{,}163}{1.000} \cdot 60{,}83 \frac{€}{kW} \cdot 100\,kW = 6.083\,€.$$

---

**Beispiel 7.7**

*Aufgabenstellung*
Für das in Beispiel 7.6 beschriebene Mehrfamilienwohnhaus ist die kostengünstigste Wärmeversorgung oder Wärmeerzeugung zu ermitteln.

*Gegeben*
Der jährliche Wärmeverbrauch wie in Beispiel 7.6 berechnet. Die Tarife für Erdgas und Erdgasnetzanschlusskosten der GASAG und der Bezugspreis für Heizöl EL wie in der folgenden Berechnung genannt. Die Berechnung ist nach VDI-Richtlinie 2067 durchzuführen.

*Gesucht*
  a. der Wärmepreis einschließlich Kapitaldienst für Fall I Fernwärmeversorgung
  b. der Wärmepreis einschließlich Kapitaldienst für Fall II Wärmeerzeugung mit Erdgas
  c. der Wärmepreis einschließlich Kapitaldienst für Fall III Wärmeerzeugung mit Heizöl EL
  d. Zusammenstellung und Diskussion der Ergebnisse

*Lösung*
Abbildung 7.43 zeigt das Schema zur Durchführung der Berechnung. Die Zinsen für die Investitionskosten werden auf gleichbleibende jährliche Abschreibungen umgerechnet, auch Annuitäten genannt. Die jährlichen Abschreibungen können in Abhängigkeit vom

**Tab. 7.5** Ermittlung der kapitalgebundenen und der Betriebskosten

| Art der kapitalgebundenen Kosten | Anschaffungskosten € | Nutzungsdauer in Jahren | Kapitalzins % | Jahreskosten €/a |
|---|---|---|---|---|
| Übergaberaum Rohbau Größe 4 m × 4 m × 2,5 m × 250 €/m³ | 5.000,00 | 50 | 4,66 | 233,00 |
| Ausgang ins Freie mit Treppe und Stahltür | 3.000,00 | 50 | 4,66 | 139,00 |
| Fenster oder mechanische Lüftung | 800,00 | 25 | 6,40 | 51,20 |
| Elektroinstallation | 500,00 | 25 | 6,40 | 32,00 |
| Abwasserhebeanlage und Wasserzapfstelle | 1.500,00 | 15 | 8,99 | 134,90 |
| Baukostenzuschuss nach Beispiel 7.6 | 6.083,00 | 50 | 4,66 | 283,50 |
| Summe kapitalgebundene Kosten in € /a | | | | 873,60 |
| Reinigung und Wartung in € /a | | | | 70,00 |
| Summe kapital- und betriebsgebundene Kosten | | | | 943,60 |

**Tab. 7.6** Zusammenstellung der Ergebnisse

| Fernwärmeversorgung | Eigenwärmeerzeugung | |
|---|---|---|
| | mit Erdgas | mit Heizöl |
| Wärmepreis 0,10409 €/kWh | Wärmepreis 0,09398 €/kWh | Wärmepreis 0,13206 €/kWh |
| 100 % | 90,3 % | 126,9 % |

Zinssatz, der im Beispiel zeitgemäß mit 4 % gewählt wurde, und von der Lebensdauer der Anlagenbauteile aus Tabelle 7 der VDI 2067 entnommen werden.

Für den Raum zur Unterbringung der Fernwärme-Übergabestation mit Investitionskosten von 5.000 € ergibt sich z. B. bei einer Nutzungs- oder Lebensdauer von 50 Jahren und einer Zinsvereinbarung von 4 % ein Abschreibungsfaktor von 4,66 % und ein Abschreibungssatz von $0,0466 \cdot 5.000 = 233$ €/a (Zeile 1 von Tab. 7.5). Die Abschreibung wird auch als Kapitaldienst bezeichnet.

Die Wartungskosten und die Kosten für Versicherungen sind in der VDI 2067 als jährliche Kosten in €/a genannt. Die Berechnung des Kapitaldienstes und der Wartungs- und Versicherungskosten wird zweckmäßigerweise in Tabellenform durchgeführt (Tab. 7.5 bis 7.6). Die Berechnung der Betriebskosten für Brennstoff und elektrischen Strom erfolgt wie in Kap. 4 beschrieben und nachfolgend durchgeführt.

a.  Fall I Fernwärmeversorgung

Mit dem Jahreswärmeverbrauch, wie in Beispiel 7.6 ermittelt, berechnet sich damit der Kapitaldienst zu

$$Kapitaldienst = \frac{943,6\frac{€}{a}}{155.000\frac{kWh}{a}} = 0,00609\,\frac{€}{kWh}.$$

Damit ergibt sich der Wärmepreis mit Kapitaldienst aus dem in Beispiel 7.6 ermittelten Wärmepreis, den das FWU mit 0,098 € /kWh in Rechnung stellt, und dem Kapitaldienst zu

$$WP_{KD} = 0,10409\,\frac{€}{kWh}$$

b.  Fall II Eigene Wärmeerzeugung mit Erdgas

| Art der kapitalgebundenen Kosten | Anschaffungskosten €  | Nutzungsdauer in Jahren | Kapitalzins % | Jahreskosten €/a |
|---|---|---|---|---|
| Heizungsraum Rohbau Größe 4m × 4m × 2,5m × 250 € /m³ | 10.000 | 50 | 4,66 | 466,00 |
| FH-Tür, Fenster oder Lüftung | 2.000 | 50 | 4,66 | 93,20 |
| Schornstein und Luftzufuhr | 1.000 | 50 | 4,66 | 46,60 |
| Erdgasanschlussleitung | 3.500 | 50 | 4,66 | 163,10 |
| NT-Heizungskessel | 4.000 | 25 | 7,10 | 284,00 |
| Gasbrenner mit Regel- und Schalteinrichtung | 2.800 | 15 | 9,63 | 269,60 |
| Elektroinstallation | 900 | 25 | 7,10 | 63,90 |
| Wasser- und Abwasserinstallation | 1 1.500 | 15 | 9,63 | 144,50 |
| Rohrleitungen, Kesselkreislaufpumpe und Rauchrohr | 1.500 | 25 | 7,10 | 106,50 |
| Schalldämmmaßnahmen | 2.000 | 50 | 4,66 | 93,20 |
| Summe kapitalgebundene Kosten in €/a | | | | 1.730,60 |
| Reinigung und Wartung in €/a | | | | 170,00 |
| Schornsteinfegergebühr und Messung in € /Jahr | | | | 140,00 |
| Summe kapital- und betriebsgebundene Kosten | | | | 2.040,60 |

Der Kapitaldienst für Fall II berechnet sich wie vorher mit Tab. 7.7 zu

$$Kapitaldienst = \frac{2.040,6\frac{€}{a}}{155.000\frac{kWh}{a}} = 0,01317\,\frac{€}{kWh}.$$

Der Erdgasbezugspreis beträgt nach dem GASAG-Komforttarif für eine Jahresabnahme ab 96.001 kWh/a 24,99 €/Monat als Grundpreis und als Arbeitspreis 0,0626 €/kWh. Der Jahresbedarf an Wärme wurde im Beispiel 7.6 zu 155.000 kWh/a berechnet. Damit errechnet sich der Erdgasverbrauch in kWh/a unter Beachtung des Jahreswirkungsgrades für Heizkessel und die Feuerung mit

$$\eta_G = 0,88$$

nach VDI 2067, Tab 19.

$$Q = \frac{155.000 \frac{kWh}{a}}{0,88} = 176.136 \text{ kWh.}$$

Der Grundpreis beträgt

$$12 \cdot 24,99 \frac{€}{Monat} = 299,88 \frac{€}{a}$$

und der Arbeits- oder Wärmepreis

$$WP = 176.136 \frac{kWh}{a} \cdot 0,626 \frac{€}{kWh} = 11.026 \frac{€}{a}.$$

Hinzu kommen noch die Stromkosten für den Brenner und die Kesselkreislaufpumpe. Der Brennerantrieb 1,5 kW bei einer Betriebszeit von 2.500 h/a ergibt bei einem Strompreis von 0,24 €/kWh

$$1,5 \text{ kW} \cdot 2.500 \frac{h}{a} \cdot 0,24 \frac{€}{kWh} = 900 \frac{€}{a}.$$

Die Pumpe hat einen Anschluss von 0,5 kW und ist 5.000 h/a in Betrieb

$$0,5 \text{ kW} \cdot 5.000 \frac{h}{a} \cdot 0,24 \frac{€}{kWh} = 600 \frac{€}{a}.$$

Damit ergibt sich die Summe der Betriebskosten zu 12.526 € /a. Der Wärmepreis ohne Kapitaldienst wird

$$WP = \frac{12.466 \frac{€}{a}}{155.000 \frac{kWh}{a}} = 0,0808 \frac{€}{kWh}$$

und der Wärmepreis mit Kapitaldienst beträgt

$$WP_k = 0,0808 \frac{€}{kWh} + 0,01317 \frac{€}{kWh} = 0,09398 \frac{€}{kWh}.$$

c.  Fall III Eigene Wärmeerzeugung mit Erdöl

| Art der kapitalgebundenen Kosten | Anschaffungskosten € | Nutzungsdauer in Jahren | Kapitalzins % | Jahreskosten €/a |
|---|---|---|---|---|
| Heizungsraum Rohbau Größe 4m × 4m × 2,5m × 250 €/m³ | 10.000 | 50 | 4,66 | 466,00 |
| FH-Tür, Fenster oder Lüftung | 2.000 | 50 | 4,66 | 93,20 |
| Schornstein und Luftzufuhr | 1.000 | 50 | 4,66 | 46,60 |
| Erdgasanschlussleitung | 3.500 | 50 | 4,66 | 163,10 |
| NT-Heizungskessel | 4.000 | 25 | 7,10 | 284,00 |
| Heizölbrenner mit Regel- und Schuleinrichtung | 2.900 | 15 | 9,63 | 279,30 |
| Heizöllagertank doppelwandig 10.000 Liter einschließlich Erdarbeiten und Verrohrung | 10.000 | 20 | 7,36 | 736,00 |
| Elektroinstallation | 900 | 25 | 7,10 | 63,90 |
| Wasser- und Abwasserinstallation | 1.500 | 15 | 9,63 | 144,50 |
| Rohrleitungen, Kesselkreislaufpumpe und Rauchrohr | 1.500 | 25 | 7,10 | 106,50 |
| Schalldämmmaßnahmen | 2.000 | 50 | 4,66 | 93,20 |
| Summe kapitalgebundene Kosten in €/a | | | | 2.476,30 |
| Reinigung und Wartung in € /a | | | | 180,00 |
| Schornsteinfegergebühr und Messung in € /Jahr | | | | 140,00 |
| Summe kapital- und betriebsgebundene Kosten | | | | 2.896,30 |

Der Kapitaldienst für Fall III ergibt sich wie vorher mit Tab. 7.8 zu

$$Kapitaldienst = \frac{2.896,3 \frac{€}{a}}{155.000 \frac{kWh}{a}} = 0,01869 \frac{€}{kWh}.$$

Der Bezugspreis für Heizöl EL beträgt nach Angaben von TECSON im Bundesmittel im Juni 2012 92 €/100 Liter. Der Heizölverbrauch für den Jahreswärmeverbrauch berechnet sich mit dem Heizwert

$$H_u = 42.700 \frac{kJ}{kg}$$

und der Dichte von 0,85 kg/Liter (nach Tab. 4.6) und mit dem Jahreswirkungsgrad von 0,88 für den Wärmeerzeuger mit Feuerung nach VDI 2067

$$m = \frac{Q_a \cdot 3.600 \frac{s}{h}}{\eta_a \cdot H_u \cdot \rho} = \frac{155.000 \frac{kWh}{a} 3.600 \frac{s}{h}}{0,88 \cdot 42.700 \frac{kJ}{kg} \cdot 0,85 \frac{kg}{l}} = 17.470 \frac{l}{a}.$$

Damit ergeben sich die Heizölkosten zu

$$\frac{17.470\frac{l}{a}}{100} \cdot 92\frac{\text{€}}{l} = 16.072\frac{\text{€}}{a}.$$

Hinzuzurechnen sind noch die Kosten für den elektrischen Strom für Brenner und Kesselkreislaufpumpe mit 1.500 € /a wie vorher bei der Erdgasfeuerung und der Kapitaldienst wie vor ermittelt. Damit ergibt sich der Wärmepreis ohne Kapitaldienst zu

$$WP = \frac{(16.072 + 1.500)\frac{\text{€}}{a}}{155.000\frac{\text{kWh}}{a}} = 0{,}11337\frac{\text{€}}{\text{kWh}}$$

und mit Kapitaldienst zu 0,1326 €/kWh.

d.  Zusammenstellung und Diskussion der Ergebnisse (Tab. 7.6)
Wird der Wärmepreis für den Bezug von Fernwärme als Basis genommen und gleich 100 % gesetzt, dann zeigt sich, dass die Wärmeerzeugung im Haus mit Erdgas als Brennstoff um ca. 10 % günstiger ist und die Wärmeerzeugung mit Heizöl EL im Haus zu ca. 27 % höheren Gesamtkosten führt.
Untersucht wurde hier die Wirtschaftlichkeit eines relativ kleinen Wärmeverbrauchers, für den feste Tarife für Fernwärme und Erdgas bestehen. Bei Großabnehmern wie Krankenhäuser oder Industriebetriebe werden Sondertarife vereinbart, die zu anderen Ergebnissen führen können. Die Fernwärmeversorgung befreit Stadtgebiete von Rauchgasbelästigungen, wenn das Heizwerk außerhalb von Wohngebieten liegt und sollte auch deshalb bevorzugt werden.
Die Fernwärmeversorgung erfordert in der Regel geringere Investitionskosten, was für einen Industriebetrieb von Vorteil sein kann, wenn diese Mittel in der Produktion benötigt werden und dort zu höherem Umsatz und Gewinn führen können. Da der Grundpreis bis ca. 30 % des Wärmepreises beim Fernwärmebezug beträgt, sollte bei Sanierungen und bei einer Reduzierung des Verbrauchs auch ein neuer Anschlusswert und Grundpreis vereinbart werden.
Die Eigenwärmeerzeugung mit Erdgas hat gegenüber der Heizölfeuerung neben den geringeren Gesamtkosten auch noch den Vorteil der geringeren Umweltbelastung durch einen verminderten $CO_2$- und $SO_2$-Ausstoß.

## 7.8.2  Planung, Ausführung und Inbetriebnahme

Wenn eine Stadt die Erweiterung durch ein neues Wohngebiet vornimmt, wird der Stadtrat sich auch immer Gedanken über die Erschließung durch Straßen- und Versorgungsnetze machen. In der Regel wird ein Büro für Städteplanung beauftragt oder ein Wettbewerb hierfür ausgeschrieben. Wenn sich der Stadtrat aus Gründen der Luftreinhaltung oder weil sich in der Nähe schon ein Fernheizwerk befindet, das noch nicht ausgelastet ist, für die Fernwärmeversorgung entscheidet, dann wird man auch einen Fachplaner mit der Beratung und später mit der Planung des Fernheiznetzes beauftragen. Zunächst wird der Fachplaner – also der Städteplaner – zur Beratung zur Verfügung stehen und den Standort der Heizzentrale mit festlegen. Hierfür braucht der Fachplaner den ersten Entwurf des Bebauungsplans mit Straßennetz und Höhenlinien des Geländes. Von den geplanten Gebäuden müssen auch bereits die vorgesehenen Stockwerke, Raumvolumen und vor allem die Höhe eventuell vorgesehener Hochhäuser bekannt sein. Von großer Bedeutung sind auch die Standorte von Sportstätten wie Schwimmbäder oder Schwimmhallen, Schulen, Einkaufzentren oder von Geschäftshäusern und Bürobauten. Anhand dieser Unterlagen kann der Standort des Heizwerks festgelegt und der Entwurf der Fernheiztrasse angefertigt werden. Die Fernheiztrasse ist mit der Straßenplanung und mit den Versorgungsnetzen für Strom, Wasser und Abwasser zu koordinieren.

Die Planung der Fernheiztrasse ist laufend fortzuschreiben. Danach muss ein Fachmann für die Untersuchung des Baugrunds vor allem auf Grundwasservorkommen und auf die Art der Grundwasserführung hinzugezogen werden. Wenn es sich um Ackerland handelt, muss geprüft werden, ob noch eine funktionierende Drainage vorhanden ist. Fernheiztrassen dürfen nicht in Geländetiefen und schon gar nicht quer zu vorhandenen Drainagenetzen verlegt werden. Wenn dies nicht beachtet wird und die Drainagerohre nicht rückgebaut und durch die Bebauung zerstört werden, kann es dazu kommen, dass bei einer längeren Regenzeit der Rohrgraben und die Fernheiztrasse unter Wasser stehen. Eine solche falsche Trassenführung wird immer wieder zum Eindringen von Wasser und zu Korrosionen im Fernheiznetz führen.

Wenn der Fachplaner die Fernheiztrasse endgültig festgelegt und sich auch für die Art der Rohrverlegung entschieden hat, können die Ausführungspläne angefertigt werden. Die Lage der Rohrtrasse ist auf die Straßenmitte und zu den Außenwänden der Gebäude hin zu vermaßen. Die Höhe der Schachtsohle oder die Oberkante der Schachtdecke ist mit Höhenquoten anzugeben oder mit Maßen zu versehen, die sich auf die $\pm$ 0-Ebene des Lageplans beziehen. Die Bauwerke müssen danach von einem Vermessungsingenieur im Lageplan eingemessen und endgültig vermaßt und mit Höhenquoten versehen werden.

Die strömungstechnischen Berechnungen wie Druckverlustberechnung, Dimensionierung des Rohrnetzes und Abgleichen des Druckverlusts der Rohrnetzabschnitte, die Festigkeitsberechnungen sowie die Auswahl und Berechnung von Dehnungsausgleichern werden in Scholz (2012) ausführlich anhand von Beispielen dargestellt und deshalb hier nicht behandelt.

Nachdem die Ausführungspläne erstellt wurden, kann der Fachplaner bei den Herstellern Angebote für die benötigten Heizkanäle und Doppelmantelrohrleitungen einholen, seinen Massenauszug erstellen und die Kosten für das Fernheiznetz ermitteln. Beim Bau eines Fernheiznetzes müssen große Finanzierungen in der Anfangsphase getätigt werden. In dieser Zeit (1 bis 5 Jahre) ist aber der Verkauf oder Bezug an Wärmeenergie noch gering und man spricht deshalb von den bekannten Anlaufschwierigkeiten eines Fernheiznetzes und Heizwerks.

Zur Überwindung dieser Anlaufschwierigkeiten müssen der Bebauungszeitplan und die Bauabschnitte so abgestimmt werden, dass bestimmte zusammenhängende Netzteile oder Straßenzüge komplett und möglichst lückenlos in der Bebauung fertiggestellt und bezogen werden. Für die bewohnten Bauabschnitte wird man dann ein provisorisches und dafür bemessenes Heizwerk erstellen oder eine transportable Heizzentrale anmieten und anschließen. Wenn man z. B. ein Heizwerk bestehend aus vier Flammenrauchrohrkesseln für den Endausbau geplant hat, könnte man zunächst drei provisorische Heizwerke für drei Netzteile errichten, später dann die Kessel in das endgültige Heizwerk umsetzen und die drei Netzteile über das Heizwerk zu einem Versorgungsnetz verbinden. Bei dieser Vorgehensweise werden die erforderlichen Investitionen besser aufgeteilt und an den Wärmeverkauf zeitlich angepasst. Die Bau- und Montagearbeiten sollten möglichst in den Sommermonaten ausgeführt und vor dem Verfüllen abgenommen werden. Die Rohrleitungen werden einer Druckprobe unterzogen, die nach DIN 4279 oder Vd TÜV MB 1051 (wenn vereinbart) und wie in Scholz (2012) in Kap. 2 beschrieben durchgeführt wird. Bei der Abnahme ist auch zu prüfen, ob bei der Fertigung und Montage die anerkannten Regeln und Vorschriften eingehalten wurden. Dies sind insbesondere EN 253, Ausgabe 1994 und die AGFW 401. Für Hausanschlussleitungen mit Rohrdurchmessern von 20 bis 50 mm sollten die verfügbaren flexiblen Doppelrohrsysteme verwendet werden. Die Inbetriebnahme ist abschnittsweise durchzuführen und über Kurzschlussverbindungen, über die Hausanschlussstationen oder über die Gebäudeheizungen langsam auf die Maximal-Temperatur hochzufahren. Die Dehnungsausgleicher und Übergabestationen sind auf Funktion und die Fixpunkte auf ihre Standfestigkeit zu prüfen. Nach dem Probebetrieb und vor der Heizperiode sind alle Wärmeverbrauchszähler abzulesen und zu protokollieren.

## 7.9   Planung und Inbetriebnahme einer Fernwärmeübergabestation

Fernwärme-Übergabestationen werden nach den Richtlinien des FVU geplant und ausgeführt und gemeinsam mit dem FVU abgenommen und in Betrieb gesetzt. Der mit der Planung beauftragte Ingenieur erhält die Anschlussbedingungen, das für die Station zu treffende Schaltbild und die zu beachtenden Richtlinien.

Die Richtlinien des FVU enthalten Hinweise zur Versorgung und Begründungen für den Aufbau der Übergabestation:

Im Fernheiznetz entstehen je nach Auslastung (Wasserumlaufmenge) mehr oder weniger große Druckverluste, und damit stellt sich eine entsprechend große Druckdifferenz zwischen Vor- und Rücklauf ein. Deswegen sind die Hausanlagen vor dem höheren Druck in der Vorlaufleitung durch Druckminderer und Überströmventile zu schützen. Sie sind aber gleichzeitig auf einen genügend hohen Druck einzustellen, so dass ein Leerlaufen oder Ausdampfen in den oberen Teilen der Hausanlage nicht vorkommen kann. So kann das in die Hausanlage eintretende Fernheizwasser bei der Beimischung von Rücklaufwasser keinen Dampf bilden. Die Aufrechterhaltung des erforderlichen Überdrucks in der Hausanlage gegenüber dem Druck in der Rücklaufleitung des Fernheiznetzes übernimmt der Mengenregler in der Übergabestation in Verbindung mit dem im Rücklauf eingebauten Temperaturregler.

Das FVU hält eine Druckdifferenz zwischen Vorlaufleitung und Rücklaufleitung vor, die ausreicht, um die der bestellten Wärmemenge zugehörige Wassermenge im Kurzschluss zwischen Vor- und Rücklaufleitung fließen zu lassen.

Zur Begrenzung der Wärmeleistung auf die zwischen dem Kunden und den Stadtwerken vertraglich festgelegte Höchstmenge ist in der Rücklaufleitung der Übergabestation ein Wassermengenbegrenzer eingebaut. Solange der Temperatur-Regler der Hausanlage den Abfluss des Rücklaufwassers aus der Hausanlage in das Fernheiznetz regelt, ohne dass die gemäß des Fernwärmeliefervertrags zulässige Höchstmenge überschritten wird, bleibt der Wassermengenregler unwirksam und verharrt in „Auf"-Stellung. Wenn – etwa bei schnellem Anheizen nach nächtlicher Drosselung der Heizung – der Temperatur-Regler mehr Heizwasser aus dem Fernheiznetz in Anspruch nehmen will als die zulässige Höchstmenge, begrenzt der Wassermengenregler diesen Regelvorgang auf den Abfluss der zulässigen Höchstmenge an Heizwasser in den Rücklauf des Fernheiznetzes – und damit auf einen Zufluss der gleichen Heizwassermenge aus dem Vorlauf des Fernheiznetzes in die Hausanlage.

In den Richtlinien des FVU wird auch darauf hingewiesen, dass der Wärmebedarf nach den neuesten anerkannten Regeln zu ermitteln und die Gebäudeheizungsanlage ordentlich einzuregulieren ist.

Auch die Anforderungen an den Aufstellungsraum für die Fernwärme-Übergabestation sind in den Richtlinien des FVU wie folgt geregelt:

a. Jederzeit gute Zugänglichkeit. Für die Türen, die auf dem Wege von der Straße zur Übergabestation liegen, sind bei Inbetriebnahme zwei Satz Schlüssel vom Hauseigentümer den Beauftragten der Stadtwerke zu übergeben, sofern der Zutritt des Personals der Stadtwerke nicht durch ständig anwesende Beauftragte des Kunden sichergestellt ist,

b. Anschluss an das elektrische Netz mit einer Spannung von 220/380 Volt bei Pumpenwarmwasserheizungen für die Pumpe und für elektrisch betriebene Temperatur-Regler,

c. Beleuchtung,

d. Anschluss an das städtische Trinkwassernetz,

e. Bodenentwässerung unmittelbar oder mit einer Entwässerungspumpe in die städtische Kanalisation (ein Sickerloch genügt nicht),

f. Be- und Entlüftung des Raums.

Die Leitungen, Armaturen und Apparate der Übergabestation sind an einer Wand anzubringen, die mindestens 2 m hoch und 4 m lang ist. Bei Anschlussleitungen mit Nennweiten bis zu DN 40, bei solchen von DN 50 und darüber muss diese länger sein. Vor dieser Wand soll ein mindestens 1 m breiter freier Raum vorhanden sein.

Bei der baulichen Gestaltung des Raums für die Übergabestation von Neubauten oder bei der Anordnung in den Kellerräumen eines vorhandenen Gebäudes ist auf Schalldämmung zu achten. Schlafräume sollen nicht über dem Raum für die Übergabestation liegen, weil schwache Strömungsgeräusche von empfindlichen Bewohnern schon als Belästigung empfunden werden.

Weiterhin wird darauf hingewiesen, dass die Hausheizung vollständig entlüftet werden muss. Empfohlen wird eine zentrale automatische Entlüftung an der höchsten Stelle der Anlage. Bei einem indirekten Fernheizanschluss enthält die Richtlinie des FVU auch Forderungen zur Auslegung des Wärmeaustauschers.

Weiterhin wird eine Ausführung der Wärmedämmung entsprechend der Wärmeschutzbestimmungen und nach der Heizungsanlagen-Verordnung gefordert und es werden Hinweise zum Anschluss von Warmwasserbereitern, Lüftungs- und Klimaanlagen aufgeführt, die zu beachten sind. Zuletzt enthalten alle Richtlinien des FVU auch Vorschriften zur Inbetriebnahme und zur Erstellung und zum Aushang einer Betriebsanweisung.

Für den Teil, der in das Eigentum des FVU übergeht und von dort gewartet und in Stand gehalten wird, wird das FVU auch die Fabrikate für den Regler, den Wärmezähler und auch für alle anderen Armaturen und Messgeräte festlegen. Auch der Nenndruck der Armaturen, die Art der Dichtungen und die Messbereiche von Anzeigegeräten werden vorgegeben. Die Einhaltung dieser Vorgaben ist für die wirtschaftliche Wartung, Lagerhaltung und Instandhaltung erforderlich. Dies gilt sowohl für direkte als auch für indirekte Hausanschlüsse.

Der Teil des Hausanschlusses, der zur Gebäudeheizung gehört und im Eigentum des Hausbesitzers oder der Wohnungsgesellschaft verbleibt, kann nach wirtschaftlichen Gesichtspunkten des Eigentümers oder Betreibers ausgeführt werden. Eine Abstimmung der gewählten Schaltung und Funktion mit dem FVU ist aber unabhängig von den Richtlinien zu empfehlen. In jedem Fall müssen die Heizflächen aller Wärmeverbraucher für eine geringere Rücklauftemperatur bemessen werden als die am Temperaturbegrenzer im Rücklauf der Übergabestation eingestellte Temperatur (siehe hierzu auch Scholz (2012)). Der mit der Planung beauftragte Ingenieur sollte aber keinesfalls die Vorgaben und Richtlinien des FVU ungeprüft befolgen und die Schaltung ohne Nachrechnung übernehmen.

Die Verantwortung sollte vielmehr klar abgegrenzt werden. Dazu sollte der Ingenieur beim FVU die maximal und minimal möglichen Betriebsdrücke in der Fernleitung und an der vorgesehenen Anschlussstelle anfragen und sich diese schriftlich bestätigen lassen. Ebenso muss er sich die maximale Vorlauf- und Rücklauftemperatur in Form des Jahrestemperaturverlaufs aushändigen lassen. Es ist auch ratsam, diese Angaben zu hinterfragen, z. B. ob diese Angaben auch in den nächsten 10 bis 15 Jahren noch verbindlich sind oder ob bei höheren Belastungen eine größere Temperaturspreizung oder eine Anhebung der Vorlauftemperatur geplant ist. Im Allgemeinen und bei einem Versorgungsgebiet mit geringen Höhenunterschieden werden Druck- und Temperaturänderungen selten vorgenommen.

Wenn es sich aber um ein Versorgungsgebiet mit großen Höhenunterschieden und um ein noch im Ausbau befindliches Fernheiznetz handelt, können schon nach wenigen Betriebsjahren erhebliche Druck- und Temperaturänderungen möglich werden. Diese Tatsache soll hier kurz an einem in der Praxis aufgetretenen Fall gezeigt und erläutert werden:

Die planenden Ingenieure hatten die Druck- und Temperaturverhältnisse an der Anschlussstelle vor dem Winterberg-Krankenhaus in Saarbrücken bei der Saarbrücker Fernwärme AG angefragt. Der Betriebsdruck im Vorlauf wurde mit 15,4 bar Überdruck und der im Rücklauf mit 14,8 bar angegeben. Als Vorlauftemperatur wurde 130 °C für die ersten 5 Betriebsjahre und später bei Netzausbau 160 °C genannt. Die Rücklauftemperatur sollte auf 100 °C begrenzt werden. Die Abrechnung erfolgte nach der eingestellten Menge und über einen Wärmemengenzähler. Die Ingenieure planten einen Direktanschluss nach Angaben und Abstimmungen mit dem FVU für 130/70 °C bis zu den Wärmeaustauschern in 3 großen Lüftungszentralen und in der Heizungshauptverteilung. In der Heizungshauptverteilung wurden ein Dampferzeuger für Dampf 1 bar Überdruck als Produktkessel und 0,5 bar als Niederdruck-Dampferzeuger für die Kochküche und die thermische Desinfektion aufgestellt und mit Fernwärme 130/100 °C direkt beheizt.

Für das Heißwassernetz zwischen der Heizzentrale und den Lüftungszentralen und für die Druckverluste in den Heizbündeln der Wärmeaustauscher und Dampferzeuger wurde ein Differenzdruck von 20 mWS benötigt. Aus diesem Grunde mussten die Umwälzpumpen zugleich als Druckerhöhungspumpen ausgelegt und in den Rücklauf installiert werden. Für die spätere Vergrößerung der Temperaturspreizung und Anhebung der Vorlauftemperatur wurden Beimischventile als Temperaturregler in den Vorlauf und eine Rücklaufbeimischung installiert. Abbildung 7.44 zeigt das Druckdiagramm für den hier beschriebenen Betrieb.

Nach einigen Monaten stieg der Druck im Vorlauf bis auf ca. 16 bar an und der Rücklaufdruck fiel bis auf 5 bar ab. Im Heißwassernetz entstanden Differenzdrücke von 8 bis 11 bar und die an den Wärmeverbrauchern installierten pneumatischen Regelventile konnten die hohen Differenzdrücke bis 100 mWS nicht mehr ausregeln. Das Warmwasserheizungsnetz und das Zapfwarmwasser wurden überheizt und die Sicherheitsventile an den Dampferzeugern befanden sich ständig in Abblasefunktion. Zunächst wurde der Ingenieur für diese Störungen und Betriebsunterbrechungen verantwortlich gemacht. Nach Vorlage der schriftlich eingereichten, nicht zutreffenden Druckangaben des FVU musste dieses zugeben, der Verursacher für den eingetretenen Schaden zu sein.

Abbildung 7.45 zeigt das umgebaute Schaltschema der Übergabestation. Die im Vorlauf enthaltenen Temperaturregelventile wurden als Druckreduzierventile umgerüstet, und in den Rücklauf wurde zusätzlich ein temperaturgesteuertes Ablaufregelventil installiert Abb. 7.46.

Nach dem Umbau erfüllt die Übergabestation folgende Funktionen:

So lange wie das Fernheizwerk mit Vorlauftemperaturen von 130 °C fährt, müssen die installierten Umwälzpumpen nur dann eingeschaltet werden, wenn der Differenzdruck zu gering ist, also unter 20 mWS abfällt. Dies wird nur der Fall sein, wenn der Versorgungs-

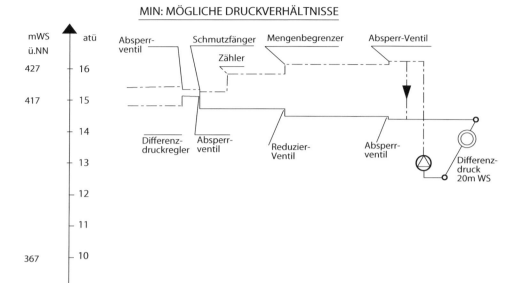

**Abb. 7.44** Druckdiagramm für den Direktanschluss

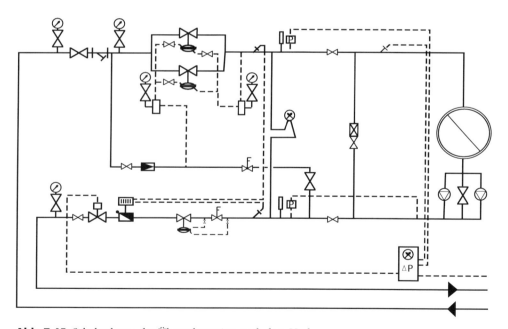

**Abb. 7.45** Schaltschema der Übergabestation nach dem Umbau

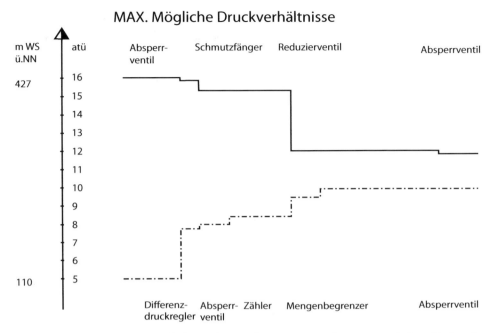

**Abb. 7.46** Druckdiagramm bei hoher Belastung der Versorgungsleitungen nach dem Umbau der Übergabestation

strang weiter ausgebaut und in der Übergangszeit eine geringe Abnahme vorhanden ist. Im Endausbau, wenn das Heizkraftwerk das Rohrnetz mit Heißwassertemperaturen von 160 °C fährt, müssen die Umwälzpumpen ständig laufen und Rücklaufwasser dem Vorlauf beigemischt werden. Die Reglung der Temperatur erfolgt automatisch durch das Motorventil und durch den Differenzdruckregler. Die Umwälzpumpen werden automatisch mit Zeitverzögerung eingeschaltet, z. B. bei zu geringem Differenzdruck in der Übergangszeit oder bei zu hoher Vorlauftemperatur bei Netzbetrieb mit 160 °C. Das Reduzierventil im Vorlauf reduziert den Druck bis auf 11 bar (der Sattdampfdruck für 160 °C liegt etwa bei 6 bar). Wenn der Druck bei hoher Belastung der Versorgungsleitung im Rücklauf ansteigt, wird automatisch der Sollwert für die Reduzierventile im Vorlauf angehoben. Bei weiter abnehmendem Differenzdruck erfolgt keine Reduzierung mehr im Vorlauf. Die Differenzdruckregelung wird allein vom Motorventil in der Rücklaufleitung übernommen. Fällt der Differenzdruck noch weiter ab, dann wird Alarm gegeben und bei 15 mWS werden automatisch die Umwälzpumpen eingeschaltet. Der Differenzdruckregler bzw. das Motorventil im Rücklauf ist so ausgelegt, dass es die auftretenden 50 mWS bei einem Durchsatz von 120 to/h hält. Wenn später das Fernheiznetz mit 160 °C im Vorlauf gefahren wird, arbeitet der Differenzdruckregler über die zu drosselnden 50 mWS hinaus und hält die 50 mWS auch bei einer weit kleineren Wasserdurchsatzmenge. Sollte jedoch die Abnahmemenge in der Übergangszeit so weit zurückgehen, dass sich Schwierigkeiten ergeben, dann muss der

Differenzdruckregler zu diesem Zeitpunkt, also bei Umstellung des Fernheiznetzes von 130 auf 160 °C, durch die Stadtwerke mit einem anderen Ventilsitz ausgerüstet werden.

An diesem Beispiel sollte gezeigt werden, dass eine sorgfältige Prüfung der erhaltenen Auslegungsdaten und eine schriftliche Einholung aller für die Bemessung der Übergabestation relevanter Eckdaten zur Vermeidung von eventuell späteren Streitigkeiten unbedingt zu empfehlen ist.

## Literatur

Eydam und Knoll (1971) Fernwärme vom Dampfkraftwerk Franken I für Nürnberg-Süd, Energie-Zeitschrift

Jörg H (1968) Das Spitzenheizwerk der Universität Bochum, Elektrizitätswirtschaft Heft 4

KSB (1959) Pumpen-Handbuch, 3. Aufl.

Normausschuss Fernwärmeanlagen (1991) DIN 4747, Teil 1, Hausstationen für Heißwasser

Scholz G (2012) Rohrleitungs- und Apparatebau. Springer, Heidelberg

# Rohrnetze für HD-Dampf, einschließlich Kondensatrückspeiseanlagen für die Industrie- und Fernwärmeversorgung

**8**

## 8.1 Einleitung

Die Nutzung von Wasserdampf als Wärmeträger und zur Beheizung von Produktions-einrichtungen sowie die für die Bemessung von HD-Dampf- und Kondensatleitungen erforderlichen Leistungsdaten und Auslegungsregeln werden in diesem Kapitel beschrieben. Darüber hinaus wird auf die Besonderheiten, die bei der Verlegung von Dampf- und Kondensatleitungen in einem Industriebetrieb zu beachten sind, hingewiesen. Die Dimensionierung von Kondensatableitern (KAL) und die zu ihrer Funktion erforderlichen zusätzlichen Armaturen und Entlüftungseinrichtungen sowie ihr Einbau an den dampfbeheizten Geräten in Rohrnetzen werden dargestellt und in Beispielen gezeigt.

Die Planung und Ausführung von Kondensatsammel- und -rückspeiseanlagen für verschiedene Anlagengrößen und für verschiedene Systeme werden behandelt und für deren Bemessung in der Praxis bewährte Richtwerte genannt.

Daneben werden auch die bei der Inbetriebnahme von Dampf- und Kondensatnetzen erforderlichen und zu beachtenden Bedienungs- und Kontrollmaßnahmen zur Wartung erläutert.

Abschließend werden Dampf- und Kondensatrohrnetze, Hausanschlussstationen und Kondensatrückspeiseanlagen für die Fernwärmeversorgung behandelt.

## 8.2 Hochdruckdampfnetze für Industriebetriebe

Als Hochdruckdampf oder HD-Dampf werden in der Heizungstechnik alle Dampfdrücke über 0,5 bar Überdruck bezeichnet. Als Niederdruckdampf oder ND-Dampf bezeichnet man Dampfdrücke von 0 bis 0,5 bar Überdruck.

G. Scholz, *Heisswasser- und Hochdruckdampfanlagen*,
DOI 10.1007/978-3-642-36589-8_8, © Springer-Verlag Berlin Heidelberg 2013

HD-Dampf-Versorgungsnetze werden in der Industrie zur Beheizung von Produktionseinrichtungen immer dann eingesetzt, wenn eine schnelle Aufheizung und hohe Aufheiztemperaturen erforderlich sind. HD-Dampfrohrnetze werden in der Petrochemie, in der Nahrungsmittelindustrie und in anderen Chemieanlagen zum Beheizen, Kochen, Verdampfen und Trocknen benötigt. In Papierfabriken, Reifenfabriken, Brauereien und in der Textilindustrie wird sowohl HD-Dampf als auch Heißwasser als Wärmeträger eingesetzt. In großen zentralen Kliniken wird HD-Dampf von 14 bis 18 bar für die Beheizung von Waschmaschinen benötigt.

Für die thermische Desinfektion und Sterilisation ist mit Dampfdrücken von 3 bis 5 bar auszukommen. Bei der Dampfsterilisation von Matratzen und Instrumenten kommt das Sterilisationsgut mit dem Dampf in Berührung, weshalb hierfür Reindampf benötigt wird.

## 8.2.1  Ausführung und Bemessung der Dampf- und Kondensatleitungen

HD-Dampf- und Kondensatleitungen werden in Industriebetrieben in begehbaren oder bekriechbaren Kanälen, aber auch auf Rohrbrücken zwischen dem Heizwerk und den Produktionshallen verlegt. Innerhalb der Produktionshallen erfolgt die Verlegung auf gemeinsamen Versorgungstrassen entlang der Außenwände, bei sehr breiten Hallen an Stützreihen in der Hallenmitte. Es ist auch üblich, bei der Erschließung von Industriehallen die Rohrtrassen auf Stützkonstruktionen über den Hallendächern oder innerhalb von Kellern zu verlegen. Bei der Verlegung innerhalb der Produktionshallen müssen die Rohrtrassen mit den Fördereinrichtungen wie Kranbahnen und Flurförderwegen koordiniert werden. Die Verlegung von Dampf- und Kondensatleitungen und von Wasser-, Heißwasser- und Druckluftleitungen auf gemeinsamen Rohrtrassen wird erschwert, weil Dampf- und Kondensatleitungen mit Gefälle in Strömungsrichtung zu verlegen sind und die Kondensatleitung außerdem noch mit Gefälle in der entgegengesetzten Richtung zur Dampfleitung zu montieren ist (Abb. 8.1).

Wenn die Dampfleitung mit Gefälle entgegen der Strömungsrichtung verlegt wird, muss der Durchmesser der Dampfleitung mindestens eine Dimension größer gewählt werden und die Strecke „S" zwischen zwei Entwässerungen wird um ca. die Hälfte kürzer ausgeführt. Für den ordentlichen Betrieb einer Dampfleitung ist die richtige Ausführung der Entwässerungen und der Entlüftung am Ende und an einem Höhensprung der Leitung entscheidend.

Der Kondensatsammelstutzen wird nur dann voll wirksam, wenn er in der gleichen Nennweite ausgeführt ist wie die Dampfleitung. Bei kleinerem Stutzen läuft stets ein Teil des Kondensats am Stutzen vorbei. Für den richtigen Einbau des Kondensatableiters ist Abb. 8.2 beispielhaft. Hier wurden die folgenden Regeln angewendet:

a.  Der Kondensatableiter soll so nahe wie möglich am Kondensatstutzen angebracht werden. Lange und dünne Zuleitungen verursachen einen Dampfabschluss und verringern damit die Leistung des Ableiters.

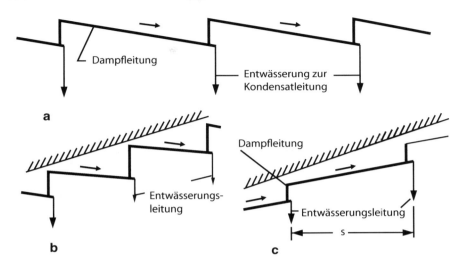

a

b                                          c

**Abb. 8.1** Verlegung der Dampfleitung bei waagerechter Trasse und bei ansteigender Trasse, **a** mit Gefälle in Strömungsrichtung und **b** mit Gefälle entgegen der Strömungsrichtung

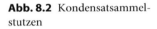

**Abb. 8.2** Kondensatsammel-stutzen

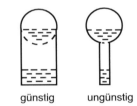

günstig        ungünstig

b. Wenn irgend möglich, sollte die Kondensatleitung nach dem Ableiter nicht ansteigen und keinen merklichen Gegendruck aufweisen. Falls Gegendruck unvermeidbar ist, muss der Stutzen so viel größer ausgeführt werden, dass er das gesamte Kondensat aufnehmen kann, bis der Druck vor dem Kondensatableiter aufgebaut ist, der zur Überwindung der Widerstände erforderlich ist. Bei Gegendruck muss auch ein größerer Ableiter gewählt werden.

c. Vor dem Ableiter muss ein Schmutzfänger eingebaut werden. Er ist so anzubringen, dass er bei Bedarf gereinigt werden kann.

d. Die Leitungen vor und nach dem Kondensatableiter sollen möglichst 1 bis 2 Nennweiten größer ausgeführt sein als die Nennweite des Ableiters.

e. Alle Tiefpunkte einer Dampfleitung müssen entwässert werden.

f. Bei horizontal bzw. mit geringer Neigung verlegten Leitungen sind Entwässerungsstellen in Abständen von etwa 20 bis 100 m bei Rohrleitungsdurchmessern von 25 bis 150 mm vorzusehen. Dieser Richtwert stellt eine wirtschaftlich vertretbare Größe dar, weil die Anordnung der Kondensatableiter auch hohe Wartungs- und Investitionskosten verursacht. Andererseits ist aber eine angemessene Zahl kleiner Ableiter günstiger als lange Leitungsabschnitte ohne Entwässerungspunkte mit wenigen großen KAL.

**Abb. 8.3** Armaturengruppen
für Entwässerung und
Entlüftung

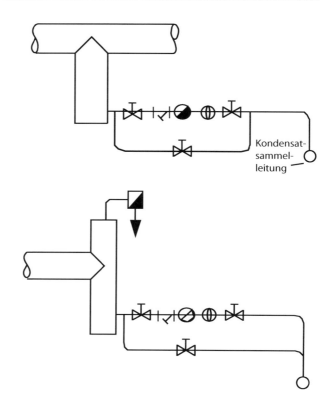

g. Die seitliche Anzapfung des Kondensatstutzens hat gegenüber der Anzapfung im
   Boden den Vorteil, dass ein „Sumpf" gebildet wird, in dem sich Schmutz ablagern
   kann. Der Verschluss des Stutzenbodens mit einem Blindflansch ermöglicht eine
   gelegentliche Reinigung.
h. Um sicherzustellen, dass die Leitung auch im drucklosen Zustand entwässert werden
   kann, sollte die Wassersäule über dem Kondensatableiter ausreichen, den Kondensatableiter trotz der Reibungswiderstände im Zuflussrohr und im Ableiter (z. B.
   Ventilmechanismus, Tellergewicht) zu öffnen.
i. Ein Bypass ermöglicht die Reinigung des Schmutzfängers und die Kontrolle des
   Kondensatableiters während die Dampfleitung in Betrieb ist.
j. Im Übrigen sind die Einbauvorschriften des Kondensatableiter-Herstellers zu
   beachten.

Abbildung 8.2 zeigt die richtige Ausführung der Kondensatsammelstutzen und Abb. 8.3
die Ausführung der Entwässerungsarmaturengruppe mit Kondensatableiter.

   Die Kondensatableiter müssen einen großen Arbeitsbereich haben, weil sie beim Anfahren der Dampfleitung auch die Kondensatmenge abführen müssen, die beim Aufheizen
der Rohrleitung anfällt. Im laufenden Betrieb ist dann nur noch das Kondensat abzuführen,

das durch den Wärmeverlust der Leitung anfällt. Aus diesem Grund sind zwei Auslegungen für die Bemessungen der Kondensatableiter möglich:

a. Die Kondensatableiter werden für den Betriebszustand nach der Aufheizphase bemessen. Beim Anfahren der Leitung werden alle Kondensatableiter oder deren Umgebungen und die Entlüftungen geöffnet.
b. Die Kondensatableiter werden für den Kondensatanfall beim Anfahren bemessen. Zur Entlüftung werden automatische, thermisch schließende Entlüfter installiert. Beim Einsatz von Schwimmerkondenstöpfen sind auch diese mit einer automatischen Entlüftung auszurüsten.

Die Ausführung wie unter a) beschrieben ist dann sinnvoll, wenn es sich um ein größeres und ausgedehntes Dampfnetz handelt, das ganzjährig im Betrieb ist, und nur bei Reparaturarbeiten Netzteile abgesperrt werden. Ausführung b) ist für kürzere und übersichtliche Dampfnetze mit wenigen größeren Verbrauchern, die nicht immer durchgehend mit Dampf versorgt werden müssen, geeignet.

Für ND-Dampfnetze können Schwimmerkondensatableiter eingebaut werden, wenn keine Frostgefahr besteht. Bei HD-Dampfnetze sind thermisch gesteuerte oder thermodynamische Kondensatableiter zu bevorzugen. Die beim Anfahren einer Dampfleitung anfallende Kondensatmenge kann für 25 m Leitungslänge aus Abb. 8.4 entnommen werden.

Der Kondensatanfall, der im laufenden Betrieb, also nach der Aufheizphase, entsteht, ergibt sich aus dem Wärmeverlust der Dampfleitung und kann wie folgt berechnet werden.

### 8.2.2 Berechnung von Wärmeverlusten in Rohrleitungen

Der Wärmestrom q in W/m oder der Wärmeverlust für gedämmte Rohrleitungen wird nach Formel 8.1 berechnet

$$q_R = \frac{\pi(\vartheta_i - \vartheta_a)}{\frac{1}{\alpha_i \cdot d_i} + \frac{1}{2 \cdot \lambda_1} \ln \frac{d_a}{d_i} + \frac{1}{2 \cdot \lambda_2} \ln \frac{d_a}{d_i} + \ldots + \frac{1}{\alpha_a \cdot d_a}} \text{(W/m)}. \tag{8.1}$$

Bei Wärmeverlustberechnungen isolierter Rohrleitungen und Behälter ist die Wärmeleitung durch die Rohr- bzw. Behälterwand zu vernachlässigen. In den meisten Fällen braucht auch der innere Wärmeübergang nicht berücksichtigt zu werden.

In der Praxis besteht die Isolierschicht fast ausschließlich aus einem Stoff, so dass der Wärmestrom q nach folgender Formel berechnet werden kann:

$$q_R = \pi \frac{(\vartheta_i - \vartheta_a)}{\frac{1}{2 \cdot \lambda} \cdot \ln \frac{d_a}{d_i} + \frac{1}{\alpha_a \cdot d_a}} \text{(W/m)}. \tag{8.2}$$

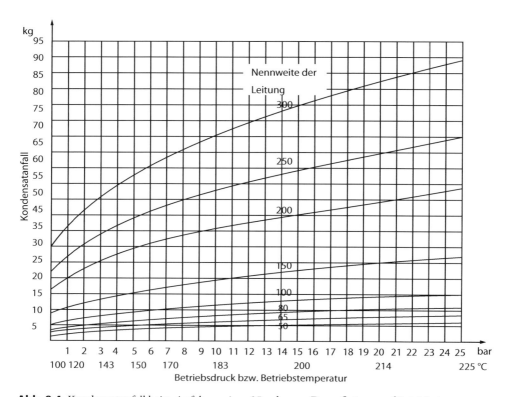

**Abb. 8.4** Kondensatanfall beim Anfahren einer 25 m langen Dampfleitung auf Betriebstemperatur

Der äußere Wärmeübergangskoeffizienten $\alpha_a$ bei ruhender Luft, also innerhalb von Gebäuden, kann mit folgender Gleichung berechnet werden:

$$\alpha_a = 9{,}4 + 0{,}052 \cdot (\vartheta_a - \vartheta_R)(\text{W}/(\text{m}^2 \cdot \text{K})) \qquad (8.3)$$

dabei handelt es sich um den Gesamtwärmeübergang für Konvektion und Strahlung.

Der Wert für $\lambda$ (Wärmeleitfähigkeit) kann der Tab. 8.1 oder den Herstellerkatalogen für Dämmstoffe entnommen werden. Die Maße für die Durchmesser sind in m einzusetzen.

Die Erklärung zu den Bezeichnungen enthält Abb. 8.5.

Die Eigenschaften der „gebräuchlichsten Dämmstoffe und Dämmverfahren" sind in Tab. 8.1 zusammengestellt.

---

**Beispiel 8.1**

*Aufgabenstellung*

Eine Rohrleitung 100 × 4 (100/108 mm) wird mit Dampf von 150 °C durchströmt. Die Raumtemperatur beträgt 20 °C. Die Wärmedämmung ist 80 mm dick aus Steinwolle,

**Tab. 8.1** Stoffwerte für Wärmedämmstoffe

| Dämmstoff, Art der Dämmung oder Herstellerbez | Wärmeleitfähigkeit | | Gewicht | Brandklasse | zulässige Temperatur von/bis | mittl. zulässige Flächenpressung |
|---|---|---|---|---|---|---|
| | W/(m·K) | | kg/m³ | DIN 4102 | °C | N/mm² |
| Glaswollhalbschalen Bergla-TEL | 0,033 | 0,04 | 100 | Nicht brennbar A2 | 350 | 1,0 |
| Steinwolle Schalen (Rockwool) | 0,035 | 0,041 | 120 | Nicht brennbar A2 | 600 | 1,0 |
| Hartschaum- Thermoline gedämmtes Rohrsystem | 0,035 | 0,04 | 40 | Nicht brennbar A2 | −200./.130 | 0,7 |
| Foamglas Halbschalen | 0,048 | 0,05 | 125 | Nicht brennbar A1 | −260./.430 | 1–1,7 |
| Armaflex- Schläuche und -Schalen (Armstrong) | 0,038 | 0,05 | 40 | Schwer ent- flammbar B1 B2 | −60./. 100 | – |

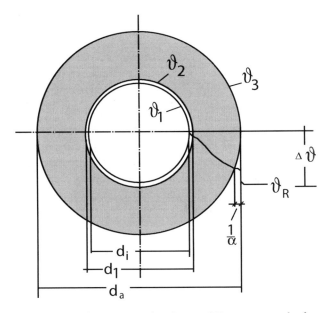

**Abb. 8.5** Wärmegedämmtes Rohr mit Formelzeichen und Temperaturverlauf

mit $\lambda = 0{,}041$ W/(m·K) nach Tab. 8.1 bei einer mittleren Temperatur von 100 °C. Der Wärmeleitwert für den Rohrwerkstoff beträgt 52 W/(m·K). Die Wärmeübergangszahl $\alpha_i$ wird zu 8.000 W/(m²·K) angenommen.

*Gesucht*

Die äußere Wärmeübergangszahl ist nach Gl. 8.3 zu berechnen.
Gesucht ist der Wärmeverlust je m Rohr nach Gl. 8.1 und 8.2 in w/m.

*Lösung*

Zur Ermittlung von $\alpha_a$ muss zunächst die Oberflächentemperatur der Dämmung geschätzt werden. Entsprechend der Arbeitsschutzrichtlinien darf diese 45 °C nicht überschreiten und wird daher zu 35 °C angenommen.
Damit wird

$$\alpha_a = 9{,}4 + 0{,}052 \cdot (35 - 20) = 10{,}2 \frac{W}{m^2 K}$$

und nach Gl. 8.1

$$q_R = \frac{\pi \cdot (150 - 20)}{\dfrac{1}{8.000 \cdot 0{,}108} + \dfrac{1}{2 \cdot 52} \cdot \ln \dfrac{0{,}108}{0{,}1} \cdot \dfrac{1}{0{,}082} \cdot \ln \dfrac{0{,}268}{0{,}108} + \dfrac{1}{10{,}2 \cdot 0{,}268}}$$

$$= \frac{408{,}2}{0{,}0012 + 0{,}096 \cdot 0{,}077 + 12{,}1 \cdot 0{,}9 + 0{,}366} = \frac{408{,}2}{11{,}33} = 36 \frac{W}{m}$$

und mit A = $\pi \cdot$ da = 3,14 · 0,268 = 0,842 m²

$$q_R = \frac{f_R}{A} = \frac{36}{0{,}842} = 42{,}8 \frac{W}{m^2}$$

$q_R$ nach Gl. 8.2

$$q_R = \frac{408{,}2}{\dfrac{1}{0{,}082} \ln \dfrac{0{,}268}{0{,}108} + \dfrac{1}{10{,}2 \cdot 0{,}268}} = \frac{408{,}2}{11{,}26} = 36{,}25 \frac{W}{m^2}$$

Das Ergebnis weicht nur gering von dem mit Gl. 8.1 ermittelten Wert ab.

Noch schneller und mit geringerem Zeitaufwand kann der Wärmeverlust der Rohrleitung in W/m aus dem Arbeitsblatt $E_b2$ des VDI-Wärmeatlas abgelesen werden. Dazu wird der sogenannte D-Wert, das ist der Wert unter dem Bruchstrich von Gl. 8.2 ohne das letzte Glied und multipliziert mit $d_a$ in m, benötigt:

$$D = \frac{1}{2\lambda} \ln \frac{d_a}{d_i} \cdot d_a \ (m^2 K/W), \tag{8.4}$$

wobei $\alpha_a$ in das Diagramm mit etwa 10 W/m² K eingearbeitet wurde. Zur Ermittlung des Wärmeverlusts werden außer dem Kehrwert des Wärmedurchgangswiderstandes D noch das Temperaturgefälle und $d_a$ benötigt. Für das vorstehende Beispiel also

$$\alpha_a = 10{,}89 \qquad d_a = 0{,}268 \qquad D = 2{,}74 \, m^2 K/W \qquad \vartheta_i - \vartheta_a = 130 \, K.$$

Es ergibt sich somit der berechnete Wert von 36 W/m (siehe Abb. 3.19), wie auch schon zuvor mit Gl. 8.1 und 8.2 ermittelt.

Das VDI-Arbeitsblatt Eb2 ist im Temperaturbereich für $\Delta\vartheta = 5$ bis 100 K und für $d_a = 0{,}05$ bis 1 m (äußerer Durchmesser der Dämmung) anwendbar und liefert dafür Ergebnisse mit ausreichender Genauigkeit.

Bei Rohrleitungen, die im Freien auf Rohrbrücken verlegt werden, muss der Wärmeverlust mit dem Faktor $1/\alpha_a$ berechnet werden.

Es ist hierfür:

$$q_{RW} = \frac{\pi \cdot d_a(\vartheta_i - \vartheta_a)}{D} + \frac{1}{\alpha_a}(\text{W/m}). \tag{8.5}$$

Die Anwendung wird in Scholz (2012) gezeigt und soll hier nochmals an einem weiteren Beispiel erläutert werden.

---

**Beispiel 8.2**

*Aufgabenstellung*
Eine Dampfleitung DN 207,3 × 5,9 (207,3/219,1) wird mit HD-Dampf von 180 °C betrieben. Die Wärmedämmung ist 160 mm dick und besteht aus Steinwolle mit $\lambda = 0{,}041$ W/m$^2\cdot$K und einem verzinkten Blechmantel. Die Leitung ist 3.000 m lang und auf einer Rohrbrücke verlegt.

*Gesucht*
Zu berechnen ist der Wärmeverlust bei einer Windgeschwindigkeit von 7 m/s und einer Außentemperatur von 20 °C als Jahresmittelwert.

*Lösung*
Berechnung von D nach Gl. 8.4 mit $d_a = 540$ mm

$$D = \frac{1}{0{,}082} \cdot 0{,}897 \cdot 0{,}54 = 5{,}9$$

$$\vartheta_i - \vartheta_a = 180\,\text{K} - 20\,\text{K} = 160\,\text{K}$$

wird $q_R$ aus Abb. 8.6 $\rightarrow$ 38 W/m

$$q_{RW} = \frac{0{,}54 \cdot \pi \cdot 160}{5{,}9 + 0{,}032} = 45{,}7\,\frac{\text{W}}{\text{m}}$$

$$Q = 45{,}7\,\text{W/m} \cdot 3.000\,\text{m} = 137.100\,\text{W}.$$

Der Druckverlust von Dampfleitungen ist nach Scholz (2012), Kap. 1 zu berechnen. Zur vorläufigen Wahl des Leitungsdurchmessers kann das Diagramm nach Abb. 8.7

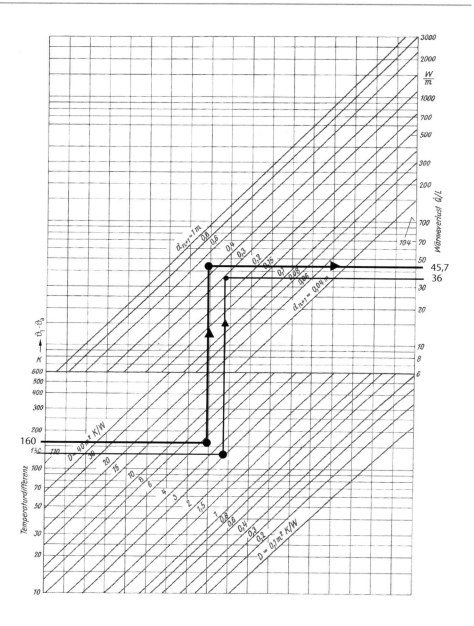

**Abb. 8.6** Wärmeverlust einer wärmegedämmten Dampfleitung nach VDI-Arbeitsblatt Eb-2

benutzt werden. Die wirtschaftlichste Strömungsgeschwindigkeit in Dampfleitungen ist hauptsächlich vom Betriebsdruck abhängig und kann nach Tab. 8.2 gewählt werden.

Tabelle 8.3 enthält ungefähre Richtwerte für die Wahl des Durchmessers von Kondensatleitungen von ND-Dampf, in denen das Kondensat mit natürlichem Gefälle abläuft. Bei

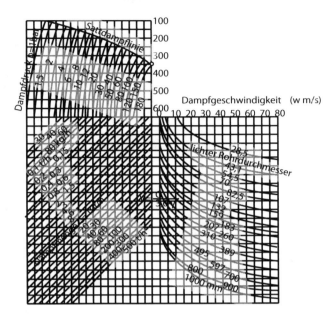

**Abb. 8.7**  Wahl des Rohrdurchmessers für Dampfleitungen bei verschiedenen Betriebsdrücken

**Tab. 8.2** Wirtschaftliche
Strömungsgeschwindigkeit für
Dampfleitungen

| Betriebsdruck (bar) | Rohrdurchmesser (mm) | Strömungsgeschwindigkeit (m/s) |
|---|---|---|
| 1 bis 4 | 20 bis 50 | 10 |
| 1 bis 4 | über 50 | 15 |
| 4 bis 8 | 20 bis 50 | 15 |
| 4 bis 8 | über 50 | 20 |
| 8 bis 16 | 20 bis 50 | 20 |
| 8 bis 16 | über 50 | 30 |

Dampfbetriebsdrücken von 1 bis 10 bar sollte die Kondensatleitung um einen Rohrdurchmesser größer gewählt werden, damit die Nachverdampfung nicht zu einem Stau und zu Betriebsstörungen in der Kondensatleitung führt.

Bei Betriebsdrücken von 10 bis 30 bar sollte die Kondensatleitung um zwei Nennweiten größer gewählt werden. Auch bei Kondensatleitungen mit vielen Einzelwiderständen ist der Rohrdurchmesser zu vergrößern. Der Druckverlust in Kondensatleitungen zwischen Kondensatsammelanlagen und dem Heizwerk, in denen das Kondensat von Pumpen gefördert wird, ist wie für Heißwasserleitungen nach Scholz (2012), Kapitel 1 zu berechnen und der Rohrdurchmesser für Strömungsgeschwindigkeiten von 1,5 bis 2 m/s festzulegen.

**Tab. 8.3** Durchmesser von Kondensatleitungen in Abhängigkeit von Kondensatanfall und gewähltem Gefälle

| Nennweite | hochliegende Leitungen | | tiefliegende Leitungen | | |
|---|---|---|---|---|---|
| | waagrecht | lotrecht | L < 50 m | 50 < l < 100 | L > 100 |
| d (mm) | zur Bildung des Kondenswassers dem Dampf entzogene Wärmemenge (kJ/h) | | | | |
| 15 | 16.920 | 25.200 | 117.360 | 75.240 | 33.480 |
| 20 | 62.640 | 94.320 | 293.040 | 188.280 | 104.760 |
| 25 | 117.360 | 175.680 | 523.080 | 334.800 | 167.400 |
| 32 | 284.760 | 426.960 | 1.130.400 | 732.600 | 355.680 |
| 40 | 435.240 | 653.040 | 1.569.600 | 1.046.520 | 481.320 |
| 50 | 900.000 | 1.350.000 | 2.720.880 | 1.841.760 | 900.000 |
| 60 | 1.779.120 | 2.668.680 | 5.232.600 | 3.558.240 | 1.779.120 |
| 65 | 2.093.040 | 3.139.560 | 6.279.120 | 4.395.240 | 2.093.040 |
| 80 | 3.139.560 | 4.709.160 | 9.418.680 | 6.279.120 | 3.139.560 |
| 100 | 5.232.600 | 7.848.720 | 14.651.280 | 10.046.520 | 5.230.800 |

## 8.3   Wahl des Einbauorts und der Leistungsstufe eines Kondensatableiters

Wie der Wärmeverlust bei der Entwässerung von Dampfleitungen zu ermitteln ist, wurde vorstehend beschrieben. Es muss aber noch darauf hingewiesen werden, dass die Abführung des Kondensats aus der Dampfleitung zur Vermeidung von Wasserschlägen und Schäden an Regelarmaturen äußerst wichtig ist.

Großzügige Sicherheitsfaktoren bei der Berechnung des Kondensatanfalls oder überdimensionierte Kondensatableiter ergeben allerdings nicht notwendigerweise eine wirkungsvolle Entwässerung. Zwei wichtige Tatsachen müssen beim Entwurf einer Kondensatleitung berücksichtigt werden:

a. Ein Kondensatableiter kann, unabhängig von seiner Größe, nur Kondensat ableiten, das zu ihm gelangt.
b. Ein Kondensatableiter kann, unabhängig von seiner Größe, das zu ihm gelangende Kondensat nur dann ableiten, wenn der Druck vor dem Ableiter größer ist, also der Druck in der Kondensatleitung.

Die Kondensatmenge, die bei der Beheizung eines Verbrauchers oder durch Wärmeverluste in der Dampfleistung anfällt, berechnet sich aus der Wärmeleistung, die vom Verbraucher gefordert bzw. entnommen wird, und aus der Verdampfungswärme beim Betriebsdruck oder Kondensationsdruck im Verbraucher:

$$\dot{m} = \frac{Q}{r} (\text{kg/h}).$$

Dabei ist r = h" − h' und kann der Dampftafel entnommen werden.

Damit ergibt sich mit dem Wärmeverlust von Q = 137.100 aus dem Beispiel 8.2

$$W = 3.600 \cdot 137.100 = 493.560 \text{ kJ/h}.$$

Die anfallende Kondensatmenge für Dampf von 180 °C/10 bar ergibt sich zu

$$\dot{m} = \frac{493.560 \dfrac{\text{kJ}}{\text{h}}}{2.013 \dfrac{\text{kJ}}{\text{kg}}} = 245{,}2 \frac{\text{kg}}{\text{h}}.$$

Mit v' = 1,13 L/kg wird m = 277 L/h.

Auch beim Heizvorgang in einer Presse oder einem Kochkessel fällt in der Aufheizzeit wieder etwa doppelt so viel Kondensat an wie im normalen Heizbetrieb. Der Hersteller einer Reifenpresse oder eines Kochkessels verfügt aber über Erfahrungswerte für die Aufheizkurven und Dampfentnahme im normalen Heizbetrieb. Er stellt diese Betriebskurven zur Verfügung und kann den tatsächlich anfallenden Dampfverbrauch für beide Betriebszustände nennen.

Die Leistungskurven der Kondensatableiter werden von den Herstellern gewöhnlich für kontinuierliche Ableitung angegeben (Maximalleistung). Wenn kein besonderer Hinweis gegeben wird, gelten die Leistungsangaben meist für kaltes Kondensat; diese Werte sind – je nach Druck und Kondensatableiter – 3- bis 4-mal größer als die Leistung für siedendes Kondensat. Dies ist bei der Auswahl des Kondensatableiters zu beachten.

Wenn der Firmenkatalog die Angaben für Siedekondensat nicht enthält, dann müssen die Werte oder die Kondensatmenge für den Siedezustand angefragt werden. Siehe auch DIN EN27842, KAL-Prüfverfahren.

Der thermodynamische Kondensatableiter öffnet sofort bei Kondensatanfall. Dasselbe gilt für Kugelschwimmerableiter. Bei diesen Typen erübrigt sich daher ein besonderer Sicherheitszuschlag, wie er bei Geräten mit verzögerter Ableitung erforderlich ist. Eine einwandfreie Entwässerung der Wärmeverbraucher und der Dampfleitung mit Schwimmerkondenstöpfen ist nur möglich, wenn diese mit einer automatischen und thermischen Entlüftung ausgerüstet sind. Zur Wartung und Kontrolle der Kondensatableiter ist es zweckmäßig, die Ableiter in einem Sammler entwässern zu lassen (siehe Abb. 8.8). Die zugehörigen Armaturen wie Schmutzfänger, Rückschlagklappe, Schauglas und Absperrventile sind sichtbar und zur Kontrolle zugänglich.

Die Ableiter werden in diesem Fall in einer Reihe über dem Sammler angeordnet. Um unnötigen Gegendruck bei einer gleichzeitigen Entwässerung einiger Ableiter zu vermeiden, ist es wichtig, dass die Sammler ausreichend groß sind. Die Einmündungen sind dabei anzuschuhen, um die Erosion der gegenüberliegenden Sammlerwand zu verringern. Folgende Mindestabmessungen sind zu empfehlen (Tab. 8.4):

**Abb. 8.8** Kondensatsammler mit Wärmedämmung (rechts)

**Tab. 8.4** Dimensionierung
von Kondensatsammelrohren

| Anzahl der Anschlüsse | Durchmesser des Sammlers |
|---|---|
| Bis 5 × ½" | DN 50 |
| Bis 10 × ½" und ¾" | DN 80 |
| Bis 20 × ½" und ¾" | DN 125 |

## 8.4    Funktion und Bauarten von Kondensatableitern

Der früher übliche Kondenstopf (nach Abb. 8.9) mit Handentlüftungsventil und Anlüfthe-
bel für den Schwimmer wurde mittlerweile durch mehrere verschiedene Kondensatableiter
ersetzt (siehe Gestra AG (1984); Spirax Sarco Gmbh (1980)). Dabei handelt sich um
folgende Ausführungen:

a. Thermodynamischer Kondensatableiter
   Der thermodynamische Kondensatableiter funktioniert folgendermaßen (siehe
   Abb. 8.10):
   1. Über den Einlasskanal strömt Kondensat ein, hebt den Ventilteller (A) vom
      ringförmigenventilsitz (C) ab und fließt über die Auslasskanäle (B) fort.
   2. Große Strömungsgeschwindigkeit am Ventilsitz (C) durch verdampfendes Konden-
      sat lässt am Ventilteller einen Unterdruck entstehen. Der Ventilteller wird dadurch
      auf den Ventilsitz gezogen. Gleichzeitig baut sich in der Kammer (D) über dem
      Ventilteller ein Druckpolster auf.

**Abb. 8.9**  Schwimmerkondensatableiter alter Bauart

**Abb. 8.10**  Funktionsbild des
thermodynamischen KALs

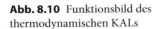

3. Der Druck des Dampfpolsters in (D) wirkt dem Druck des Dampfes im Einlasskanal entgegen und presst den Ventilteller fest auf den Ventilsitz (C), da wegen der unterschiedlichen Flächen die Schließkraft größer als die Öffnungskraft ist. Der äußere Ringsitz (C) verhindert den Abbau des Drucks in der Kammer (D). Der Ableiter schließt absolut dampfdicht ab.

**Abb. 8.11** Bauarten der thermodynamischen Kondensatableiter

**Abb. 8.12** Prinzipskizze des Bimetall-KALs

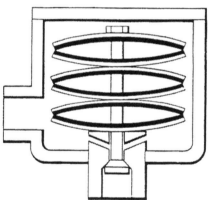

4. Durch Kondensation des Dampfes in der Kammer (D) sinkt der Druck in der Kammer. Schließlich überwiegt dann die durch den Druck des Kondensats bewirkte Öffnungskraft und hebt den Ventilteller ab. Der Kreislauf beginnt von Neuem.

   Der thermodynamische Kondensatableiter wird mit Gewindeanschluss, mit Schweißenden, Verschraubungen und Flanschen in DN 15 bis 25 und in den Druckstufen PN 16 bis PN 40 hergestellt (siehe Abb. 8.11).

b. Bimetall-Kondensatableiter (siehe Abb. 8.12)

   Die Funktionen der verschiedenen Kondensatableitertypen, die nach dem Bimetall-Prinzip arbeiten, werden vom Hersteller Fa. Sarco wie folgt beschrieben:

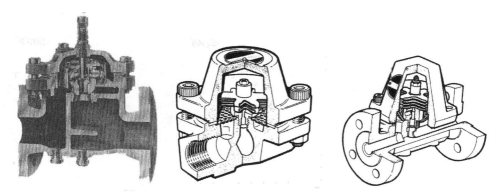

**Abb. 8.13**  Bauarten der Bimetall-KAL

> Bei den Ableitern Typ SM 211 und SM 393 sind kreuzförmige Bimetallplättchen paarweise
> so angeordnet, dass sie bei Erwärmung an den verschiedenen abgekröpften Armlän-
> gen nacheinander aufeinander einwirken und mit steigender Temperatur das Ventil
> schließen. Der Federkraft der Bimetallplättchen, die sich mit steigender Temperatur er-
> höht, wirkt der am Ventil herrschende Differenzdruck entgegen. Die Anpassung der
> Bimetall-Schließkraft an den Verlauf der Wasserdampf-/Sattdampfkurve erfolgt durch
> die kreuzförmige Form und den nacheinander folgenden Eingriff der verschieden langen
> Arme, die eine Knick-Charakteristik hervorrufen.

Der Bimetall-Kondensatableiter wird mit Gewindeanschlüssen in PN 16 und mit
Flanschanschlüssen bis PN 40, wie in Abb. 8.13 gezeigt, hergestellt.

c. Kugelschwimmer-Kondensatableiter

Die Funktionsweise ist folgende:

Der moderne Schwimmerkondensatableiter hat anstelle des früher üblichen Ablauf-
schiebers ein Ablaufventil. Es entsteht kein Strudel und es gelangt weniger Dampf beim
Schließvorgang in die Kondensatleitung.

Luft, die zum Ableiter gelangt, wird verzögerungsfrei durch ein spezielles Entlüf-
tungselement abgeleitet. Der Entlüfter funktioniert ähnlich wie der Schnellentleerer
(Abb. 8.14).

Das einfließende Kondensat öffnet je nach Niveau über einen Schwimmer ein
Auslassventil. Steigt das Kondensatniveau, so wird das Ventil weiter geöffnet. Beim
Absinken des Niveaus wird das Ventil geschlossen. Die Ableitung des Kondensats erfolgt verzögerungsfrei, unabhängig von der Temperatur und von der Unterkühlung
des Kondensats. Der Schwimmer-KAL hat folgende Vorteile:

- kontinuierliche und unverzügliche Ableitung des Kondensats,
- hohe Entlüftungsleistung durch ein zusätzliches automatisches Entlüftungsventil,
  das sich jedem Dampfdruck anpasst,
- Unempfindlichkeit auch bei wechselndem Gegendruck,

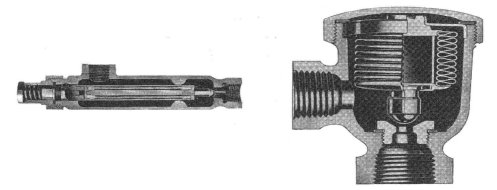

**Abb. 8.14** Schnellentleerer-, Stauer- und Stufendüsen-KAL

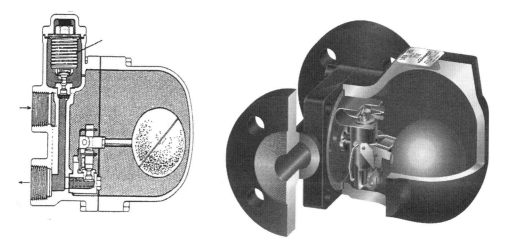

**Abb. 8.15** Kugelschwimmer-Kondensatableiter

- bei Temperaturregelung automatische Anpassung der Ableitkapazität über einen weiten Bereich. Dadurch werden Schwankungen der geregelten Temperatur verhindert.

  Als Nachteil muss jedoch beim Einbau im Freien die Einfriergefahr genannt werden.

  Der Kugelschwimmer-KAL wird, wie in Abb. 8.15 dargestellt, mit Gewindeanschlüssen bis DN 20 und mit Flanschanschlüssen bis DN 50 und in den Druckstufen PN 16 und PN 25 hergestellt.

d. Sonstige Kondensatableiter und Zusatzarmaturen

  Außer den vorstehend beschriebenen Kondensatableitern, die nach einem bestimmten Prinzip arbeiten, gibt es noch verschiedene andere, die mehrere Funktionen verbinden:

  - Der Schnellentleerer arbeitet nach dem Ausdehnungsprinzip mit einem dampfgefüllten Balg und wird sowohl für den Niederdruckbetrieb als auch im Hochdruckbereich bis PN 16 hergestellt und eingesetzt (siehe Abb. 8.14).

- Ebenso verhält es sich beim Stauer-KAL, bei dem als Ausdehnungskörper eine Flüssigkeitspatrone verwendet wird.
- Auch der Stufendüsen-KAL nutzt die Ausdehnung einer Stufendüse und den Widerstand.

Die Funktionsweise dieser Kondensatableiter ist folgende: Das Kondensat tritt bei (A) ein. Die mit (B) bezeichneten Teile sind verstellbare Dämpfer, deren Durchmesser zur Auslassseite des Ableiters hin zunimmt. Um von einer Seite zur anderen zu gelangen, muss das Kondensat an diesen Hemmnissen vorbeifließen, wobei es stufenweise an Druck verliert. Dieser abfallende Druck führt dazu, dass in jeder von den Dämpfern gebildeten Kammer etwas Nachverdampfung entsteht. Dadurch wird der Kondensatfluss verlangsamt, was Frischdampf daran hindert, zu entweichen. Das Kondensat wird bei (C) aus dem Ableiter entleert.

Alle drei KAL leiten das Kondensat bei einer eingestellten Temperatur gut ab und entlüften auch gleichzeitig die Dampfleitung oder das dampfbeheizte Gerät bzw. den Heizkörper. Es besteht keine Einfriergefahr.

## 8.5  Entlüftung von Dampfleitungen und von dampfbeheizten Einrichtungen

Entlüftungskugelhähne oder Ventile sind für die Entlüftung von Dampfleitungen ungeeignet, weil nicht zu erkennen ist, ob Dampf oder Luft aus dem Ventil entweicht. Deshalb müssen automatische Entlüfter dort, wo sich Luft ansammeln kann, und am Ende der Dampfleitung installiert werden. Kondensatleitungen müssen ebenfalls am Ende einen automatischen Be- und Entlüfter erhalten, der aber hier zur Belüftung dient.

Automatisch funktionierende Dampfleitungsentlüfter (auch kurz Entlüfter genannt) machen vom Temperaturunterschied zwischen luftfreiem und lufthaltigem Dampf Gebrauch. Im Prinzip kann jeder Temperaturregler in Verbindung mit einem Ventil für diese Aufgabe eingesetzt werden. Der Aufwand lohnt sich aber nur für die Entlüftung sehr großer Dampfräume. Die üblichen Entlüfter sind nicht nur preiswerter, sondern benötigen auch weniger Raum. Sie sind durchweg nur wenig modifizierte thermische Kondensatableiter. Die Entlüfter werden auch als Kondensatstauer bezeichnet und in ND-Dampfnetzen und HD-Dampfnetzen oder bei Verbrauchern bis 6 bar Betriebsdruck zur Kondensatabführung eingesetzt. Der Stauer oder Entlüfter öffnet unabhängig vom Dampfdruck bei einer einstellbaren Temperatur. Um bei schwankendem Dampfdruck keine Frischdampfverluste zu erleiden, wird dieser Entlüftertyp auf eine erheblich unter Sattdampf liegende Temperatur eingestellt. Solange die Dampf-Luft-Vermischung nur gering ist, gelingt die Luftausscheidung in hohem Maße. Diese Ausführung wird wegen ihrer Robustheit und der Einsatzmöglichkeit bis 18 bar vorgezogen. Sie ist die gegebene Wahl bei der Montage im Dampfnetz, weil sie auch gegen Wasserschläge und überhitzten Dampf bis 230 °C unempfindlich ist.

**Abb. 8.16** Prinzipschema
eines Kochkessels

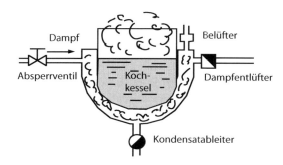

Auch der Kondensatstauer mit einem Faltenbalg als Steuerelement zeichnet sich durch eine gute Entlüftungsfunktion aus. Der Faltenbalg, der eine Flüssigkeit enthält, deren Dampfdruck höher als der des Wasserdampfes ist, ist nur mit einer geringen Flüssigkeitsmenge gefüllt, denn die Steuerung des Gerätes erfolgt über den Dampfdruck im Balg. Da der Druck im Innern des Balges 5°K vor Erreichung der Sattdampftemperatur den Druck des umgebenden Dampfes erreicht, schließt der Entlüfter kurz bevor das Element von reinem Sattdampf umströmt wird. Der mit einem Ausdehnungsbalg gesteuerte Stauer kann die Luft bis auf wenige Prozent entfernen und eignet sich deshalb besonders für den Einsatz am Dampfverbraucher, wo die Gefahr des Kontakts mit überhitztem Dampf gering ist. Der Druck im Element würde nämlich bei Überhitzung stark ansteigen, wodurch möglicherweise der Balg beschädigt würde.

Der Entlüfter oder Stauer mit Ausdehnungsbalg wird in ND-Dampfnetzen als Kondensatableiter und in ND- und HD-Dampf- und Kondensatnetzen bis 8 bar Betriebsdruck als Be- und Entlüfter eingesetzt. Beide hier beschriebene Entlüfterarten werden bei der Ausscheidung von Luft auch in gewisser Menge Dampf ausstoßen.

Entlüfter, die „Dampf" (oder richtiger Dampf-Luft-Gemische, die sich aber nicht von Dampf unterscheiden) abblasen, sind durchaus in Ordnung, denn je weniger Luft im Dampf zurückbleiben soll, desto mehr Dampf muss zwangsläufig mit der Luft ausgeschieden werden. Die Menge des verlorenen Dampfes hängt aber nicht nur vom Entlüftertyp, sondern auch von dessen Größe ab. Je größer der Entlüfter, desto weniger stark werden sich Luft und Dampf vermischen können, bevor sie den Entlüfter erreichen. Das wichtigste Kriterium für den erfolgreichen Einsatz eines Entlüfters ist aber immer eine gute Kenntnis der Ausgestaltung des Dampfraums. Nur so kann der mutmaßliche Ort der Luftansammlung und damit die wirkungsvollste Platzierung des Entlüfters ermittelt werden.

Abbildung 8.16 zeigt als Dampfverbraucher einen Kochkessel, der im Normalbetrieb mit ND-Dampf von 0,4 bis 0,5 bar Überdruck beheizt wird. Ist der Kochvorgang beendet und das Dampfventil wird geschlossen, dann kondensiert der restliche Dampf im Dampfraum und es entsteht ein Unterdruck. Würde dieser durch weitere Abkühlung gegenüber dem Atmosphärendruck weiter absinken, dann würde sich der Kesselkörper zusammendrücken und reißen. In solchen Fällen muss man durch Belüftung dafür sorgen, dass statt des durch Kondensation „verschwindenden" Dampfes Luft eindringt und

**Abb. 8.17** Dampf- und
Kondensatanschluss für eine
Zylinderwalze

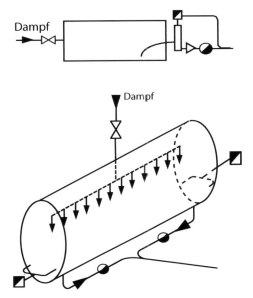

**Abb. 8.18** Anordnung von
Dampf- und Kondensa-
tanschlüssen und Entlüftern
bei Sterilisations- oder
Vulkanisationskammern

so kein Unterdruck entstehen kann. Es ist also ein Belüfter erforderlich. Will man wieder mit Dampf heizen, dann stört diese Luft, wie oben erläutert. Man braucht also nun einen Dampfentlüfter.

Da aber die Ableitung von Dampf-Luft-Gemischen nach der Sattdampfkurve so verschieden von der Aufgabe ist, bei einem geringen Unterdruck ein Ventil zu öffnen, gibt es kein Bauelement, das gleichzeitig als „Be- und Entlüfter" für Dampf funktioniert – jedenfalls nicht mit der Geschwindigkeit, wie es beispielsweise bei einem Kochkessel nötig ist, um Schäden zu vermeiden. Für die Aufgabe „Be- und Entlüftung" braucht man deshalb sowohl einen Dampfentlüfter als auch einen Vakuumbrecher, die parallel geschaltet werden.

Ein weiteres Beispiel hierfür sind Lufterhitzer, die man mit einem Vakuumbrecher versieht, um auf einfachste Weise eine vollständige Entwässerung zu erreichen bzw. das Einfrieren zu vermeiden. Dies gilt auch für Lufterhitzer, die kondensatseitig geregelt werden, wenn sie bei Betriebsunterbrechungen entleert werden.

Ähnliche Verhältnisse liegen bei der Beheizung von Druckgefäßen mit Dampfpolster und bei der Beheizung eines Trockenzylinders oder einer Kalanderwalze vor, wenn diese mit Dampf statt mit Heißwasser beheizt werden. Eine gute Beheizung liegt vor, wenn der Dampfanschluss gegenüber dem Kondensatanschluss angeordnet wird und der Kondensatanschluss mit einer Umgehung als thermische Entlüftung und mit einem Vakuumbrecher ausgerüstet wird, wie in Abb. 8.17 dargestellt.

Abbildung 8.18 zeigt den Anschluss einer Sterilisationskammer. Zur Entlüftung wird der Dampfanschluss in der Kammermitte und oben vorgesehen. Da Dampf immer leichter als Luft ist, wird die Luft nach unten verdrängt und es werden an beiden Seiten unterhalb automatische Be- und Entlüfter installiert.

Der beidseitige Kondensatanschluss trägt dazu bei, dass die Entlüftung und Beheizung gleichmäßig über den gesamten Raum erfolgt.

Alle Wärmeverbraucher, die dampfseitig mit einem Regelventil zur Regelung der Wärmeleistung und der Temperatur ausgerüstet sind, arbeiten als Reduzierventile und drosseln bei abnehmender Wärmeabgabe den Dampfdruck. Auch bei diesen Wärmeverbrauchern kann sich beim Abschalten der Dampfzufuhr im Dampfraum ein Unterdruck einstellen. Zur Verhinderung von Schäden und Betriebsstörungen müssen alle dampfseitig geregelten Wärmeaustauscher auf der Kondensatseite wie zuvor beschrieben be- und entlüftet werden, also auch einen Vakuumbrecher erhalten.

Eine Belüftung des Dampf-Kondensat-Netzes verstärkt natürlich die Korrosion und man wird sich jeweils überlegen müssen, ob das toleriert werden kann. Bei Kochkesseln und Lufterhitzern aus rostfreiem Stahl ist die Korrosionsfrage natürlich von geringerer Bedeutung.

Der Einsatz von rostfreiem Stahl ist aber nur dann sinnvoll, wenn auch alle Bauteile, Wärmeaustauscherflächen, Kondensatableiter und alle kondensatseitigen Armaturen und Rohrleitungen aus rostfreiem Stahl hergestellt werden. Wenn Kondensatsammelleitungen mit natürlichem Gefälle für große Rohrquerschnitte erforderlich werden, können diese auch aus gusseisernem Muffendruckrohr ausgeführt werden. Überall dort, wo es möglich ist, sollte aber die Luft vom System fern gehalten werden, was z. B. bei kondensatseitiger Reglung der Wärmeabgabe und geschlossenen Kondensat-Rückförderanlagen möglich ist.

## 8.6  Kondensatrückförderanlagen

Wenn die Anforderungen an den Verbraucher eine kondensatseitige Regelung zulassen und eine geschlossene Kondensatrückspeiseanlage ausgeführt werden kann, dann kann das Kondensat keinen Sauerstoff aufnehmen, keine Kohlensäure bilden und die befürchtete Korrosion im Kondensatnetz ist gering. Das bedeutet aber auch, dass die Kondensatleitungen zwischen den Wärmeverbrauchern und der Kondensatsammelanlage vollgefüllt sind und unter einem ständigen Betriebsdruck stehen, der höher ist als der Sattdampfdruck, der zur Kondensattemperatur gehört. Eine Unterkühlung des Kondensators auf 90 oder 80° C ist von Vorteil. Das Kondensatgefäß wird mit Dampf von 1,3 bis 1,5 bar unter Druck gehalten. Alle Wärmeverbraucher sollten ca. 5 m über dem höchsten Wasserstand aufgestellt werden und mit thermodynamischen Kondensatableitern ausgerüstet sein oder eine kondensatseitige Regelung haben. Die Schaltung der Anlage ist in Abb. 8.19 dargestellt. Wenn das Kondensat von überwiegend mit HD-Dampf beheizten Wärmeverbrauchern abgegeben wird und nicht genügend weit unter 100 °C abgekühlt werden kann, muss eine Kühlschlange in das Kondensatgefäß installiert werden.

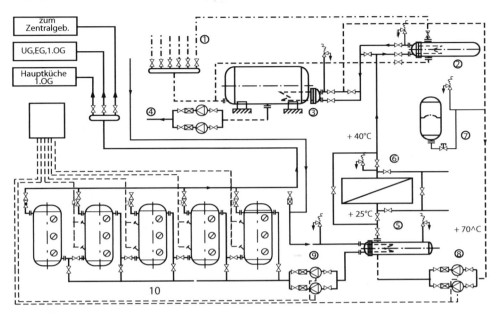

**Abb. 8.19** Schaltschema einer geschlossenen Kondensatsammelanlage mit Kondensatkühlung und Nutzung der Abwärme. *1*) Kondensatsammler mit Wrasenleitung, *2*) Wrasenkondensator, *3*) Kondensatgefäß mit Wärmetauscher, *4*) Kondensatpumpen, *5*) Gegenstromapparat zur Zapfwarmwasseraufbereitung, *6*) Luftkühler in der Flusenkammer, *7*) Membranausdehnungsgefäß, *8*) Umwälzpumpe, *9*) Speicherladepumpe, *10*) Zapfwarmwasserspeicher

Mit der dabei abgeführten Wärme kann Zapfwarmwasser aufgeheizt und Wärmeverbraucher, die niedrigere Temperaturen benötigen (z. B. Lüftungs- und Klimaanlagen), können über einen WW-Heizungskreis 65/50 °C versorgt werden. Die Kondensatpumpen fördern dann das Kondensat zum Kesselhaus. Da das komplette Kondensatnetz vollständig gefüllt ist und unter einem geringen Überdruck steht, spricht man in diesem Fall von einer geschlossenen Kondensatrückförderanlage. Wenn es sich um ein belüftetes druckloses Kondensatnetz handelt, bei dem das Kondensat mit natürlichem Rohrleitungsgefälle zum Kondensatsammelgefäß fließt und das Kondensatgefäß über eine Wrasenleitung mit der Atmosphäre verbunden ist, spricht man von einer drucklosen oder offenen Kondensatsammel- und Rückförderungsanlage. Die anfallende Kondensatmenge ist, wie vorher unter Abschn. 8.1 und 8.2 beschrieben, zu ermitteln. Bei der Bemessung des Kondensatsammelgefäßes und der Kondensatförderpumpen ist zu beachten, dass das Kondensat zeitverzögert zum Kondensatgefäß fließt. Dieses sollte so bemessen sein, dass zwischen niedrigstem und höchstem Wasserstand der Kondensatanfall von zwei Stunden Normalbetrieb aufgenommen werden kann. Die Fördermenge in m³/h der Kondensatpumpen sollte mindestens dem 3-fachen stündlichen Kondensatanfall im Normalbetrieb entsprechen. Bei dieser Anlagenbemessung sind auch der morgendliche Anfahrbetrieb und Betriebsunterbrechungen ohne Störungen zu beherrschen.

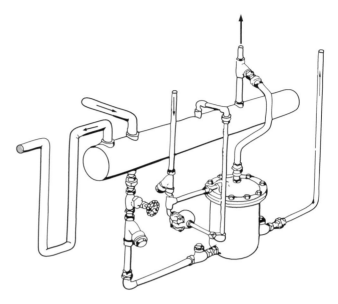

**Abb. 8.20** Montagebeispiel
für den Kondensatheber Typ
4930 (Fa. Sarco)

Bei großen und ausgedehnten Dampf- und Kondensatnetzen, wie sie für Industriewerke üblich sind, müssen mehrere Kondensatrückförderanlagen ausgeführt werden. Andererseits verursachen Kondensatsammelanlagen und ausgedehnte Kondensatnetze hohe Investitions- und Wartungskosten.

Die Investitionskosten lassen sich wesentlich verringern, wenn anstelle der großen Kondensatsammelanlagen mehrere kleine Sammelanlagen mit Kondensathebepumpen eingesetzt werden. Hierbei handelt es sich um Kondensatförderstationen, die aus einem Kondensatsammelbehälter und dem Kondensatheber, wie in Abb. 8.20 dargestellt, besteht. Das Kondensat fließt durch das Eintritts-Rückschlagventil zu. Der ansteigende Flüssigkeitsspiegel nimmt den lose angebrachten Schwimmer mit. Wenn er den oberen Anschlag erreicht hat, werden über einen Hebel gleichzeitig das Dampfeinlassventil und das Kondensatablassventil betätigt und das Ablassventil wird geschlossen. Durch das Dampfeinlassventil wird der Innenraum unter Druck gesetzt, das Rückschlagventil am Kondensateintritt schließt, während das Rückschlagventil am Kondensataustritt öffnet. Das Kondensat wird in die Förderleitung gedrückt. Durch den absinkenden Flüssigkeitsspiegel sinkt der leicht bewegliche Schwimmer nach unten. Am unteren Anschlag der Steuerstange wird diese mit abwärts bewegt. Über den Hebel wird das Dampfeinlassventil geschlossen und das Ablassventil geöffnet. Die Förderung ist unterbrochen. Durch das Ablassventil wird der Innenraum drucklos und es kann aus dem Sammler wieder Kondensat (sofern vorhanden) zufließen. Das Arbeitsspiel beginnt von vorn.

Der zulässige Druck auf der Zuflussseite hängt von der erforderlichen Förderhöhe ab und kann bis 2,5 bar betragen. Der Kondensatheber wird mit Dampf betrieben, dessen Druck zwischen 3 und 13 bar liegen kann (Abb. 8.21).

**Abb. 8.21** Kondensatheber im Schnitts

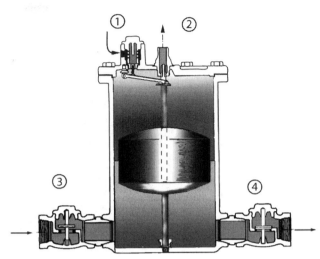

Die Hersteller von Kondensathebern liefern Leistungskurven, aus denen die Förderleistung von 1.000 bis 5.000 l/h in Abhängigkeit vom Arbeitsdruck und der zu überwindenden Förderhöhe entnommen werden kann. Die Anschlussrohrdurchmesser für Kondensat sind in den Größen von DN 25 bis DN 80 (z. B. bei der Fa. Spirax Sarco) erhältlich. Weitere Angaben zur Leistung, den Baugrößen und den Maßblättern können den Herstellerkatalogen entnommen werden. Die Kondensatrückförderung mit mehreren Kondensathebeanlagen ist gegenüber einem geschlossenen Kondensatrückfördersystem mit geringeren Investitionen zu verwirklichen. Sie verursacht aber höhere Wartungskosten. Geschlossene Kondensatrückförderanlagen verringern die Korrosion im Kondensatrohrnetz und verhindern die Nachverdampfung, die in offenen Kondensatrückförderanlagen zu hohen Kondensatverlusten führt.

## 8.7   Hausanschlüsse, Maschinen- und Geräteanschlüsse und Deckendurchführungen

### 8.7.1   Hausanschlüsse für Fernwärme

Bei der Ausführung von Hausanschlüssen für ein Fernheiznetz sind nur die vom Hersteller des Fernheizsystems (Kunststoff- oder Stahlmantelrohr) zur Verfügung gestellten Wanddurchführungen einzusetzen und der Einbau- und die Abdichtarbeiten haben den Richtlinien des Lieferanten und Herstellers zu folgen. Die Wandabdichtung gegen Sickerwasser oder drückendes Wasser ist im Bereich der Wanddurchführung wieder sicherzustellen, und bei Bedarf sind Schutzrohre mit festem und losem Flansch für die Einspannung der Abdichthaut aus Kunststoff- oder Bitumenbahnen einzubauen.

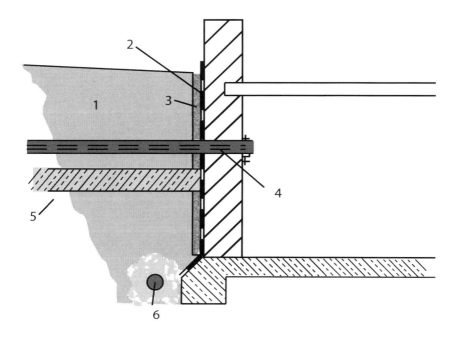

**Abb. 8.22** Ausführung eines Fernheizanschlusses. *1*) Baugrubenaushub, *2*) Bitumenbahn, *3*) Filterschicht, *4*) Wanddurchführung nach Abb. 8.23, *5*) Betonbrücke mit Bewehrung, *6*) Filterrohr

Bei größeren Neubauten ist zu beobachten, dass beim Wiederverfüllen der Baugrube nicht immer ordnungsgemäß verdichtet wurde. Gegebenenfalls muss der Rohrgraben in diesem Bereich nachverdichtet werden oder eine Betonsohle mit Bewehrung erhalten, wie in Abb. 8.22 dargestellt.

Die Verhinderung von Bodensetzungen im Rohrgraben ist auch bei Wohnhausanschlüssen mit kleineren Wärmeabnahmen und Rohranschlüssen bis DN 50 zu beachten, weil diese oft mit flexiblen Leitungsanbindungen ausgeführt werden. Dabei wird nicht nur die Dämmung beschädigt, sondern die Leitungen können bei größeren Absenkungen auch zerreißen.

## 8.7.2   Maschinen- und Geräteanschlüsse

Maschinen und Geräte, die mit Wärme aus einem HD-Dampfnetz oder Heißwasserheizsystem zu versorgen sind, haben oft auch eine rotierende Trommel oder Walzen und müssen auf schalldämmenden Elementen und Schwingungsdämpfern montiert werden. Solche Maschinen, die schwingen und ein hohes Betriebsgeräusch auf das Rohrleitungsnetz übertragen, müssen auch beim Rohranschluss mit einem Kompensator zur Dämpfung und Dehnungsaufnahme (axial und lateral) ausgerüstet werden. Weiterhin ist darauf zu achten, dass keine Dehnungskräfte vom Rohrnetz auf die Anschlussstutzen der Maschinen oder

**Abb. 8.23** Mantelrohr mit
Mantelflansch, wenn der
Hausanschluss auch als
Fixpunkt ausgeführt wird.
*1)* Bitumenbahn, *2)* loser und
fester Dichtflansch,
*3)* Mauerflansch,
*4)* Mantelrohr

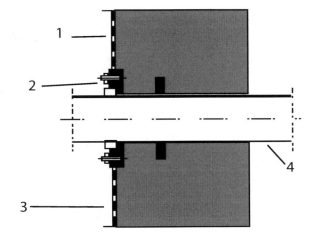

**Abb. 8.24** Fixpunktkon-
struktion und Einbau von
Kompensatoren bei einem
Geräteanschluss.
*1)* Fixpunkt oder
Zwangsführung nach
Abb. 8.25, *2)* abnehmbares
Rohrstück zur Ziehung des
Rohrbündels,
*3)* Kompensator zur
Schwingungs- und
Körperschalldämmung

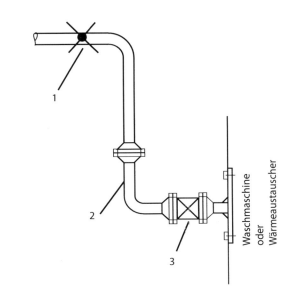

Geräte wirken. Wie eine Fixpunktkonstruktion und ein Geräteanschluss ausgeführt werden
sollten, zeigen Abb. 8.24 und 8.25 für eine mit Dampf beheizte Trommelwaschmaschine.

Der Kompensator ist dicht an der zu beheizenden und schwingenden Maschine, also
zwischen Fixpunkt und Maschine einzubauen. Wenn große Kräfte vom Fixpunkt aufzunehmen sind, muss ein Rahmen zwischen Fußboden und Deckenkonstruktion so
angeordnet werden, dass die Bedienung der Maschine nicht behindert und die gewünschte
Funktion und Kraftaufnahme gewährleistet ist. Kleinere Kräfte oder eine Zwangsaus-

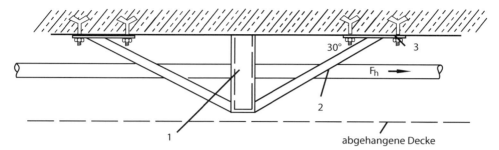

**Abb. 8.25** Fixpunktkonstruktion für geringere Kräfte im Bereich einer abgehängten Decke. *1)* Fixpunktrahmen nach Abb. 8.24, *2)* Strebe und Platte 3 mit Schrauben sind für $F = F_h/\cos\alpha = 1{,}155 \cdot F$ bei $\alpha = 30°$ zu bemessen

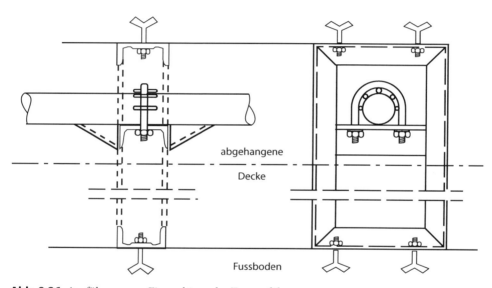

**Abb. 8.26** Ausführung von Fixpunkten oder Zwangsführungen

führung können auch mit einer Konstruktion nach Abb. 8.26 oder 8.27 ausgeführt werden.

Weitere Einzelheiten zur Berechnung und zur Auswahl von Kompensatoren können dem Kap. 3 und Scholz (2012) entnommen werden.

## 8.7.3  Decken- und Fußbodendurchführungen

Wenn die Wäscherei oder die Zentralküche eines Krankenhauses, Kalander oder andere Produktionseinrichtungen nicht im Kellergeschoss eingerichtet oder aufgestellt werden und die Kondensatleitungen mit Gefälle durch den Fußboden zu verlegen sind, wenn

**Abb. 8.27** Fixpunktkonstruktion für große Kräfte,
Verankerung am Fußboden
oder an der Decke

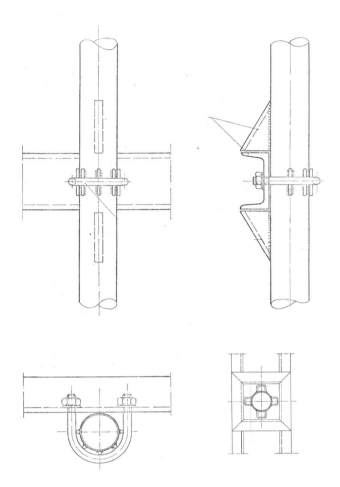

auch Heißwasserverteilleitungen ein Geschoss darunter liegen und die Anschlussleitungen durch den Fußboden zu den Maschinen und Einrichtungen zu verlegen sind, dann werden Deckendurchführungen mit Rohrhülsen notwendig. Je nach Art und Ausbildung der Fußbodenabdichtung sind dann Deckendurchführungen mit Einklebeflansch oder mit Doppelflansch zur Einspannung der Abdichtbahnen und Durchführungskonstruktionen für ein bis zwei oder mehr Rohre, wie in Abb. 8.28–8.30 dargestellt, erforderlich.

Diese Decken- oder Fußbodenabdichtkonstruktionen müssen frühzeitig auf der Baustelle verfügbar sein und vor der Ausführung der Abdicht- und Estricharbeiten auf dem Fußboden befestigt werden.

Das bedeutet, dass die Planung der Aufstellung von Maschinen, von Wäschereieinrichtungen oder von Kochkesseln rechtzeitig abgeschlossen und endgültig vorliegen muss, bevor mit dem Einbringen des Fertigfußbodens begonnen wird.

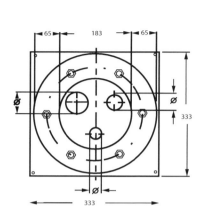
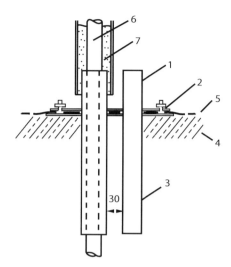

**Abb. 8.28** Rohrdurchführung mit losem und festem Flansch aus Werkstoff 1.4301 und Einbausituation im Schnitt nach DIN 18195, Teil 9. *1*) Schutzrohr obere Länge, *2*) loser Flansch 4 mm dick, *3*) Schutzrohr untere Länge, *4*) Rohdecke, *5*) Dichtbahn, *6*) Mediumrohr, *7*) Wärmedämmung mit Blechmantel

**Abb. 8.29** Weitere
Anordnungsmöglichkeiten,
Mindestabstand bis Losflansch
10 mm, Mindestabstand von
Hülsrohr zu Hülsrohr 30 mm
(nach Fa. Basika Entwässe-
rungstechnik GmbH (TECE))

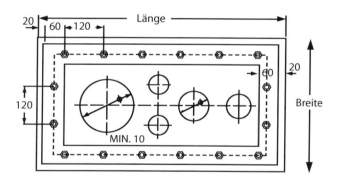

**Abb. 8.30** Schmutzfänger mit
Abblaseventil zum Einbau vor
einen KAL oder ein Regelventil

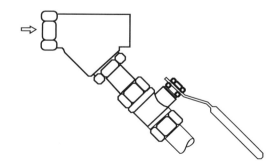

Da nur die Schutzrohre durch die Betondecke geführt werden und die Abdichtplatte nur auf dem Rohfußboden befestigt wird, können anstelle von Aussparungen auch Kernbohrungen für die Schutzrohre hergestellt werden. Eine vorgezogene Planung und Ausschreibung für diese Bereiche und Einrichtungen sind aber trotzdem erforderlich, weil die entsprechenden Hersteller und Lieferanten erst verbindliche Bauangaben machen, wenn sie den Auftrag erhalten haben (siehe hierzu auch DIN 18195, Teil 6).

Bei der Festlegung der Schutzrohrhöhe und bei der Ausführung der Wärmedämmung ist zu beachten, dass in diesen Bereichen üblicherweise Hochdruckreiniger zur Fußbodenreinigung eingesetzt werden. In Fällen ohne Wärmedämmung sollten Edelstahlschutzrosetten angebracht werden. Bei Produktionseinrichtungen von Industriebauten werden die Kondensatableiter in der Regel neben oder auf dem Maschinenfundament installiert. In Wäschereien, bei Bettendesinfektionen und in Zentralküchen werden nur die Absperr-, Regel- und Bedienungsarmaturen an den Einrichtungen installiert. Die Kondensatableiter, Schmutzfänger, Umgehungs- und Absperrarmaturen der Kondensatleitung werden besser im Stockwerk darunter installiert und wenn möglich so zusammengefasst und angeordnet, dass diese vom Wartungsdienst gut kontrolliert und gereinigt werden können. Wenn Schwimmerkondensatableiter eingesetzt werden, dann müssen diese mit einer thermischen Ent- und Belüftung ausgerüstet sein und die Verbraucher selbst sind mit einem Vakuumbrecher auszustatten. Betriebszustände und Störungen werden an den Maschineneinrichtungen angezeigt und sind an einer zentralen Überwachung beim Werkstattleiter, Wäscherei- oder Küchenchef oder auch beim Wartungsdienst zu melden.

Wenn es sich um ein Reindampfnetz in der Pharmaindustrie, zur Beheizung von Koch- und Garkesseln oder zur Luftbefeuchtung in Klimaanlagen handelt, dann sind nicht nur der Dampferzeuger und das Dampfrohr, sondern auch das Kondensatnetz und alle Kondensatableiter und Armaturen aus Edelstahlwerkstoff auszuführen. Die Schweißverbindungen für das Rohrnetz haben mit Schutzgas und Formiergas zu erfolgen.

Schmutzfänger vor Kondensatableitern sind grundsätzlich zu empfehlen. Sie müssen aber überwacht und regelmäßig gereinigt werden, weil ein verstopfter Schmutzfänger zum Anstauen des Kondensats in der Dampfleitung führen kann. Größere Kondensatansammlungen in Dampfleitungen führen schließlich zu Dampf-Wasserschlägen und greifen Armaturen und Rohrleitungen mit erheblichen Schäden an.

## 8.8   Inbetriebnahme von HD-Dampf- und Kondensatnetzen

Bei der Inbetriebnahme eines HD-Dampfnetzes von größerer Ausdehnung müssen zunächst alle Umgehungen der Kondensatableiter geöffnet werden. Die Absperrhähne oder -ventile der dampfbeheizten Verbraucher sind zu schließen und später einzeln anzufahren. Das Dampfhauptventil ist vorsichtig zu öffnen, so dass die Dampfversorgungsleitung langsam erwärmt und auf Betriebstemperatur gebracht wird.

Während des Aufheizvorgangs ist die Leitungsstrecke zu begehen und es ist zu prüfen, ob alle Lagerungen und Zwangsführungen eine unbehinderte Dehnung ermöglichen und die Fixpunkte nicht nachgeben.

Die Luft in der Dampfleitung ist schwerer als der Wasserdampf und kann über die Umgehung der Kondensatableiter das Dampf- und Kondensatnetz verlassen. An Höhensprüngen muss die Luft über automatische Entlüftungsventile entweichen können. Bei einer ordentlichen Entlüftung und langsamen Erwärmung kann die Rohrleitung gleichmäßig über den Umfang verteilt erwärmt werden und es entstehen keine unzulässigen Spannungen oder Verformungen. Wenn die Dampfleitung nicht ordentlich entlüftet wird, verharrt die Luft über der Rohrsohle und die Rohrleitung erwärmt sich nur im oberen Bereich. Dadurch wird die Rohrleitung nach oben durchgebogen und aus den Führungen und Halterungen gerissen bzw. es entstehen durch Reibung in den Gleitschlitten Dehnungsbehinderungen, die zur Beschädigung von Rohrhalterungen und Konsolen führen können.

Wenn bei der Aufheizung und Dehnung der Rohrleitung keine Störungen festgestellt werden und an den entferntesten Kondensatableitern der Dampf angekommen ist, können die Umgehungen der Kondensableiter nach und nach und beginnend am Anfang der Leitung bis zum letzten Verbraucher geschlossen werden. Wenn am Ende der Dampfleitung der erforderliche Betriebsdruck ansteht, ist die Inbetriebnahme der Dampfleitung abgeschlossen. Jetzt können die Kondensatableiter auf Funktion geprüft und die einzelnen Dampfverbraucher in Betrieb genommen werden.

Vor jedem Kondensatableiter sollte ein Schmutzfänger installiert sein, wobei bei dessen Einbau besonders darauf zu achten ist, dass Durchflussrichtung und Einbaulage des Siebes stimmen und der Serviceabstand zum Herausnehmen des Siebes gewährleistet ist. Die Reinigung des Schmutzfängers erfolgt durch Entfernen des Siebhaltestopfens bzw. Flansches nach vorausgegangener Schließung des vorgeschalteten Absperrventils. Nach Inbetriebnahme einer Neuanlage sollte die Reinigung zweimal im Abstand von einer Woche vorgenommen werden. Später ist die Reinigung einmal halbjährlich ausreichend.

Wesentlich erleichtert wird die Reinigung durch ein Ausblaseventil am Schmutzfänger. Im Siebhaltestopfen/Flansch ist dann auf Wunsch eine Gewinde-bohrung angebracht, in die ein Ausblaseventil eingeschraubt wird. Die Schmutz-fänger-Reinigung kann so während des Betriebs vorgenommen werden (siehe Abb. 8.30).

Wenn der Schmutzfänger nicht ordentlich gewartet und gereinigt wird, kann er nach und nach ganz verstopfen und das Kondensat kann nicht zum Kondensatableiter gelangen. Es staut sich an und in der Dampfleitung kommt es zu Wasserdampf-Schlägen, die zur Zerstörung von Regelgeräten und zum Rohrbruch führen können.

## 8.9   Hochdruckdampf- und Kondensatnetze für die Fernwärmeversorgung

Fernheiznetze für HD-Dampf und Kondensatnetze wurden in den letzten Jahren nicht mehr gebaut, weil diese unwirtschaftlicher als Heißwassernetze sind. Die Investitionskosten für den Bau eines Dampf- und Kondensatheiznetzes sind zwar gering niedriger, aber die Instandhaltungskosten und Wärmeverluste sind höher und die Lebensdauer ist kürzer, weil bei den Kondensatleitungen bereits nach 10 bis 15 Betriebsjahren mit erheblichen Korrosionsschäden zu rechnen ist. Ein weiterer Nachteil ist, dass die Leitungen mit Gefälle verlegt werden müssen und dies nur in ebenem oder leicht ansteigendem Gelände und in Haubenkanälen oder begehbaren Ortbetonkanälen möglich ist. Für die Unterbringung und Wartung der Kondensatableiter müssen begehbare Bauwerke erstellt werden.

Für Dampfleitungen bis ca. 200 mm Durchmesser kann auch das Stahlmantelrohrsystem für direkte Erdverlegung ausgeführt werden, wobei die Dampfleitung über der Kondensatleitung in einem Mantelrohr angeordnet ist. Die Kontrollschächte können aus Ortbeton oder als Stahlfertigschächte mit einem Bitumenisoliermantel als Korrosionsschutz ausgeführt werden. Die Dampfströmung basiert aus eigenem Energieabbau. Der Druckverlust, der in der Rohrleitung entsteht, kann bei einem Heizkraftwerk nicht für die Stromerzeugung genutzt werden. Die Dampfleitungen von Fernheiznetzen werden mit Betriebsdrücken von 3 bis 5 bar Überdruck betrieben, während zur Erzeugung von Heißwasser 130/70 °C Dampf von 0,7 bis 1,0 bar Überdruck im Jahresmittel ausreichend ist. Der Verlust an nicht erzeugtem elektrischem Strom ist im Vergleich zu einem Heizkraftwerk mit einem Heißwasserfernheiznetz von 110/70 °C oder 130/70 °C sehr hoch. Die heute noch vorhandenen und betriebenen Dampf-Fernheiznetze wurden in den Jahren von 1915 bis 1940 gebaut und dienten hauptsächlich zur Versorgung von Textilfabriken, Schwimmbädern, Schlachthöfen, Wäschereien und Hotels mit Dampf von 6 bis 8 bar Überdruck. Diese Verbraucher befanden sich überwiegend in der Nähe des Heizkraftwerks.

Geliefert wurde der Dampf als Abdampf von Heizkraftwerken mit Gegendruck-Dampfturbinen. Das Kondensat wurde in offenen Kondensatbehältern gesammelt und zum Heizkraftwerk zurückgepumpt. Verschiedene HD-Dampf- Fernheiznetze wurden auch nach dem Zweiten Weltkrieg noch gebaut oder weiter ausgebaut, weil man die Investitionskosten für die Wärmeaustauscher und die Druckhalteanlagen, einschließlich Umwälzpumpen und die Verrohrung hierfür, als günstiger erachtete und der Neubau von Wohnungen im Vordergrund stand.

Die heute noch vorhandenen Ferndampfnetze werden weiterbetrieben und wurden, wo nötig, instand gesetzt. Dort, wo die Gelder verfügbar sind, werden nach und nach auch die Wärmeverteilnetze auf Heißwasser umgestellt.

## 8.10   Fernwärme-Übergabestationen einschließlich Kondensatsammel- und Rückförderanlagen

Auch für den Bau von Fernwärme-Übergabestationen von HD-Dampf- und Kondensatnetzen werden von den FWU Richtlinien und Schaltschemata herausgegeben, die, wie zuvor bei der Heißwasserheizung beschrieben, Bestandteil des Wärmeliefervertrages sind. Die Richtlinien beinhalten im Wesentlichen die schon für die Heißwasser-Übergabestationen beschriebenen Punkte und Vorschriften. Bei den

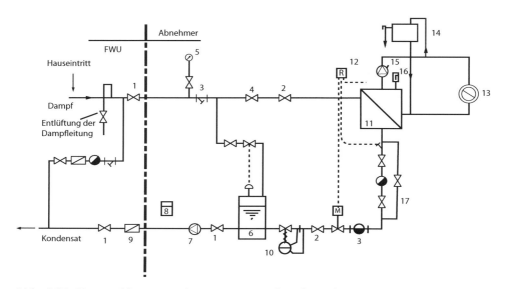

**Abb. 8.31** Hausanschlussstation für ein HD-Dampf- und Kondensat-Fernheiznetz zur Versorgung einer Gebäude-Warmwasserheizung. *1*) Hauptabsperrorgane der Stadtwerke, PN 16, dürfen vom Abnehmer nicht verstellt werden, *2*) Hausabsperrorgane des Abnehmers, PN 16, dienen dem Abnehmer zum An- und Abstellen der Anlagen, *3*) Schmutzfänger PN 16 bzw. PN 6, *4*) Druckminderventil des Abnehmers wird eingebaut, wenn Netzdruckverhältnisse es erfordern, *5*) Manometer mit Absperrung und Prüfflansch, *6*) bedampftes Kondensatsammelgefäß, *7*) Kondensatpumpe, *8*) Kondensatzähler, wird von den Stadtwerken zur Verfügung gestellt, *9*) Rückschlagklappe, *10*) Mengenbegrenzer, muss auf Verlangen der Stadtwerke eingebaut werden, wenn die Netzdruckverhältnisse eine Einhaltung der vereinbarten Wärmeleistung durch den Abnehmer notwendig machen, *11*) Wärmetauscher, *12*) Regelanlage des Abnehmers mit Motorventil, hier nur ein Regelkreis gezeichnet, *13*) Heizungsanlage oder sonstiger Verbraucher von Dampf, *14*) Ausdehnungsgefäß mit Sicherheitsvor- und -rücklaufleitung, *15*) Umwälzpumpen, *16*) Thermometer, *17*) Kondenstopf mit Umgehung und Absperrungen

HD-Übergabestationen handelt es sich aber immer um indirekte Anschlüsse mit einem Wärmeaustauscher. Fast alle FWU fordern, dass die dampfführenden Rohre, Armaturen und Wärmeaustauscher für die Druckstufe PN 16 und die Kondensatseite in der Druckstufe PN 6 auszuführen sind. Wird der Dampf nur zu Heizzwecken zur Verfügung gestellt, wird nur der Betriebsdruck von 0,5 bis 1,0 bar Überdruck garantiert.

Nur bei in der Nähe eines Heizkraftwerks gelegenen Industriebetrieben wird in Ausnahmefällen ein höherer Betriebsdruck vereinbart und garantiert. Für Industriebetriebe, Schlachthöfe und Wäschereien ist bei Bedarf auch eine direkte Versorgung mit HD-Dampf als Sonderfall möglich. Bei großen Abnehmern mit direktem Dampfanschluss wird der Verbrauch dampfseitig gemessen, während bei indirektem Anschluss für die Gebäudeheizung der Verbrauch über einen Kondensatzähler festgestellt und abgerechnet wird.

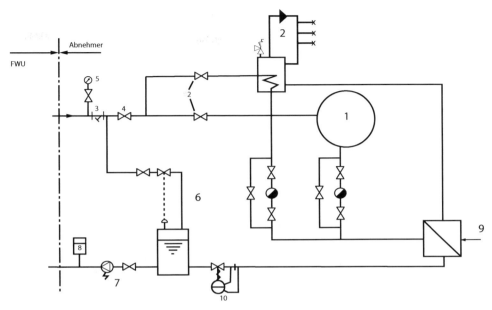

**Abb. 8.32** Hausanschlussstation für ein HD-Dampf- und Kondensat-Fernheiznetz zur Gebäudeheizung und Zapfwarmwasseraufheizung, *1*) Verbraucher (Gebäudeheizung), *2*) Zapfwarmwassernetz,
*3*) Warmwasserspeicher, *4*) Kondensatkühler, *5*) Kondensatpumpe, *6*) Kondensatsammelgefäß,
*7*) Dampf- und Kondensatabsperrventile, *8*) Mengenzähler/ -begrenzer *9*) Temperaturfühler,
*10*) Manometer, *11*) Schmutzfänger, *12*) Kondensatabscheider

Bei der Bemessung der Heizfläche für Wärmeaustauscher und dampfbeheizten Warm-
wasserboilern ist von dem garantierten Betriebsdruck bzw. von dessen Sattdampftemperatur auszugehen. Bei Werkstoffwahl, Festigkeitsberechnung und Genehmigung
und Absicherung ist hingegen vom maximal möglichen Betriebsdruck auszugehen. Zu
beachten sind für die Herstellung und Aufstellung die verbindlichen AD-Merkblätter
und die UVV-Druckbehälter. Wegen der schon vorher genannten betrieblichen Vorteile empfehlen auch alle Dampf- und Kondensatnetze betreibenden FWU den Einsatz
von stehenden Wärmeaustauschern mit kondensatseitiger Regelung und geschlossenen
Kondensatsammelbehältern. In Fernwärme-Übergabestationen mit offenen Kondensatrückspeiseanlagen werden auch Kondensattrommelzähler auf der Kondensatzulaufseite
installiert. Der Einbau von für Heißwasser geeigneten Wasseruhren mit vorgeschalteten
Schmutzfängern stellt aber die günstigere Lösung dar. Abbildung 8.31 zeigt das Schaltschema der Übergabestation eines Dampf- und Kondensat-Fernheiznetzes für den Anschluss
einer Gebäudeheizung, und Abb. 8.32 gibt den geänderten Teil der Übergabestation auf
der Abnehmerseite mit einer Zapfwarmwasseraufheizung wieder, wobei das Trinkwasser
in der ersten Stufe durch einen Kondensatkühler vorgewärmt wird. Dabei wurde der Teil
der Übergabestation, der vom FWU gewartet wird, nicht nochmals dargestellt.

Weiteres Fachwissen zur Ausführung und Berechnung von Rohrnetzbauteilen sowie zur Auslegung, Aufstellung und Schaltung von dampfbeheizten Wärmeaustauschern enthält Scholz (2012).

## Literatur

Gestra AG (1984) Kondensat-Fibel Eigenverlag, Bremen
Spirax Sarco Gmbh (1980) Technische Mitteilungen
Scholz G (2012) Rohrleitungs- und Apparatebau. Springer Verlag Heidelberg, London

# Heizzentralen für Heißwasser-, HD-Dampf- und organische Wärmeträger

9

## 9.1 Einleitung

Im Mittelpunkt dieses Kapitels stehen die verschiedenen Gestaltungs- und Ausführungsmöglichkeiten von Heizzentralen für die möglichen Wärmeträger und die Art der zu versorgenden Betriebe oder Bebauungsgebiete und die daraus resultierenden Anforderungen. Dabei werden die bei der Planung und für die Betriebsgenehmigung einzuhaltenden „Technischen Richtlinien" und Bauvorschriften genannt. Als Ausführungsbeispiele werden die verkleinerten Grundrisszeichnungen und Schaltbilder einer Heizzentrale für einen Industriebetrieb und für ein Zentralklinikum gezeigt und erläutert. Abschließend werden die bei der Planung erforderliche Zusammenarbeit und Koordinierung zwischen den beteiligten Fachingenieuren und dem Architekten beschrieben und der zeitliche Ablauf, Inhalt und Umfang der Planungsphasen behandelt.

## 9.2 Heizzentralen für Heißwasserheizungen

Bei diesen Heizzentralen unterscheidet man zwischen Heizräumen oder Heizzentralen in Gebäuden und freistehenden Heizzentralen.

### 9.2.1 Heizzentralen für Heißwasserheizungen in Gebäuden

Die bauliche Gestaltung der Heizzentralen ist an erster Stelle von dem zum Einsatz kommenden Brennstoff abhängig, weil dieser den Aufbau und die Größe des Heizkessels, die Feuerungseinrichtung und die Beschickung des Kessels sowie die Größe der Brennstofflagerräume und deren Anordnung bestimmt. Einzelheiten, die bei dem Einsatz von festen

G. Scholz, *Heisswasser- und Hochdruckdampfanlagen*,
DOI 10.1007/978-3-642-36589-8_9, © Springer-Verlag Berlin Heidelberg 2013

Brennstoffen wie Kohle und Koks zu beachten sind, enthält die VDI 2005 und sind auch in Kap. 4 dargestellt. Für feste Brennstoffe werden große Lagerbunker oder -flächen und auch höhere und größere Räume für die Transporteinrichtungen benötigt. Es ist aber davon auszugehen, dass Heizzentralen, die mit festen Brennstoffen beheizt werden, in Zukunft nicht oder äußerst selten geplant werden, weil die Auflagen zur Rauchgasreinigung die schon vorhandenen höheren Investitionen noch weiter steigern und daher keine Rentabilität erwarten lassen. Eine Ausnahme bilden Heizwerke, die mit Holzschnitzel oder anderen nachwachsenden Brennstoffen beheizt und unter gewissen Auflagen gefördert werden.

Unterlagen hierfür, Beratung und Planungshilfen für Holzschnitzel- und Pelletfeuerungen stellen die Hersteller von Wärmeerzeugern und Beschickungseinrichtungen für die jeweilige Brennstoffart zur Verfügung. In der Regel werden Heizzentralen in Gebäuden für den Brennstoff Heizöl EL oder Erdgas geplant.

Für die Ausführung und Aufstellung von Haus-Druckregelanlagen für Erdgas sind die DVGW-Arbeitsblätter G 490 und G 611 zu beachten, für Heizöl sind die DIN-Vorschriften, wie in Kap. 4 genannt, verbindlich. Bei den Heizzentralen in Gebäuden, die zur Wärmeversorgung von mehreren Gebäuden oder einer Wohnanlage dienen, unterscheidet man zwischen Dach-Heizzentralen und den üblichen Heizzentralen, die im EG oder in einem der Untergeschosse untergebracht sind. Dach-Heizzentralen werden bevorzugt für den Brennstoff Erdgas und bei der Wärmeversorgung von Hochhäusern ausgeführt.

Für mit Erdgas beheizten Dach-Heizzentralen werden nur kurze und vorgefertigte Schornsteine eingesetzt. Die Heizkessel sind in der Regel rauchgasdichte Überdruckkessel und die Schornsteine werden direkt hinter dem Heizkessel als Einzelzugschornstein im Doppelmantel mit Wärmedämmung als Zwischenlage, wie in Abb. 6.46 dargestellt, ausgeführt. Damit können die Kosten für einen hohen freistehenden oder durch das Gebäude geführten mehrzügigen Schornstein eingespart werden. Weitere Einsparungen ergeben sich durch den geringeren Betriebsdruck für die Heizungskessel, die Armaturen und die Druckgefäße in der Heizzentrale. Die Erdgasleitung kann außerhalb des Gebäudes verlegt werden. und muss in korrosionsgeschützter Ausführung wie z. B. aus Stahlrohr mit PVC-Mantel, in geschweißter Form ohne Armaturen und spannungsfrei geführt an einem feuerfesten Fassadenbereich verlegt und befestigt werden. Wenn als Brennstoff Heizöl EL zum Einsatz kommt, ist die Heizölversorgung, wie in Abb. 9.1 dargestellt, auszuführen.

Im Heizraum darf nur ein Behälter für den Tagesbedarf aufgestellt werden. Die Überlaufleitung des Tagesbehälters wird zum Lagerbehälter im Keller zurückgeführt. Sie soll mindestens den doppelten Querschnitt der Ölförderleitung haben und darf nicht absperrbar sein.

Der Fußboden des Heizraums muss öldicht sein; die Schmutzwasserabläufe sind mit Heizölsperren auszurüsten. Alle Öl führenden Leitungen innerhalb des Gebäudes sind mit Mantelrohren zu versehen und auf Dichtheit zu prüfen. Unter den Ölbrennern ist eine Ölauffangwanne zu installieren. Mantelrohre und Ölauffangwanne sind mit Ablaufrohren zu versehen und diese sind zum Untergeschoss in einen besonderen Auffangbehälter zu führen.

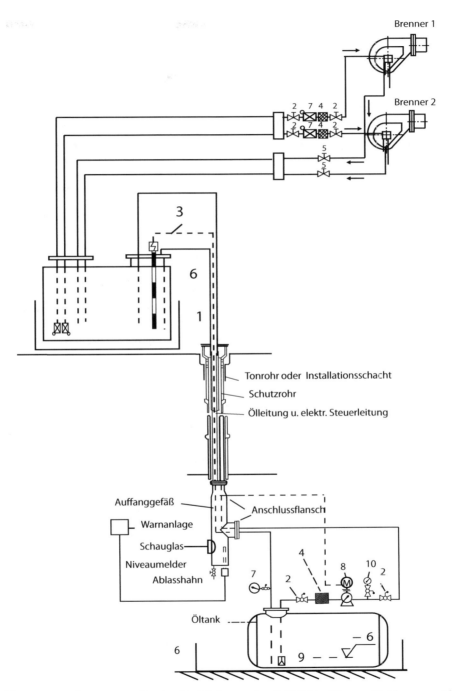

**Abb. 9.1** Heizölversorgung für eine Dachheizzentrale. *1*) öldichte Wanne, *2*) Absperrventil, *3*) Füllstandsteuer- und Regelanlage, *4*) Filter, *5*) Absperr- oder Rückschlagventil, *6*) Tagesvorratsbehälter, *7*) Rückschlagventil, *8*) Heizölpumpe mit E-Motor, *9*) Fußventil, *10*) Manometer

Dieser ist mit zwei voneinander unabhängigen baumustergeprüften Schwimmerschal-
tern oder Meldesonden auszurüsten, die bei Flüssigkeitsanfall sofort die Ölförderpumpe
und die Feuerung abschalten und optisch sowie akustisch Alarm geben. Außerdem muss
ein Flüssigkeitsstandanzeiger angebracht sein.

Bei Auffangbehältern mit einem Fassungsvermögen von mehr als 300 Litern ist der
Aufstellungsraum als öldichte Wanne auszuführen.

Bei Dach-Heizzentralen mit Vorlauftemperaturen über 90 °C muss darauf geachtet
werden, dass bei dem geringen Überdruck an der Saugseite der Umwälzpumpen noch
ein ausreichender Druck vorhanden ist, keine Luft angesaugt wird oder Kavitation in der
Pumpe auftritt. Wenn in den Stockwerken unter der Heizzentrale Wohnungen oder Büro-
räume geplant sind, muss die Zwischendecke mindestens aus 25 cm dickem Beton bestehen
und die Heizkessel und Pumpen sind auf richtig dimensionierten Schwingungselementen
und Fundamenten aufzustellen. Die Brenner sollten mit Schallschutzhauben ausgestattet werden und in der Luftansaugöffnung, und den Rauchrohren sind Schalldämpfer zu
installieren. Wenn in der Heizzentrale Fenster vorhanden sind, muss auch deren Schalldämmung so ausgeführt sein, dass keine Geräuschbelästigungen in den Wohnräumen
oder Büroräumen darunter oder den benachbarten Gebäuden auftreten können. Die Einholung eines Schallgutachtens ist zur Einhaltung der anerkannten Regeln vom Bauherrn
zu veranlassen. Ebenso ist darauf zu achten, dass keine Rauch- oder gar Rußbelästigun-
gen auf Dachterrassen oder in Dachwohnungen auftreten können. Selbstverständlich sind
auch alle anderen Bauvorschriften der Gemeinden, Länder und des Bundes zu beachten und einzuhalten. Bei der Planung einer Dach-Heizzentrale ist die Kosteneinsparung
für den entfallenen Schornstein den höheren Transportkosten für das Einbringen der
Wärmeerzeuger gegenüberzustellen. Die Wärmeerzeuger können mit dem Baustellenkran
eingebracht werden, wenn die Räumlichkeiten für die Heizzentrale rechtzeitig fertiggestellt sind und die Montageöffnung im Dach an geeigneter Stelle vorgesehen ist. Auch das
Einbringen mit einem Hubschrauber ist möglich, wenn die Kosten dafür nicht zu hoch
sind. Bei der Planung einer Dach-Heizzentrale sind auch die Kosten für spätere Repara-
turen oder die Erneuerung von Wärmeerzeugern zu beachten. Aus diesem Grund und
um hohe Transportkosten zu sparen sowie spätere Erneuerungsmöglichkeiten der Wärmeerzeuger zu erleichtern werden in Dach-Heizzentralen gusseiserne Gliederheizkessel
oder parallel geschaltete Gasthermen mit hohen Leistungen, aber geringem Gewicht und
verhältnismäßig geringen Blockmaßen bevorzugt eingebaut.

In der Praxis hat sich aber gezeigt, dass die klassische Heizzentrale, die im EG oder
KG eines Gebäudes angeordnet ist, auch dann die bessere Lösung darstellt, wenn Erdgas
oder Heizöl als Brennstoff gewählt werden. Dies ist auch dann der Fall, wenn als Wärmeerzeuger Blockheizkraftwerke mit Dieselmotoren, Gasturbinen als Antriebsaggregate oder
auch Wärmepumpen und Brennstoffzellen zum Einsatz kommen. Auch bei der Planung
einer Heizzentrale im EG oder UG eines Wohn- oder Geschäftshauses sind die erforderlichen Schallschutzmaßnahmen, wie schon vorher bei der Dach-Heizzentrale genannt,
mit besonderer Aufmerksamkeit und sehr früh mit dem Architekten und dem Statiker
abzustimmen und bei der Zuordnung der Räume zu beachten. Geräuschquellen sind der

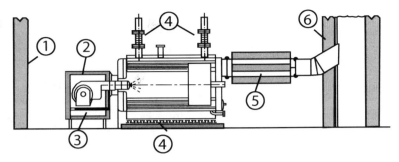

**Abb. 9.2** Schallschutzmaßnahmen für einen Wärmeerzeuger

Betriebslärm von Öl- oder Gasbrennern, das Flammengeräusch im Kessel sowie die Betriebsgeräusche von Umwälzpumpen und deren Antriebsmotoren. Abbildung 9.1 zeigt die auszuführenden Schalldämmmaßnahmen, die im Folgenden kurz erläutert werden sollen (Abb. 9.2).

1. Die Verbrennungsluft muss von außen dem Brenner zuströmen. In die Zuluftöffnung müssen für die zu erbringende Dämmung ausreichend bemessene Schalldämmkulissen eingebaut werden.
   Bei der Aufstellung von mehreren Wärmeerzeugern mit größeren Wärmeleistungen muss eine entsprechend bemessene Zuluftjalousie mit einem Filter und einem Kulissenschalldämpfer installiert werden. Wenn die Heizzentrale im UG geplant ist, muss ein geeigneter Zuluftschacht vorgesehen werden. Die Luftgeschwindigkeit im Schacht und Schalldämpfer sollte 2 m/s nicht überschreiten. Auch eine Vorwärmung der Zuluft auf ca. 10 °C ist in den Wintermonaten zu empfehlen.
2. Ein Brenner mit eingebautem Ventilator stellt die größte Schallquelle dar und sollte eine fahrbare Schalldämmhaube erhalten. Mit dieser können Dämpfungen von 15 bis 20 dB erreicht werden.
3. Die Schalldämmhaube für den Brenner muss für die Verbrennungsluftzufuhr reichlich bemessene Luftquerschnitte haben, damit der Widerstand in der Luftzufuhr gering ist. Zur Schalldämmung ist dieser Zuluftkanal als Kulissen-Schalldämpfer auszubilden. Die Schalldämmhauben sollten möglichst vom Lieferanten des Brenners mitgeliefert oder mit diesem abgestimmt werden, damit keine Funktionsstörungen auftreten können und auch die Wartung der Brenner nicht behindert oder gar die Funktionsgarantie abgelehnt wird.
4. Damit keine Schwingungen, die durch die Flammenturbulenz erzeugt werden, vom Heizkessel auf die Baukonstruktion oder auf die Rohrleitungen übertragen werden, muss der Heizungskessel auf Schwingungselementen aufgestellt werden. In die Anschlussleitungen sind ebenfalls Schwingungsdämpfer einzubauen.
5. Damit das Flammen- und Brennerbetriebsgeräusch nicht auf den Schornstein übertragen werden kann, müssen die Rauchrohre mit einem Abgasschalldämpfer, wie schon in Kap. 6 beschrieben, ausgerüstet werden.

6. Die Einbindung des Abgasstutzens in den Schornstein muss elastisch und feuerbeständig ausgeführt werden.
7. Die Decke über der Heizzentrale und der Boden sind aus schwerem Beton und mindestens 250 mm dick zur Dämpfung des Luftschalls herzustellen.
8. Die Fenster und Türen einer Heizzentrale sind schalldämmend und nach den Vorgaben der Heizraumrichtlinie auszuführen. Über der Heizzentrale sollten möglichst keine Wohnräume angeordnet werden. Bei der Zuordnung der Räume muss bedacht werden, dass in einer Heizzentrale höhere Raumtemperaturen als 20 °C auftreten und immer ein Wärmetransport durch die Decke und Wände in die kälteren Räume erfolgt. Mit der Wärme werden oft auch Luftfeuchte und Gerüche transportiert.

Wenn der Schornstein im Inneren des Gebäudes geführt wird, dann sollte dieser möglichst im Treppenhaus und nicht in oder an den Wänden von Wohnräumen angeordnet werden. Gegebenenfalls ist ein zusätzlicher Schacht dafür zu planen.

Die zweckmäßige Lage der Heizzentrale im Gebäudegrundriss ist mit der möglichen Anordnung des Schornsteins festgelegt, weil dieser in jedem Fall im höchsten Teil des Gebäudes und auch im höchsten Gebäude einer Siedlung erstellt werden muss.

In großen Gebäuden mit hoher Installationsdichte, z. B. in zentralen Verwaltungs- und Entwicklungsgebäuden, in denen auch Klima- und Lüftungsanlagen und Schalträume, Sprinkleranlagen, Elektroverteilungs- und Schalträume für Druckluft- und Wasserversorgungsanlagen erforderlich sind, sollten die Versorgungszentralen der verschiedenen Medien nicht in einem Gebäudeteil angeordnet werden, weil die Versorgungstrasse im Bereich der Zentralen einen zu großen Querschnitt in den Fluren und Versorgungsgängen beansprucht. Die Aufteilung und Anordnung der Technikzentralen an verschiedenen Enden des Gebäudes ermöglicht eine wirtschaftlichere Bemessung der Versorgungstrassen. In Gebäuden mit geringer Installationsdichte sollten jedoch die Heizzentrale und die sonstigen Hausanschlussräume in einem Gebäudeteil zusammengelegt werden, wenn die Kellerflure und die Kellerräume die Unterbringung der Versorgungstrassen zulassen.

Die erforderliche Stellfläche und der Raumbedarf für eine Heizzentrale einer Warmwasser- oder Heißwasserheizungsanlage mit Erdgas- oder Heizölfeuerung wird im Wesentlichen von der Größe und der Anzahl der Wärmeerzeuger bestimmt.

Die Aufteilung der Wärmeerzeuger folgt der maximal erforderlichen Wärmeabgabe. Zweckmäßige Leistungsaufteilungen sind:

a. drei gleiche Wärmeerzeuger mit je 35 bis 40 % der Gesamtleistung,
b. zwei Wärmeerzeuger mit je 60 % der Gesamtleistung und ein Wärmeerzeuger für die Übergangszeit mit einer Leistung von 20 bis 25 % der Gesamtleistung.
c. Wenn beim Ausfall eines Wärmeerzeugers kein eingeschränkter Betrieb hinnehmbar ist, muss im Fall a. eine Aufteilung von dreimal 50 % oder im Fall b. zweimal 70 % und einmal 30 % der Gesamtleistung gewählt werden.
d. Um die Heizzentrale wirtschaftlich betreiben zu können, sollte einer der Wärmeerzeuger für Niedertemperaturbetrieb oder für den Brennwertbetrieb ausgelegt werden. Der

**Abb. 9.3**  Heizzentrale im
Gebäude für Erdgas- oder
Heizölfeuerung mit separatem
Pumpen- und Verteilerraum

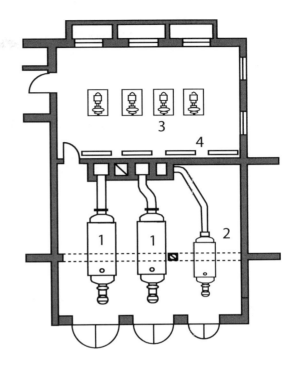

Wärmeerzeuger muss auf der Rauchgasseite korrosionsbeständig sein, und im Falle des
Brennwertbetriebs muss bei der Gasfeuerung ab einer höheren Leistung als 50 kW und
bei einer Heizölfeuerung in jedem Fall eine Neutralisationsanlage für das Kondensat
aus dem Kessel und dem Schornstein vorhanden sein und auch ordentlich bedient und
gewartet werden.

e.  Wenn das Zapfwarmwasser zentral in der Heizzentrale erwärmt und über ein
Zapfwarmwasser- und Zirkulationsnetz, parallel zum Fernheiznetz, verteilt wird,
sollten zur Aufheizung hierfür bemessene separate Heizkessel zur Aufstellung kommen.

Abbildung 9.3 zeigt den baulichen Teil einer im Gebäude angeordneten Heizzentrale.
Wenn die Heizzentrale ebenerdig im EG zur Ausführung kommt, können die Wärmeerzeuger durch geeignete Tore eingebracht werden. Wird die Heizzentrale im UG aufgestellt,
muss ein Einbringungsschacht vorgesehen werden und der Zugang und die Fluchtwege
sind entsprechend der Baurichtlinien auszuführen.

Der Pumpen- und Verteilerraum kann auch seitlich des Kesselaufstellungsraums angeordnet werden. Da dieser zum Zwecke der Wartung eine größere Raumhöhe erforderlich
macht, kann auch unterhalb des Pumpen- und Verteilerraums ein sogenannter Rohrkeller, also ein bekriechbarer Raum zur Verlegung der Rohrleitungen zwischen Pumpen und
Verteilern eingerichtet werden. Bei kleineren Heizzentralen und um Kosten zu sparen
kann auch die Wand zwischen dem Aufstellungsraum für Pumpen und Verteiler und dem

Aufstellungsraum für die Wärmeerzeuger entfallen. Da für Warmwasser- und Heißwasser-
heizzentralen keine aufwendigen Wasseraufbereitungsanlagen benötigt werden und in der
Regel eine Enthärtungsanlage für das Füll- und Nachspeisewasser ausreichend ist, werden
auch keine Lagerräume und Lagerbehälter für Säuren oder Laugen benötigt.

In Heizzentralen für Heißwasserheizungen und in Heißwasserunterstationen, die auch
in den Sommermonaten in Betrieb sind und bei denen keine ausreichenden natürlichen
oder mechanischen Lüftungseinrichtungen vorhanden sind, können die Raumtemperaturen bis über 30 °C ansteigen. Dadurch können an Schaltschränken für frequenzgesteuerte
und drehzahlgeregelte Pumpen und in anderen DDC-Unterstationen, auch wenn diese
eine Belüftungseinrichtung haben, die zulässigen Temperaturen überschritten werden
und Funktionsstörungen auftreten. Für derartige Heizzentralen sollte ein Schaltraum
eingerichtet und mit einer mechanischen Lüftungsanlage, die auch eine Kühlung der
Umluft zulässt, ausgerüstet werden. Bei der Planung von Heizzentralen sind rechtzeitig
die erforderlichen Bodeneinläufe, wie sie an Pumpenfundamenten, Druckhalteanlagen, an Verteilern und an anderen Entleerungseinrichtungen benötigt werden, in den
Grundleitungs- und Gebäudefundamentplan einzutragen.

Bei mit Heizöl befeuerten Wärmeerzeugern dürfen im Aufstellungsraum nur Bodeneinläufe mit einer Ölsperre eingebaut werden und unter den Brennern sind zusätzliche
Auffangwannen aus Edelstahlblech aufzustellen und mit Feuchte- oder Ölmeldeeinrichtungen auszustatten. Alle Heizölleitungen sind als Sicherheitsdoppelrohrsystem und mit
Ölmeldeeinrichtungen, wie schon bei den Dach-Heizzentralen beschrieben, zu verlegen.

In Heizzentralen, bei denen die Wärmeerzeuger mit Flüssiggas- oder Erdgasbrennern
und Gasdruckregelstrecken ausgerüstet sind, müssen in allen Räumen mit Erdgas führenden Leitungen und Armaturen und auch in tiefer liegenden Räumen, in dem sich Erdgas
anreichern kann, Gaswarneinrichtungen installiert werden. Der Öl- oder Gasalarm ist an
eine dauernd besetzte Stelle (Pförtner oder Wartungsdienst) weiterzuleiten.

Da in die öffentliche Abwasserkanalisation nur Schmutzwasser mit einer maximal
zulässigen Temperatur von 30 °C eingeleitet werden darf, muss für die Entleerung
von Heißwassernetzen eine Beimischstation für eine Kaltwasserzumischung für drin-
gende Notfälle und zur Übergabe an die Kanalisation eine Zweikammer-Abkühl- und
Sammelgrube mit einer Abwasserhebeanlage vorgesehen werden.

Zur Ermittlung der Stellfläche für die Wärmeerzeuger muss der Ingenieur Angebote
von den Herstellern einholen und auch einen vermaßten Aufstellungsplan einschließlich
Feuerungseinrichtungen anfordern.

Die Wärmeerzeuger und auch alle anderen Bauteile einer Heizzentrale sind so aufzustellen, dass Wartungs- und Reparaturarbeiten ungehindert ausführbar sind und ausreichend
Platz zum Verlassen der Heizzentrale bei Gefahr vorhanden ist.

Es sollten immer Abstände von 600 bis 800 mm zwischen den Wärmeerzeugern oder
Apparaten und Maschinen als Durchgang und vor und hinter den Apparaten und Wärmeerzeugern der notwendige Platz für die Bedienung vorhanden sein. Die Vorgaben in
den Bedienungsanleitungen der Hersteller sind einzuhalten.

Vor einem Rohrbündel-Wärmetauscher ist der Falz zum Ziehen des Rohrbündels freizuhalten. In die Rohranschlüsse sind demontierbare Rohrlängen mit Flanschen einzubauen. Bei einer Heizölfeuerung ist darüber hinaus zu untersuchen, ob eine Rußblaseinrichtung notwendig ist. Bei einer Erdgasfeuerung ist der Platzbedarf für die Gasarmaturengruppe (Regler und Sicherheitseinrichtungen) in der Nähe des Wärmeerzeugers zu berücksichtigen. Außerdem ist zu klären, ob Schaltpulte in Brennernähe zur Aufstellung kommen oder ob die Steuer- und Regeleinrichtungen der Feuerungen und der Wärmeerzeugerüberwachung in zentralen Regel- und Schaltschränken untergebracht werden. Die Größe der Schaltschränke und DDC-Unterstationen ist ebenfalls anzufragen und der Platzbedarf dafür an einer geeigneten Stelle in der Heizzentrale zu berücksichtigen. Der Platzbedarf für Umwälzpumpen, Verteiler und Druckgefäße und Regler der Druckhalteeinrichtungen ist vom Ingenieur durch Einzeichnen der Einrichtungen und der Verrohrung in den Grundriss des Pumpen- und Verteilerraums zu ermitteln. Einzelheiten zur Schaltung und zur Berechnung enthalten die Beispiele und Beschreibungen von Kap. 2 und 3.

Die Rohrleitungen können an der Decke des Wärmeerzeuger- und Pumpenaufstellungsraums oder, wenn vorhanden, auch an der Decke des Rohrkellers verlegt werden. Die Belastung der Rohrleitungen einschließlich Wasserfüllung und Wärmedämmung sind in kg/m$^2$ umzurechnen und rechtzeitig dem Statiker und Architekten mitzuteilen. Mit dem Statiker ist auch die Art der Befestigung an Wänden und Decken des Gebäudes festzulegen. Da die Rohrleitungen in der Regel in zwei Hauptrichtungen geführt werden müssen, ist es zweckmäßig, ein Gerüst aus Stahlprofilen in zwei Richtungen an der Decke anzubringen. Auch das Einlegen von Ankerschienen in einer Richtung und die Montage von darunter in um 90° gedrehter Richtung angeschraubten U-Profilen ergeben ein gutes Profilgerüst zur Rohrbefestigung. Die einzubetonierenden Ankerschienen sollten aber aus rostfreiem Stahl bestehen und sind in die Schalung so einzufügen und zu sichern, dass kein Beton in das Profil eintreten kann. Die Ankerschienen müssen für ein geeignetes Gewicht mit zusätzlichen Verankerungen und auch für geeignete Schrauben und Punktlasten ausgewählt werden. Wenn anstelle der Ankerschienen U-Stahlprofile direkt unterhalb der Betondecke befestigt werden, dürfen dazu nur zugelassene und für die Belastung geeignete Stahlspreizdübel, die wiederum mit dem Statiker auszuwählen sind, zum Einsatz kommen.

Bei der Planung und Ausführung einer Heizzentrale sind neben den Bauvorschriften der Länder auch die Heizraumrichtlinie, die Verordnung über die Lagerung wassergefährdender Stoffe, die Unfallverhütungsvorschriften und weitere schon genannte Vorschriften und Gesetzblätter zum Immissionsschutz und Lärmschutz sowie Vorschriften zur Sicherheit und zum Arbeitsschutz einzuhalten. Alle Heizzentralen müssen mit Schnellschlussabsperrventilen in den Heizölleitungen oder Erdgasleitungen außerhalb der Heizzentrale und mit einem Notschalter ausgerüstet werden. Mit diesen können die Brennstoffzufuhr und der elektrische Strom im Notfall abgeschaltet werden. Der Schaltschutz für die Stromabschaltung darf nicht automatisch wiedereinschaltbar sein, sondern muss von Hand nach der Mängelbehebung betätigt werden.

Alle diese Vorschriften und weitere Hinweise zur Planung und Ausführung werden in der schon genannten VDI-Richtlinie 2050, Blatt 1 bis 3 (1995) beschrieben.

Aus diesem Grund wurden hier nur zusätzlich zu beachtende Hinweise gegeben und die wesentlichsten Konstruktionen und Gesichtspunkte ausführlicher beschrieben. Der Ingenieur, der eine Heizzentrale zu planen hat, sollte in jedem Fall die genannten VDI-Richtlinien und die darin und hier genannten Vorschriften studieren und beachten.

## 9.2.2   Freistehende Heizzentralen für Heißwasserheizungen

Heizzentralen für größere Wärmeleistungen als 25.000 kWh, in denen mehrere Wärmeerzeuger und Feuerungen und auch Umwälzpumpen mit größeren Antriebsmotoren installiert sind, verursachen erhebliche Betriebsgeräusche. Die Anlieferung von Heizöl und die Wartungs- und notwendigen Reparaturarbeiten stellen eine zu große Beeinflussung und Zumutung für ein Wohn- oder Geschäftshaus dar. Solche Heizzentralen sollten daher als separate Gebäude, als „freistehende Heizzentralen" ausgeführt werden. Beim Einsatz von festen Brennstoffen kann dies schon bei geringeren Leistungen, z. B. ab ca. 5.000 kWh, erforderlich werden.

Eine freistehende Heizzentrale kann unabhängig von den sonst üblichen Nutzungsanforderungen eines Wohn- oder Geschäftshauses und auch am zweckmäßigsten Standort erstellt und zweckdienlich gestaltet werden.

In einer freistehenden Heizzentrale befinden sich die Wärmeerzeuger im Erdgeschoss, und werden durch Tore oder herausnehmbare Fensterelemente eingebracht. Pumpen, Verteiler und Druckhalteanlagen werden im direkt angrenzenden Raum, wie zuvor bei den Heizzentralen in Gebäuden beschrieben, aufgestellt. Sowohl der Aufstellungsraum für die Wärmeerzeuger als auch der Pumpen- und Apparateraum wird in der Regel unterkellert.

Im Keller unter den Wärmeerzeugern befinden sich die Fundamentstützen der Wärmeerzeuger, die Brennergebläse bei Duoblockbrennern einschließlich der Verbrennungsluftkanäle, über die die Luft unterhalb der Decke von der Heizzentrale angesaugt wird. Auch die Rauchgaskanäle, die Rauchgasschalldämpfer und die Heizölleitungen können im Keller unterhalb der Wärmeerzeuger angeordnet werden. Unter dem Pumpen- und Apparateraum befinden sich der Rohrkeller und der Anschluss für das Fernheiznetz mit absperrbaren Schmutzfängern im Heißwasserrücklauf und einem Absperrhahn im Vorlauf.

Die Wasserenthärtungsanlage und der Salzlagerraum können sich ebenfalls im Keller unter den Wärmeerzeugern befinden.

Wenn für den mit Heizöl befeuerten Wärmeerzeuger eine Rußblasanlage benötigt wird, kann auch die Kompressoranlage im Kellerraum untergebracht werden. Der Kesselraum, in dem die Wärmeerzeuger aufgestellt sind, hat wegen der Bauhöhe der Wärmeerzeuger und zur Unterbringung der Absperrarmaturen und für die Wartung in der Regel eine Raumhöhe von 5 bis 6 m, so dass sich über dem Pumpen- und Verteilerraum ein Zwischengeschoss zur Unterbringung der Schaltwarte und der Sozialräume einrichten lässt.

**Tab. 9.1** Immissionsrichtwerte in db(A) für Gebiete verschiedener Nutzung, TA-Lärm

|  | Tagsüber | Nachts |
|---|---|---|
| Nur gewerbliche oder industrielle Anlagen und Wohnungen für Inhaber und Leiter der Betriebe sowie für Aufsichts- und Bereitschaftspersonen | 70 | 70 |
| Gebiete, in denen vorwiegend gewerbliche Anlagen untergebracht sind | 65 | 50 |
| Gebiete mit gewerblichen Anlagen und Wohnungen, in denen weder vorwiegend gewerbliche Anlagen noch vorwiegend Wohnungen untergebracht sind | 60 | 45 |
| Gebiete, in denen vorwiegend Wohnungen untergebracht sind | 55 | 40 |
| Gebiete, in denen ausschließlich Wohnungen untergebracht sind | 50 | 35 |
| Kurgebiete, Krankenhäuser und Pflegeanstalten | 45 | 35 |
| Wohnungen, die mit der Anlage baulich verbunden sind | 40 | 30 |

Die Schaltwarte mit Schaltschränken, DDC-Unterstation und allen Überwachungseinrichtungen sollte so angeordnet werden, dass von ihr aus ein guter Überblick zu den Feuerungs- und Sicherheitseinrichtungen an den Wärmeerzeugern gegeben ist. Eine gute Sicht und Betriebssicherheit ist aber nur dann gegeben, wenn in der Heizzentrale neben der allgemeinen Beleuchtung auch eine punktuelle Beleuchtung der sicherheitsrelevanten Einrichtungen vorhanden ist. Hinsichtlich Schallschutz und Schwingungsdämpfung der Maschinen- und der Feuerungseinrichtung gilt alles, was schon in Abschn. 9.1.1 für Heizzentralen in Gebäuden dargelegt wurde.

In freistehenden Heizzentralen, Energiezentralen und Heizkraftwerken sind bei der zunehmenden Automatisierung immer seltener Heizer oder Maschinenführer ständig anwesend. Auch die Kontrollgänge wurden auf ein Minimum reduziert, so dass die Geräuschbildung im Inneren des Gebäudes nicht mehr ausschlaggebend ist, sondern vielmehr die Geräuschauswirkung auf die Nachbarschaft verhindert werden sollte. Schon bei der Standort- und Bauwerksplanung ist deshalb darauf zu achten, dass die Einhaltung der Immissionswerte der Technischen Anleitung zum Schutz gegen Lärm im späteren Betrieb auch tatsächlich gewährleistet werden kann.

Tabelle 9.1 enthält die in der TA-Lärm festgesetzten Immissionsrichtwerte.

Die Nachtzeit beträgt 8 h; sie beginnt um 22 Uhr und endet um 6 Uhr. Sie kann bis zu einer Stunde hinausgeschoben oder vorverlegt werden, wenn dies wegen der besonderen örtlichen oder wegen zwingender betrieblicher Verhältnisse erforderlich und eine 8-stündige Nachtruhe des Nachbarn sichergestellt ist.

Die genannten Grenz- oder Immissionswerte sollen nach VDI 2058 bei einer Umgebung ohne Bebauung 3 m vor der Werksgeländegrenze und bei einer Umgebung mit Wohnhäusern 0,5 m vor dem geöffneten, von Lärm am stärksten betroffenen Fenster gemessen werden.

Die in einer Heizzentrale vorhandenen Betriebsgeräusche werden überwiegend durch Schwingungen und Unwuchten von Motoren und Pumpen erzeugt. Zu ihrer Dämpfung können Schalldämmkappen und -hauben über den betreffenden Maschinen installiert werden. Damit wird die Übertragung durch die Luft verringert und der Schallpegel innerhalb der Heizzentrale gesenkt.

Zur Verhinderung der Schallübertragung über Wände, Decken und über das Rohrnetz müssen Schwingungsdämpfer unter dem Maschinenrahmen oder unter den Füßen eines schwingenden Apparats oder auch Dämmplatten in das Fundament, wie in Kap. 3 und in Beispiel 3.12 beschrieben, berechnet und montiert werden.

Damit die Schwingungen nicht als Körperschall über die Rohrleitung in die Nachbarschaft übertragen werden, müssen möglichst nahe an den Pumpen oder Kompressoren Schwingungsdämpfer in die Saug- und Druckleitung eingebaut werden.

Die richtige Bemessung und die Abstimmung mit den zur Rohrbefestigung montierten Dämmelementen wurden ebenfalls im vorher genannten Beispiel behandelt.

Bei den beschriebenen Heizzentralen unterscheidet man vor allem zwei architektonische Varianten:

a. Der bauliche Teil der Heizzentrale ist zweckdienlich ausgerichtet. Die Wände und Decken sind aus Beton und die Fenster sind klein gehalten und bestehen z. T. aus Glasbausteinen. Die Zugangs- und Fluchttüren sind schallgedämmte Stahltüren. Die Einbringtore sind als schallgedämmte Rolltore ausgeführt. In den Zu- und Abluftöffnungen sind Schalldämmkulissen installiert. Bei dieser Ausführung kann der Ingenieur, der die maschinentechnischen Einrichtungen plant, mit normalem Kostenaufwand für die Schall- und Schwingungsdämpfung auskommen.

b. Der Architekt will die Technik zeigen und das Gebäude als zweckdienliche Architektur darstellen. In diesem Fall wird die Hauptansicht des Gebäudes oder große Teile davon als Glasfläche mit hoher Schalldämmung ausgeführt. Zur Vermeidung von Lärmbelästigung in den am dichtesten besiedelten Wohn- oder Geschäftshäusern müssen die Lärmquellen in der Heizzentrale aufwendige Schallschluckhauben erhalten und auch mit einer ausreichenden Körperschalldämmung ausgerüstet werden. Diese Ausführung erhöht die Anlagenkosten erheblich, weil man an erster Stelle Pumpen mit geringer Drehzahl und Öl- oder Gasbrenner mit getrenntem Ventilator einsetzen wird. Auch die baulichen Schalldämmungsmaßnahmen für die Fensterflächen sind erheblich, deshalb sollte man diese Ausführung nur dort anwenden, wo die Entfernung zwischen Heizwerk und Wohn- und Geschäftsgebäuden sehr groß ist.

Mit zunehmender Entfernung von der Schallquelle wird ein Geräusch schwächer – sein Schalldruckpegel nimmt ab. Erfahrungen haben gezeigt, dass von einem gewissen Abstand zur Geräuschquelle an eine Entfernungsverdopplung die Abnahme des Schalldruckpegels um 3 bis 4 dB bewirkt. Diese Abnahme setzt aber erst dann ein, wenn das Schallfeld gleichmäßig und voll ausgebildet ist.

Bei Pumpen-, Ventilatoren- und Brennergeräuschen ist dies ab ca. 4 m der Fall. Die Abnahme des Schalls mit der Entfernung ist in Tab. 9.2 dargestellt.

Tabelle 9.2 zeigt, dass sich ein Heizwerk mit großen Fenstern oder Glasflächen nur dann verwirklichen lässt, wenn es bis zu 500 m vom nächsten Wohnhaus entfernt gebaut wird.

**Tab. 9.2** Schallabnahme bei zunehmender Entfernung

| Entfernung zumHeizwerk | 4 | 8 | 16 | 32 | 64 | 128 | 250 | 500 | m |
|---|---|---|---|---|---|---|---|---|---|
| Abnahme des Schalldruckpegels | 0 | 4,5 | 9 | 13,5 | 18 | 22,5 | 26 | 30 | dB |

**Abb. 9.4** Freistehendes
Fernheizwerk im Audi-Werk
Neckarsulm (Werkfoto ROM)

Die Zu- und Fortluftöffnungen von Lüftungsanlagen müssen auch bei dieser Entfernung mit Schalldämpfern ausgerüstet werden. Die unter a. beschriebene Ausführung zeigt Abb. 6.38 mit der Energiezentrale des Zentralklinikums Augsburg. Eine Ausführung wie unter b. ist in Abb. 9.4 dargestellt.

Die benötigten Grundflächen für die Aufstellung der Wärmeerzeuger einschließlich der Feuerungseinrichtungen und der Rauchgasanschlüsse mit Schalldämpfern bis zum Schornstein sowie für die Aufstellung von Pumpen, Druckhalteeinrichtungen und der Verteiler sind, wie schon in Abschn. 9.1.1 für Heizzentralen in Gebäuden beschrieben, zu ermitteln.

Bei freistehenden Heizzentralen, die von anderen Gebäuden mit Sozialräumen weiter entfernt sind, müssen ein WC-Raum und ein Wasch- und Umkleideraum für das Bedienungs- und Wartungspersonal vorgesehen werden. Für große freistehende Heizzentralen ist auch ein Werkstatt- und ein Lagerraum zur Vorhaltung der wichtigsten Ersatzteile, Reservepumpen und Regeleinrichtungen dringend zu empfehlen.

Die VDI-Richtlinie 2050, Blatt 2 (1995) enthält in Abb. 2 Angaben über benötigte Grundflächen für verschiedene Räume einer freistehenden Heizzentrale und auch Angaben über die erforderlichen Raumhöhen. Die daraus zu entnehmenden Grundflächen und Raumhöhen können aber nur als erste Annäherung für den Vorentwurf genutzt werden, weil bei den Angaben hier nicht unterschieden wird, ob es sich um eine Heizzentrale für eine Heißwasseranlage oder um eine Heizzentrale mit HD-Dampferzeugern handelt. Für HD-Dampferzeuger werden in der Regel umfangreichere Wasseraufbereitungsanlagen mit thermischer Entgasung und Kesselspeisepumpen benötigt, für die größere Stellflächen und auch größere Raumhöhen vorzuhalten sind.

Der mit der Planung beauftragte Fachingenieur muss deshalb schon für den Entwurf Angebote mit den genauen Baugrößen der Wärmeerzeuger einholen und den Platzbedarf hierfür sowie für alle Zusatzaggregate, Rauchrohranschlüsse, für die Wasseraufbereitung und für einen Chemikalienlagerraum berücksichtigen. Er sollte auch besondere Rohrleitungen, Verteiler, Druckreduzierstationen und Druckhalteeinrichtungen im größeren Maßstab darstellen und vermaßen. Diese Darstellungen müssen hinsichtlich Platzbedarf sehr sorgfältig ausgeführt werden, weil die so ermittelten Hauptabmessungen der Heizzentrale, die Lastangaben der einzelnen Bauteile und die Einbringöffnungen und Hauptdurchbrüche in Wänden und Decken vom Statiker und vom Architekten weiter bearbeitet werden. Wenn der Fachingenieur zu einem späteren Zeitpunkt diese Angaben ändern oder ergänzen muss, können erhebliche Umplanungsleistungen und -kosten geltend gemacht werden und die Zusammenarbeit im Planungsteam wird dadurch erheblich gestört.

Einzelheiten, die bei der Planung der Druckhalteeinrichtung für die Feuerungseinrichtung, die Schornsteinanlage und die Wasseraufbereitung zu beachten sind, enthalten die Kap. 2 bis 6.

Bei freistehenden Heizzentralen, in denen keine ständige Beaufsichtigung gefordert wird und die Überwachung sich auf Kontrollgänge nach TRD 601–604, Blatt 2 beschränkt, müssen zum Schutze vor Vandalismus und zur Betriebssicherheit die in der VDI 2050, Blatt 2 genannten Schutzmaßnahmen und Einrichtungen beachtet und ausgeführt werden. Ebenso sind die bereits in Abschn. 9.1.1 genannten Bauvorschriften und Vorschriften zum Schutze des Grundwassers sowie die Hinweise zur Rohrverlegung und -befestigung an der Decke des Rohrkellers oder der Heizzentrale und zur Erstellung des Grundleitungsplans beachtet werden.

## 9.3   Heizzentralen für Anlagen mit organischen Wärmeträgern

Heizungsanlagen mit organischen Wärmeträgern wurden bereits in Kap. 2 beschrieben. Die Funktion und Ausführung der Kessel und Erhitzer zeigt Abschn. 2.4.2.

In der Regel werden Heizungsanlagen mit organischen Wärmeträgern nur für begrenzte Leistungen und bestimmte Fertigungsprozesse in der Kunststoffindustrie und bei der Herstellung von Kunststofffasern eingesetzt. Die Anlagen werden zwar mit hohen Temperaturen, aber in der Regel ohne oder nur mit geringem Betriebsdruck betrieben, so dass von ihnen keine Explosionsgefahr ausgeht.

Die Heizkessel werden als kompakte Einheiten einschließlich aller Hilfsaggregate hergestellt und dürfen direkt in der Nähe der Produktionseinrichtungen aufgestellt werden. Heizräume oder Heizzentralen werden nur sehr selten und mit größeren Wärmeleistungen ausgeführt. Die dann geltenden baulichen Anforderungen entsprechen im Wesentlichen der Heizraumrichtlinie und werden in der DIN 4754 genannt und erläutert. Beim Bau und der Planung von Heizzentralen für Anlagen mit organischen Wärmeträgern gelten alle bereits zu den Heizzentralen in Gebäuden und zu den freistehenden Heizzentralen gemachten Erläuterungen und Beschreibungen. Besondere Sorgfalt wird für den Schutz des Grundwassers gefordert. Die Anlagen sind deshalb auch abnahmepflichtig.

## 9.4   Heizzentralen für HD-Dampf

Hochdruck-Dampf wird überwiegend in der Industrie zur Beheizung von Produktionseinrichtungen – wie zuvor in Kap. 8 beschrieben – benötigt. Wenn für einzelne Produktionseinrichtungen die Beheizung mit Heißwasser oder mit einem organischen Wärmeträger vorteilhafter und besser geeignet ist, so kann das benötigte Heißwasser oder Thermoöl in einem Umformer, wie in Kap. 2 beschrieben, erzeugt und ein Heißwasser- oder Thermoölheizsystem für diesen Bereich eingerichtet werden. Da in Industriebetrieben außer der Wärmeenergie auch Kältewasser- und Kühlwassersysteme sowie Druckluft und elektrischer Strom benötigt werden, ist es naheliegend, dass alle Versorgungsanlagen in einer Energieversorgungszentrale untergebracht werden. Durch eine solche Zusammenfassung wird Bedienungspersonal eingespart. Außerdem kann eine gemeinsame Versorgungstrasse oder Rohrleitungsbrücke zwischen der Energiezentrale und den Produktionshallen ausgeführt werden, was zu einer Reduktion der Investitionskosten führt.

Beim Bau von Heizzentralen oder Energiezentralen für Industriebetriebe wird häufig zur Einsparung von Investitionskosten auf die Unterkellerung verzichtet. In der Regel wird bei Industriebetrieben auch der Gebäudeteil mit den Heiz- oder Energiezentralen aus Beton oder als Stahlgerüst mit gedämmten Trapezblechen, also als reiner Zweckbau, realisiert.

Abbildung 9.5 zeigt eine Energiezentrale mit der Versorgungstrasse als Rohrbrücke mit Heizöllager und einer weiteren Tankfarm für Öle, die in der Produktion benötigt werden. Gegenüber des Heizöllagers sind die Elektroschaltanlage und die Trafostation angeordnet. Abbildungen 9.6 bis 9.8 zeigen den Schnitt durch das Gebäude und den Grundriss von EG und Zwischenbühne im 1. OG der Energiezentrale.

Erläuterungen zu Abb. 9.6, 9.7 und 9.8:

1. Wasserrohrdampfkessel, je 20 t/h Betriebsdruck 22 bar Überdruck mit Überhitzer
2. Wasserpumpe mit Dampfturbinenantrieb für Kesselspeisewasser, 38 m³/h 225 mWS, Dampfentspannung von 18 auf 5 bar Überdruck
3. Kesselspeisewasserpumpe mit elektrischen Motoren, 38 m³/h, 225 mWS
4. Kühlwasserumwälzpumpen, 610 m³/h, 45 mWS
5. Förderpumpe für Industrieabwasser, 75 m/h, 80 mWS
6. Pumpe für Feuerlöscher mit Dieselmotorantrieb, 280 m³/h, 120 mWS
7. Kolbenkompressoren, 3.000 Nm³/h auf 8 at
8. Druckluft-Nachkühler 300 kW

**Abb. 9.5**  Energiezentrale für ein Reifenwerk

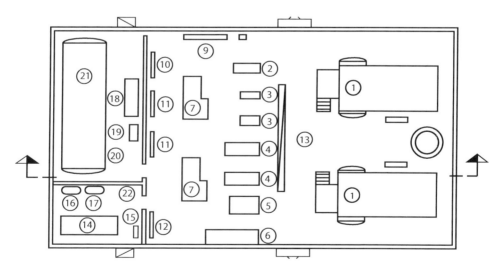

**Abb. 9.6**  Grundriss EG der Energiezentrale

9.  Dampfreduzierstation mit Einspritzkühlung, 15 t/h, 22 bar Überdruck und 240 °C auf
    5 bar Überdruck und 150 °C
10.  ND-Dampfverteiler
11.  Kühlwasserverteiler

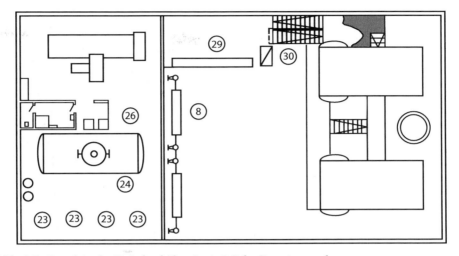

**Abb. 9.7**  Grundriss der Zwischenbühne im 1. OG der Energiezentrale

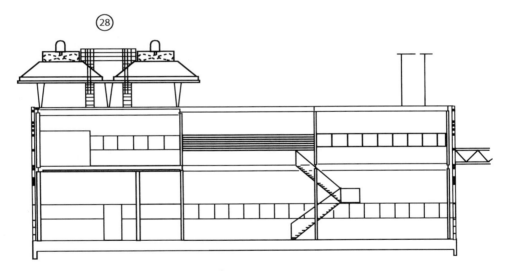

**Abb. 9.8**  Schnitt durch die Energiezentrale

12.  Druckluftverteiler
13.  Schalt- und Überwachungsanlage
14.  Notstromaggregat 300 kVA
15.  Schaltschrank
16.  Kühlwasserbehälter
17.  Tagesbehälter für Dieselöl
18.  Sprinklerpumpe mit Dieselmotorantrieb, 280 m/h, 120 mWS
19.  Kompressor

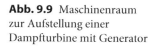

**Abb. 9.9** Maschinenraum
zur Aufstellung einer
Dampfturbine mit Generator

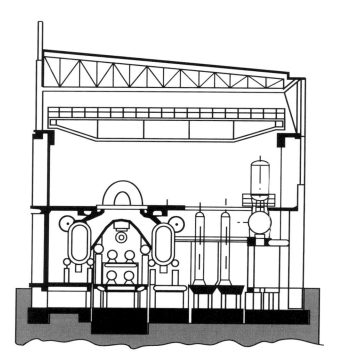

20. Füllpumpe
21. Sprinkler-Behälter, 40 m³ Inhalt
22. Schaltschrank
23. Entkarbonisierungsanlage für Kesselspeisewasser als Doppelanlage, je 20 m/h
24. Speisewasserbehälter mit Entgaser, 30 m³
25. Turbokältemaschine R 12, 2.500 kW
26. Kühlwasserausdehnungsgefäß
27. Schaltschrank
28. luftgekühlter Kondensator für Turbokältemaschine 3.200 kW
29. Hochspannungs- und Niederspannungs-Schaltschrank
30. Lufttrockner für Steuerluft

Wie aus den Abb. 9.6 und 9.7 ersichtlich, wird für eine Dampfkesselanlage wegen der
Zusatzbauteile wie Kesselspeisewasserpumpen, Kesselspeisewasseraufbereitung und Ent-
gasung eine größere Stellfläche als für eine Heizzentrale mit Heißwassererzeugern benötigt.
Die Bodenplatte der Energiezentrale wurde als 80 cm dicke Betonplatte ausgeführt. Unter-
halb der Kompressorfundamente wurden Gruben in der Betonplatte ausgebildet und die
Fundamente wurden auf Schwingungsdämpfern gelagert.

Wenn anstelle des Dampfheizwerks ein Heizkraftwerk benötigt wird, dann muss direkt
angrenzend an den Dampferzeugeraufstellungsraum ein unterkellerter Maschinenaufstel-
lungsraum, ähnlich wie in Abb. 9.9 gezeigt, ausgeführt werden.

Wenn also im Industriebetrieb und bei der Produktion ganzjährig ein konstanter Bedarf an Elektroenergie und an Wärmeenergie vorhanden ist, dann wird man entweder ein Gegendruckentnahme- oder ein Kondensationsentnahmeturbosatz installieren.

Zur wirtschaftlichen Betreibung des Dampfkraftprozesses wird man dann aber auch den Dampfdruck erhöhen und die Dampferzeuger mit einem Überhitzer oder mit Überhitzer und Zwischenerhitzer, wie in Kap. 1, Beispiel 1.1 gezeigt, ausrüsten.

Welche Schaltung und Ausführung die wirtschaftlichere Lösung darstellt, muss durch eine Wirtschaftlichkeitsberechnung festgestellt werden.

Über dem Turbogeneratorsatz sollte in jedem Fall ein fahrbarer Kran angeordnet sein, der sowohl für die Montage von Turbosatz und Kondensator als auch bei späteren Wartungsarbeiten benötigt wird. Im Maschinenkeller unter dem Turbo- und Generatorsatz werden der Kondensator und die Wärmeaustauscher für die Speisewasservorwärmung oder die Fernwärmeversorgung sowie die Speisewasser- und Fernwärmeumwälzpumpen aufgestellt. Die Rohrleitungen zum Fernheiznetz oder zur Produktionshalle sowie zum Rückkühlwerk können ebenso in diesem Maschinenkeller oder in einem weiteren Rohrkeller verlegt werden. Für ein Heizkraftwerk ist auch eine Schalt- und Überwachungszentrale einzurichten. Diese Schaltwarte kann in Form eines Zwischengeschosses an der Außenwand des Maschinenraums so untergebracht werden, dass sowohl die Dampferzeuger als auch der Turbosatz mit den Überwachungs- und Störmeldeeinrichtungen gut einsehbar ist. Wenn anstelle der mit Heizölfeuerung ausgerüsteten Dampferzeuger solche mit festen Brennstoffen aufgestellt werden, dann wird eine wesentlich größere Grundfläche und Raumhöhe hierfür und für die Einrichtungen der Rauchgasreinigung benötigt. Die Energiezentrale ist dann etwa wie in Abb. 4.22 in Abschn. 4.2.5 dargestellt auszuführen.

Beim Bau von Energiezentralen für Industriebetriebe gelten im Wesentlichen auch alle baurechtlichen Vorschriften sowie die Richtlinien für den Immissionsschutz wie TA-Luft und TA-Lärm, die schon für die Heizzentralen in Gebäuden und für freistehende Heizzentralen vorher genannt wurden. Es muss aber noch darauf hingewiesen werden, dass die für den Dampferzeuger erforderliche Speisewasseraufbereitung nicht nur eine größere Stellfläche benötigt, sondern auch die Aufstellung in einem separaten Raum zu empfehlen ist.

Beim Regenerieren fallen große Spülwassermengen an, weshalb die einzelnen Behälter auf erhöhten Fundamenten stehen sollten und das Spülwasser über reichlich bemessene Bodenrinnen mit Gitterrostabdeckungen aus Edelstahl oder Kunststoff abgeführt werden sollte.

Der Bodeneinlauf zum Abwasserkanal oder zum Ablauf der Neutralisationsanlage muss für die maximale Abwassermenge bemessen sein, und für den Fall der Verstopfung sollte ein Reserveablauf vorgesehen werden. Die Lagerbehälter für Säuren und Laugen sollten ebenso wie die Zumessbehälter für die Regenerierung und die Dosierpumpen in jedem Fall in einem separaten Raum, der durch eine Entlüftungsanlage unter Unterdruck gehalten wird und dessen Wände und Decken mit säurefesten Fliesen oder Anstrichen geschützt sind, aufgestellt werden.

Das Gleiche gilt für die Aufstellung der Abwasserneutralisationsanlage. Weitere Einzelheiten hierzu können Kap. 5 entnommen werden.

Wenn in einem Industriebetrieb ein verhältnismäßig hoher aber auch schwankender Bedarf an elektrischem Strom besteht, ist die Aufstellung einer Gasturbine mit Generator zur Deckung der Stromspitze und die Nachschaltung eines Abhitzekessels mit Zusatzfeuerung für einen Dampfkraftprozess mit Entnahme- und Gegendruckbetrieb – wie in Kap. 2 und Abschn. 1.3 beschrieben und in den Beispielen 1.2 und 1.3 behandelt – zu empfehlen.

## 9.5  Heiz- oder Energiezentralen für Krankenhäuser und Universitätskliniken

In großen Krankenhäusern, Kurkliniken und Universitätskliniken sind immer auch Großwäschereien, thermische Sterilisations- und Desinfektionseinrichtungen und Klimaanlagen mit Dampf zu versorgen.

Für die Wäschereieinrichtungen wird je nach Art der Waschmaschinen und Trocknereinrichtungen Heizdampf mit einem Betriebsdruck von 8 bis 13 bar Überdruck benötigt.

Zur thermischen Sterilisation von Instrumenten, Betten und Geräten ist Reindampf von 4 bis 6 bar Überdruck erforderlich. Reindampf wird auch zum Kochen bzw. zum Beheizen von Schnellkochkesseln oder Garkesseln in der Küche und zum Befeuchten der Luft von Lüftungs- und Klimaanlagen benötigt. Hierfür ist aber ein Betriebsdruck von 0,5 bis 1 bar Überdruck ausreichend. Für die Gebäudeheizung, Zapfwarmwasseraufheizung und die Wärmeversorgung von Lüftungs- und Klimaanlagen sind Warmwasserheizkessel oder Heißwassererzeuger mit Wärmeleistungen je nach ermitteltem Wärmebedarf und Anforderung an die Gesamtanlage zu installieren.

Einen Heißwassererzeuger mit Heißwasserverteilnetz wird man dann wählen, wenn es sich um ein Großklinikum mit vielen auf dem Gelände verteilten Behandlungsgebäuden, Fachkliniken, Instituten und Bettenhäusern handelt.

Bei Klinikgebäuden und Krankenhäusern, in denen die vorhandenen Fachbereiche in einem Zentralgebäude und auch die Bettenhäuser zusammengefasst sind, stellt die im Gebäude oder als freistehende Heizzentrale ausgeführte Anlage mit Warmwasserheizkesseln mit 90 °C oder maximal 120 °C Vorlauftemperatur die wirtschaftlichere Lösung dar.

Wenn, wie bei Krankenhäusern üblich, auch eine volle Redundanz gefordert wird, dann besteht die einfachste Ausführung einer Heizzentrale aus zwei Warmwasserheizkesseln und zwei Dampferzeugern mit den jeweils dazu erforderlichen Feuerungseinrichtungen einschließlich Brennstoffversorgung und Hilfsaggregate wie Umwälzpumpen, Druckhalteeinrichtung, Kesselspeisewasseraufbereitung und Kesselspeisewasserpumpen.

Bei einem sehr großen Zentralklinikum mit vielen Fachkliniken und Instituten in getrennten Gebäuden, in denen Dampfverbraucher installiert sind und auch Reindampf zur Sterilisation von Instrumenten und zur Befeuchtung für Klimaanlagen benötigt wird, muss parallel zum Heißwasserfernheiznetz auch ein Hochdruckdampf- und Kondensatnetz verlegt werden.

Für die Planung und Ausführung der Heizzentrale sind nun verschiedene Möglichkeiten gegeben.

a. drei Heißwassererzeuger mit Leistungen von je 50 % des benötigten Wärmebedarfs und zwei Dampferzeuger,
b. drei HD-Dampferzeuger mit eingebauten Wärmeaustauschern zur Heißwassererzeugung, wie in Abb. 4.10 von Kap. 4.1 dargestellt, mit je 50 % der Gesamtleistung des Wärmebedarfs und maximalen Dampfverbrauchs. Die Schaltung ist in diesem Fall nach Abb. 2.7 von Kap. 2 auszuführen,
c. drei HD-Dampfererzeuger und Heißwassererzeugung in Flächenwärmeübertragern nach Abb. 2.8 von Kap. 2.

Der eventuell benötigte Reindampf in den einzelnen Fachkliniken müsste vor Ort in einem dampfbeheizten Reindampferzeuger als Produktkessel (siehe Scholz (2012), Kap. 3) oder in einem Niederdruckdampfkessel erzeugt werden. Auch die Umformung von Heißwasser auf die Warmwasserheizung müsste in den Hausanschlussstationen erfolgen.

In älteren und inzwischen modernisierten Anlagen von Universitätskliniken sind oft HD-Dampf- und Kondensatorrohrnetze für die Wärme- und Dampfversorgung vorhanden.

In der Heizzentrale stehen Hochdruckdampferzeuger als Wasserrohrkessel. Die Umformung auf ND-Dampf, Reindampf und auf Warmwasser für die Gebäudeheizung und die Wärmeversorgung von Lüftungs- und Klimaanlagen erfolgt in den Unterstationen der zu versorgenden Klinikgebäude und Bettenhäuser. In den einzelnen Unterstationen oder in zusammengefassten Schwerpunktstationen sind die Kondensatrückförderanlagen installiert. Die Kondensatsammelbehälter werden zur Verhinderung von Sauerstoffaufnahme mit ND-Dampf von 0,1 bis 0,2 bar Überdruck bedampft, und dem Kondensat wird ein Sauerstoffbindemittel zudosiert (Universitäts-Kliniken Mainz und Würzburg).

Die Hockdruckdampfanlagen werden häufig auch als Heizkraftwerke zur Eigenstrom- und Notstromversorgung ausgeführt und sind als solche sehr wirtschaftlich in Betrieb. Dabei ist zu beachten, dass bei der Aufstellung nur eines Dampf-Turbo-Generatorsatzes ein weiteres Notstromaggregat im Heizkraftwerk vorhanden sein muss. Diese Ausführung ist notwendig, weil Dampfturbinen nach einer gewissen Laufzeit generalüberholt werden müssen und einige Tage dafür ausfallen. Das zweite Notstromaggregat kann ebenfalls von einer Dampfturbine angetrieben werden. In den einzelnen Instituten, in denen eine Notstromversorgung gefordert wird, können zusätzlich Dieselnotstromaggregate installiert werden.

Bei der Planung einer Heizzentrale für ein Klinikum sind die schon vorher unter Abschn. 9.1 beschriebenen Maßnahmen zum Schallschutz und Immissionsschutz für Rauchgase zu beachten. Als Nachbargrundstück gilt hier das nächstgelegene Bettenhaus, Behandlungs- oder Verwaltungsgebäude. Ebenso sind, wie im vorherigen Abschnitt beschrieben, die benötigten Stellflächen, Raumhöhen, Einbringungsöffnungen und Lastangaben sorgfältig zu ermitteln und rechtzeitig an den Architekten oder Statiker weiterzuleiten.

Vor der Anfertigung des Grundleitungsplans für die Entwässerung der Untergeschosse müssen die Ausführungspläne im Maßstab 1:50 und besondere Aufstellungspläne wie z. B.

der Wasseraufbereitungsanlage, wenn sich diese im UG befindet, auch im größeren Maßstab vorliegen. Ebenso wie bei den Heizzentralen für Industriebetriebe werden auch bei der Versorgung von Krankenhäusern und Klinken alle zentralen Versorgungsanlagen in Energiezentralen untergebracht. Der mit der Planung beauftragte Ingenieur muss vor der Ermittlung des Platzbedarfs die voraussichtlichen Energieverbräuche für alle Ausbaustufen und Energiearten berechnen und danach entscheiden, für welche Energieart Reserveflächen für Anlagenerweiterungen zu planen sind und welche Energieerzeugungsanlagen erweitert werden können.

Eine mögliche Anordnung der einzelnen Energieerzeugungsanlagen in einer Energiezentrale und die grundlegenden Überlegungen hierzu sollen am praktischen Beispiel der Energiezentrale des Zentralklinikums Augsburg erläutert werden.

Das Gebäude ist in Abb. 6.37 dargestellt. An der linken Gebäudeseite sind die elektrischen Umform- und Schaltanlagen und die zentralen Notstromaggregate mit Kühltürmen auf dem Dach untergebracht.

Bei einem späteren höheren Verbrauch an Elektroenergie oder bei einem höheren Notstrombedarf können die dann erforderlichen Anlagenteile in einer Gebäudeerweiterung zur Aufstellung kommen. Die Verbrennungsanlage für krankenhausspezifischen Müll wurde nach ausführlichen Erhebungen in zwei Verbrennungs- und Rauchgasreinigungsstraßen, also mit voller Redundanz, im Gebäude so angeordnet, dass bei einer Erweiterung oder einer den Vorschriften entsprechenden Änderung der Rauchgasreinigung eine Gebäudeerweiterung auf der Rückseite im Bereich der Anlieferung erfolgen kann. Die Funktion der Müllverbrennungsanlage ist in Kap. 6.8 beschrieben, das Schaltschema der Anlage zeigt Abb. 6.26.

Die Großkälteanlage, die Kaltwasser von 12 °C auf 6 °C abkühlt und den Lüftungs- und Klimaanlagen zur Kühlung der Raumluft zur Verfügung stellt, besteht aus drei Turbo-Kaltwasseraggregaten, die im UG im mittleren Bereich der Energiezentrale aufgestellt sind.

Die zugehörenden Kühltürme wurden auf dem Dach der Energiezentrale installiert. Die Anlage ist für den Endausbau mit einer ausreichenden Reserveleistung ausgelegt. In das Kältewassernetz ist eine weitere Anlage, die aus zwei Turboverdichtern besteht und in der Übergangszeit und im Winter die Klimaanlagen für den EDV-Bereich versorgt, eingebunden. Diese Anlage kann auch im Sommer zugeschaltet werden, und in den Wintermonaten können die Turboverdichter als Wärmepumpen arbeiten.

Eine Erweiterung der Großkälteanlage in der Energiezentrale ist nicht vorgesehen und nicht erforderlich.

Die HD-Dampferzeuger, die Heißwasserumformer mit allen Zusatzanlagen für die Dampf- und Heißwasserumformer sowie alle Zusatzanlagen für die Dampf- und Heißwassererzeugung sind im UG und EG im rechten Gebäudeteil untergebracht. Für die Aufstellung eines weiteren Dampferzeugers ist noch eine Reservefläche vorhanden. Bei einem größeren zusätzlichen Wärmeverbrauch kann auch der rechte Gebäudeteil der Energiezentrale erweitert werden. Die Schaltung der Dampferzeuger und der Heißwasserumformanlage ist in Abb. 9.10 dargestellt. Abbildung 9.11 zeigt Schaltbild und Funktionsschema der Kesselspeisewasseraufbereitung mit Abwasserneutralisationsanlage.

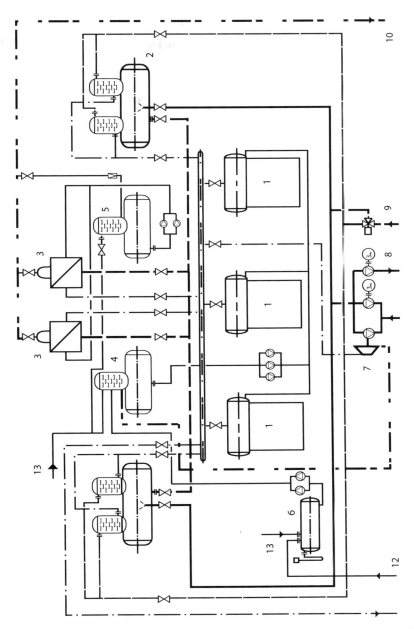

**Abb. 9.10** Schaltschema der Dampfkesselanlage und Heißwasserumformung. *1)* HD-Dampferzeuger, Leistung 40 t/h bei 20 bar Überdruck und leicht überhitzt, *2)* Heißwasser-Kaskadenumformer, *3)* Reindampferzeuger, mit HD-Dampf beheizt, Leistung 7,5 t/h bei 4 bar Überdruck, *4)* Kesselspeisewasserentgaser für die HD-Dampferzeugung, *5)* Kesselspeisewasserentgaser für die Reindampferzeugung, *6)* Kondensatsammel- und Rückspeiseanlage, *7)* Heißwasserumwälzpumpen, *8)* Heißwasserumwälzpumpen, *9)* Temperaturregelanlage zur Rücklaufbeimischung, *10)* Reindampfversorgungsleitung, *11)* HD-Dampfleitung, *12)* Kondensatsammelleitung, *13)* Kesselspeisewasser der Vollentsalzungsanlage

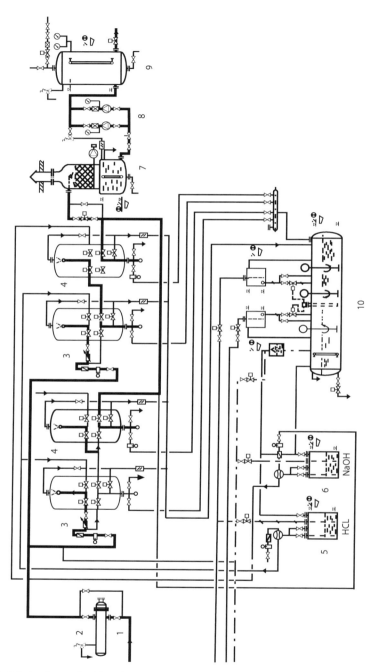

**Abb. 9.11** Schaltschema der Kesselspeisewasseraufbereitung, einschließlich Abwasserneutralisation. *1*) Rohwasserzufluss, *2*) Vorwärmer auf 20 °C, *3*) Kationenfilter, *4*) Anionenfilter, *5*) Säurezumessbehälter, *6*) Laugenzumessbehälter, *7*) Entgasungsanlage für $CO_2$ und $O_2$ sowie Vorratsbehälter, *8*) Druckerhöhungspumpen, *9*) Druckspeicherbehälter, *10*) Abwasserneutralisationsanlage

Der Gesamtwärmebedarf für Heizung, Lüftung und für die Dampfversorgung und WW-Bereitung beträgt 52.000 kW, was einer Dampfleistung von ca. 83 t/h entspricht. Zur Deckung des Wärmeverbrauchs wurden drei Hochdruckdampferzeuger mit einer Leistung von je 40 t/h aufgestellt.

Zur Wärmeverbrauchsdeckung in den Sommermonaten und in der Übergangszeit reicht ein Dampferzeuger aus. Der zweite Dampferzeuger wird in den Wintermonaten in Betrieb genommen, der dritte Dampferzeuger dient als Reservekessel.

Für die Wärmeversorgung ist Heißwasser 180/90 K der Wärmeträger. Das Fernheiznetz zum Hauptgebäude und den Kliniken wird mit einer Vorlauftemperatur von max. 160 °C gefahren. Das Heißwasser wird in Kaskadenumformern aufgeheizt und über eine Regelanlage nach der Außentemperatur bis auf eine Vorlauftemperatur von 100 °C geregelt.

In den Sommermonaten dient das Heißwasser zur Wärmeversorgung der Nachwärmer in den Klimaanlagen und zur Zapfwarmwasseraufheizung.

Die Versorgung erfolgt über einen separaten Vorlauf und mit einer hierfür bemessenen Sommerpumpe. Für die Betriebswärmeversorgung wurden eine Dampffernleitung für 13 bar, eine Reindampffernleitung für 3,5 bar Überdruck und eine gemeinsame Kondensatleitung verlegt. Als Brennstoff für die Feuerungsanlagen der Dampferzeuger wurden Erdgas und Heizöl EL gewählt.

Alle drei Dampferzeuger wurden mit Verbundbrennern ausgestattet. Das Erdgas wird in der Mess- und Übergabestation von 16 bar auf 2,5 bar reduziert.

Die Übergabestation und die Erdgaszuleitung wurden für einen Durchsatz von 5.000 Nm$^3$/h ausgelegt. Das Heizöllager wurde so bemessen, dass die Kesselanlage in den kältesten Wintermonaten über eine Zeit von 4 bis 6 Wochen nur mit Heizöl gefeuert werden kann.

Alle drei Kessel wurden zur Betriebsüberwachung mit einer Dampfmengenmessanlage und mit Verbrauchszählern für Erdgas und Heizöl ausgerüstet. Eine der Hauptumwälzpumpen (Winterpumpe I) wurde mit einer Dampfturbine als Antriebsmaschine ausgerüstet.

Der Abdampf wird zur Speisewasserentgasung und zur Vorwärmung der Verbrennungsluft genutzt. Das Schaltschema wurde wegen des Umfangs der Anlage stark vereinfacht dargestellt. Die Füllstandsregelung der Kaskadenumformer und der thermischen Entgaser ist nicht dargestellt, wurde jedoch, wie in Kap. 2 für die Kaskadenumformer und in Kap. 5 für den thermischen Entgaser dargestellt, ausgeführt.

Die Heißwasser-Kaskadenumformer und der Speisewasserentgaser für die Hochdruckdampferzeuger werden mit Kondensat und aufbereitetem Kesselspeisewasser versorgt. Die Reindampferzeuger werden nur mit voll entsalztem und thermisch entgastem Kesselspeisewasser gespeist.

Der Vollentsalzungsanlage für die Kesselspeisewasseraufbereitung ist ein Flächenwärmeübertrager vorgeschaltet, in dem das Rohwasser auf ca. 20 °C erwärmt wird. Bei einer Wassertemperatur von 15 bis 20 °C verläuft die chemische Reaktion gleichmäßiger und an den Reaktionsbehältern, Rohrleitungen und Armaturen bildet sich kein Schwitzwasser.

Als äußerer Korrosionsschutz genügt dann ein Schutzanstrich. Die Funktion einer Vollentsalzungsanlage und die Leistungsbemessung sind in Kap. 5 beschrieben. Das voll entsalzte Wasser wird über einen $CO_2$-Riesler geführt, der Auffangbehälter darunter dient zugleich als Vorratsammeltank für die nachgeschaltete Druckerhöhungsanlage, von der das Kesselspeisewasser zu den thermischen Entgasern und Speisewassersammelgefäßen gefördert wird. Die Anlage ist für 20 m³/h ausgelegt, liefert die Kesselspeisewassermenge für die Reindampferzeugung und ersetzt die Kondensatverluste im Hochdruckdampf- und Kondensatnetz.

Das bei der Regenerierung anfallende säure- oder laugenhaltige Abwasser wird in einer Standneutralisation neutralisiert und in die Kanalisation eingeleitet. Die Neutralisation und die Zumessbehälter für die Regenerierung der Wasseraufbereitungsanlage befinden sich in einem separaten Raum, in dem auch die Chemikalien gelagert werden.

Der Raum ist mit säurefesten Fliesen an Wänden und Fußboden ausgekleidet und wird mit einer Be- und Entlüftungsanlage unter Unterdruck gegenüber den anderen Räumen in der Heizzentrale gehalten. Schon anhand der Schaltschemata ist zu erkennen, dass für eine HD-Dampf- und für deren Kondensatsammel- und Rückspeiseanlage und vor allem für die Kesselspeisewasseraufbereitung ein erheblich größerer Anlagenaufwand und Aufstellungsraum als bei Heißwasseranlagen erforderlich ist. Wenn der Kondensatverlust geringer ist, der Verbrauch an Reindampf bei 3 bis 4 t/h liegt und der Gesamtbedarf an Kesselspeisewasser ca. 8 m³/h nicht überschreitet, wird man anstelle der Vollentsalzungsanlage eine Umkehr-Osmose-Anlage installieren, bei der der Platzbedarf geringer ist und keine Säuren und Laugen zu bevorraten sind. Bei der Umkehr-Osmose-Anlage fallen aber höhere Betriebskosten an, so dass bei einem größeren Bedarf als 8 m³/h die Vollentsalzung wieder die wirtschaftlichere Lösung darstellt.

## 9.6   Transportable Heizzentralen

Bei transportablen Heizzentralen handelt es sich um Heizkessel mit Zusatzaggregaten, die in einem Container oder auf einer fahrbaren Plattform installiert sind. Bei Warm- und Heißwasserwärmeerzeugern umfassen die Zusatzaggregate die Feuerungseinrichtung wie Öl- oder Gasbrenner mit Druckregelstation oder Tagesbehälter, die Druckhalteeinrichtungen oder Ausdehnungsgefäße und die Umwälzpumpen für das Versorgungsnetz sowie eine Enthärtungsanlage oder Dosiereinrichtung für das Zusatz- und Füllwasser der Anlage. Der Schaltschrank einschließlich Regel- und Überwachungseinrichtungen befindet sich ebenfalls im Container und muss verschlossen, gegen unerlaubte Bedienung gesichert und entsprechend den VDE-Vorschriften installiert sein. Zur Vermeidung von Störungen wegen zu hoher Raumtemperaturen ist fast in allen Fällen eine Belüftung mit gekühlter und gefilterter Luft erforderlich.

Bei einer Heizzentrale mit einem Dampferzeuger sind zusätzlich eine umfangreichere Kesselspeisewasseraufbereitung, eine Kondensatsammelanlage und die Kesselspeisepumpen zu installieren und im Container unterzubringen.

Eine Erdgasfeuerung ist an das Versorgungsnetz anzuschließen. Bei einer Heizöl- oder Flüssiggasfeuerung sind die Brennstofftanks, wie in den Abschn. 4.2.2 und 4.4 beschrieben, in der Nähe der Heizzentrale aufzustellen.

In der Regel handelt es sich beim Einsatz einer transportablen Heizzentrale immer um ein Provisorium, und der Standort wird deshalb auch immer direkt im Versorgungsgebiet bzw. in der Nähe der Verbraucher sein. Dabei ist aber zu beachten, dass auch die provisorische Heizzentrale eine Feuerwehrzufahrt haben muss und dass eine Anschlussmöglichkeit an das öffentliche Stromnetz, Wasser- und Abwassernetz erforderlich ist.

Die Technische Richtlinie zum Schutz gegen Lärm ist bei der Aufstellung zu beachten. Auch die transportable Heizzentrale muss gegen Einbruch und Missbrauch geschützt und für die Feuerwehr jederzeit zugänglich sein. Für die Schornsteinanlage muss rechtzeitig ein Gutachten eingeholt und für deren Betrieb nach dem Bundesimmissionsschutzgesetz die Betriebserlaubnis beantragt und erteilt sein.

Wenn die transportable Heizzentrale nur kurzzeitig in Betrieb sein soll, sind auch Ausnahmegenehmigungen und Erleichterungen möglich, die bei den Landesbauämtern zu beantragen sind. Für die Schornsteinanlage und eventuelle Hochbauteile oder Brennstofflager ist in jedem Fall eine Baugenehmigung erforderlich.

Transportable Heizzentralen sind sowohl bei der Fernwärmeversorgung als auch bei Industrieneubauten meist zeitlich auf ein oder wenige Betriebsjahre begrenzt in Betrieb. Bei der Fernwärmeversorgung werden provisorische Heizzentralen dann eingesetzt, wenn das Versorgungsgebiet aus mehreren Wohnsiedlungen besteht, die erst nach einigen Jahren von einer gemeinsamen Heizzentrale mit Wärme versorgt werden sollen. In diesem Fall ist es aus wirtschaftlichen Gründen notwendig, zunächst in den schon fertiggestellten Wohngebieten transportable Heizzentralen einzusetzen.

Damit werden die ohnehin hohen Investitionskosten für die ersten Erschließungsjahre reduziert und Wärmeverluste und Stromkosten für den Transport der Wärme in langen ungenutzten Zuleitungen eingespart.

Beim Bau von Industriewerken kommt es vor, dass Teile der Produktionsanlagen oder einzelne Produktionsgebäude früher erstellt und auch sofort genutzt werden, bevor die Energiezentrale für das Gesamtwerk erstellt werden kann.

Dies geschieht sowohl aus wirtschaftlichen als auch aus marktüblichen oder baulichen Bedingungen. In solchen Fällen werden dann ebenfalls transportable Heizzentralen eingesetzt. Auch beim Bau von Flughäfen oder beim Neubau von Universitätskliniken kann ein solcher Fall eintreten.

Transportable Heizzentralen werden von allen Wärmeerzeuger- und Dampfkessel-Herstellern vermietet oder auch kurzzeitig kostenlos zur Verfügung gestellt, wenn es zur Verzögerung bei der Lieferung eines Wärmeerzeugers kommt. Aber auch Betreiber von Energiezentralen vermieten transportable Heizzentralen und beraten ihre Kunden bei der Einholung der Bau- und Betriebsgenehmigung.

## 9.7    Heizzentralen für ein Blockheizkraftwerk

Da Blockheizkraftwerke (BHKW) bereits in Kap. 1.4 behandelt wurden, soll hier nur auf die Besonderheiten bei deren Einsatz und Einbau in einer Heizzentrale näher eingegangen werden.

Ein vom Dieselmotor angetriebener Generator zur Stromerzeugung sollte nur dann in einer Heizzentrale zur Aufstellung kommen, wenn dessen Abwärme auch in den Sommermonaten für Heizzwecke und zur Aufheizung von Zapfwarmwasser vollständig benötigt wird und der dabei erzeugte elektrische Strom vom Energieversorgungsunternehmen (EVU) angemessen vergütet oder als Eigenstrom genutzt wird.

Die Abkühlung der Rauchgase kann in zwei Stufen erfolgen. So kann z. B. in der ersten Stufe Heißwasser von $130\,°C$ zur Beheizung einer Absorptionskälteanlage und in der zweiten Stufe zusammen mit der Wärme aus der Motorkühlung Warmwasser von $70\,°C$ zur Aufheizung des Zapfwarmwassers und der Luft von Klimaanlagen erzeugt werden.

Wenn ein Maschinensatz als BHKW in einer Heizzentrale aufgestellt wird, müssen in jedem Fall zusätzliche Maßnahmen für den Schallschutz wie Dämmung gegen Körperschall am Fundament, Einbau einer Schalldämmhaube oder absorbierende Wand- und Deckenverkleidungen, Schalldämpfer im Rauchgasrohr und in den Zu- und Abluftkanälen eingebaut werden.

Im Rauchabgasrohr muss außerdem ein Katalysator zur Nachverbrennung von Stickoxiden installiert werden. Anhand einer Wirtschaftlichkeitsberechnung sollte geprüft werden, ob die Mehrkosten für das BHKW gegenüber einem Heizkessel mit Feuerungseinrichtung und die Mehrkosten für den Katalysator für die turnusmäßigen Wartungen, für die Schalldämmaufwendungen und für die Stromeinspeisungs- und Zähleinrichtungen durch die Einnahmen für den gelieferten Strom im Laufe der Lebensdauer zu amortisieren sind.

Vorteile für den Umweltschutz ergeben sich vor allem dann, wenn anstelle von leichtem Heizöl Bioöl, das aus Biomasse gewonnen wurde, zum Einsatz kommt. Aber auch Erdgas anstelle von Heizöl reduziert den $CO_2$- und $SO_2$-Ausstoß.

Wenn eine ununterbrochene ganzjährige Wärme- und Stromversorgung erforderlich ist, müssen zwei Aggregate oder mehrere Module eingesetzt werden.

Wird nur die ununterbrochene Wärmeversorgung gefordert, kann auch ein Heizungskessel als Notkessel und nur ein BHKW-Satz zur Aufstellung kommen. BHKW werden auch als kompakte Einheiten mit zugehöriger Treibstoffversorgung, Einspeise- und Schaltanlage und Abgas-Schalldämpfer in einem schallgedämmten Container geliefert oder vermietet. Der Betreiber braucht dafür nur die erforderliche Infrastruktur zur Verfügung stellen, die Abgasanlage und den Treibstoffvorrat sowie die Anschlüsse für das Heizungs- und Stromnetz vorhalten oder herstellen zu lassen. Der Bauherr und Betreiber der Gesamtanlage muss, wie schon vorher bei der transportablen Heizzentrale beschrieben, den Bauantrag stellen und alle nach dem Landesbaurecht erforderlichen Genehmigungen beantragen.

**Tab. 9.3** Anhaltswerte für die überschlägige Ermittlung des Wärmeverbrauchs für ein Wohngebiet

|  | Einfamilienhäuser (W/m$^2$) | Reihenhäuser (W/m$^2$) | Mehrfamilienhäuser (W/m$^2$) |
|---|---|---|---|
| Schlechte Wärmedämmung (älteres Mauerwerk, Putz, Einfachverglasung) | 150 | 135 | 120 |
| Mittlere Wärmedämmung (Dachisolierung, Fugenabdichtung) | 120 | 110 | 100 |
| Gute Wärmedämmung (Neubauten nach 1980) | 100 | 90 | 80 |
| Sehr gute Wärmedämmung (energiesparende Bauweise, Wärmeschutzverglasung) | 80 | 70 | 60 |

## 9.8  Planung und Ausführung einer Heizzentrale

In den vorangegangenen Abschnitten wurden bereits alle für die Auslegung und Ausführung erforderlichen Grundlagen, Richtwerte und Vorschriften für die Auswahl und Bemessung der Anlagenkomponenten genannt. Deshalb soll in diesem Abschnitt nur noch auf den terminlichen Ablauf und die einzelnen Planungs- und Ausführungsschritte eingegangen und deren Bearbeitung beschrieben werden.

### 9.8.1  Ermittlung von Wärmebedarf und Energieverbrauch

Bei einer Heizzentrale für ein oder mehrere Wohngebäude oder für eine Wohnsiedlung kann der Wärmebedarf sehr einfach aus dem umbauten Raum der Gebäude berechnet und dabei gemäß den schon seit Jahren gültigen Wärmeschutzbestimmungen aus Tab. 9.3 entnommen werden.

Dem Bebauungsplan kann neben dem geplanten Bauvolumen auch die Art der Bebauung wie Anzahl der Stockwerke, Wohnblöcke, Doppelhäuser oder Hochhäuser und die Nutzung z. B. als Geschäftshäuser, Warenhäuser und Schulen oder ähnliche Zweckbauten entnommen werden.

Für die Zapf-Warmwasseraufheizung ist bei der Vollversorgung aller Wohnungen ein Zuschlag von 10 % auf den ermittelten Wärmebedarf ausreichend.

Wenn in Geschäftshäusern und anderen Zweckbauten Lüftungs- und Klimaanlagen zur Ausführung kommen, muss der Wärmebedarf hierfür über die Fläche und den Raumbedarf mit dem erforderlichen Außenluftwechsel ermittelt werden. Dabei ist der Anteil, der aus der Fortluft zurückgewonnen werden kann, in Abzug zu bringen.

Bei Heizzentralen für Krankenhäuser und Universitätskliniken ist die benötigte Wärmeleistung der Gesamtanlage bedeutend schwerer zu ermitteln. Für eine sehr grobe Schätzung kann man von Erfahrungswerten mit 30 bis 20 kW je Bett ausgehen. Damit sind sowohl der Wärmebedarf für die Gebäudeheizung, Lüftung und Klimatisierung und für die Zapfwarmwasseraufheizung als auch der Dampfverbrauch für die Wäscherei und thermische Desinfektion erfasst. Diese Verbrauchsschätzung ist für Krankenhäuser und Kliniken mit einer Kapazität von 500 bis 2.000 Betten zutreffend. Der Anteil für den Dampfverbrauch beträgt etwa ein Drittel des Gesamtwärmebedarfs.

Bei Industrieheizwerken und Industrieheizkraftwerken verfügt in der Regel der Bauherr oder zukünftige Betreiber der Anlage über zutreffende Energieverbrauchswerte von eigenen anderen, bereits realisierten Produktionsbetrieben oder von Betrieben mit gleichen Produktionsbedingungen.

In der Regel sind die Werte beim Betriebsingenieur als Energieverbrauch, z. B. für HD-Dampf in t/h oder t/Tag und für elektrischen Strom in kW oder kWh/Tag, bekannt.

Da auch die Produktionsleistung in Stückzahlen je Stunde bzw. Arbeitstag oder in anderen Mengen bekannt ist, kann daraus der spezifische Energieverbrauch für die Produktion errechnet und auf neu geplante Produktionsmengen umgerechnet werden. Wenn im bisher betriebenen Heizwerk oder in einem Referenzheizwerk Verbrauchsmessgeräte eingesetzt werden, sind auch der Tagesverlauf und die auftretenden Verbrauchsspitzen bekannt. Wenn ein Heizwerk nicht über Verbrauchskurven oder Verbrauchswerte verfügt, dann kann der Verbrauch an Energie auch aus den Einkaufswerten, über die die kaufmännische Abteilung verfügt, wie Rechnungen über Brennstofflieferungen, Stromabrechnungen und dergleichen, ermittelt und auf die Produktionsmengen umgerechnet werden.

In gleicher Weise können die zukünftigen Verbrauchszahlen für Druckluft, Wasser und Kälteenergie errechnet werden. Der Energieverbrauch für die Gebäudeheizung und -lüftung und für die Zapfwarmwasseraufheizung kann, wie zuvor beschrieben, über den geplanten umbauten Raum, über die Art der Nutzung und über die geplante Zahl der Beschäftigen ermittelt werden.

### 9.8.2    Wahl des Heizsystems und der Bauart des Versorgungsnetzes

Nachdem der ungefähre Bedarf an Heißwasser oder Dampf, der Betriebsdruck und der Verbrauch mit Tagesspitzenbedarf im Sommer und Winter und auch der Bedarf für die Gebäudeheizung und Zapfwarmwasseraufheizung ermittelt wurde, kann das wirtschaftlichste und zweckmäßigste Heizsystem bzw. das Energieverteilungsrohrnetz festgelegt werden. Einzelheiten zur Systemwahl sind in Kap. 7.6 näher erläutert.

### 9.8.3    Wahl des Brennstoffs, Bauart und Aufteilung der Wärmeerzeuger

Mit den bekannten Wärmeverbrauchswerten kann der Anschlusswert (der maximal stündliche Brennstoffbedarf) und der monatliche bzw. jährliche Bedarf für einen Erdgasanschluss oder die Größe des Heizöllagers ermittelt werden.

Mit diesen Verbrauchswerten können der Bezugspreis für Erdgas und die Kosten für den Erdgasanschluss beim zuständigen Gasversorgungsunternehmen bzw. die Größe des erforderlichen Heizöllagers, dessen Erstellungskosten und auch der Bezugspreis bei einem geeigneten Lieferanten erfragt werden. Mit den bekannten Lieferpreisen und den berechneten Investitionskosten für die in Frage kommenden Brennstoffe kann nun eine Wirtschaftlichkeitsberechnung erstellt werden. Mit dem Betreiber der Anlage kann dann das Ergebnis der Wirtschaftlichkeitsberechnung diskutiert und die Wahl des Brennstoffs festgelegt werden.

Nach der Wahl des Brennstoffs und des Heizsystems kann der Ingenieur die Bauart und Aufteilung der Wärme- und Dampferzeuger bestimmen sowie Größe und Umfang der Nebenanlagen und die vorläufige Schornsteinhöhe ermitteln.

### 9.8.4  Standortfestlegung

Nachdem der Ingenieur die vorläufigen Stellflächen und die Abmessungen der Heizzentrale, der Schornsteinanlage und des Brennstofflagers zusammengestellt hat, kann er gemeinsam mit dem Städteplaner und dem Architekten den Standort auswählen. Dabei sind die in Abschn. 7.6.3 genannten Kriterien zu beachten.

Wenn der Bauherr sich für feste Brennstoffe wie Kohle und Koks entschieden hat, dann müssen das größere Gebäudevolumen für die Rauchgasreinigung, das größere Brennstofflager und bei großen Heizwerken auch ein Gleisanschluss für die Brennstoffanlieferung beachtet werden.

### 9.8.5  Erarbeiten der Bauangaben für den Gebäudeteil der Heizzentrale

Wenn die Standortwahl stattgefunden hat und mit dem Städteplaner und dem Architekten Einigkeit über die Gestaltung der Heizzentrale wie die Anzahl der Stockwerke, die Höhe der verschiedenen Räume und die Hauptabmessungen der Gebäudegrundfläche sowie die Anordnung von Schornstein und Brennstofflager erzielt wurde, muss der Ingenieur dem Architekten möglichst bald verbindliche Angaben über den Flächenbedarf und die Raumhöhe der einzelnen technischen Räume und auch über deren Zuordnung untereinander liefern.

Zu den Angaben gehören auch die Anschlüsse der Versorgungsleitungen (ob Rohrbrücke oder Versorgungskanal im Erdreich) und der öffentlichen Rohrnetze für die Ver- und Entsorgung. Diese Angaben sind laufend mit dem Architekten abzustimmen, so dass dieser den Entwurf des Gebäudes bis zur Ausführungsdarstellung nicht oft und auch nicht wesentlich verändern muss. Damit das Gebäudetragwerk (Stützen und Unterzüge) dimensioniert werden kann, muss der Ingenieur dem Architekten und dem Statiker auch die Lasten, also die Betriebsgewichte der Wärmeerzeuger, Druckgefäße und Maschinen, rechtzeitig mitteilen.

## 9.8.6   Erstellung der Entwurfsplanung

Der Ingenieur erhält vom Architekten die Entwurfszeichnungen für das Gebäude in Form von Grundrissen und Gebäudeschnittzeichnungen im Maßstab 1:100 und den Lageplan im Maßstab 1:500.

In diese Zeichnungen muss der Ingenieur die Wärmeerzeuger und alle Apparate, Maschinen und Rohrtrassen eintragen. Wenn für das Verständnis der Anlagenfunktion und -ausführung zusätzliche Schnittdarstellungen oder Detaildarstellungen in einem größeren Maßstab erforderlich sind, dann müssen diese zusätzlich angefertigt werden. Die Schornsteinanlage, das Brennstofflager und die Trassen für die Versorgungsleitungen sind für die Beantragung der Baugenehmigung sowohl in den Lageplan 1:500 einzuzeichnen als auch im größeren Maßstab z. B. 1:100 darzustellen. Zum Leistungsbild Entwurf zählt weiterhin die Erstellung der Berechnungen, die Kostenermittlung und die Erstellung einer Anlagenbeschreibung mit allen technisch relevanten Angaben sowie die Anfertigung eines Schaltschemas der Gesamtanlage. Zu den Berechnungen gehört die Ermittlung der erforderlichen Anlagenleistung nach den anerkannten Regeln der Technik.

Wenn der Ingenieur nur den Planungsauftrag für das Heizwerk ohne die Anlagen der zu versorgenden Gebäude erhalten hat, muss er deren Wärmebedarfsberechnung rechtzeitig von seinem Auftraggeber anfordern. Weiterhin sind die Berechnungen für die Ermittlung der Rohrdurchmesser und der wesentlichen Bauteile (Pumpen und Apparate) vorzunehmen.

Nach der Entwurfsplanung ist der Bauantrag zu stellen und ein Gutachten für die erforderliche Schonsteinhöhe einzuholen. Wenn als Brennstoff Heizöl EL gewählt wurde, ist auch eine Baugenehmigung für das Heizöllager und die Heizölversorgungsanlagen zu beantragen.

Bei großen und insbesondere bei freistehenden Heizzentralen muss außerdem beim TÜV ein Gutachten über die Be- und Entlüftung des Kesselhauses eingeholt werden.

Wenn in der Heizzentrale HD-Dampferzeuger oder Heißwassererzeuger der Gruppe IV nach TRD zur Aufstellung kommen, sind die Anforderungen nach TRD 403 zu beachten. Dampferzeuger der Gruppe IV dürfen nicht in, unter, über und neben Wohnräumen, Sozialräumen oder Arbeitsräumen aufgestellt werden.

Jeder Kesselaufstellungsraum muss eine möglichst zusammenhängende freiliegende Außenwand- oder Deckenfläche von mindestens 1/10 der Grundfläche besitzen, die bei Überdruck wesentlich leichter nachgibt als die übrigen Umfassungswände. Vor dieser Außenwand dürfen sich keine Personen aufhalten. Die Fläche darf auch nicht als Parkfläche für Autos genutzt werden.

Dies gilt nicht für Produktenkessel, bei denen unter anderen Bedingungen das Produkt aus Druck und Wasserinhalt bei Heißwasserkesseln die Zahl 10.000 und bei Dampfkesseln mit einem maximalen Druck von 32 bar und einer Leistung von 2 t/h die Zahl 20.000 übersteigt, und auch nicht für Sicherheitskessel, bei denen bestimmte Fertigungs- und Konstruktionsbedingungen eingehalten und der maximale Betriebsdruck von 32 bar nicht überschritten werden darf. Diese ausführlichen und verbindlichen Bedingungen für die

Aufstellung und Ausrüstung von HD-Dampf- oder Heißwassererzeugern ist in jedem Fall der neuesten Auflage der TRD 403 zu entnehmen und mit dem örtlichen TÜV im Zuge der Planung abzuklären (siehe auch Abschn. 4.5.3).

Nach der Fertigstellung des Entwurfs und der Beantragung der Baugenehmigung und der dazu gehörenden Gutachten muss der Ingenieur die Anlagenteile, die eine besondere Anforderung an den baulichen Teil der Heizzentrale stellen, in einem größeren Maßstab darstellen, so dass er in der Lage ist, verbindliche Bauangaben für die Anfertigung der Ausführungspläne des Architekten zu machen. Dies betrifft Fundamente von Maschinen und Wärmeerzeugern oder Wasseraufbereitungsanlagen mit besonderen Ablaufrinnen und Kanalanschlüssen, z. B. Abschlämmgruben, oder Bauteile, die auf Zwischenbühnen aufgestellt werden müssen. Dazu gehören auch die schon vorher genannten Lastangaben, Einbringöffnungen und größere Wand- und Deckenaussparungen, die Einfluss auf die Statik des Gebäudes haben.

### 9.8.7   Erstellung der Ausführungszeichnung

Nachdem der Architekt die Baupläne im Maßstab 1:50 angefertigt und an den Ingenieur übergeben hat und auch die Baugenehmigung mit den darin geforderten Auflagen und alle beantragten Gutachten vorliegen und die den baulichen Teil betreffenden Auflagen eingearbeitet sind, kann der Ingenieur die Ausführungsplanung erstellen.

Zur Ausführungsplanung gehören:

1. Ausführungszeichnungen, Grundrisspläne, Schnitte und Ansichten im Maßstab 1:50 und Details von besonderen Einrichtungen und, soweit erforderlich, zur Darstellung der gewollten Ausführung im Maßstab 1:20 oder 1:10. In den Ausführungszeichnungen müssen die wesentlichsten Rohrdimensionen, Wandabstände, Abstände zwischen den Rohren, Trassen sowie die Ausführungsmaße und Höhenangaben für Durchgänge oder andere für den Betrieb und die Montage relevanten Bereiche eingetragen sein,
2. Schlitz- und Durchbruchspläne mit allen erforderlichen Angaben, so dass der Bauingenieur danach seine Berechnungs-, Bewehrungs- und Ausführungspläne erstellen kann. Erforderliche Ankerschienen oder Aufhängungsanker für Punktlasten sind ebenfalls einzutragen,
3. Erstellung der Massenauszüge und des Leistungsverzeichnisses zur Angebotseinholung und zur Vorbereitung der Vergabe. Zum Leistungsverzeichnis gehört der Technische Erläuterungsbericht in Form einer Anlagen- und Funktionsbeschreibung. Weitere Einzelheiten zur Anfertigung der Ausschreibungsunterlagen und zu den Vergabebedingungen enthält die VOB, Teil A, auf die an dieser Stelle verwiesen wird. Die VOB ist erprobt und stellt ein komplettes Regelwerk mit ergänzenden, leicht verständlichen Kommentaren dar.

## 9.8.8   Bauüberwachung, Inbetriebnahme und Abnahme

Nach der Auftragsvergabe erhält der Auftragnehmer die Ausführungszeichnungen und erstellt danach seine Montagepläne. Der Ingenieur prüft diese auf Vertragserfüllung und gibt sie, wenn sie der angestrebten und gewollten Ausführung entsprechen, frei. Die Montage ist hinsichtlich Vertragserfüllung (Einbau der vertraglich vereinbarten Materialien und mängelfreie Lieferung und Montage) zu überwachen. Mängel und Verstöße gegen die vertraglichen Vereinbarungen sind umgehend zu melden und zu beheben. Zur Bauüberwachung gehört auch die Überwachung der Einhaltung von Fertigstellungs- und Zwischenterminen nach dem Terminplan, der von der Projektleitung für das gesamte Bauvorhaben erstellt wurde, die Abnahme und Übergabe der fertiggestellten Anlage an den Bauherrn oder Betreiber, die Kontrolle auf Vertragserfüllung und die Überwachung der Inbetriebnahme wie unter Abschn. 7.5.3 beschrieben.

Weitere Bestimmungen und Vertragsbedingungen zur Ausführung von Bauleistungen sind der VOB, Teil B und C zu entnehmen.

## Literatur

Scholz G (2012) Rohrleitungs- und Apparatebau. Springer, Heidelberg
VDI-Richtlinie 2050 Blatt 1 (1995) Heizzentralen in Gebäuden – technische Grundsätze für Planung und Ausführung. Beuth, Stuttgart
VDI-Richtlinie 2050 Blatt 2 (1995) Freistehende Heizzentralen – technische Grundsätze für Planung und Ausführung. Beuth, Stuttgart

# Anhang

## Erläuterungen zu den genormten und in der Praxis gebräuchlichen Einheiten

### Genormte Einheiten

Tabelle 1 enthält die Einheiten des international genormten Einheitssystems (SI-Einheiten).

Die Basis-Einheiten sind nicht immer für den gesamten Anwendungsbereich der Technik geeignet, z. B. ist die Einheit Pa für den Druck, für die Anwendung in der Vakuumtechnik und für die Berechnung von Lüftungsanlagen oder Schwerkraftheizungen gut geeignet, sie ist aber unpraktisch für die Berechnung von Hochdruckdampf oder HD-Gasrohrnetzen. Deshalb gibt es international vereinbarte und gesetzlich vorgeschriebene Vorsilben mit genormten Kurzzeichen.

Mit der Anwendung dieser Kurzzeichen werden unendlich viele Stellen der Zahlenangaben vor oder nach dem Komma vermieden. Bei der Verwendung dieser Kurzzeichen ist zu beachten, dass die Einheit und das Kurzzeichen ein Ganzes darstellen. Es ist also $1\,cm^2 = 1\,cm \cdot 1\,cm = 10^{-4} m^2$ und nicht $10^{-2} m^2$.

Damit erhält man z. B. das Elastizitätsmodul für Stahl in folgenden Dimensionen:

$$E = 21 \cdot 10^{10}\ \text{in}\ N/m^2 = 21 \cdot 10^6\ \text{in}\ N/cm^2 = 21 \cdot 10^4\ \text{in}\ N/mm^2,$$

und das Trägheitsmoment für z. B. ein Rohr DN 100 nach DIN 2448 (100/108) kann in den Dimensionen $I_p = 17{,}6 \cdot 10^{-7} m^4 = 1.76\ cm^4 = 1.769.640\ mm^4$ angegeben werden (Tab. 2).

Berechnungsgleichungen werden in der Regel in dimensionsloser Schreibweise hergeleitet. Praktische Berechnungen zur Auslegung von Maschinen und Anlagen und Berechnungen für Prüf- und Genehmigungsbehörden müssen aber nach den anerkannten technischen Regeln und grundsätzlich mit Dimensionen durchgeführt werden.

G. Scholz, *Heisswasser- und Hochdruckdampfanlagen*,
DOI 10.1007/978-3-642-36589-8, © Springer-Verlag Berlin Heidelberg 2013

**Tab. 1** SI-Einheiten

| Größe | Einheit | | Definitionsgleichung |
|---|---|---|---|
| Kraft | Newton | N | $1\,\text{N} = \text{m} \cdot \text{kg/s}^2$ |
| Druck | Pascal | Pa | $1\,\text{Pa} = 1\,\text{N/m}^2 = 1\,\text{kg/(m} \cdot \text{s}^2)$ |
| Energie | Joule | J | $1\,\text{J} = 1\,\text{Nm} = 1\,(\text{kg m}^2)/\text{s}^2$ |
| Leistung | Watt | W | $1\,\text{W} = 1\,\text{J/s} = 1\,(\text{kg m}^2)/\text{s}^3$ |
| elektrische Spannung (elektrische Potentialdifferenz) | Volt | V | $1\,\text{V} = 1\,\text{W/A} = 1\,\text{J/(A} \cdot \text{s})$ |
| elektrischer Widerstand | Ohm | Ω | $1\,\Omega = 1\,\text{V/A}$ |
| Elektrische Ladung | Coulomb | C | $1\,\text{C} = 1\,\text{A s}$ |

**Tab. 2** Vorsilben und Kurzzeichen für dezimale Vielfache und Teile von Einheiten

| Vorsilbe | Kurz- zeichen | Zehner- potenz | Vorsilbe | Kurz- zeichen | Zehner- Potenz |
|---|---|---|---|---|---|
| Terra- | T | $10^{12}$ | Zenti- | c | $10^2$ |
| Giga- | G | $10^9$ | Milli- | m | $10^{-3}$ |
| Mega- | M | $10^6$ | Mikro | μ | $10^{-6}$ |
| Kilo- | k | $10^3$ | Nano- | n | $10^{-9}$ |
| Hekto- | h | $10^2$ | Piko- | p | $10^{-12}$ |
| Deka- | da | $10^1$ | Fetmo- | f | $10^{-15}$ |
| Dezi- | d | $10^{-1}$ | Atto- | a | $10^{-18}$ |

Da nur gleiche Dimensionen gegeneinander gekürzt werden können, müssen die in die Formel einzusetzenden Berechnungswerte (z. B. Stoffwerte oder zulässige Belastungen) mit gleichen Dimensionen eingesetzt werden. Die verschiedenen Zehnerpotenzen können nach den Regeln der Potenzrechnung gegeneinander gekürzt werden. Stoffwerte und zulässige Belastungen sind für die verschiedenen Fachdisziplinen, in Taschenbüchern, in DIN-Vorschriften und Sammlungen von Arbeitsblättern zusammengestellt.

## Weitere geläufige Einheiten

In der Praxis sind aber noch Einheiten mit besonderen Namen geläufig und deren Verwendung ist in manchen Bereichen auch sinnvoll z. B. $1\,\text{l}$ für Liter $= 10^{-3}\,\text{m}^3 = 1\,\text{dm}^3$ oder $1\,\text{mWS}$ für $1\,\text{m}$ Wassersäule $= 10^4\,\text{Pa}$ und $1\,\text{mmWS} = 0{,}1\,\text{Pa}$.

Einige im Anlagenbau übliche Einheiten und genormte Einheiten und Begriffe werden deshalb nachstehend ausführlich beschrieben.

## Die Einheit des Druckes

Unter Druck versteht man die Einheit „Kraft" in N auf die Einheit der Fläche $\text{m}^2$ also $\text{N/m}^2 = \text{Pa}$.

**Abb. 1** Druckskalen für
absoluten Druck p und
Differenzdruck $\Delta p$

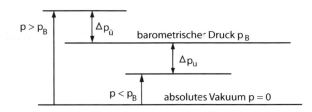

**Tab. 3** Einheiten des Druckes

| $10^5$ Pa | $10^4$ Pa | $10^3$ Pa | 100 Pa | 10 Pa |
|---|---|---|---|---|
| 1 bar | 0,1 bar | 10 mbar | 1 mbar | 0,1 mbar |
| 10 mWS | 1 mWS | 0,1 mWS | 10 mmWS | 1 mmWS |

In der Praxis üblich ist aber auch die Wirkung der Gewichtskraft z. B. die der Luftsäule oder die Gewichtskraft einer Wassersäule auf die Fläche von 1 m$^2$ oder cm$^2$. Weil der Luftdruck in der Umgebung (durch Wettereinflüsse und Höhenunterschiede) schwankt, wurde er als Jahresmittel und bezogen auf die Meereshöhe bei einer Lufttemperatur von 15 °C genormt als physikalische Atmosphäre und mit 760 Torr oder 760 mm Quecksilbersäule (QS) festgelegt.

Im Unterschied hierzu wurde ein Mittelwert der Schwankungen von 735 mm QS als technische Atmosphäre genormt. Sie entspricht 1,033 kg/cm oder 10,33 $\times$ 10$^5$ Pa.

Die technische Atmosphäre wird hier erwähnt, weil viele Stoffwerte von Dämpfen und Gasen auf den Normzustand der technischen Atmosphäre bei 15 °C oder bei 0 °C in älteren, noch vorhandenen Tabellenbüchern bezogen sind.

Anstelle der technischen Atmosphäre, mit der Abkürzung atm, ist für die Druckangabe und die Differenzdruckangabe im höheren Druckbereich die Bezeichnung bar oder mbar üblich.

Es gilt: 1 bar $= 10^5$ N/m$^2 = 10^5$ Pa.

Der absolute statische Druck wird mit dem Formelzeichen p definiert. Bei den Druckangaben sind noch die Bezeichnungen Überdruck und Unterdruck üblich, die in Abb. 1 erklärt sind.

Für verschiedene technische Zwecke kann es sinnvoll sein, anstelle des absoluten Drucks p den Differenzdruck zum barometrischen Druck p$_B$ (atmosphärischer Druck) anzugeben:

Die gebräuchlichen Druckangaben werden in Tab. 3 gegenübergestellt.

## Die Einheit der Temperatur

Zur Temperaturangabe sind zwei Temperaturskalen üblich, die durch die Gleichung

$$T = \vartheta + 273{,}15 \ K \ [T] = K; \ [\vartheta] = C$$

verknüpft sind. Dabei stellt T die thermodynamische Temperatur (Einheit Kelvin) und $\vartheta$ die Celsius-Temperatur (Einheit Grad Celsius) dar. Die Einheiten K und °C sind vom

**Tab. 4** Umrechnungsfaktor

|            | J = 1 Ws          | 1 kWh                  | 1 MWh                  | kcal                   | Btu                    |
|------------|-------------------|------------------------|------------------------|------------------------|------------------------|
| J = Nm     | 1                 | $0,277 \cdot 10^{-3}$  | $0,277 \cdot 10^{-6}$  | $0,239 \cdot 10^{-3}$  | $0,948 \cdot 10^{-3}$  |
| kWh        | $3.600 \cdot 10^3$ | 1                      | $10^{-3}$              | 860                    | 3413                   |
| MWh        | $3,6 \cdot 10^6$   | 1000                   | 1                      | $860 \cdot 10^3$       | $3,414 \cdot 10^6$     |
| kcal       | 4187              | $1,16 \cdot 10^{-3}$   | $1,16 \cdot 10^{-6}$   | 1                      | 3,97                   |
| btu        | $1,055 \cdot 10^3$ | $0,293 \cdot 10^{-3}$  | $0,293 \cdot 10^{-6}$  | 0,252                  | 1                      |

Betrag gleich, sie deuten nur die unterschiedlichen Nullpunkte der jeweiligen Temperaturskalen an. Die Konstante 273,15 K beschreibt den Eispunkt des Wassers, bei dem luftgesättigtes Wasser bei einem Druck von 1,013 bar erstarrt. Dies ist der Nullpunkt der Celsius-Skala. Für die Celsius-Temperatur wird das Formelzeichen $\vartheta$ benutzt.

## Die Einheit der Arbeit und Energie

Gespeicherte Arbeit wird als verfügbare Energie bezeichnet. Arbeit und Energie haben deshalb die gleichen Einheiten.

Unter Arbeit versteht man in der Technik und in der Physik die Verschiebung einer Gewichtskraft gegen die Erdanziehung, also entlang des senkrechten Wegs oder der Höhe h. Bei der waagerechten Verschiebung wird nur die Reibungsarbeit gewertet.

Die genormte Einheit ergibt sich deshalb zu Nm oder J (Newton oder Joule). Üblich sind noch die Einheiten KWh z. B. in der Elektrotechnik, aber auch als Wärmeenergiemenge im Anlagenbau. In Tab. 4 sind diese Einheiten und die alte Einheit kcal für die Umrechnung gegenübergestellt.

Die folgende Tabelle enthält auch die Umrechnungsfaktoren für die in England und USA noch heute verwendete Einheit, „Btu" British thermal unit (britische Wärmeeinheit).

Im Fachbereich Versorgungstechnik ist auch im Englischen und in den USA für die Kälteleistung noch die Bezeichnung „ton of refrigeration" im Gebrauch. Dabei handelt es sich um die Kälteenergie, die eine amerikanische Tonne Eis besitzt, nämlich 3.024 kcal/h oder 3,536 KWh.

## Die Einheit der Leistung

Leistung ist die Arbeit, die in einer Zeitspanne erbracht wird. Als Zeitspanne ist die Sekunde „s" oder die Stunde „h" üblich. Die Leistung von ein J in einer Sekunde J/s entspricht der Einheit W für Watt und die Leistung J/h entspricht ebenfalls der Einheit W, wobei die Stunde mit 3.600 Sekunden einzusetzen ist und 1.000 W = 1KW. Die Arbeit von 3.600 J in einer Stunde entspricht daher der Leistung von 1 KW.

**Tab. 5** Abgeleitete Dimensionen

| Temperaturleitfähigkeit | Quadratmeter je s | $m^2/s$ |
|---|---|---|
| Entropie | Joule durch Kelvin | $J/K$ |
| Wärmeleitfähigkeit | Watt durch Kelvinmeter | $W/(Km)$ |
| Wärmeübergangskoeffizient | Watt durch Kelvin-m$^2$ | $W/(Km^2)$ |

## Abgeleitete Dimensionen

Weitere Dimensionen ergeben sich aus den Stoffströmen oder aus der auf eine Fläche oder Zeitangabe bezogenen Übertragungsleistung, wie in der Wärmetechnischen Arbeitsmappe 1980 Blatt 1.1 enthalten (Tab. 5).

# Sachverzeichnis

G. Scholz, *Heisswasser- und Hochdruckdampfanlagen*,
DOI 10.1007/978-3-642-36589-8, © Springer-Verlag Berlin Heidelberg 2013

Printed by Publishers' Graphics LLC USA
DBT130717.15.14.9